Heinz Ladener

Solare Stromversorgung

Grundlagen, Planung, Anwendung

mit Beiträgen von
Othmar Humm
und
Peter Stenhorst

Staufen bei Freiburg

Wichtiger Hinweis

Die Anwendungsempfehlungen und Konstruktionsbeispiele in diesem Buch wurden nach bestem Wissen zusammengestellt, eine Gewähr für die Richtigkeit wird jedoch nicht übernommen. Infolgedessen lassen sich für die praktische Umsetzung des hier Dargestellten keine Haftungsansprüche gegenüber Autor oder Verlag ableiten.

Danksagung

An dieser Stelle möchte ich all denen danken, die zum Entstehen dieses Buches beigetragen haben, insbesondere :

*   meinen Mitautoren Othmar Humm und Peter Stenhorst,
*   den im Anhang genannten Firmen für die Bereitstellung von Informationen und Produktunterlagen sowie für die Lieferung von Bildmaterial,
*   Claudia Lorenz-Ladener, Georg Salvamoser und Peter Stenhorst für die sorgfältige und kritische Korrektur des Manuskriptes.

Heinz Ladener

Die Deutsche Bibliothek – CIP-Einheitsaufnahme

Solare Stromversorgung : Grundlagen, Planung, Anwendung /
Heinz Ladener. Mit Beiträgen von Othmar Humm und Peter Stenhorst.
– 1. Aufl. – Staufen bei Freiburg : ökobuch, 1995
   Frühere Ausg. u.d.T.: Ladener, Heinz: Solare Stromversorgung für
   Geräte, Fahrzeuge und Häuser
   ISBN 3-922964-57-5
NE: Ladener, Heinz; Humm, Othmar; Stenhorst, Peter

ISBN 3-922964-57-5

1. Auflage 1995

Druck: Druckhaus Beltz , Hemsbach
Layout: Uwe Stohrer, Norsingen
Innenteil gedruckt auf 100% Recycling-Papier (Recymatt).

Inhaltsverzeichnis

Vorwort

„Sonne ist Leben" - dieser Satz, der vor etlichen Jahren auf dem Bauzaun für das geplante Atommüll-Endlager in Gorleben zu lesen war, bringt den Unterschied zwischen der Solarenergie und fossilen Energieträgern auf den Punkt und liefert eine Erklärung für die Faszination und das Engagement vieler Menschen für diese Technik.

Sonnenenergie ist ein Synonym für „natürliche" Energie, die den Pflanzen, Tieren und Menschen seit Urzeiten das Leben auf der Erde ermöglicht. Daher ist es für viele Menschen eine Herausforderung unserer Zeit, neue Formen der Nutzung dieser dauerhafte Energie zu erforschen und zu erproben, damit wir in Zukunft auf die hemmungslose und schädliche Ausbeutung fossiler Ressourcen mehr und mehr verzichten können.

Auch von einem etwas anderen Standpunkt aus betrachtet spricht vieles für die Sonnenenergie: im Energie-Mix zukünftiger Versorgungsstrategien kommt der Sonnenenergie eine (global-) strategische Bedeutung zu, die in den letzten Jahren zunehmend anerkannt wird. Denn die unübersehbare Umweltverschmutzung durch allzu intensive Nutzung von Kohle, Öl und Gas und die erkennbar begrenzten Vorräte an fossilen Energieträgern haben der Suche nach umweltfreundlichen Lösungen noch größere Dringlichkeit verliehen.

Was für die Sonnenenergienutzung allgemein gilt, trifft im Besonderen auch auf die solare Stromversorgung zu. Auf dem Gebiet der Photovoltaik hat sich in den letzten 8 Jahren – seit Erscheinen der 1. Auflage dieses Buches 1986 – viel getan. Die Fertigungsverfahren für Solarzellen und -module wurden rationalisiert und verfeinert, neue Zellentechnologien entwickelt und im Bereich der peripheren Elektronik und Elektrotechnik sind ebenfalls merklich verbesserte Gerätegenerationen auf den Markt gekommen. Die solare Stromversorgung ist auf dem Weg, eine Basistechnologie für die Stromversorgung von morgen zu werden.

Im Anbetracht dieser Entwicklung ist es das Anliegen des Buches, einen einigermaßen umfassenden und praxisnahen Überblick über den Stand der Technik solarer Stromerzeugungs- und -versorgungssysteme zu geben. Die großen Veränderungen und umfangreichen Erweiterungen, die im Vergleich zur alten Auflage von 1986 notwendig wurden, sind ein deutlicher Beweis für den Entwicklungsfortschritt.

Der grundsätzliche Aufbau des Buches wurde gegenüber der 1. Auflage beibehalten: nach dem einführenden Überblick über Technik und Anwendungen der Photovoltaik (Kapitel 1) folgt ein umfangreicher Teil über Komponenten und Anlagenplanung im Detail (Kapitel 2-7). Am Ende (Kapitel 9 und 10) werden beispielhaft Anwendungen beschrieben, welche die technischen Einzelheiten in einen praktischen Zusammenhang stellen.

Ein wenig konfliktträchtig war die Aufteilung in autonome (Kapitel 4 und 5) und netzgekoppelte Anlagen (Kapitel 6 und 7), die sich aufgrund der Unterschiede im Konzept (Bedeutung der Autonomie einerseits und der Verpflichtungen aus der Netzkopplung andererseits) und in wichtigen Bauteilen (Akkus, Laderegler, usw.) ergab. Überschneidungen bei der Darstellung ließen sich nicht ganz vermeiden.

Andererseits schien es unnötig, alle gemeinsamen Aspekte doppelt abzuhandeln. So wurden die Ausführungen zur Elektroinstallation in Solarstromanlagen (Gleichstrominstallation) den autonomen Anlagen zugeordnet (Kapitel 4 und 5), während die Montage der Solarmodule auf dem Dach bei den netzgekoppelten Anlagen (Kapitel 7) behandelt wird. Ausführungen zu Kosten und Wirtschaftlichkeit sowie Gedanken über die ökologischen Aspekte der Photovoltaik finden sich in Kapitel 8.

Nun wünsche ich viel Spaß beim Lesen! Über Kritik, Anregungen, Verbesserungsvorschläge und Ergänzungshinweise würde ich mich freuen.

Staufen im Dezember 1994   Heinz Ladener

1. Einführung

1.1 Elektrischer Strom

Die Nutzung von elektrischem Strom ist heute - zumindest in den Industrieländern – eine solche Selbstverständlichkeit, daß sich die meisten von uns ein Leben ohne die „saubere Energie" aus der Steckdose kaum vorstellen können. Im Vertrauen auf die sichere Versorgung nehmen wir es hin, daß viele Arbeits- und Lebensbereiche inzwischen auf die ständige Verfügbarkeit von Strom angewiesen sind. Erst wenn der Strom ausfällt, sei es durch Unwetter oder aufgrund technischer Defekte, wird deutlich, welche Folgen die Unterbrechung der Versorgung für ein paar Minuten oder Stunden hat: alle elektrischen Maschinen stehen still, und da nicht nur Computer, sondern inzwischen auch Waagen und Kassen auf den Strom angewiesen sind, ist neben der Produktion auch fast der gesamte Handels- und Dienstleistungssektor lahmgelegt. Ohne Strom läuft keine Heizung, keine Kühlung, kein Fahrstuhl, keine Fabrik und auch die Melkmaschine im landwirtschaftlichen Großbetrieb nicht. Geschichtlich betrachtet reichen die Anfänge der Elektrizitätsanwendung gar nicht so weit zurück. Die wichtigen Entwicklungen, die den Strom erst nutzbar machten, sind noch keine 200 Jahre alt. Zwar konnte schon recht früh Elektrizität durch Reiben von Bernstein, Glas u.ä. hergestellt werden, doch erst mit der Entwicklung der galvanischen Zelle (Luigi Galvani, Alessandro Volta) stand eine leicht handhabbare und recht ergiebige Quelle für elektrischen Strom zur Verfügung. Mit Hilfe der galvanischen Zellen (Batterie) war es möglich, die Wirkungen des Stroms ausgiebig zu erforschen, was in der ersten Hälfte des 19. Jahrhunderts zu vielen entscheidenden Entdeckungen führte: Elektrolyse, Magnetismus, Umwandlung von Strom in Wärme und mechanische Energie, usw. Diese grundlegenden Erkenntnisse waren die Voraussetzung für die vielen praktischen Erfindungen, die sich in der 2. Hälfte des 19. Jahrhunderts mit der Nutzung des Stromes beschäftigten.

Viele werden die Geschichte des deutschen Uhrmachers Heinrich Goebel kennen, der 1854 in New York die ersten elektrischen Glühlampen baute und damit das Schaufenster seines Uhrengeschäftes beleuchtete. Dieser eigentliche Erfinder der

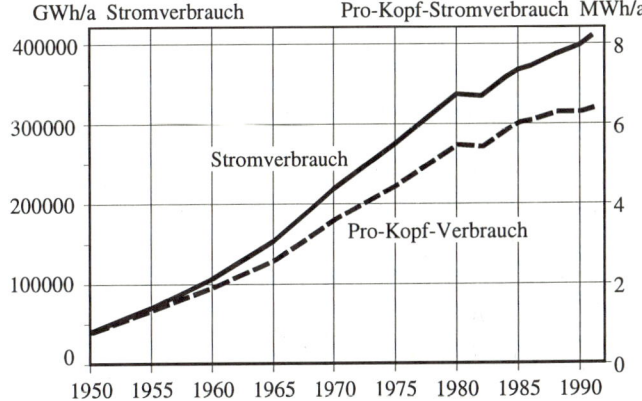

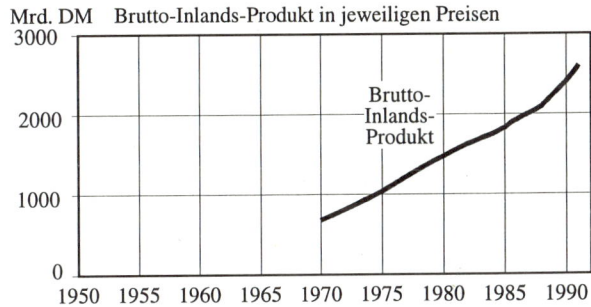

1.1 Stromverbrauch (gesamt), Pro-Kopf-Stromverbrauch und Brutto-Inlands-Produkt in der Bundesrepublik Deutschland (alte Bundesländer).
Quellen: Auskunft der VDEW und Statistisches Jahrbuch

7

elektrischen Beleuchtung wurde damals als Spinner belächelt und hatte mit seiner Erfindung nicht sehr viel Glück, da die galvanischen Zellen für den Betrieb der Glühlampen - ebenso wie sein Geld - schnell erschöpft waren und damals noch wenig Aussicht auf eine breitere Anwendung seiner Erfindung bestand. 20 Jahre später sorgte T.A. Edison mit einer Verbesserung eben dieser Erfindung für eine Sensation: auf einem Empfang in New York präsentierte er der Öffentlichkeit die erste große elektrische Beleuchtung als „seine" Erfindung. Er hatte mehr Glück als Goebel, da inzwischen eine ergiebigere Stromquelle für die Beleuchtung zur Verfügung stand, die elektrische Dynamomaschine, welche die mechanische Energie der Wasserkraft oder einer Dampfmaschine in elektrischen Strom umwandeln konnte.

Die Weiterentwicklung der Dynamomaschine und der elektrischen Motoren gegen Ende des 19. Jahrhunderts schufen die Grundlage für eine breitere Anwendung des Stroms, zur Nachrichtenübermittlung, zur elektrischen Beleuchtung und zum Antrieb elektrischer Maschinen. Seit Beginn unseres Jahrhunderts ist elektrischer Strom ein Energieträger von Bedeutung, dessen Anwendungsmöglichkeiten und Verbrauch seither in einem damals wohl unvorstellbaren Maß zugenommen haben.

Die Anwendung des elektrischen Stroms hätte nicht eine solche Verbreitung gefunden, gäbe es nicht einige Vorzüge im Vergleich zu anderen Energieformen:

* *Leichter Transport:* durch metallische Leitungen läßt sich elektrische Energie auch über größere Entfernungen schnell und mit geringen Verlusten übertragen.
* *Umwandlung in alle anderen Energieformen:* elektrische Energie ist vielfältig anwendbar, sie läßt sich mit einfachen Maschinen und gutem Wirkungsgrad in andere Energieformen umwandeln: mechanische Arbeit, Wärmeenergie, Informationstransport, u.ä.
* *Leichte Handhabbarkeit:* elektrische Energie gilt als sauber, da sie einfach aus der Steckdose bezogen werden kann. Bei ihrer Nutzung entstehen keinerlei Schmutz oder schädliche Abgase; dabei ist jedoch zu bedenken, daß die Stromerzeugung in den Kraftwerken teilweise mit erheblichen regionalen, überregionalen und globalen Umweltbelastungen verbunden ist.

Eigenschaften des elektrischen Stromes

Grundsätzlich werden zwei Formen von elektrischem Strom (Abb. 1.2) unterschieden, nämlich :

* *Gleichstrom*: Der Strom fließt stets in einer Richtung, und zwar gemäß der technischen Stromrichtung von plus nach minus.
* *Wechselstrom*: Auch hier fließt der Strom von plus nach minus, doch ändern sich Polarität und entsprechend auch die Fließrichtung des Stromes periodisch, d.h. im schnellen zeitlichen Wechsel.

Mit welcher Form wir es zu tun haben, hängt davon ab, wie der Strom erzeugt wird. Galvanische Elemente (Batterien), Akkus und Solarzellen liefern stets Gleichstrom, entsprechend können ihre Anschlüsse eindeutig mit + und - bezeichnet werden.

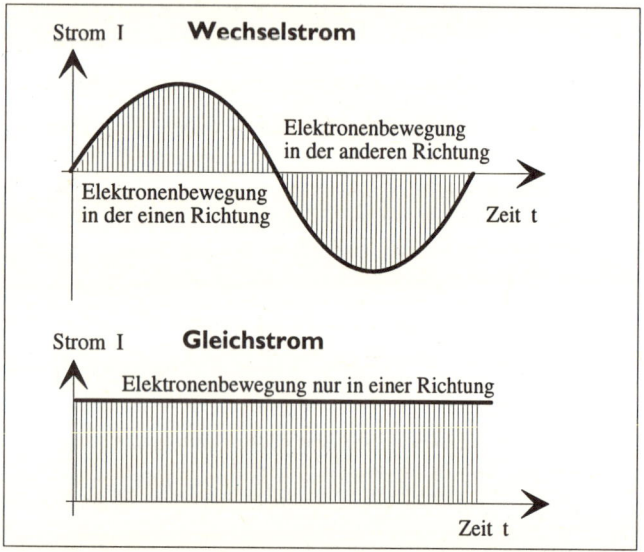

1.2 Spannung und Strom im zeitlichen Verlauf bei Gleich- und Wechselspannung.

Mit Volt, Ampere und Ohm beschreiben wir den Strom ...

Fließende elektrische Ladung wird als elektrischer Strom bezeichnet, ähnlich wie fließendes Wasser, d.h. die Menge vieler Wassertropfen, als Wasserstrom (Rinnsal, Bach, Fluß) bezeichnet wird.

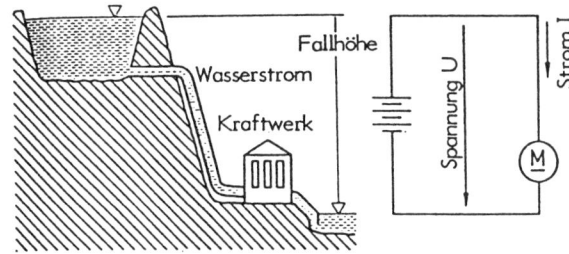

Die Stärke des Stroms wird danach bemessen, wieviele Ladungsträger pro Zeiteinheit durch ein Leiterstück fließen:

viele Ladungsträger/Zeiteinheit ➡ großer Strom
wenige Ladungsträger/ Zeiteinheit ➡ kleiner Strom

Damit Ladungen bzw. Wassermengen durch eine Leitung fließen können, muß ein Gefälle vorhanden sein; im Falle elektrischer Ladungsträger wird das Gefälle durch eine Spannungsquelle (Batterie, Solarzelle Kraftwerk) erzeugt. Nach allgemeiner Übereinkunft wird die technische Fließrichtung des Stroms von + nach – angenommen. Physikalisch gesehen bewirken die negativen Ladungsträger (Elektronen) den Stromfluß; sie bewegen sich genau entgegengesetzt vom Minus-Pol (Quelle negativer Ladung) zum Plus-Pol. Für das Verständnis elektrischer Schaltungen ist diese Definitionsfrage jedoch unbedeutend, wenn man sich nur für eine der Definitionen entscheidet und dabei bleibt!

Maßeinheiten des elektrischen Stroms

Gemessen wird in einer elektrischen Schaltung
- die *Spannung* U in Volt (V), d.h. das Gefälle
- der *Strom* I in Ampere (A), d.h. die fließende Ladung
- der *Widerstand* R, den der Stromfluß erfährt, in Ohm

Der Zusammenhang dieser 3 Größen wird in jeder elektrischen Schaltung durch das Ohmsche Gesetz beschrieben:

Spannung	=	Widerstand	x	Strom
U	=	R	x	I
1 Volt	=	1 Ohm	x	1 Ampere

oder in den beiden anderen Schreibweisen (Umformung der Gleichung nach den verschiedenen Variablen):

$$R = U \,/\, I \qquad bzw. \qquad I = U \,/\, R$$

In Worten ausgedrückt, besagt das Ohmsche Gesetz: je größer das Gefälle (die Spannung) bei einer gegebenen Leitung (mit dem Fließwiderstand R) ist, umso größer wird der Strom I durch diese Leitung.

Neben diesen Begriffen, die für die Beschreibung und Berechnung elektrischer Schaltungen von grundlegender Bedeutung sind, werden in der Praxis 2 weitere Begriffe immer wieder gebraucht:

• Die *Leistung P* (in Watt), die durch das Fließen des Stroms der Spannungsquelle entnommen wird, ist gegeben durch

Leistung	=	Spannung	x	Strom
N	=	U	x	I
1 Watt	=	1 Volt	x	1 Ampere

Durch Ersetzen von U bzw. I in dieser Formel mittels des Ohmschen Gesetzes kann man die Formel folgendermaßen umformen

$$N = U \times I = R \times I \times I = R \times I^2 = U^2 \,/\, R$$

• Die *Arbeit Q* (in Wattsekunden bzw. Wattstunden), die der elektrische Strom verrichtet bzw. durch ihn freigesetzt wird, ist gegeben durch

Arbeit	=	Leistung	x	Zeit
Q	=	N	x	t
1 Wattsekunde	=	1 Watt	x	1 Sekunde
1 Kilowattstunde	=	1000 Watt	x	1 Stunde

• Maße für die Arbeit sind
- die Wattsekunde (Ws), wenn die Zeit in Sekunden gemessen wird, oder als größeres und geläufigeres Maß
- die Wattstunde (Wh) und die Kilowattstunde (kWh), wobei sich diese Maßeinheiten folgendermaßen umrechnen:
1 Wh (Wattstunde) = 3600 Ws (Wattsekunden)
1 kWh (Kilowattstunde) = 1000 Wh = 3.600.000 Ws

Fließt durch einen Verbraucher 1 Stunde lang ein Strom von 1 Ampere und liegt dort die Spannung von z.B. 100 Volt an, so wird an den Verbraucher die Energie von

100 V x 1 A x 1 h = 100 Wh   abgegeben.

Energieverlust beim Transport von Strom (Beispiel)

Im ersten Fall möge der Generator am Ausgang eine Spannung von 12 V liefern; angeschlossen ist ein Verbraucher mit einem Widerstand von 1 Ohm, der Widerstand der Hin- und Rückleitung betrage jeweils 0,1 Ohm.

Der **Gesamtwiderstand** im Verbraucherkreis beträgt also

$$R_{gesamt} = 0,1 + 1,0 + 0,1 \text{ Ohm} = 1,2 \text{ Ohm}$$

Gemäß dem Ohmschen Gesetz fließt bei 12 V Generatorspannung ein Strom von

$$I = U / R = 12 \text{ V} / 1,2 \text{ Ohm} = 10 \text{ A}.$$

Der **Verbraucher** nimmt die **Leistung**

$$N_{verbr.} = R_{verbr.} \times I^2 = 1,0 \times 10 \times 10 \text{ Watt} = 100 \text{ W}$$

auf, und in der **Leitung** geht die **Leistung**

$$N_{leitung} = R_{leitung} \times I^2 = 0,2 \times 100 \text{ Watt} = 20 \text{ W}$$

verloren, immerhin schon 20% der gesamten Generatorleistung (die Leitung erwärmt sich dadurch). Hätte die Leitung die doppelte Länge, verdoppelt sich auch ihr Widerstand; entsprechend steigen die Verluste dann auf etwa 40%.

Im zweiten Fall möge die Generatorspannung dagegen 120 V betragen, und der Verbraucherwiderstand sei (der Übersichtlichkeit wegen) mit 119,8 Ohm den geänderten Spannungsverhältnissen angepaßt. Die Bilanz der Energieübertragung sieht bei gleichem Leitungswiderstand nun folgendermaßen aus:

Gesamtwiderstand im Verbraucherkreis:

$$R_{gesamt} = R_l + R_v = 0,1 + 0,1 + 119,8 \text{ Ohm} = 120 \text{ Ohm}$$

An den **Verbraucher** übertragene **Leistung**:

$$N_{verbr.} = 119,8 \text{ Ohm} \times 1 \text{ A} \times 1 \text{ A} = 119,8 \text{ Watt}$$

Leistungsverlust in der **Leitung**:

$$N_{leitung} = 0,2 \text{ Ohm} \times 1 \text{ A} \times 1 \text{ A} = 0,2 \text{ Watt},$$

entsprechend 0,2% der Gesamtleistung. Durch Erhöhung der Spannung auf das 10 fache kann mit 1/10 des Stroms dieselbe Leistung übertragen werden wie vorher; der Anteil der Leitungsverluste ist dadurch auf 1/100 gesunken!

12 Volt Generatorspannung

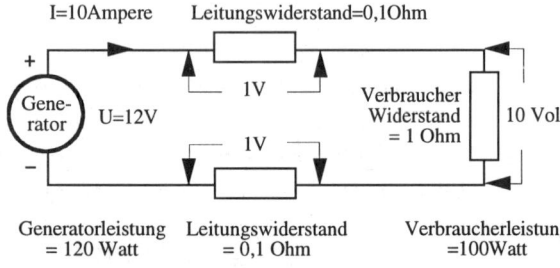

120 Volt Generatorspannung

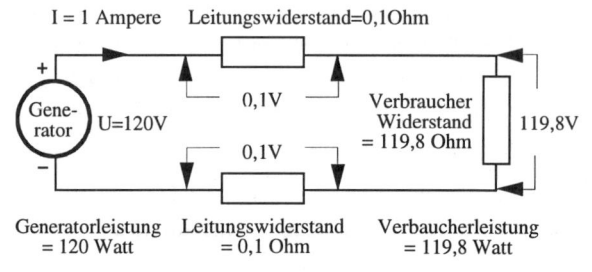

Dagegen liefert uns die öffentliche Stromversorgung via Steckdose Wechselstrom ins Haus. Obwohl die meisten elektronischen Geräte wie Radio, Fernsehen, Taschenrechner u.ä. im Innern mit Gleichstrom arbeiten, können sie an unserem Wechselstromnetz betrieben werden. Denn ein »Netzteil« im Innern des Gerätes wandelt den Wechselstrom in Gleichstrom um. Einfache Glühlampen lassen sich ebenso gut mit Gleichstrom wie mit Wechselstrom betreiben.

Die Vorteile des Wechselstromes

Warum hat sich nun ausgerechnet Wechselstrom für die allgemeine Stromversorgung durchgesetzt? Es sind im wesentlichen 2 Gründe, die recht früh die Systemfrage bei der Stromversorgung zugunsten des Wechselstroms entschieden haben:

- Elektrische Generatoren (Dynamomaschinen) und Motoren für Wechselstrom sind von ihrer Bauart her besonders einfach und sehr leistungsfähig. Wechselstrom läßt sich daher rationeller, d.h. mit besserem Wirkungsgrad, mit Wechselstrom- bzw. Drehstromgeneratoren (3-phasiger Wechselstrom) herstellen und ist gleichzeitig für viele Maschinenantriebe besser geeignet als Gleichstrom.

• Durch Transformatoren können Spannung und Strom des Wechselstroms ohne allzu große Verluste herauf- und herunter-"transformiert" werden. Diese Eigenschaft ist besonders wichtig für die weiträumige Verteilung elektrischer Energie. Denn auch in den besten elektrischen Kabeln geht beim Stromtransport Energie verloren, die in Wärme umgewandelt wird, und zwar umso mehr, je höher der fließende Strom ist (vgl. Kasten: Energieverlust beim Transport von Strom).

• Um diese Verluste beim Transport über viele Kilometer klein zu halten, ist es günstig, die elektrische Energie mit möglichst hohen Spannungen und niedrigen Strömen zu übertragen. So wird die Energie aus den Kraftwerken mit großen Transformatoren auf Spannungen bis zu 400 000 Volt hochtransformiert und in großen Überlandleitungen landes- oder sogar europaweit verteilt. Für den täglichen Gebrauch sind so hohe Spannungen jedoch viel zu gefährlich, weshalb die Spannung in der Nähe der Verbraucher wiederum mit Transformatoren heruntergesetzt (und der Strom heraufgesetzt) wird, so daß die elektrische Energie am Ende als Wechselstrom mit einer Spannung von 230 bzw. 400 Volt der Steckdose entnommen werden kann.

Da sich Gleichstrom nicht bzw. nur über Umwege transformieren läßt, wurde die Systemfrage beim Aufbau der Versorgungsnetze frühzeitig zugunsten des Wechselstromes entschieden. So leben wir heute in einer „Wechselstrom-Welt".

Die Erzeugung muß dem Verbrauch entsprechen
Ein wichtiger Nachteil des elektrischen Stromes darf hier nicht unerwähnt bleiben: Elektrische Energie läßt sich nicht direkt speichern (außer in Kondensatoren, und dort nur in ganz geringen Mengen)! Zwar ist in Batterien und Akkus Gleichstrom gespeichert, doch geschieht dies stets über den Umweg chemischer Reaktionen.

Die Stromerzeugung muß daher stets dem aktuellen Stromverbrauch angepaßt werden. Wenn unserem Stromversorgungsnetz z.B. nachts weniger Energie (Strom) entnommen wird, muß die Energieerzeugung in den Kraftwerken entsprechend gedrosselt werden, um die Stabilität der Netzspannung zu gewährleisten. Umgekehrt werden bei Spitzenbelastungen, z.B. in der Mittagszeit, zusätzliche Kraftwerke, sogenannte Spitzenlast-Kraftwerke, eingeschaltet, die den erhöhten Verbrauch decken und die Spannung im Netz konstant halten.

Natürlich besteht auch die Möglichkeit, zwecks Ausgleich der Lastschwankungen den Verbrauch ein wenig an die Erzeugung anpassen. Um die großen »Last-Täler« in der Nacht zu füllen, raten die Stromerzeuger ihren Kunden immer noch zu Nachtspeicherheizungen und ähnlichen leistungsstarken Elektrogeräten und räumen dafür entsprechend günstige Tarife ein – nur: energiesparend ist das nicht!.

Trotz solcher Maßnahmen zur besseren Kraftwerksausnutzung ist es unumgänglich, im elektrischen Versorgungsnetz Kraftwerke mit schnell regelbarer Leistung (vor allem Wasserkraftwerke) und große Speicher zu betreiben, um die schwer kalkulierbaren Verbrauchsschwankungen der vielen Abnehmer auszugleichen. Die Speicherung des Stromes erfolgt dabei vorwiegend durch Umwandlung in mechanische Energie. In Zeiten niedrigen Verbrauchs wird mit überschüssigem Strom Wasser in hochgelegene Speicherseen, sogenannte Pumpspeicherwerke, befördert. Bei erhöhtem Strombedarf werden diese Speicher wieder entladen: das herabfließende Wasser erzeugt in einer schnell regulierbaren Turbine elektrischen Strom. Die zweifache Umwandlung von Strom in mechanische Energie und zurück in Strom ist natürlich mit Verlusten verbunden, so daß der Strom aus solchen Spitzenlastkraftwerken erheblich teurer ist als solcher aus Kraftwerken, die im Dauerbetrieb arbeiten.

Ganz ähnliche Verhältnisse und Probleme wie in großen, überregionalen Netzen bestehen auch in kleinen, selbstständigen Stromversorgungssystemen, die ein wichtiges Thema dieses Buches sind. Auch hier gilt es, Stromerzeugung und -verbrauch so gut wie möglich aufeinander abzustimmen, um den Aufwand für die Stromspeicherung möglichst gering zu halten.

1.2 Solarzellen – kleine Solarkraftwerke

Im Gegensatz zu Sonnen*kollektoren*, die Solarenergie in Wärme umwandeln, werden die kleinen blauen oder schwarzen Scheiben, die aus Sonnenlicht Strom erzeugen können, *Solarzellen* genannt. Die Zusammenschaltung vieler Solarzellen zu einer mechanischen und elektrischen Einheit wird als *Solarmodul* oder *Solarpanel* bezeichnet.

Das Funktionsprinzip der Solarzellen ist im Grunde leicht zu verstehen: Die Solarzelle wandelt Sonnenenergie (die Strahlung) in elektrischen Strom um. Je nach Art der Zelle (abhängig vom Material, Herstellungsverfahren, u.ä.) kann etwa 8 bis 15% der eingestrahlten Sonnenenergie als elektrische Energie entnommen werden, der Rest wird in Wärme umgewandelt. Der Umwandlungswirkungsgrad beträgt also 8 bis 15%.

Wird die Solarzelle beleuchtet, steht an den elektrischen Anschlüssen eine Gleichspannung von etwa 0,5 Volt zur Verfügung. Der Strom und damit auch die Leistung, die entnommen

werden kann, hängen von der Intensität der Sonneneinstrahlung und der Zellenfläche, d.h. der Größe der Empfängerfläche, ab. Eine runde Solarzellen mit 10 cm Durchmesser (79 cm² Zellenfläche) liefert bei voller Sonneneinstrahlung (I = 1000 Watt/m²) einen Strom von etwa 1,8 bis 2 Ampere, bei der relativ niedrigen Spannung von 0,5 Volt. Die elektrische Leistung der Zelle beträgt in diesem Falle also

$$N_{zelle} = 0{,}5 \text{ Volt} \cdot 2{,}0 \text{ Ampere} = 1 \text{ Watt (abgekürzt W)}.$$

Der Wirkungsgrad dieser Zelle beträgt dann

$$\eta = N_{zelle} / (F_{zelle} \cdot I) =$$
$$\eta = (1 \text{ W} \cdot 10\,000 \text{ cm}^2) / (79 \text{ cm}^2 \cdot 1\,000 \text{ W}) = 12{,}6\%$$

Bei geringerer Einstrahlung geht die Leistung proportional zur Einstrahlung zurück, d.h. bei 500 W/m² liefert die Zelle nur noch 0,5 W, bei stark bedecktem Himmel entsprechend etwa 100 W/m² Einstrahlung immerhin noch 0,1 W. Anders als beim Sonnenkollektor, der ja Wärme erzeugt, stören niedrige Außentemperaturen die Stromerzeugung nicht, im Gegenteil, gekühlte Zellen arbeiten besser als heiße, so daß bei voller Sonneneinstrahlung im Winter sogar etwas mehr Leistung erzeugt wird als im Sommer.

Solarmodule

Da es kaum Geräte gibt, die mit einer Spannung von 0,5 V arbeiten, werden für praktische Anwendungen viele Zellen zu einem Solarmodul zusammengeschaltet (Abb. 1.4 und 2.26). Beim Hintereinanderschalten der Zellen addieren sich die Zellenspannungen: Standard-Solarmodule bestehen aus 33 bis 40 Zellen in Reihenschaltung, die eine Spannung von 16 bis 22 V und eine Leistung von 30 bis 50 W liefern. Diese Spannung reicht aus, um zum Beispiel gebräuchliche Bleiakkus (12 V) zu laden oder kleinere Geräte direkt zu betreiben. Für besondere Anwendungen werden auch Solarmodule mit anderen Spannungen gefertigt.

1.3 Monokristalline Solarzelle mit 75 mm Durchmesser.

Wird mehr Leistung oder eine höhere Spannung benötigt, können entweder größere Module mit mehr Solarzellen eingesetzt oder mehrere Module gleichen Typs zu einem größeren Solargenerator zusammengeschaltet werden. Grundsätzlich gelten die folgenden Regeln (Abb. 1.4) nicht nur für einzelne Solarzellen, sondern auch für Solarmodule und größere Einheiten:

- Bei der *Serien- oder Reihenschaltung* addieren sich die Spannungen. Da es nur einen Stromkreis gibt, bestimmt der Strom durch die schwächste Zelle den Strom im ganzen Kreis.
- Bei der *Parallelschaltung* werden die Ströme der einzelnen Kreise addiert, da alle Zellen ihren Strom in die gemeinsame Sammelleitung abliefern können. Die Spannung am Verbraucheranschluß entspricht der Zellenspannung.

Es ist schon faszinierend, wie leicht sich viele Zellen zu Modulen und diese wiederum in einer Art Baukasten-Spiel zu größeren Einheiten zusammenbauen lassen. So können sogar Solarkraftwerke beachtlicher Größenordnung aufgebaut werden.

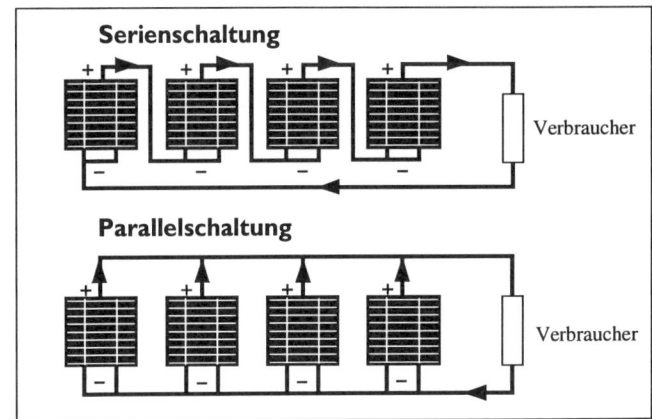

1.4   Serien- und Parallelschaltung von Solarzellen.

Allerdings sind bei der Zusammenschaltung zu größeren und großen Einheiten eine Reihe von Regeln und Organisationsprinzipien zu beachten, die in den folgenden Kapiteln ausführlich behandelt werden.

1.3 Solarzellen in der praktischen Anwendung

Auch wenn die Solarzellentechnik heute vornehmlich in kleinen und mittleren Anlagen zur Stromerzeugung eingesetzt wird, erscheint die Aussicht verlockend, mit dieser Technik längerfristig von den beschränkten fossilen Energieressourcen unabhängiger zu werden und die Umweltbelastungen durch die konventionelle Stromerzeugung zu mildern. Immerhin beträgt das nutzbare Strahlungsangebot der Sonne ein Vieltausendfaches des heutigen Energieverbrauches auf der Erde, so daß es grundsätzlich möglich erscheint, in Zukunft einen erheblichen Teil unseres Strombedarfes mit Hilfe von Solarzellen zu decken. Die erforderlichen Techniken dazu sind im Prinzip bekannt und es wurden sogar schon Berechnungen darüber angestellt, wieviel Zeit nötig sein würde, um Schritt für Schritt konventionelle Kraftwerkskapazitäten durch Solarkraftwerke zu ersetzen.

Um jedoch keine überspannten Erwartungen zu nähren, sollen die praktischen Probleme nicht verschwiegen werden, die aus heutiger Sicht der schnellen Realisierung dieser konkreten Utopie entgegenstehen:

- *Hohe Fertigungskosten*: Die Fertigung von Solarzellen ist beim derzeitigen Stand der Produktionstechnik noch recht aufwendig und entsprechend teuer, so daß der Solarstrom hier und heute kostenmäßig nicht mit dem Strom aus dem Netz konkurrieren kann. In sonnenreichen Gebieten mit schlecht entwickeltem Versorgungsnetz sind die ökonomischen Bedingungen für den Einsatz von Solarzellen zwar wesentlich günstiger als hierzulande, doch fehlt in diesen Ländern meist das nötige Kapital für den Einstieg in diese

Technik. An einfacheren Herstellungsverfahren, die eine kostengünstigere Produktion erwarten lassen, wird seit Jahren intensiv gearbeitet.

• *Witterungsabhängigkeit*: Die Solarstromerzeugung ist sehr stark von der Sonneneinstrahlung abhängig, also von Stand-

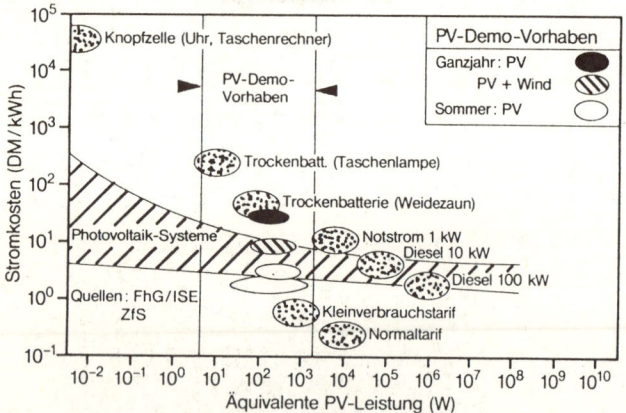

Kosten von elektrischem Strom	
1 Kilowattstunde Energie kostet heute:	
aus Batterien in Armbanduhren	36000 DM
aus Batterien für Taschenrechner	9000 DM
aus Batterien für Taschenlampen	220 DM
für einen Kleinverbraucher (50 W Dauerleistung), der 3,5 km vom Stromnetz entfernt liegt und vom EVU an das öffentliche Netz angeschlossen wird	17,50 DM
für denselben Kleinverbraucher bei photovoltaischer Stromversorgung (50 W Dauerleistung	10,70 DM
bei heutiger Autoelektrik	2,50 DM
bei Stromversorgung aus einem Dieselgenerator (Leistung einige kW)	2,20 - 2,50 DM
beim Photovoltaik-Kraftwerk auf der Insel Pellworm (1000 kW Spitzenleistung)	2,00 DM

Tabelle 1.1: Kosten für elektrischen Strom.
Quelle: ZfS, Hilden (oben) und ISE, Freiburg (unten)

ort und Witterung. Da Mitteleuropa ja nur mäßig „von der Sonne verwöhnt" wird, sind unsere Standortbedingungen nicht gerade optimal. Die bisherigen Erfahrungen zeigen jedoch, daß sich mit dem Standortnachteil durchaus zurechtkommen läßt. Andererseits sind die Utopien einer großindustriellen Solarstromerzeugung in sonnenreichen Gebiete der Erde wie z.B. in der Sahara ebenfalls mit großen Problemen und Unwägsamkeiten politischer Art verbunden.

• *Periodische Schwankungen*: Um eine kontinuierliche Stromversorgung sicherzustellen, müssen die periodischen Schwankungen im solaren Energieangebot (Tag-Nacht- und Sommer-Winter-Schwankungen) ausgeglichen werden. Auch wenn viele große Solarstrom-Kraftwerke in das öffentliche Versorgungsnetz »einspeisen« würden, werden zum Überbrücken der dunklen Zeiten weiterhin leistungsfähige Stromerzeugungsanlagen gebraucht, die andere Energiequellen (z.B. Wasserkraft, Kohle, Windenergie) nutzen. In autonomen (netzunabhängigen) Anlagen kommen zur Überbrückung witterungsbedingter Versorgungslücken große und entsprechend teure Stromspeicher (Akkus) mit passenden Regelungssystemen zum Einsatz, die unter Kosten- und Umweltgesichtspunkten gravierende Nachteile aufweisen. Die Entwicklung neuer, leistungsfähiger und preiswerter Speicher für elektrische Energie könnte die Anwendung der Solarzellen erheblich voranbringen.

• *Hohes Stromverbrauchsniveau*: Der zunehmende Einsatz von »elektrischen Sklaven« hat uns nicht nur von körperlicher Arbeit entlastet, sondern auch beachtlichen Wohlstand beschert, insbesondere der Stromwirtschaft. Andererseits hat diese Entwicklung in den letzten Jahrzehnten zu einer Vervielfachung des Stromverbrauches geführt, wie Abb. 1.1 deutlich macht. Nun erscheint es heute (noch) schwer vorstellbar, daß unser derzeitiger Stromverbrauch auch nur zu einem größeren Teil mittels Photovoltaik bereitgestellt werden könnte, was die Umstellung auf Sonnenenergie nicht gerade erleichtert. Daher ist es auf jeden Fall sinnvoll, parallel zur Einführung der solaren Stromerzeugung den Wirkungsgrad der Elektrogeräte soweit wie möglich zu erhöhen. Für die Stromversorger kann es betriebswirtschaftlich sogar günstiger sein, durch eine rationellere Nutzung der elektrischen Energie freie Versorgungskapazitäten zu schaffen als neue Kraftwerke zu bauen.

Insofern liegt im hohen Preis und der beschränkten Verfügbarkeit des Solarstroms eine große Chance: Wenn Energie in solaren Stromversorgungssystemen teurer erzeugt werden muß als in konventionellen Kraftwerken, kommt die Investition in sparsame und effiziente Gerätetechnik oft billiger als die Installation entsprechend großer Stromerzeugungskapazitäten. So sind in den letzten Jahren eine ganze Reihe besonders sparsamer Elektrogeräte entwickelt und auf den Markt gebracht worden. Der höhere Kaufpreis solcher Geräte macht sich - selbst beim Betrieb am öffentlichen Stromnetz - in vielen Fällen allein dadurch bezahlt, daß die eingesparten Stromkosten im Laufe der Lebensdauer den höheren Anschaffungspreis überwiegen. Die Stromerzeugung mit Solarzellen hat - nachdem die praktische Anwendung dieser Technik gerade erst 20 Jahre alt ist - in den letzten Jahren einen rasanten Aufschwung erlebt. Im Jahre 1987 betrug die Weltjahresproduktion an Solarzellen immerhin schon ca. 30 MW_{peak}/a (Spitzenleistung aller hergestellten Zellen). Dieser Wert konnte im Jahre 1992 annähernd verdoppelt werden. Sicherlich lassen sich damit noch keine konventionellen Großkraftwerke ersetzen. Aber wir müssen ja auch erst einmal lernen, mit der neuen Technik in der Praxis umzugehen.

Netzunabhängige Kleinverbraucher

Ein sehr zukunftsträchtiges Anwendungsgebiet sind die vielen netzunabhängigen Kleinverbraucher, da sie - wie der Name andeutet - relativ wenig Energie verbrauchen, systembedingt mit kleinen Spannungen (bis 48 V) arbeiten und auf eine autonome, d.h. unabhängige Stromversorgung angewiesen sind.

- *Kleingeräte*

Dazu gehören Taschenrechner, Uhren, Taschenlampen Radios, Kasettenrecorder, Spielzeuge u.ä., im weiteren Sinne alle Geräte mit geringer Leistungsaufnahme, die bisher aus »teuren«

1.5 Zur Versorgung eines elektrischen Weidezaungerätes oder zum Betrieb eines Ladegerätes für Nickel-Cadmium-Geräteakkus reicht ein relativ kleiner Solargenerator aus.

1.6
Diese kleine
Solarstromanlage
reicht zur elektrischen
Beleuchtung der
Berghütte aus.

Trockenbatterien versorgt werden. Die Umrüstung solcher Geräte auf Akkus bereitet meist keine großen Probleme. Ausgestattet mit einer ausreichend großen Solarzellenfläche, läßt sich eine autonome solare Stromversorgung sicherstellen, so daß auf ein Netzladegerät in der Regel verzichtet werden kann. Beispielsweise wurden bereits 1983 in Japan etwa 30 Mio. Taschenrechner mit Solarzellen produziert, was bei etwa 20 000 m² installierter Solarzellenflächen einer Spitzenleistung von ca. 500 kW entspricht. In den letzten Jahren hat die Fa. Junghans mit ihren Solararmbanduhren (Gangreserve durch Kondensatorspeicher 100 h) viel Erfolg gehabt.

Systemdaten: Die Leistung des Solargenerators reicht von 0,01 W bis etwa $5 W_{peak}$ (Spitzenleistung), die Systemspannung beträgt 1,5 bis 6 V. Als Stromspeicher werden in Taschenrechnern und Uhren Kondensatoren mit sehr großer Kapazität (> 100 mF, sogenannte Gold-Kapazitäten) eingesetzt, bei Geräten mit größerem Verbrauch kommen Nickel-Cadmium-Akkus (Rundzellen) oder gelegentlich auch Bleiakkus zum Einsatz.

• *Mobile elektrische Geräte*
Zu dieser sehr großen Verbrauchergruppe gehören nicht nur mobile Leuchten aller Art, sondern beispielsweise auch Weidezaungeräte, Funkanlagen und elektronische Geräte in Campingfahrzeugen, Booten, Segelflugzeugen, Hütten und Wochenendhäusern. Diese Geräte und Systeme verwenden einen Akku als Stromspeicher, damit sie unabhängig von der Sonneneinstrahlung betrieben werden können. In Fahrzeugen wird ein kleines Bordnetz installiert (Bordspannung meist 12 oder 24

Volt), an das alle möglichen Kleinverbraucher angeschlossen werden können. Der Einsatz von Solarzellen in diesem Bereich ist praktisch und hat sich bewährt, doch sind die Möglichkeiten noch zu wenig bekannt.

Einige Spezialisten haben sogar schon erfolgreich versucht, den Strom aus Solarzellen zum Antrieb leichter Fahrzeuge für den Nahverkehr, sogenannter Solarmobile, zu nutzen.

Systemdaten: Die Spitzenleistung des Solargenerators liegt im allgemeinen zwischen 5 und 100 Watt, entsprechend einer Fläche von 0,05 - 1 m^2. Als Stromspeicher kommen vorwiegend Bleiakkus zum Einsatz, NiCd-Akkus nur bei besonders harter Beanspruchung.

• *Versorgung ortsfester Geräte fernab vom öffentlichen Netz*
Dazu gehören Not-Telephone, Wetter- und Umweltmeß-stationen, Radio- und Fernsehfüllsender, kleine Radiostationen, Seeleuchtbojen, Beleuchtungsanlagen; diese Anlagen sind im allgemeinen ortsfest installiert und können daher optimal zur Sonne ausgerichtet werden. Sie benötigen einen leistungsfähi-gen Stromspeicher für den Betrieb bei Dunkelheit und geringer Sonneneinstrahlung. Es gibt inzwischen in Deutschland und den Alpenländern eine Vielzahl solcher Anlagen, die sich in mehr-jähriger Praxis bewährt haben. In Ländern mit weniger dich-tem Versorgungsnetz, in Bergregionen und Entwicklungslän-dern finden Anlagen dieser Art zunehmend Verbreitung.

Systemdaten: Die erforderliche Solarzellenleistung liegt je nach Aufgabe bei 20 bis 1000 Watt, entsprechend einer Generator-fläche von 1 bis 10 m^2. Als Stromspeicher werden Bei- und NiCd-Akkus eingesetzt.

Versorgung elektrischer Pumpen zur Wasserförderung

Bei Anwendungen dieser Art kommen sowohl Kleinanlagen zum Einsatz, z.B. zur Versorgung eines Gartens oder eines Hau-ses, aber auch größere und große Anlagen, wenn es um die Trink-wasserversorgung von Siedlungen oder die Bewässerung von Feldern geht. Besonders in den sogenannten Entwicklungslän-

1.7 Autonome Solarstromversorgung für eine Sendeanlage: Fernsehfüllsender Lasel in der Eifel, Spitzenleistung 350 Watt. Photo: Fa. ASE Angewandte Solarenergie GmbH (früher AEG/DASA), Wedel

dern stellen solar betriebene Wasserpumpen eine gute und fi-nanziell interessante Alternative zu benzin- und dieselgetriebe-nen Wasserpumpen dar; da sie ohne teuren Brennstoff und (fast) ohne Wartung auskommen. Auf einen Stromspeicher kann im allgemeinen verzichtet werden, wenn stattdessen das geförder-

1.8 Strom aus Solarzellen steht immer dann zur Verfügung, wenn die Bewässerung von Kulturen wegen anhaltender Trockenheit besonders notwendig ist.   Photo: Heinz Schulz, Weihenstephan

1.9 Dieser Solargenerator versorgt einen netzfern gelegenen Berggasthof (Rappenecker Hof bei Freiburg) in Verbindung mit der Windkraftanlage unabhängig vom Netz mit elektrischem Strom.

te Wasser bevorratet wird. In diesem Fall ist anstelle des Akkus zwischen Solargenerator und Pumpenmotor ein elektrischer Wandler zur Anpassung der elektrischen Kennlinien vorzusehen.

Systemdaten: Die Solarzellenleistung reicht je nach Fördermenge und Förderhöhe von 200 bis 10 000 Watt, entsprechend 2 bis 100 m². Ein Stromspeicher ist nicht unbedingt erforderlich, wenn nötig, kommen meist Bleiakkus zum Einsatz.

Autonome Hausversorgung

Mit größeren Solarstromanlagen können natürlich auch ganze Häuser unabhängig vom öffentlichen Netz mit Strom versorgt werden. Die Realisierung erfordert allerdings erhebliche finanzielle Mittel und eine drastische Reduzierung des gewohnten Energieverbrauchs. Je nach Geräteausstattung und Verbrauch müssen etwa 0,5 bis 2 kW an Solarzellenleistung und ein entsprechend großer Stromspeicher installiert werden. Geräte, die Strom nur verheizen oder ihn ineffektiv nutzen, sind aus dem Haushalt zu verbannen. Die Hausbewohner werden Betreiber eines eigenen kleinen Kraftwerkes und müssen dafür sorgen, daß Energieerzeugung und -verbrauch sich im Mittel die Waage halten. In unseren Breiten kann es besonders im Winter bei geringer Einstrahlung und erhöhtem Verbrauch zu Versorgungsengpässen kommen. Durch großzügige Dimensionierung des Systems oder Nutzung zusätzlicher Energiequellen läßt sich dieses Problem jedoch lösen.

Die Solarstromversorgung von Häusern, eventuell im Verbund mit einem kleinen Blockheizkraftwerk (Wärme- und Stromerzeugung im Winter) oder unterstützt durch eine Windkraftanlage, ist heute dort sinnvoll und finanziell tragbar, wo das öffentliche Netz nicht erreichbar ist oder erhebliche Anschlußkosten für die Heranführung der Leitungen bezahlt werden müßten. Anwendungsfälle dieser Art sind auch im industrialisierten Europa recht häufig, nach einer älteren Statistik soll es allein in der EG (noch ohne Spanien und Portugal) mehr als 22 000 Haushalte geben, die nicht an das öffentliche Netz angeschlossen sind (bzw.. ca. 300 000 in denen Mittelmeerländern).

Netzgekoppelte Anlagen

Netzgekoppelte Solarstromanlagen stehen, wie der Name sagt, mit dem öffentlichen Netz in Verbindung und Austausch. Dabei wird der Strom von der Sonne ohne den Umweg der Speicherung gleich in technischen Wechselstrom (230 V, 50 Hz) umgewandelt. Strom, der im Haus nicht verbraucht werden kann, wird in das öffentliche Netz abgegeben. Im umgekehrten Fall, wenn der Verbrauch höher ist als die eigene Erzeugung, liefert das Netz die nötige Ergänzung und Versorgungssicherheit. Im Rahmen eines ersten breit angelegten, aber zeitlich befristeten Förderprogrammes sind in den letzten Jahren in Deutschland über 2000 Anlagen dieses Typs mit Leistungen zwischen 1 und 5 kW gebaut worden. Die Erfahrungen mit diesen Anlagen werden im Rahmen eines umfangreichen Meß- und Untersuchungsprogrammes derzeit ausgewertet.

Der Vorteil dieser Technik besteht darin, daß im Gegensatz zu autonomen Versorgungssystemen auf teure Stromspeicher (Akkus) verzichtet werden kann. Außerdem wird dadurch der Umgang mit großen Blei- oder Cadmiummengen vermieden, der bei einer massenhaften Anwendung entsprechender Akkus beträchtliche Umweltprobleme sowohl bei der Herstellung und als auch beim Recycling dieser giftigen Metalle mit sich bringen würde. Das öffentliche Netz wirkt in Verbindung mit anderen Stromerzeugern als Speicher und gewährleistet die Versorgungssicherheit.

Der Aufwand für die Netzkoppelung ist durch die technischen Anforderungen an die Einspeiseanlage relativ groß, so daß die Einspeisung nur bei größeren Anlagen ab 1 kW Leistung Sinn macht. Beim derzeit noch recht hohen Solarzellenpreis und dem eher ungünstigen Strahlungsangebot in Mitteleuropa ist der Solarstrom im Vergleich zum Strom aus dem Netz noch sehr teuer. Und mit einer einigermaßen kostendeckenden Vergütung des eingespeisten Stromes durch die Versorgungsunternehmen ist derzeit nicht zu rechnen. Trotzdem lohnt es sich, die Technik der Netzeinspeisung weiterzuentwickeln, um durch höhere Stückzahlen, billigere Zellen und optimierte Netzeinspeiseelektronik den Einstieg in die solare Stromwirtschaft vorzubereiten.

1.10 Netzgekoppelte Photovoltaik-Anlage (Nennleistung 19,4 kW), integriert in den Kirchturm der Gemeinde Steckborn, Schweiz.   Photo: Invertomatic AG, Riazzino

Solarkraftwerke

Bei Spitzenleistungen von mehr als 100 kW wird von Groß-anlagen und Solarzellen-Kraftwerken gesprochen. Prinzipiell unterscheiden sich diese Solarkraftwerke nicht von den netzgekoppelten Hausanlagen – sie sind eben nur etwas größer und aus entsprechend mehr (bei den Solarmodulen) oder größeren (bei den Wechselrichtern) Bausteinen zusammengesetzt. Solarkraftwerke werden stets am öffentlichen Netz betrieben.

Dank des modularen Aufbaus lassen sie sich in relativ kurzer Planungs- und Bauzeit errichten. So konnte im sonnenreichen Südkalifornien ein Solarzellenkraftwerk mit 5.000 kW = 5 MW elektrischer Leistung in etwa 6 Monaten Bauzeit errichtet wer-

den. Auch in Europa sind inzwischen mehrere Solarzellen-kraftwerke in Betrieb, in Deutschland wurden von Stromversorgungsunternehmen die Anlagen Pellworm, Kobern-Godorf, Neurather See und Neunburg vorm Wald errichtet. Diese Beispiele zeigen, daß die Solarzellen-Technik auch geeignet ist, in großem Maßstab Strom zu erzeugen - vollautomatisch, sauber und in absehbarer Zeit hoffentlich auch noch zu günstigeren Preisen.

Ein Nachteil von Solarkraftwerken ist der beträchtliche Landschaftsverbrauch für den Solargenerator, sofern nicht die Dachflächen großer Gebäudekomplexe genutzt werden. Im Vergleich dazu lassen sich dezentrale Kleinanlagen ohne zusätzlichen Platzbedarf problemlos auf den Hausdächern unterbringen.

1.11
Solarkraftwerk
(Nennleistung
103 kW) entlang der
Bahnlinie Bellinzona -
Locarno des
Schweizerischen
Bundesamtes für
Energiewirtschaft.
Photo: Invertomatic
AG, Riazzino

1.4 Stromsparen

Von manchen Gesellschaftswissenschaftlern wird die These vertreten, daß der Umgang mit Energie in unserer Gesellschaft ein sich selbst verstärkender Prozeß ist. Der Einsatz von Energie führt dazu, so die These, daß immer neue Anwendungsgebiete für Energie geschaffen werden, die eine Erhöhung des Verbrauches nach sich ziehen. In der Tat können die seit Jahrzehnten steigenden Verbrauchszahlen, die im übrigen von den Stromversorgungsunternehmen in Grafiken gern mit dem Anstieg des Bruttosozialproduktes korreliert werden (vgl. Abb. 1.1), als ein Beweis für diese These angesehen werden. Die Ursachen für den steigenden Verbrauch sind in gesellschaftlichen Entwicklungsprozessen zu suchen, vor allem in dem Bedürfnis nach Steigerung von Produktion, Produktivität, Konsum, Besitz und Macht. Die negativen Folgen dieser Entwicklung für unsere Umwelt dürften in den letzten Jahren bereits hinreichend deutlich spürbar geworden sein.

Daher erscheint die Frage angebracht, ob die Nutzung der als umweltfreundlich geltenden Solarenergie eine weitere Entwicklung in diese Richtung aufhalten oder gar einen Ausweg daraus weisen kann. Immerhin decken die bisher errichteten Photovoltaikanlagen in Deutschland (geschätzte Nennleistung ca. 5,6 MW, Jahresproduktion ca. 3,9 GWh) nicht einmal annähernd den mittleren jährlichen Zuwachs der Stromproduktion im Lande (Steigerung um 5 000 bis 10 000 GWh/a bei 400 000 GWh Gesamtverbrauch).

Der gesellschaftliche Nutzen der Photovoltaik liegt - abgesehen vom Gewinn an Know how - zunächst vor allem darin, daß sie uns lehrt, mit dem beschränkten Energieangebot der Natur zu wirtschaften, d.h. mit Strom sparsam umzugehen und „selbstgenügsame" Systeme aufzubauen. Diese Lehre ist ein wichtiger Schritt zu mehr Umweltbewußtsein und gleichzeitig die „Eintrittskarte" in das Sonnenzeitalter.

Aus diesem Grund gehört das Thema „Stromsparen" unbedingt mit zur solaren Stromversorgung, in autonomen Anlagen ebenso wie in netzgekoppelten Systemen. Grundsätzlich gilt es, vor dem Erzeugen erst einmal den Bedarf zu überprüfen. Bei autonomen Anlagen wäre es im Anbetracht der hohen Systemkosten technisch verfehlt und sehr teuer, die Anlagenleistung für den großzügigen, vom Netz gewohnten Durchschnittsstromverbrauch auszulegen. Und bei netzgekoppelten Anlagen liegt der Anteil des selbstgenutzten Solarstromes umso höher, je geringer der eigene Stromverbrauch ist.

Bei genauerem Hinsehen gibt es im Haushalt viele Stellen, an denen unnötig Strom verbraucht wird: neben Stromanwendungen, für die es bessere Alternativen gibt (z.B. fast alle Formen elektrischer Heizung) sind dies vor allem die vielen elektrische Geräte mit schlechtem Wirkungsgrad. Dabei kann es, für den einzelnen ebenso wie aus volkswirtschaftlicher Sicht, durchaus preiswerter sein, einen etwas höheren Preis für ein energiesparsames Gerät zu bezahlen und dafür während der ganzen Lebensdauer des Gerätes Strom zu sparen. Nach einschlägigen Schätzungen läßt sich durch konsequente Anwendung energiesparsamer Haushaltsgeräte der Stromverbrauch im Haushalt auf 30 bis 40% des heutigen Wertes reduzieren - wohlgemerkt, ohne Komforteinbuße! Beispiele solar versorgter Häuser zeigen, daß sich auch mit noch weniger Stromverbrauch durchaus gut leben läßt.

Während die Einführung stromsparender Geräte im netzversorgten Haushalt nach und nach erfolgen kann, ist für die vernünftige Auslegung netzunabhängiger, solarer Stromversorgungsanlagen die sofortige Umstellung auf energiesparsame Geräte oberstes Gebot. Denn ein überhöhter Stromverbrauch müßte mit zusätzlicher Solarzellenfläche und größeren Speicherakkus teuer bezahlt werden.

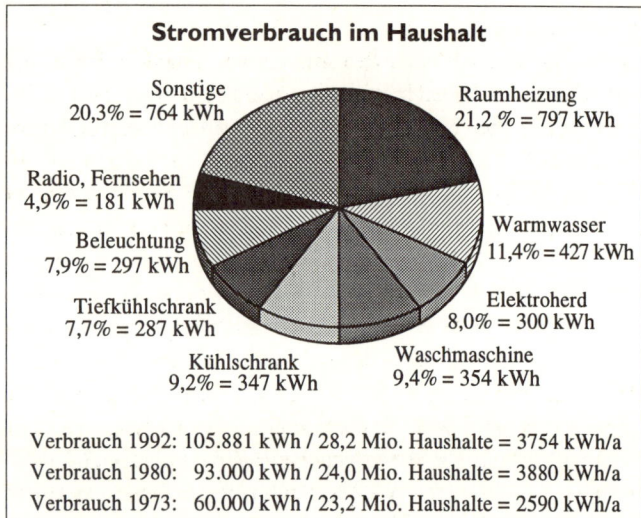

Stromverbrauch im Haushalt

Sonstige
20,3% = 764 kWh

Raumheizung
21,2 % = 797 kWh

Radio, Fernsehen
4,9% = 181 kWh

Warmwasser
11,4% = 427 kWh

Beleuchtung
7,9% = 297 kWh

Tiefkühlschrank
7,7% = 287 kWh

Elektroherd
8,0% = 300 kWh

Kühlschrank
9,2% = 347 kWh

Waschmaschine
9,4% = 354 kWh

Verbrauch 1992: 105.881 kWh / 28,2 Mio. Haushalte = 3754 kWh/a
Verbrauch 1980: 93.000 kWh / 24,0 Mio. Haushalte = 3880 kWh/a
Verbrauch 1973: 60.000 kWh / 23,2 Mio. Haushalte = 2590 kWh/a

1.12 Stromverbrauch im Haushalt nach Verbrauchern.
Quellen: Auskunft der VDEW und Statistisches Jahrbuch

Wo sind Einsparungen möglich?

Abb. 1.12 gibt Auskunft über Höhe und Verteilung des durchschnittlichen Stromverbrauchs in bundesdeutschen Haushalten (alte Bundesländer, Zahlen von 1992 nach Auskunft der VDEW, Verein Deutscher Elektrizitätswerke e.V.).
Gut 40% des Stroms wird für die Raumheizung und Warmwasserbereitung sowie beim Kochen schlicht „verheizt". Für diese Anwendungen wäre es wesentlich sinnvoller, andere Energieträger wie Gas, Öl, Holz, Sonnenenergie u.ä. einzusetzen, die eine bessere Ausnutzung der eingesetzten Primärenergie bringen und die genannten Energiedienstleistungen vielfach auch billiger bereitstellen können. In einem Stromspar-Haushalt kann dadurch fast die Hälfte des durchschnittlichen Stromverbrauchs von etwa 10 kWh pro Tag (10 kWh/d = 3 650 kWh/a) aus den weiteren Überlegungen ausgeklammert werden. Es bleibt dann eine mehr oder weniger große Zahl von Elektrogeräten, deren Nützlichkeit hier nicht zur Diskussion gestellt werden soll.

Beleuchtung
Der Anteil der Beleuchtung am Stromverbrauch ist mit knapp 8% relativ gering. Durchschnittlich werden im Haushalt etwa 297 kWh im Jahr benötigt. Nun gibt es längst sparsame Alternativen zur Standard-Glühlampe: Halogen-Lampen liefern ein angenehmes, dem Glühlampenlicht vergleichbares Licht, und bringen bei etwa 60% des bisherigen Verbrauchs die gleiche Helligkeit. Da sie überwiegend für 12 und 24 V hergestellt werden, sind sie gut geeignet als Lese- bzw. Wohnraumbeleuchtung in autonomen Stromversorgungsanlagen. Zum Betrieb an 230 V muß ein Trafo vorgeschaltet werden. Für die Grundbeleuchtung sollten jedoch Energiesparlampen eingesetzt werden.
Die Leuchtstoffröhren (klassische gerade Röhrenform) und -lampen (kompakte Form durch gewendelte Röhren) bringen nämlich eine deutlich höhere Lichtausbeute. Durch neu entwickelte Formen und bessere Leuchtstoffe geben sie ebenfalls ein angenehmes Licht und verbrauchen bei gleicher Helligkeit nur 20 bis 25% des Stroms, den gleichhelle Glühlampen aufnehmen. Kompakt-Leuchtstofflampen sind zum Teil bereits mit dem erforderlichen Vorschaltgerät (im Lampensockel) und einer Schraubfassung ausgestattet, so daß sie die normalen Glühlampen ohne Umbaumaßnahmen an der Leuchte ersetzen können. Je nach Zahl der Brennstellen und Wahl des Lampentyps läßt sich ein Stromspar-Haushalt mit durchschnittlich 70 bis 100 kWh/Jahr beleuchten.

Radio, Fernsehen und andere elektronische Medien
Bei diesen Geräten ist der Energieverbrauch durch die Entwicklungen der Halbleitertechnik in den letzten Jahren erheblich zurückgegangen. Während Radios, CD-Spieler und Kasettenrecorder heute schon als tragbare Geräte nahezu „HiFi-Qualität" liefern und mit wenigen Watt Leistungsaufnahme auskommen, dürfte der Farbfernseher wohl der größte Verbraucher in dieser Gruppe sein. Je nach Größe des Bildschirms liegt die Leistungsaufnahme im Betrieb bei 40 bis 100 W.
Allerdings lassen sich viele „moderne" Fernsehgeräte, ebenso wie die inzwischen weitverbreiteten Videorecorder, nur noch durch Herausziehen des Netzsteckers ganz abschalten. Um die Fernbedienung und den Programmspeicher aktiv zu halten,

werden diese Geräte beim üblichen Ausschalten lediglich in einen sogenannten Standby-Modus versetzt, wobei die Leistungsaufnahme auf 0,5 bis 5 Watt zurückgeht. Der Dauerbetrieb im Standby-Modus trägt u.U. erheblich zum Gesamtverbrauch dieser Gerätegruppe bei und macht die Einsparungen, die beim aktiven Betrieb erzielt wurden, teilweise oder sogar ganz zunichte (z.B. 21 h x 5 W = 105 Wh/d für Betriebsbereitschaft und 3 h x 50 W = 150 Wh/d für Betrieb). Bei Neuanschaffungen sollte daher nicht nur der Energieverbrauch im Betrieb zum wichtigen Entscheidungskriterium gemacht werden, sondern auch die Leistungsaufnahme im Standby-Betrieb. Wer derlei „Kulturmaschinen" nicht braucht, ist fein heraus, denn er spart Strom und viel Geld und hat obendrein Zeit für andere Dinge. In einem Stromsparhaushalt läßt sich durch Einsatz sparsamer Geräte der jährliche Verbrauch je nach Ausstattung und Benutzung auf 50 bis 120 kWh/a reduzieren.

Kühlgeräte
Leider ist es - aus welchen Gründen auch immer - in unserem technisch hochentwickelten Land immer noch nicht möglich, ausschließlich energiesparsame Kühlgeräte herzustellen. Zwar gibt es „Energiespar"-Kühlschränke und -gefriertruhen zu kaufen, deren Verbrauch in den letzten Jahren auf 0,2 bis 0,5 kWh/d bezogen auf 100 l Kühlvolumen (entsprechend 70 bis 180 kWh/a) gesenkt werden konnte, doch die Mehrzahl der heute angebotenen Geräte verbraucht u.U. gern einmal das Doppelte. Dabei wurde und wird im Rahmen der Verbraucheraufklärung immer wieder darauf hingewiesen, daß die Einsparungen bei den laufenden Stromkosten die höheren Anschaffungskosten energiesparender Geräte im Laufe der Lebensdauer bei weitem aufwiegen. Geräteempfehlungen werden in Kap. 4.4 gegeben. Durch Aufstellung der Kühlgeräte in kühlen Räumen läßt sich der Verbrauch gegenüber dem Normverbrauch bei 25°C noch um einiges senken, umgekehrt liegt der Verbrauch in einer warmen Umgebung über den Normwerten.
Bei durchschnittlicher Größe der Kühlgeräte muß im Stromspar-Haushalt mit einem Jahresverbrauch von 160 kWh/a (150 l-Kühlschrank) bzw. 300 bis 350 kWh/a (Kühlschrank + Gefriertruhe) gerechnet werden.

Waschmaschine, Geschirrspüler, Wäschetrockner
Diese Geräte gehören zu den großen Verbrauchern im Haushalt, nicht zuletzt, weil hier wieder zu einem beträchtlichen Teil Strom in Wärme verwandelt wird. *Waschmaschinen* mit Warmwasseranschluß, in kommerziellen Waschsalons durchaus üblich, haben sich für den privaten Haushalt bisher nicht recht durchgesetzt. Entfällt bei Wasch- und Geschirrspülmaschinen die elektrische Aufheizung des Wassers, bleibt der Stromverbrauch für Antrieb und Laugenpumpe übrig, der bei etwa 100 bis 150 kWh/a jeweils für Waschmaschine und Geschirrspüler liegt. Der Einbau eines Warmwasser-Anschlusses ist bei fast allen Waschmaschinen nachträglich möglich und wird in der Literatur beschrieben [41]. Anschlußfertige Vorschaltgeräte sind im Handel erhältlich. Wem derartige Bastelei nicht liegt, kann beim Kauf eines neuen Gerätes durch richtige Auswahl (Gerät mit Warmwasseranschluß und energiesparender Technik) eine Menge Energie und Wasser sparen.
Die beste Alternative zum *Wäschetrockner* ist die Nutzung der Sonnenenergie, das Trocknen an der „frischen" Luft, wobei eine Überdachung gegen Regen sehr vorteilhaft ist. Aber eigentlich soll hier ja nicht über die Notwendigkeit des einen oder anderen Gerätes diskutiert werden.

Sonstige Geräte
Bleiben die vielen Elektrogeräte im Haushalt und haustechnischen Anlagen, deren Anteil am Stromverbrauch in den letzten Jahren deutlich zugenommen hat: Kaffemaschine, Eierkocher, Küchenmaschine, Staubsauger, Nähmaschine, aber auch Computer, Anrufbeantworter sowie Heizung, Solaranlage und vieles mehr. Auch wenn diese Geräte in der überwiegenden Zahl nur selten oder kurzzeitig benutzt werden, fällt ihr Verbrauch im Vergleich zu den Großgeräten zunehmend ins Gewicht. Wer den Haushalt einmal von allen unnützen Geräten (eine gute Warmhaltekanne erfüllt z.B. den gleichen Zweck wie die Heizplatte einer Kaffeemaschine), kann zur Versorgung dieser Gerätegruppe je nach Umfang an technischer Ausstattung durchaus mit 50 bis 250 kWh/a auskommen.
In diesem Zusammenhang empfiehlt es sich, auch einmal im Keller nachzusehen, ob nicht z.B. eine überdimensionierte

Umwälzpumpe der Heizung ganz erheblich zum Stromverbrauch beiträgt. Eine ältere Umwälzpumpe mit 80 W Leistungsaufnahme verbraucht während der Heizperiode (5 Monate Betriebsszeit, entsprechend 3600 h/a) immerhin 288 kWh/a. Zur Senkung des Verbrauchs kann im einfachsten Fall eine Schaltuhr eingebaut werden, welche die Pumpe während der Nacht-absenkung abschaltet. Größere Einsparungen sind möglich, wenn eine Pumpe mit geringerer Leistung ausreicht und neu eingebaut wird. Die Heizungsfirmen können heute durch eine Meßpumpe die optimale Pumpenleistung ohne Rechenaufwand experimentell bestimmen.

Gesamtbilanz

Alle hier aufgeführten Möglichkeiten zum Stromsparen im Haushalt zusammengenommen führen zu einer erfreulichen Gesamtbilanz (Tab. 1.2). Danach beträgt der Stromverbrauch im Stromspar-Haushalt (ohne großen Komfortverzicht) nur noch 570 bis 970 kWh/a entsprechend 1,5 bis 2,7 kWh/d, also 15 bis 26% des durchschnittlichen Verbrauchs. Sparsame Menschen in solar versorgten Haushalten haben bewiesen, daß sich sogar mit weniger als 1 kWh/d gut auskommen läßt!

Die beschriebenen Möglichkeiten, sparsam mit Strom umzugehen, hat jeder, egal ob er/sie den Strom aus dem Netz bezieht oder sich autonom versorgt. Es ist ein Zeichen technischen Fortschritts und nicht als Askese zu werten, wenn diese Möglichkeiten auch konsequent genutzt werden.

Wer seinen Strom weiterhin aus dem Netz bezieht, kann sich über diesen Fortschritt freuen, denn er hat damit zur Erhaltung unserer Umwelt beigetragen und spart gleichzeitig Geld. Wer seinen Strombedarf jedoch autonom aus Sonnenenergie decken will, vollzieht mit diesem Sparprogramm den ersten wichtigen Schritt.

Stromverbrauch im Haushalt		
Anwendung	Verbrauch im Normalhaushalt kWh/a	Verbrauch im Stromsparhaushalt kWh/a
Heizung, Warmwasser	1224	–
Kochen	300	–
Beleuchtung	297	70 - 100
Radio, Fernsehen	181	50 - 120
Kühl- und Gefriergeräte	634	300 - 350
Waschmaschine, Trockner, Geschirrspüler	354	100 - 150
Sonstige	764	50 - 250
Gesamt	3754	570 - 970

Tabelle 1.2: Vergleich der Stromverbräuche in einem Normalhaushalt und einem Stromspar-Haushalt.

2. Solarzellen

2.1 Aufbau und Funktion von Solarzellen

Wie vollzieht sich nun die Umwandlung von Licht in elektrischen Strom? Zum Verständnis des Funktionsprinzips von Solarzellen ist ein kleiner Exkurs in die Halbleiterphysik unumgänglich, der sich jedoch auf die Betrachtung eines anschaulichen Modells von den Vorgängen auf atomarer und kristalliner Ebene beschränkt. Trotz der starken Vereinfachung liefert dieses Modell verständliche Erklärungen für die wichtigsten Eigenheiten von Solarzellen.

Für die praktische Arbeit mit Solarzellen ist dieses Verständnis nicht unbedingt erforderlich, so daß alle diejenigen, die ausschließlich an der Praxis interessiert sind, diesen Abschnitt ggf. überschlagen und in Kapitel 2.2 weiterlesen können.

Die ersten Schritte im Herstellungsprozeß

Solarzellen mit dem besten Umwandlungs-Wirkungsgrad werden heute immer noch aus hochreinem, kristallinem Silizium hergestellt. Diese *monokristallinen* Zellen sind wegen ihres übersichtlichen Aufbaus gleichzeitig gut geeignet, um die Vorgänge im Halbleiter zu erklären, weshalb sie bei der folgenden Beschreibung im Vordergrund stehen.

Ausgangsmaterial für die Herstellung von Silizium ist Quarzsand (SiO_2), der geschmolzen und von fremden Substanzen gereinigt wird. Für die Produktion von Solarzellen wird - ähnlich wie für andere Produkte der Halbleitertechnik (Transistoren, integrierte Schaltungen) - eine hohe Reinheit des Ausgangsmaterials gefordert, für Solarzellen-Silizium wenigstens eine Reinheit von 99,99998%. Das heißt, unter 10 Millionen Silizium-Atomen dürfen höchstens 2 Fremdatome vorhanden sein. Für Halbleitersilizium sind die Reinheitsanforderungen noch um einige Zehnerpotenzen höher. Entsprechend aufwendig und

kostenintensiv ist der notwendige Reinigungsprozeß: 1 kg Rohsilizium (Verunreinigung ca. 1 bis 2%), wie es zum Legieren von Metallen benötigt wird, kostet etwa 3 DM/kg, Solarzellen-Silizium jedoch schätzungsweise mehr als das Zwanzigfache. Der Materialeinsatz für eine 10 x 10 cm große Solarzelle liegt bei etwa 8 bis 10 g, entsprechend 0,60 bis 0,70 DM Rohstoffkosten je Zelle.

Aus dem geschmolzenen Reinst-Silizium wird ein Kristallstab gezogen, der etwa 10 cm Durchmesser und bis zu 1 m Länge

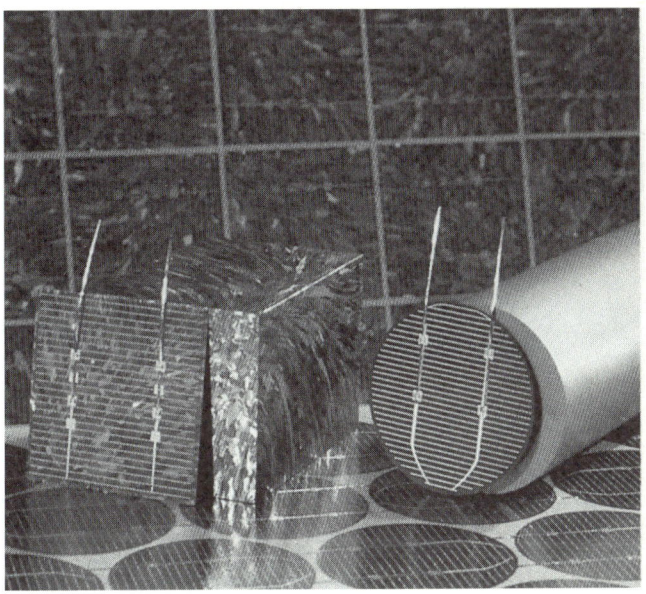

2.1 Monokristallines und polykristallines Silizium und daraus gefertigte Zellen.
Quelle: Agence Française pour la Maîtrise de L'Énergie

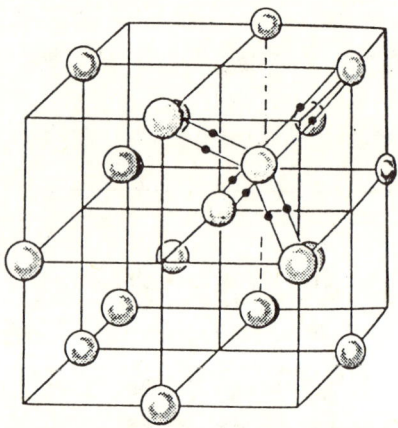

2.2 Der kristalline Aufbau von Silizium.

hat. Alle Atome dieses Kristalls sind in einem für Silizium typischen Kristallgitter angeordnet. Dieser mächtige Einkristall wird nun in etwa 0,3 bis 0,5 mm dicke Scheiben zersägt. Beim Zerschneiden des Einkristalls entsteht etwa 50% Abfall („Sägespäne", die sich wieder einschmelzen lassen). Die Dicke der Scheiben ist das Resultat eines Kompromisses zwischen möglichst geringem Materialverbrauch einerseits und ausreichender Materialstärke andererseits, um der Gefahr des Zellenbruchs bei den weiteren Verarbeitungsschritten vorzubeugen (Silizium ist sehr spröde!). Bis zur fertigen Solarzelle müssen die Siliziumscheiben noch eine ganze Reihe weiterer Fertigungsschritte durchlaufen. An dieser Stelle erscheint es jedoch angebracht, zunächst einmal die Vorgänge auf atomarer Ebene in der Siliziumscheibe zu betrachten.

Die Vorgänge im Halbleiter

Reines Silizium ist ein sogenannter Halbleiter, d.h. die Leitfähigkeit des Materials für elektrischen Strom ist sehr gering im Vergleich zu den gut leitenden Metallen (Silber, Kupfer, Aluminium, usw.). Bei näherem Hinsehen zeigt sich außerdem, daß die elektrische Leitfähigkeit sehr stark von der Temperatur des Materials abhängt. Der Grund dafür ist im kristallinen Aufbau des Siliziums zu finden: Siliziumatome besitzen in der äußeren Elektronenschale vier Elektronen, die sogenannten Valenzelektronen, welche die physikalischen und chemischen Eigenschaften wesentlich prägen. Durch die vier Valenzelektronen kann jedes Siliziumatom mit 4 Nachbarn im Kristall eine Bindung, die sogenannte Elektronen- oder Valenzbindung, eingehen. Die äußeren Elektronen sind durch diese Bindung in einem Zustand relativer Ordnung festgelegt, sie stehen zunächst nicht für den Transport von elektrischer Ladung im Kristall zur Verfügung. In der Nähe des absoluten Nullpunkts, d.h. bei 0 K = -273°C, ist reines Silizium daher ein elektrischer Isolator. Durch Energiezufuhr (z.B. Wärme, Licht) kann die Bindung der Elektronen zeitweise aufgelöst werden, so daß bei höheren Temperaturen Elektronen freigesetzt werden, die sich im Festkörper quasi ungebunden bewegen können. Diese Ladungsträger stehen für einen Strom durch den Kristall zur Verfügung.

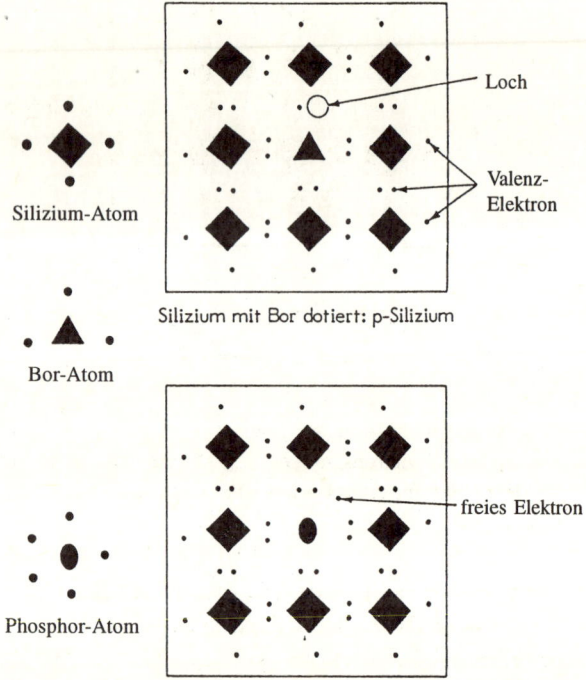

2.3 Wird Silizium mit Bor dotiert, entsteht p-Silizium (mit Elektronenmangel), durch Zusatz von Phosphor entsteht das n-Silizium mit Elektronenüberschuß.   Quelle: [6]

Nun läßt sich die elektrische Leitfähigkeit von reinem Silizium durch kontrollierte Verunreinigungen mit Fremdatomen, z.B. durch Zusatz von Bor oder Phosphor, gezielt verändern. Das Einbringen solcher gezielten Verunreinigungen in die Kristallstruktur bezeichnet man als Dotierung.

Der p-n-Übergang

Um schematisch die Vorgänge in einer Solarzelle nachzuvollziehen, soll eine dünne Scheibe aus den Siliziumkristall auf der einen Seite mit Phosphor-Atomen dotiert werden, z.B. im Verhältnis 1 Phosphoratom auf 1 Millionen Siliziumatome. Phosphor hat 5 Valenzelektronen in der äußeren Hülle, beim Einbau in das Silizium-Kristallgitter werden jedoch nur 4 Elektronen für die Bindung benötigt. Das fünfte Elektron ist quasi frei und steht für den Transport elektrischer Ladung im Kristall zur Verfügung. Die Zahl der freien Ladungsträger und damit die elektrische Leitfähigkeit von dotiertem Silizium wird daher wesentlich von der Anzahl der Fremdatome im Kristall bestimmt, die sich über die Stärke der Dotierung gezielt verändern läßt.

Mit Phosphor oder anderen fünfwertigen Atomen dotiertes Silizium wird auch als n-leitendes Silizium oder n-Silizium bezeichnet, weil hier *n*egative Ladungsträger (Elektronen) für den Ladungstransport zur Verfügung stehen.

Analog dazu soll die andere Seite der Kristallscheibe z.B. mit Bor dotiert werden: Bor ist dreiwertig, hat also nur 3 Elektronen in der äußeren Schale der Elektronenhülle. Beim Einbau in das Silizium-Kristallgitter fehlt ein Elektron für die Valenzbindung zum vierten Nachbaratom. Dieser unbesetzte Platz im Bindungsschema wird als „Loch" oder „Defektelektron" (d.h. fehlendes Elektron) bezeichnet. Ein Loch oder Defektelektron verhält sich ganz ähnlich wie das überzählige Elektron im n-leitenden Silizium: es kann sich im Kristall bewegen und damit Ladung transportieren. Streng genommen bewegt sich natürlich nicht das Loch; vielmehr springt ein Elektron aus einer benachbarten Bindung in das Loch und hinterläßt an seinem alten Platz ein Loch. Das Loch bewegt sich also in entgegengesetzter Richtung wie das Elektron und wird daher auch als *po*sitiver Ladungsträger bezeichnet. Analog nennt man das so dotierte Silizium p-Silizium.

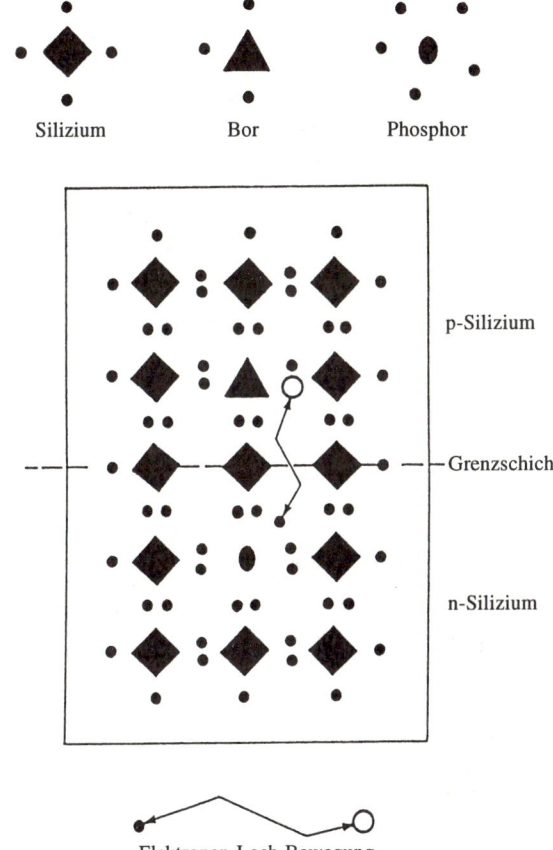

2.4 Elektronen- und Löcherbewegung am p-n-Übergang: die Bewegung eines Elektrons vom n- ins p-Material korrespondiert mit dem Übergang eines Loches vom p- in das n-Gebiet. Quelle: [6]

Sowohl p- als auch n-Silizium sind von außen betrachtet elektrisch neutral, da die Zahl der Elektronen im Kristall jeweils mit der Zahl der Kernladungen korrespondiert. Legt man p- oder n-Silizium in die Sonne, so werden sich äußerlich, abgesehen von einer Erwärmung, keine Veränderungen feststellen lassen. Zwar können durch die Energie des Lichts Elektronen aus der Valenzbindung gelöst und damit Elektronen-Loch-Paa-

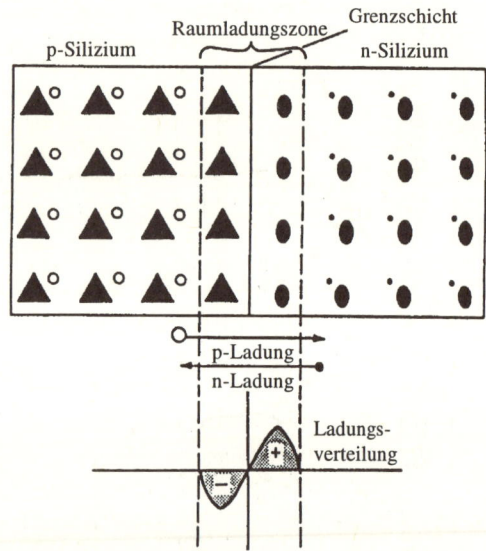

p-Silizium | Raumladungszone | Grenzschicht | n-Silizium

p-Ladung
n-Ladung
Ladungs-
verteilung

2.5 Verteilung der Ladungsträger in der Grenzschicht zwischen p- und n-Material: in der Umgebung des pn-Übergangs bildet sich eine Raumladungszone aus, durch deren Einfluß die solar bzw. thermisch erzeugten Elektron-Loch-Paare getrennt werden. Quelle: [6]

re erzeugt werden, doch wird das freie Elektron innerhalb kürzester Zeit (im μs-Bereich) wieder eingefangen, Elektron und Loch „rekombinieren".

Interessant wird es erst, wenn p- und n-leitendes Material aufeinandertreffen und im Kristall eine Grenzfläche zwischen p- und n-Material entsteht. Denn an der Grenzschicht stehen sich freie Elektronen aus dem n-Material und Löcher aus dem p-Material gegenüber. Infolge der Anziehungskraft zwischen positiven und negativen Ladungen diffundieren in der Nähe der Grenzschicht freie Elektronen aus dem n-Gebiet in das p-Material und versuchen, soweit es die atomaren Kräfte erlauben, den Elektronenmangel im p-Gebiet auszugleichen. Umgekehrt ausgedrückt diffundieren die Löcher in das n-Material und rekombinieren dort mit den freien Elektronen.

In der Umgebung der Grenzschicht entsteht dadurch eine Zone ohne freie Ladungsträger. Waren p- und n-Material vorher elek-

trisch neutral, so sind durch den Austausch der Ladungsträger in der Umgebung der Grenzschicht zwei elektrisch geladene Bereiche entstanden: durch das Abwandern der Elektronen ins p-Gebiet eine positive Raumladung im n-Gebiet und eine negative Raumladung im p-Gebiet. Die entgegengesetzten Raumladungen an der Grenzschicht bewirken bei der unbeleuchteten Solarzelle, daß der weitere Austausch von Ladungsträgern zum Stillstand kommt. Die Dicke dieser Raumladungszone an der Grenzschicht beträgt etwa 1/1 000 mm = 1 μm. Bei einer Solarzelle sollte diese Grenzschicht nahe an der Oberfläche der Siliziumscheibe liegen.

Der beleuchtete p-n-Übergang

Was geschieht nun, wenn die Solarzelle beleuchtet und Licht in der Nähe der Grenzschicht absorbiert wird? Licht besitzt Energie, die sowohl im p- als auch im n-leitenden Material Elektronen aus der Valenzbindung zu lösen vermag und damit Elektron-Loch-Paare erzeugt. In der Nähe der Grenzschicht werden diese Elektronen und Löcher durch das elektrische Feld der Raumladungen voneinander getrennt, bevor sie miteinander rekombinieren können. Die Elektronen fließen in den positiv geladenen n-Bereich, die Löcher in den negativ geladenen p-Bereich. Durch die Ladungstrennung an der Grenzschicht entsteht eine von außen meßbare Spannung zwischen p- und n-Gebiet.

Werden an den Außenseiten der Siliziumscheibe elektrische Kontakte angebracht, so läßt sich dort ein Voltmeter anschließen, um die sogenannte Leerlaufspannung des beleuchteten p-n-Übergangs zu messen. Bei kristallinen Siliziumzellen beträgt sie typischerweise 0,5 bis 0,6 Volt.

Mit einem Amperemeter kann auch die Stärke des Ladungsträger-Stromes gemessen werden. Der Strom ist umso größer, je mehr Elektron-Loch-Paare durch das auftreffende Licht in der Grenzschicht erzeugt werden. Je mehr Strahlungsenergie der Grenzschicht zugeführt wird und je größer die Grenzschicht ist, d.h. je größer die Solarzellenfläche ist, umso größer wird der Strom, den die Zelle produziert.

Aus der modellhaften, stark vereinfachten Darstellung der Vorgänge in der Solarzelle wird außerdem klar: Für die eigentliche

Umwandlung von Licht in elektrischen Strom ist nur die nähere Umgebung der Grenzschicht wirksam! Es kommt also darauf an, daß das Licht genau in der Umgebung der Grenzschicht absorbiert wird und seine Energie dort soweit wie möglich an den Kristall abgibt. Entsprechend wird die dem Licht zugewandte Seite der Solarzelle (in Abb. 2.7 die n-Schicht) so dünn gemacht, daß das Licht fast ungeschwächt bis zur Grenzschicht gelangt.

Die elektrischen Anschlüsse

Die Herstellung der p- und der n-Schicht in den Siliziumscheiben (das Dotieren) erfordert eine Reihe von Fertigungsschritten, die hier nicht im einzelnen erörtert werden sollen. Abb. 2.10 zeigt schematisch einen Herstellungsprozeß für polykristalline Solarzellen, der im Grundsatz auch für monokristalline Zellen zutrifft. Zu diesem Prozeß sind vielfältige Varianten möglich. Um den Zellen den elektrischen Strom entnehmen zu können, müssen am Ende auf der Vorder- und Rückseite elektrische Kontakte angebracht werden, an denen ein Kabel angelötet werden kann. Auf der Rückseite der Zelle ist dieser Kontakt unproblematisch, da dort ganzflächig eine dünne Metallschicht aufgebracht werden kann, die zwecks leichterer Lötbarkeit ggf. noch verzinnt wird. Die Vorderseite der Zelle muß jedoch lichtdurchlässig bleiben. Um den Strom trotzdem von der ganzen Fläche abnehmen zu können, hat der Kontakt auf der Vorderseite die Form eines dünnen Gitters oder einer filigranen Baumstruktur. Form und Stärke des Kontaktgitters sind stets das Ergebnis eines Kompromisses zwischen hoher Lichtdurchlässigkeit einerseits und einem möglichst niedrigen elektrischen Widerstand des Kontaktgitters andererseits. Die Hersteller praktizieren hier zum Teil recht unterschiedliche Lösungen.

Der Umwandlungswirkungsgrad

Monokristalline Solarzellen aus industrieller Fertigung wandeln heute etwa 16 bis 17,5% des auftreffenden Sonnenlichts in elektrischen Strom um. Unter optimalen Bedingungen im Labor hergestellte Zellen erreichen einen Umwandlungswirkungsgrad

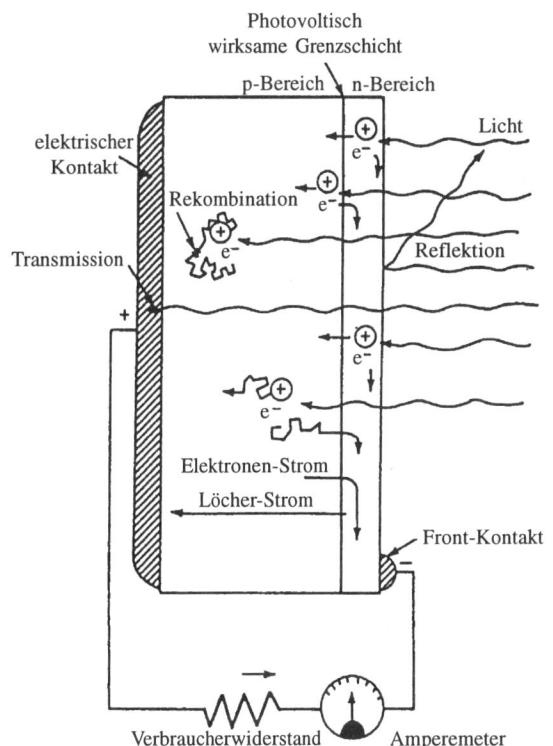

2.6 Die elektrischen Vorgänge in einer Solarzelle.

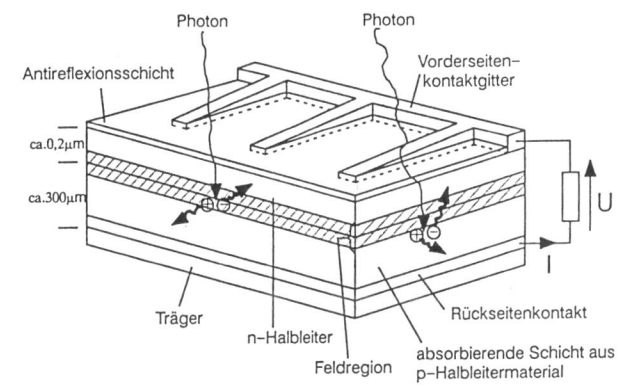

2.7 Grundsätzlicher Aufbau einer Silizium-Solarzelle.   Quelle: [2]

von ca. 23% und theoretisch wäre sogar ein maximaler Wirkungsgrad von 25% möglich. Warum wird nur so ein geringer Prozentsatz des Lichtes in Strom umgewandelt und was geschieht mit der restlichen Energie?

Die Hauptursache für den »schlechten« Wirkungsgrad liegt kurz gesagt darin, daß Siliziumzellen nicht alle Anteile des Sonnenlichtes umwandeln können. Das Sonnenlicht umfaßt ein breites Spektrum elektromagnetischer Wellen, das von Infrarot über die Farben des sichtbaren Lichtes bis zu Ultraviolett reicht. Abb. 2.8 zeigt die spektrale Intensitätsverteilung des Sonnenlichts innerhalb und außerhalb der Erdatmosphäre und die spektrale Empfindlichkeit von Siliziumzellen. Entscheidend ist, daß sich das Empfindlichkeitsmaximum der Solarzelle leider nicht mit dem Intensitätsmaximum der Sonneneinstrahlung deckt.

Bei der Erklärung hilft ein Rückgriff auf die oben benutzte

Modellvorstellung von den Vorgängen in der Zelle: Zur Erzeugung eines Elektron-Loch-Paares in Silizium ist eine gewisse Mindest-Lichtenergie erforderlich. Nun steigt der Energieinhalt des Lichtes mit abnehmender Wellenlänge, d.h. blaues Licht ist energiereicher als rotes. Bei Siliziumzellen ist erst Licht mit Wellenlängen kleiner als 1,2 μm – also Licht im nahen Infrarot und sichtbares Licht – energiereich genug, um Elektron-Loch-Paare freizusetzen und damit Strom zu erzeugen. Der langwelligere Teil des Sonnenspektrums, d.h. Strahlung mit Wellenlängen > 1,2 μm, vermag keine Elektron-Loch-Paare zu erzeugen, sie wird in Wärme umgewandelt. 24% der Solareinstrahlung bleiben dadurch ungenutzt.

Ist die Lichtenergie erst ausreichend, um ein Elektron-Loch-Paar zu erzeugen, so spielt es keine Rolle mehr, wie energiereich die Strahlung ist, also ob es sich um rotes oder blaues Licht handelt. Oberhalb der Schwellenenergie kann ein Lichtquant nur ein Elektron-Loch-Paar erzeugen, die restliche Energie wird auch hier wieder in nutzlose Wärme umgewandelt. Dadurch bleiben weitere 30% der Sonnenstrahlung ungenutzt.

Diese beiden Verlustquellen sind aufgrund der Naturgesetze quasi unvermeidlich, solange Silizium als Halbleitermaterial verwendet wird. Hinzu kommen noch weitere, vorwiegend fertigungsbedingte Verluste:

- Nicht alles Licht wird gerade in der Umgebung des p-n-Übergangs absorbiert und umgewandelt. Elektron-Loch-Paare, die nicht in der Umgebung der Grenzschicht erzeugt werden, gehen für die elektrische Energieerzeugung verloren, da sie sofort miteinander rekombinieren.
- Verunreinigungen im Kristall (Fremdatome) und Störungen im Kristallaufbau führen dazu, daß nicht alle Elektron-Loch-Paare in der Grenzschicht schnell genug getrennt werden, so daß ein gewisser Prozentsatz rekombinieren kann und für die Stromerzeugung verloren geht. Ein Ausweg wäre die Verwendung von sehr reinem Silizium, was jedoch mit hohen Materialkosten bezahlt werden muß. In der industriellen Fertigung wird daher ein Kompromiß zwischen Reinheit des Materials, erzielbarem Wirkungsgrad und Preis gesucht.

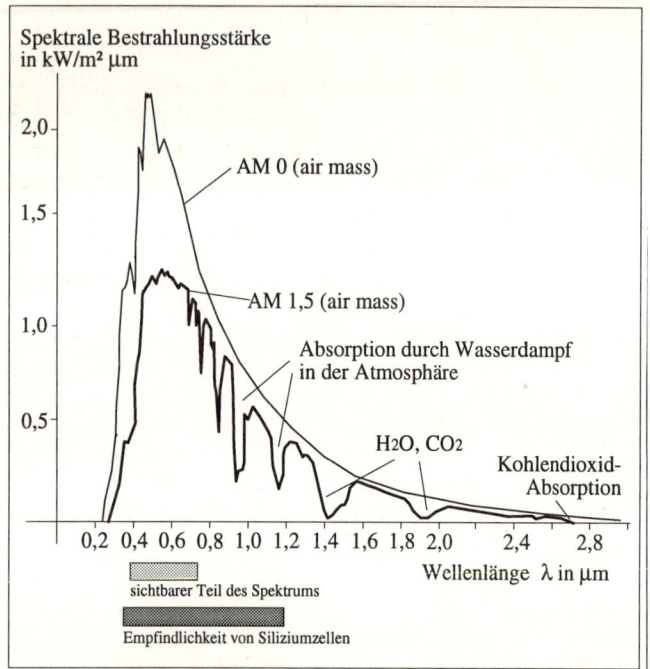

2.8 Spektrale Verteilung des Sonnenlichts innerhalb und außerhalb der Atmosphere: die Solarzelle kann aufgrund ihrer Empfindlichkeit nur einen Teil des Spektrums nutzen.

Eben wegen der Störungen an den Kristallgrenzen haben polykristalline Zellen systembedingt einen etwas schlechteren Wirkungsgrad als die monokristallinen Zellen.

- Durch Lichtreflektionen an der blanken Solarzellen-Oberfläche gelangt ein Teil des Lichtes gar nicht in die Zelle. Durch Aufdampfen von Antireflexschichten oder eine strukturierte Oberfläche lassen sich diese Verluste auf wenige Prozent reduzieren, durch aufwendige Maßnahmen sogar auf unter 1%.

- Auch die Temperatur der Solarzelle hat einen Einfluß auf den Umwandlungswirkungsgrad: Mit steigender Temperatur wird die Dicke der aktiven Grenzschicht am p-n-Übergang kleiner, was sich durch eine sinkende Zellenspannung und entsprechend schlechteren Umwandlungswirkungsgrad bemerkbar macht. Siliziumzellen arbeiten deshalb an kalten, sonnigen Wintertagen mit besserem Wirkungsgrad als an einem warmen Sommer-Sonnentag (anders als thermische Sonnenkollektoren).

2.2 Solarzellen-Typen

Bisher war stets von monokristallinen Siliziumzellen die Rede, zum einen, weil sie der Ausgangspunkt für die Entwicklung anderer Zellentypen waren, und zum anderen, weil sich die Vorgänge der Energieumwandlung bei diesem Zellentyp im Modell noch am leichtesten verstehen und erklären lassen. Obendrein erreichen Solarzellen aus monokristallinem Silizium, verglichen mit anderen Solarzellentypen aus industrieller Fertigung (vgl. Tabelle 2.1), die höchsten Wirkungsgrade. Die entsprechenden Produktionsverfahren sind relativ unproblematisch und inzwischen gut erprobt. Da das Ausgangsmaterial, die Scheiben aus hochreinem, kristallinem Silizium, derzeit als Nebenprodukt der Elektronik-Halbleiterfertigung in großen Mengen am Markt erhältlich und dementsprechend billig ist, können monokristalline Solarzellen zu einem relativ günstigen Preis hergestellt werden. Sie halten nach wie vor den größten Marktanteil. Außerdem besteht die Aussicht, daß sich in den nächsten Jahren mit verbesserten Produktionsverfahren die in der Fertigung erreichbaren Wirkungsgrade an die im Labor erreichten Werte heranführen lassen.

Neben den monokristallinen Solarzellen aus Silizium gibt es aber noch eine ganze Reihe anderer Zellentypen, die Sonnenenergie in elektrischen Strom umwandeln und im Hinblick auf eine kostengünstige Herstellung vielversprechend sind.

Polykristalline Solarzellen

Bei der Herstellung *polykristalliner Solarzellen* wird das Ausgangsmaterial Reinst-Silizium nicht erst zu einem Einkristall-Stab gezogen, sondern aus der Schmelze heraus in größere quadratische Blöcke gegossen, die dann wie beim Monokristall

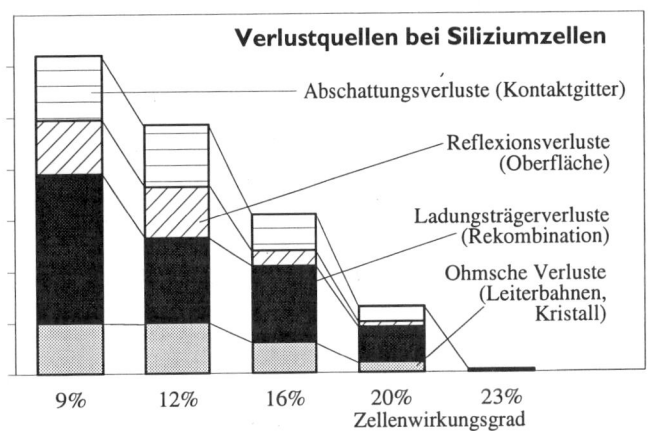

2.9 Verlustbilanzen und Wirkungsgrade von kristallinen Silizium-Solarzellen. Quelle: ISE, Freiburg

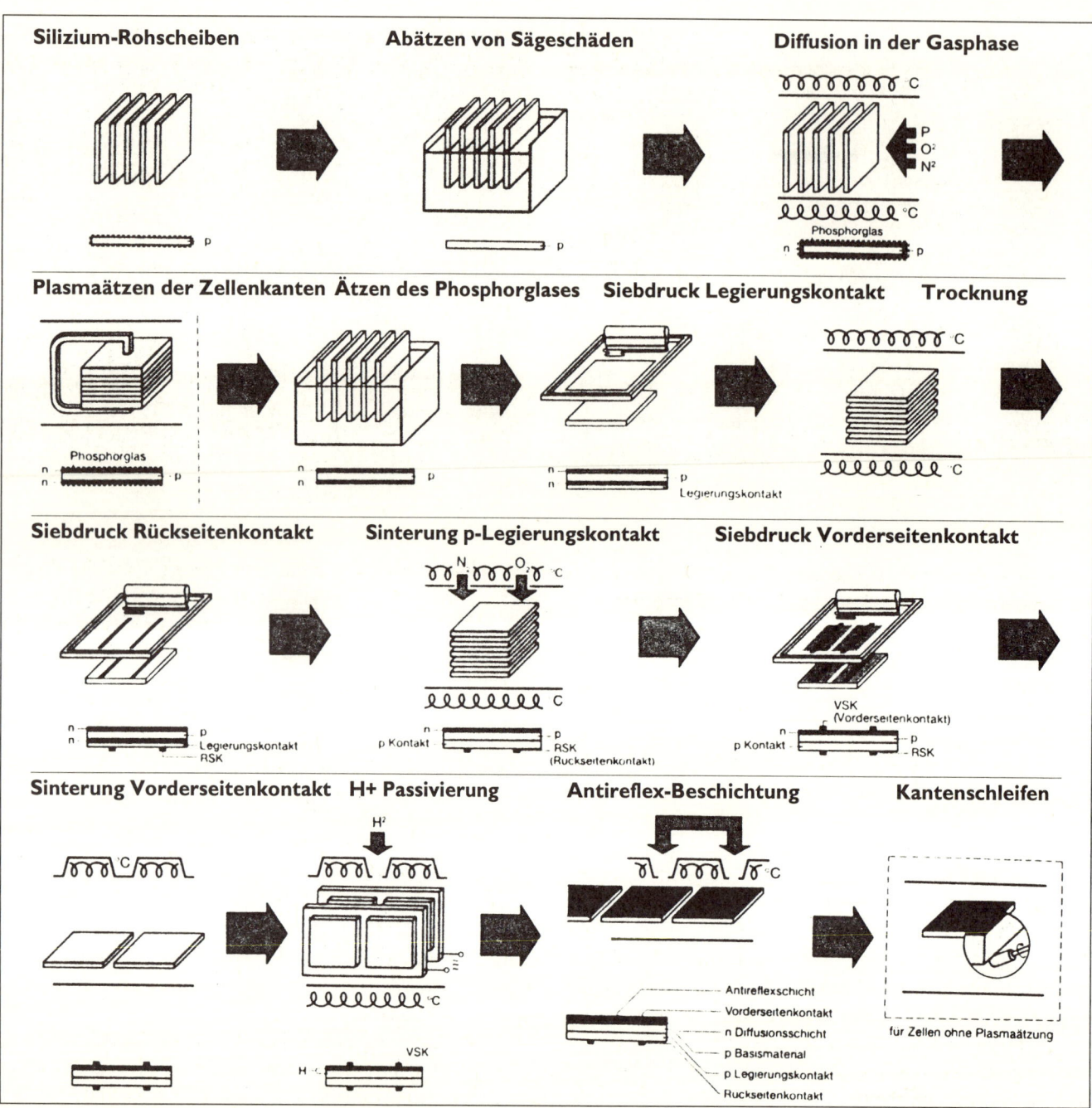

Silizium-Rohscheiben

Abätzen von Sägeschäden

Diffusion in der Gasphase

Phosphorglas

Plasmaätzen der Zellenkanten   **Ätzen des Phosphorglases**   **Siebdruck Legierungskontakt**   **Trocknung**

Phosphorglas

Legierungskontakt

Siebdruck Rückseitenkontakt   **Sinterung p-Legierungskontakt**   **Siebdruck Vorderseitenkontakt**

Legierungskontakt
RSK

p Kontakt   RSK
(Rückseitenkontakt)

VSK
(Vorderseitenkontakt)
p Kontakt   RSK

Sinterung Vorderseitenkontakt   **H+ Passivierung**   **Antireflex-Beschichtung**   **Kantenschleifen**

VSK

Antireflexschicht
Vorderseitenkontakt
n Diffusionsschicht
p Basismaterial
p Legierungskontakt
Rückseitenkontakt

für Zellen ohne Plasmaätzung

2.10 Herstellung von Solarzellen: Der Weg von der Siliziumscheibe (Wafer) zur fertigen Solarzelle.   Quelle: ASE GmbH, Wedel

2.11 Monokristalline, rechteckige Solarzellen in einem Solarmodul.

2.12 Polykristalline Solarzellen in einem Solarmodul.

durch Trennschleifen in dünne Scheiben geschnitten und analog weiterbearbeitet werden. An der Oberfläche der polykristallinen Zellen ist deutlich zu erkennen, daß die Scheiben aus einem Gemenge von größeren und kleineren kristallinen Zonen bestehen. Der Mechanismus der Energieerzeugung funktioniert innerhalb einer solchen kristallinen Zone genauso wie bei der monokristallinen Zelle beschrieben. An den Kristallgrenzen ist die Energieumwandlung jedoch gestört, so daß polykristalline Zellen einen etwas schlechteren Wirkungsgrad erreichen.

Durch das Gießen der Reinst-Silizium-Blöcke wird das energieaufwendige Ziehen des Einkristalls vermieden. Gleichzeitig entstehen nach dem Zersägen des Blockes rechteckige Scheiben, die sich platzsparend zu größeren Einheiten zusammenschalten lassen. Aus diesem Grund und wegen des höheren Kostensenkungspotentials in einer zukünftigen Großserienfertigung werden dieser Variante der kristallinen Siliziumzellen derzeit die größten Zukunftschancen eingeräumt. An einer Verbesserung des Zellenwirkungsgrades in der Produktion wird auch hier intensiv gearbeitet.

Ein Vergleich der Solarmodul-Preise, bezogen auf die elektrische Nennleistung, zeigt beim heutigen Stand der Produktionstechnik allenfalls einen geringen Preisvorteil für die polykristallinen Zellen. Ihr Marktanteil ist inzwischen fast genauso groß wie der von monokristallinen Zellen.

Multikristalline Bänder- und Dünnschicht-Zellen

Ein entscheidendes Handikap der bisher beschriebenen Herstellungsverfahren ist der aufwendige Sägeprozeß (Zerschneiden der Blöcke in dünne Scheiben). Hinzu kommt, daß beim Schneiden ein beträchtlicher Teil des Ausgangsmaterials in Sägestaub verwandelt wird, der allerdings wieder eingeschmolzen werden kann. Daher lag es nahe, Fertigungstechniken zu entwickeln, die ohne den Sägeprozeß auskommen. So wurde versucht, in einem kontinuierlichen Prozeß aus der Schmelze ein dünnes Siliziumband zu ziehen, das dann analog zu den anderen Zellen weiterbearbeitet werden kann (Bänder-Silizium). Ein

33

2.13 Solargenerator (Nennleistung 5 Watt) in amorpher Technik.

anderer Ansatz besteht darin, Silizium in dünnen, kristallinen Schichten auf einem Substrat aufzubringen (Abscheiden aus der Flüssigkeits- oder Gas-Phase).

Bisher gelang es mit Verfahren dieser Art lediglich unter Laborbedingungen, brauchbare Solarzellen herzustellen, mit begrenzten Abmessungen und einem leidlich guten Wirkungsgrad. Von einer Umsetzung in die industrielle Fertigung sind solche Verfahren noch weit entfernt.

Solarzellen aus amorphem Silizium

Für die Umwandlung von Licht in Strom ist im Grunde nur eine aktive Schichtdicke von etwa 0,001 mm, nämlich der p-n-Übergang, notwendig, sofern das Licht in dieser Schicht vom Material absorbiert wird. So lag die Gedanke nahe, Silizium als dünne Schicht auf ein Trägermaterial, z.B. Glas, aufzudampfen und durch entsprechende Dotierung einen p-n-Übergang herzustellen. Trotz der fehlenden Kristallstruktur zeigt dieses »amorphe«, d.h. gestaltlose, aufgedampfte Silizium (α-Si) unter bestimmten Bedingungen tatsächlich halbleitende und photovoltaische Eigenschaften, d.h. es wandelt Licht in elektrischen Strom um. Theoretisch ist ein Umwandlungswirkungsgrad von maximal etwa 13% erreichbar.

Dieses Verfahren geht mit dem Basismaterial Silizium sehr sparsam um und vermeidet von vornherein die (energie-) aufwendigen und teuren Schritte der Kristallherstellung und des Zersägens in einzelne Scheiben. Dafür erreichen amorphe Zellen aus der laufenden Fertigung mit 4 bis 8% deutlich geringere Wirkungsgrade als mono- und polykristalline Siliziumzellen. Die von Anfang an bestehenden Probleme mit der Langzeitstabilität der elektrischen Eigenschaften (Degradation) sind bisher nur zum Teil gelöst. In den ersten Monaten des Betriebs ist mit einem Rückgang des Zellenwirkungsgrades von 8 auf etwa 5 bis 6% zu rechnen, wobei die Hersteller bei der Beschreibung der elektrischen Eigenschaften im Datenblatt diese Degradation schon vorwegnehmen. Das heißt, fabrikfrische amorphe Zellen bzw. Panele bringen - sofern sie nicht künstlich gealtert wurden - in der ersten Zeit mehr Energie als im Datenblatt angegeben.

Ein großer Vorteil der amorphen Zellentechnologie besteht darin, daß das Silizium in einem kontinuierlichen Prozeß auf einem relativ billigen Substrat (in der Regel Glas) großflächig abgeschieden werden kann. Zellenabmessungen von 30 x 30 cm und mehr sind heute keine Schwierigkeit, für Solarfassaden werden inzwischen Module mit den Abmessungen 60 x 100 cm hergestellt. Dabei kann die Serienschaltung vieler Einzelzellen (zur Herstellung eines Panels) unmittelbar in den Fertigungsprozeß der Zellen integriert werden. Das ermöglicht vom Prinzip her eine sehr kostengünstige Massenfertigung von Solarpanelen.

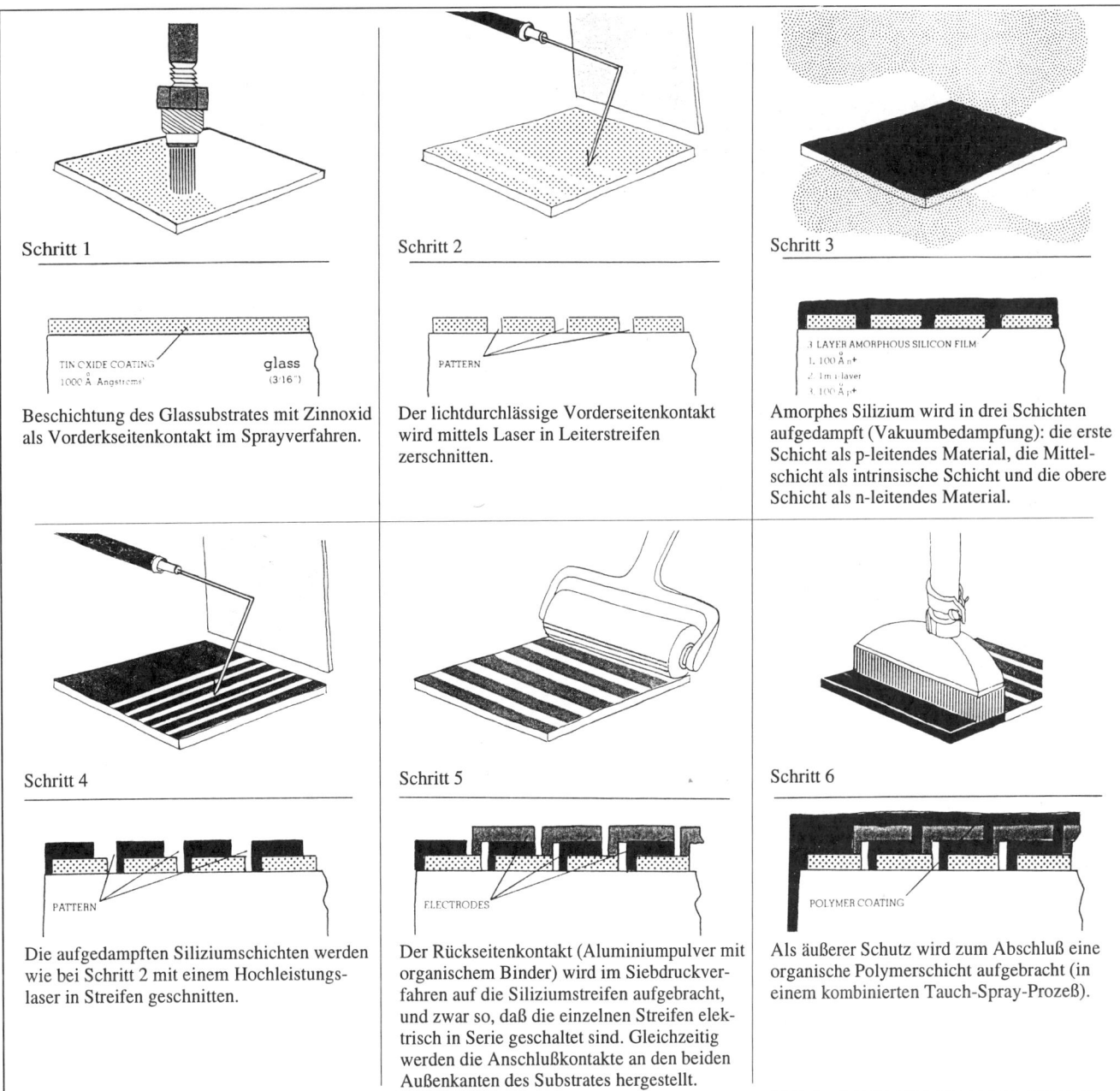

Schritt 1

TIN OXIDE COATING
1000 Å Angstroms
glass
(3·16")

Beschichtung des Glassubstrates mit Zinnoxid als Vorderkseitenkontakt im Sprayverfahren.

Schritt 2

PATTERN

Der lichtdurchlässige Vorderseitenkontakt wird mittels Laser in Leiterstreifen zerschnitten.

Schritt 3

3 LAYER AMORPHOUS SILICON FILM
1. 100 Å n+
2. 1m i layer
3. 100 Å p+

Amorphes Silizium wird in drei Schichten aufgedampft (Vakuumbedampfung): die erste Schicht als p-leitendes Material, die Mittelschicht als intrinsische Schicht und die obere Schicht als n-leitendes Material.

Schritt 4

PATTERN

Die aufgedampften Siliziumschichten werden wie bei Schritt 2 mit einem Hochleistungslaser in Streifen geschnitten.

Schritt 5

ELECTRODES

Der Rückseitenkontakt (Aluminiumpulver mit organischem Binder) wird im Siebdruckverfahren auf die Siliziumstreifen aufgebracht, und zwar so, daß die einzelnen Streifen elektrisch in Serie geschaltet sind. Gleichzeitig werden die Anschlußkontakte an den beiden Außenkanten des Substrates hergestellt.

Schritt 6

POLYMER COATING

Als äußerer Schutz wird zum Abschluß eine organische Polymerschicht aufgebracht (in einem kombinierten Tauch-Spray-Prozeß).

2.14 Der Herstellungsprozeß für amorphe Solarmodule kann sehr rationell gestaltet werden.

Quelle: Chronar Firmenunterlagen

An der Weiterentwicklung der amorphen Zellentechnologie wird in vielen Labors gearbeitet, um beispielsweise den Umwandlungswirkungsgrad zu verbessern, die Degradationsprobleme besser zu beherrschen und den Fertigungsprozeß zu optimieren. Doch sind die großen Hoffnungen, die vor einigen Jahren in diese Technik gesetzt wurden, vorerst verflogen. Der bereits geplante Aufbau großer Fertigungskapazitäten wurde zurückgestellt, der Marktanteil der amorphen Zellen ist seit einigen Jahren rückläufig.

Kleine Solarzellen aus amorphem Material werden seit vielen Jahren vornehmlich in Japan in großen Stückzahlen produziert und zur Stromversorgung von Kleingeräten wie Uhren, Taschenrechnern u.ä. eingesetzt. Bei diesen Konsumartikeln, die zu-

dem vorwiegend im Haus benutzt werden, treten die Nachteile der amorphen Zellen wie geringer Wirkungsgrad und Nachlassen der Leistung nicht so sehr in Erscheinung bzw. können durch eine großzügig bemessene Modulfläche ausgeglichen werden. Bei größeren Anlagen zur Energieerzeugung ist dagegen der erheblich größere Flächenbedarf im Vergleich zu kristallinen Zellen vielfach nicht akzeptabel.

Andere Solarzellentechnologien

Solarzellen aus Verbindungshalbleitern

Neben dem Ausgangsmaterial Silizium gibt es noch eine Reihe anderer Stoffe, die halbleitende Eigenschaften haben und geeignet sind, Licht in Strom umzuwandeln. Favorisiert werden heute unter anderem Dünnschichtzellen aus Cadmiumsulfid (CdS) bzw. Cadmiumtellurid (CdTe) und Kupfer-Indium-Selenid ($CuInSe_2$), die im Labormaßstab bereits gute Wirkungsgrade erreicht haben. Zudem sind die Ausgangsmaterialien preiswert und die Herstellungsschritte eigentlich relativ unkompliziert.

In der Praxis gibt es jedoch einige Probleme, sowohl bei der Fertigungstechnik als auch mit der schlechten Langzeitbeständigkeit dieser Zellen, so daß eine Markteinführung derzeit nicht absehbar ist.

Gallium-Arsenid-Zellen

Höchste Umwandlungswirkungsgrade von 25 bzw. 28% werden mit kristallinen Zellen aus Gallium-Arsenid (GaAs) erreicht. Da sie sich durch eine sehr geringe Temperaturempfindlichkeit auszeichnen, eignen sich diese Zellen besonders für den Einsatz in konzentrierenden Systemen, wo die Solarzellen höheren thermischen Belastungen ausgesetzt sind. Einer großtechnischen Zellenfertigung und breiten Anwendung steht allerdings entgegen, daß Gallium ein sehr seltenes und Arsen ein hochgiftiges Element ist. Entsprechend aufwendig, teuer und umweltbelastend ist die Herstellung von Galliumarsenid. Es ist daher abzusehen, daß diese Technologie speziellen Anwendungen wie z.B. der Raumfahrt vorbehalten bleibt.

Wirkungsgrade von Solarzellen				
	Labormuster		Produktion	
	Fläche cm²	Wirkungs-grad	Fläche cm²	Wirkungs-grad
Monokristalline Zellen	4	23,3%	100	17,5%
Polykristalline Zellen	4	17,8%	100	14,2%
Dünnschicht-Silizium	1	15,7%		
Bänder-Silizium	50	14,8%	100	12,5%
Amorphe Siliziumzellen	1	13,2%		5 - 8%
Gallium-Arsenid-Zellen	0,25	25,7%		
als Konzentrator-Zellen	0,25	28,7%		
II-IV-Verbindungen				
CdS/CdTe-Zellen	0,31	15,3%		
CdZnS /CuInSe₂-Zellen	3,6	15,2%		
Tandem-Strukturen				
a-Si-Zellen	4	15,6%		
Si / GaAs-Zellen	0,3	31,0%		
GaAs / GaInP-Zellen	1	27,6%		
GaAs / GaSb-Zellen	0,05	35,8%		

Tabelle 2.1
Erreichte und erreichbare Wirkungsgrade von Solarzellen
verschiedener Technologien.   Quelle: ISE, Freiburg in [37]

Tandem-Zellen

Eine interessante Entwicklung zur Steigerung des Wirkungsgrades sind die sogenannten Tandem-Zellen. Dabei wird z.B. auf eine Silizium-Solarzelle eine zweite Zelle aus Gallium-Arsenid aufgesetzt. Während die obenliegende GaAs-Zelle vorwiegend den kurzwelligen (blau-grünen) Anteil des Lichtes absorbiert und in Strom umsetzt, nutzt die untenliegende Zelle den durchscheinenden langwelligeren Teil des Sonnenspektrums. Mit solchen Tandemzellen konnten im Labor Wirkungsgrade von 30% und mehr erreicht werden, allerdings bei Einsatz in konzentrierenden Systemen.

Entwicklungstendenzen

In einem Punkt sind sich alle Fachleute einig: Um den Strom von der Sonne für größere Anwendungsbereiche konkurrenzfähig zu machen, müssen Solarzellen bzw. Solarmodule billiger werden. Neben der Suche nach völlig neuen Zellentechnologien, die eine sehr viel kostengünstigere Fertigung erlauben könnten, wird in Forschungseinrichtungen und Firmen weltweit an der Optimierung bekannter Herstellungsverfahren gearbeitet - in den letzten Jahren mit einigem Erfolg.

Von der Einführung neuer kostengünstiger Zellentechnologien abgesehen, bietet allein schon der Übergang zu einer besseren Auslastung der Fertigungskapazitäten ein erhebliches Kostensenkungs- und Rationalisierungspotential, wie eine Studie der Ludwig-Bölkow-Stiftung bereits 1988 nachgewiesen hat. Unter der Annahme einer Jahresproduktion von 35 MW_p in einer Fertigungsstätte könnte dieser Studie zufolge innerhalb von wenigen Jahren mit der vorhandenen Technologie ein Modulpreis von 4,60 DM/W_p erreicht werden. Um jährlich Solarmodule mit einer Gesamtleistung von 35 MW_p verkaufen zu können, sind natürlich Anwendungen in einem viel größeren Maßstab als bisher nötig und entsprechend wohl auch massive finanzielle Fördermaßnahmen. Derzeit wird die Solarzellenproduktion weltweit auf etwa 60 MW_p pro Jahr geschätzt, wobei die Modulpreise bei etwa 11 bis 13 DM/W_p (Endkundenpreis) liegen.

Bei diesen Kostenangaben darf nicht übersehen werden, daß in solaren Stromversorgungssystemen neben den Solarmodulen noch weitere Komponenten benötigt werden. Zusätzlich zu den Kosten der Solarmodule entstehen dadurch wie bei anderen Stromerzeugungssystemen auch weitere Anlagenkosten in beträchtlichem Umfang.

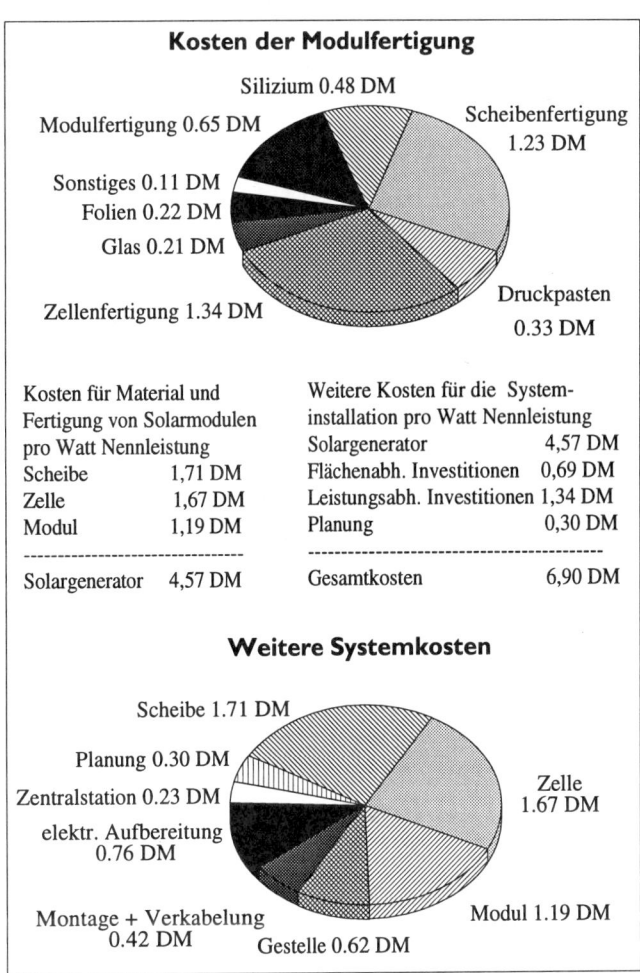

Kosten der Modulfertigung

Silizium 0.48 DM
Modulfertigung 0.65 DM
Scheibenfertigung 1.23 DM
Sonstiges 0.11 DM
Folien 0.22 DM
Glas 0.21 DM
Zellenfertigung 1.34 DM
Druckpasten 0.33 DM

Kosten für Material und Fertigung von Solarmodulen pro Watt Nennleistung		Weitere Kosten für die Systeminstallation pro Watt Nennleistung	
Scheibe	1,71 DM	Solargenerator	4,57 DM
Zelle	1,67 DM	Flächenabh. Investitionen	0,69 DM
Modul	1,19 DM	Leistungsabh. Investitionen	1,34 DM
		Planung	0,30 DM
Solargenerator	4,57 DM	Gesamtkosten	6,90 DM

Weitere Systemkosten

Scheibe 1.71 DM
Planung 0.30 DM
Zentralstation 0.23 DM
elektr. Aufbereitung 0.76 DM
Zelle 1.67 DM
Montage + Verkabelung 0.42 DM
Gestelle 0.62 DM
Modul 1.19 DM

2.15 Geschätzte Kosten und Kostenanteile bei einer großtechnischen Produktion von Solargeneratoren (35 MW/a), wie sie in der Bölkow-Studie ermittelt wurden. Quelle: Bild der Wissenschaft, 7/88

2.3 Elektrische Eigenschaften und Kennlinien von Solarzellen

Von der Steckdose her sind wir gewohnt, daß der Strom stets mit (relativ) konstanter Spannung (230 V) in beinahe beliebiger Menge zur Verfügung steht. Beim Strom aus Solarzellen ist die Situation ein wenig anders; wieviel elektrische Energie erzeugt wird, hängt von einer Reihe von Faktoren ab:

- von der Beleuchtungsintensität: die Stromerzeugung steigt annähernd proportional zur Sonneneinstrahlung,
- von der Zellengröße und Zellenzahl: je größer die Zellenfläche und Zellenzahl, umso mehr Energie wird erzeugt (Baukasten-Prinzip),
- von der Temperatur der Solarzellen: mit zunehmender Zellentemperatur sinkt der Wirkungsgrad und damit auch die elektrische Leistung der Zellen,
- vom elektrischen Widerstand der angeschlossenen Verbraucher: um die von den Zellen bereitgestellte Energie optimal zu nutzen, muß der Verbraucherwiderstand an die elektrischen Eigenschaften (genauer gesagt an den Innenwiderstand) des Stromerzeugers angepaßt werden.

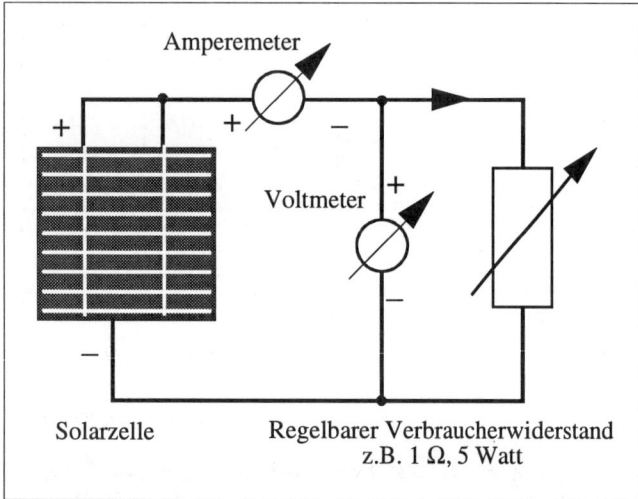

2.16 Aufbau der Versuchsschaltung zur Messung der Solarzellen-Kennlinien.

Um Stromversorgungssysteme mit Solarzellen - gleich welcher Größe - richtig aufbauen zu können, ist es notwendig, das Zusammenwirken dieser Faktoren im Detail zu verstehen und bei der Planung zu berücksichtigen. Der Weg dahin führt über die Beschreibung der elektrischen Eigenschaften durch physikalische Größen und Zahlen, mit denen »gerechnet« werden kann. Einen ersten, recht umfassenden Einblick in die elektrischen Eigenschaften von Solarzellen gibt das im folgenden beschriebene, einfache Experiment. Wem die erforderlichen Bauteile und Meßgeräte gerade nicht zur Verfügung stehen, kann die Messungen auch einfach »im Geiste« an Hand des Textes nachvollziehen.

Abb. 2.16 zeigt das elektrische Schaltbild des Versuchsaufbaus. An eine Solarzelle mit z.B. 10 cm Ø wird als »Verbraucher« ein regelbarer Widerstand, z.B. ein Potentiometer 1 Ω (Ohm), 5 Watt, angeschlossen. Zur Messung des Stroms liegt ein Amperemeter (Meßbereich 2 Ampere) in der Leitung zum Verbraucher, mit einem Voltmeter (Meßbereich 0,6 oder 1 Volt) parallel zum Verbraucher wird die Spannung an der Solarzelle bzw. die am Verbraucher ermittelt. Die Solarzelle wird z.B. mit doppelseitigem Klebeband oder selbstklebenden Haftpunkten auf einem kleinen Brettchen befestigt, um sie im Freien oder an einem sonnigen Fensterplatz zur Sonne hin ausrichten zu können (optimale Beleuchtung).

Der Zusammenhang von Strom und Spannung

Sofern die Solarzelle beleuchtet wird, beim Aufbau keine Fehler gemacht wurden und die Anzeigebereiche der Meßgeräte richtig gewählt sind, muß wenigstens eines der beiden Instrumente ausschlagen. Durch Verändern des Verbraucherwiderstandes kann nun die sogenannte Strom-Spannungskennlinie (I-U-Kennlinie) der Solarzelle aufgenommen werden. Dazu werden verschiedene Widerstände eingestellt, die Meßwerte für

Strom (I) und Spannung (U) abgelesen und die Wertepaare in ein Koordinatensystem, das „I-U-Diagramm" (Abb. 2.17), eingetragen. Die genauen Meßwerte können je nach Zellentyp variieren, die hier genannten Werte ergaben sich z.B. mit einer 10 cm-Solarzelle bei voller Sonneneinstrahlung (ca. 1000 W/m²).

Der Verlauf der Kennlinie, d.h. die Form der Kurve, wird im wesentlichen durch 5 Meßpunkte festgelegt:

Punkt 1: Ist der Verbraucherwiderstand auf 0 Ohm eingestellt (Kurzschluß), beträgt die Spannung an der Zelle (annähernd) 0 Volt; trotzdem fließt in der Leitung zum Verbraucher ein beträchtlicher Strom, der bei einer 10 cm-Zelle zwischen 1,7 und 2,2 A liegen kann (je nach Intensität der Sonneneinstrahlung).

Punkt 2: Wird der Verbraucherwiderstand vorsichtig vergrößert, so steigt die Spannung an der Zelle sofort schnell an, wobei der Strom durch den Verbraucher kaum zurückgeht, wie die Meßwerte an Punkt 2 zeigen: 0,25 V Spannung, 1,9 A Strom, bei einem Verbraucherwiderstand von R = 0,25 V/1,9 A = 0,13 Ohm.

Punkt 3: Spannung 0,5 V, Strom 1,7 A: Bei einem Verbraucherwiderstand von R = 0,5 V/1,7 A = 0,3 Ohm macht die Kurve einen Knick. das heißt, bei einem größeren Verbraucherwiderstand steigt die Spannung kaum noch weiter an, während der Strom nun stärker zurückgeht.

Punkt 4: Bei voll aufgedrehtem Verbraucherwiderstand (R = 1 Ω) zeigen die Meßinstrumente U = 0,57 V und I = 0,57 A. Damit ist der Strom auf 1/4 des Kurzschlußstromes zurückgegangen, während die Spannung nur wenig höher liegt als in Punkt 3.

Punkt 5: Wird der Verbraucherwiderstand sehr groß bzw. unendlich, z.B. durch einfaches Auftrennen eines Verbraucheranschlusses, so wird der Solarzelle kein Strom mehr entnommen, abgesehen vom Meßstrom durch das Voltmeter. Das Voltmeter zeigt nun die sogenannte Leerlaufspannung der Zelle an. Sie liegt bei starker Sonneneinstrahlung bei fast 0,6 Volt.

Die Kurve, die mit diesem kleinen Experiment aufgenommen werden kann, ist die wichtigste Kennlinie einer Solarzelle. Sie wird als I-U-Kennlinie bezeichnet und kann in gleicher Weise auch für Solarmodule ermittelt werden. Die I-U-Kennlinie wird in fast allen Datenblättern der Solarmodulhersteller angegeben. Richtig gedeutet, ermöglicht sie wichtige Aussagen über die solare Energiequelle, vor allem, wenn ergänzend zur I-U-Kenn-

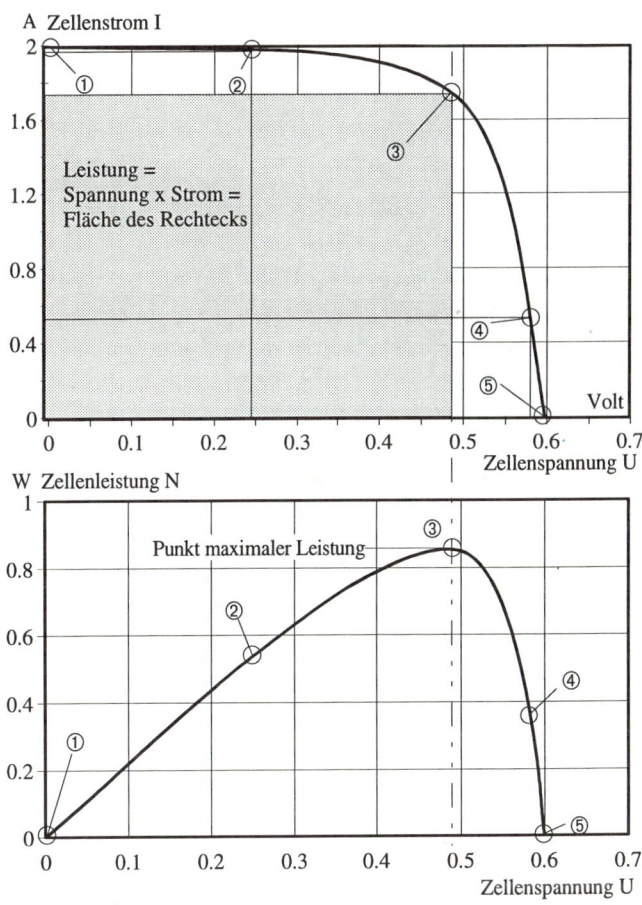

2.17 Strom-Spannungs-Kennlinie (I-U-Kennlinie) einer Siliziumzelle; darunter der errechnete Energieertrag ebenfalls als Funktion der Spannung.

linie auch noch die elektrische Leistung N = U · I, die die Zelle abgibt, aus den Meßwerten von Spannung und Strom berechnet wird. In Abb. 2.17 sind die Leistungswerte in einem zweiten Diagramm ebenfalls als Funktion der Zellenspannung aufgetragen.

Erste wichtige Schlußfolgerungen aus den beiden Diagrammen:

• Strom, Spannung und Leistung der Solarzelle hängen bei konstanter Beleuchtung ganz wesentlich vom Verbraucherwiderstand ab.

• Es gibt offenbar einen Verbraucherwiderstand, bei dem die erzielte Leistung ein Optimum erreicht (Punkt 3). Dieser Punkt wird daher als Punkt maximaler Leistung (englische Abkürzung: MPP = maximum power point) bezeichnet.

• Ist der Verbraucherwiderstand kleiner als der optimale Widerstand, wirkt die Solarzelle als *Stromquelle*: Der Strom durch den Verbraucher ist relativ konstant, und zwar unabhängig von der Zellenspannung.

• Ist der Verbraucherwiderstand größer als der optimale Widerstand, wirkt die Solarzelle eher als *Spannungsquelle*: Die Zellenspannung ändert sich kaum, während der Strom durch den Verbraucher mit steigendem Verbraucherwiderstand sinkt.

Der Einfluß der Beleuchtung

Um den Einfluß der Beleuchtung auf die Stromerzeugung zu untersuchen, liegt es nahe, die Aufnahme der I-U-Kennlinie einfach bei verschiedenen Sonneneinstrahlungen zu wiederholen und die so gewonnenen Kennlinien für 4 oder 5 Einstrahlungen (z.B. 200, 400, 600, 800 und 1000 W/m²) zusammen in einem I-U-Diagramm aufzutragen (Abb. 2.18). Um zu verläßlichen Meßergebnissen zu kommen, muß beim Aufnehmen jeder Kurve die Einstrahlung konstant sein und mit einem geeichten Strahlungsmeßgerät bestimmt werden.

Aus den Kurven läßt sich folgendes ablesen:

• Die Leerlaufspannung der Zelle (Punkt 5 in Abb. 2.17) ist nur wenig von der Stärke der Beleuchtung abhängig. Bei sehr geringer Einstrahlung sinkt die Leerlaufspannung langsam und geht bei Dunkelheit (keine Einstrahlung) auf 0 V zurück.

• Der Kurzschlußstrom (Punkt 1), den die Zelle liefern kann, steigt proportional zur Einstrahlung. Er ist bei 400 W/m² doppelt so groß wie bei 200 W/m² Einstrahlung, bei 800 W/m² doppelt so groß wie bei 400 W/m². Solarzellen im Kurzschlußbetrieb können daher bei entsprechender Eichung auch zur einfachen Messung der Einstrahlung benutzt werden, sofern die Anforderungen an die Meßgenauigkeit nicht zu groß sind.

• In den Punkten maximaler Leistung steigt die abgegebene elektrische Leistung annähernd proportional zur Einstrahlung.

• Die Zellenspannung im Punkt maximaler Leistung liegt bei 0,45 bis 0,5 V und geht bei niedrigeren Einstrahlungen leicht zurück.

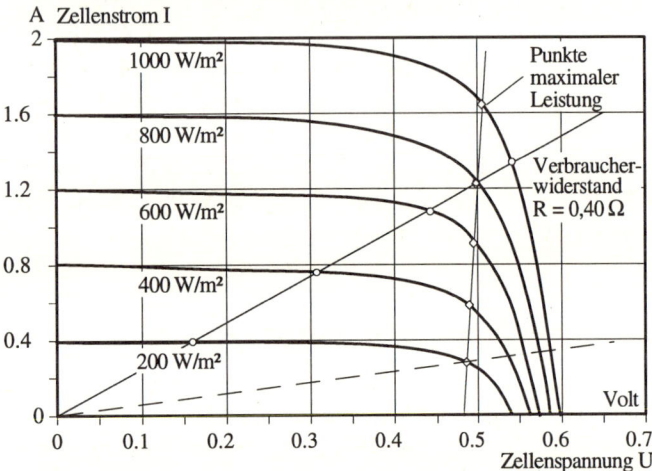

2.18 Einfluß der Sonneneinstrahlung auf die Zellenkennlinie; eingetragen sind die Arbeitspunkte, die sich bei einem Verbraucherwiderstand von R = 0,40 W in Abhängigkeit von der Einstrahlung einstellen.

Wie verhalten sich nun Spannung, Strom und Leistung bei wechselnder Einstrahlung, wenn an die Zelle ein Verbraucher mit konstantem Widerstand angeschlossen wird? Im I-U-Diagramm wird ein fester Verbraucherwiderstand R = U/I durch eine Gerade dargestellt. So ist die Gerade, die einem Verbraucherwiderstand von R = 0,40 Ω entspricht, in das Diagramm Abb. 2.18 eingezeichnet. Dabei wurde R gerade so gewählt, daß die Gerade bei 800 W/m² Einstrahlung durch den Punkt maximaler Leistung geht. Die Schnittpunkte dieser Geraden mit den Solarzellen-Kennlinien zeigen, wo für den gewählten Verbraucherwiderstand die „Arbeitspunkte" bei anderen Einstrahlungen liegen.

Das Ergebnis dieses Beispiels läßt sich durchaus verallgemeinern und ist einigermaßen erschreckend. Sofern der Verbraucherwiderstand nicht der Einstrahlung angepaßt werden kann, wandert der Arbeitspunkt bei kleineren Einstrahlungen immer weiter von Punkt maximaler Leistung weg! Damit sinkt natürlich der Anteil der nutzbaren elektrischen Leistung bezogen auf die maximal mögliche.

Nun wäre es ja auch möglich, einen anderen, größeren Verbraucherwiderstand zu wählen, der z.B. bei 200 W/m² die optimale Leistung der Zelle nutzt (in Abb. 2.18 gestrichelt eingezeichnet). Allerdings wird die Leistungsausbeute dadurch auch nicht gerade besser, da sich nun bei höheren Einstrahlungen die Arbeitspunkte zunehmend vom Punkt maximaler Leistung entfernen. Die Zelle liefert jetzt bei 800 W/m² Einstrahlung kaum mehr Leistung als bei 200 W/m².

Dieses „Gedanken-Experiment" zeigt, daß ein konstanter Verbraucherwiderstand das Leistungsangebot der Solarzelle nur schlecht nutzen kann. Bei wechselnden Einstrahlungen tritt stets eine „Fehlanpassung" zwischen Generator (Solarzelle) und Verbraucher auf. Typisches Beispiel für einen fehlangepaßten Solargenerator ist der Taschenrechner mit Solarzellen: der Generator muß so großzügig bemessen sein, daß der Rechner noch mit dem Licht einer 2 m entfernten 60 Watt Glühbirne genügend Strom erhält; da seine Leistungsaufnahme im Normalbetrieb konstant ist, bleibt das höhere Energieangebot bei stärkerer Beleuchtung zwangsläufig ungenutzt.

Um das Stromangebot der Solarzelle optimal zu nutzen, muß also gefordert werden, daß die Widerstandskennlinie des Verbrauchers wenigstens annähernd durch die Punkte maximaler Leistung geht. Glücklicherweise erfüllen Akkumulatoren diese Anforderung fast optimal: Bei einer relativ geringen Variation der Zellenspannung (im Bereich 1,8 bis 2,4 V/Zelle beim Bleiakku) können sie eine Bandbreite von kleinen bis zu sehr großen Strömen aufnehmen. Da Akkus obendrein noch als Stromspeicher wirken und damit Schwankungen in der Energieproduktion ausgleichen, sind sie in vielen solaren Stromversorgungssystemen zu finden.

Der Einfluß der Zellengröße

Die Vermutung liegt nahe, daß der Energieertrag einer Solarzelle linear mit der Zellengröße (= Empfängerfläche) steigt. Dieser Zusammenhang läßt sich im oben beschriebenen Experiment recht einfach dadurch verifizieren, indem ein Teil, z.B. die Hälfte der Solarzellenfläche mit einem Karton abgedeckt wird. Bei sonst gleichen Bedingungen wird der Strom im Beispiel auf die Hälfte zurückgehen. Ein Halbieren der Zellengröße (was durch einfaches Brechen in der Praxis kaum perfekt gelingt), würde zu demselben Ergebnis führen, vorausgesetzt alle Verbindungen des Kontaktgitters auf der Oberseite bleiben erhalten. Daher sind zerbrochene Zellen nicht unbedingt wertlos, sofern das Kontaktgitter noch funktionsfähig ist. Die einzelnen Teile liefern eben nur weniger Strom und lassen sich zum Basteln durchaus verwenden.

Der Einfluß der Temperatur

Der Einfluß der Zellentemperatur auf den Energieertrag ist in der Praxis von einiger Bedeutung, da die Zelle nur etwa 10 bis 15% der auftreffenden Sonnenenergie in Strom umwandelt, der Rest, d.h. 85 bis 90% der Strahlung, wird in Wärme umgesetzt und heizt die Zelle samt Gehäuse auf. So können im Sommer bei hoher Einstrahlung leicht Zellentemperaturen von 70 bis 80°C auftreten.

Um den Einfluß der Temperatur auf den Energieertrag zu bestimmen, werden die Solarzellenkennlinien (I-U-Kennlinien) bei konstanter Einstrahlung, aber verschiedenen Zellentemperaturen ermittelt, was im oben beschriebenen Experiment ohne Kühl- bzw. Heizvorrichtung für die Zelle kaum möglich ist. Abb. 2.19 zeigt die Kennlinien einer Solarzelle bei verschiedenen Temperaturen nach Herstellerangaben. Bemerkenswert ist folgendes:

- Mit steigender Zellentemperatur sinken sowohl die Leerlaufspannung der Zelle als auch die Spannung im Punkt maximaler Leistung (MPP = maximum power point). Die Leerlaufspannung geht um etwa 2 mV/K (Milli-Volt pro Grad Kelvin bzw. Celsius) entsprechend ca. 0,4%/K zurück.
- Mit steigender Temperatur steigt der Kurzschlußstrom der Zelle geringfügig, und zwar um etwa 0,06%/K.
- Die Zellenleistung, das Produkt aus Spannung und Strom, sinkt mit steigender Zellentemperatur, und zwar um 0,45 bis 0,50%/K. Anders ausgedrückt wird der Wirkungsgrad

der Zelle mit steigender Temperatur schlechter. Bei einer Temperaturerhöhung von 20 K beträgt die Leistungseinbuße immerhin schon 9 bzw. 10%.

Die Hersteller-Angaben zur Nennleistung einer Solarzelle oder eines Panels beziehen sich stets auf eine Zellentemperatur von 25°C. Da die Mehr- bzw. Mindererträge bei abweichenden Betriebstemperaturen beträchtlich sein können, ist bei genaueren Ertragsvorhersagen der Einfluß der Zellentemperatur in der Rechnung zu berücksichtigen. Andererseits folgt daraus für die Montage der Solarzellen, daß auf eine ausreichende Wärmeableitung an die Umgebung, z.B. durch gute Belüftung, zu achten ist.

Natürlich könnte die Wärme auch durch aktive Kühlung abgeführt werden, z.B. wie beim Sonnenkollektor durch wasserdurchströmte Kanäle auf der Zellenrückseite. Der Gedanke, diese Wärme dann auch zu nutzen, z.B. zur Warmwasserbereitung, führt jedoch zu einem Zielkonflikt. Da für die Warmwasserbereitung einerseits möglichst hohe und für die Zellen möglichst niedrige Wassertemperaturen anzustreben sind, schließt die Verfolgung des einen Ziels das Erreichen des anderen aus!

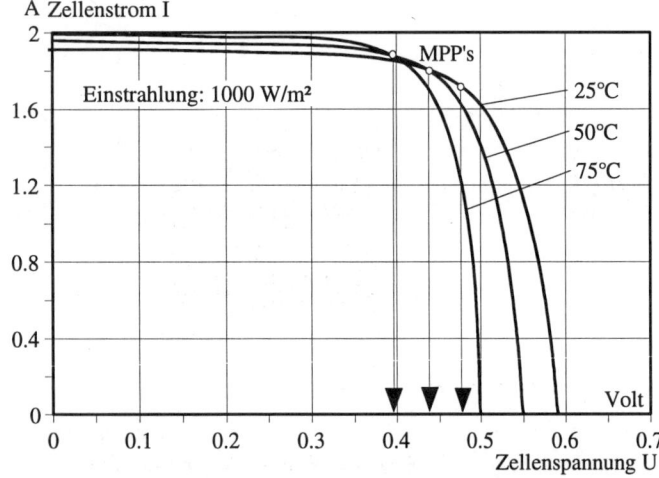

2.19 Einfluß der Temperatur auf die Zellenkennlinie und die Punkte maximaler Leistung.

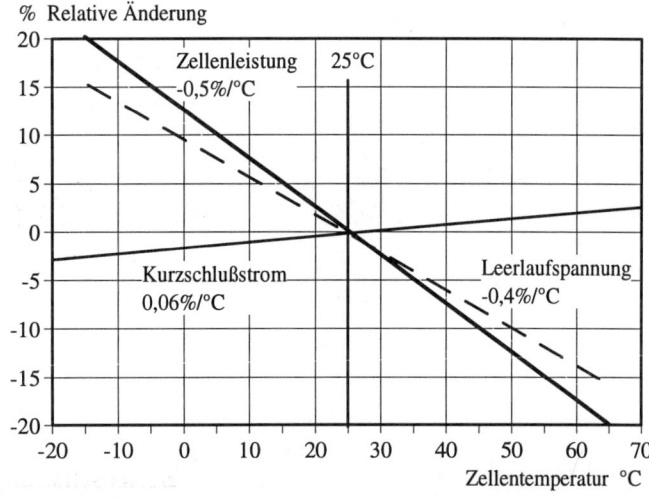

2.20 Zellenleistung, Leerlaufspannung und Kurzschlußstrom als Funktion der Zellentemperatur.

2.4 Von der Solarzelle zum Solarkraftwerk

Serien- und Parallelschaltung

Nun läßt sich sowohl mit einer Spannung von 0,5 V als auch mit der Leistung einer Solarzelle (max. 0,5 bis 1 W) in den meisten Fällen wenig anfangen, da Elektrogeräte in der Regel eine höhere Spannung und/oder mehr Strom benötigen. Durch Zusammenschalten vieler Solarzellen können Spannung, Strom und Leistung des Solargenerators nahezu beliebig aufgestockt und damit vielfältigen Bedürfnissen angepaßt werden. Dabei wird unterschieden in die Serienschaltung und die Parallelschaltung (Abb. 2.21).

- Bei der *Serien- oder Reihenschaltung* wird jeweils der Plus-Anschluß der einen Zelle mit dem Minus-Anschluß der nächsten Zelle verbunden (oder umgekehrt): die Gesamtspannung der Reihe ist gleich der Summe der einzelnen Zellenspannungen. So liefern z.B. 24 Zellen in Reihe eine Gesamtspannung von 24 x 0,5 V = 12 V. Welchen Strom diese Reihenschaltung abgibt, hängt vom schwächsten Glied der Kette ab. Daher ist es sinnvoll, nur Zellen gleicher Größe und mit möglichst gleicher Kennlinie (= gleicher Strom im Punkt maximaler Leistung bei gleicher Beleuchtung) für die Reihenschaltung auszusuchen.

- Bei der *Parallelschaltung* werden jeweils alle Plus- und alle Minus-Anschlüsse miteinander verbunden. Die Zellen liefern den erzeugten Strom in eine gemeinsame Leitung ab, der entnehmbare Gesamtstrom ist gleich der Summe der Einzelströme. Die Spannung wird bei der Parallelschaltung nicht größer. Da die Leerlaufspannung von der Zellengröße unabhängig ist, bereitet die Parallelschaltung von Zellen verschiedener Größe und Leistung keine Probleme.

Um größere Leistungen zu erreichen, werden in der Praxis Serien- und Parallelschaltung miteinander kombiniert. Beispielsweise bringt die Parallelschaltung von 3 Reihen mit jeweils 3 gleichen Solarzellen (vgl. Abb. 2.21) die 3-fache Spannung und den 3-fachen Strom einer einzelnen Zelle. Die elektrische Leistung dieser Anordnung von 9 Zellen entspricht dem 9-fachen

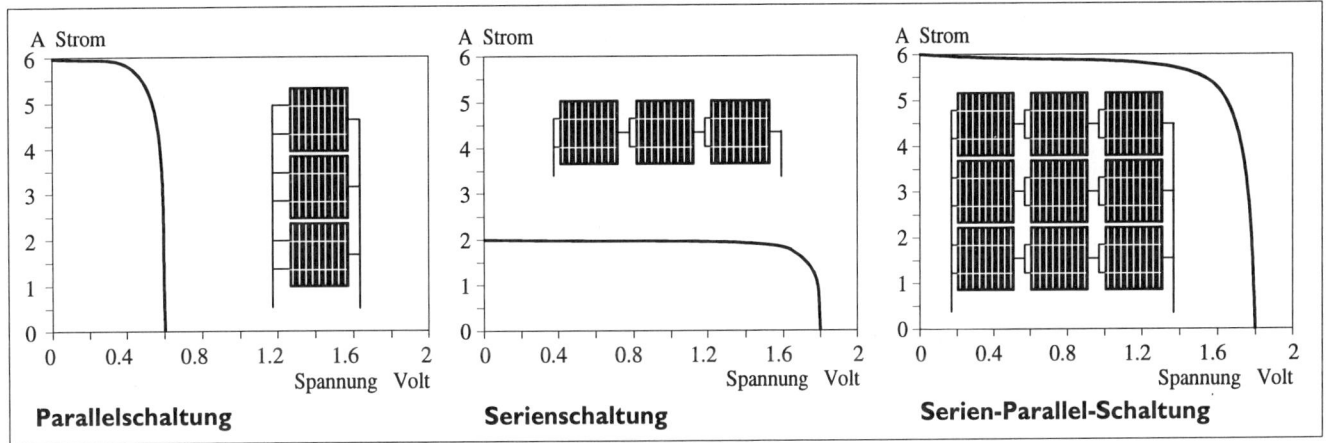

2.21 Einfluß der Serien- und Parallelschaltung von Solarzellen auf den Verlauf der Kennlinie.

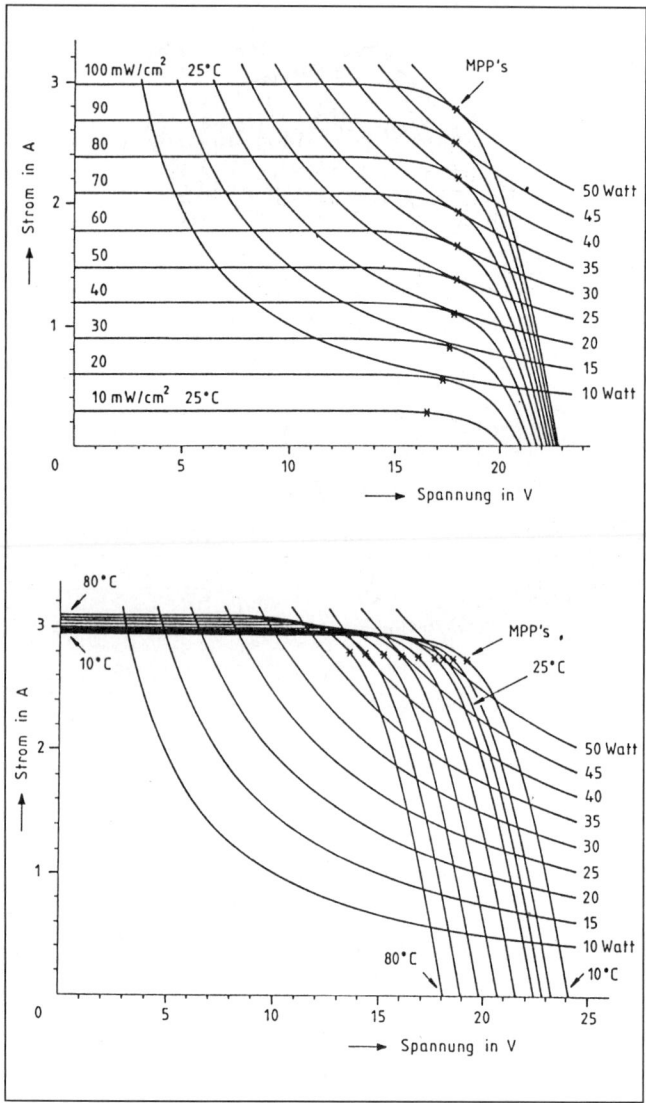

2.22 Kennlinien eines polykristrallinen Solarmoduls (PQ 40/50 der Fa. ASE GmbH, früher AEG/DASA),
oben bei verschiedenen Einstrahlungen und einer Zellentemperatur von 25°C und
unten bei verschiedenen Zellentemperaturen und einer Nenneinstrahlung von 100 mW/cm² = 1000 W/m².

einer einzelnen Zelle - richtige Anpassung des Verbrauchers vorausgesetzt. Mit der Meßschaltung (Abb. 2.16) läßt sich auch für eine solche Solarzellengruppe die I-U-Kennlinie ermitteln. Sind die Zellen alle richtig geschaltet, sollte die Form der Kennlinie am Ende genauso aussehen wie die einer einzelnen Zelle, nur die Meßwerte für Strom und Spannung werden sich ändern.

Solarmodule

Einzelne Solarzellen sind nicht nur in ihrer Leistung sehr begrenzt und schon aus diesem Grunde für die meisten Anwendungen nicht brauchbar, sondern auch sehr empfindlich in Bezug auf Feuchtigkeitseinwirkungen und Bruch. Die Hersteller von Solarzellen bieten daher in der Regel keine Einzelzellen an, sondern fassen eine größere Zahl von Solarzellen, für 12 Volt-Anwendungen meist 30 bis 40 Stück, elektrisch und mechanisch zu einem Solarpanel (auch Solarmodul genannt) zusammen. Neben diesen 12 V-Standard-Panelen mit einer Nennleistung zwischen 30 und 60 Watt (= Spitzenleistung bei 1000 W/m² Einstrahlung) sind auch größere Module mit bis zu 300 W Nennleistung für Großanlagen im Handel. Auf der anderen Seite liefern die meisten Hersteller für die Stromversorgung einzelner Geräte sowie für mobile Anwendungen kleinere und Kleinst-Module im Leistungsbereich 1 bis 30 Watt.
Die Lebensdauer des Solarpanels wird maßgeblich dadurch beeinflußt, wie gut die Zellen innerhalb des Panels vor Witterungs- und anderen Umwelteinflüssen geschützt sind. Um eine möglichst lange Lebensdauer von 30 Jahren und mehr zu erreichen, müssen die Gehäusematerialien den extremen Einwirkungen von Sonnenstrahlung, Feuchtigkeit und Luftschadstoffen dauerhaft standhalten. Für die äußere Abdeckung wird in der Regel ein hochlichtdurchlässiges, gehärtetes Spezialglas verwendet, das auch stärkere Hagelstürme ohne weiteres übersteht. Darunter liegen die elektrisch miteinander verbundenen Zellen, eingebettet zwischen zwei weiche, licht- und temperaturbeständige Kunststoff-Folien (meist EVA = Ethyl-Vinyl-Acetat), die elastisch genug sind, um die thermischen Längen-

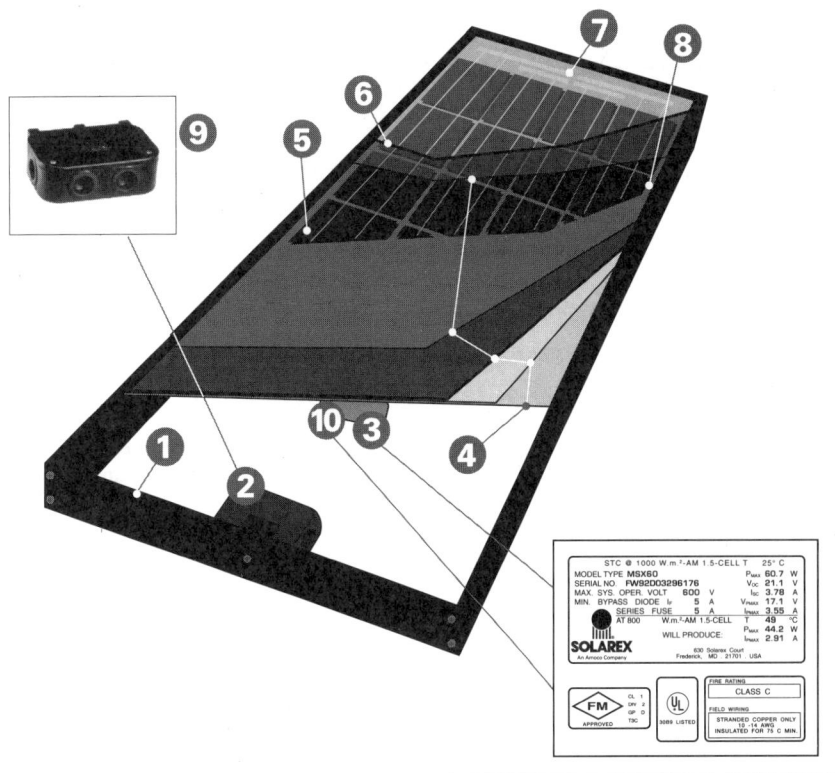

1 Metallrahmen aus korrosions-
   beständiger Alu-Legierung, eloxiert
2 Wasserdichter Anschlußkasten
3 Typenschild mit exakten technischen
   Daten und Leistungsangabe
4 Schutz der Zellen durch Einbettung
   zwischen EVA- und Tedlar-Folien
5 Solarzellen, (wahlweise können die
   Module auch mit Groß- oder Hoch-
   leistungszellen ausgerüstet werden)
6 Getempertes Solarglas mit hoher Lichtdurchlässigkeit als äußere Abdeckung
7 Zuverlässig isolierte Stringverschaltung
   und Anschlußleitungen zum
   Anschlußkasten
8 Ausreichender Abstand zwischen
   Rahmen und Zellen zur Vermeidung
   von Verschattungen bei schrägem
   Lichteinfall
9 Modulspannung umschaltbar zwischen
   6 und 12 Volt
10 Zertifikate über Sicherheitsprüfungen

2.23 Aufbau eines Solarmoduls.   Quelle: nach Solarex-Firmenunterlagen

änderungen und Spannungen zwischen den Zellen und dem Gehäuse aufzunehmen und die elektrisch zuverlässig isolieren. Für die Rückseite des Panels sind je nach Einsatzbereich verschiedene Materialien gebräuchlich: Glas, metallisierte Kunststoffolien oder für sehr hohe Belastungen auch Metallplatten. Wo es auf geringes Gewicht, Biegsamkeit und/oder hohe Bruchfestigkeit ankommt, werden die Solarzellen auch in hochwertige Kunststofflaminate eingeschlossen. Um einen absolut dichten Randabschluß herzustellen, der das Eindringen (bzw. Eindiffundieren) von Feuchtigkeit in den Zwischenraum dauerhaft verhindert, wird der Rand zusätzlich zur Verklebung bei vielen Modulen noch in einen Aluminium- oder Edelstahlrahmen gefaßt, der außerdem die Kanten schützt und gleichzeitig Möglichkeiten zur Befestigung (Bohrungen oder Laschen) bietet.

Da der Herstellungsenergieaufwand für Glas, Laminat, Rückseite und insbesondere auch für die Metallrahmen in der Gesamtbilanz der „grauen Energie" (damit ist der Energieaufwand für die Herstellung des Moduls und der erforderlichen Materialien gemeint) merklich zu Buche schlägt, wurde in den letzten Jahren verstärkt nach einfachen, weniger materialaufwendigen Verfahren zur Modulherstellung gesucht. Inzwischen führen einige Hersteller auch sogenannte „rahmenlose Module" im Programm, die vornehmlich für den Einsatz in größeren

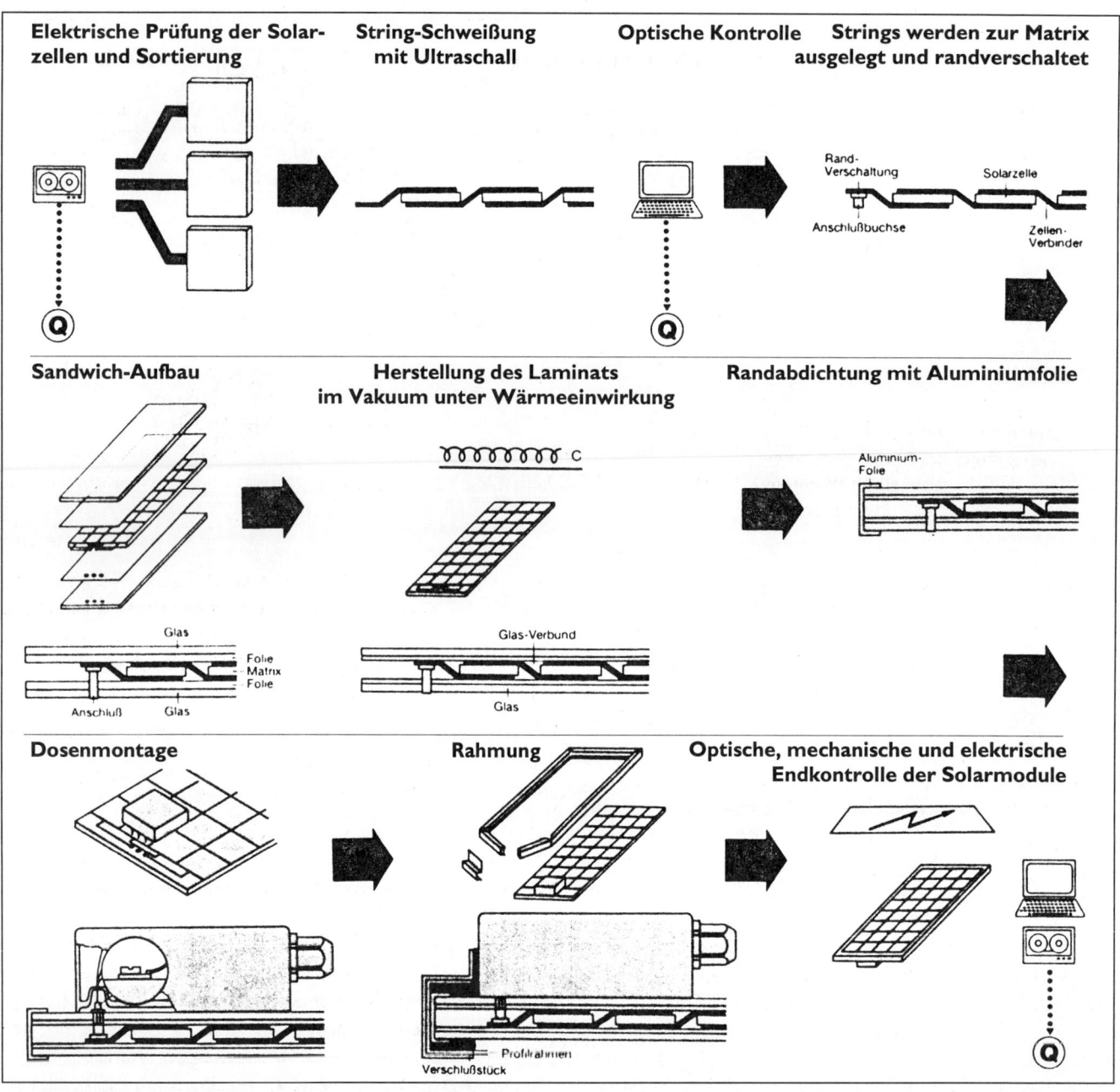

2.24 Arbeitsschritte bei der Modulfertigung.

Quelle: Firmenunterlagen der ASE GmbH, Wedel

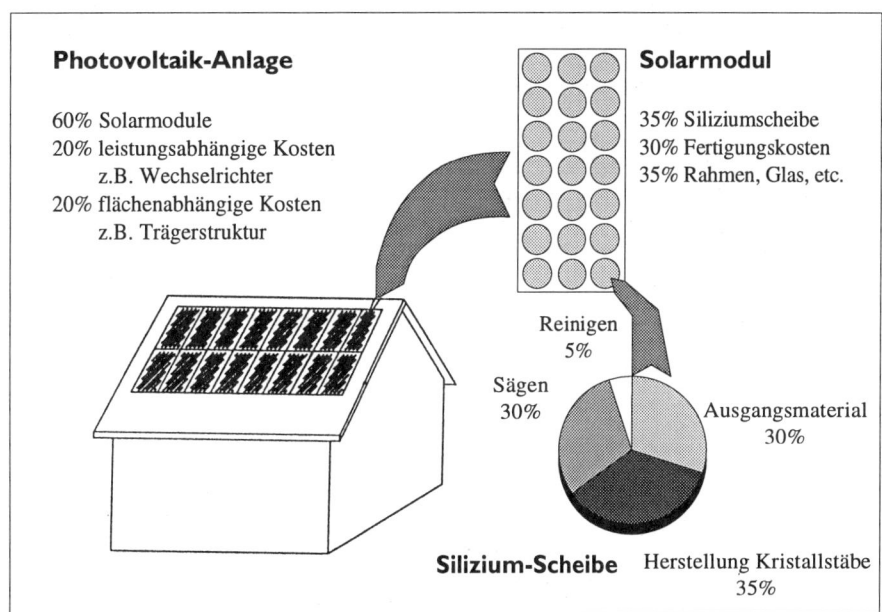

Photovoltaik-Anlage

60% Solarmodule
20% leistungsabhängige Kosten
z.B. Wechselrichter
20% flächenabhängige Kosten
z.B. Trägerstruktur

Solarmodul

35% Siliziumscheibe
30% Fertigungskosten
35% Rahmen, Glas, etc.

Reinigen
5%

Sägen
30%

Ausgangsmaterial
30%

Silizium-Scheibe   Herstellung Kristallstäbe
35%

2.25
Zusammensetzung der Kosten für ein
netzgekoppeltes Photovoltaiksystem
auf einem Wohnhaus.
Quelle: [15]

Anlagen mit speziellen Befestigungssystemen (Montage auf Gestellen oder als Fassadenelemente) konzipiert sind und weitgehend oder ganz auf Metallrahmen verzichten.

Abb. 2.24 zeigt schematisch die vielfältigen Arbeitsschritte von der Solarzelle bis zum fertigen Panel, dargestellt am Beispiel der Fertigung von polykristallinen Standardmodulen bei der Firma ASE GmbH (früher AEG bzw. DASA Deutsche Aerospace AG).

Wohl bei allen Modulherstellern wird an einer weiteren Rationalisierung und Automatisierung der Fertigung gearbeitet, um in Zukunft noch effektiver und kostengünstiger produzieren zu können. Eine nachhaltige Reduzierung der Kosten und damit deutlich niedrigere Modulpreise sind aus heutiger Sicht aber erst zu erwarten, wenn es gelingt, bei merklich höheren Stückzahlen zu einer Art Großserienfertigung zu kommen, und zwar sowohl in der Zellenherstellung wie auch in der Modulfertigung.

Kosten
Wenn heute über Kosten von Solarzellen geredet wird, sind im allgemeinen die Kosten fertiger Module gemeint, wobei der Preis in der Regel auf 1 Watt Spitzenleistung (bei voller Sonneneinstrahlung = 1.000 W/m², 25°C Modultemperatur) bezogen wird. Bei der Abnahme größerer Mengen von Solarmodulen aus der Serienfertigung (über 10 kW Nennleistung) werden derzeit (1994) folgende Preise pro Watt genannt:

- für Solarmodule mit monokristallinen oder polykristallinen Zellen 6 bis 11 DM/Watt und
- für Solarmodule aus amorphem Silizium 6 bis 10 DM/Watt.

Endverbraucher, die „nur" einige Module für ihr Wohnmobil, Wochenendhaus oder ihre netzgekoppelte Hausanlage kaufen wollen, müssen mit etwa 30 bis 50% höheren Kosten (13 bis 16 DM/W bzw. 9 bis 15 DM/W) rechnen.

Trotz des prinzipiell einfacheren Herstellungsverfahrens für amorphe Zellen sind Module in amorpher Technologie nach wie vor kaum preiswerter als solche aus mono- oder polykristallinen Zellen, weil die erhofften Fortschritte bei der Großserienproduktion bisher nicht realisiert werden konnten. Für den Anwender wirkt sich der (im Vergleich zu kristallinen Modulen) mindestens doppelt so hohe Flächenbedarf bei die-

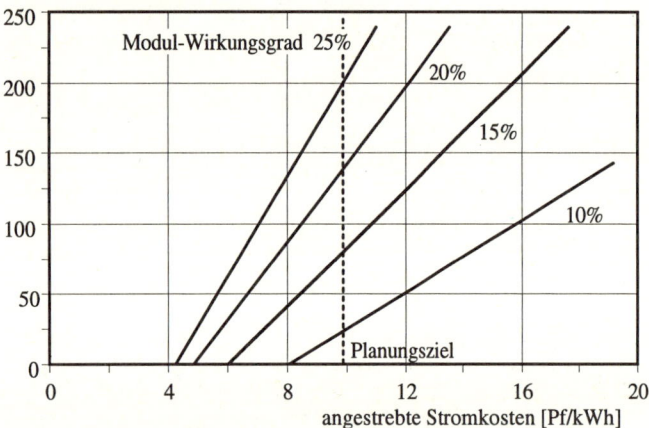

DM/m² Modulkosten

2.26 Erlaubte Modulkosten als Funktion vorgegebener Stromkosten, berechnet für verschiedene Wirkungsgrade.   Quelle: [15]

ser Technologie aber schon bei Anlagen mittlerer Leistung sehr nachteilig aus, da die Kosten für die Tragstrukturen der Solarmodule ebenso wie die Montagekosten ungefähr flächenproportional steigen - ein großer Nachteil, der die Marktchancen dieser Technologie nicht gerade verbessert.

Eine Analyse der Kostenstruktur für die Fertigung von Solarmodulen unter eben diesem Aspekt zeigt, daß es im Hinblick auf die Weiterentwicklung der Zellentechnologie durchaus sinnvoll ist, den Wirkungsgrad der mono- und polykristallinen Solarzellen weiter zu verbessern, ggf. sogar unter Hinnahme gewisser Mehrkosten. Diese könnten im bestimmten Rahmen durch den reduzierten Flächen- und Materialbedarf bei der Modulfertigung ebenso wie bei der Montage wieder aufgewogen werden.

Vom Solarmodul zum Solarkraftwerk

Ebenso wie eine größere Anzahl von Solarzellen zu einem Modul zusammengefaßt wird, können wiederum mehrere oder viele Solarmodule, die natürlich elektrisch zueinander passen müssen, in Reihe oder parallel geschaltet werden, um die Ausgangsspannung bzw. den -strom weiter zu erhöhen und größere elektrische Leistungen bereitzustellen (Abb. 2.27). Die weiter vorn in diesem Kapitel genannten Regeln für die Serien- und Parallelschaltung gelten hier gleichermaßen.

Die Möglichkeiten zur Erzeugung großer Leistungen nach diesem Baukastenprinzip sind nahezu unbegrenzt - es wurden bereits Solarzellen-Kraftwerke mit Leistungen über 10 Mio. Watt = 10 MW gebaut. Nun muß bei einer so großen Zahl von Bauelementen jederzeit damit gerechnet werden, daß einzelne Zellen an Leistungsfähigkeit einbüßen oder gar ausfallen, z.B. durch vorzeitige Alterung, durch Zellenbruch infolge thermischer Spannungen oder durch mechanische Einwirkungen (Hagel, etc.). Damit solche Fehler einzelner Zellen in großen Anlagen lokalisiert werden können und obendrein nicht zu unvorhersehbaren Folgen für das übrige Kollektiv führen, muß das Prinzip der Serien- und Parallelschaltungen um Schutzmaßnahmen unter Einsatz zusätzlicher Bauelemente erweitert werden.

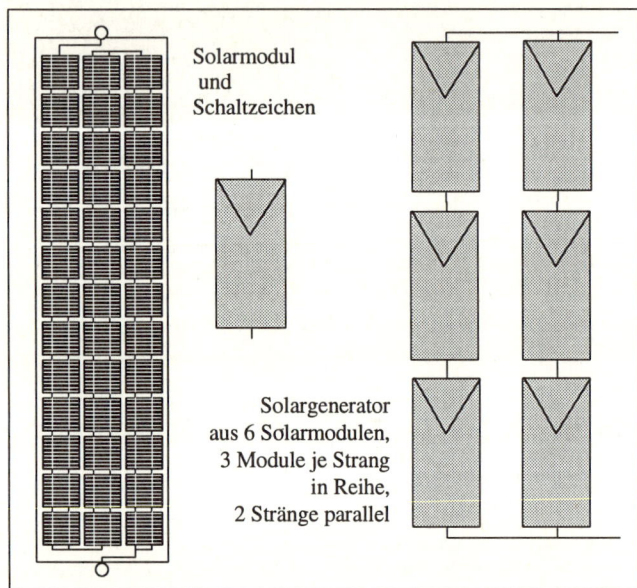

2.27 Einzelzellen werden zu einem Modul zusammengefaßt; aus mehreren oder vielen Modulen entsteht durch Serien- und/oder Parallelschaltung ein Solargenerator.

48

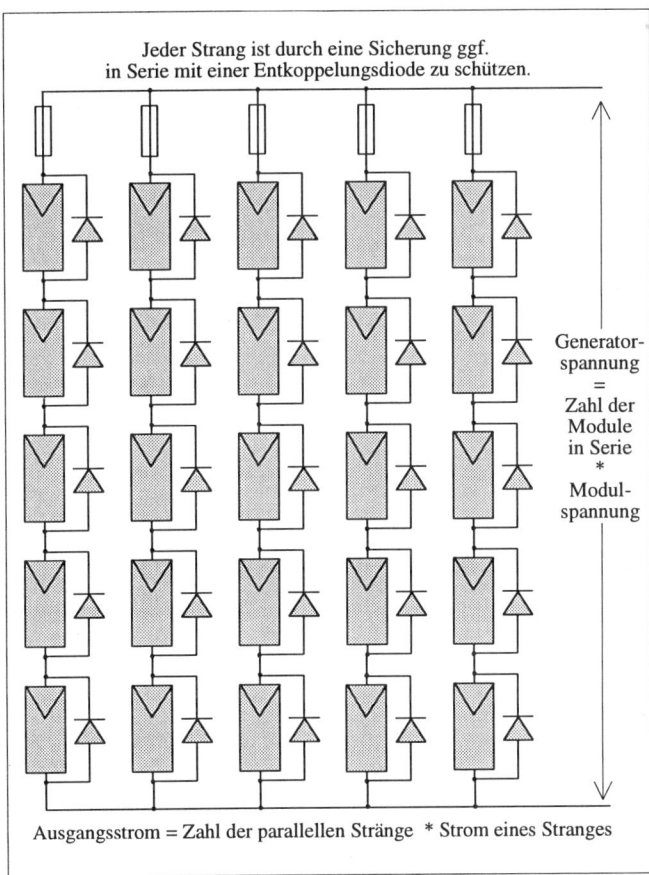

Jeder Strang ist durch eine Sicherung ggf.
in Serie mit einer Entkoppelungsdiode zu schützen.

Generator-
spannung
=
Zahl der
Module
in Serie
*
Modul-
spannung

Ausgangsstrom = Zahl der parallelen Stränge * Strom eines Stranges

2.28 Serien- und Parallelschaltung von vielen Solarmodulen zu
einem großen Solargenerator.

2.29 Das Solarkraftwerk auf dem Mount Soleil in der Schweiz
(500 kW Nennleistung) produziert Strom für das öffentliche
Netz.   Photo: Siemens Solar, München

Hinweise für Bastler

Handhabung von Solarzellen
Wer sich zunächst einmal auf eher spielerischer Ebene mit Solarzellen vertraut machen will, kann bei einigen Solarstrom-Fachhändlern Solarzellen auch lose, d.h. ohne Gehäuse, kaufen (siehe Lieferverzeichnis). Kriterium für die Auswahl ist entweder der Kurzschlußstrom (bei voller Sonneneinstrahlung), der in der Regel im Datenblatt bzw. in der Offerte angegeben wird, oder die Zellengröße. Ausgehend von 0,4 bis 0,5 V Spannung pro Zelle, läßt sich die Anzahl der Zellen, die zur Erzeugung der gewünschten Betriebsspannung in Serie (Reihe) geschaltet werden müssen, leicht ermitteln.
Häufig werden preiswerte Zellen zweiter Wahl angeboten, mit niedrigerem Wirkungsgrad und geringerem Ausgangsstrom als gute Zel-

len gleicher Größe. Für erste Experimente sind solche Zellen recht brauchbar, größere Solarmodule sollten schon wegen der Exemplarstreuungen daraus jedoch nicht hergestellt werden.

Ungekapselte Solarzellen sind äußerst zerbrechlich. Sie dürfen weder auf Druck oder Biegung beansprucht, noch mit hartem Werkzeug bearbeitet werden (z.B. Festhalten mit einer Zange). Da der stromerzeugende p-n-Übergang direkt unter der oberflächlichen Anti-Reflexschicht liegt, sollte die Oberfläche auch nicht durch Kratzer beschädigt werden, da Kratzer die Leistungsfähigkeit ebenso verschlechtern wie Staub oder die dauernde Einwirkung von Feuchtigkeit. Zum Reinigen von Fingerabdrücken allenfalls Watte und Spiritus benutzen! Für den dauerhaften Gebrauch ist es empfehlenswert, die Solarzellen durch ein lichtdurchlässiges Gehäuse zu schützen.

Löten

Für Bastelarbeiten mit Solarzellen eignen sich vornehmlich solche mit vorverzinnten Leiterbahnen, denn nur sie lassen sich problemlos löten. Wie alle Halbleiter sind Solarzellen gegen hohe Temperaturen empfindlich. Der Lötvorgang muß daher so kurz wie möglich sein, um nicht die ganze Zelle zu „verbraten". Zum Anlöten der Anschlußdrähte (meistens liegt plus unten und minus oben auf der Zelle) wird die Zelle auf eine glatte, harte Oberfläche gelegt und mit einem starken Lötkolben (mindestens 50 W) sowie niedrigschmelzendem Elektroniklot gearbeitet. Mit ein bißchen Übung dauert der Lötvorgang für einen Anschluß keine 5 Sekunden. Das Zinn muß beim Löten gut fließen und zu einem glatten, dünnen Wulst erstarren.

Zum Verbinden der Zellen untereinander eignet sich flexibles, verzinntes Kupferband (z.B. 2 mm breit, 0,1 mm dick), das auch für die Fertigung professioneller Solarmodule eingesetzt wird. Ebenso brauchbar und in der Bastelkiste meist vorhanden ist isolierte, flexible Kupferlitze, die auch für die Verbindungen zwischen Solargenerator und Verbraucher eingesetzt werden sollte, um die Anschlüsse an den Solarzellen mechanisch nicht zu belasten. Beim Löten in der Nähe des Zellenrandes ist darauf zu achten, daß kein Lot über den Rand der Zelle gelangt und dort den p-n-Übergang kurzschließt. Zwar schadet ein Kurzschluß hier oder an anderer Stelle in der elektrischen Schaltung den Solarzellen nicht (auch nicht bei voller Sonneneinstrahlung), aber die kurzgeschlossene Zelle liefert auch keinen Strom mehr!

Mechanische Einbettung

Für erste Experimente mit Solarzellen in geschlossenen Räumen ist eine aufwendige Kapselung der Zelle(n) in der Regel nicht notwendig. Hier reicht es in der Regel aus, sie z.B. mit beidseitig kleben-

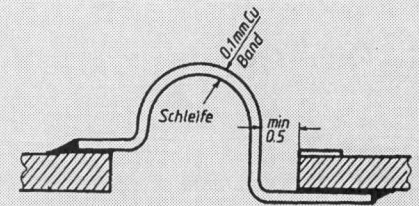

Für die Verbindung von Solarzellen untereinander eignet sich besonders gut dünnes versilbertes Kupferband (1 - 2 mm breit), das zwischen den Zellen zu einer kleinen Schleife geformt wird (wg. Entlastung von mechanischen Spannungen).

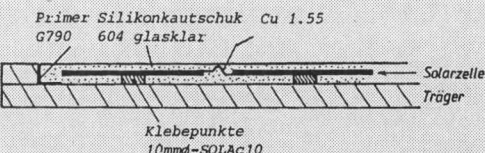

Für den Selbstbau kleiner Solarmodule eignet sich die Einbettung der Solarzellen in glasklaren Silikonkautschuk. Quelle: Atec Firmenkatalog

den Haftpunkten aus Acryl oder Silikontupfern auf einer glatten und elektrisch nichtleitenden Grundplatte (Pertinax, Plexiglas, Glas, o.ä.) zu fixieren.

Für dauerhafte Anwendungen empfiehlt sich der Einbau der Zellen in ein dichtes, gut lichtdurchlässiges Gehäuse. Wenig aufwendig und praktisch sind flache Plexiglas-Dosen (rund oder rechteckig), in die die Zellen einfach nur eingelegt und von hinten mit einer passenden Schaumgummieinlage fixiert werden. Professioneller, aber auch erheblich aufwendiger ist die Einbettung in eine spezielle, glasklare Silikonkautschukmasse, die von einigen Zellenlieferanten bzw. Elektronikversendern speziell für diesen Zweck angeboten wird. Der Silikonkautschuk ist allerdings nicht ganz billig und die blasenfreie Verarbeitung erfordert obendrein einiges Geschick, so daß der Einsatz fertig gekapselter Minimodule (vgl. Tabelle „Solarmodule" im Anhang) meist zu einem professionelleren und ebenso preiswerten Ergebnis führt.

Mutige Bastler, die aus „preiswerten" Solarzellen größere Panele selbst bauen wollen, da sie scheinbar billiger sind als fertige Produkte, sollten ihr Vorhaben vor dem Kauf des Zubehörs reiflich überdenken und die Ausgaben für Gehäuse, Vergußmasse und Kleinteile in die Kostenrechnung einbeziehen. Denn meistens gibt es für ein paar Mark mehr schon ein fertiges Panel zu kaufen, geprüft und mit 5 oder 10 Jahren Garantie! Qualitativ sind die industriell gefertigten Module mit Glasabdeckung, Alurahmen, Befestigungsmöglichkeit und Anschlußkasten den Selbstbauvarianten allemal überlegen.

2.5 Schutzmaßnahmen beim Zusammenschalten von Solarzellen

Ist eine größere Anzahl von Solarzellen zu einem Verbund zusammengeschaltet, muß damit gerechnet werden, daß – zu welchem Zeitpunkt auch immer – irgendeine dieser Zellen ausfällt oder in ihrer Funktion gestört ist. Im harmlosesten Fall ist das Blatt eines Baumes, das eine einzelne Zelle abdeckt, ausreichend, um die Stromproduktion dieser einen Zelle zum Erliegen zu bringen, während die anderen Zellen weiter Energie produzieren. Als Ursachen für den Ausfall einzelner Zellen kommen außerdem in Betracht:

- Herstellungsfehler bei der Fertigung oder Einbettung der Solarzellen, die sich erst im laufenden Betrieb durch Minderleistung oder Ausfall bemerkbar machen.
- Mechanische Einwirkungen bei der Montage oder Wartung, die z.B. zum Kurzschluß einer Zelle oder zur Unterbrechung einer Leiterbahn führen.
- Zerstörerische Einwirkungen des Wetters, z.B. Hagel, extreme Schneelast, Eindringen von Feuchtigkeit in ein Modul, so daß infolge Bruch oder Alterung die Stromerzeugung einzelner oder vieler Zellen nachhaltig verändert wird.
- Fehler in der elektrischen Isolation zwischen den Zellen bzw. zwischen Zellen und Rahmen, die vor allem durch Einfluß von Feuchtigkeit und Witterung entstehen.

Ziel der Schutzmaßnahmen ist es stets, solche außergewöhnlichen Betriebszustände in Teilen der Anlage sicher zu beherrschen, ohne daß die Stromerzeugung der Gesamtanlage nachhaltig gestört wird oder gar größere Folgeschäden auftreten. Zum besseren Verständnis von Funktion und Auswirkung solcher Maßnahmen ist es hilfreich, die Folgen der Verschattung einer einzelnen Solarzelle in einem Panel näher zu betrachten. Angenommen, in einer Reihenschaltung von vielen Zellen würde eine Zelle z.B. durch ein Blatt ganz abgedeckt, so daß diese Zelle mangels Beleuchtung keinen Strom erzeugen und keine Zellenspannung aufbauen kann, während die übrigen Zellen (vgl. Situation a in Abb. 2.31) voll bestrahlt werden. Die abgedeckte Zelle wirkt nun nicht mehr als Stromerzeuger, sondern liegt elektrisch in Serie mit dem Verbraucherwiderstand (Situation b). Die von den übrigen Zellen erzeugte Spannung wirkt nun auf die Reihenschaltung von Verbraucher und verschatteter Zelle ein, so daß an der Solarzelle eine Spannung mit umgekehrter Polarität anliegt.

Wie die Kennlinie einer Solarzelle in diesem Fall aussieht bzw. „weitergeht", zeigt Abb. 2.32. Wegen des recht hohen Innenwiderstands der abgedunkelten Zelle im Inversbetrieb fließt zunächst nur ein sehr geringer Strom im Verbraucherkreis. Übersteigt die Spannung an der abgedeckten Zelle aber einen Wert von etwa 15 V, die sogenannte „Durchbruchspannung", wird die Zelle plötzlich elektrisch leitend. Anders als in Abb.

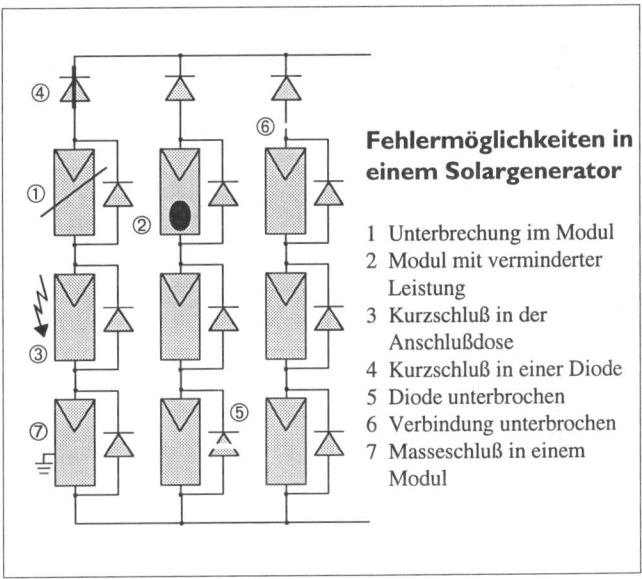

Fehlermöglichkeiten in einem Solargenerator

1 Unterbrechung im Modul
2 Modul mit verminderter Leistung
3 Kurzschluß in der Anschlußdose
4 Kurzschluß in einer Diode
5 Diode unterbrochen
6 Verbindung unterbrochen
7 Masseschluß in einem Modul

2.30 Fehlermöglichkeiten in einem Solargenerator.

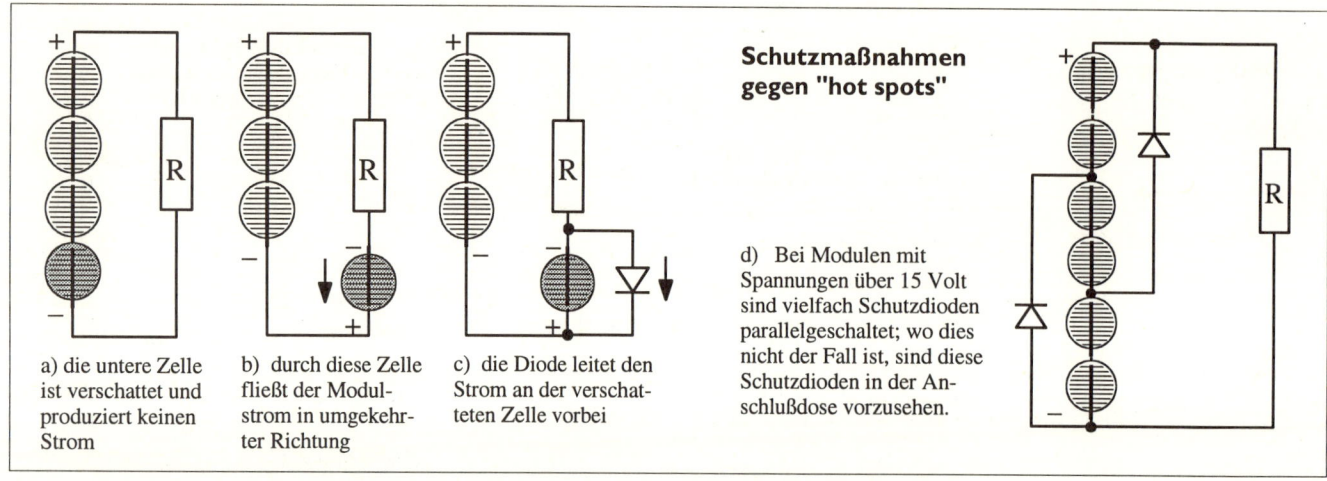

Schutzmaßnahmen gegen "hot spots"

a) die untere Zelle ist verschattet und produziert keinen Strom

b) durch diese Zelle fließt der Modulstrom in umgekehrter Richtung

c) die Diode leitet den Strom an der verschatteten Zelle vorbei

d) Bei Modulen mit Spannungen über 15 Volt sind vielfach Schutzdioden parallelgeschaltet; wo dies nicht der Fall ist, sind diese Schutzdioden in der Anschlußdose vorzusehen.

2.31 Durch Schutzdioden im Solarmodul kann die Entstehung von „Hot spots" vermieden werden.

2.31 d müßten dazu natürlich 30 Zellen oder mehr in Serie geschaltet sein. In einem solchen Fall wird, zumindest unter ungünstigen Umständen, ein sehr großer Teil der elektrischen Energie des Panels in dieser einen Zelle in Wärme umgewandelt. Durch die Wärmeentwicklung kann u.U. nicht nur die eine Zelle beschädigt oder zerstört werden, sondern auch die Kunststoffeinbettung und / oder die Glasabdeckung des ganzen Moduls.

Dieser Effekt wird in der Fachsprache kurz als „Hot spot" (heißer Punkt) bezeichnet. Durch eine Diode parallel zur Solarzelle läßt sich verhindern, daß an dieser Solarzelle jemals eine so hohe rückwärtsgerichtete Spannung auftreten kann (Situation c in Abb. 2.31). Da die Durchbruchspannung bei etwa 15 Volt liegt, reicht es in der Praxis aber völlig aus, wenn nicht jede einzelne Zelle, sondern mehrere Zellen gemeinsam vor einer zu hohen Spannung mit umgekehrter Polarität geschützt werden (Situation d).

Beim Einsatz einzelner Module für 12 V Systemspannung ist das Problem „Hot spots" nicht von Bedeutung. Module für höhere Systemspannungen sind im allgemeinen schon herstellerseitig mit entsprechenden Schutzdioden ausgestattet (wird im Datenblatt angegeben). Werden Standard-Module in Serien-

schaltung eingesetzt, sollte – sofern nicht bereits eingebaut – zu jedem Panel eine Schutzdiode parallelgeschaltet werden. Eine normale Silizium-Leistungsdiode, deren Nennstrom um 25% über dem Kurzschlußstrom des Solarmoduls liegt, erfüllt ihren Zweck, solange nicht mehrere Module oder Modul-Gruppen (in Serie) parallel geschaltet werden.

Wären mehrere Module ohne Schutzmaßnahmen parallelgeschaltet, könnte bei der Verschattung eines Stranges ein Rückstrom von den unverschatteten Modulen in den verschatteten Strang fließen. Abgesehen von der Leistungsminderung ergibt sich bei einer größeren Zahl parallel liegender Stränge auch hier das Problem der thermischen Belastung für die Zellen im verschatteten Strang.

Daher wird bei der Parallelschaltung von Modulen grundsätzlich jeder Zweig durch eine in Serie geschaltete Diode (Schottky-Diode, vgl. Kap. 4.2) entkoppelt. Fällt dann ein Modul in einem der Zweige aus (z.B. durch Verschattung, Zellenkurzschluß o.ä.), so trägt dieser Zweig zwar nicht mehr zur Stromerzeugung bei, stört andererseits aber auch nicht die Funktion der übrigen Anlage.

Zusätzlich zur Entkopplung durch die Seriendioden empfiehlt es sich, für jeden Zweig eine Möglichkeit zum Abschalten vor-

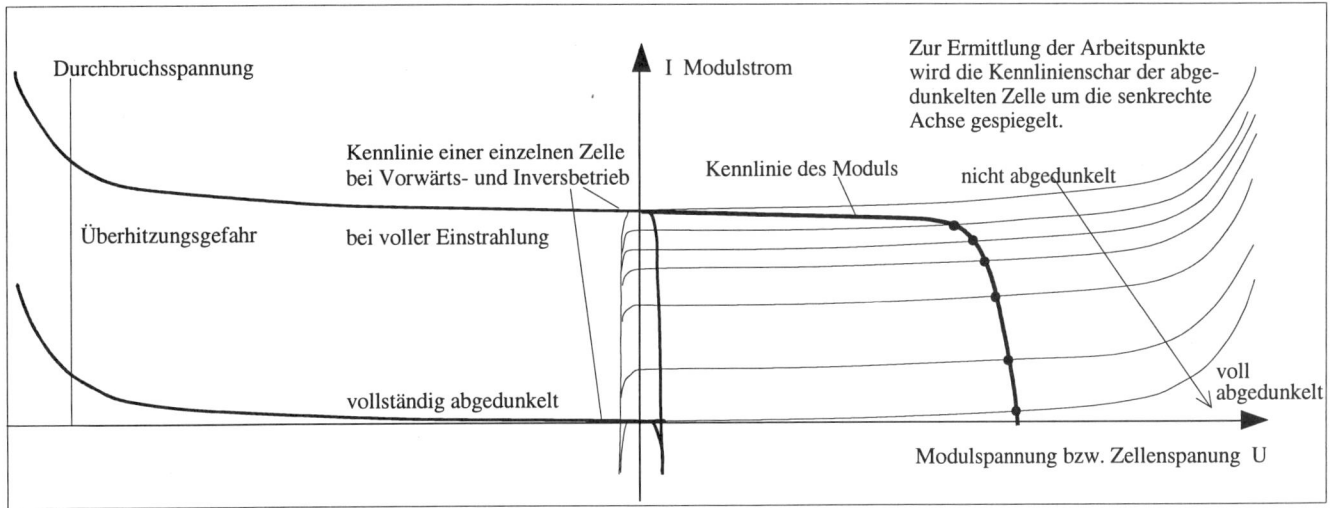

Durchbruchsspannung

Überhitzungsgefahr

I Modulstrom

Kennlinie einer einzelnen Zelle bei Vorwärts- und Inversbetrieb

Kennlinie des Moduls

bei voller Einstrahlung

Zur Ermittlung der Arbeitspunkte wird die Kennlinienschar der abgedunkelten Zelle um die senkrechte Achse gespiegelt.

nicht abgedunkelt

vollständig abgedunkelt

voll abgedunkelt

Modulspanung bzw. Zellenspanung U

2.32 Strom-Spannungs-Kennlinien eines Solarmoduls einerseits und einer abgeschatteten Solarzelle im Inversbetrieb andererseits. Zur Ermittlung des sich einstellenden Arbeitspunktes wurde die Kennlinie der abgeschatteten Einzel-Zelle für verschiedene Abschattungsgrade in den 1. Quadranten gespiegelt.   Quelle: nach [17]

zusehen. Das hat den Vorteil, daß sich die einzelnen Stränge durch Messung der Spannung an den Modulen und der Ströme in jedem Zweig kontrollieren lassen, um Störungen und Schäden schnell und genau zu lokalisieren. Bei kleineren Anlagen reicht dazu ein gutes Vielfach-Meßgerät, in Großanlagen und Solarkraftwerken übernimmt meist ein Computer die laufende Überwachung aller Anlagenteile und erlaubt ggf. anhand der aufgezeichneten Meßdaten eine genaue Fehlerdiagnose.

2.6 Marktübersicht Solarmodule

Die Solarmodule, die heute auf dem Markt angeboten werden, haben inzwischen einen hohen Qualitätsstandard erreicht, so daß die Hersteller Garantiezeiten von 5 bis 10 Jahren, in Einzelfällen sogar bis zu 20 Jahren gewähren. Dank flexibler Fertigungsverfahren ist die Typenvielfalt an Modulen sehr groß, was den Überblick für den Verbraucher erschwert. Wichtige Unterscheidungsmerkmale sind die *Leistungsklasse*, die *Modulspannung* und die *mechanische Ausführung*, d.h. die Art der Verglasung, des Rahmens und der elektrischen Anschlüsse.

Eine Übersicht über die derzeit am Markt angebotenen Solarpanele (ohne Anspruch auf Vollständigkeit) gibt Tabelle 2.2 auf Seite 57 bis 59, wobei eine Einteilung nach Leistungsklassen und Einsatzbereichen versucht wurde.
Abgesehen von Kleinstmodulen zur Gerätestromversorgung und von den Großmodulen ist die überwiegende Zahl der Module für 12 V Systemspannung ausgelegt, d.h. daß damit 12 V-Akkus geladen und die Vielzahl der für 12 V vorhandenen Elektrogeräte betrieben werden können. Durch Serienschaltung von

2.33 Standard-Solarmodule mit Traggestell für die freie Aufständerung.   Quelle: Siemens Firmenunterlagen

die aufeinander abgestimmte Solargenerator-Akku-Kom-
bination ohne einen Laderegler auskommt.

- Module mit 36 Zellen in Serie (Nennspannung ca. 16 bis
  18 V) gelten in unseren Breitengraden als Standard-Module und werden unter Zwischenschaltung eines Ladereglers
  zum Laden von 12 V-Akkus eingesetzt. Die höhere Zellenzahl wird gebraucht, um im Sommer bei höherer Zellentemperatur und entsprechend niedriger Modulspannung den
  Akku noch sicher laden zu können. Außerdem können dadurch Spannungsverluste im Regler und in den Zuleitungen ausgeglichen werden.

- Module mit 40 Zellen sind vorwiegend für den Einsatz in
  wärmeren Klimazonen und für Spezialanwendungen konzipiert, wo oft mit hohen Zellentemperaturen zu rechnen
  ist. Durch die zusätzlichen Zellen wird trotz der niedrigeren Arbeitsspannung der einzelnen Zelle eine ausreichend
  hohe Nennspannung des Moduls erreicht, um 12 V-Akkus
  volladen zu können. Die Leerlaufspannung dieser Panele
  liegt deutlich über 21 V.

Daneben verdient auch die Ausführung der elektrischen Anschlüsse Beachtung: Module mit herausgeführten Anschluß-
drähten sind eher für die feste Montage z.B. im Dach geeignet,
wo die Anschlüsse stets im Trockenen liegen. Für die Montage
im Freien sind spritzwassergeschützte Anschlußdosen oder
Steckverbinder unbedingt zu empfehlen.

Für besondere Anwendungen liefern die meisten Firmen auch
Spezialausführungen gegen Aufpreis: z.B. Marine-Typen aus
besonders seewasserbeständigen Materialien, Module in sehr
kompakter Bauweise (aus ausgesuchten Zellen mit besonders
hohem Wirkungsgrad) für Anwendungen, die nur wenig Platz
in Anspruch nehmen dürfen, oder besonders leichte Module
für die Stromversorgung in Segelflugzeugen, Solarmobilen u.ä.,
sowie faltbare Module für transportable Ausrüstungen, usw.

Der Ausgangsstrom der Module ist, wie schon das Experiment
in Kap. 2.3 zeigte, bei konstanter Einstrahlung von der Zellengröße und deren Wirkungsgrad abhängig. Die älteren runden
monokristallinen Zellen mit 10 cm ø liefern einen Strom von
max. 2,1 bis 2,3 A, rechteckige Zellen mit 10 cm Kantenlänge
bringen wegen der um ca. 25% größeren Zellenfläche entspre-

zwei, drei oder vier solcher Module lassen sich die höheren
Normspannungen im Niedervoltbereich, also 24, 36 und 48 V,
ohne weiteres erzeugen.

Abgesehen von der Modul-Leistung, die von der Zellengröße
und vom Wirkungsgrad abhängt, gibt es Unterschiede bei der
Anzahl der Solarzellen im Modul und damit bei der Leerlauf-
und Arbeitsspannung:

- Module mit 33 Zellen in Serie und einer Nennspannung
  von 13,5 bis 15 V (im Punkt maximaler Leistung) sind für
  kleinere, einfach aufgebaute, autonome Stromversorgungsanlagen vorgesehen, wobei sie ohne Zwischenschalten eines Ladereglers direkt an einen Akku (mit bestimmter Min-
  destkapazität, vgl. Kap. 4.2) angeschlossen werden. Diese
  Module werden auch als selbstregulierend bezeichnet, da

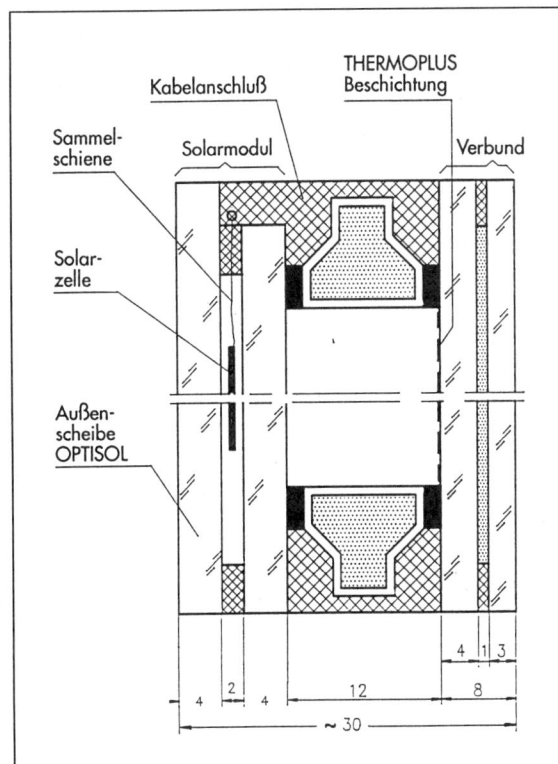

2.34 Solarmodul für die Fassadenintegration. Die Solarzellen sind zwischen zwei Glasscheiben eingebettet und die elektrischen Anschlüsse an den Kanten herausgeführt (Optisol-Element). Quelle: Flachglas Solartechnik, Köln

chend mehr, und zwar etwa 3 A bei monokristallinem und 2,3 bis 3 A bei polykristallinem Material. Wegen der besseren Flächennutzung und auch wegen des Aussehens finden in den neuen Modultypen überwiegend rechteckige Zellen Verwendung. Der Abfall beim Schneiden der Rechteckzellen aus rundem monokristallinem Material kann durch Einschmelzen wiederverwendet werden.

Module kleiner Leistung (5 bis 20 W bei 14 bis 17 V) werden aus entsprechend kleineren Zellen gefertigt, z.B. Zellen mit 7,5 cm ø bzw. halbe oder Viertel-Zellen. Sie sind bezogen auf die abgegebene Leistung zum Teil deutlich teurer als Standardpanele, da die Fertigungskosten für das Modul zunehmend den Preis bestimmen.

Inzwischen finden sich in den Katalogen der Hersteller auch Großmodule mit Leistungen von 80 bis 400 W, die für große Anlagen (meist mit Netzkopplung) eingesetzt werden oder für die Fassadenintegration konzipiert sind. Bei diesen Modulen können mehrere Reihen von Solarzellen entweder parallel- oder zum Erreichen höherer Systemspannungen in Serie geschaltet werden. Da die Kosten für das Gehäuse und die Fertigung bei größeren Einheiten im Vergleich zu Standardmodulen niedriger sind, können sie bezogen auf die Leistung auch preiswerter angeboten werden.

Der Markt für amorphe Solarmodule ist derzeit in zwei Segmente geteilt: Auf der einen Seite stehen Kleinmodule (Leistungsbereich 5 bis 20 W), meist in einem robusten Rahmen bzw. Gehäuse, die vorwiegend für Klein- und Hobbyanwendungen eingesetzt werden und vom Preis her etwas günstiger sind als vergleichbare kristalline Module. Auf der anderen Seite setzen die Hersteller auf größere amorphe Module (60 x 100 cm), die bei größeren Abnahmemengen für die Fassadenintegration nach Kundenwunsch modifiziert werden können.

Nennleistung ≠ nutzbare Leistung
Die Werbeprospekte der Hersteller rücken bei den technischen Daten ihrer Module häufig die Ausgangsleistung (in Watt) in den Vordergrund. In der Praxis ist die Leistung jedoch nicht immer gut geeignet, um Module mit unterschiedlicher Zellenzahl zu vergleichen.

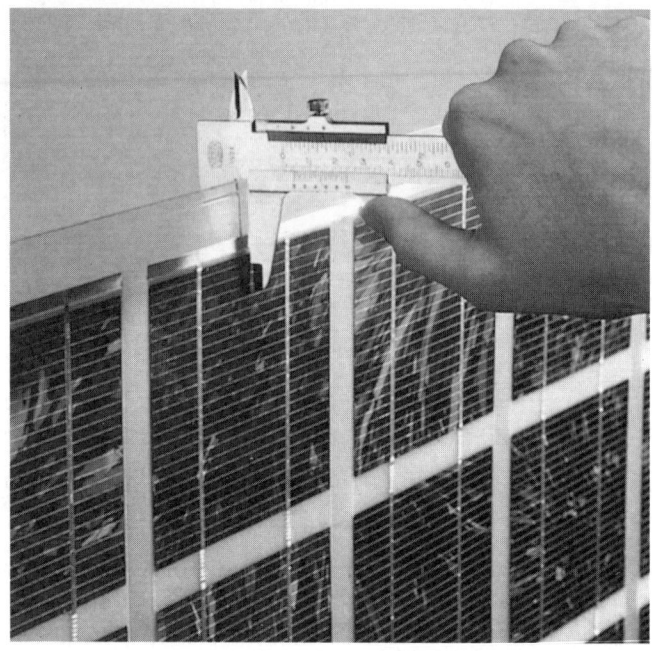

2.35 Flexibles Leichtmodul mit Kunststoffeinbettung (AEG Solar-Flex, 2,5 mm dick) für mobile Anwendungen.
Photo: Fa. ASE GmbH, Wedel (früher AEG / DASA)

Ein Beispiel: Ein Solarmodul mit 33 Zellen (Nennspannung 15 V) liefert bei voller Sonneneinstrahlung 2 A Nennstrom und 33 W Leistung (MPP), während das Panel mit 36 Zellen (Nennspannung 18 V) bei gleichem Nennstrom eine Nennleistung von 36 W erreicht. Werden diese Panele zum Laden von 12 V-Akkus benutzt, so stehen dem Verbraucher in beiden Fällen nur 12 bis 14 V Akkuspannung zur Verfügung. Die um 10% höhere Leistung des 36-Zellen-Moduls, die bezahlt werden muß, kommt dem Verbraucher somit nicht unmittelbar zugute. Der Vorteil des 36-Zellen-Moduls liegt bei den allermeisten Anwendungen jedoch darin, daß es bei starker Sonneneinstrahlung und entsprechend hoher Zellentemperatur doch etwas mehr Ladung in den Akku zu bringen vermag, sofern die höhere Arbeitsspannung nicht z.B. durch Abregeln des Ladereglers weitgehend „verschenkt" wird.

Die Angaben zur Panel-Leistung in den Datenblättern sind daher stets im Zusammenhang mit dem Nennstrom (im Punkt maximaler Leistung bei 1000 W/m² Einstrahlung und 25°C Zellentemperatur) eines Moduls zu betrachten. Bei genaueren Systemdimensionierungen für autonome Anlagen mit Speicherakku wird daher in der Regel anstelle der Leistung mit dem Nennstrom der Module gerechnet. Leistungsbetrachtungen sind zwar recht anschaulich, aber, wie das obige Beispiel verdeutlicht, für die Systemdimensionierung oft zu ungenau. Der Nenn-Ausgangsstrom wird ebenfalls in den Datenblättern der Hersteller angegeben oder kann der Kennlinie des Panels entnommen werden.

Durch die technische Weiterentwicklung ist der Markt ständig in Bewegung, so daß manche der in der Tabelle „Solarmodule" aufgeführten Typen inzwischen nicht mehr lieferbar sind oder durch Neuentwicklungen ersetzt sein können. Die in dieser Tabelle genannten Preise, die den Prospekten von Anbietern entnommen wurden, sind lediglich Richtwerte für einen ersten Überblick. Dabei gilt es zu bedenken, daß die Module wegen unterschiedlicher Ausstattung kaum direkt vergleichbar sind, die Abnahmemenge einen Einfluß auf die Preisgestaltung hat und die Preise zudem ständig in Bewegung sind.

<table>
<tr><td colspan="10" align="center">**Übersicht Solarmodule**</td></tr>
</table>

Hersteller	Typen-Bezeichnung	Z.-Zahl/ Z.-Typ	Leistung [Watt]	U_a / I_a [V / A]	U_l / I_k [V / A]	besondere Eigenschaften	Maße [cm] L x B	Gewicht [kg]	Preis DM/sFr
Kleinstmodule zur Ausstattung von Geräten und zum Laden von Akkus									
TST /ASE	SM12-080			12 / 0,08					
TST /ASE	SM12-160			12 / 0,16					
TST /ASE	SM 6-080			6 / 0,08					
TST /ASE	SM 6-160			6 / 0,16					
TST /ASE	SM 3-160			3 / 0,16					
Sito	Sito	9 /p			5,1 / 0,18	Laden von NiCd-Akkus	11,8 x 6,0		
Solaris	M25/150	5 /p			2,5 /,015		9,5 x 6,5		30
Solaris	M25/300	5 /p			2,5 / 0,30		15,0 x 7,0		45
Solaris	M3/600/v	6 /p			3,0 / 0,60	f. Walkman, Radio	17,9 x 12,2		85
Solaris	M5/300	10 /p			5,0 / 0,30	f. Walkmann, Radio	17,5 x 12,5		78
Kleinmodule für Geräte sowie Spezialmodule für mobile Anwendungen u.ä.									
Solarex	MSX 05	36 /p	4,5	16,8 / 0,27			24,9 x 26,9	0,8	205
Solarex	MSX 10	36 /p	10	17,1 / 0,58			42,0 x 26,9	1,5	285
Solarex	MSX 5L	36 /p	4,5	17,5 / 0,28	21,4 / 0,28	Leichtmodul für mobile	27,3 x 26,7	0,53	195
Solarex	MSX 10L	36 /p	10	17,5 / 0,57	20,4 / 0,59	Anwendungen, sehr	44,5 x 31,5	0,8	280
Solarex	MSX 18L	36 /p	18	17,8 / 1,06	21,0 / 1,16	dünn, stabile Rückplatte	49,9 x 44,8	1,5	460
Solarex	MSX 30L	36 /p	30	17,8 / 1,68	21,3 / 1,82		61,6 x 49,5	2,2	585
TST /ASE	PV 40 K	40 /p	12,0	/ 0,68	22,8 / 0,75	besonders korrosionsbe-	56,5 x 24,3	1,49	589
TST /ASE	PH 40 K	40 /p	24,0	/ 1,33	22,8 / 1,49	ständig, Bootstyp	57,1 x 46,2	3,85	
Siemens	M5	33 /m	5	15,0 / 0,34	19,5 / 0,39		33,0 x 17,5	1,0	
Siemens	M10	34 /m	10	16,3 / 0,60	19,9 / 0,68		34,6 x 32,1	1,8	
Siemens	M20	30 /m	20	14,6 / 1,37			56,9 x 33,0	2,5	
Siemens	M 17S	36 /m	17	17,0 / 1,0	22,0 / 1,2	Power-Max-Technik	63,6 x 27,7	2,2	
Solec	SM 12 S	36 /m	12,5	16,5 /0,75	20,2 /0,86	Bootstyp	38,1 x 36,8	1,6	455
Solec	SM 25 S	36 /m	25	16,5 / 1,52	20,3 / 1,75	Bootstyp	69,8 x 36,8	2,9	625
Hoxan	H 2002	36 /m	20	17,4 / 1,15	/ 1,3		49,5 x 39,0	3,3	548
BP	BP211SR	30 /m	11	15,2 / 0,65		selbstregulierend	49,0 x 13,2	2,2	340
BP	BP221SR	30 /m	21	15,2 / 1,3		selbstregulierend	49,0 x 43,0	4,0	509

Tabelle 2.2 : Produktübersicht Solarmodule (ohne Anspruch auf Vollständigkeit, Stand Anfang 1994).

Übersicht Solarmodule

Hersteller	Typen-Bezeichnung	Z.-Zahl / Z.-Typ	Leistung [Watt]	U_a / I_a [V / A]	U_l / I_k [V / A]	besondere Eigenschaften	Maße [cm] L x B	Gewicht [kg]	Preis DM/sFr
Amorphe Kleinmodule für diverse Anwendungszwecke									
Siemens	G100	amorph	5	14,5 /			36,5 x 35,6	2,0	
Siemens	T20	amorph	20	15,0 /	23,0 / 1,9		132,1 x 36,5	7,5	
Chronar	KT6-12--6	amorph	1,6	8,0 / 0,21	11,0 / 0,31	mit Kunststoff-	30,8 x 15,7	0,6	55
Chronar	KT1-1-6	amorph	3,2	8,0 / 0,43	11,0 / 0,62	oder Alurahmen	30,8 x 31,0	1,2	88
Chronar	KT6-12	amorph	1,8	16,0 / 0,12	22,5 / 0,16		30,8 x 15,7	0,6	59
Chronar	KT1-1	amorph	3,6	16,0 / 0,25	22,5 / 0,32		30,8 x 31,0	1,2	88
Chronar	KT12-18	amorph	5,5	16,0 / 0,38	22,5 / 0,46		46,3 x 30,8	1,9	123
Chronar	KT1-2	amorph	8,0	16,0 / 0,55	22,5 / 0,66		61,1 x 30,8	2,4	145
Chronar	KT1-3	amorph	12,0	16,0 / 0,83	22,5 / 0,99		92,0 x 30,8	3,6	195
Standard-Module in mono- und polykristalliner Ausführung									
Solarex	MSX 30	36 /p	30	17,8 / 1,68	21,3 / 1,82		59,2 x 50,2	3,9	595
Solarex	MSX 50	36 /p	50	17,1 / 2,92			93,7 x 50,2	6,3	860
Solarex	MSX 64	36 /p	64	17,5 / 3,66			110,9 x 50,2	7,2	1060
TST /ASE	PQ36D/K	36 /p	45	/ 2,76	20,5 / 2,98	D=Dose, K=Kabel	97,7 x 46,2	5,5	
TST /ASE	PQ 40/50D	40 /p	50	/ 2,76	22,8 / 2,98	Edelstahlrahmen	107,9 x 46,2	6,8	
Siemens	M40	33 /m	40	15,7 / 2,55	19,5 / 3,0		121,9 x 33,0	5,2	
Siemens	M50 S / L / K	36 /m	50	17 / 2,8	21,8 / 3,1	verschieschiedene, mechanische Ausführungen	98,0 x 46,0	7,6 / 6,3 / 5,1	
Siemens	M65	30 /m	43	14,6 / 2,95	18,0 / 3,3	selbstregulierend	108,3 x 33,0	4,8	
Siemens	M75	33 / m	48	15,9 / 3,02	19,8 / 3,4		121,9 x 33,0	5,2	
Siemens	M55	36 /m	53	17,4 / 3,05	21,7 / 3,4		129,3 x 33,0	5,7	
Siemens	M 35S	36 /m	35	17,0 / 2,1	22,0 / 2,4	Power-Max-Technik	63,6 x 52,8	3,8	
Kyocera	LD361C24	36 /p	24	16,7 / 1,44	20,7 / 1,55		53,5 x 44,5	3,2	
Kyocera	LA361K51	36 /p	51	16,9 / 3,02	21,2 / 3,25		98,5 x 44,5	5,9	
Kyocera	LA441K63	44 /p	63	20,7 / 3,03	26,0 /3,25		120,0 x 44,5	6,9	1069
Helios	H55A	36 /m	55	17,4 / 3,15	21,6 / 3,4		98,5 x 44,0	5,7	
Hoxan	H 4810	36 /m	50	17,4 / 3,0	/ 3,3		94,5 x 42,2	6,1	825
BP	BP252	36 /m	52	17,0 / 3,06	21,2 / 3,3		100,5 x 44,9	5,5	799
BP	BP255	36 /m	55	17,0 / 3,23	21,2 / 3,54		100,5 x 44,9	5,5	

Hersteller	Typen-Bezeichnung	Z.-Zahl / Z.-Typ	Leistung [Watt]	U_a / I_a [V / A]	U_l / I_k [V / A]	besondere Eigenschaften	Maße [cm] L x B	Gewicht [kg]	Preis DM/sFr
Großmodule für Anlagen zur Netzeinspeisung und autonome Stromversorgungsanlagen größerer und großer Leistung									
Solarex	MSX 120	36 /p	120	17,1 / 7,0			112,2 x 99,0	14,0	2155
Siemens	M100L	72 /m	100		43 / 3,1		127,1 x 64,2	9,0	
Siemens	M 75S	36 /m	75	17,0 / 4,4	22,0 / 4,8	Power-Max-Technik	120,1 x 52,8	7,5	
Solec	SM 75S	36 /m	75	17,3 / 4,4	21,3 / 5,1		120,0 x 53,3	8,2	1255
Solec	SM 95S	66 /m	95	15,5 / 6,16	19,6 / 6,94	auch als 24V-Version	121,9 x 64,8	9,8	1595
Solec	SM 105S	72 /m	105	17,0 / 6,18	21,2 / 7,42	lieferbar	128,9 x 64,7	10,2	
Kyocera	LA721G102	72 /p	102	33,8 / 3,02	42,5 / 3,25		98,5 x 86,5	11,2	
Helios	H105A	72 /m	105	34,6 /3,03	43,2 / 3,40		130,0 x 65,0	10,3	
BP	BP270	36 /m	70	17,0 / 4,12	21,4 / 4,41		118,8 x 53,0	7,5	1075
BP	BP275	36 /m	75	17,0 / 4,39	21,4 / 4,60		118,8 x 53,0	7,5	1144
BP	BP460	36 /m	60	18,00 / 3,33	22,0 / 3,5		98,7 x 44,8		
BP	BP490	60 /m	90	30,0 / 3,0	36,7 / 3,13		118,8 x 53,0		
Module für Fassadenintegration und Solarkraftwerke									
Nukem	PS 94T100	80 /p	100	37,1 / 2,7	48,9 / 3,0		110 x 85,6	17	
Nukem	PS 94 MC102	80 /m, MIS-I	102	37,4 / 2,7	47,2 / 3,1		110 x 85,6	17	
Nukem	PS184T200	160 /p	200	74,2 / 2,7	97,8 / 3,0		110 x 167,5	42	
Nukem	PS 184 MC204	160 /m, MIS-I	204	74,8 / 2,7	94,4 / 3,1		110 x 167,5	42	
Flagsol	Optisol	108 /p	311	51,6 / 6,04	64,4 / 6,8		195,5 x 149		
PST	PM6008N/T	amorph	27/23	68 /	88 /	Ausführung als opakes bzw. semitransparentes Modul möglich	100 x 60	12	
TST /ASE	MQ36D/k	36 /m	53,0	/ 3,08	21,6 / 3,25	D=Dose, K=Kabel	97,7 x 46,2	5,5	
TST /ASE	MQ 40D	40 /m	58,5	/ 3,08	24,0 / 3,25		107,9 x 46,2	6,8	

Tabelle 2.2: Produktübersicht Solarmodule. (ohne Anspruch auf Vollständigkeit, Stand Anfang 1994)

2.7 Der Energie-Ertrag

Berechnung des Energieertrages

Die Ausgangsleistung eines Solarmoduls, also das Produkt aus Spannung und Ausgangsstrom, hängt von der Intensität der Sonneneinstrahlung ab, d.h. hohe Einstrahlung liefert hohe Ausgangsströme, geringe Einstrahlung entsprechend weniger Strom (vgl. Kap. 2.3). Der Zusammenhang zwischen Strahlungsintensität und Modulleistung ist sogar annähernd linear, vorausgesetzt das Modul wird durch passende Wahl des Verbraucherwiderstands stets im Punkt maximaler Leistung betrieben.

Nennleistung und Modulleistung
In erster Näherung läßt sich die strahlungsabhängige Modulleistung nach folgender einfachen Gleichung abschätzen:

$$P_{Modul} = S_{Sonne} \cdot \eta_{Modul} \cdot F_{Modul} \quad \text{mit}$$

P_{Modul} = Modulleistung (in Watt),
S_{Sonne} = Sonneneinstrahlung in Modulebene (in Watt/m²),
η_{Modul} = Modulwirkungsgrad bezogen auf die Nettofläche,
F_{Modul} = Modul-Nettofläche (in m²)

Nun wird in den Datenblättern oft nicht der Modulwirkungsgrad angegeben, sondern nur die Nennleistung P_{Nenn} [in Watt] unter Normbedingungen (stc = *s*tandard *t*est *c*onditions). Diese Normbedingungen gehen von einer „normierten" Einstrahlung von S_{Nenn} = 1000 W/m² aus, unterstellen eine Zellentemperatur von 25°C und eine bestimmte Spektralverteilung des Lichtes, wie sie beim Durchgang des Sonnenlichtes durch das 1,5 fache der Atmosphärendicke entsteht (bezeichnet als AM 1,5 = air mass 1,5). Damit läßt sich – mindestens in erster Näherung – die strahlungsabhängige Leistung des Moduls folgendermaßen berechnen:

$$P_{Modul} = P_{nenn} \cdot S_{Sonne} / S_{Nenn}$$

weil der Wirkungsgrad gegeben ist durch

$$\eta_{Modul} = P_{Nenn} / (F_{Modul} \cdot S_{Nenn})$$

Demnach liefert ein 50 Watt-Modul (Nennleistung) bei bedecktem Himmel (200 bis 300 W/m² Einstrahlung) 20 bis 30% der Nennleistung, also 10 bis 15 W, bei sonnigem Wetter und zur Sonne ausgerichtetem Solarmodul (700 bis 900 W/m Einstrahlung in Modulebene) 70 bis 90% der Nennleistung entsprechend 35 bis 45 Watt.

Gemäß dieser Formel ändert sich die vom Solarmodul erzeugte elektrische Leistung im Rhythmus der tageszeitlichen und witterungsbedingten Schwankungen der Sonneneinstrahlung (Abb. 2.36 und 2.39). Für die Praxis der solaren Stromversorgung interessiert jedoch weniger eine momentane Leistung, sondern vielmehr, wieviel elektrische Energie dem Verbraucher in einem bestimmten Zeitraum z.B. pro Tag durchschnittlich zur Verfügung steht. Die elektrische Energie (Arbeit), gemessen in Wattstunden [Wh], kann dabei auf einen Tag, einen Monat oder ein Jahr bezogen werden und hat entsprechend die Maßeinheit Wh/d, kWh/Monat oder kWh/a.

Die oben angegebene Formel zur Berechnung der Modulleistung gilt von der Struktur her auch zur Berechnung des Energieertrages, wenn anstelle der Strahlungsintensität (genauer gesagt der Strahlungsleistung S_{Sonne}) mit Mittelwerten der Energie gerechnet und die täglich auf das Modul treffende Sonnenenergie G_{solar} (Globalstrahlung) eingesetzt wird:

$$E_{Modul} = P_{Nenn} \cdot (G_{solar} / S_{Nenn}) \quad \text{mit}$$

E_{Modul} = mittlerer täglicher Energieertrag des Moduls in Wh/d
G_{solar} = mittlere Tagessumme der Sonneneinstrahlung in Modulebene in Wh/m²d; ist an jedem Standort eine Funktion von Orientierung und Neigung.

Werden für G_{solar} anstelle der Tagesmittel beispielsweise Monatsmittelwerte eingesetzt, so liefert E_{Modul} auch den mittleren monatlichen Energieertrag des Solarmoduls, natürlich wieder unter der Voraussetzung, daß die erzeugte elektrische Energie von einem optimal angepaßten Verbraucher vollständig abgenommen wird (Betrieb im Punkt maximaler Leistung MPP).

Performance Ratio
Als Performance Ratio wird in der Photovoltaik ganz allgemein das Verhältnis von Nutzertrag zum Sollertrag bezeichnet.
In der Praxis hat sich nämlich gezeigt, daß die oben angegebene Formel zur Berechnung des Modulertrages die Wirklichkeit nur unzureichend beschreibt, d.h. zu anderen Resultaten führt als Messungen unter realen Bedingungen. Das liegt daran, daß die Normbedingungen, unter denen Modulwirkungsgrad bzw. Nennleistung ermittelt werden, in der Realität so gut wie nie vorkommen. Zum einen ist eine Zellentemperatur von 25°C bei 1 000 W/m² Einstrahlung nur durch aktive Kühlung der Zellen zu erreichen und zum anderen unterliegt die spektrale Verteilung des Sonnenlichtes klimabedingten Veränderungen, welche sich auf den Modulwirkungsgrad (geringfügig) auswirken. Untersuchungen von Freiburger Wissenschaftlern des ISE (Institut für solare Energiesysteme) haben gezeigt, daß der mittlere Jahreswirkungsgrad kommerzieller Module, gemessen unter realistischen Klimabedingungen am Standort Freiburg, um 4 bis 12% unter dem Normwirkungsgrad liegt, den die Hersteller in ihren Datenblättern angeben (vgl. Abb. 2.37 und 2.38). Standorte mit anderen klimatischen Bedingungen führen zu anderen Abweichungen. Daher wird vorgeschlagen, daß die Hersteller anstelle des Normwirkungsgrades η_{STC} für verschiedene Klimazonen einen realistischen Jahreswirkungsgrad η_{rrc} (**r**ealistic **r**eporting **c**onditions) in den Datenblättern angeben. Das Verhältnis von realem Ertrag zum Normertrag kann dann einfach durch einen (klimaabhängigen) Faktor, die sogenannte Perfomance Ratio PR, beschrieben werden. Er ist gegeben durch:

$$PR = E_{real} / E_{modul} = 1 - (\eta_{rrc}/\eta_{STC})$$

und liegt entsprechend den Messungen für Freiburg in der Größenordnung PR = 0,88 bis 0,96. In die Formel zur Errechnung des Modulertrages eingesetzt ergibt sich dann der reale Modulertrag:

$$E_{real} = PR \cdot P_{Nenn} \cdot (G_{solar} / S_{Nenn})$$

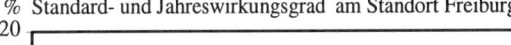

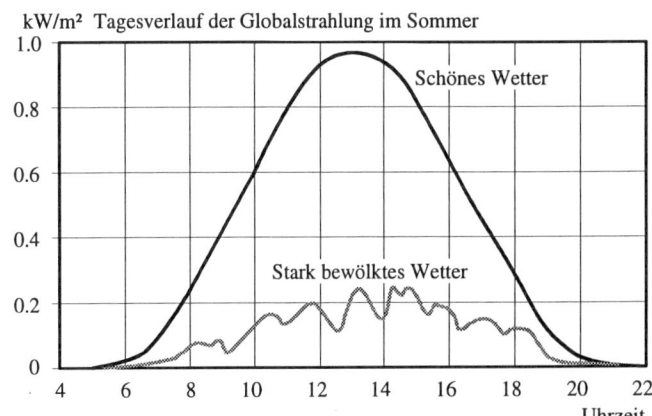

2.36 Variation der Solareinstrahlung bzw. der solaren Stromerzeugung im Tagesgang bei unterschiedlicher Witterung.

2.37 Labor- (STC) und realistische Jahreswirkungsgrade (RRC) für fünf kommerziell erhältliche Module und für ein High-Efficiency-Labormuster.   Quelle: ISE in [10]

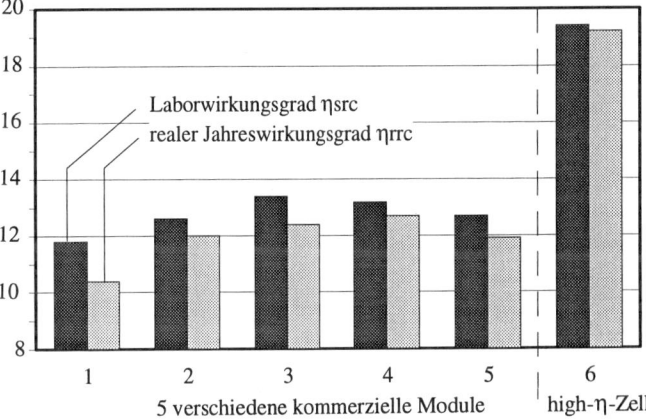

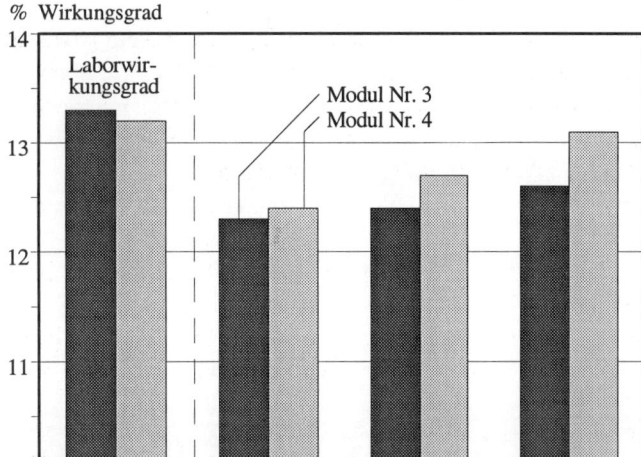

% Wirkungsgrad

Laborwir-kungsgrad

Modul Nr. 3
Modul Nr. 4

ηsrc   Südeuropa   Mitteleuropa   Nordeuropa

2.38 STC- und RRC-Wirkungsgrade für zwei kommerziell erhältliche Module, berechnet für drei klimatisch unterschiedliche Standorte.   Quelle: ISE in [10]

Da der Jahreswirkungsgrad η_{rrc} klimabedingte Einflüsse im Jahresmittel berücksichtigt, taugt er streng genommen nicht für die Berechnung von mittleren Monats- oder Tageserträgen. Nun kommt die Ertragsminderung in der Praxis hauptsächlich durch die von 25°C abweichende Zellentemperatur zustande. Der Einfluß der Zellentemperatur auf den Energieertrag ist jedoch bekannt; die Leistung läßt oberhalb von 25°C um 0,45%/°C nach. Obige Formel zur Berechnung des Modulertrages kann daher um einen temperaturabhängigen Teil ergänzt werden:

$$E_{Modul} = P_{Nenn} \cdot (G_{Sonne} / S_{Nenn}) \cdot (1 - 0,0045 \cdot (T_{Modul} - T_{Nenn}))$$

$$E_{Modul} = P_{Nenn} \cdot (G_{Sonne} / S_{Nenn}) \cdot (1 - 0,0045 \cdot \Delta T) \qquad \text{mit}$$

T_{Modul} = mittlere Betriebstemperatur des Moduls,

T_{Nenn} = Modultemperatur, auf welche die Nennleistung bezogen ist (25°C),

ΔT = gewichtetes Mittel der Temperaturabweichung von der Nenntemperatur (25°C), witterungs- und modulabhängig.

Für die Temperaturkorrektur werden in der Formel Mittelwerte der Temperaturabweichung ΔT von der Nenntemperatur benötigt, die witterungs- und modulabhängig sind und durch Messungen ermittelt werden müssen.

Der Ah-Ertrag

Arbeitet das Solarmodul nicht dauernd im Punkt maximaler Leistung, sondern wird es bei einer (relativ) konstanten Betriebsspannung z.B. zum Laden von Akkus betrieben, so fällt der Energieertrag deutlich geringer aus als die obige Formel angibt, da nicht immer die volle Modulspannung genutzt werden kann. In diesem Fall ist es richtiger, anstelle des Energieertrages den Ladungsertrag (Ah-Ertrag) Q_{Modul} zu ermitteln:

$$Q_{Modul} = I_{Nenn} \cdot (G_{solar} / S_{Nenn})$$

Daraus läßt sich dann die dem Verbraucher zur Verfügung stehende Energie berechnen:

$$E_{Modul} = U_B \cdot Q_{Modul} = U_B \cdot I_{Nenn} \cdot (G_{solar} / S_{Nenn})$$

mit

I_{Nenn} = Nennstrom des Moduls im Arbeitspunkt in A,

U_B = Betriebsspannung

Q_{Modul} = Ladungsertrag pro Tag oder pro Monat

Eine Temperaturkorrektur ist in diesem Fall nicht sinnvoll; der Strom des Moduls würde zwar bei Temperaturerhöhung geringfügig steigen, doch kann die Temperaturerhöhung bei ungünstiger Spannungslage auch zu einer Arbeitspunktverschiebung führen, die weniger Strom zum Akku bzw. Verbraucher fließen läßt.

Die Berechnung des Energieertrages von Solarmodulen ist im Grunde also nicht sehr schwierig, sofern die Einstrahlung in der Modulebene, in der obigen Formel mit G_{solar} bezeichnet, bekannt ist. Das Hauptproblem bei der Ermittlung des Energieertrages besteht vielmehr darin, zuverlässige Werte für die Sonneneinstrahlung G_{solar} in Modulebene zu ermitteln.

Einfluß von Standort, Orientierung und Neigung

Die Intensität der Sonneneinstrahlung wird wesentlich beeinflußt von der Sonnenhöhe (Höhe über dem Horizont im Tages- und Jahresgang) und der Bewölkung bzw. der Witterung. Damit ist die täglich eingestrahlte Energiemenge je nach Standort und Jahreszeit verschieden. Sie hängt außerdem noch von der Orientierung und Neigung der Empfängerfläche zur Sonne ab. Die Sonneneinstrahlung wird von den meteorologischen Stationen auf der ganzen Welt gemessen; einige Meßwerte, vorzugsweise für den deutschsprachigen Raum, sind als langjährige Tagesmittelwerte $G_{waager.}$ für jeden Monat des Jahres in Tab. 2.3 angegeben, und zwar in kWh/m²d auf eine *waagerechte*

Empfängerfläche. Für Versorgungsaufgaben, wo ein gewisser Mindestbedarf sicher gedeckt werden muß, kann es sinnvoll sein, anstelle der *Mittel*werte der Globalstrahlung *Minimal*werte einzusetzen. Diese müssen ggf. für den nächstgelegenen Standort beim Wetterdienst beschafft werden.

Durch Neigung der bestrahlten Fläche zur Sonne hin und durch Orientierung nach Süden kann der Energieertrag noch erhöht werden. Für eine optimale Einstrahlung auf fest montierte Solarmodule ist in unseren Breiten bei Südorientierung ein Neigungswinkel von 30 bis 45° günstig, wenn über das ganze Jahr gesehen möglichst viel Solarenergie geerntet werden soll. Gering-

2.39 (rechts): Sonneneinstrahlung (Monatsmittel) auf verschieden geneigte Flächen im Jahresgang. Meßwerte der Stationen Hamburg (oben) und Weihenstephan (unten).

2.40 Relative Veränderung des Ertrages bei Abweichung von der optimalen Ausrichtung und Neigung eines Solarmoduls (Jahresmittelwerte).   Quelle: [3]

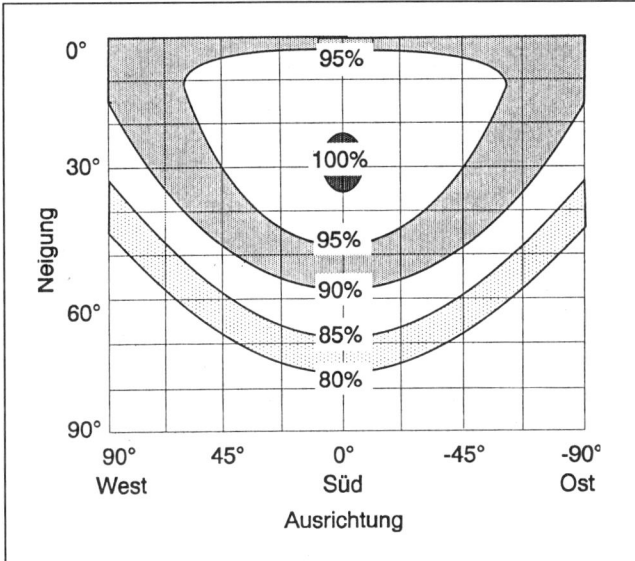

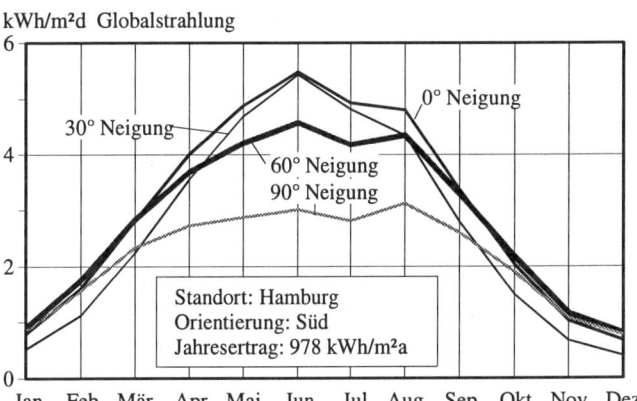

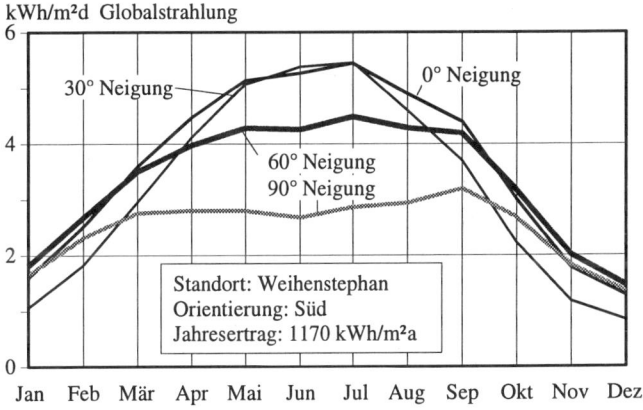

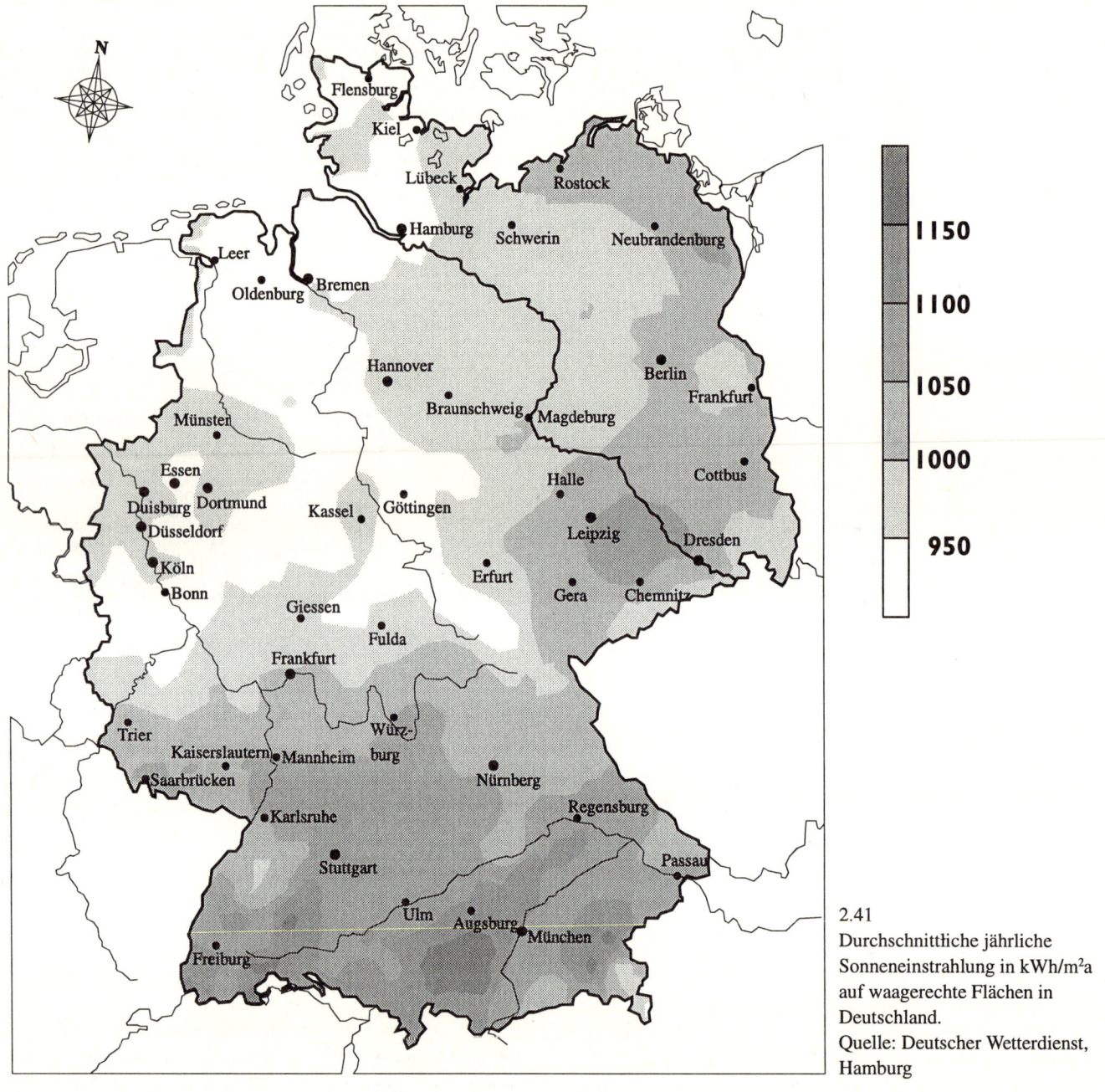

N

	1150
	1100
	1050
	1000
	950

2.41
Durchschnittliche jährliche
Sonneneinstrahlung in kWh/m²a
auf waagerechte Flächen in
Deutschland.
Quelle: Deutscher Wetterdienst,
Hamburg

Einstrahlungsdaten														
Station / Monat		Jan.	Feb.	März	Apr.	Mai	Juni	Juli	Aug.	Sep.	Okt.	Nov.	Dez.	Jahr
Heiligendamm	54°09'	0,46	1,04	2,28	3,81	5,07	5,86	5,19	4,60	2,95	1,48	0,67	0,39	2,83
Norderney	53°43'	0,56	1,30	2,60	4,27	5,13	6,02	5,45	4,75	3,06	1,66	0,74	0,44	3,00
Hamburg	53°38'	0,52	1,13	2,23	3,55	4,67	5,44	4,82	4,34	2,79	1,49	0,67	0,40	2,67
Berlin	52°28'	0,61	1,14	2,44	3,49	4,77	5,44	5,26	4,58	3,05	1,59	0,76	0,46	2,80
Potsdam	52°23'	0,56	1,06	2,38	3,46	4,74	5,44	5,21	4,49	2,96	1,53	0,72	0,41	2,76
Braunschweig	52°18'	0,63	1,16	2,24	3,43	4,65	5,20	4,77	4,21	2,79	1,50	0,70	0,42	2,64
Braunlage	51°43'	0,74	1,34	2,40	3,51	4,42	4,95	4,79	4,16	2,78	1,67	0,76	0,51	2,67
Essen	51°24'	0,60	1,23	2,10	3,45	4,69	4,44	4,31	3,78	2,68	1,65	0,78	0,48	2,52
Dresden	51°07'	0,72	1,21	2,38	3,44	4,42	5,02	5,05	4,37	3,08	1,72	0,83	0,50	2,74
Aachen	50°47'	0,69	1,34	2,29	3,61	4,75	5,00	4,82	4,26	3,06	1,76	0,88	0,54	2,75
Fichtelberg	50°26'	0,74	1,15	2,14	3,37	4,09	4,37	4,40	3,98	2,99	1,74	0,79	0,56	2,53
Trier	49°45'	0,72	1,47	2,52	3,88	4,88	5,25	5,27	4,43	3,31	1,79	0,84	0,56	2,91
Freiburg	48°00'	0,76	1,34	2,51	3,59	4,71	5,20	4,83	4,55	3,46	1,92	0,97	0,72	2,88
Nürnberg	9°30'	0,70	1,42	2,27	3,07	5,66	5,84	5,03	4,52	2,99	1,90	0,87	0,65	2,91
Würzburg	49°48'	0,82	1,60	2,68	4,04	5,03	5,54	5,34	4,49	3,53	1,94	0,92	0,65	3,05
Weihenstephan	48°24'	1,07	1,83	2,96	4,11	5,08	5,39	5,46	4,60	3,70	2,23	1,18	0,83	3,20
Hohenpeissenberg	47°48'	1,38	2,05	3,17	4,15	4,89	5,13	5,40	4,62	3,85	2,62	1,43	1,12	3,32
Zürich	47°27'	0,83	1,61	2,72	3,93	5,03	5,45	5,80	4,56	3,58	2,01	1,00	0,66	3,11
Davos	46°48'	1,55	2,45	3,99	5,23	5,66	5,48	5,56	4,74	4,09	2,88	1,67	1,35	3,73
Lorcano	46°10'	1,44	2,14	3,58	4,71	5,19	6,02	6,30	5,20	3,95	2,85	1,53	1,32	3,69
Wien	48°15'	0,76	1,42	2,64	3,95	5,10	5,33	5,44	4,52	3,30	2,05	1,01	0,69	3,03
Salzburg	47°48'	1,03	1,70	2,81	3,76	4,57	4,63	4,91	4,25	3,31	2,19	1,08	0,79	2,93
Innsbruck	47°16'	1,31	2,17	3,38	4,47	5,30	5,42	5,42	4,67	3,95	2,62	1,44	1,12	3,45
Sonnblick	47°03'	1,69	2,58	4,09	5,38	5,99	5,75	5,45	4,49	3,87	3,08	1,83	1,46	3,81
Klagenfurt	46°39'	1,14	2,14	3,30	4,34	5,58	5,72	5,73	4,86	3,72	2,47	1,22	0,91	3,43

Tabelle 2.3
Monatliche Tagessummen der
Globalstrahlung für die Meß-
stationen des Wetteramtes in
Deutschland.
Quelle: [7]

fügige Abweichungen von der reinen Südorientierung sind nicht tragisch, bei 30° Abweichung aus der Südrichtung beträgt die Leistungseinbuße weniger als 10%, so daß eine Anpassung an die baulichen Gegebenheiten in den meisten Fällen nicht schwerfällt. Um den Ertrag im Winterhalbjahr zu optimieren, ist ein Neigungswinkel von 60 bis 70° günstig, auch die senkrechte Montage (oft günstig wegen der Integration der Module in eine Gebäudefassade) führt noch zu akzeptablen Erträgen. Je steiler die Neigung gewählt wird, umso empfindlicher reagiert allerdings der Energieertrag auf Abweichungen von der reinen Südorientierung.

Um den Einfluß von Orientierung und Neigung kalkulieren zu können, wird häufig mit Korrekturfaktoren gearbeitet, welche die Strahlungsgeometrie und die Besonderheiten der Diffusstrahlung beschreiben. Tab. 2.4 gibt für verschiedene Neigungen und Orientierungen und für jeden Monat des Jahres

Korrekturfaktoren für verschiedene Neigungen und Orientierungen

Orientierung		Süd			Südwest/Südost			West/Ost		
Neigung		30°	45°	60°	30°	45°	60°	30°	45°	60°
Monat	Diffusanteil									
Januar	73%	1,44	1,57	1,63	1,37	1,48	1,52	1,01	0,99	0,95
Februar	61%	1,40	1,50	1,54	1,33	1,42	1,43	1,01	1,00	0,96
März	64%	1,17	1,19	1,15	1,15	1,16	1,12	0,99	0,96	0,91
April	54%	1,08	1,05	0,98	1,07	1,05	0,99	0,98	0,95	0,89
Mai	50%	1,00	0,94	0,85	1,00	0,95	0,88	0,97	0,93	0,88
Juni	59%	0,96	0,90	0,81	0,97	0,91	0,82	0,96	0,92	0,86
Juli	61%	0,97	0,91	0,83	0,98	0,92	0,84	0,96	0,92	0,86
August	57%	1,03	1,00	0,92	1,03	1,00	0,93	0,97	0,94	0,88
September	53%	1,17	1,18	1,14	1,15	1,16	1,12	0,99	0,96	0,92
Oktober	63%	1,30	1,37	1,38	1,25	1,31	1,30	1,00	0,98	0,94
November	68%	1,47	1,61	1,68	1,40	1,51	1,55	1,01	1,00	0,96
Dezember	78%	1,42	1,55	1,61	1,36	1,46	1,49	1,00	0,98	0,94
Jahresdurchschnitt	62%	1,12	1,11	1,06	1,10	1,09	1,05	0,98	0,95	0,89

Die angegebenen Korrekturfaktoren wurden für 50° nördlicher Breite (Bundesgebiet) unter Berücksichtigung des Anteils diffuser Strahlung berechnet. Die Abweichungen im Bundesgebiet (48-52°) sind minimal. Die Reflektion des Bodens wurde mit einem Reflektionsfaktor von 0,3 berücksichtigt. Für südorientierte Flächen an anderen Standorten können die Korrekturfaktoren gemäß den untenstehenden Formeln berechnet werden, wenn der Anteil der diffusen Strahlung bekannt ist. Dabei erweisen sich die errechneten Faktoren in den Wintermonaten als sehr empfindlich in Bezug auf den eingesetzten Anteil der Diffusstrahlung.

Korrekturfaktor $K = (1 - D)\,R + D\,(0{,}5 + 0{,}5 \cos \beta) + \rho\,(0{,}5 - 0{,}5 \cos \beta)$ mit

$R = (\cos (\Phi-\beta)\ \cos \delta\ \sin \omega' + (\pi/180)\ \omega'\ \sin (\Phi-\beta)\ \sin \delta) / (\cos \Phi\ \cos \delta\ \sin \omega + (\pi/180)\ \omega\ \sin \Phi\ \sin \delta)$

$\omega' = $ Minimum ($\arccos (-\tan \Phi\ \tan \delta)$; $\arccos (-\tan (\Phi-\beta)\ \tan \delta)$)

$\omega = \arccos (-\tan \Phi\ \tan \delta)$

Zeichenerklärung:
δ = Deklinationswinkel der Sonne (-23,45° bis 23,45° im Jahresverlauf)
Φ = Breitengrad des Standortes (nördliche Breite)
β = Neigungswinkel der Empfängerfläche gegen die Waagerechte (0° = waagerecht, 90° = senkrecht)
ω = Stundenwinkel der Sonne auf eine waagerechte Fläche
ω' = Stundenwinkel der Sonne auf die geneigte Fläche
R = direkte Einstrahlung auf die geneigte Fläche / direkte Einstrahlung auf die waagerechte Fläche
D = Anteil der Diffusstrahlung an der Globalstrahlung (muß den örtlichen Wetterdaten entnommen werden)
ρ = Reflektionskoeffizient des Bodens (Schnee 0,7-0,87; Beton 0,30; Erde 0,12-0,15; Asphalt 0,10-0,12)

Tabelle 2.4
Korrekturfaktoren für die Berechnung der Sonneneinstrahlung auf geneigte Flächen unterschiedlicher Orientierung für den 50. Breitengrad

Korrekturfaktoren K(β,γ) an. Sie gelten für das Gebiet der Bundesrepublik Deutschland, genauer für den 50. Breitengrad, und ermöglichen einfache Berechnungen mit hinreichender Genauigkeit.

Um die Einstrahlung im Monatsmittel auf eine geneigte Fläche zu bestimmen, muß die Einstrahlung auf horizontale Flächen (aus Tab. 2.3) für den betreffenden Monat mit dem jeweiligen Korrekturfaktor K(β,γ) aus Tab. 2.4 multipliziert werden.

$$G_{solar} = G_{waager.} \cdot K(\beta,\gamma)$$

Mit Hilfe der beiden Tabellen läßt sich also für Standorte in Deutschland und sinnvolle Neigungen und Orientierungen die eingestrahlte Sonnenenergie berechnen (vgl. Beispiel in Tabelle 2.4).

Für andere Länder sind entsprechende Einstrahlungstabellen heranzuziehen, die neben der Globalstrahlung auch Hinweise über den Anteil der diffusen Strahlung geben sollten. Die Korrekturfaktoren können dann anhand der in Tabelle 2.4 aufgeführten Formeln berechnet werden.

Verschattung

Der Schattenwurf von Bäumen und Gebäuden in der näheren Umgebung des Standortes sowie die Begrenzung des Horizontes durch Berge und Hügel können die Einstrahlung in Generatorebene und damit auch den Ertrag im Vergleich zu den oben unterstellten idealen Bedingungen erheblich mindern. Bei der Auswahl des Generatorstandortes ist daher auf geringstmögliche Verschattung zu achten. Dies gilt bei Solarstromanlagen in besonderer Weise, da schon die teilweise Verschattung eines einzelnen Solarmoduls, beispielsweise durch einen Kamin, zu einer beträchtlichen bis völligen Leistungseinbuße des betroffenen Generatorstrings und gemessen an der verschatteten Teilfläche zu einer überproportionalen Einbuße führt.

Wo, wie recht häufig, eine verschattungsfreie Anordnung nicht möglich ist, gilt es, den Grad der Verschattung abzuschätzen. Eine gute Hilfe für den Planer bietet der Sonnenbahnanalysator, mit dem die schattenwerfende Hindernisse am Generator-

Beispiel einer Ertragsberechnung				
Standort: Freiburg Orientierung: Süd, Neigung: 30°			50 W-Standard-Modul Nennstrom: 2,95 A (bei 1 kW/m²)	
Monat	Globalstrahlung (Tab. 2.3) kWh/m²d	KorrekturFaktor (Tab. 2.4)	Nutzbare Einstrahlung Sp. 2 x Sp.3 kWh/m²d	ModulErtrag Ah/d
Januar	0,76	1,44	1,09	3,23
Februar	1,34	1,40	1,88	5,53
März	2,51	1,17	2,94	8,66
April	3,59	1,08	3,88	11,44
Mai	4,71	1,00	4,71	13,89
Juni	5,20	0,96	4,99	14,73
Juli	4,83	0,97	4,69	13,82
August	4,55	1,03	4,69	13,83
September	3,46	1,17	4,05	11,94
Oktober	1,92	1,30	2,50	7,36
November	0,97	1,47	1,43	4,21
Dezember	0,72	1,42	1,02	3,02
Jahr	2,88	1,12	3,23	9,53

Tabelle 2.5 Beispiel einer Ertragsberechnung (durchschnittliche Tagesernte in Amperestunden) für ein 50 Watt-Solarmodul am Standort Freiburg.

Einstrahlungswerte, Qualitätsfaktoren, Energieerträge				
Standort	Breitengrad	Einstrahlung (30° Neigung) kWh/m² a	Performance ratio	Elektrische Energie kWh/kW$_p$
Hamburg	53°38'	1100	0,89	990
Würzburg	49°48'	1240	0,86	1074
Weihenstephan	48°24'	1320	0,85	1120

Tabelle 2.6 Einstrahlungswerte, Qualitätsfaktoren und Energieertrag von Solarmodulen für 3 Standorte in Deutschland. [14]

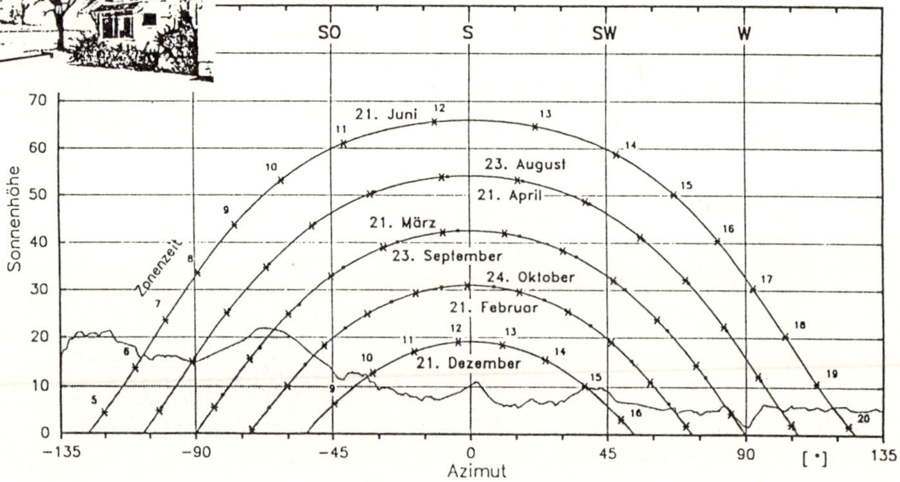

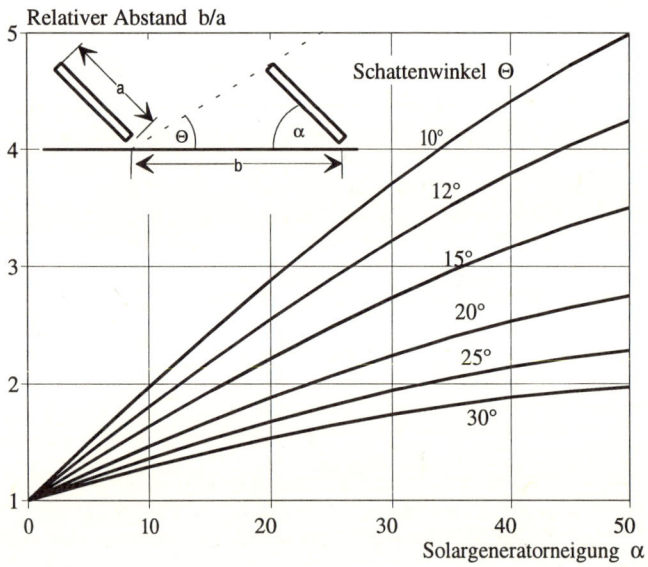

2.42
Zur Ermittlung der relativen Verschattungen durch umliegende Häuser, Bäume und Berge dient das Sonnenstandsdiagramm, das z.B. mittels Sonnenbahnanalysator gezeichnet oder aufgenommen werden kann.

standort so erfaßt werden können, daß der zeitliche Umfang der Verschattung bei unterschiedlicher Sonnenhöhe unmittelbar sichtbar wird. Verschattungen am Morgen oder am Abend haben im allgemeinen nur einen geringen Einfluß auf den Ertrag. Im Winter sollte die Anlage während der 4 Stunden um die Mittagszeit möglichst ungehindert besonnt werden, andernfalls ist nach einem günstigeren Standort zu suchen.

Werden mehrere Reihen von Solarmodulen hintereinander angeordnet, z.B. auf Flachdächern, muß der Reihenabstand genügend groß sein, um eine gegenseitige Verschattung zu vermeiden. Der notwendige Mindestabstand ist durch die Abmes-

2.43 Nomogramm zur Bestimmung des Abstandes b zwischen Solarmodulreihen (Länge der Module = a) als Funktion des Neigungswinkels a bei Südausrichtung. Parameter ist der Schattenwinkel Θ, d.h. der niedrigste unverschattete Sonnenstand.

sungen der Module, den Neigungswinkel und den zulässigen Schattenwinkel bestimmt und läßt sich aus der Geometrie der Anordnung errechnen. Mit Hilfe des Diagramms in Abb. 2.43 kann der Mindestabstand leicht ermittelt werden; in Mitteleuropa wird für Θ ein Wert von 10° bis höchstens 15° empfohlen.

Nachführung nach der Sonne

Für die meisten Anwendungen in unseren Breiten bietet die feste Montage der Solarmodule, nach Süden orientiert und unter optimalem Neigungswinkel angebracht, eine Reihe von Vorteilen:

- einfache und preiswerte Montage mit geringem Aufwand,
- gute mechanische Stabilität der Anlage, auch bei starken Windbelastungen,
- vielfältige Möglichkeiten für eine ästhetisch befriedigende Integration in vorhandene Gebäudestrukturen.

Andererseits läßt sich der Energieertrag von Solarmodulen durch eine stets optimale Ausrichtung zur Sonne spürbar verbessern, und zwar umso mehr, je höher der Anteil der direkten Strahlung an der Gesamteinstrahlung ist. Abb. 2.48 zeigt den Mehrertrag durch Nachführung an einem schönen Sommertag. Im Monats- oder gar im Jahresmittel fällt unter mitteleuropäischen Klimaverhältnissen der Mehrertrag bei weitem nicht so groß aus wie an diesem Sonnentag, da sich bei der Nutzung des recht hohen, diffusen Strahlungsanteils keine Vorteile durch die Nachführung ergeben.

Technisch erfordert die kontinuierliche Nachführung der Solarmodule nach der Sonne ein stabiles, freistehendes Gerüst mit einem Antrieb nebst Steuerung, was im Vergleich zur Festmontage mit zusätzlichen Kosten und meist auch mit einem gewissen Stromverbrauch verbunden ist. Die zweiachsige Nachführung arbeitet mit 2 Antrieben, um sowohl die Orientierung (Drehung um eine senkrechte Achse) als auch die Neigung (Drehung um eine waagerechte Achse) der Solarmodule dem Sonnenstand anzupassen, und liefert den bestmöglichen Ertrag. Dagegen kommt die einachsige Nachführung um eine geneigte, polare (d.h. nach Norden ausgerichtete) Achse mit einem

einzigen Antrieb aus. Sie bringt dabei im Vergleich zur zweiachsigen Nachführung etwas geringere Erträge. Einige größere Solarstrom-Händler haben solche Nachführungseinrichtungen im Lieferprogramm.

In Abb. 2.46 ist graphisch dargestellt, wie sich die zweiachsige Nachführung mit zunehmender Globalstrahlung (die in der Regel mit einer Zunahme des direkten Strahlungsanteils einhergeht) auf den Ertrag auswirkt. In südlichen Ländern mit sehr hoher Sonneneinstrahlung ist der Mehrertrag in der Tat beträchtlich, er liegt in der Sahara ungefähr bei 50%. Detaillierte Untersuchungen am Standort München zeigen, daß die zweiachsige Nachführung hierzulande im Jahresmittel etwa 25% mehr Ertrag im Vergleich zu einem optimal ausgerichteten, fest mon-

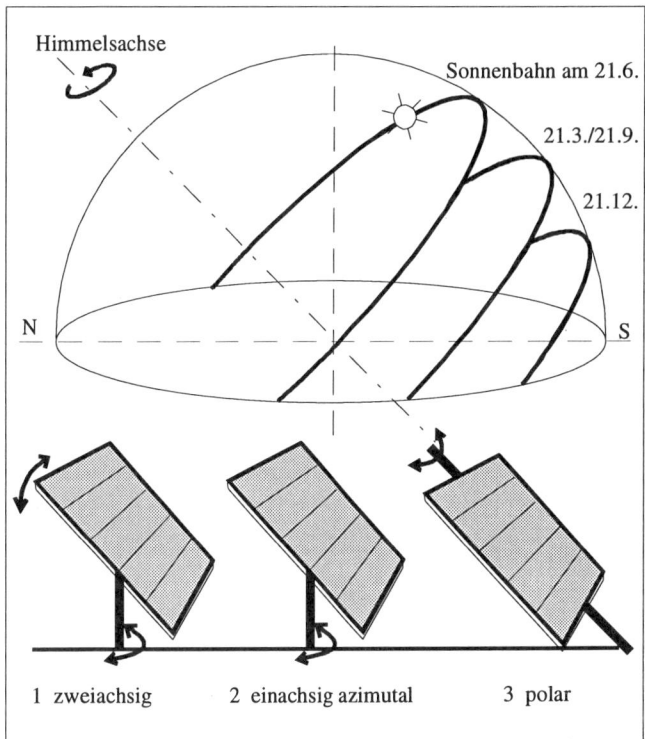

2.44 Möglichkeiten der Nachführung: (1) zweiachsige Nachführung, (2) Nachführung um eine senkrechte Achse, (3) Nachführung um eine polare Achse.

2.45 Einachsig thermohydraulisch nachgeführter Solargenerator.
Photo: ZSW, Werner Knaupp in [14]

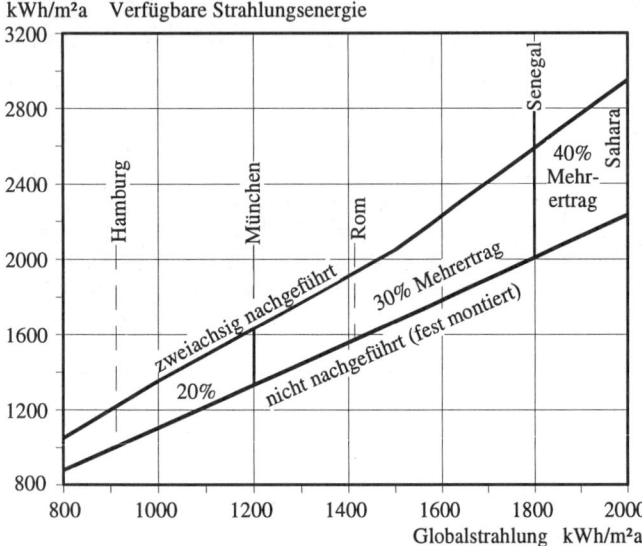

2.46 Der relative Mehrertrag von Solargeneratoren bei Nachführung
um zwei Achsen ist klima- und damit standortabhängig.

tierten Solarmodul bringt, während die einachsige Nachführung um eine polare Achse (Drehachse um 30 bis 40° geneigt und nach Norden orientiert) immerhin gut 20% Mehrertrag liefert. Trotzdem sprechen unter den mitteleuropäischen Klimabedingungen eine Reihe von Gründen gegen die Nachführung:

• Die Nachführung vergrößert den Unterschied zwischen dem Energieertrag im Sommer und im Winter; das führt meist zu einem Stromüberangebot im Sommer, während sich die Mangelsituation im Winter nur wenig verbessern läßt.

• Die Kosten für die Nachführungseinrichtung und ihre Wartung sind relativ hoch (≥ 1 000 DM für 4 Standardmodule); daher läßt sich der Mehrertrag, den eine Nachführung bringen würde, selbst bei den heute noch recht hohen Preisen für Solarmodule in vielen Fällen kostengünstiger dadurch erwirtschaften, daß zusätzliche Solarmodule fest montiert werden.

• Die Nachführung von Solargeneratoren verlangt freistehende Gerüste und ausreichend Platz für die sich drehende Fläche. Gleichzeitig muß die Konstruktion mechanisch so stabil sein, daß sie auch stärkere Stürme schadlos übersteht. Dies macht eine ästhetisch ansprechende Integration in die Gebäudestruktur schwierig, so daß in der Regel nur die Freiaufstellung bleibt.

Reflektoren

Grundsätzlich läßt sich die Sonneneinstrahlung auf den Solargenerator natürlich auch durch Spiegel erhöhen, d.h. durch Konzentration des Sonnenlichts. Da Reflektoren nur bei nachgeführtem Solargenerator wirklich Sinn machen, birgt die Realisierung in der Praxis ähnliche Schwierigkeiten wie die Nachführung, so daß sich diese Variante in unseren Breiten bisher nicht durchsetzen konnte:

• Die Konzentration des Sonnenlichts ist nur bei nachgeführten Systemen und einem hohen Anteil an direkter Strahlung wirklich lohnend.

• Die Solarzellen werden durch die konzentrierte Strahlung stark erwärmt, so daß höhere Konzentrationsfaktoren als 2 ohne aktive Kühlung bei Siliziumzellen zu Schäden an den Zellen und der Einbettung führen können.

2.47 Zweiachsig nachgeführter Solargenerator mit Spiegeln
    (V-Trog)   Photo: ZSW, Werner Knaupp in [14]

2.48 Generatorleistung im Tagesprofil (oben) und spezifische Energieausbeute (unten) für einen feststehenden Solargenerator (40° Neigung), einen einachsig nachgeführten Solargenerator und einen zweiachsig nachgeführten Solargenerator mit Spiegel am Standort Stuttgart.   Quelle: ZSW, in [10]

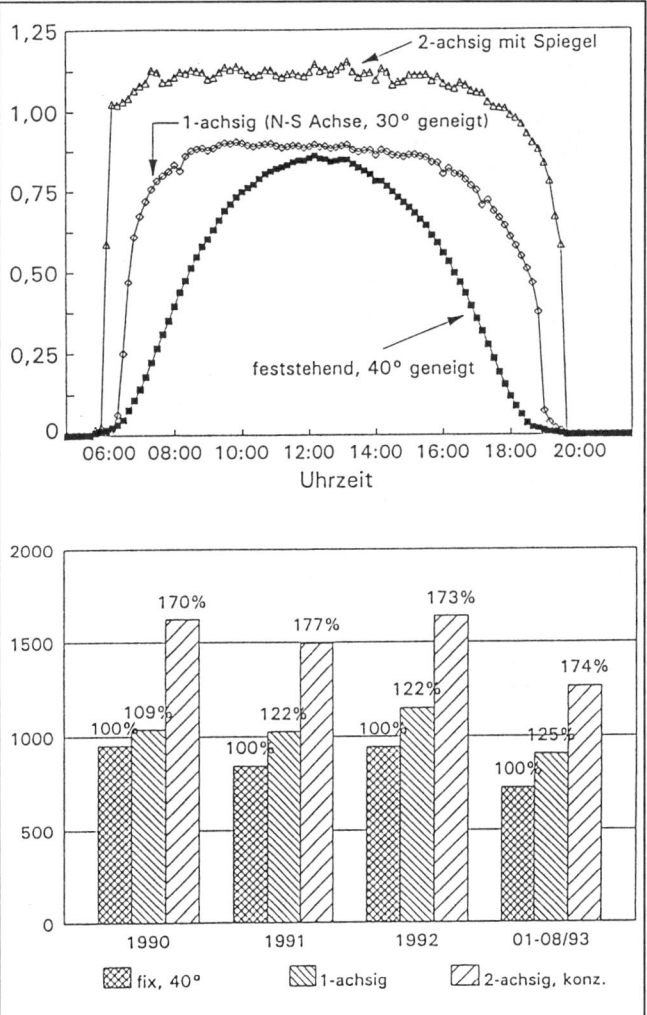

• Spiegel sind zwar in der Herstellung billiger als Solarpanele, bringen aber auch nicht soviel Mehrleistung; außerdem beanspruchen sie auf dem nachgeführten Montagerahmen auch Platz und erhöhen die Windlast der Anordnung.

In unseren Breiten würde der Nachteil des nachgeführten Solargenerators noch verstärkt: wenn das Angebot an direkter Strahlung hoch ist (vorzugsweise im Sommer), wird viel Strom erzeugt, während bei niedriger Einstrahlung mit hohem Anteil an diffuser Strahlung (im Winter) kaum ein Mehrertrag erzielt wird.

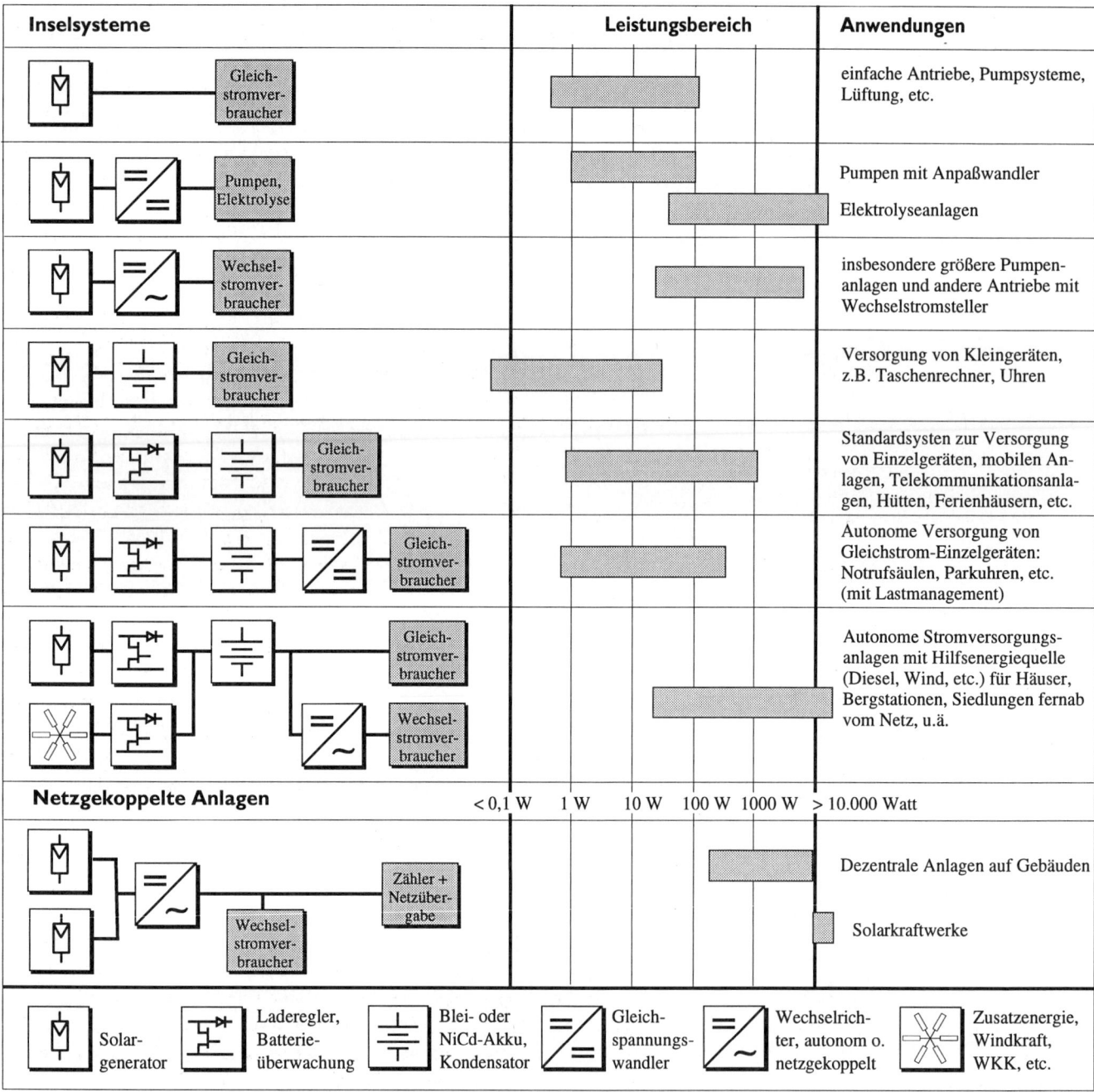

Inselsysteme	Leistungsbereich	Anwendungen
Gleich-stromver-braucher		einfache Antriebe, Pumpsysteme, Lüftung, etc.
Pumpen, Elektrolyse		Pumpen mit Anpaßwandler — Elektrolyseanlagen
Wechsel-stromver-braucher		insbesondere größere Pumpen-anlagen und andere Antriebe mit Wechselstromsteller
Gleich-stromver-braucher		Versorgung von Kleingeräten, z.B. Taschenrechner, Uhren
Gleich-stromver-braucher		Standardsysten zur Versorgung von Einzelgeräten, mobilen An-lagen, Telekommunikationsanla-gen, Hütten, Ferienhäusern, etc.
Gleich-stromver-braucher		Autonome Versorgung von Gleichstrom-Einzelgeräten: Notrufsäulen, Parkuhren, etc. (mit Lastmanagement)
Gleich-stromver-braucher / Wechsel-stromver-braucher		Autonome Stromversorgungs-anlagen mit Hilfsenergiequelle (Diesel, Wind, etc.) für Häuser, Bergstationen, Siedlungen fernab vom Netz, u.ä.

Netzgekoppelte Anlagen

< 0,1 W 1 W 10 W 100 W 1000 W > 10.000 Watt

Netzgekoppelte Anlagen	Leistungsbereich	Anwendungen
Zähler + Netzüber-gabe / Wechsel-stromver-braucher		Dezentrale Anlagen auf Gebäuden
		Solarkraftwerke

Legende:

Solar-generator — Laderegler, Batterie-überwachung — Blei- oder NiCd-Akku, Kondensator — Gleich-spannungs-wandler — Wechselrich-ter, autonom o. netzgekoppelt — Zusatzenergie, Windkraft, WKK, etc.

3. Solare Stromversorgungssysteme

Solarzellen und -module erzeugen Elektrizität im „Rohzustand". Strom und Spannung an den Anschlußklemmen sind nicht nur von der Sonneneinstrahlung, sondern auch von der Anpassung des Verbraucherwiderstands an den Generator abhängig. Für die allermeisten Anwendungsfälle werden daher neben dem Solargenerator noch weitere Bausteine wie Regler, Spannungswandler und Stromspeicher benötigt, um den Strom in eine praktisch nutzbare Form umzuwandeln.

3.1 Anforderungen

Welche Anforderungen an die Stromversorgung stellen die gebräuchlichen Elektrogeräte?

• *Konstante Spannung*

Die meisten Elektrogeräte arbeiten nur störungsfrei bei einer relativ konstanten Spannung, die nicht mehr als ±15% von der Nennspannung abweichen sollte. Da die Ausgangsspannung von Solargeneratoren aber sehr viel stärkere Schwankungen aufweisen kann (je nach Anpassung zwischen Generator und Verbraucher), ist in vielen Fällen eine *Regelung* der Ausgangsspannung erforderlich.

• *Gleich- und Wechselspannung*

Haushaltselektrogeräte sind heute überwiegend für 230 V Wechselstrom aus der Steckdose ausgelegt. Solarzellen und Akkus liefern dagegen eine relativ niedrige Gleichspannung (12 bzw. 24 V), die in erster Linie für den Betrieb von tragbaren bzw. mobilen Geräten taugt, die für Gleichstrom gebaut sind. Nur wenige der Wechselstromgeräte können, sofern die Spannung stimmt, auch mit Gleichstrom betrieben werden, dazu gehören die Beleuchtung und einige Universalmotoren. Alle Geräte, die Transformatoren oder Wechselstrommotoren (Induktionsmotoren) enthalten, dürfen dagegen nicht mit Gleichstrom betrieben werden (die Wicklungen würden durchbrennen)! Um Wechselstromgeräte in solarelektrischen Anlagen betreiben zu können, werden daher sogenannte *Wechselrichter* eingesetzt, manchmal auch „Spannungswandler" genannt, die Gleich- in Wechselstrom umwandeln und gleichzeitig für die richtige Betriebsspannung (230 V) auf der Verbraucherseite sorgen.

• *Ständige Verfügbarkeit des elektrischen Stromes*

Die meisten Elektrogeräte werden wir auch in Zukunft dann benutzen wollen, wenn wir sie brauchen, also unabhängig von Sonnenstand und Witterung und ohne Rücksicht darauf, ob die Solarzellen nun Strom liefern oder nicht. Bestimmte Verbraucher wie z.B. die Lampen werden gerade dann eingeschaltet, wenn die Sonne nicht oder kaum noch scheint. Andere Verbraucher wie Uhren, Kühlschrank u.ä. erfordern für einen zuverlässigen Betrieb ständig verfügbare Elektrizität. Die meisten Solarstrom-Systeme brauchen daher einen *Stromspeicher*, entweder in Form von Akkumulatoren (Akkus) oder in Gestalt des öffentlichen Netzes, das im Kollektiv zwischen Angebot und Nachfrage vermittelt. Nur dort, wo der Energieverbrauch mit der Sonneneinstrahlung zeitlich übereinstimmt, können ggf. Systeme ohne Speicher eingesetzt werden, z.B. zum Wasserpumpen für Bewässerungszwecke, zur Kühlung von Räumen etc.

Beim Aufbau solarelektrischer Versorgungsanlagen werden für die genannten Aufgaben entsprechende Bausteine, nämlich Regler, Wechselrichter bzw. Spannungswandler und Akkus zur Speicherung eingesetzt. Die Aufteilung nach Funktionen ergibt sich in der Elektrotechnik beinahe zwangsläufig; denn durch die Modularisierung kann jeder Baustein entsprechend den gestellten Anforderungen optimiert werden. Einen Überblick über gebräuchliche Systemschaltungen solarer Stromversorgungsanlagen mit den verschiedenen Bausteinen für die Aufbereitung der elektrischen Energie gibt Abb. 3.1.

3.1 Solare Stromversorgungssysteme und ihre Komponenten. Die Art des Systems sowie Leistungsaufnahme und Eigenschaften der Verbraucher bestimmen die Komplexität des Systems.

3.2 Inselanlagen oder Netzeinspeisung?

Von grundsätzlicher Bedeutung ist die Unterscheidung zwischen sogenannten Inselanlagen, d.h. Anlagen zur autonomen Versorgung von Geräten, Anlagen oder Häusern, und netzgekoppelten Anlagen, die nur in Verbindung mit dem öffentlichen Versorgungsnetz nutzbare Energie liefern. Eine Sonderstellung nehmen Notstromanlagen ein, da sie am Netz arbeiten und bei Stromausfall für kurze Zeit eine autonome Versorgung ermöglichen.

Inselsysteme sind – mit wenigen Ausnahmen, bei denen die Energie meist in anderer Form gespeichert wird – stets mit einem Akku als Stromspeicher ausgerüstet, der in Zeiten ungenügender Einstrahlung die Stromversorgung sicherstellt. Die

Bewirtschaftung dieses Speichers über einen längeren Zeitraum hinweg, d.h. die Bilanzierung von zugeführter, selbst verbrauchter und entnommener Energie, bestimmt nachhaltig die Überlegungen bei der Auslegung von Inselsystemen. Damit die Autonomie stets gewährleistet ist, muß auch im ungünstigsten Ertragsfall mindestens ebensoviel Energie erzeugt werden, wie auf der Verbraucherseite entnommen wird, zuzüglich der für den Betrieb des Systems notwendigen Energie. Reicht bei starken Verbrauchern die Energie von der Sonne allein nicht aus, können auch andere Energiequellen (z.B. Windenergie, Notstromgenerator, etc.) in das System eingebunden werden. In Abb. 3.1 fällt auf, daß die Zahl der Bausteine im System und damit auch die Komplexität der Schaltung zunimmt, je vielfältiger die Versorgungsaufgaben sind bzw. je größer die Leistung ist, die bereitgestellt werden soll.

Netzgekoppelten Anlagen liegt eine ganz andere Philosophie zugrunde: Aus technischen und ökonomischen Gründen, insbesondere wegen der teuren und materialintensiven Bleiakkus, macht es wenig Sinn, dort, wo Strom aus dem öffentlichen Netz verfügbar ist, autonome Solarstrom-Anlagen zu bauen (außer vielleicht zu Demonstrationszwecken). Da das Netz für den Verbraucher wie ein unerschöpflicher Energiespeicher wirkt, kann in netzgekoppelten Anlagen auf den Akku einschließlich Laderegelung verzichtet werden. Dadurch fällt das Anlagenkonzept wesentlich einfacher aus. Der von den Solarmodulen erzeugte Strom wird direkt einem netzgekoppelten Wechselrichter zugeführt, der technischen Wechselstrom (230 V/50 Hz) erzeugt und in das Hausnetz abgibt. Der Überschuß-Strom, der im Haus selbst nicht verbraucht werden kann, fließt über einen Rückstromzähler in das öffentliche Versorgungsnetz. Andererseits steht bei unzureichender Eigenerzeugung jederzeit Strom aus dem Netz nahezu unbegrenzt zur Verfügung. Dank einschlägiger Förderprogramme (1000-Dächer-Programm in Deutschland, Megawatt-Programm in der Schweiz) wurden in den letzten Jahren in Deutschland und der Schweiz einige Tausend netz-

Photovoltaik-Systeme und ihre Komponenten		
System	**Komponenten**	**Anwendungen**
autonom ohne Speicher	Solarmodul, ggf. mit Impedanzwandler oder Wechselrichter	Taschenrechner, Meßgeräte, Wasserpumpen
autonom mit Speicher	Solarmodul, Laderegler, Speicher, Verbraucher-Steuerung (Energiemanagement)	Kleingeräte, Meßstationen, Leuchten, Verkehrssysteme
autonom mit Speicher und Zusatzenergie	Solarmodule, Laderegler, Speicher, Wechselrichter, Zusatzenergiequelle (Notstromaggregat, WKK, Windkraftwerk, o.ä.), Energiemanagement	Hausversorgung, Beleuchtungssysteme, ausfallsichere Verkehrssysteme, Kommunikationsanlagen
netzgekoppelt	Solarmodule, Wechselrichter	alle Anlagen am Netz

Tabelle 3.1   Komponenten und Anwendungen von Photovoltaik-Systemen.

gekoppelte Photovoltaik-Anlagen realisiert, und zwar vorwiegend mit Anlagenleistungen zwischen 1 und 5 kW (Nennleistung des Solargenerators). Der Realisierung größerer Anlagen mit Leistungen bis zu einigen 100 kW, wie sie von einigen Firmen und EVU's bereits gebaut wurden, stehen heute weniger technische Probleme als vielmehr die mangelnde Rentabilität entgegen.

Gelegentlich wird darüber gestritten, welches der beiden Systeme nun zukunfträchtiger ist und daher favorisiert werden sollte. Für die Netzeinspeisung spricht, daß sie – sofern das Netz in erreichbarer Nähe ist – vom System her einfacher und kostengünstiger zu realisieren ist. Zahlreiche große Versuchsanlagen (Solarkraftwerke) der Stromversorgungsgesellschaften haben die Zuverlässigkeit dieser Technik ebenso bewiesen, wie mehrere tausend Hausanlagen, die in den letzten Jahren entstanden sind und den erzeugten Strom dezentral in das Netz einspeisen. Ein Hemmnis für eine Verbreitung solcher Anlagen im großen Umfang stellen jedoch die Kosten des solar erzeugten Stromes dar, die derzeit etwa beim Drei- bis Fünffachen der Kosten des Netzstromes (0,30 DM/kWh für Haushaltsstrom) liegen. Erst wenn die Solarstrom-Komponenten insgesamt, d.h. Module, Montagesysteme und Elektronik, deutlich preiswerter geworden sind (durch Übergang zur Massenfertigung und neue Technologien) und andererseits *alle* Kosten, auch die externalisierten, für konventionell erzeugten Strom in Rechnung gestellt werden, kann die solare Stromerzeugung konkurrenzfähig werden.

Autonome Stromversorgungsanlagen haben andererseits überall dort ihre Berechtigung, wo Strom aus dem öffentlichen Netz nicht zur Verfügung steht. Unter solchen Umständen sind Photovoltaik-Anlagen schon heute in vielen Fällen anderen Stromerzeugungssystemen technisch und wirtschaftlich überlegen. Angesichts mehrerer hunderttausend Gebäude in Europa, die nicht an das öffentliche Netz angeschlossen sind, wird der Markt für autonome Solarstromanlagen – zumindest in den nächsten Jahren – von manchen Experten als vielversprechender eingeschätzt als der für netzgekoppelte Anlagen.

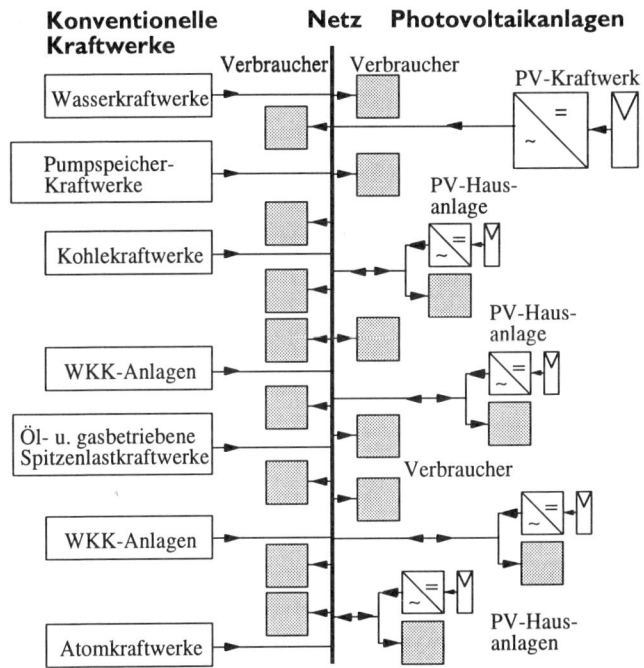

3.2

Prinzip des Netzverbundes: Photovoltaik-Hausanlagen erzeugen nicht nur emissionsfrei Strom aus einer erneuerbaren Energiequelle, sie können auch verbrauchernah errichtet und betrieben werden. Je mehr Teilnehmer in das Netz einspeisen, umso notwendiger wird eine Verwaltung des Netzes nach demokratischen Prinzipien.

Im Sinne eines raschen Übergangs zur Sonnenenergiewirtschaft ist der umgehende Aufbau nennenswerter Solarstrom-Kapazitäten am Netz natürlich sehr wünschenswert. Von der Bereitstellung angemessener finanzieller Fördermittel für netzgekoppelte Photovoltaik-Anlagen wird es abhängen, wie schnell dieses Ziel erreicht werden kann. Parallel dazu werden die autonomen Versorgungssysteme zunehmend ihren Markt finden, da sie vom solartechnischen Know how und von den technischen Fortschritten der Elektronik ebenso profitieren wie von den Bemühungen zur Kostensenkung bei der Modulherstellung.

3.3 Autonome Systeme

Dem Aufbau autonomer Versorgungssysteme liegt im allgemeinen folgende Logik zugrunde:

- *Der Solargenerator* muß so leistungsfähig sein, daß er auf längere Sicht mindestens ebenso viel Strom erzeugt, wie die angeschlossenen Verbraucher und das System selbst verbrauchen. Die Wahl der Systemspannung wird im allgemeinen von der Leistungsaufnahme der Verbraucher bestimmt (Tab. 5.2). Gebräuchliche Systemspannungen sind 12 V, 24 V und 48 V, in Anlagen sehr hoher Leistung wird gelegentlich auch mit 120 V und noch höheren Spannungen gearbeitet. Die Einzelheiten der Auslegung des Solargenerators werden – ergänzend zu Kapitel 2.7 – in Kapitel 5 behandelt.

- *Der Akkumulator*, im folgenden kurz „Akku" genannt, muß zur Überbrückung ertragsschwacher Zeiten soviel Strom speichern können, daß er die Versorgung der Verbraucher auch bei ungünstigen Witterungsverhältnissen hinreichend lange sicherstellen kann. In stationären Anlagen kommen heute vornehmlich Bleiakkus zum Einsatz, für die Geräteversorgung und Spezialanwendungen auch NiCd-Akkus. Die Akkuspannung ist durch die Wahl der Systemspannung festgelegt, der Strombedarf der Verbraucher und die geforderte Dauer der Autonomie bestimmen die notwendige Speicherkapazität und damit auch die Größe des Akkus.

- *Die Regelung* wird benötigt, um Solargenerator und Speicher elektrisch aneinander anzupassen. Im Anbetracht der Spannungs- und Stromschwankungen auf der Generatorseite müssen nicht nur die elektrischen „Bedürfnisse" des Stromspeichers (insbesondere die Einhaltung bestimmter Grenzspannungen) und der Verbraucher sichergestellt werden, gleich-

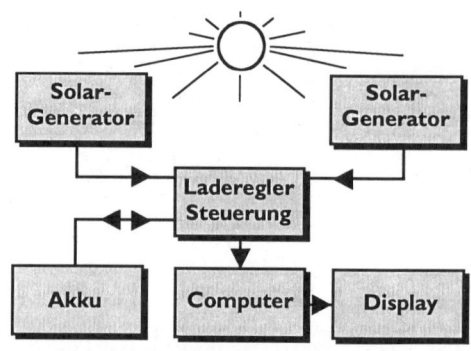

3.3
Solarversorgte Haltestelle mit automatischer Fahrplananzeige als Beispiel einer Gerätestromversorgung „fernab" vom Netz. Bei begrenztem Strombedarf kann die Solarversorgung von Geräten wie Kommunikationseinrichtungen, Beleuchtungen, etc. oft günstiger als die Heranführung und Herstellung des Netzanschlusses sein. Quelle: Fa. Mabeg, Soest

zeitig sollte die Regelung auch dafür sorgen, daß der Solargenerator im Interesse eines optimalen Energieertrags möglichst in den Punkten maximaler Leistung (MPP-Regelung) betrieben wird.

Da die Solarmodule Gleichstrom liefern und sich Wechselstrom nicht in Akkumulatoren speichern läßt, sind autonome Stromversorgungssysteme zunächst einmal Gleichstrom-Systeme. Um bewährte Geräte, die für 230 V Wechselstrom gebaut wurden, auch in autonomen Systemen betreiben zu können, muß der Gleichstrom mittels *Wechselrichter* in Wechselstrom umgewandelt werden. Entscheidend für die Bauart und Geräteauswahl ist wieder die elektrische Leistung der angeschlossenen Verbraucher.

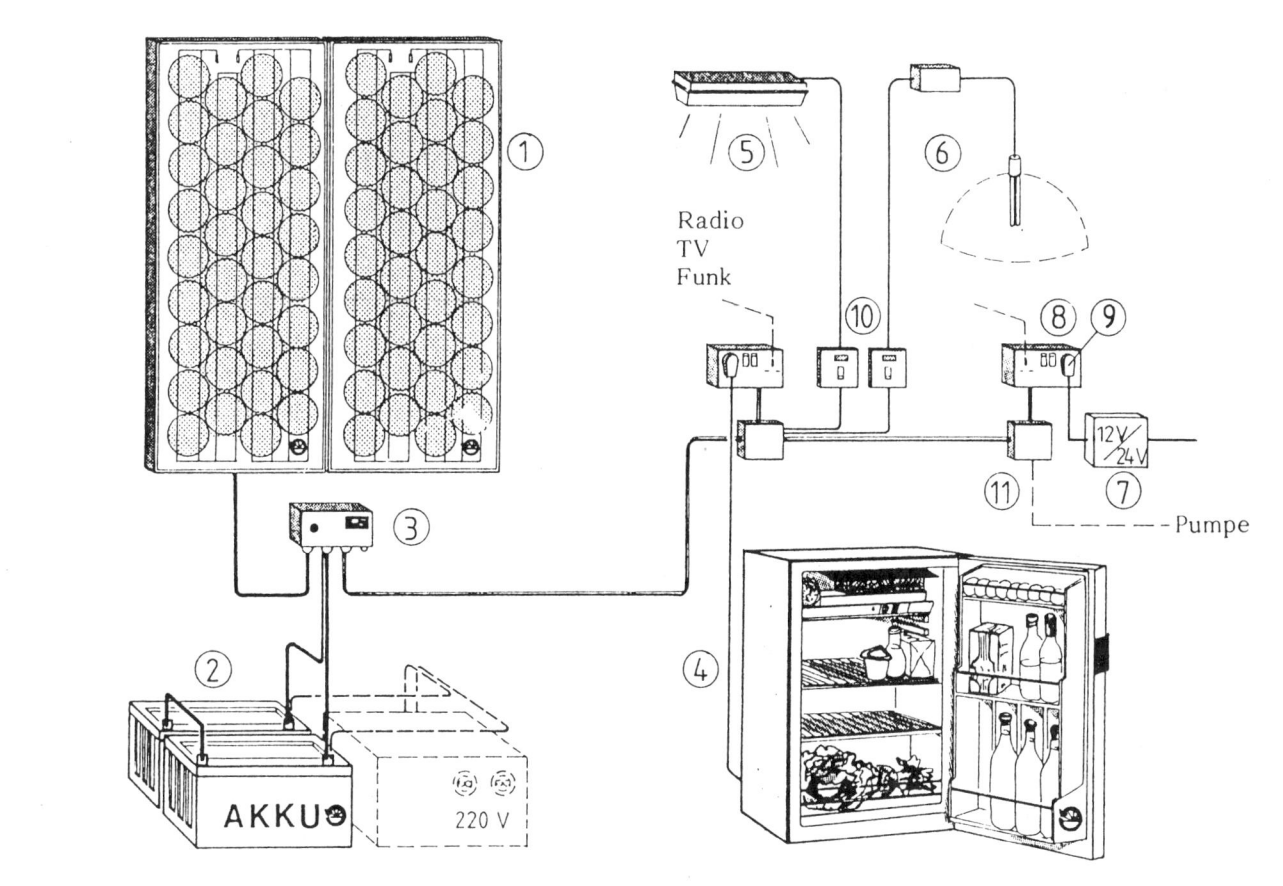

Radio
TV
Funk

AKKU

220 V

Pumpe

12 V / 24 V

1   2 Solarmodule in Serie für 24 V Systemspannung
2   2 Bleiakkus in Serie (= 24 V), wartungsfreie oder ortsfeste Typen
3   Laderegler mit Tiefentladeschutz und Sicherungen
4   Stromspar-Kühlschrank, 115 l Inhalt, 24 V, 60 W; Verbrauch 280 Wh/d
5   Deckenleuchte: (Leuchtstofflampe), Vorschaltgerät integriert

6   PL-Leuchtstofflampe mit separatem Vorschaltgerät (z.B. für Leuchtenmbau)
7   Spannungswandler (24 V nach 12 V) zum Betrieb von 12 V-Geräten am 24 V-Gleichstromnetz
8   Doppelsteckdosen mit Schalter (für Kabel bis 10 mm²)
9   Stecker, verpolungssicher, mit integrierter Sicherung
10   Schalter (bis 20 A), ggf. mit Kontroll-Licht

3.4 Das „Solar Home System" ist nichts anderes als eine kleine solare Hausstromversorgung.   Quelle: Fa. Wagner & Co, Cölbe

- Besonders in autonomen Stromversorgungsanlagen ist es wichtig, die *Verbraucher* als Bestandteil des Systems zu betrachten. Bei netzgekoppelten Anlagen sorgen die großen Kraftwerke dafür, daß Unterschiede zwischen dem erzeugten Solarstrom und dem eigenen Verbrauch ausgeglichen werden, so daß der individuelle Stromverbrauch im Hinblick auf die Anlagendimensionierung kaum eine Rolle spielt; bei Inselanlagen ist es dagegen schon aus ökonomischen Gründen geboten, möglichst nur solche Verbraucher einzusetzen, die die gewünschte Energie-Dienstleistung bei einem Minimum an Energie-Verbrauch bereitstellen. Daher ist der Auswahl energieeffizienter Elektrogeräte und den Maßnahmen zur Energieeinsparung auf der Verbraucherseite ein eigenes Kapitel (Kap. 4.4) gewidmet.

Die Übersicht über den Aufbau autonomer Stromversorgungssysteme in Abb. 3.1 zeigt, daß die Anzahl der Bausteine und damit letztendlich der technische Aufwand mit zunehmender Anlagenleistung zunimmt. Bei Anlagen mit hohem Energieumsatz lohnt es sich eben eher, zusätzliche Maßnahmen zur Steigerung der Energieeffizienz zu ergreifen.

Die Anwendungen autonomer Stromversorgungsanlagen lassen sich in der Praxis grob in vier Bereiche unterteilen:

- Bei der *Gerätestromversorgung* bilden Solargenerator und Verbraucher eine feste, aufeinander abgestimmte Einheit, wobei der Gerätewahl ebensoviel Bedeutung zukommt (optimale Energieverwendung) wie der Auslegung des Solargenerators. Gerätestromversorgungen werden vorwiegend im niedrigen Leistungsbereich realisiert, von Ausnahmen wie der Versorgung von Radio- und TV-Sendeanlagen u.ä. einmal abgesehen.

- Als „*Solar Home Systems*" werden kleinere 12 bzw. 24 V-Stromversorgungsanlagen bezeichnet, aufgebaut aus wenigen Solarmodulen (50 bis 200 W Spitzenleistung), einem Laderegler und einem Bleiakku, um damit die wichtigsten Verbraucher, nämlich elektrische Beleuchtung und Kommunikationsgeräte wie Radio und Fernsehen, zu betreiben. Solar Home Systems stoßen nicht nur in Ländern der 2. und 3. Welt auf großes Interesse, auch hierzulande gibt es für solche Systeme in Wochenendhäusern, Lauben, Wohnmobilen und Booten viele Einsatzmöglichkeiten.

- Bei höheren Ansprüchen an die Zahl und Leistung der elektrischen Geräte im Haus wird aus dem „Solar Home System" eine *Hausstromversorgung*, mit größerer Generatorleistung (200 bis 5000 W), höherer Systemspannung (24 oder 48 V) und einem Wechselrichter zur Erzeugung von 230 V Wechselspannung für leistungsstärkere Geräte. Zur Sicherstellung einer autonomen Versorgung wird der Solargenerator vielfach durch einen weiteren Energieerzeuger (Windgenerator, Notstromaggregat) ergänzt.

- Eine gewisse Sonderstellung nehmen *Solarstromanlagen zur Versorgung von Wasserpumpen* (Bewässerung, Trinkwasserförderung) ein: Da der Wasserbedarf meist mit der Sonneneinstrahlung einhergeht, kann vielfach auf eine Speicherung des elektrischen Stromes verzichtet werden. In diesem Fall kann im unteren Leistungsbereich (5 bis 50 W) die elektrische Pumpe direkt mit einem entsprechend abgestimmten Solargenerator verbunden werden, während bei leistungsfähigeren Anlagen eine elektrische Anpassung (Spannungsregler bzw. -wandler) und in Sonderfällen auch ein Akku als Pufferspeicher sinnvoll bzw. notwendig ist.

4. Bausteine autonomer Solarstrom-Systeme

Bevor Planung und Aufbau autonomer Stromversorgungssysteme im Detail behandelt werden können, ist es notwendig, die einzelnen Bausteine und ihr Zusammenspiel näher kennenzulernen. Im folgenden Kapitel werden daher die Bausteine Speicher, Regler, Wandler und Verbraucher im einzelnen beschrieben und Empfehlungen für die Auswahl bzw. Ausführung gegeben.

4.1 Stromspeicher: Blei- und NiCd-Akkumulatoren

Die zunehmende Verbreitung tragbarer und im Stromverbrauch sparsamer Elektrogeräte (Radio, Kasettenrecorder, Uhren, Taschenrechner, u.ä.) in den letzten Jahrzehnten wäre ohne leistungsfähige Stromspeicher in Form von Batterien und Akkus nicht möglich gewesen. Grundsätzlich wird unterschieden zwischen (Primär-) Batterien und Akkumulatoren (Akkus):

•   *Batterien*
Batterien, genauer „Primärzellen", sind nicht wiederaufladbar, die Stromerzeugung geschieht durch irreversible chemische Umwandlung an den Elektroden. Die Spannung einer einzelnen Zelle liegt je nach Batterietyp zwischen 1,3 und 1,8 Volt. Durch Hintereinanderschalten mehrerer Zellen (zur Erzeugung höherer Spannungen) entsteht eine „Batterie", was nichts weiter heißt als „Zusammenfassung mehrerer Zellen". Die Kapazität einer Zelle oder einer Batterie, d.h. die Menge des gespeicherten Stroms, hängt von der Größe der Zellen und den Elektrodenmaterialien ab. Die bekanntesten Batterietypen sind: Kohle-Zink- (für Lampen), Mangandioxyd-Zink- (für Elektrogeräte), Alkali-Mangan- (Hochleistungsbatterien für Elektro-

geräte), Quecksilberoxyd- (z.B. für Kameras), und Silberoxyd-Batterien (Knopfzellen für Uhren, Hörgeräte, u.ä.). Einmal entladen können sie nicht wieder aufgeladen werden. Trotz einiger Bemühungen um ein Recycling landen viele ausgediente Batterien nach dem „ex-und-hopp"-Prinzip als Giftmüll in unserer Umwelt. Die Energie aus Batterien ist relativ teuer (vgl. Tab. 1.2). Daher kann es bei vielen Anwendungen durchaus lohnend sein, Batterien durch Akkus zu ersetzen und diese möglichst mit Solarstrom aufzuladen.

•   *Akkumulatoren*
Bei Akkumulatoren, auch Sekundärzellen genannt, ist die chemische Reaktion, die beim Entladen an den Elektroden abläuft, durch Zufuhr von elektrischem Strom (Ladung) umkehrbar, d.h. sie können wiederaufgeladen werden. Der Umweg über die chemische Umwandlung ist bis heute der wirksamste Weg geblieben, um größere Mengen elektrischer Energie zu speichern und in autonomen Stromversorgungsanlagen die zeitlichen Unterschiede zwischen Stromerzeugung und -verbrauch zu überbrücken. Bei entsprechender Größe können Akkus ausreichend große Mengen an Strom speichern, um z.B. den Stromverbrauch eines Haushaltes für einige Tage oder gar Wochen zu speichern. Akkus werden häufig ebenso wie die nicht wiederaufladbaren Primärzellen als (wiederaufladbare) „Batterien" bezeichnet, da fast immer mehrere Zellen zu einer „Batterie" zusammengeschaltet sind.

Da die Speicherung von elektrischem Strom bei zahlreichen technischen Anwendungen eine Rolle spielt, sind bereits viel Mühe und erhebliche Forschungsmittel aufgewendet worden, um die bekannten Akkutypen zu verbessern und neue, leistungsfähigere Systeme zu entwickeln. Denn die spezifische Speicherfähigkeit bezogen auf das Volumen oder das Gewicht ist verglichen mit anderen Formen gespeicherter chemischer Energie

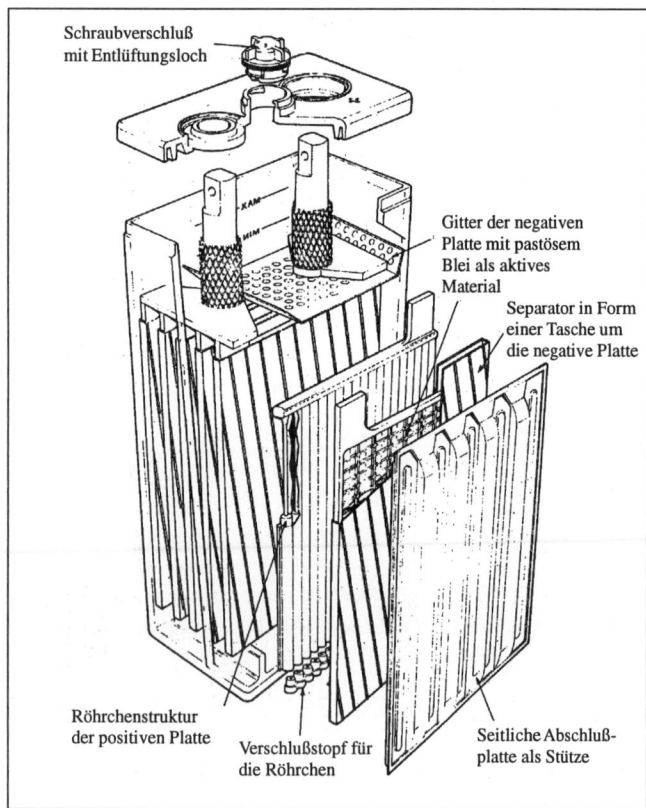

4.1 Aufbau eines Blei-Akkus mit positiven Röhrchen-Platten.

Quelle: [40]

Schraubverschluß mit Entlüftungsloch

Gitter der negativen Platte mit pastösem Blei als aktives Material

Separator in Form einer Tasche um die negative Platte

Röhrchenstruktur der positiven Platte

Verschlußstopf für die Röhrchen

Seitliche Abschluß-platte als Stütze

Energiespeicher	Energiedichte		Spannung	Zyklen-zahl
	Praxis Wh/kg	Theorie Wh/kg	Volt	
Bleiakku	12 - 40	160	2,0	1000-1500
NiCd-Akku	24 - 40	217	1,2	> 1200
Nickel-Eisen-Akku	bis 60	260	1,2	> 1000
Natrium-Schwefel-Akku (300°C)	100	760	2,08	300
Lithium-Eisensulfid-Akku (450°C)	100	577	1,65	300
Silber-Zink-Akku	55 - 120	460	1,5	100
Zum Vergleich:	Energiedichte Wh/kg		Wirkungsgrad	
Dieselöl	12000		25 - 30%	
Wasserstoff (Hydrid)	600		21 - 50%	
Wasserstoff (flüssig)	33000		18 - 43%	

Tabelle 4.1 Spezifischer Energieinhalt verschiedener Energie-speicher und elektrochemischer Zukunftssysteme.

gering, wie Tab. 4.1 zeigt, auch wenn sich der Energieinhalt von Benzin oder Wasserstoff nur mit mäßigem Wirkungsgrad in elektrischen Strom oder Bewegungsenergie umwandeln läßt. Akkus sind schwer und teuer! In der Praxis nehmen der Bleiakku und der Nickel-Cadmium-Akku (NiCd-Akku) als bewährte Systeme nach wie vor eine herausragende Stellung ein.

Hin und wieder wird in der Presse vom „Durchbruch" bei der Entwicklung neuer, leichter und besserer Stromspeicher berichtet, wie sie vor allem für die Entwicklung des Elektro-Automobils benötigt werden. Solche Neuentwicklungen könnten natürlich auch für die solare Stromversorgung von großer Bedeu-

tung sein: Werden für Elektrofahrzeuge in erster Linie leichte Akkus mit hohem Energieinhalt gebraucht, kommt es für stationäre, solare Stromversorgungssysteme vor allem auf niedrige Kosten und hohen Energieinhalt an. Allerdings ist in den nächsten Jahren nicht damit zu rechnen, daß eines der neuen Systeme zur Anwendungsreife gelangt. Mit anderen Worten: Es gibt derzeit keine brauchbare Alternative zu Blei- und Nikkel-Cadmium-Akkus!

Das Prinzip des Akkus ist leicht verständlich und mit wenigen Worten zu beschreiben: Einem geladenen Akku kann eine bestimmte Menge Strom entnommen werden, wodurch er entladen wird, anschließend muß etwas mehr Strom zugeführt werden, um ihn wieder aufzuladen. Für technische Laien und alle, die nur an der Anwendung interessiert sind, mag diese Beschreibung ausreichen. Wer allerdings solare Stromversorgungssysteme im Detail verstehen, sie planen und selbst aufbauen will, kommt nicht umhin, sich mit den Eigenschaften des Akkus und mit folgenden Begriffen näher vertraut zu machen:

- Akku-Spannung,
- Kapazität des Akkus,
- Wirkungsgrad des Akkus, häufig auch als Ladefaktor bezeichnet,
- Ladezustand und seine Bestimmung,
- geeignete Ladeverfahren.

Der Blei-Akku und seine Eigenschaften

Abb. 4.2 zeigt die Vorgänge beim Entladen und Laden einer Blei-Säure-Zelle, kurz Bleiakku genannt.
Der Bleiakku besteht aus einem Gefäß (meist ein Polypropylen-Gehäuse) mit verdünnter Schwefelsäure als Elektrolyt, in dem positive und negative Bleielektroden mit einer gitter- oder taschenförmig strukturierten Oberfläche hängen. Die Platten selbst, d.h. die Tragstrukturen, bestehen aus Hartblei. Als positive Platte (Kathode) sind verschiedene Strukturen möglich: Gitter, Taschen, Röhrchen, etc., die im geladenen Zustand mit Bleioxyd PbO_2 in poröser Struktur (wegen der möglichst großen Oberfläche) gefüllt sind. Die negative Platte (Anode) wird zur Vergrößerung der Oberfläche in der Regel als Gitterplatte ausgeführt, wobei das Gitter im geladenen Zustand mit reinem Blei gefüllt ist. Zwischen den Platten sind säuredurchlässige Separatoren (Vliese, microporöse Folien, etc.) angeordnet, die nicht nur Kurzschlüsse verhindern, sondern auch mithelfen, die aktive Masse an den Platten zu stützen.
Beim Entladen reagieren die aktiven Massen an beiden Platten mit der Schwefelsäure nach der Reaktionsgleichung:

$$PbO_2 + 2\,H_2SO_4 + Pb \quad \overset{\text{entladen} \rightarrow}{\underset{\leftarrow \text{laden}}{}} \quad 2\,PbSO_4 + 2\,H_2O$$

An der positiven Pltte reagieren 1 Teil Bleioxyd mit einem Teil Schwefelsäure (SO_4-Ionen) zu einem Teil Bleisulfat, an der negativen Elektrode 1 Teil Blei mit einem Teil Säure zu einem Teil Bleisulfat und 2 Teilen Wasser. Da bei dieser Entladereaktion Säure abgebaut und Wasser freigesetzt wird, sinkt die Säuredichte in der Zelle mit zunehmender Entladung. Beim Laden

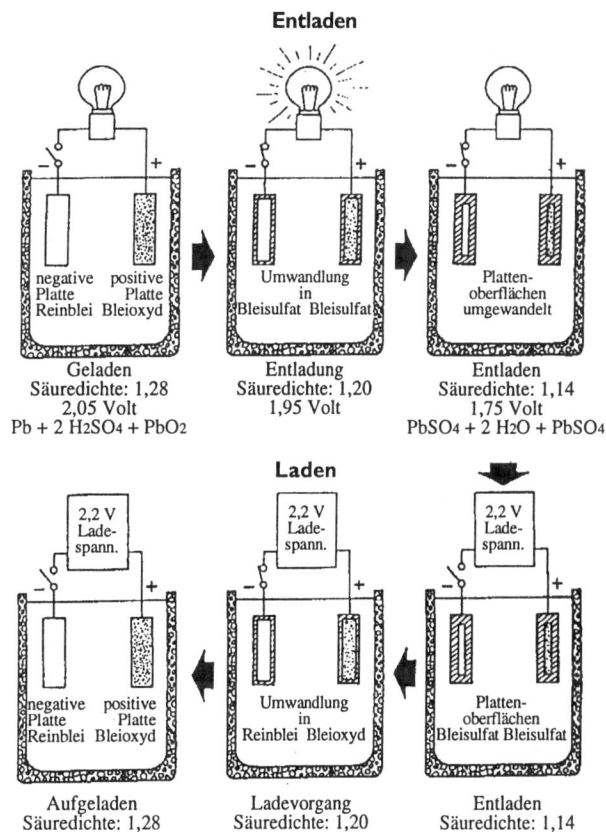

4.2 Vorgänge im Bleiakku beim Laden und Entladen.   Quelle: [38]

verläuft die Reaktionsgleichung unter Stromzufuhr in umgekehrter Richtung, d.h. das Bleisulfat an den Platten wird in Schwefelsäure und Blei bzw. Bleioxyd umgewandelt, wodurch die Säurekonzentration steigt.
Anhand der Reaktionsgleichung läßt sich der Massenumsatz beim Laden und Entladen ermitteln: pro Amperestunde werden beim Laden 3,65 g Schwefelsäure freigesetzt und 0,67 g Wasser gebunden, umgekehrt werden beim Entladen 3,65 g Sulfationen an der Oberfläche der Platten gebunden und 0,67 g Wasser freigesetzt. Beim Laden und Entladen eines 100 Ah-Akkus werden also recht beachtliche Massen in der Zelle bewegt.

81

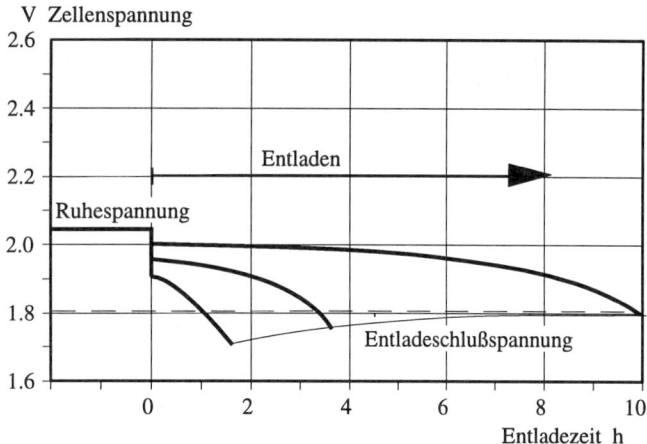

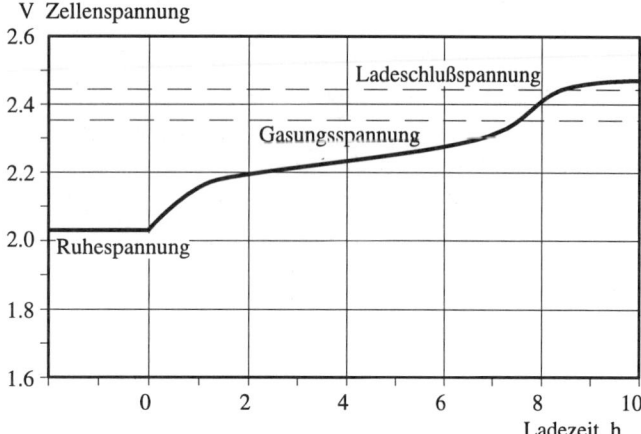

4.3 Verlauf der Spannung beim Entladen (oben) und Laden (unten) bei einem stationären Akku (100 Ah Nennkapazität).

Die Akku-Spannung

Die *Nennspannung* einer Blei-Zelle beträgt 2 Volt. Gebräuchliche 12 V-Akkus bestehen aus 6 hintereinandergeschalteten Zellen, so daß deren Nennspannung genau 12 V beträgt. In der Praxis schwankt die Spannung an den Elektroden je nach Betriebszustand (Abb. 4.3):

- Im Leerlauf, d.h. ohne angeschlossenen Verbraucher liegt die Spannung je nach Ladezustand zwischen 2,12 und 2,0 V pro Zelle, entsprechend 12,7 bis 12 V beim 12 V-Akku. Faustregel zur Abschätzung der Zellenspannung: Säurekonzentration + 0,84, also z.B. 1,26 + 0,84 = 2,10 V

- Beim Entladen geht die Zellenspannung – je nach Entladestrom mit unterschiedlicher Geschwindigkeit – von 2 V (voll geladen) auf 1,7 bis 1,8 V pro Zelle (entladen) bzw. auf 10,2 bis 10,8 V beim 12 V-Akku zurück.

- Beim Erreichen der *Entladeschlußspannung*, die je nach Entladestrom bei 1,7 bis 1,8 V liegt, gilt der Akku als entladen.

Als *Tiefentladung* wird das Unterschreiten der Entladeschlußspannung bezeichnet. Die Entladeschlußspannung wird in den Datenblättern der Hersteller für verschiedene Entladeströme angegeben. Bei Tiefentladung und längerem Stehen des Akkus im entladenen Zustand wird auch Blei der Tragstruktur in Bleisulfat umgewandelt. Dabei bildet sich Bleisulfat in grobkristalliner Form, das beim Laden nur schlecht oder gar nicht wieder umgewandelt werden kann. Dadurch verliert der Akku einen Teil seiner Speicherkapazität, außerdem entstehen Schäden an der Tragstruktur. Schädliche Tiefentladungen lassen sich in der Praxis z.B. dadurch vermeiden, daß die Verbraucher beim Erreichen der Entladeschlußspannung über einen Spannungswächter zwangsweise vom Akku getrennt werden.
Fazit: Tiefentladung schadet dem Akku! Bleiakkus müssen nach einer Tiefentladung sofort wieder aufgeladen werden.

Um den Akku zu laden, d.h. um die Sulfat-Ionen von den Platten wieder in den Elektrolyten „hineinzudrücken", muß eine etwas höhere Spannung als die Nennspannung angelegt werden. Entsprechend liegt die Ladespannung zwischen 2,0 und 2,4 V pro Zelle (bzw. bei 12 bis 14,4 V beim 12 V-Akku). Sie steigt mit zunehmender Ladung im Akku an. Bei 2,3 bis 2,4 V, der *Gasungsspannung*, setzt an den Elektroden im Akku Gasentwicklung ein, wobei das Wasser durch Elektrolyse in Wasserstoff- und Sauerstoffgas zerlegt wird. Beide Gase vermischen sich im Akku zu Knallgas (explosiv!) und entweichen über feine Entlüftungsöffnungen in den Verschlußstopfen. Durch die Gasung verliert der Akku also Wasser, das bei der Wartung in regelmäßigen Abständen ersetzt werden muß. Das Gasen ist eine unerwünschte Nebenreaktion zur chemischen Umwandlung beim Laden, da für die Elektrolyse Strom verbraucht und damit der Speicherwirkungsgrad des Akkus unnötigerweise verschlechtert wird.

Fortgesetztes, starkes Gasen schadet dem Akku, so daß die Hersteller in den Datenblättern eine sogenannte *Ladeschlußspannung* angeben, die beim Laden auf Dauer nicht überschritten werden darf. Diese Ladeschlußspannung liegt bauartabhängig bei 2,3 bis 2,4 V je Zelle (bei 20°C) entsprechend 13,8 bis 14,4 V für 6 Zellen. Kurzzeitige leichte Gasentwicklung in größeren zeitlichen Abständen ist dagegen bei manchen Akkutypen sogar erwünscht, um eine Durchmischung des Elektrolyten herbeizuführen und so für eine gleichmäßige Säurekonzentration im ganzen Zellenvolumen zu sorgen.

Das Erreichen der Ladeschlußspannung ist jedoch nicht gleichbedeutend mit der Volladung des Akkus. Diese wird erst erreicht, wenn das gesamte Bleisulfat wieder in Bleioxyd und Blei umgewandelt ist. Und dazu muß dem Akku unter Einhaltung der Ladeschlußspannung noch für einige Zeit Strom zugeführt werden.

Die Kapazität

Die Kapazität eines Akkumulators wird in Ah (Amperestunden) gemessen. Sie gibt an, wieviel Stunden lang ein bestimmter Strom dem geladenen Akku entnommen werden kann, bis er „leer", d.h. entladen ist.

Leider ist die Kapazität eines Akkus keine konstante Größe, sondern abhängig von der Höhe des Entladestroms. Die Hersteller geben die Nennkapazität ihrer Akkus daher immer zusammen mit einem bestimmten (Nenn-) Entladestrom an. Gebräuchlich sind Nennentladeströme I_5, I_{10} und I_{20}, wobei der Nennstrom I_t den Akku in 5, 10 oder 20 Stunden bis zur Entladeschlußspannung entlädt.

<table>
<tr><td></td><td></td><td></td><td>gebräuchlich bei:</td></tr>
<tr><td>C_t</td><td>$= I \cdot t$</td><td>(t h Entladezeit)</td><td></td></tr>
<tr><td>C_5</td><td>$= I_5 \cdot 5\ h$</td><td>(5 h Entladezeit)</td><td>Traktionsbatterien</td></tr>
<tr><td>C_{10}</td><td>$= I_{10} \cdot 10\ h$</td><td>(10 h Entladezeit)</td><td>ortsfesten Akkus</td></tr>
<tr><td>C_{20}</td><td>$= I_{20} \cdot 20\ h$</td><td>(20 h Entladezeit)</td><td>Starterakkus,
wartungsfreie Akkus</td></tr>
</table>

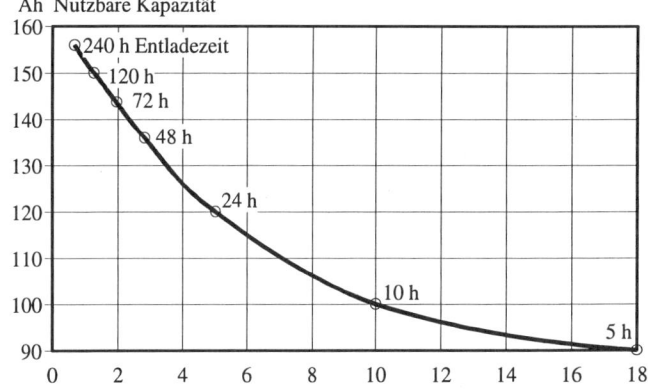

4.4 Abhängigkeit der Kapazität eines Akkus (100 Ah Nennkapazität) vom Entladestrom (Varta-bloc). Quelle: Varta-Datenblatt

Beispiel: Ein 12 V-Akku mit 100 Ah Nennkapazität bei I_{10} (d.h. bei 10 stündiger Entladung) kann also 10 Stunden lang I_{10} = 10 A abgeben und ist dann entladen.

Wird mit einem höheren Strom entladen, so steht weniger Kapazität zur Verfügung: Die verfügbare Kapazität bei $2 \cdot I_{10}$ beträgt beispielsweise nur 90 Ah, der Akku ist also bei einem Entladestrom von 20 A bereits nach 4,5 Stunden entladen. Bei einem Entladestrom von 100 A könnte die Kapazität sogar auf ca. 60 Ah sinken, so daß bei dieser Belastung bereits in etwa 35 Minuten die Ladeschlußspannung erreicht wäre. Umgekehrt ist die Kapazität bei Entladung mit $0,5 \cdot I_{10}$ größer als bei I_{10}, d.h. bei kleineren Entladeströmen gibt der Akku mehr her.

Die beim Entladen entnommene *Energie* ist das Produkt aus der mittleren Entladespannung, dem Entladestrom und der Dauer der Entladung, im Beispiel also:

- bei Entladung mit I_{10}: 12 V · 10 A · 10 h = 1 200 Wh
- bei Entladung mit $2 \cdot I_{10}$: 12 V · 20 A · 4,5 h = 1 080 Wh, also 10 % weniger,
- bei Entladung mit $0,5 \cdot I_{10}$: 12 V · 5 A · 24 h = 1 320 Wh, also 10% mehr als die Nennkapazität angibt.

Fazit: Bei Entladung mit höheren Strömen geht die nutzbare Energie und damit auch der Speicherwirkungsgrad zurück. Ein

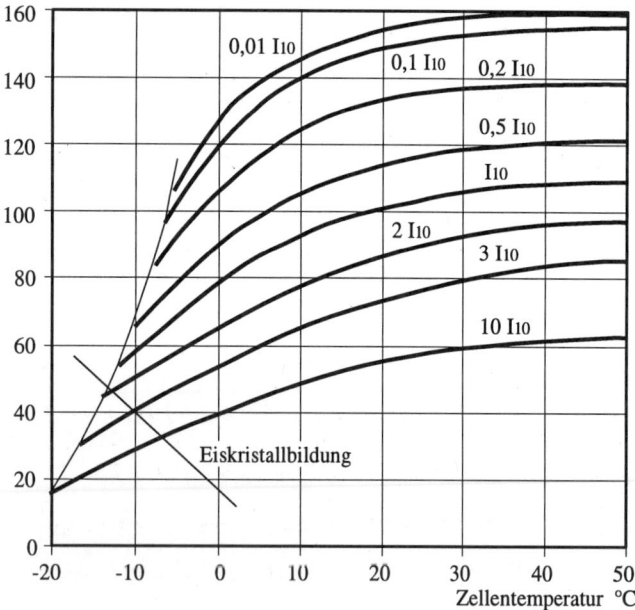

% Nutzbare Kapazität in % von I10

0,01 I10
0,1 I10
0,2 I10
0,5 I10
I10
2 I10
3 I10
10 I10
Eiskristallbildung

Zellentemperatur °C

4.5 Kapazität eines Akkus als Funktion der Betriebstemperatur.
Quelle: [27]

Vergleich der Kapazität verschiedener Akkus führt nur bei gleicher Entladedauer zu korrekten Resultaten.

In erster Linie ist die Kapazität natürlich von der Größe und Bauart des Akkus abhängig, in zweiter Linie – abgesehen vom Entladestrom – auch noch von der Temperatur und der Säurekonzentration des Elektrolyten sowie vom Alter der Platten. Abb. 4.5 zeigt den Zusammenhang zwischen Batteriekapazität und -temperatur. Wie viele Autofahrer von Startschwierigkeiten im Winter wissen, verlieren Akkus bei niedrigen Temperaturen erheblich an Kapazität, die bei Erwärmung allerdings wieder zur Verfügung steht. Auf der anderen Seite ist es nicht sinnvoll, Akkus bei höheren Temperaturen als 20 bis 30°C zu betreiben, weil dadurch ihre Lebensdauer sinkt und die Selbstentladung größer wird.
Die Gefahr der Eisbildung im Elektrolyten (die irreversible Schäden nach sich ziehen kann) besteht, wenn der Akku weit-gehend entladen dem Frost ausgesetzt ist (Erstarrungstemperatur -5°C). Bei dauerhaft niedrigen Betriebstemperaturen (z.B. auf Berggipfeln) kann durch höhere Säurekonzentration ein Teil des Kapazitätsverlustes ausgeglichen und die Gefahr des Einfrierens vermindert werden. Umgekehrt wird bei höheren Umgebungstemperaturen (z.B. in tropischen Gegenden) mit niedrigeren Säurekonzentrationen gearbeitet, um die Selbstentladung klein zu halten.

Selbstentladung

Als Selbstentladung wird der Effekt bezeichnet, daß sich der Akku auch ohne angeschlossene Verbraucher infolge von Nebenreaktionen an den Elektroden langsam selbst entlädt. Diese Reaktionen verlaufen umso schneller, je höher die Temperatur des Elektrolyten und je älter der Akku ist.
Die Selbstentladungsrate ist in der Praxis sehr stark von der Bauart des Akkus abhängig, vor allem vom Antimongehalt der Plattenlegierung. Ein höherer Antimongehalt führt zwar zu einer höheren Zyklenbeständigkeit, hat aber gleichzeitig eine höhere Selbstentladung zur Folge. In der Solartechnik gebräuchliche Akkutypen haben in der Regel Platten ohne oder mit geringem Antimongehalt, entsprechend liegt die Selbstentladerate bei 2 bis 10% der Nennkapazität pro Monat (bei 25°C). Akkus für Fahrzeugantriebe (Traktionsakkus), die sehr zyklenfest sein müssen und häufig tiefentladen werden, enthalten Platten mit hohem Antimongehalt (bis 6%). Bei diesen Akkus erreicht die Selbstentladerate Spitzenwerte von bis zu 30% pro Monat. Wo es – wie in solarelektrischen Anlagen – auf möglichst geringe Verluste beim Umgang mit der gewonnenen Energie ankommt, werden logischerweise Akkus mit sehr niedriger Selbstentladung bevorzugt.

Bleiakkus laden

Das Laden von Bleiakkus kann je nach Anwendung und Herkunft des Stromes (Solarstrom, Windenergie, Notstromaggregat, Ladegerät am Netz) auf sehr unterschiedliche Art und Weise erfolgen. In DIN 41772 werden die für Bleiakkus gebräuchlichen Ladeverfahren anhand der Ladekennlinien beschrieben

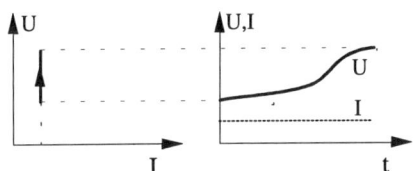

Ia-Kennlinie: Laden mit Konstantstrom bis zur Ladeschlußspannung

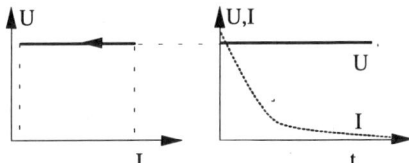

U-Kennlinie: Laden mit konstanter Spannung und zurückgehendem Strom

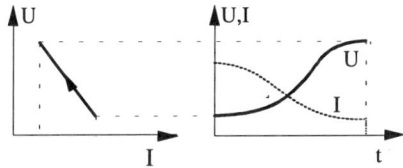

Wa-Kennlinie: Laden mit zurückgehen- dem Strom bis zur Ladeschlußspannung

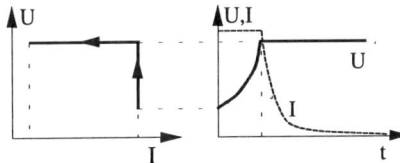

IU-Kennlinie: Laden mit Konstantstrom bis zur Ladeschlußspannung, dann mit Konstant- spannung bis Volladung

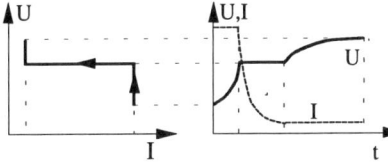

IUIa-Kennlinie: Laden mit Konstantstrom, dann mit Konstantspannung bis Volladung, danach mit kleinem Ladungserhaltungsstrom

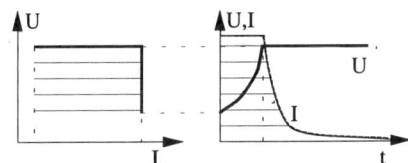

iu-Kennlinie: Laden mit variablem Strom bis zur Ladeschlußspannung, dann Spannungs- begrenzung auf Ladeschlußspannung

4.6 Ladekennlinien nach DIN 41772: das linke Diagramm zeigt jeweils die Ladeklennlinie (I-U-Kennlinie), während rechts daneben der Ladeverlauf (I und U als Funktion der Ladezeit) dargestellt ist.

(Abb. 4.6), die sich im wesentlichen durch den zeitlichen Verlauf von Ladestrom und -spannung unterscheiden. Bei allen Varianten kommt der Begrenzung des Ladestroms und der Ladespannung auf gewisse Höchstwerte besondere Bedeutung zu:

• Da ein Teil des Ladestroms am Innenwiderstand der Zelle in Wärme umgewandelt wird, setzt die Temperaturerhöhung im Akku dem maximal zulässigen Ladestrom Grenzen; er kann umso höher sein, je größer der Akku und je stärker er entladen ist.

• Würde im Laufe des Ladevorgangs die Gasungsspannung deutlich überschritten, könnte die einsetzende heftige Gasentwicklung im Extremfall die Elektroden beschädigen. Daher sehen alle Ladeverfahren eine Begrenzung der Ladespannung auf die vom Hersteller angegebene Ladeschlußspannung vor.

So läßt sich z.B. ein entladener 100 Ah-Akku mit einem konstanten Ladestrom von $2,5 \cdot I_{10} = 25$ A in etwa 3 h auf ca. 75% seiner Kapazität aufladen. Dann wird allerdings die Gasungsspannung von 2,4 V/Zelle erreicht, so daß der Ladestrom zu-

rückgenommen werden muß (vgl. Abb. 4.7). In einer weiteren Stunde läßt sich der Akku bei zurückgehendem Ladestrom auf knapp 90% seiner Nennkapazität laden. Um auch die restlichen 10 Prozent der Ladung noch in den Akku zu bringen, ist eine 8 bis 10 stündige Nachladung mit einem Strom von 3 bis 1 A erforderlich. Dabei ist sicherzustellen, daß die Gasungsspannung von 2,4 V/Zelle (entsprechend 14,4 V beim 12 V-Akku) nicht überschritten wird.

Dieses Ladeverfahren wird auch als „I-U-Laden" bezeichnet, weil zunächst mit konstantem, relativ hohem Strom und nach Erreichen der Gasungsspannung mit konstanter Spannung weiter geladen wird. Laden nach der I-U-Kennlinie findet in modifizierter Form auch in solarelektrischen Systemen Anwendung und wird (wegen der unvermeidlichen Strom- und Spannungsschwankungen in Kleinbuchstaben) als i-u-Laden bezeichnet: Zwar steht aufgrund des schwankenden Leistungsangebotes kein konstanter Strom zur Verfügung, doch kann bei entsprechender Sonneneinstrahlung und ausreichend leistungsfähigem Solargenerator um die Mittagszeit ein teilentladener Akku mit relativ hohem Strom schnell wieder auf 70 bis 80% seiner Ka-

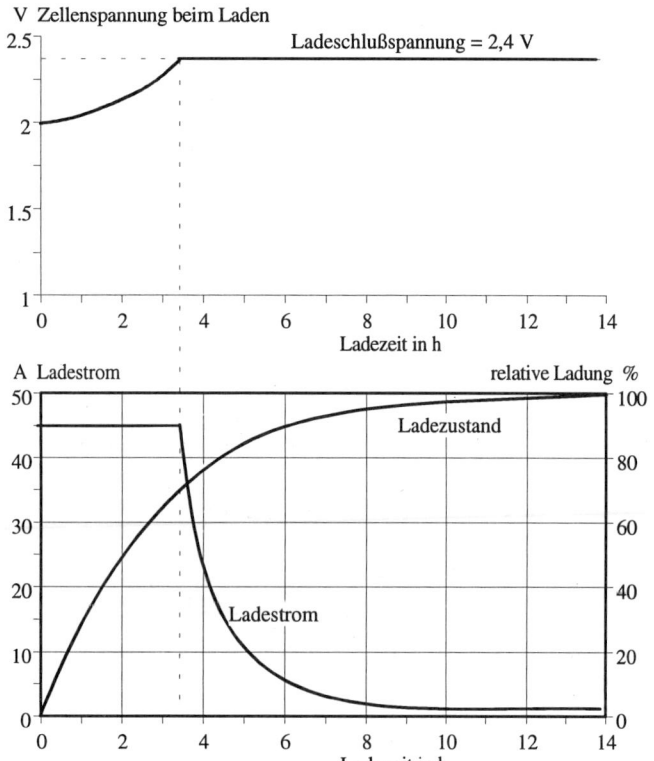

4.7 Verlauf von Ladespannung, Ladestrom und Energieinhalt beim Laden nach der I-U-Kennlinie (für Bleiakkus).

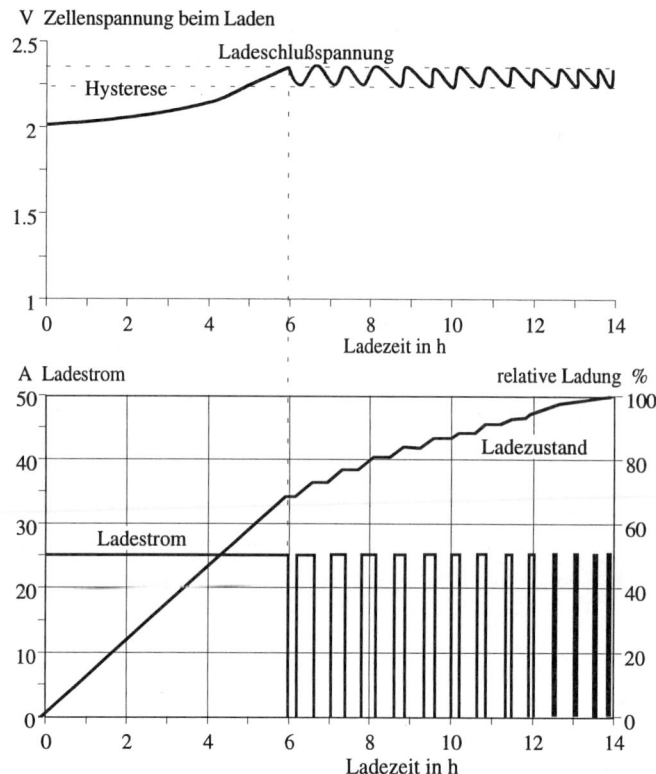

4.8 Verlauf von Spannung, Strom und Energieinhalt beim Laden eines Bleiakkus mit einem Solar-Laderegler: Der Ladestrom vom Solargenerator wird nicht immer konstant sein, sondern je nach Sonneneinstrahlung schwanken. Beim Erreichen der Ladeschlußspannung „zerhackt" der Regler den Ladestrom zu Ladeimpulsen.

pazität aufgeladen werden. Eine Regelung sollte die Zellenspannung dabei auf die zulässige Ladeschlußspannung begrenzen. Um die restlichen 20 bis 30% der Ladung in den Akku zu bringen, muß dann noch für einige Stunden bei konstanter Spannung und zurückgehendem Ladestrom nachgeladen werden. In solarelektrischen Anlagen (aber z.B. auch bei Windenergieanlagen) wird die Einhaltung der Ladeschlußspannung durch einen sogenannten *Laderegler* gewährleistet, während die vom Akkuhersteller geforderte Begrenzung des Ladestroms im allgemeinen durch die Dimensionierung sichergestellt werden kann (Verhältnis von maximalen Solargeneratorstrom zur installierten Akkukapazität). Die Funktion des Ladereglers versucht Abb. 4.8 darzustellen: Ist der Akku nahezu geladen und

wird die Ladeschlußspannung von 14,4 V überschritten, so schaltet der Laderegler den Solargenerator ab. Die Akkuspannung geht dann langsam auf die Leerlaufspannung zurück, so daß unterhalb einer bestimmten (einzustellenden) Schwellenspannung der Solargenerator wieder zugeschaltet werden kann (impulsförmiges Laden), solange bis die Volladung erreicht ist. Die Ladeschlußspannung ist übrigens ebenso wie die Entladeschlußspannung temperaturabhängig, sie geht pro 10°C Temperaturerhöhung um ca. 0,06 V/Zelle zurück. Daher sind die meisten Laderegler mit einem Anschluß für einen Temperaturfühler ausgestattet, der am Akku montiert wird und bei wechselnden Umgebungstemperaturen am Aufstellungsort die Ladeschlußspannung im Regler anpaßt.

Überladen tritt auf, wenn einem Akku oberhalb der Ladeschlußspannung bzw. der Gasungsspannung höhere Ströme zugeführt werden, als dies der Hersteller erlaubt. Abgesehen von der Stromverschwendung führt Überladen zum Verlust von Wasser durch Gasentwicklung sowie zur Korrosion und damit auf längere Sicht zur Zerstörung der Platten.

Auf der anderen Seite kann gelegentliches *leichtes* Überladen für ein paar Stunden in den Grenzen, in denen es die Hersteller gestatten, durchaus sinnvoll sein. Eine eventuell vorhandene Schichtung der Säure im Akku (unterschiedliche Säuredichte = unterschiedlicher Ladezustand) wird durch die aufsteigenden Gasblasen zerstört. Außerdem wird durch dieses kurzfristige und geringfügige Überladen erreicht, daß einzelne Zellen, die infolge von Alterung weniger Ladung aufgenommen haben als die anderen, neu „formiert" werden. Zellen, die nicht hin und wieder voll aufgeladen werden, verlieren nämlich an Kapazität. An den Platten bildet sich Bleisulfat in einer Kristallform, die nach einiger Zeit nicht mehr in Lösung geht und zu irreversiblem Kapazitätsverlust führt. Diese Entwicklung läßt sich verhindern, indem in regelmäßigen Abständen, z.B. nach Unterschreiten einer Schwellenspannung, die im Laderegler eingestellte Ladeschlußspannung leicht angehoben und für einige Stunden mit begrenztem Strom (0,05 bis 0,1 · I_{10}) in die Gasung geladen wird. In solarelektrischen Systemen können dafür die hin und wieder auftretenden Spitzen im Sonnenenergieangebot genutzt werden, sofern dieser „vergeudete" Strom anderweitig nicht gebraucht wird.

Die Messung des Ladezustands
In autonomen Stromversorgungssystemen ist es im allgemeinen wichtig zu wissen, wieviel elektrische Energie noch im Akku vorrätig ist. Leider gibt es zur Messung des Ladezustands von Bleiakkus nach wie vor nur zwei recht unbequeme Verfahren: Das eine Verfahren, das bei hermetisch *ver*schlossenen Akkus (Akkus ohne Schraubverschluß, z.B. Gel-Akkus, gasdichte

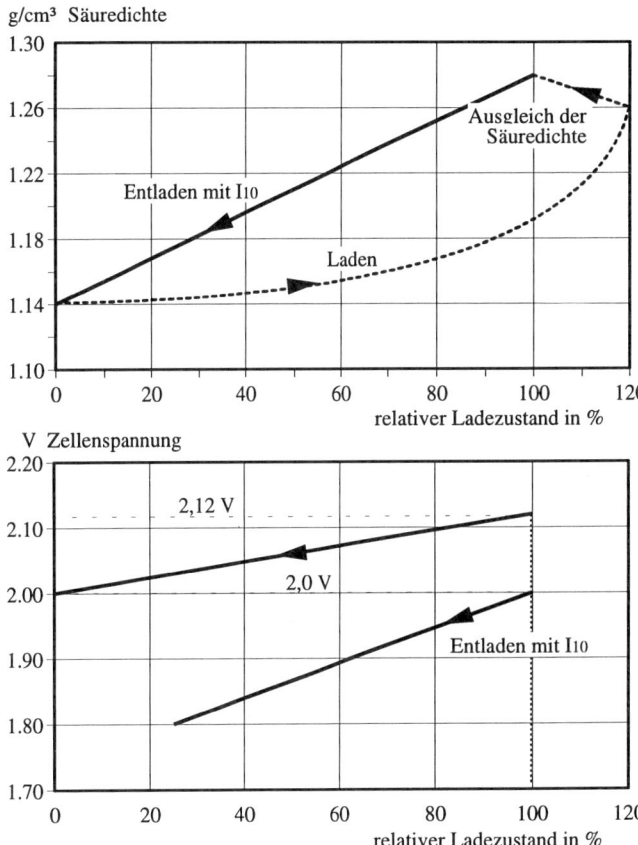

4.9 Zur Bestimmung des Ladezustands gibt es zwei (einfache) Verfahren: bei Akkus mit flüssigem Elektrolyten (geschlossene Bauweise) über die Messung der Säuredichte (oben) sowie durch eine genaue Spannungsmessung (unten).
Quelle: [27], [38]

Zellen) versagt, nutzt den Umweg über die Messung der Säuredichte. *Ge*schlossene Akkus sind dagegen mit einem Schraubverschluß ausgerüstet; bei diesen Akkus kann mit einem Säureprüfer die Säurekonzentration (d.h. das spezifische Gewicht der Säure) schnell und hinreichend genau bestimmt werden (sofern die Akkus gut zugänglich untergebracht sind). Bei voll geladenem Akku hat der Elektrolyt normalerweise ein spezifisches Gewicht von 1,28 g/cm³; beim Entladen sinkt das spezifische Gewicht linear mit der Ladungsentnahme auf 1,12 bis 1,14 g/cm³ ab (Abb. 4.9). Die Messung des spezifischen Gewichtes erlaubt daher (bei guter Durchmischung der Säure) eine einfache und relativ genaue Bestimmung des Ladezustands, sofern die vom Hersteller festgelegten Anfangs- und Endwerte der Säuredichte bekannt sind. Für eine tägliche Kontrolle ist diese Methode jedoch recht umständlich.

Bei dem anderen Weg wird versucht, durch genaue Messung der Zellenspannung auf den Ladezustand zu schließen. Da die Akku-Spannung aber nicht unabhängig vom fließenden Lade- bzw. Entladestrom ist (vgl. Abb. 4.3), funktioniert diese Methode nur bei genau definierten Entladeströmen (z.B. I_5 oder I_{10} mit einem Meßwiderstand einstellen) oder im Leerlauf (d.h. ganz ohne Belastung) einigermaßen gut. Soll der Ladezustand aus der Leerlaufspannung bestimmt werden, sollte nach vorangegangener Ladephase einige Zeit (1 bis 2 h) verstreichen, bis sich die korrekte Leerlaufspannung eingestellt hat (z.B. am Abend messen). Diese zweite Methode ist in der Praxis nicht so exakt wie die Messung der Säuredichte, dafür aber recht bequem. Außerdem kann sie auch bei verschlossenen Akkus angewendet werden.

Daher gehören ein genaues Voltmeter zur Messung der Akkuspannung sowie ein Amperemeter zur Kontrolle des Lade- und Entladestroms bzw. getrennte Amperemeter für den Lade- und den Entladekreis zur Standardausrüstung in größeren autonomen Solarstromanlagen. Die Instrumente sollten gut sichtbar an einer Stelle angebracht werden, wo sie regelmäßig kontrolliert werden können.

Ladefaktor und Wirkungsgrad

Als *Ladefaktor* einer Batterie wird das Verhältnis von zugeführter Ladung (also die beim Laden zugeführte Strommenge: Strom x Zeit in Ah) zur entnehmbaren Ladung bezeichnet. Der ideale Ladefaktor wäre 1, wenn ebenso viel Ladung entnehmbar wäre wie zugeführt wurde. In der Praxis hat jeder Akku allerdings gewisse Verluste, durch Gasung und andere Nebenreaktionen an den Elektroden, durch Energieverluste am Innenwiderstand, usw. Der Ladefaktor für Bleiakkus liegt nach Her-

stellerangaben bei 1,05 bis 1,2. Das heißt, 5 bis 20% der zugeführten Ladung (Strom x Zeit) stehen beim Entladen nicht mehr zur Verfügung. Natürlich kann der Ladefaktor durch fortgesetztes Laden oberhalb der Gasungsspannung beliebig verschlechtern werden, da der Strom dann überwiegend für die Gasentwicklung verbraucht wird. Werden die Lade- und Entladezyklen hingegen auf einen Bereich zwischen 80% und 60% der Kapazität beschränkt, kann der Ladefaktor sehr gute Werte von 1,02 bis 1,08 annehmen, d.h. von 100% Strom-Input sind in diesem Fall 92 bis 98% für den Verbrauch nutzbar.

Der *Energie-Wirkungsgrad* des Akkus fällt wegen der ohmschen Verluste im Akku stets ungünstiger aus als der Ladungswirkungsgrad: Das Verhältnis von nutzbarer zu zugeführter Energie liegt bei einem neuen Akku je nach Ladeverfahren bei etwa 70 bis 85%, da die Ladespannung durchweg um 10 bis 20% über der Entladespannung liegt. Bei der Dimensionierung solarer Stromversorgungsanlagen müssen diese Speicherverluste natürlich berücksichtigt werden. Werden Ladungsmengen bilanziert (Rechnung mit Amperestunden) geht der Ladefaktor bzw. Ah-Wirkungsgrad (reziproker Ladefaktor) in die Rechnung ein, entsprechend wird bei der Energie-Bilanzierung mit dem energetischen Wirkungsgrad gerechnet.

Zyklenbeständigkeit und Lebensdauer von Blei-Akkus

Wie die meisten technischen Geräte werden auch Akkus mit zunehmendem Alter nicht besser. Zum einen laufen die chemischen Reaktionen beim Laden und Entladen in der Praxis nicht vollständig reversibel ab und zum anderen korrodieren die Platten im Laufe der Zeit sowohl durch den Angriff der Säure als auch durch den zyklischen Massenumsatz. Die Korrosionsgeschwindigkeit und damit die Lebensdauer der Elektroden ist von der Bauart der Elektroden, von der Temperatur des Elektrolyten und von weiteren Faktoren abhängig. In den Datenblättern der Hersteller wird neben der Lebensdauer in Jahren meist auch die Zahl der erreichbaren *Vollzyklen* oder *Teilzyklen* angegeben, z.B. in der Form: „700 Zyklen bei 20% Entladetiefe, 200 Zyklen bei 80% Entladetiefe" (vgl. Abb. 4.10).

Die *Zahl der Voll- oder Teilzyklen* gibt an, wie oft ein Akku vollständig entladen und wieder aufgeladen werden kann, bevor seine Kapazität auf 80% der Nennkapazität gesunken ist. Die Zyklenzahl und damit die Lebensdauer hängt neben sachgerechter Behandlung (Kontrolle des Säurestands, Nachfüllen von destilliertem Wasser bei Bedarf, Vermeidung von Tiefentladung und Überladen) von der Bauart der Batterie, insbesondere von der Dicke und dem Material der Platten ab. Starterbatterien geben schon nach 20 bis 50 Vollzyklen „ihren Geist" auf, sie sind für kurze Beanspruchung mit hohen Strömen (Anlasser) gebaut; für tiefe Zyklen, bei denen sie bis auf 80% oder mehr ihrer Nennkapazität entladen werden, sind sie nicht geeignet. Auf der anderen Seite gibt es z.B. ortsfeste Akkus mit „Panzerplatten", die 1500 und mehr Vollzyklen aushalten. Wird die Akkukapazität bei diesem Typ genügend groß gewählt, so daß nur 30 bis 50% der Kapazität je Zyklus durchlaufen werden (Teilzyklenbetrieb), verlängert sich die mögliche Zyklenzahl und damit die Lebensdauer beträchtlich (z.B. auf 4500 Teilzyklen).

Neben diesen beiden Typen bieten die Akku-Hersteller eine ganze Reihe von Bauformen an, die auf die Anforderungen verschiedener Einsatzbereiche (Elektrofahrzeuge, Notstromversorgungen, Geräte) und inzwischen auch auf solare Stromversorgungssysteme zugeschnitten sind.

Betriebsweisen von Akkus

Entscheidend für die Auswahl der richtigen Bauform ist die Betriebsweise des Akkus im solarelektrischen System. Im Extrem lassen sich 2 Betriebsweisen mit folgenden Merkmalen unterscheiden:

1. Beim reinen *Zyklenbetrieb* wird der Akku im ständigen Wechsel ge- und entladen, weshalb es bei dieser Betriebsart auf hohe Zyklenbeständigkeit und Tiefentladungsfestigkeit ankommt.
   Typische Anwendungen sind elektrische Fahrzeuge (Elektrofahrzeuge, Gabelstapler, Solarmobile, u.ä.), bei denen die Akkukapazität die Reichweite bzw. die Betriebszeit bestimmt (bei größeren Fahrstrecken oder längerer Benutzung 1 Zyklus pro Einsatz). In autonomen Stromversorgungsanlagen tritt eine stark zyklische Belastung des Ak-

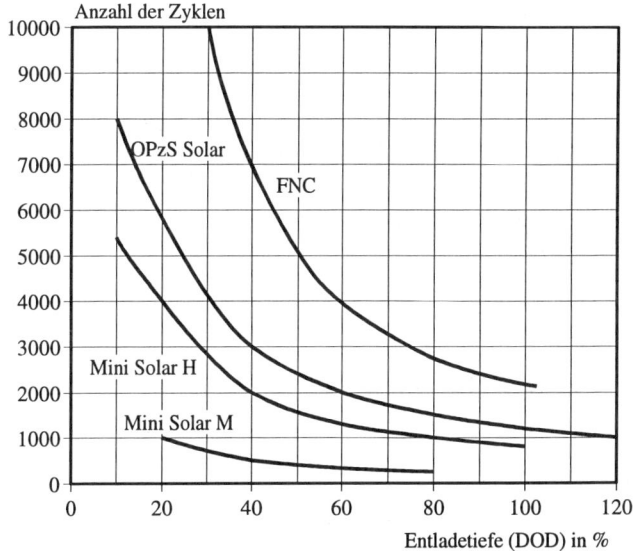

4.10 Lebensdauer von Batteriesystemen: Die Zahl der nutzbaren Zyklen (N) hängt neben der Entladetiefe ganz wesentlich vom Akkutyp ab. Mini Solar M ist eine modifizierte Starter-Batterie, Mini Solar H eine Blockbatterie mit positiven Panzerplatten (Röhrchenelektroden); OPzS Solar ist eine robustere Ausführung der Mini Solar H und FNC ein stationärer NiCd-Akku für extreme Belastungen. Quelle: Fa. Hoppecke, Brilon

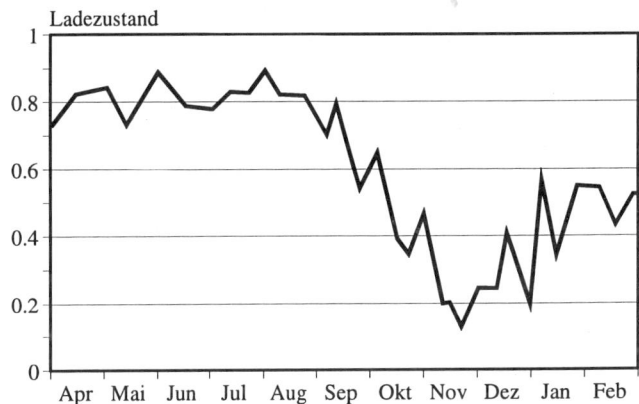

4.11 Ladezustand eines Bleiakkus in einer autonomen Solarstromanlage im Verlauf eines Jahres. Quelle: [14]

kus auf, wenn bei regelmäßiger Sonneneinstrahlung (z.B. in südlichen Ländern) und relativ konstantem Stromverbrauch eine kleine Speicherkapazität gewählt wird, ausgelegt für eine reine Tag-Nacht-Speicherung (1 Zyklus pro Tag). Weiterhin gehören zu dieser Kategorie Stromversorgungsanlagen für Wochenendhäuser und Hütten, bei denen der Speicher am Wochenende mehr oder weniger tief entladen wird und im Laufe der Woche bei wechselnder Einstrahlung wieder aufgeladen werden kann (1 Zyklus pro Woche).

In Zeiten unterdurchschnittlicher Einstrahlung oder überdurchschnittlichen Stromverbrauchs kommt es bei solchen Anwendungen vor, daß die volle Kapazität des Akkus gebraucht und der Akku tiefentladen wird.

2. Beim *Pufferbetrieb* wird der Akku nur gelegentlich zur Stromversorgung herangezogen, um Verbrauchsspitzen oder Ausfallzeiten anderer Stromerzeuger zu überbrücken. Der Akku ist bei solchen Anwendungsfällen dauernd geladen, daher muß sichergestellt sein, daß die Gasungsspannung nicht überschritten wird, um größere Wasserverluste zu vermeiden und hinreichend lange Wartungsintervalle zu erreichen. Tiefentladungen kommen in der Regel nicht vor, nach der Entladung wird der Akku gleich wieder aufgeladen. Bei der Auswahl des Akkus kommt es daher in erster Linie auf Wartungsfreiheit (keine Gasung, kein Wasserverlust) und geringe Selbstentladung an, die Zyklenbeständigkeit spielt nur eine untergeordnete Rolle. Typische Anwendungen sind Akkus in Notstromanlagen. Dort beziehen die Verbraucher ihren Strom vorwiegend aus dem Netz oder anderen dauerhaft nutzbaren Quellen, z.B. aus Wasserkraft, während der Akku dazu dient, Netzausfälle zu überbrücken. In autonomen solarelektrischen Systemen kommt der reine Pufferbetrieb relativ selten vor, am ehesten in Anlagen mit sehr geringem Stromverbrauch und einem vergleichsweise sehr großen Batteriespeicher.

Die häufigste Betriebsart in autonomen solarelektrischen Anlagen ist eine Mischung aus Fall 1 und 2: *Regelmäßige, mehr oder weniger flache Zyklen*. Diese Art der Belastung ergibt sich überall dort, wo das Angebot an Sonnenenergie witterungsbe-

dingt sehr wechselhaft ist und/oder betriebsbedingt mit größeren Schwankungen beim Stromverbrauch gerechnet werden muß. In solchen Fällen wird in der Regel eine relativ große Akkukapazität installiert, die den Stromverbrauch mehrerer Tage deckt. Dadurch wird der Akku im normalen Betrieb zu einem geringen Teil (z.B. 10 bis 30% seiner Kapazität) entladen und schnell wieder aufgeladen. Nur bei stark erhöhtem Stromverbrauch oder längeren Schlechtwetterperioden muß die Kapazität des Akkus voll genutzt werden, so daß gelegentlich auch Tiefentladungen auftreten können.

Bei dieser Betriebsart ergeben sich folgende Anforderungen an den Akku:

- hohe Speicherkapazität,
- gute Zyklenbeständigkeit bei Teilentladung,
- je nach Anwendung Eignung für tiefe, zyklische Entladungen entsprechend 80 bis 100% der Nennkapazität,
- geringe Selbstentladung,
- günstiger, d.h. kleiner Ladefaktor,
- möglichst lange Wartungsintervalle.

Bauformen und Einsatzgebiete von Bleiakkus

Starterakkus

Der bekannteste Akku-Typ mit der größten Verbreitung ist der Auto-Starterakku, der heute in jedem Autozubehör-Geschäft mit Kapazitäten zwischen 30 und 100 Ah zu kaufen ist.

Der Starterakku soll im Auto kurzzeitig hohe Ströme für den Anlasser liefern und bei stehendem bzw. langsam laufendem Motor das Bordnetz stabilisieren. Dabei wird er im allgemeinen nur zu wenigen Prozent entladen und im Fahrbetrieb gleich wieder aufgeladen (reiner Pufferbetrieb). Unter diesen Betriebsbedingungen erreicht der Starterakku eine Lebensdauer von 3 bis 5 Jahren.

Um die geforderten hohen Entladeströme bereitstellen zu können, bestehen Starterakkus aus vielen, relativ dünnen Gitterplatten und dünnen Separatoren, wodurch eine große Oberflä-

Akkus für Photovoltaik-Anlagen							
Akkutyp	**Eigenschaften**	**Kapa-zität** Ah	**Lebensdauer Zyklenzahl**	**monatliche Selbstentla-dung** (20°C)	**Lade-faktor**	**Investitions-kosten** DM/kWh	**spez. Wh-Kosten** DM/kWhΣ
Geräteakkus mit festgeleg-tem Elektrolyten	wartungsfrei, gasdicht mit Sicherheitsventil	1 - 25	3 - 5 a (Puffer) 200-300 Vollzyklen	3%	1,1	600 - 3000	2,00 - 15,00
Solar-Gel-Akkus mit festgelegtem Elektrolyten, Blei-Calcium-Gel-Akkus	wartungsfrei, gasdicht verschlossen, empfindlich gegen Überladung	10 - 100	3 - 5 a (Puffer) 300-500 Vollzyklen	3%	1,1	400 - 1000	1,00 - 2,00
Wartungsfreie Solar-akkus: Verschlossene Akkus mit antimonfreien Blei-Calcium-Gitterplatten	wartungsfrei, verschlossen, nicht tiefer als 50% entladen!	ca. 100	50%-Zyklen: 300 30%-Zyklen: 800 15%-Zyklen: 1200	3 - 4%	1,02 - 1,04	300	1,20 - 2,00
Solarakkus modifizierte Starterakkus mit positiven und negativen Gitterplatten (low Antimon-Selen-Legierung)	wartungsarm, geringe Selbstentladung, für Tief-entladung nur bedingt geeignet	60 - 240	20% Zyklen: 1000 40%-Zyklen: 500	2 - 4%	1,1 - 1,2	280 - 350	0,60 - 2,20
Ortsfeste Akkus mit positi-ven Röhrchenplatten OPzS	wartungsarm, tiefentladungsfest	80 -10000	30%-Zyklen: 3000 Vollz.: 1300-1500	3%	1,02 - 1,05	550	0,40 - 0,60
Bloc Akkus verschlossene Akkus mit positiven Stabplatten (OGi oder Vb)	sehr wartungsarm, gute Ladbarkeit mit kleinen Strömen, schwere Bauart.	20 - 1000	30%-Zyklen: 4500 75%-Zyklen: 1300	3%	1,02 - 1,05	1000	0,50 - 0,70
NiCd-Kleinakkus, Rundzellen mit Sinter-elektroden	wartungsfrei, tiefent-ladungsfest, nachteilig: Memory-Effekt!	0,1 - 4	500 - 1000 Vollzyklen	3 - 10%	1,2 - 1,4	3500 - 6000	4,00 - 10,00
NiMH-Kleinakkus: Rundzellen mit Metallhydrid-Elektrode	wartungsfreie Geräteakkus, tiefentladungsfest, kein Memoryeffekt,	0,1 - 1,1	1000 Vollzyklen	3 - 10%	1,2 - 1,4	7000 - 15000	7,00 - 15,00
Stationäre NiCd-Akkus mit Taschenplatten oder Faserplatten	tiefentladungsfest und tieftemperaturtauglich, für harte Einsatzbedingungen	10 - 1000	bauartabhängig 1200 - 3000 Vollzyklen	20 - 30%	1,2 - 1,4 1,05-1,1 bei flachen Zyk.	1800 - 3000	1,00 - 3,00
NiFe-Akku			3000 Vollzyklen	40%	1,5	2500	0,85

Tabelle 4.2 Für Solarstromanlagen geeignete Akkutypen und ihre Eigenschaften.

che für die Reaktion geschaffen wird. Andererseits hält diese recht filigrane Bauweise den größeren Masseumsätzen bei zyklischen Ladewechseln nicht lange stand. Starterakkus, die in solarelektrischen Anlagen in Zyklen ent- und wieder geladen oder gar bis zur Tiefentladung belastet werden, sind bald ruiniert. Angesichts der geringen Zyklenfestigkeit (die Lebensdauer erreicht kaum 100 Vollzyklen) und einer relativ hohen Selbstentladungsrate von 10 bis 20% pro Monat sind sie für solarelektrische Anlagen einfach ungeeignet und daher in der Übersicht (Tab. 4.2) auch nicht aufgeführt. Allenfalls können gebrauchte, aber noch intakte Akkus dieses Typs für erste Versuche in Kleinanlagen verwenden werden. Im praktischen Betrieb werden sich ihre Schwächen jedoch sehr schnell offenbaren.

Modifizierte Starterakkus

Wie der Name andeutet, ähnelt dieser Akkutyp in Bezug auf Konstruktion und Gehäuse dem Starterakku, er kann daher auch recht kostengünstig gefertigt werden. Für beide Elektroden werden wie beim Starterakku Gitterplatten eingesetzt. Durch eine mechanische Verstärkung der Platten, eine veränderte Legierung und eine bessere Isolierung gegeneinander läßt sich eine deutlich höhere Zyklenfestigkeit erreichen (300 bis 500 Zyklen bei 70% Entladetiefe).

Als Plattenlegierung wird eine Blei-Antimon-Selen-Legierung mit niedrigem Antimon-Gehalt eingesetzt. Der Zusatz von Antimon zum Blei bewirkt eine bessere Zyklenfestigkeit des Akkus und eine größere Unempfindlichkeit gegen Tiefentladung. Antimonlegierte Bleiakkus sind jedoch nicht wartungsfrei, da die Gasentwicklung an den Platten schon in der Nähe der Ladeschlußspannung von 2,3 bis 2,4 V einsetzt, und zwar umso stärker, je höher der Antimongehalt der Legierung ist. Gasentwicklung hat aber stets einen schlechteren Ladefaktor zur Folge, da für diese Nebenreaktion Strom verbraucht wird. Die Akku-Hersteller müssen daher einen Kompromiß finden zwischen Zyklenfestigkeit einerseits und gutem Ladefaktor andererseits. Daher werden heute für die modifizierten Starterakkus ebenso wie für die „ortsfesten Akkus" Legierungen mit niedrigem Antimongehalt (1,6% Sb) und Zusätzen von Selen (Se) eingesetzt. Die Selbstentladungsrate modifizierter Starterakkus liegt bei einigen Prozent pro Monat. Als Lebensdauer wird ein Zeitraum von 5 bis 7 Jahren angegeben, sofern in dieser Zeit die Zyklenlebensdauer nicht überschritten wird.

Durch die Anlehnung an die Großserienfertigung der Starterakkus ist dieser Batterietyp im Anschaffungspreis recht günstig. Er kommt vorzugsweise im Hobbybereich zum Einsatz, wo Leistungen bis ca. 300 W benötigt werden, in Wochenendhäusern, für Wohnmobile, Boote, Camping und für andere Anlagen mit relativ geringem Verbrauch.

Durch Gehäuse mit großem Säurevorrat wurde erreicht, daß dieser Akkutyp nur wenig Wartung (wartungsarme Typen) benötigt. Wird die vom Hersteller angegebene Ladeschlußspannung eingehalten, reicht es aus, den gasungsbedingten Wasserverlust alle 6 bis 12 Monate mit destilliertem Wasser auszugleichen.

Ortsfeste Akkus

Bei größeren und großen ortsfesten Stromversorgungsanlagen lohnt es sich, etwas mehr Geld auszugeben und ortsfeste Akkus für professionelle Anwendungen anzuschaffen. Bei den *OPzS-Akkus* (OPzS = Oberflächen-Panzerplatten) besteht die positive Elektrode aus Panzerplatten (Röhrchenplatten), die negative aus Gitterplatten einer Blei-Antimon-Selen-Legierung mit sehr wenig Antimon. OPzS-Akkus kosten bezogen auf gleiche Kapazität zwar das 2 bis 4 fache von modifizierten Starterakkus, sind dafür aber auch sehr viel robuster gebaut und haben eine erheblich längere Lebensdauer: gut 1 000 Vollzyklen (d.h. mehr als 1 000 facher Umsatz der Nennkapazität) bzw. 3 500 bis 4 500 flache Zyklen, wenn etwa 30% der Kapazität pro Zyklus entnommen wird. Bei sachgemäßer Behandlung (Herstellerangaben beachten, vor allem bezüglich Lade- und Entladeschlußspannung) erreichen sie eine Lebensdauer von 15 bis 20 Jahren. Die Selbstentladung ist gering (3% pro Monat) und der Ladefaktor mit 1,02 bis 1,05 ähnlich günstig wie bei den wartungsfreien Akkus.

Die Wartung beschränkt sich auch hier auf eine gelegentliche Kontrolle des Säurestands (Wartungsintervall 0,5 bis 3 Jahre) und gegebenenfalls das Nachfüllen von destilliertem Wasser.

4.12 Ansicht einer Akkubank aus ortsfesten Zellen des Typs Gro E (24 V, 400 Ah).

OPzS-Akkus werden mit Kapazitäten von 100 bis 12 000 Ah als Einzelzellen (Zellenspannung 2 V) angeboten. Sie eignen sich daher vor allem für große Stromspeicher mit langer Lebensdauer und professioneller Nutzung. Im Anbetracht dieser positiven Eigenschaften sind sie für größere solarelektrische Anlagen in den meisten Fällen die beste Wahl.

Ebenfalls zu den ortsfesten Akkus zählen die *Bloc-Akkus* vom Typ VB oder OGi mit positiven Stabplatten und negativen Gitterplatten. Sie sind schwerer gebaut als die OPzS-Akkus und mit speziellen Separatoren (Vorrichtungen zur elektrischen Trennung der Elektroden) ausgerüstet, welche die positive Elektrode noch besser gegen Auflösungserscheinungen durch Korrosion schützen und Kurzschlüsse zwischen den Platten durch Bleischlamm am Boden der Zelle verhindern. Dadurch errei-

chen diese Zellen eine sehr hohe Lebensdauer, eine Zyklenbeständigkeit von ca. 4500 Zyklen bei 30% Entladetiefe und obendrein einen sehr guten Ladefaktor von 1,02 bis 1,05. Durch einen großen Säurevorrat im Gehäuse werden Wartungsintervalle von ca. 3 Jahren erreicht. Diese guten Eigenschaften müssen jedoch mit einem gegenüber den OPzS-Akkus deutlich höheren Anschaffungspreis bezahlt werden, wobei die Kosten der gespeicherten Energie am Ende ähnlich günstig sind wie bei den OPzS-Zellen.

Wartungsfreie Akkus

Die sogenannten „wartungsfreien Akkus" sehen äußerlich den modifizierten Starterakkus ähnlich, mit dem kleinen Unterschied, daß die Zelle geschlossen und der Elektrolyt nicht zugänglich ist. Anders als beim modifizierten Starterakku wird hier eine antimonfreie Blei-Kalzium-Legierung für die Platten verwendet. Der Zusatz von Kalzium (Ca) zum Blei bewirkt, daß die Gasentwicklung an den Platten bei diesem Akku-Typ erst bei einer Zellenspannung von 2,6 bis 2,7 V einsetzt. Wird die vom Hersteller vorgeschriebene Ladeschlußspannung von 2,35 V eingehalten, „gast" dieser Akku praktisch nicht, verliert also kein Wasser und ist somit wartungsfrei. Durch besondere Maßnahmen (z.B. durch spezielle Separatoren zwischen den Bleiplatten oder durch gelartigen Elektrolyten) muß vermieden werden, daß sich die Säure im Akku entmischt und schichtet, was die nutzbare Plattenkapazität reduzieren würde.

Der Ladefaktor der „wartungsfreien" Akkus ist mit 1,03 bis 1,10 sehr gut (hoher Speicherwirkungsgrad), die Selbstentladungsrate mit 3% pro Monat (bei 20°C) niedrig und der Anschaffungspreis recht günstig. Sie kosten etwa das 1,5 bis 2 fache von KFZ-Akkus gleicher Kapazität. Die Lebensdauer beträgt bei sachgemäßer Behandlung und reinem Pufferbetrieb nach Herstellerangaben etwa 5 Jahre. Bei zyklischer Belastung ist die Lebensdauer stark von der Tiefe der Zyklen abhängig: Werden nur 15 bis 20% der Kapazität genutzt, können gut 1 000 Lade-Entlade-Zyklen durchlaufen werden, entsprechend einer Lebensdauer von 3 bis 4 Jahren bei täglicher Zyklierung. Bei tieferer Entladung sinkt die Zahl der nutzbaren Zyklen rapide, z.B. auf 500 Entladungen mit 50% Entladetiefe. Manche Hersteller empfehlen, eine Entladetiefe von mehr als 50% möglichst ganz zu vermeiden, da der Akku sonst schnell Schaden nimmt.

Effektiv steht bei den wartungsfreien Akkus nur ein kleiner Teil der Nennkapazität (im Mittel ca. 30%) als nutzbare Kapazität zur Verfügung, wenn eine vernünftige Lebensdauer erreicht werden soll. Bezogen auf diesen nutzbaren Bruchteil ist der Speicherpreis relativ hoch. Wartungsfreie Akkus werden vor allem dort gern eingesetzt, wo niedrige Anschaffungskosten, geringe Selbstentladung und Wartungsfreiheit wichtige Gesichtspunkte sind.

Akkus mit festgelegtem Elektrolyten, Geräteakkus
Da bei den wartungsfreien Akkus keine oder kaum Gasung auftritt, können sie dicht verschlossen werden. Für tragbare Geräte gibt es seit langem gasdichte Geräteakkus (Kapazität 1 bis 20 Ah), meist mit gelartig festgelegtem Elektrolyten (Vorreiter waren Sonnenschein und Deta) oder in Vliesstrukturen gebundenem Elektrolyten, die in allen Einbaulagen betrieben werden können. Voraussetzung für einen störungsfreien Betrieb ist das strikte Einhalten der Ladeschlußspannung. Falls die Gasungsspannung doch einmal überschritten wird, schützt ein Überdruckventil das Gehäuse gegen Bersten (dabei kann u.U. Akkusäure austreten!).

Die Technik der Geräteakkus aufgreifend werden inzwischen auch größere und große Akkus mit festgelegtem Elektrolyten für mobile und ortsfeste Anlagen angeboten. Diese Akkus mit Kapazitäten von 100 Ah und darüber sind in der Regel nicht gasdicht, sondern nur auslaufsicher verschlossen, so daß sie in mobilen Anlagen (Boote, Fahrzeuge, etc.) auch in größerer Schräglage betrieben werden können. Trotzdem zählen sie zu den *ver*schlossenen Akkus, bei denen eine Bestimmung des Ladezustands mittels Säureprüfer nicht möglich ist. Zur Ermittlung des Ladezustands bleibt nur der Weg über eine genaue Messung der Zellenspannung.

Kosten des gespeicherten Stroms

Um die Kosten der gespeicherten elektrischen Energie für die verschiedenen Akku-Typen vergleichen zu können, ist folgende einfache Rechnung nützlich:
Der Anschaffungspreis für den betreffenden Akku wird auf die Energie umgelegt, die der Akku während seiner Lebensdauer insgesamt speichern und für den Verbrauch zur Verfügung stellen kann. Diese Energiemenge Q errechnet sich aus der Akku-Spannung, der Akku-Kapazität, der Zahl der nutzbaren Zyklen und der Entladetiefe (im Beispiel für einen 100 Ah-Akku):

Vollzyklen	=	Zyklenzahl	x	Zyklentiefe
n_{vz}	=	n_z	x	t_z
1350	=	4500	x	30%

$$\text{Energiemenge} = \text{Akkuspannung} \times \text{Kapazität} \times \text{Vollzyklenzahl}$$
$$Q_{gesamt} = U_{akku} \times C_{akku} \times n_{vz}$$

$$1\,620\ kWh = 12\ V \times 100\ Ah \times 1\,350$$

Unter Vernachlässigung der Speicherverluste lassen sich die Kosten für die Speicherung von 1 kWh nun leicht errechnen:

$$\text{Strompreis} = \text{Akkupreis} / \text{Energiemenge}$$
$$K_{strom} = K_{akku} / Q_{gesamt}$$

$$0{,}70\,DM/kWh = 1\,130\ DM / 1\,620\ kWh$$

Absolut gesehen ist der Strom aus Akkus natürlich teuer im Vergleich zum Strom aus dem Netz, zumal es sich um reine Speicherkosten handelt und die Erzeugungskosten in dieser Rechnung nicht berücksichtigt sind, ebensowenig die Energieverluste des Speichers. Hier interessiert aber vorrangig der Vergleich der Speicherkosten für die verschiedenen Akku-Typen, da die Stromkosten in Inselsystemen grundsätzlich nicht mit den Kosten des Netzstromes vergleichbar sind.

Im Vergleich der Akkutypen untereinander schneidet der in der Anschaffung teure ortsfeste Akku (Typen OPzS oder VB) wegen seiner ungleich längeren Lebensdauer bei weitem am besten ab (vgl. Tab. 4.2).

Die Geräte-Akkus mit ihrer relativ geringen Kapazität und dem speziellen Einsatzbereich (transportable Geräte) sind natürlich mit den Bordnetz- und ortsfesten Akkus kaum vergleichbar. Hier ist das Preis-Leistungs-Verhältnis wohl am ehesten mit den kleinen Nickel-Cadmium-Akkus vergleichbar, die in Kapitel 4.2 behandelt werden und die sich für die Stromversorgung tragbarer Geräte mehr und mehr durchsetzen.

Praktische Hinweise für den Einsatz von Bleiakkus

Parallelschaltung von Akkus
Grundsätzlich ist es möglich, durch Parallelschaltung von Bleiakkus die Kapazität des Speichers zu erhöhen. Beispielsweise

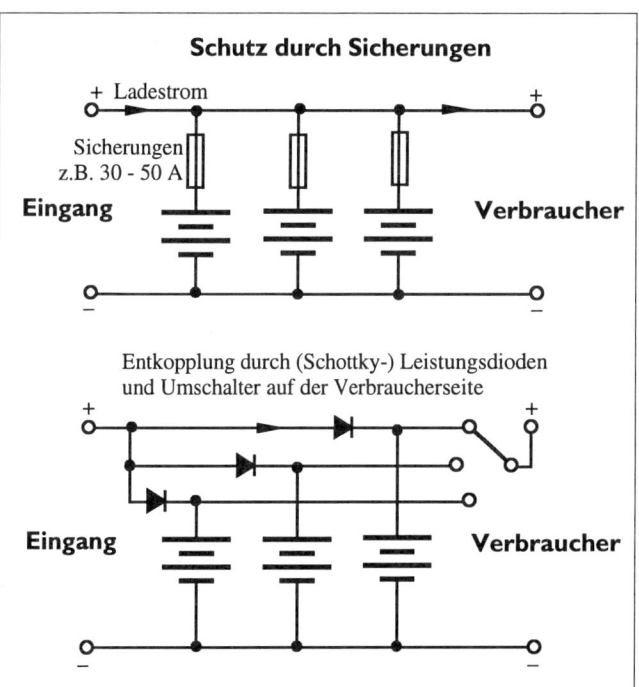

4.13 Wenn es notwendig ist, mehrere Akkus parallelzuschalten, sollten diese durch Schmelzsicherungen einzeln abgesichert (oben) oder durch Dioden und Umschalter voneinander entkoppelt werden (unten).

ergeben 2 Akkus mit 100 Ah Kapazität in Parallelschaltung einen Speicher mit 200 Ah Kapazität, entsprechend bringen 3 solcher Akkus parallel 300 Ah Kapazität.

Die Parallelschaltung von zwei oder mehreren Akkus ist jedoch keineswegs unproblematisch. Da sich die Eigenschaften der Akkus (insbesondere die Ladeschluß- und die Gasungsspannung) mit zunehmendem Alter individuell verändern, empfiehlt es sich, wenn überhaupt, nur Akkus gleicher Bauart, gleicher Kapazität und gleichen Alters, d.h gleicher Vorgeschichte parallel zu schalten. Anderenfalls wird der bessere Akku durch den oder die schlechteren teilweise entladen und erreicht beim Laden nicht mehr seine volle Kapazität. Kritisch wird es dann, wenn in einer Zelle eines 12 V-Akkus ein Plattenschluß (Kurzschluß) auftritt. Sind dann ein oder mehrere 12 V-Akkus parallelgeschaltet, werden die verbleibenden 5 Zellen des defekten Akkus jeweils mit U_{Lade} = 12 V/5 = 2,4 V aus dem oder den intakten Akkus geladen. Dabei fließen hohe Ausgleichsströme in den defekten Akku und in den 5 Zellen wird eine heftige Gasentwicklung einsetzen.

Die wartungsfreien Blei-Calcium-Akkus verhalten sich in Bezug auf die Parallelschaltung noch am wenigsten problematisch, nicht zuletzt durch die relativ hohe Gasungsspannung von 2,6 bis 2,7 V. Trotzdem empfiehlt sich hier wie bei der Parallelschaltung generell, alle Zweige durch Schmelzsicherungen abzusichern (Abb. 4.13). Häufig ist es sinnvoll, mehrere Akkus zum Stromerzeuger hin durch Dioden zu entkoppeln und die Verbraucher über Leistungsumschalter anzuschließen. So kann die volle Kapazität aller Akkus genutzt werden, ohne daß die Nachteile der Parallelschaltung in Kauf genommen werden müssen. Im übrigen ist bei Kapazitäten über 200 Ah die Anschaffung ortsfester Akkus sinnvoll (außer für Bordnetze in Fahrzeugen) und auf Dauer auch preiswerter.

Allgemeine Sicherheitsmaßnahmen

Bei den gebräuchlichen Akku-Spannungen (12 bzw. 24 V) in kleineren Stromversorgungsanlagen besteht keinerlei Gefahr, einen lebensgefährlichen elektrischen Schlag zu bekommen. Unter diesem Gesichtspunkt sind Stromversorgungssysteme, die mit Kleinspannungen bis 48 V arbeiten, relativ sicher. Diese Sicherheit sollte jedoch nicht zum Leichtsinn verleiten. Denn in den Akkus sind große Mengen Strom gespeichert, die bei unvorsichtiger Installation erheblichen Schaden anrichten können. Tritt bei Installationsarbeiten oder durch Unachtsamkeit ein Kurzschluß auf, können z.B. dünne Kupferleitungen kurz aufglühen (Brandgefahr!) und durchschmelzen. Vor allem wenn die Spannung nicht abgeschaltet wird, ist bei Installationsarbeiten mit Schraubenzieher und Schraubenschlüsseln die Gefahr zufälliger Kurzschlüsse sehr groß, was in der Nähe der Akkus fatale Folgen (bis hin zur Explosion von Akkuzellen) haben kann!

Aufstellung

Ausführliche Einzelheiten über Anforderungen an Batterie-Aufstellungsräume finden sich in den VDE-Bestimmungen VDE 0510, von denen die wichtigsten Punkte hier kurz angesprochen werden.

Günstig ist ein trockener Aufstellungsort mit einigermaßen konstanter Temperatur zwischen 10 und 30°C. Temperaturen unter 0°C sollten nach Möglichkeit nicht auftreten (wg. Abnahme der Kapazität und Frostgefahr bei entladenen Zellen). Bei kleineren Anlagen hat sich die Montage in einer Kunststoffkiste bewährt. Der Aufstellungsraum oder -schrank sollte für Kontroll-, Reparatur- und Wartungsarbeiten gut zugänglich sein, Türen müssen nach außen aufschlagen und außen ein Warnschild tragen: „Batterieraum, nicht mit offener Flamme arbeiten, nicht rauchen!". Er muß über eine ausreichende Be- und Entlüftung verfügen und darf für Kinder nicht erreichbar sein, das heißt, er muß sich auf jeden Fall verschließen lassen.

Angesichts des beachtlichen Gewichtes der Zellen ist der Belastbarkeit des Bodens und der verwendeten Tragstrukturen Beachtung zu schenken. Besteht der Speicher aus vielen Zellen, wird wegen der besseren Zugänglichkeit oft eine Aufstellung in Stufen gewählt. Zu diesem Zweck liefern die Akkuhersteller passende Traggestelle als Zubehör. Zum Schutz gegen Korrosion durch austretende Säure und Spritzer etc. sind die Innenwände des Aufstellungsraumes (oder Schrankes) sowie die Traggestelle säurebeständig zu beschichten.

Im Hinblick auf die elektrische Sicherheit sind Systemspannungen bis 24 V unproblematisch. Bei höheren Spannungen müssen die Zellen gegen Erde isoliert bzw. elektrisch isoliert auf einer geerdeten Tragstruktur aufzustellen. Liegt die Systemspannung höher als die Schutzkleinspannung (bei Gleichstrom 110 V) sind die weitergehenden Erfordernisse der VDE 0100 bezüglich Berührungsschutz zu beachten.

Der Aufstellungsort sollte außerdem so gewählt werden, daß die elektrischen Leitungen zu den Verbrauchern mit der höchsten Anschlußleistung möglichst kurz ausfallen, um die elektrischen Verluste in den Zuleitungen klein zu halten. Die Verbindungsleitungen zum Solargenerator und zu Verbrauchern mit niedriger Leistungsaufnahme sind wegen der dort fließenden geringeren Ströme im allgemeinen weniger problematisch. Zum Verbinden der Zellen untereinander und zum Anklemmen der Zuleitungen (mit großem Drahtquerschnitt) an die Akkus sollten unbedingt die dafür vorgesehenen Anschlußklemmen (als Zubehör lieferbar) verwendet werden, um einen möglichst niedrigen Übergangswiderstand zu erreichen. Anderenfalls kann an den Anschlußstellen elektrochemische Korrosion auftreten, die u.U. „unerklärliche" Störungen in der Anlage zur Folge hat. Abgesehen von den Richtlinien der VDE enthalten die Bauordnungen der Länder Verordnungen über den Brandschutz von Räumen mit größeren elektrischen Stromerzeugungsanlagen. Es versteht sich von selbst, daß Rauchen und offenes Feuer in der Nähe von gasenden Akkus unbedingt zu vermeiden sind (trotzdem: Hinweisschild anbringen)!

Belüftung

Bei den nicht wartungsfreien Bleiakkus entsteht beim Laden an den Platten Knallgas, das in höheren Konzentrationen explosiv ist. Größere Akkus (mit mehr als 100 Ah bei 12 V) sind daher stets in gut gelüfteten Räumen unterzubringen bzw. in Gehäusen, die über eine ausreichende Entlüftung nach draußen verfügen. Während im „Normalbetrieb" die Gasentwicklung durch Begrenzung der Ladespannung niedrig gehalten wird, können bei defektem oder falsch eingestelltem Laderegler beachtliche Mengen Gas erzeugt werden.
Die Entlüftung des Akkuraumes muß so stark sein, daß bei gasenden Akkus der H_2-Gehalt in der Luft auf weniger als 3,8% (Mindestkonzentration für ein zündfähiges Gemisch) verdünnt wird. Die zur Belüftung notwendige, stündlich abzuführende Luftmenge V_L läßt sich folgendermaßen berechnen:

$$V_L = 0{,}055 \cdot n_{Zellen} \cdot I_{Gasung} \quad \text{in } [m^3/h] \quad \text{mit}$$

n_{Zellen} = Anzahl der Zellen des Speichers
I_{Gasung} = max. Ladestrom, der zur Gasung führt.

Kommt ein Ladegerät zum Einsatz, bei dem die Ladespannung die Gasungsspannung nicht überschreitet, kann für I_{Gasung} ein Wert von 2 A je 100 Ah Akkukapazität eingesetzt werden. Auf Schiffen ist wegen der höheren Sicherheitsanforderungen die Hälfte des Maximalstromes vom Solargenerator einzusetzen. Ohne Ladespannungsbegrenzung muß für I_{Gasung} in jedem Fall der maximal fließende Strom bei Ladeschluß angenommen werden.

Wartung

Sofern keine wartungsfreien Akkus eingesetzt werden, beschränkt sich die Wartung wie schon erwähnt auf eine gelegentliche Kontrolle des Säurestands und ggf. auf das Nachfüllen von destilliertem Wasser. Die Säurekonzentration sollte im Normalfall von Zelle zu Zelle um nicht mehr als 0,02 g/cm^3 voneinander abweichen, anderenfalls sind die betreffenden Zellen unterschiedlich geladen oder defekt. Muß häufiger Wasser nachgefüllt werden als es in den Richtlinien der Hersteller empfohlen wird, deutet dies auf häufiges oder anhaltendes Überschreiten der Ladeschlußspannung hin. Ursache dafür kann entweder ein Fehler im Laderegler oder ein Zellenkurzschluß im Akku sein. Defekte Zellen lassen sich durch Messung der Akku- bzw. der einzelnen Zellenspannungen mit einem genauen Digital-Voltmeter ebenso schnell ausfindig machen wie ein Defekt im Laderegler oder eine falsch eingestellte Ladeschlußspannung.
Vorsicht beim Umgang mit Akku-Säure! Sie ist stark ätzend, frißt Löcher in die Kleider und führt auf der Haut zu schmerzhaften Verätzungen, die nur langsam verheilen. Spritzer auf die Haut sind umgehend mit viel Wasser abzuwaschen! Bei Verätzungen an den Augen müssen die Augen sofort ausgespült werden, anschließend gleich einen Arzt aufsuchen! Daher grundsätzlich als Vorsichtsmaßnahme: Beim Arbeiten mit Säure Schutzbrille tragen!

Nickel-Cadmium-Akkus

Nickel-Cadmium-Akkus (kurz: NiCd-Akkus) haben gegenüber Blei-Akkus einige Vorteile:

-   hohe Zyklen- und Tiefentladefestigkeit,
-   für hohe Entladeströme geeignet,
-   Betrieb bei extremen Temperaturen bis -30°C und + 45°C möglich.

Trotzdem haben NiCd-Akkus in solaren Stromversorgungsanlagen bisher nur eine untergeordnete Bedeutung. Das liegt zum einen am hohen Preis dieses Akku-Typs, insbesondere wenn es

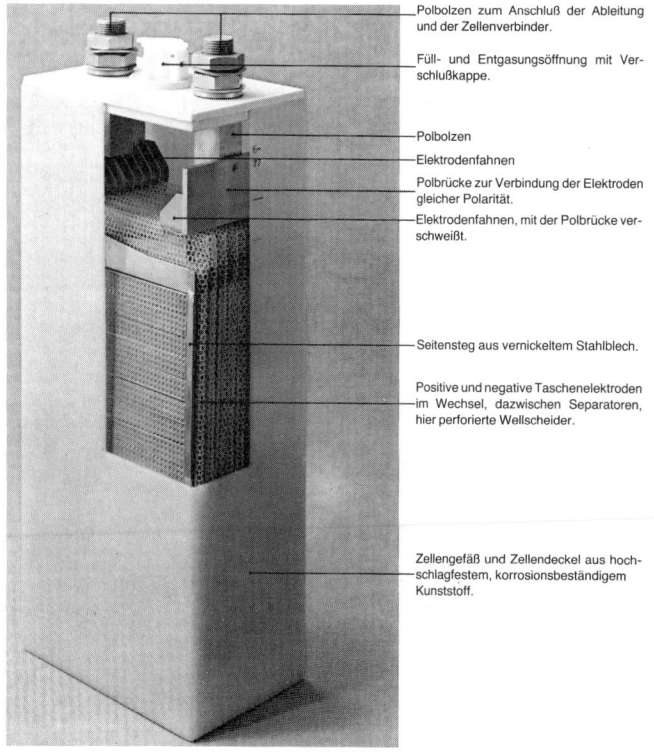

Polbolzen zum Anschluß der Ableitung und der Zellenverbinder.

Füll- und Entgasungsöffnung mit Verschlußkappe.

Polbolzen

Elektrodenfahnen

Polbrücke zur Verbindung der Elektroden gleicher Polarität.

Elektrodenfahnen, mit der Polbrücke verschweißt.

Seitensteg aus vernickeltem Stahlblech.

Positive und negative Taschenelektroden im Wechsel, dazwischen Separatoren, hier perforierte Wellscheider.

Zellengefäß und Zellendeckel aus hochschlagfestem, korrosionsbeständigem Kunststoff.

4.14 Aufbau eines stationären NiCd-Akkus.
Photo: Friemann & Wolf, Duisburg

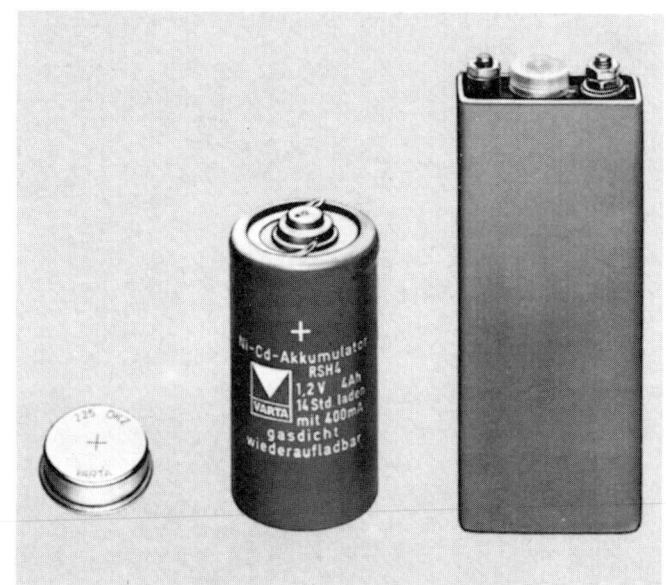

4.15 Ansicht und Aufbau von Nickel-Cadmium-Klein-Akkus.
Photo: Varta-Firmenschrift

um große Speicherkapazitäten geht. Zum anderen gibt es bei der Ladetechnik einige Besonderheiten zu beachten, die in solarelektrischen Systemen manchmal Probleme verursachen.

Bezüglich Aufbau und Anwendung sind zwei Bauformen zu unterscheiden:

Kleine *gasdicht verschlossene NiCd-Akkus* (Sinterzellen) in Form von Mignon- (Kapazität 0,5 Ah), Baby- (Kapazität 1,2 bzw. 1,8 Ah) und Monozellen (Kapazität 4 Ah) sind heute sehr verbreitet. Sie haben sich in tragbaren elektrischen Geräten als wiederaufladbare Stromquelle mehr und mehr durchgesetzt, da sie, abgesehen von den oben genannten Vorteilen, in der Regel gegen Trockenbatterien gleicher Bauform ausgetauscht werden können und relativ leicht sind.

Große NiCd-Akkus mit Kapazitäten von 5 bis über 1000 Ah werden wie Bleiakkus als prismatische Zellen gefertigt, und zwar sowohl im Kunststoff- wie auch im Stahlgehäuse. Sie sind immer dann eine Alternative zum Bleiakku, wenn besonders hohe Ansprüche an den Speicher gestellt werden: Bei Anwendungen, wo hohe Zyklenfestigkeit bei 100% Entladetiefe gefordert ist, wo es auf hohe Zuverlässigkeit und Sicherheit ankommt oder wo der Betrieb bei sehr tiefen oder hohen Temperaturen gewährleistet sein soll, z.B. auf Schiffen, im militärischen Bereich, in Notstromanlagen für Krankenhäuser, etc. Ihrem Einsatz in solarelektrischen Anlagen steht hauptsächlich der hohe Preis entgegen, was ihren Einsatz auf Sonderfälle beschränkt.

Im Aufbau von NiCd-Akkus gibt es gegenüber Blei-Akkus einige Unterschiede. Die negative Elektrode besteht aus einer Stahl-Tragstruktur, die mit pulverförmigem bzw. gesintertem Cadmium (Cd) als aktive Masse gefüllt ist, die positive Elek-

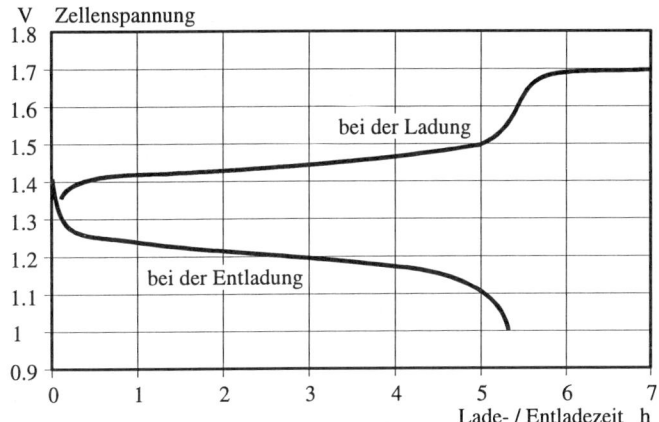

4.16 Charakteristischer Spannungsverlauf beim Laden (1) und Entladen (2) eines stationären NiCd-Akkus (jeweils mit I_5).

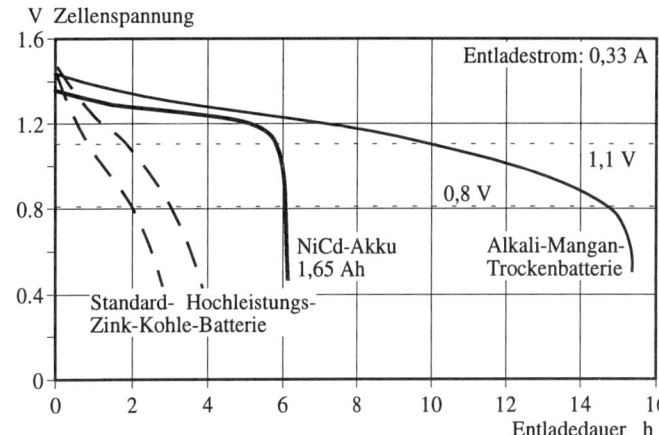

4.17 Verlauf der Zellenspannung beim Entladen eines NiCd-Akkus (Baby: 1,65 Ah) im Vergleich zu Trockenbatterien.

trode enthält im geladenen Zustand Nickeloxidhydrat (NiOOH) als aktive Masse. Als Elektrolyt dient Kalilauge (Dichte 1,17 bis 1,30 g/cm³). Im Unterschied zum Bleiakku ist der Elektrolyt hier nicht direkt an den chemischen Umsetzungen beim Laden und Entladen beteiligt. Daher kann die Säuredichte auch nicht zur Bestimmung des Ladezustands herangezogen werden. Andererseits bleibt die volle Akkukapazität dafür auch bei sehr tiefen Temperaturen weitgehend erhalten, was ein besonderer Vorzug der NiCd-Akkus ist. Am Lade-Entlade-Zyklus sind lediglich die H⁺- und OH⁻-Ionen des Wassers beteiligt:

$$2\,NiO(OH) + Cd + H_2O \overset{\text{Entladen ->}}{\underset{\text{<- Laden}}{\rightleftharpoons}} 2\,Ni(OH)_2 + Cd(OH)_2$$

Die Zellenspannung liegt mit 1,2 V Nennspannung deutlich niedriger als beim Bleiakku, so daß für eine 12 V-Batterie 10 Zellen benötigt werden. Andererseits lassen sich dadurch die herkömmlichen Trockenbatterien (1,5 V Zellenspannung) bei den meisten Geräten einfach durch NiCd-Akkus ersetzen, da die Spannung der Trockenbatterien während der Entladung schnell auf Werte von 1,2 V und weniger sinkt (Abb. 4.17). Abb. 4.16 zeigt den Verlauf der Zellenspannung beim Entladen und Laden von NiCd-Akkus, wobei die genaue Spannungslage je nach Zellentyp leicht variiert.

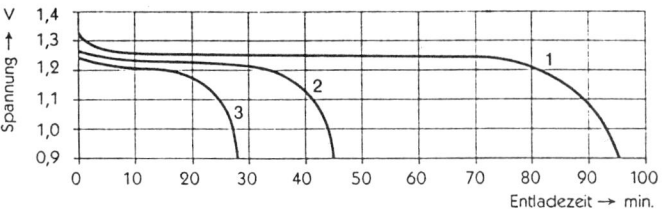

4.18 Zellenspannung beim Entladen mit verschiedenen Strömen für Varta-Rundzellen. 1 = 6 x I_{10}, 2 = 10 x I_{10}, 3 = 20 x I_{10}
Quelle: Varta-Datenblatt

Wird dem Akku Strom entnommen, ändert sich die Zellenspannung nach einem Spannungsabfall zu Beginn der Entladung im weiteren Verlauf nur wenig, erst wenn der Akku leer ist, fällt die Spannung abrupt ab. Die Entladeschlußspannung liegt je nach Entladestrom und Zellentyp bei 0,9 bis 1,1 V. Während die relativ gute Konstanz der Entladespannung für den Betrieb elektrischer Geräte sehr willkommen ist, macht sie bei der Bestimmung des momentanen Ladezustands von NiCd-Akkus eine sehr genaue Spannungsmessung in Verbindung mit einer Temperaturkorrektur erforderlich.
NiCd-Akkus sind unempfindlich gegenüber tiefen, zyklischen Entladungen. Sie können im entladenen Zustand sogar längere

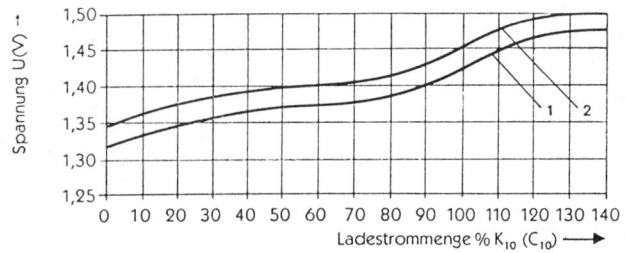

4.19 Zellenspannung beim Laden mit verschiedenen Ladeströmen in Abhängigkeit vom Ladezustand für Varta-Rundzellen. 1 = Laden mit I_{10}, 2 = Laden mit 2 x I_{10} Quelle: Varta-Datenblatt

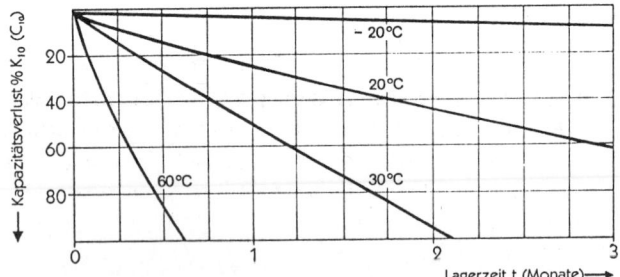

4.20 Entnehmbare Kapazität in % der Nennkapazität bei verschiedenen Temperaturen für Rundzellen.   Quelle: Varta-Datenblatt

Zeit schadlos gelagert werden – da die Laugenkonzentration vom Ladezustand unabhängig ist, sogar bei Temperaturen unter 0°C. Im Gegensatz zu Bleiakkus, die ja nur beschränkt tiefentladungsfest sind, ist es bei NiCd-Akkus sogar günstig, sie zumindest hin und wieder ganz zu entladen und anschließend wieder vollzuladen. Entladungen unter die Entladeschlußspannung (0,9 V) sollten jedoch unbedingt vermieden werden, anderenfalls kann es beim anschließenden Laden mehrerer (ungleich entladener Zellen in Reihenschaltung zum „Umpolen" einzelner Zellen kommen.

Ladetechnik
Zum Laden von NiCd-Akkus können im Prinzip die im Kapitel „Bleiakku" beschriebenen Ladeverfahren nach VDE 0510 angewendet werden. Bei dem sehr gebräuchlichen Laden mit konstantem Strom (I-Laden mit konventionellen Ladegeräten) steigt die Ladespannung zunächst langsam und am Ende, kurz bevor

der Akku vollständig geladen ist, in einem deutlichen Sprung an. Die Ladespannung beträgt dann je nach Akku-Typ 1,5 bis 1,7 V. Der Spannungsanstieg ist ein Zeichen dafür, daß an beiden Elektroden eine Gasung einsetzt. Anders als bei Bleiakkus können die Reaktionsprodukte H_2 und O_2 in der Zelle zum Rekombinieren gebracht werden. Die dabei entstehende Wärme muß jedoch abgeführt werden, damit die Zellentemperatur die zulässigen 45°C nicht überschreitet. Wie bei Bleiakkus muß zur vollständigen Umwandlung der aktiven Massen an beiden Elektroden die Ladungszufuhr über die 100%-Marke (=Akku-Kapazität) hinaus noch einige Zeit fortgesetzt werden, erst wenn das 1,3 bis 1,4-fache der Kapazität zugeführt wurde, ist Volladung erreicht.

Daraus generell auf einen Ladefaktor von 1,3 bis 1,4 für NiCd-Akkus zu schließen, ist nur zum Teil richtig. Beim Laden bis auf etwa 85% der Kapazität erreichen NiCd-Akkus durchaus einen sehr günstigen Ladefaktor von 1,05 bis 1,10 (bzw. 90 bis 95% Ladungswirkungsgrad), da bis dahin kaum Gasung an den Elektroden auftritt. Zum Umwandeln der restlichen 10 bis 15% der aktiven Massen ist die energiezehrende Gasentwicklung an den Elektroden jedoch unvermeidlich, was den Ladefaktor deutlich verschlechtert.

Bei richtiger Behandlung erreichen Sinterzellen eine Lebensdauer von etwa 500 bis 1000 Vollzyklen, stationäre Zellen mit Masseelektroden bis zu 4000 Vollzyklen.

Wird der NiCd-Akku wiederholt nur teilweise entladen und vor allem nicht vollständig wiederaufgeladen, so verliert der Akku ein Teil seiner Kapazität (Memory-Effekt), weil durch verschiedene Effekte (z.B: Abscheiden grober Kristalle) Teile der aktiven Masse nicht mehr an der Reaktion teilnehmen. Durch Entladen bzw. Laden mit hohen Strömen können gröbere Kristalle aufgebrochen werden, und durch Tiefentladen und anschließendes Volladen läßt sich der Kapazitätsverlust infolge passiv gewordener Masse wieder rückgängig machen.

Für das Laden von NiCd-Akkus empfehlen die Hersteller in ihren Datenblättern im allgemeinen das Laden mit konstantem Strom (I-Laden), weil dadurch bei entladenem Akku die Volladung unter definierten Bedingungen sichergestellt werden kann:

- Beim *Normal-Laden* wird 14 Stunden lang mit 0,5 I_5 geladen, d.h. mit einem Strom, der $^1/_{10}$ der Akku-Kapazität entspricht (Ladefaktor 1,4). Abgesehen vom Ablauf der fest vorgegebenen Ladezeit macht sich das Erreichen der Volladung dadurch bemerkbar, daß die Ladespannung trotz Stromzufuhr nicht weiter ansteigt. *Überladen* mit $0,5 \cdot I_5$ bzw. I_{10} ist bei gasdichten Kleinakkus für viele Stunden oder sogar unbegrenzt zulässig.

- Durch *beschleunigtes Laden und Schnelladen* mit höheren Strömen (1 bis 5 I_5) können NiCd-Akkus auch erheblich schneller geladen werden, z.B. in 3,5 h mit 2 I_5 oder in 1,4 h mit 5 I_5, wenn die Zellentemperatur kontrolliert und der Ladevorgang nach Erreichen der Volladung sofort beendet wird, z.B. mittels Zeitschaltuhr. Da bei diesem Ladeverfahren die Gasungsspannung deutlich überschritten wird, kann die Zelle beim Überladen durch übermäßige Wärme- und Gasentwicklung zerstört werden. Überladen mit weniger als 1 bis $1,5 \cdot I_5$ ist bei den meisten Typen jedoch für einige Stunden zulässig, solange der Akku nicht zu warm wird. Generell darf die Zellentemperatur nicht über 45°C ansteigen. In neueren Ladegeräten wird der Anstieg der Temperatur, der beim Erreichen der Volladung einsetzt, auch als Signal zum Abschalten des Ladestroms verwendet.

Die zeitlich begrenzten Schnell-Ladeverfahren setzen voraus, daß der Akku vor dem Laden leer ist, anderenfalls müßte die Ladezeit entsprechend der Restkapazität kürzer gewählt werden. Als Ausweg bietet sich die Messung der Ladeschlußspannung an: je nach Ladestrom beträgt die Ladeschlußspannung der gasdichten Geräteakkus 1,45 bis 1,50 V (bei 20°C), beim Laden mit $0,5 \cdot I_5$ beträgt sie 1,48 V. Die Ladeschlußspannung der geschlossenen stationären Akkus liegt bei ca. 1,7 V. Da sich die Ladespannung zwischen 80 und 100% Ladung nur noch wenig ändert, wird für die Messung ein präzises Instrument (z.B. ein Digitalvoltmeter) benötigt. Das Erreichen der Ladeschlußspannung kann als Information für den Abbruch des Ladungsvorgangs genutzt werden. Bei extremen Betriebstemperaturen ist jedoch zu berücksichtigen, daß die Ladeschlußspannung temperaturabhängig ist (siehe Datenblätter der Hersteller).

% von K5 Entnehmbare Ladung

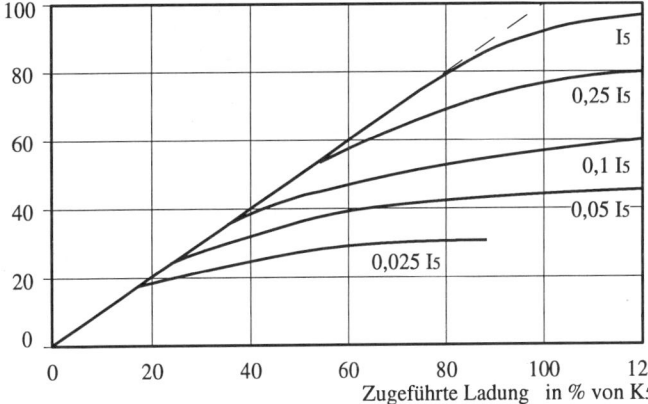

4.21 Ladewirkungsgrad eines gasdichten NiCd-Akkus (Knopfzelle): Bei kleinen und sehr kleinen Ladeströmen wird das Verhältnis von entnehmbarer Ladung Q_E und zugeführter Ladung Q_L sehr ungünstig, so daß bei Ladeströmen kleiner $0,3 \cdot I_5$ keine Volladung mehr möglich ist.

Ladetechnik in Solarstromanlagen

Wegen der Schwankungen der Sonneneinstrahlung ist es beim Laden mit Solarstrom im allgemeinen nicht möglich, einen über längere Zeit konstanten Ladestrom bereitzustellen. Stationäre NiCd-Akkus (geschlossene Zellen mit Taschenplatten) können nach der IU-Kennlinie geladen werden, d.h. mit relativ hohem, variablem Strom bis zum Erreichen der Ladeschlußspannung (1,45 V/Zelle), danach mit einer Spannungsbegrenzung bis 1,65 V und kleinem Ladestrom. Durch das Zurücknehmen des Ladestrom beim Erreichen der Ladeschlußspannung dauert die Volladung unter diesen Bedingungen mehr als 10 Stunden. Das heißt aber, daß ein teil- oder ganz entladener Akku nach diesem Ladeverfahren nicht an einem Tag mit Solarstrom vollgeladen werden kann.

Eine Möglichkeit, gelegentlich eine Volladung sicherzustellen, besteht darin, hin und wieder den Verbraucher für etliche Stunden ganz abzuschalten. Ein anderer Weg ist die zeitweise Aufhebung der Ladeschlußspannung und die Inkaufnahme von Gasungsverlusten, was bei stationären NiCd-Akkus zulässig ist. Eine Besonderheit ist beim Laden von gasdichten Kleinakkus

Blei- und NiCd-Geräteakkus im Vergleich		
	Blei-Geräte-Akku	NiCd-Sinterzellen
Zellenspannung	2 Volt	1,2 Volt
Ladeschlußspannung	2,35 - 2,40 V	1,48 - 1,50 V
Entladeschluß-spannung	1,7 - 1,8 V	0,9 - 1,1 V
Selbstentladung	3-5%/Monat (20°C)	3%/Monat (-20°C) 10%/Monat (20°C) 20%/Monat (30°C)
Kapazität	1 - 20 Ah	0,1 - 10 Ah
Lebensdauer-Zyklen	3 -5 Jahre (Puffer) 200-300 Vollzyklen	2000 50%-Zyklen 800-1000 Vollzykl.
Betriebstemperatur	5 - 25°C optimal	-40 .. + 60°C -10 .. + 30°C opt.
Vorteile	wartungsfrei, günstiges Ladeverhalten, guter Wirkungsgrad	wartungsfrei, tief-entladefest, lange Lebensdauer, hohe Zyklenzahl, bei tie-fen Temperaturen einsetzbar, aus-tauschbar gegen Trockenbatterien
Nachteile	nicht austauschbar gegen Trocken-batterien, einge-schränkter Tempe-raturbereich	in Solaranlagen schwierige Lade-technik, giftige Inhaltsstoffe, schlechterer Wirkungsgrad

Tabelle 4.3   Gegenüberstellung der wichtigsten Eigenschaften von Blei- und Nickel-Cadmium-Geräteakkus.

(Geräteakkus mit Sinterzellen) in Solarstrom-Anlagen zu be-achten. Da sich bei diesen Typen mit kleinen Ladeströmen un-ter 0,3 bis 0,5 · I_{10} auch bei sehr langer Ladedauer keine Voll-ladung erreichen läßt (Abb. 4.21), muß sichergestellt werden, daß durch eine entsprechend großzügige Bemessung des

Solargenerators in regelmäßigen Abständen größere Ladeströme als I_{10} in den Akku fließen. Anderenfalls würden die Akkus lang-sam an Kapazität verlieren (Memory-Effekt). Um jedoch Über-ladung und Beschädigung des Akkus zu vermeiden, sollte der maximale Ausgangsstrom des Solargenerators bei guten Strahlungsbedingungen nicht größer als 3 I_{10} sein, d.h. die Lei-stung des Solargenerators und die Akkukapaziät sind aufeinan-der abzustimmen.

Wichtige Hinweise zum Umgang mit NiCd-Geräteakkus:

-   Nicht an den Anschlüssen löten, außer es sind Lötfahnen vorhanden.
-   Kurzschlüsse vermeiden, sie können zur Erhitzung und Zerstörung der Zellen führen.
-   Tiefentladungen unter die Entladeschlußspannung mög-lichst vermeiden, da sich bei Reihenschaltung mehrerer Zellen einzelne Zellen umpolen können.
-   Beim Laden unbedingt auf richtige Polung achten, der Akku wird sonst zerstört.
-   NiCd-Akkus niemals öffnen oder auseinanderbauen.
-   Akkus nicht ins Feuer werfen (auch nicht in die Müllver-brennungsanlage), sondern über den Händler rezyklieren.

Andere Stromspeicher

Nickel-Hydrat-Akkus

Im Aufbau und in den elektrischen Eigenschaften den NiCd-Akkus sehr ähnlich sind die neu auf den Markt gekommenen Nickel-Metallhydrid-Akkus (NiMH-Akkus).
Vorteile dieser Zelle sind die im Vergleich zum NiCd-Akku fast doppelt so hohe Energiedichte, die um ca. 50% höhere Kapazi-tät und der Verzicht auf das giftige Schwermetall Cadmium bzw. die Reduzierung der Cd-Menge auf einen Gehalt von 0,5% des positiven Elektrodenmaterials. Nachteilig ist die höhere Selbst-entladerate (derzeit 1 bis 2% pro Tag) und der eingeschränkte Temperaturbereich (0 bis 40°C). Als Lebensdauer wird eine etwa 500fache Zyklierung der Nennkapazität angegeben.
NiMH-Akkus werden bisher nur als Knopfzellen und als zylin-drische Kleinakkus (Mignonzellen) angeboten; sie kommen

vorwiegend in hochwertigen Elektronik-Geräten (Computer, Video-Recorder, u.ä.) zum Einsatz, wo eine ausgefeilte elektronische Ladetechnik für die Einhaltung der Hersteller-Empfehlungen bezüglich Ladestrom und -dauer sorgt. Mit herkömmlichen ladegeräten für NiCd-Akkus sollten sie nicht geladen werden!

Lithium-Akkus

An der Entwicklung von wiederaufladbaren Lithium-Zellen (Nennspannung 3 V) wird seit Jahren gearbeitet. Inzwischen bieten zwar einige japanische Hersteller wiederaufladbare Lithium-Knopfzellen am Markt an, jedoch steht die geringe Lebensdauer im Zyklenbetrieb (50 Vollzyklen oder 1 000 Zyklen mit 10% Entladetiefe) derzeit einer breiteren Anwendung entgegen.

Kondensator-Speicher

Wenn es darum geht, verhältnismäßig kleine Ladungsmengen im mAh-Bereich zu speichern (z.B. in Solar-Armbanduhren), bieten sich als Alternative zu Knopfzellen Kondensatoren als Energiespeicher an.

Seit einigen Jahren sind kleine Spezial-Elektrolyt-Kondensatoren (Herstellerbezeichnungen z.B. Gold Cap, Super Cap) mit Kapazitäten von 0,2 bis 70 F (Farad) auf dem Markt. Die zulässige Nennspannung liegt bei 1,8 bis 2,4 V pro Kondensator, durch Reihenschaltung lassen sich höhere Speicherspannungen erreichen. Da die Speicherung rein elektrisch, d.h. ohne chemische Umwandlung geschieht, können die Kondensatoren beliebig oft ge- und entladen werden. Die Selbstentladerate beträgt etwa 1% pro Tag. Für diese Spezial-Kondensatoren wird eine Lebensdauer von 5 bis 10 Jahren angegeben.

Welche Ladungsmengen gespeichert werden können, macht ein Rechenbeispiel deutlich: Wird ein 1 F-Kondensator auf 5 V aufgeladen, enthält er eine elektrische Energie von

$$N = 0,5 \cdot U^2 \cdot C = 12,5 \ \text{Ws} = 3,47 \ \text{mWh}.$$

Bei einem konstanten Entladestrom von 10 µA geht die Kondensatorspannung in etwa 30 Stunden um 1 V zurück, so daß der Kondensator nach ca. 150 h vollständig entladen ist. Der praktisch nutzbare Energieinhalt ist bei dieser Art der Speicherung (Spannung sinkt proportional zur Ladung) von der erforderlichen Mindest-Betriebsspannung des Verbrauchers abhängig.

4.2 Regelung

Laderegler für Blei-Akkus

In autonomen Solarstromanlagen ist die Spannung des Solargenerators auf die Akku-Spannung abzustimmen. Gängige Systemspannungen sind 12, 24 und 48 V. Die Standard-Solarmodule enthalten im allgemeinen so viele Zellen (36 bis 40 Stück) in Reihenschaltung, daß die Spannung im Punkt maximaler Leistung auch bei höheren Zellentemperaturen noch ausreicht, um einen 12 V Akku zu laden. Da die Leerlaufspannung solcher Standardmodule aber bei etwa 20 V und mehr liegt, kann bei geringer Belastung, d.h. geladenem Akku und abgeschaltetem Verbraucher, ohne Schutzmaßnahmen die Ladeschluß-

spannung des Akkus überschritten werden, was zur Gasung führen und den Akku auf Dauer schädigen würde.

Daher kommt der Regelung die Aufgabe zu, die vom Solargenerator gelieferte Elektrizität (Spannung und Ladestrom) den Bedingungen anzupassen, die der Akkumulator im Hinblick auf optimale Lebensdauer und größtmöglichen Wirkungsgrad stellt. Konkret sollten folgende Anforderungen erfüllt werden:

1. Nachts, wenn der Solargenerator keine Spannung liefert, muß verhindert werden, daß sich der Akku über den Innen-

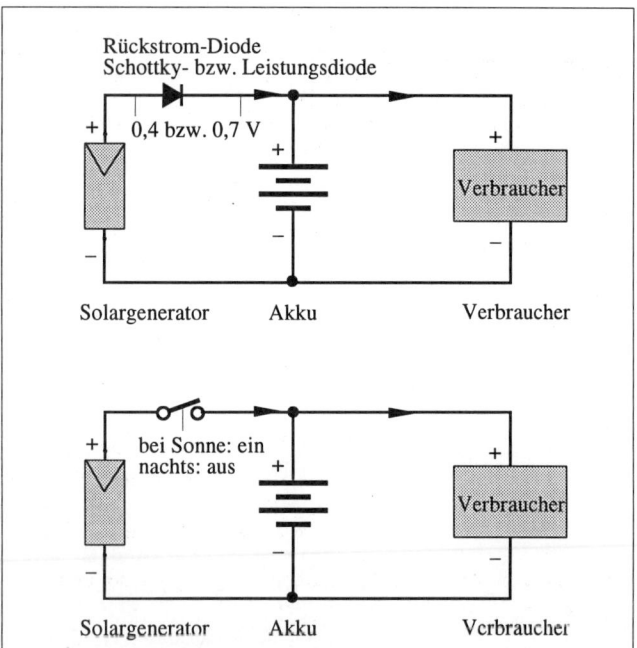

4.22 Zusammenschaltung von Solargenerator, Akku und Verbraucher: Durch eine Rückstromdiode (Bild oben) oder durch einen
Schalter (unten) muß verhindert werden, daß sich der Akku
nachts über den Solargenerator entlädt.

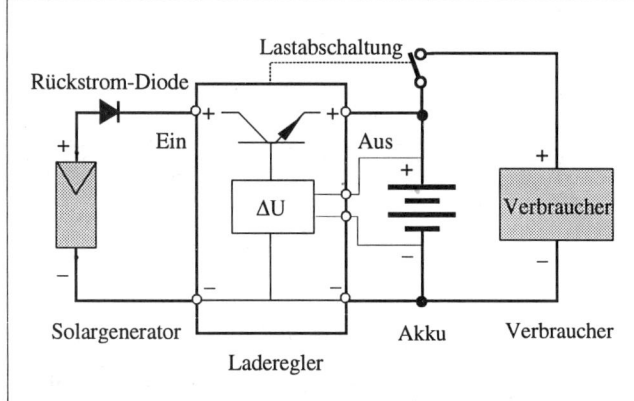

4.23 Um Überladen und Tiefentladung des Akkus zu verhindern,
wird in der Regel zwischen Solargenerator und Akku ein
Regler eingefügt.

widerstand des Solargenerators entlädt. Diese Forderung
läßt sich durch Einbau einer Diode (Rückstrom-Diode) erfüllen, ggf. auch durch einen Schalter, der nachts geöffnet
wird (Abb. 4.22).

2. Die Ladeschlußspannung (13,8 bis 14,4 V bei einem 12 V-
Bleiakku) darf nicht für längere Zeit überschritten werden,
um eine für den Akku schädliche Gasentwicklung zu vermeiden. Sofern nicht Panele mit einer sehr geringen Zellenzahl (z.B. 30 Zellen für einen 12 V Akku) eingesetzt werden, bei denen diese Bedingung annähernd von selbst erfüllt ist (vgl. unten: „Selbstregulierendes Anlagenkonzept"),
muß ein sogenannter Laderegler die Ladespannung begrenzen.

3. Um eine Tiefentladung des Akkus bzw. ein Unterschreiten
der Entladeschlußspannung zu vermeiden (z.B. wenn die
Sonneneinstrahlung über einen längeren Zeitraum hinweg
gering ist oder sehr viel Strom verbraucht wird), sollten
die angeschlossenen Verbraucher beim Erreichen der
Entladeschlußspannung (10,5 bis 11 V) abgeschaltet werden. Diese Schutzfunktion für den Akku ist bei den meisten Solar-Ladereglern integriert. Es werden für diesen
Zweck jedoch auch separate Batterie-Spannungswächter
angeboten.

Abb. 4.23 zeigt, wie der Solargenerator und der Akku durch
die Rückstromdiode und den Regler miteinander verbunden
werden. Das Schaltbild deutet an, daß das Relais für den Tiefentladeschutz zur Abschaltung des Verbrauchers – wie in der
Praxis üblich – ebenfalls vom Regler gesteuert wird und dort
integriert ist.

Die Rückstrom-Diode
Die Rückstromdiode ist ähnlich wie die Solarzelle ein Halblei-
ter-Bauelement aus Silizium, das elektrischen Strom nur in einer Richtung, nämlich von + nach – , d.h. in Pfeilrichtung, hin-
durchfließen läßt. In der umgekehrten Richtung sperrt die Diode. Dadurch wird in der Schaltung nach Abb. 4.23 verhindert,
daß ein Strom vom Akku durch den Solargenerator fließen kann,
sofern die Akkuspannung größer (d.h. positiver) als die Spannung am Solargenerator ist. Da der volle Ladestrom durch die-

se Diode fließt, muß eine sogenannte Leistungsdiode eingesetzt werden, deren Maximalstrom größer ist als der Kurzschlußstrom des Moduls bzw. der Module.

Die „Durchlaßspannung" normaler Silizium-Leistungsdioden beträgt etwa 0,7 bis 0,8 V. Um diesen Betrag ist die Spannung hinter der Diode niedriger als die Generatorspannung. Bei sogenannten „Schottky"-Leistungsdioden beträgt diese Durchlaßspannung nur 0,3 bis 0,4 V, sie werden daher in Solarstromanlagen bevorzugt eingesetzt, auch wenn sie ein paar Mark teurer sind. Denn der Spannungsabfall an der Diode ist gleichbedeutend mit einem Leistungsverlust: pro 1 A Ladestrom werden an einer normalen Leistungsdiode 0,7 W bzw. an einer Schottky-Diode 0,3 W in Wärme umgesetzt. In größeren Anlagen mit etlichen Ampere Ladestrom sind die Dioden zur Ableitung der Wärme auf einem Kühlblech zu montieren. Bei einigen Solarmodulen ist die Rückstrom-Diode bereits im Modul integriert; im Datenblatt wird dann ausdrücklich darauf hingewiesen.

Das selbstregulierende Anlagenkonzept

Für Kleinanlagen wird gelegentlich immer noch das sogenannte „selbstregulierende Anlagenkonzept" empfohlen, das abgesehen von der Rückstrom-Diode ohne elektronischen Regler auskommt. In diesem Fall müssen Solarmodule mit nur 30 Zellen in Serie eingesetzt werden, bei denen die Rückstromdiode meist im Modul integriert ist und deren Leerlaufspannung nicht über 15 V ansteigt. Als Akkus kommen in diesem Konzept nur die „wartungsfreien" Blei-Calcium-Akkus infrage, deren Gasungsspannung bei 2,5 - 2,7 V/Zelle (entsprechend 15 bis 16,2 V beim 12 V-Akku) liegt.

Die vom Modul erzeugte Spannung ist bei diesem Konzept so niedrig gewählt, daß unter nahezu allen Bedingungen die Gasungsspannung des Akkus unterschritten wird. Andererseits ist sie aber gerade noch groß genug, um einen teilentladenen Akku auch bei geringer Sonneneinstrahlung und entsprechend niedriger Zellentemperatur ausreichend zu laden (Abb. 4.25). Nach Angaben der Hersteller ist pro 30 W-Panel eine Akku-Kapazität von 100 Ah vorzusehen.

Der Wert des selbstregulierenden Anlagenkonzepts ist in Fachkreisen umstritten: Es gelingt im allgemeinen nur mit ausge-

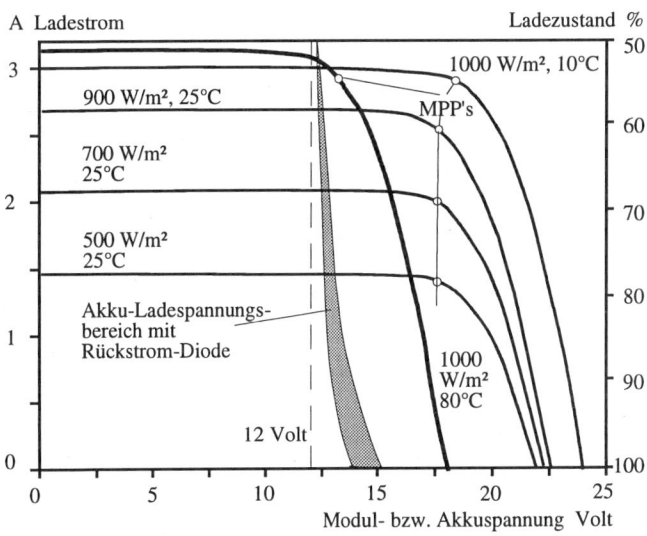

4.24 Zusammenwirken der Kennlinien von Solargenerator und Akku bei Anlagen mit Ladereglern.

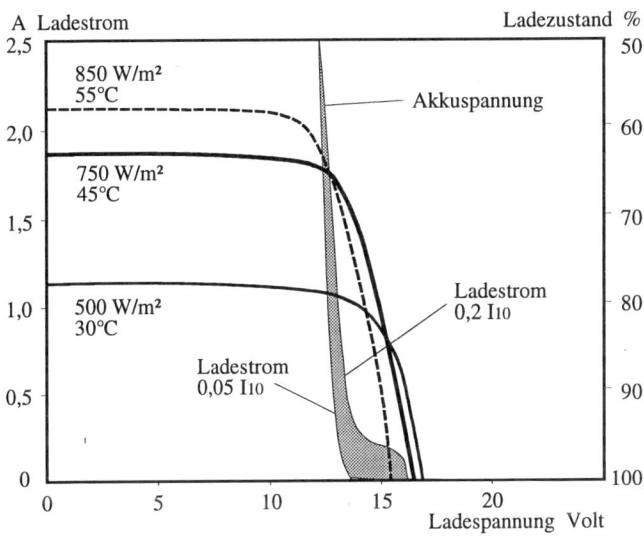

4.25 Zusammenwirken der Kennlinien von Solargenerator und Akku bei Anlagen mit selbstregulierenden Panelen.
Quelle: Firmenschrift Arco Solar

suchten, aufeinander abgestimmten Bauteilen, die Ladekurve des Akkus und die Modulspannung an den Punkten maximaler Leistung zur Übereinstimmung zu bringen. Ist die Modulspannung nur etwas zu klein, rutscht der Arbeitspunkt auf den abfallenden Ast der Solarzellen-Kennlinie, was schnell zu recht großen Leistungseinbußen führt. Ist die Modulspannung zu groß, was bei tiefen Außentemperaturen auch bei einem selbstregulierenden Modul möglich ist, kann der Akku überladen werden.

Das selbstregulierende Anlagenkonzept besticht natürlich durch den einfachen, kostengünstigen Aufbau. Allerdings ist es für kritische Standorte mit niedrigen Außentemperaturen, starken Winden u.ä. wenig geeignet. Die nutzbare Leistung liegt durchweg niedriger als bei vergleichbaren Panelen mit höherer Ausgangsspannung. Außerdem lassen sich Anlagen dieser Art nur schlecht erweitern: da nur gleichalte Akkus parallelgeschaltet werden sollen, aber für jedes zusätzliche Modul ein entsprechender Akku gebraucht wird, sind selbstregulierende Systeme nur mit einem zusätzlichen Laderegler ausbaufähig.

Solar-Laderegler

Die Hauptfunktion des Ladereglers in Solarstromanlagen besteht darin, den Akku vor Überladen zu schützen. Zu diesem Zweck mißt der Laderegler die Akkuspannung elektronisch und schaltet im einfachsten Fall bei Überschreiten der einstellbaren Grenzspannung (= Ladeschlußspannung) den Solargenerator solange ab (Serienregler) oder schließt ihn kurz (Shuntregler), bis die Akkuspannung unter einen vorgegebenen Schwellwert gesunken ist. Das Ein- und Ausschalten kann mittels Relais oder Schalttransistor erfolgen, auch eine Begrenzung der Ausgangsspannung durch kontinuierliche Regelung der Ausgangsspannung (mittels Längstransistor) ist möglich.

Zur Vermeidung von Säureschichtungen hat es sich als günstig herausgestellt, Blei-Akkus mit nicht festgelegtem Elektrolyten gelegentlich bis in die Gasung hinein zu laden. Die aufsteigenden Gasblasen bewirken eine gute Durchmischung der Säure. Fortschrittliche Laderegler sind daher heute mit einer zweistufigen Regelung ausgestattet, die in regelmäßigen Abständen (z.B. wöchentlich) oder nach Unterschreiten der Entladeschluß-spannung die Spannungsbegrenzung für eine begrenzte Zeit (2 bis 3 Stunden) über die Gasungsspannung anhebt. Wartungsfreie Akkus mit festgelegtem Elektrolyten oder solche in geschlossener Bauweise dürfen natürlich nicht bis in die Gasung hinein geladen werden (Berstgefahr), so daß solche Laderegler in diesem Fall nicht geeignet sind.

Eine wichtige Zusatzfunktion und in nahezu allen Ladereglern zu finden ist der Schutz vor Tiefentladung. Sinkt die Akkuspannung unter einen einstellbaren unteren Schwellwert (= Entladeschlußspannung), werden durch ein Leistungsrelais – zunehmend kommen auch elektronische Schalter zum Einsatz – die Verbraucher zwangsweise vom Akku getrennt, und zwar so lange, bis der Akku wieder ein Stück weit geladen und die Spannung auf einen Mindestwert angestiegen ist. Eine optische oder akustische Warnung vor dem Vollzug der Zwangsabschaltung kann in vielen Fällen hilfreich bzw. wünschenswert sein.

Zur Funktionskontrolle und Information der Nutzer sollte der Laderegler darüber hinaus die aktuellen Schaltzustände anzeigen, z.B. mittels Leuchtdioden für Unterspannung, Laden, Überspannung ggf. in Verbindung mit einem Voltmeter zur genauen Kontrolle der Akkuspannung.

Laderegler-Typen

Bei den einfachen Reglern im Leistungsbereich bis 1000 W wird unterschieden zwischen Serienreglern und Kurzschlußreglern.

Serienregler

Beim Serienregler (Abb. 4.26) führt ein Schaltkontakt oder ein guter Schalttransistor (z.B. in MOS-FET-Technologie) folgende Funktionen aus: Er schaltet ein, wenn der Akku vom Solargenerator geladen werden soll, und schaltet aus, d.h. trennt die Verbindung zwischen Solargenerator und Akku, wenn die Ladeschlußspannung überschritten wird, die der Komparator am Akku mißt. Der Solargenerator läuft dann im Leerlauf. Eine Rückstromdiode verhindert die Entladung des Akkus bei Nacht,

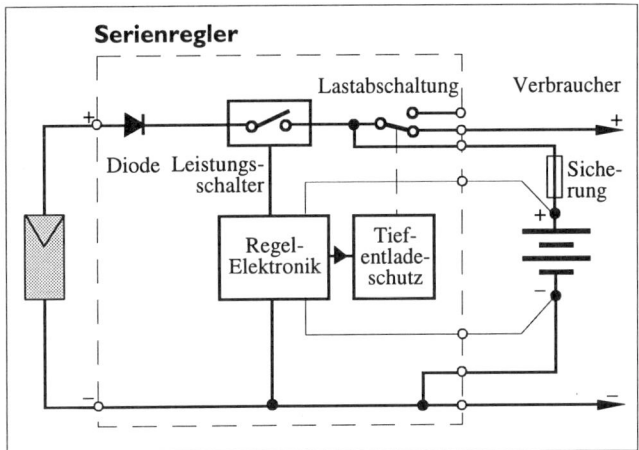

4.26 Prinzipschaltbild eines Serienrglers.

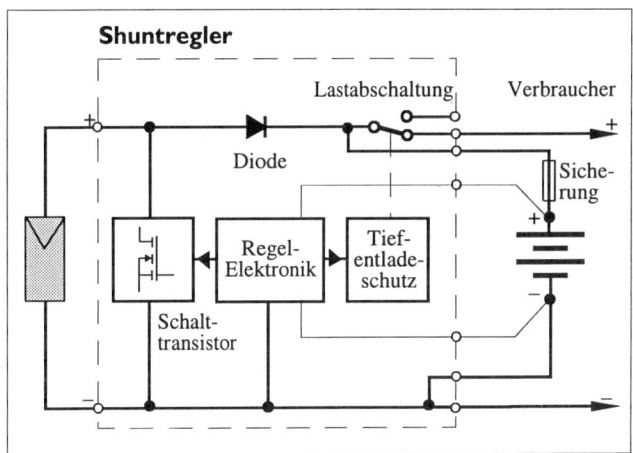

4.27 Prinzipschaltbild eines Shuntreglers.

sofern dies nicht durch Öffnen des Leistungsschalters sichergestellt werden kann.

Für eine korrekte Funktion benötigt der Regler selbst eine stabile Stromversorgung aus dem Akku, was bei tiefentladenem Akku dazu führen kann, daß nicht genügend Energie zum Schließen des Leistungsschalters zur Verfügung steht. Ein weiterer Nachteil des Serienreglers ist der unvermeidbare Spannungsabfall am Schalttransistor, der proportional zum Ladestrom steigt und die nutzbare Generatorleistung mindert.

Durch Einsatz eines Relais anstelle des Schalttransistors ließe sich der Spannungsabfall zwar mehr oder weniger ganz vermeiden, dafür entstehen jedoch andere Nachteile wie Abbrand der Relaiskontake, Stromverbrauch des Relais u.ä.. Trotzdem wird der Serienregler in Anlagen kleiner Leistung recht häufig eingesetzt, da sich die geschilderten Nachteile dort weniger störend auswirken.

Shuntregler

Der Shuntregler (Abb. 4.27) arbeitet etwas anders: mißt der Komparator eine zu große Ladespannung, wird der Schalttransistor, der hier vor der Rückstromdiode parallel zum Solargenerator liegt, eingeschaltet und der Solargenerator dadurch kurzgeschlossen. Die elektrische Leistung wird nun in den Solar-

modulen und z.T. auch im Schalttransistor in Wärme umgesetzt, was im allgemeinen keine Probleme macht (vgl. Kap. 2.5: Schutzmaßnahmen beim Zusammenschalten von Solarzellen und -modulen). Sinkt die Akkuspannung, z.B. durch angeschlossene Verbraucher, ein wenig unter die Ladeschlußspannung, schaltet der Shuntregler aus, der Solargenerator liefert wieder Strom.

Der Shuntregler hat zwei oft entscheidende Vorteile: Zum einen geht beim Laden nur in der Rückstrom-Diode etwas Leistung verloren, und zum anderen funktioniert diese Regelung auch, wenn der Akku tiefentladen oder gar abgeklemmt ist. Denn der Laderegler braucht nur dann Strom (zum Einschalten), wenn Strom im Überschuß vorhanden ist, d.h. wenn der Akku bereits geladen ist und auch sonst kein oder nur wenig Strom gebraucht wird.

Auswahlkriterien für Laderegler

Für den Anwender ist es letztendlich von untergeordneter Bedeutung, ob der Regler als Serien- oder Shuntregler arbeitet. Vielmehr sollten folgende Kriterien bei der Auswahl im Vordergrund stehen:

• Die Betriebsspannung des Reglers muß auf die Nennspannung des Solargenerators abgestimmt sein und die

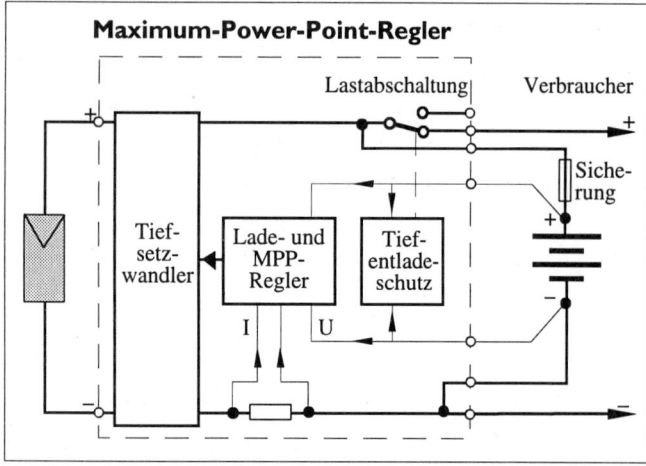

Maximum-Power-Point-Regler

Lastabschaltung | Verbraucher

Tief-setz-wandler

Lade- und MPP-Regler

Tief-entlade-schutz

Sicherung

I   U

4.28 Prinzipschaltbild eines Maximum-Power-Reglers.

Leerlaufspannung aushalten können; außerdem muß der maximal zulässige Strom, den der Regler verarbeiten kann, größer sein als der Kurzschlußstrom des Solargenerators.

- Der Schalter für den Tiefentladeschutz (das Lastabwurf-Relais) muß für den Maximalstrom, den die Verbraucher aufnehmen, ausgelegt sein.

- Die Schwellwerte für Ladeschluß- und Entladeschluß-spannung sollten auf den verwendeten Akkutyp abgestimmt oder entsprechend einstellbar sein.

- Der Eigenstromverbrauch des Reglers sollte ebenso wie der Energieverlust durch die Regelung so niedrig wie möglich sein (vor allem wenn der Akku weitgehend entladen ist). Die Verluste im Regler sollten möglichst kleiner als 1% (bei Großanlagen) bis 5% (bei Kleinstanlagen) sein.

- Der Regler sollte so gebaut sein, daß er viele Jahre zuverlässig arbeitet und durch elektromagnetische Impulse (Blitze, Funkanlagen etc.) und Rückwirkungen von den angeschlossenen Verbrauchern nicht gestört wird.

- Wird der Akku bei wechselnden Temperaturen betrieben, sind die Lade- und Entladeschlußspannung wegen ihrer Temperaturabhängigkeit den Bedingungen des Aufstel-

lungsortes anzupassen. Viele Regler lassen sich zu diesem Zweck mit einem Temperaturfühler für den Akku ausrüsten.

Leider läßt sich den mehr oder weniger formschönen Gehäusen nicht immer ansehen, wie gut die genannten Anforderungen erfüllt werden. Da hilft nur das genaue Studium des technischen Datenblatts oder die Beratung durch einen fachkundigen Händler. Die bessere Qualität bedingt in der Regel auch einen höheren Preis, ebenso eine höhere Leistung: So ist ein Regler für eine größere Anlage mit 300 W Generatorleistung (25 A bei 12 V) natürlich teurer als ein Regler für eine Kleinanlage mit 40 bis 60 W Modulleistung (4 bis 5 A bei 12 V).

Die obere Leistungsgrenze einzelner Laderegler liegt – bedingt durch den maximal zulässigen Strom im Leistungsschalter – bei ca. 500 W in 12 V-Systemen bzw. 1000 W in 24 V-Systemen. Für größere Generatorleistungen bis zu einigen kW sind modular aufgebaute Spezialregler erhältlich, bei denen mehrere Leistungsschalter parallelgeschaltet aus einer gemeinsamen Steuereinheit angesteuert werden. Bei so großen Anlagen ist es jedoch meist lohnend, eine aufwendigere Regelung einzusetzen, welche den Solarstrom optimal aufbereitet, den Maximum-Power-Point-Regler, häufig nur kurz MPP-Regler genannt.

Maximum-Power-Point-Regler

Sowohl der Serien- als auch der Shuntregler nutzen die elektrische Energie vom Solargenerator nicht immer optimal: da die aktuelle Akkuspannung den Arbeitspunkt auf der Solarzellen-Kennlinie bestimmt, kann der Solargenerator nicht immer im Punkt maximaler Leistung, d.h. mit optimalem Wirkungsgrad arbeiten. Der *Maximum-Power-Point Regler* (Abb. 4.28) versucht diesen Nachteil zu vermeiden: Ein Gleichspannungswandler mit einer umfangreicheren Steuerungselektronik fährt in regelmäßigen Zeitabständen die Solarzellenkennlinie ab und ermittelt selbsttätig den Punkt maximaler Leistung. Als Ergebnis der Messungen wird der Gleichspannungswandler nun so eingestellt, daß er einerseits die optimale Leistung vom Solargenerator entnimmt und sie andererseits an die Ladespannung des Akkus anpaßt.

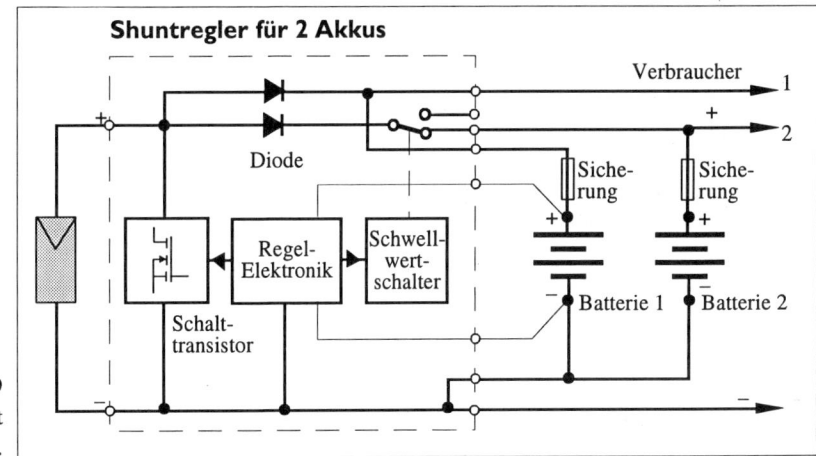

4.29
Laderegler für zwei Akku-Systeme mit
Vorrangschaltung.

Der schaltungstechnische Aufwand von MPP-Reglern ist wesentlich größer als beim Serien- oder Shuntregler. Da der
Wandler-Wirkungsgrad auch nur etwa 90 bis 95% erreicht, lohnt
sich der Einsatz solcher Regler aus energetischen Gründen erst
bei größeren Generatorleistungen ab 200 W. Darunter sind die
Umwandlungsverluste im allgemeinen größer als die möglichen
Gewinne durch die bessere Regelung. Werden auch noch finanzielle Überlegungen berücksichtigt, fällt die Entscheidung
zugunsten des MPP-Reglers oft erst bei Generatorleistungen
über 1000 W.

Zusatzfunktionen

Lastabschaltung
Bei allen 3 Reglertypen wird im allgemeinen ergänzend zur
eigentlichen Regelung der Ladespannung eine automatische
Lastabschaltung vorgesehen. Ein zweiter Komparator im Regler gibt beim Unterschreiten der einstellbaren Ladeschlußspannung (10,5 bis 11 V) einen Schaltimpuls, der entweder ein
optisches oder akustisches Signal auslöst oder über ein „dik-
kes" Relais die Verbraucher abschaltet. Das Relais muß für die
zum Teil sehr hohen Gleichströme (30 bis 50 A und mehr) ausgelegt sein, die auf der Verbraucherseite fließen; anderenfalls

kleben nach einigen Schaltvorgängen die Kontakte oder „ver-
schmoren". Außerdem sollte das Relais möglichst nur beim
Umschaltvorgang Strom verbrauchen; solche „bipolaren" Relais besitzen zwei Ruhestellungen (Ein und Aus), in denen sie
keinen Strom aufnehmen. Normale Relais (1 Arbeits- und 1
Ruhestellung) mit großer Schaltleistung ziehen dagegen in der
Arbeitsstellung soviel Strom, daß sie den Energiehaushalt des
Akkus spürbar belasten. Wird die Schaltstellung „Ein" als Ruhestellung (kein Stromverbrauch) gewählt, müßte der entlade-
ne Akku den Strom für die Arbeitsstellung „Aus" liefern. Letz-
tere ist zwar relativ selten, der Relaisstrom belastet dann aber
den ohnehin entladenen Akku in einer Weise, daß die Lastabschaltung nicht über längere Zeit aufrecht erhalten werden
könnte.

Regler-Variationen
Bei größeren Solarstromanlagen kann es gelegentlich sinnvoll
sein, den Überschußstrom, der vom Laderegler durch Abschalten oder Kurzschließen des Solargenerators vom Akku fernge-
halten wird, für nützliche Zwecke zu verwenden. Durch einen
zusätzlichen Schaltkreis im Laderegler kann beim Erreichen
der Ladeschlußspannung ein genügend leistungsstarker Verbraucher eingeschaltet werden, der die Spannung am Akku auf ähnliche Weise begrenzt wie der Kurzschluß im Shuntregler. Die-

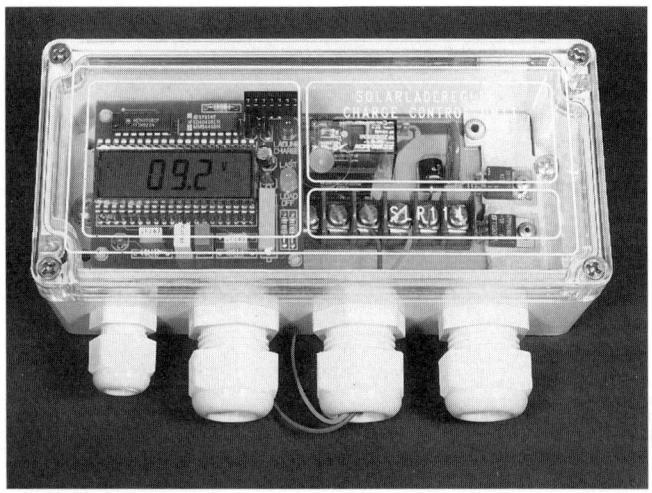

4.30 Solarladeregler mit eingebautem Digitalvoltmeter.
Foto: Fa. Uhlmann Solarelektronik

• Zum Betrieb von Beleuchtungsanlagen (z.B. Straßen-lampen, Wegweiser- und Fahrplanbeleuchtungen) werden Regler angeboten, die neben den oben beschriebenen Grundfunktionen weitere Steuerungselemente integriert haben, wie z.B. Dämmerungsschalter, Bewegungsmelder, Zeitschalter etc. Diese Vereinigung der gesamten Steuer-elektronik in einem Gerät vereinfacht die Ausführung der elektrischen Installation ganz wesentlich.

• Im Regler eingebaute Meßinstrumente für Spannung und Strom, möglichst solche mit digitaler Anzeige, sind sehr praktisch, um den Ladezustand des Akkus beurteilen und wichtige Anlagenfunktionen (z.B. Lade- und Entladestrom) kontrollieren zu können. Sie sollten bei etwas größeren Anlagen unbedingt eingesetzt werden.

Für größere Anlagen wünschen die Nutzer häufig eine zuver-lässige kontinuierliche Information über den Ladezustand des Akkumulators. Für diesen Zweck werden elektronische Ampere-stundenzähler als Einbaugeräte angeboten, und zwar bilanzie-rende Geräte mit einer Anzeige und Doppelinstrumente zur getrennten Erfassung und Anzeige von Ladung und Entladung. Bilanzierende Geräte mit Einzelanzeige verrechnen die zuge-führten und entnommenen Strommengen elektronisch. Diese Vorgehensweise führt in der Praxis bald zu einer Divergenz zwischen angezeigtem und tatsächlichem Ladezustand, da klei-ne Abweichungen zwischen dem eingestellten Ladefaktor (als konstanter Faktor im Gerät programmierbar) und dem realem Ladefaktor unvermeidlich sind; obendrein verfälschen geringe Ströme, die lediglich der Ladungserhaltung dienen, die Bilanz weiter.

Bessere Erfahrungen wurden mit Doppelinstrumenten gemacht, die den Lade- und den Entladestrom getrennt erfassen, inte-grieren und anzeigen. Zur Ermittlung des aktuellen Akku-Lade-zustands bedarf es allerdings einer gewissen schriftlichen Buch-führung, ergänzt durch eine gelegentliche Kontrolle mittels Säureprüfer.

Um diese Schwierigkeiten bei der Ermittlung des Ladezustands zu überwinden, wird an der Entwicklung „intelligenter" Batterie-kontrollsysteme gearbeitet. Solche mikroprozessorgesteuerten Meßgeräte erfassen die verschiedenen Einflüsse auf den Spei-

ser Gelegenheitsverbraucher sollte in seiner Leistungsaufnahme ungefähr der maximalen Generatorleistung entsprechen und keine hohen Anforderungen an die Konstanz der Versorgungs-spannung stellen. Als Anwendungen kommen insbesondere das Aufheizen von Wasser oder Kühlaufgaben infrage.

Eine andere Variante des Standardreglers, der am Markt ange-boten wird, ist der Regler für zwei Akkusysteme, wie sie in Camping-Wagen und Booten zu finden sind (Abb. 4.29). Der Solargenerator lädt vorrangig Akku 1, der für die Stromversor-gung im Wohnraum zuständig ist. Wenn Akku 1 geladen ist (= Ladeschlußspannung erreicht), wird auf den Fahrzeug-Starter-Akku (Akku 2) umgeschaltet. Der Tiefentladeschutz muß in der angegebenen Schaltung durch ein separates Gerät sicher-gestellt werden.

Zusatzausstattungen

Für die meisten Laderegler liefern die Hersteller auf Wunsch diverse Zusatzeinrichtungen, die direkt oder indirekt mit der Reglerfunktion zu tun haben und sich gut in das Reglergehäuse integrieren lassen.

cher nicht nur momentan, sondern „behalten" auch wichtige Ereignisse aus der Geschichte des Akkus, um daraus im Hinblick auf möglichst lange Lebensdauer eine optimale Betriebsstrategie abzuleiten. Es heißt, daß derzeit in mehreren Labors an der Entwicklung solcher Geräte gearbeitet wird, mit einer breiten Markteinführung ist jedoch vorerst nicht zu rechnen.

Besonderheiten beim Laden von NiCd-Geräteakkus

Mittlere und große Solarstromanlagen, bei denen Speicherkapazitäten von 20 bis 500 Ah und mehr zum Einsatz kommen, sind heute ganz klar die Domäne der Bleiakkus. Nur in Sonderfällen, in denen der Speicher besonders hohen Beanspruchungen bezüglich Entladetiefe oder Betriebstemperatur standhalten muß, wird die Wahl auf die wesentlich teureren, ortsfesten NiCd-Akkus fallen. Auch für diesen Akkutyp können die oben beschriebenen Laderegler eingesetzt werden, sofern sich Ladeschluß- und Entladeschlußspannung im Laderegler auf die batterietypischen Werte einstellen lassen.

Anders liegt der Fall, wenn es darum geht, kleine Nickel-Cadmium-Akkus (zylindrische Zellen mit Sinterelektroden), wie sie vor allem in tragbaren Geräten zum Einsatz kommen, mit Solarstrom zu laden. Diese Zellen stellen nämlich besondere Anforderungen an die Ladetechnik, da die Bestimmung des Ladezustands schwierig ist, bei kleinen Ladeströmen keine Vollladung erreicht wird und die Tendenz zum Kapazitätsverlust durch den Memory-Effekt infolgedessen besonders groß ist. Andererseits darf der Laderegler angesichts der geringen Leistungen nicht zu aufwendig und teuer sein.

In der Praxis werden folgende beiden Wege beschritten:

- Laden mit Konstantstrom oder mit einem „intelligenten" Laderegler aus einem bestehenden 12 oder 24 V-Netz.
- Laden mit einem eigenen kleinen Solargenerator, der in Spannung und Leistung auf die Akkus bzw. das Gerät abgestimmt ist.

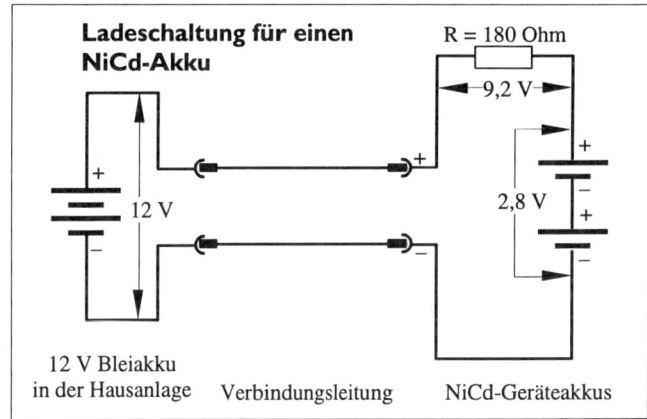

4.31 Laden von 2 Nickel-Cadmium-Akkus über einen Vorwiderstand aus einem 12 V-Netz.

Laden mit Konstantstrom

Für das Laden mit Konstantstrom (I-Laden) empfehlen die Akku-Hersteller 14-stündiges Laden mit I_{10} bzw. 7 stündiges Laden mit I_5. Steht eine Spannung von 12 bzw. 24 V aus einem größeren Akku zur Verfügung, können mit den recht einfachen Schaltungen nach Abb. 4.31 bzw. 4.32 NiCd-Akkus geladen werden, und zwar bis zu einer Spannung, die um einige Volt unter der Systemspannung liegt. Es ist lediglich erforderlich, im Vorschaltgerät einen Widerstand dem Ladestrom des Akkus (und in Abb. 4.31 auch der Akkuspannung) anzupassen.

In beiden Schaltungen wird ein Teil der elektrischen Energie, die dem 12 V- bzw. 24 V-System entnommen wird, in Wärme umgewandelt und damit „vernichtet". Im Beispiel sind das bei einem Ladestrom von 50 mA und einer Akkuspannung von 2,8 V

$$N = 9,2\ V \cdot 0,05\ A = 0,46\ Watt.$$

Bezogen auf die entnommene Leistung von 0,6 W werden also 77% der Energie verschwendet, oder anders ausgedrückt, die Schaltung arbeitet mit einem Wirkungsgrad von 23%. Das mag sehr wenig erscheinen; dennoch ist die Frage berechtigt, ob bei diesen kleinen Leistungen der Aufwand für eine aufwendigere Regelelektronik mit deutlich besserem Wirkungsgrad lohnt.

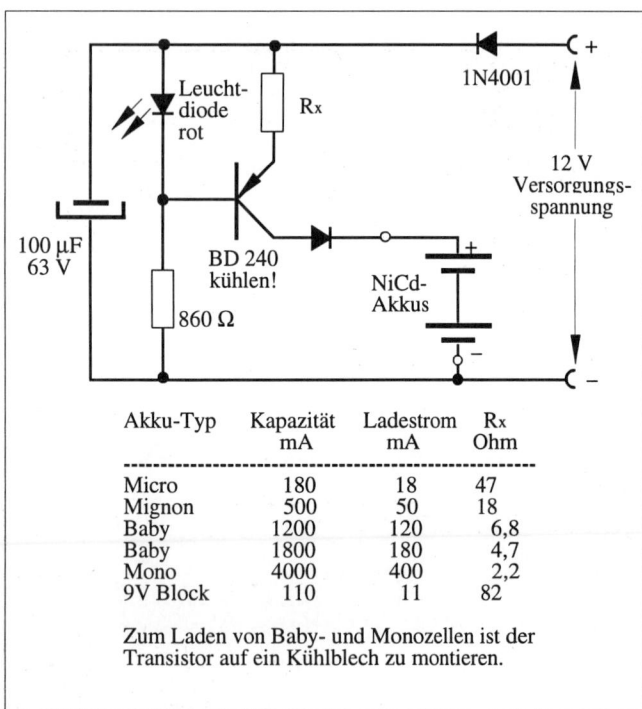

Akku-Typ	Kapazität mA	Ladestrom mA	Rx Ohm
Micro	180	18	47
Mignon	500	50	18
Baby	1200	120	6,8
Baby	1800	180	4,7
Mono	4000	400	2,2
9V Block	110	11	82

Zum Laden von Baby- und Monozellen ist der Transistor auf ein Kühlblech zu montieren.

4.32 Einfache Konstantstromquelle mit einem Transistor zum Laden von NiCd-Kleinakkus bis 9 Volt.

Immerhin sind beide gezeigten Lösungen billig, die wenigen Bauteil lassen sich in der Regel leicht im Gerät unterbringen. Wem das Elektrobasteln nicht liegt, kann ein Ladegerät für NiCd-Akkus kaufen, das für den Anschluß an das KFZ-Bordnetz geeignet ist. Diese Geräte sind im allgemeinen so gebaut, daß sich Akkus aller gebräuchlichen Größen damit laden lassen. Der innere Aufbau entspricht vielfach der Schaltung nach Abb. 4.32, wobei der Ladestrom durch einen Schalter wählbar ist. Im praktischen Umgang ist diese Lösung ein wenig umständlicher, denn die Akkus müssen stets aus dem Gerät herausgenommen und für 14 Stunden in das Ladegerät gesteckt werden – daher ist es zweckmäßig, zum Wechseln einen zweiten Akkusatz anzuschaffen.

Sollen größere Akkus (Baby- oder Mono-Zellen) aus einem 12 V- oder gar 24 V-Netz geladen werden, erscheint es vorteil-

haft, anstelle des Vorwiderstandes bzw. der Konstantstromquelle einen getakteten Spannungswandler einzusetzen, der die Energie zum Laden des Akkus mit deutlich besserem Wirkungsgrad auf die Akkuspannung umsetzen kann. Die Halbleitertechnik erlaubt es heute, mit integrierten Schaltungen und wenigen zusätzlichen Bauteilen verlustarme, getaktete Schaltregler (Wirkungsgrad 60 bis 90%) aufzubauen. Der Selbstbau solcher Schaltungen bleibt jedoch eingefleischten Elektrobastlern vorbehalten. Passende Schaltungen finden sich z.B. in [36] sowie in einschlägigen Elektronik-Fachbüchern und -zeitschriften. Einige Solar-Fachhändler führen fertige Vorschaltgeräte für diesen Zweck in ihrem Programm – aber Vorsicht, manche sind auch nur nach dem Schema in Abb. 4.32 aufgebaut.

Akku-Lader mit eigenem Solarmodul

Die andere Methode, NiCd-Akkus in Kleingeräten zu laden, sieht für diesen Zweck ein eigenes, kleines Solarmodul vor, das am Fenster aufgestellt oder am Gerät befestigt wird. Um eine aufwendige Laderegelung zu vermeiden, muß die Modulgröße der Größe des Akkus und der Zellenzahl angepaßt werden. Diese Anpassung soll am Beispiel eines Akku-Sets, bestehend aus 4 Mignon-NiCd-Zellen mit 500 mAh Kapazität, erläutert werden.

1. Festlegung der Panelspannung und Zellenzahl: Die Nennspannung des Akkus beträgt 4 x 1,2 V = 4,8 V, der erforderliche Ladestrom I_{10} = 50 mA, die Ladeschlußspannung liegt bei 4 x 1,48 V = 6 V.
Damit das Solarpanel diese Spannung möglichst im Punkt maximaler Leistung liefern kann, müssen mindestens 6 V/0,45 V = 13 bis 14 Zellen in Serie geschaltet werden. Gewählt werden hier 16 Zellen in Serie (18 Zellen wären noch besser), um auch noch eine Rückstromdiode einbauen zu können und gewisse Reserven zu haben. Abb. 4.33 zeigt den Schaltungsaufbau. Der Widerstand R sei zunächst einmal durch einen Kurzschluß ersetzt.

2. Bestimmung der Zellengröße bzw. des Nennstromes: Bleibt die etwas schwierigere Aufgabe, die Größe der Solarzellen zu bestimmen, die bei der zu erwartenden mittleren Einstrahlung den geforderten Ladestrom liefern. Würde der Solargenerator sehr viel größer gewählt als nötig, kann der Ladestrom unter Umständen so groß werden, daß schädliches Überladen der Akkus auftritt. Bei einer zu kleinen Fläche besteht die Gefahr, daß die NiCd-Akkus nicht mehr unter allen Bedingungen voll geladen werden können, z.B. wenn der Ladestrom dauernd kleiner ist als $0,3\,I_{10}$. Außerdem verschlechtert sich bei zu kleinem Ladestrom der Ladefaktor dramatisch.

Die eigentliche Schwierigkeit liegt in der Unsicherheit, mit welcher Sonneneinstrahlung in der Praxis gerechnet werden kann. Wird das Gerät samt Solarmodul nur in Innenräumen benutzt, sind Einstrahlungen von mehr als $200\,W/m^2$ allenfalls an gut besonnten Südfenstern zu erwarten, und auch dort nur für wenige Stunden am Tag. Die mittleren Bestrahlungsstärken in Innenräumen liegen dagegen eher bei 10 bis $20\,W/m^2$, wie Abb. 4.34 bzw. 4.35 zeigt. Bei so geringen Bestrahlungsstärken ist die Leerlaufspannung der Zellen nicht mehr unabhängig von der Bestrahlung, sie sinkt auf Werte von 0,25 bis 0,4 Volt. Andererseits können im Freien bei richtiger Orientierung der Zellenfläche und gutem Wetter durchaus Einstrahlungen von 600 bis $800\,W/m^2$ erreicht werden; entsprechend sind die resultierenden Ladeströme um ein Vielfaches größer, sofern nicht Maßnahmen zur Begrenzung getroffen werden.

Für die Auswahl der Zellengröße sind also vorher die Einsatzbedingungen festzulegen. Im obigen Beispiel sei unterstellt, daß das Gerät recht häufig benutzt wird (z.B. Kofferradio) und das Solarmodul auf der Fensterbank steht oder mit einem Gummisauger an der Scheibe befestigt ist. Das Panel soll also bei mittlerer Sonneneinstrahlung draußen bzw. bei 150 bis $200\,W/m^2$ Einstrahlung am Fenster (hinter 2 Glasscheiben) den Ladestrom von $I_{10} = 50\,mA$ liefern.

Somit ist ein Modul auszusuchen, das aus ca. 16 Zellen besteht und bei $1000\,W/m^2$ einen Nennstrom von 50 mA x 1000 / 200 = 250 mA liefert. Soll das Gerät samt Solarmodul vornehmlich in Innenräumen betrieben werden, wären 20 bis 25 Zellen mit einem Nennstrom von 0,5 bis 1 A – allerdings in Verbindung mit spannungs- und strombegrenzenden Maßnahmen – noch besser geeignet.

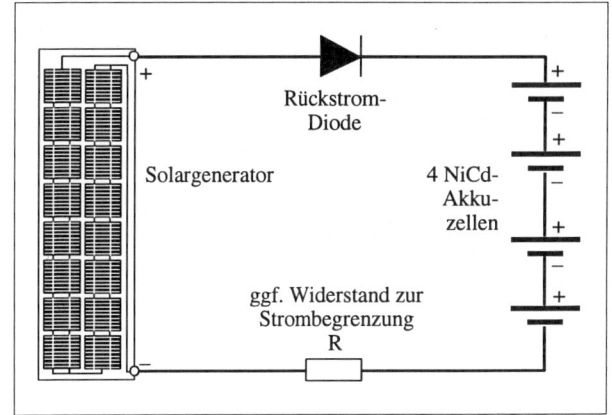

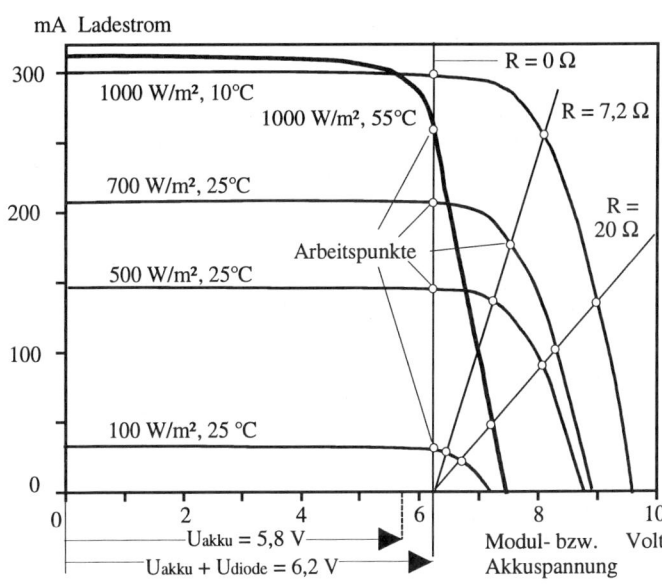

4.33 Laden von 4 NiCd-Akkus mit einem kleinen Solargenerator aus 16 Zellen: Wird in das Kennlinienfeld des Solargenerators die Spannungslage der Akkus sowie die Kennlinie des optionalen Vorwiderstandes eingesetzt, werden die resultierenden Arbeitspunkte bei verschiedenen Einstrahlungen deutlich.

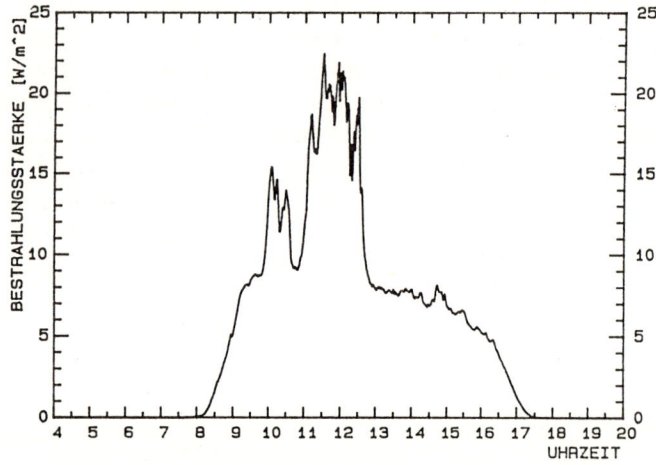

4.34 Tagesgang der Bestrahlungsstärke (Strahlungsleistung) in einem Raum mit Nordfenster.
Quelle: ISE, Freiburg

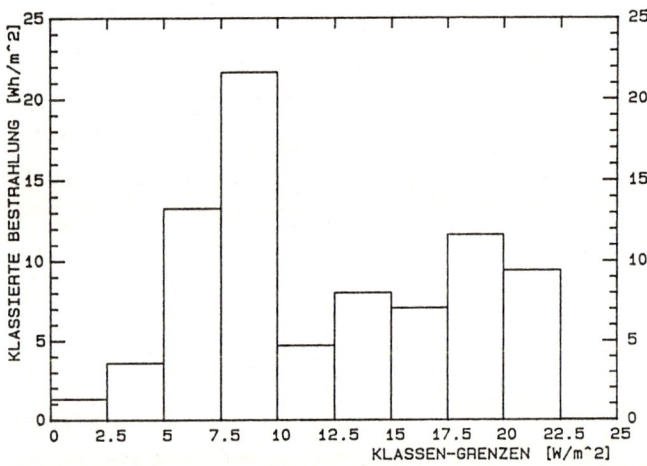

4.35 Tageseinstrahlung (Energie), klassiert nach Bestrahlungsstärke, in einem Raum.　　　　Quelle: ISE, Freiburg

Da in den Händlerkatalogen nicht immer genau passende Module angeboten werden, ist ggf. das nächstgrößere Modul auszuwählen oder eine eigene Sonderanfertigung in Betracht zu ziehen. Einige Händler bieten für solche Zwecke einzelne Zellen bzw. gekapselte Zellengruppen an.

3. Ladestrom-Begrenzung: Da die NiCd-Sinterzellen gegen Überladen mit I_{10} unempfindlich sind und auch Überladen mit $3 I_{10}$ für einige Stunden schadlos überstehen, kann bei dieser Dimensionierung wenig passieren. Andererseits wird bei schlechter Einstrahlung mit 50 bis 100 W/m² immer noch mit 0,2 bis 0,5 I_{10} geladen, so daß das Volladen der NiCd-Akkus sichergestellt ist.
Durch Zwischenschalten eines Widerstands R kann der Ladestrom bei hohen Einstrahlungen (z.B. im Freien) begrenzt werden, ohne die Ladung bei kleinen und mittleren Einstrahlungen dadurch wesentlich zu beeinträchtigen. Das ist bei häufigerem Betrieb der Solarladestation im Freien ganz nützlich. Im I-U-Diagramm in Abb. 4.33 sind die Spannungslage der Akkus sowie die Widerstandskennlinien für 3 verschiedene Widerstände eingezeichnet. Ein Widerstand von 36 Ohm ist recht günstig: Er verschiebt bei Einstrahlungen von 100 bis 500 W/m² den Arbeitspunkt des Solargenerators noch nicht bzw. nur wenig auf den abfallenden Ast der Kennlinie. Erst bei höheren Einstrahlungen wird der maximale Ladestrom durch den Vorwiderstand auf unter 100 mA begrenzt (anstelle von 150 mA = $3 I_{10}$ ohne Vorwiderstand), so daß auch im Freien kaum schädliches Überladen auftreten kann. Natürlich geht durch den Vorwiderstand ein Teil der Solarzellen-Leistung verloren, so daß es überlegenswert ist, ihn für den Betrieb in Innenräumen mit einem Schalter kurzzuschließen.

4. Prüfung der Energiebilanz: Bei der Dimensionierung des Solarmoduls wurde der Stromverbrauch des Gerätes, das aus dem Akku versorgt wird, bisher nicht berücksichtigt. Bei häufiger Benutzung bzw. hoher Stromaufnahme ist zusätzlich zu prüfen, ob die dem Akku entnommene Energie im Tages- oder Wochenmittel auch vom Solarmodul geliefert werden kann (vgl. hierzu Kap. 5: Anlagendimensionierung). Anderenfalls wird immer wieder der Fall eintreten, daß ein leerer Akku den Betrieb des Gerätes in unerwünschter Weise einschränkt.

Sollen NiCd-Akkus verschiedener Kapazität mit Solarstrom geladen werden, ist zu überlegen, ob nicht doch die erste Variante „Laden aus einem 12 V Solarstromnetz" einfacher und preiswerter ist. Bei dieser Lösung kann das Solarmodul nämlich draußen an einem gut besonnten Standort fest montiert werden und erntet entsprechend mehr Strom. Sofern nicht noch andere 12 V-Geräte betrieben werden sollen, kann auf einen Bleiakku zur Zwischenspeicherung sogar verzichtet werden. Die NiCd-Akkus werden über eines der schon beschriebenen Vorschaltgeräte nur bei Bedarf angeschlossen.

Sollen Geräte, die eine fest vorgegebene Spannung benötigen, nur bei Sonnenschein betrieben werden, kann dazu eine Schaltung nach Abb. 4.36 eingesetzt werden. Die Ausgangsspannung wird durch den integrierten Spannungsregler konstant gehalten (vorausgesetzt, das Solarmodul liefert genügend Strom), wobei sich die Höhe der Ausgangsspannung durch den Regelwiderstand einstellen läßt. Der maximal zulässige Ausgangsstrom ist durch die Belastbarkeit der integrierten Schaltung vorgegeben. Bei größeren Ausgangsströmen ist die am Regler entstehende Wärme durch einen Kühlkörper abzuführen.

4.37 Kleinpanel mit 20 Solarzellen, das maximal etwa 600 mA Strom liefern kann.
Foto: Fa. Solaris, Hamburg

4.36 Konstantspannungsregler: Die Schaltung setzt Eingangsspannungen bis 37 V in eine konstante Ausgangsspannung um, die mit dem Widerstand P zwischen 1,3 V und einer Maximalspannung, die um 2 V unter der Eingangsspannung liegt, eingestellt werden kann. Der Ausgangsstrom kann bis zu 1,5 A betragen. Auf ausreichende Kühlung des Regler-IC's ist zu achten!

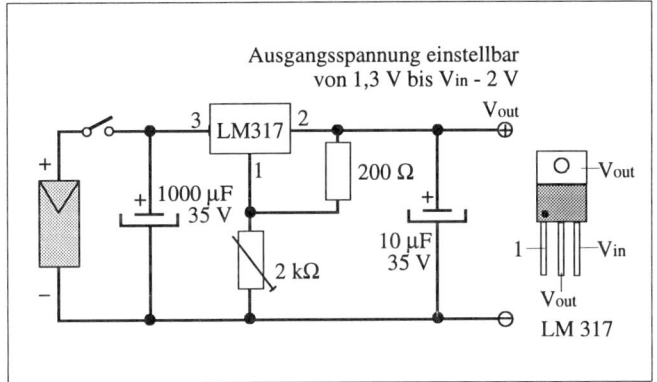

4.3 Spannungswandler und Wechselrichter

„Wandler" ist ein schlichtes Wort für einen sehr vielseitigen Baustein: Als Wandler werden in der Elektrotechnik alle Bauelemente bezeichnet, die eine Form von elektrischer Energie in eine andere umwandeln können. Im Zusammenhang mit der solaren Stromversorgung sind *Spannungswandler* Geräte, die den Gleichstrom des Solargenerators bzw. des Akkus in Gleich- oder Wechselstrom mit einer höheren oder niedrigeren Spannung umwandeln. *Wechselrichter* sind spezielle Spannungswandler, sie wandeln Gleichstrom in technischen Wechselstrom (230 V, 50 Hz) um.

Elektronische Spannungswandler werden für alle möglichen Anwendungen und Leistungsklassen gebaut. Für solare Stromversorgungssysteme sind hauptsächlich folgende Wandlertypen interessant:

- *Wechselrichter (Insel-Wechselrichter)* mit Leistungen von 100 bis 5 000 W: Sie wandeln den Gleichstrom vom Solargenerator bzw. Akku in technischen Wechselstrom, um in autonomen Versorgungssystemen neben den Gleichstromverbrauchern auch leistungsstarke 230 V-Elektrogeräte (Kühlgeräte, Waschmaschine, Werkzeuge, o.ä.) über ein eigenes Wechselstromnetz betreiben zu können.
  Daneben sind Wechselrichter kleinerer Leistung (5 bis 100 W) interessant für den Betrieb einzelner Geräte sowie als Vorschaltgeräte für Leuchtstofflampen.
- *Netzgeführte Wechselrichter* mit Leistungen von 1 bis 5 kW (in Großanlagen bis 100 kW): Wie die Insel-Wechselrichter wandeln sie den Strom vom Solargenerator in technischen Wechselstrom um, jedoch mit der Besonderheit, daß sie am öffentliche Netz betrieben werden und den Strom von der Sonne dorthin abgeben.
- *Gleichspannungswandler* kleiner und mittlerer Leistung (1 bis 200 W): Diese Geräte werden in autonomen Stromversorgungssystemen eingesetzt, um einzelne Gleichstrom-Verbraucher, die eine besondere, von der Systemspannung

abweichende Versorgungsgleichspannung benötigen, betreiben zu können. Unter den im Haushalt üblichen Verbrauchern sind dies insbesondere 9 V- und 6 V-Geräte wie portable Stereoanlagen, Computer, etc. Darüber hinaus kommen Gleichspannungswandler zur Stromversorgung von Meßgeräten, Motoren, Pumpen und ähnlichem zum Einsatz.

Wechselrichter für den Inselbetrieb

In kleinen Solarstromanlagen mit 1 bis 4 Standardmodulen, wie sie für Kleingartenhäuser, Wohnmobile und sogenannte „Solar Home Systems" typisch sind, ist es sinnvoll, die wenigen Elektrogeräte auf 12 oder 24 V Gleichstrom umzustellen, um ganz ohne Wechselrichter auszukommen. Bei höheren Ansprüchen bezüglich der zu betreibenden Geräte und entsprechend größeren Anlagen (mehr Solarmodule, höhere Speicherkapazität) stößt das Bemühen um einen einfaches Anlagenaufbau jedoch an technische und praktische Grenzen: Konventionelle Wechselstromgeräte mit hoher Leistungsaufnahme, z.B. Waschmaschine (Motorleistung 500 W), Elektrowerkzeuge (Motorleistungen 500 bis 1 500 W) u.ä. lassen sich nur schwer umrüsten und sind daher auf den Betrieb mit 230 V angewiesen. Außerdem würde die hohe Stromaufnahme solcher Geräte bei einer Versorgung mit 24 V (einen Umbau auf Gleichspannung vorausgesetzt) angesichts der enormen Leistungsaufnahme schon bei normalen Entfernungen im Haus (10 bis 20 m Leitungslänge) zu sehr hohen Leitungsverlusten führen (vgl. Kap. 4.6). Außerdem ist es wenig sinnvoll, nützliche und gute Haushaltsgeräte mit 230 V Betriebsspannung einfach abzuschaffen, wenn sie sich mit einem Wechselrichter für einige Hundert Mark weiter betreiben lassen.

Neben den elektronischen Wechselrichtern, die heute in Solar-stromanlagen bevorzugt zum Einsatz kommen, gibt es nach wie vor die mechanischen Wechselrichter, sogenannte „rotierende Umformer". Beim mechanischen Wechselrichter treibt ein Gleichstrommotor (12/24 V) einen auf derselben Welle mon-tierten 230 V-Wechselstromgenerator an. Durch die zweifache Umwandlung von elektrischer in mechanische Energie und umgekehrt sind die Energieverluste bei der Übertragung be-achtlich, vor allem, wenn dem Wandler nur ein Teil der maxi-mal möglichen Leistung entnommen wird. Der Umwandlungs-wirkungsgrad liegt je nach Auslastung bei 40 bis 80%. Dafür sind mechanische Wandler sehr robust, liefern eine sinusförmige Ausgangsspannung und machen auch beim Betrieb starker Motoren, die beim Anlaufen das 5 bis 10 fache des Nennstromes aufnehmen, keine Schwierigkeiten. Wegen ihrer elektrischen und mechanischen Robustheit und Unempfindlichkeit gegen kurzzeitige Überlastung sind sie gerade bei Handwerkern recht beliebt (z.B. als netzunabhängige Stromversorgung aus der KFZ-Batterie). Auf Baustellen ist ein optimaler Wirkungsgrad auch weniger wichtig als im alltäglichen Dauerbetrieb.

Das Angebot an elektronischen Wechselrichtern ist in den letz-ten Jahren – nicht zuletzt durch das Interesse an der solaren Stromversorgung – größer und qualitativ besser geworden. Die elektronischen Wechselrichter zerhacken mittels leistungsfähi-ger Schalttransistoren den Gleichstrom in eine Folge von Im-pulsen, die dann in einem Transformator auf Netzspannung (230 V, 50 Hz) herauftransformiert werden. Weitere Vorzüge gegenüber dem rotierenden Umformer sind der deutlich höhe-re Wirkungsgrad von 85 bis 95%, und zwar in einem großen Leistungsbereich von z.B. 20 bis 90% der Nennleistung, die niedrige Stromaufnahme im Leerlauf und ein guter Wirkungs-grad auch im unteren Teillast-Betrieb. Mit einigem schaltungs-technischen Aufwand lassen sich darüber auch hohe Anforde-rungen an die Frequenz- und Spannungskonstanz sowie an die kurzzeitige Überlastbarkeit erfüllen. Um Störungen in empfind-lichen Geräten zu vermeiden, ist in vielen Fällen eine mög-lichst sinusähnliche Form der Ausgangsspannung gewünscht, d.h. der Oberwellengehalt der Ausgangsspannung darf gewis-se Grenzwerte nicht überschreiten.

Anforderungen an Wechselrichter	
Inselwechselrichter	**netzgekoppelte Wechselrichter**
Gleichstrom-Seite	
• Unterspannungsanschaltung • Toleranz gegenüber Spannungs-schwankungen des Akkus • Schutz gegen Überspannungen	• MPP-Regelung zur Anpassung an die Solargeneratorkennlinie • Begrenzung der Eingangsleistung gegen Leistungsspitzen von Generator • Überspannungsfestigkeit • Automatische Abschaltung bei mangelnder Stromproduktion
Wechselstrom-Seite	
• stabile Ausgangsspannung und -frequenz • geringer Oberwellengehalt • möglichst beliebiger Leistungs-faktor • kurzzeitig hoch überlastbar • Kurzschlußfestigkeit • Schutz gegen Überspannung bei Rückspeisung	• Synchronisierung der Ausgangs-spannung zur Netzspannung • geringer Oberwellengehalt • Abschaltung bei Netzspannungs-ausfall sowie bei Fehlerströmen bzw. Isolationsfehlern

Tabelle 4.4   Anforderungen an Wechselrichter für autonome und netzgekoppelte Anlagen.

Die Vielzahl der Geräte am Markt unterscheiden sich – abgese-hen von der Geräteleistung – vor allem im Wirkungsgrad, in der Kurvenform der Ausgangsspannung und in den spezifischen Kosten in DM/Watt. Beim Vergleich der Geräteleistungen in den Datenblättern der Hersteller sind die feinen Unterschiede zwischen den verwendeten Begriffen zu beachten:

- Die *Dauerleistung* kann dem Wechselrichter zeitlich unbe-grenzt entnommen werden.
- Die *maximale Leistung* darf in der Regel nur für einen be-grenzten Zeitraum, z.B. für 20 oder 30 Minuten, entnom-men werden; die Belastbarkeit wird durch die Geräte-erwärmung begrenzt.

• Die *Spitzenleistung* steht nur kurzzeitig, d.h. für 10 bis 20 Sekunden, zur Verfügung, z.B. zum Starten von Motoren.

Entsprechend der Form der Ausgangsspannung können die Geräte am Markt in 3 Gruppen eingeteilt werden:

- einfache *Rechteck-Wechselrichter* im unteren Leistungsbereich zur Versorgung einzelner Geräte,
- *Trapez-* oder *Quasisinus-Wechselrichter* mit großem Leistungsspektrum als Standardgeräte in größeren Solarstromanlagen und
- hochwertige *Sinuswechselrichter* für die Versorgung empfindlicher Geräte.

Rechteck-Wechselrichter

Diese einfach aufgebauten und relativ preiswerten Geräte liefern eine rechteckförmige Ausgangsspannung von ungefähr 230 V und 50 Hz (nicht stabilisiert). Bei wechselnder Belastung ist mit gewissen Schwankungen der Ausgangsspannung und ggf. auch der Frequenz zu rechnen. Der Wirkungsgrad liegt je nach Schaltungsaufwand unter günstigen Betriebsbedingungen bei 70 bis 90%. Er verschlechtert sich deutlich im Teillast-Betrieb, wenn z.B. ein 500 W-Wechselrichter nur mit einer 60 W-Glühbirne belastet wird.
Wechselrichter dieser Art sind geeignet, um einzelne 220 V-Geräte zu betreiben, die geringe Ansprüche an die Qualität der Spannung stellen: Bohrmaschinen, Staubsauger, Geräte

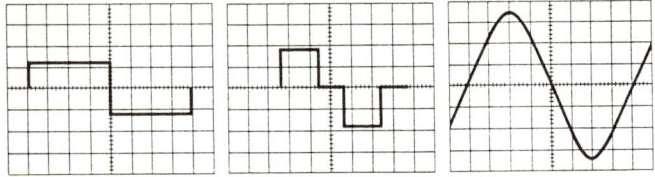

4.38 Formen der Ausgangsspannung von Wechselrichtern. Einfache Geräte liefern eine Rechteckspannung (Bild links); bei den besseren Geräten wird die Rechteckspannung modifiziert, um den Oberwellengehalt zu reduzieren (Bild Mitte); Sinuswechselrichter liefern eine nahezu oberwellenfreie Sinusspannung (rechts).

mit Netztrafos (nur bedingt) und natürlich solche Geräte, die den Strom nur in Wärme umsetzen, wie Glühlampen, Toaster, Bügeleisen etc. Da Wechselrichter dieser Bauart im Leerlauf beträchtliche Mengen Strom aus dem Akku ziehen (hoher Standby-Verbrauch), sollten sie möglichst zusammen mit dem Verbraucher ein- und ausgeschaltet werden.
Reine Wechselstrom- (Induktions-) Motoren wie Asynchronmotoren (z.B. in Waschmaschinen, Kühlschränken, Heizungspumpen) oder Spaltpolmotoren (z.B. in Laugenpumpen, manchen Lüftern) sollten nicht an solchen Wandlern betrieben werden, da die rechteckförmige Ausgangsspannung zu einer starken Erwärmung der Motorwicklungen (dadurch verringerter Wirkungsgrad und höhere Geräuschentwicklung) führt, sofern die Motoren überhaupt anlaufen. Durch die rechteckige Form der Ausgangsspannung produzieren Wechselrichter dieser Art außerdem ein weites Spektrum von Oberwellen, wodurch andere Geräte (z.B. Radio, Fernseher) gestört werden können.
Rechteck-Wechselrichter werden vor allem im Leistungsbereich 50 bis 800 W angeboten. Sie kosten je nach Qualität und Leistungsklasse etwa 1,50 bis 2,50 DM pro Watt Ausgangsleistung, wobei Geräte mit höherer Leistung spezifisch billiger sind als solche im unteren Leistungsbereich. Beispielsweise ist ein 500 W-Wechselrichter bereits für etwa 700 DM zu haben.

Trapez- bzw. Quasisinus-Wechselrichter

Die in solaren Stromversorgungsanlagen am häufigsten benutzten sogenannten Trapez-Wechselrichter liefern eine abgestufte Rechteckspannung (trapezähnlich), welche die Sinusspannung des Netzes besser simuliert als die reine Rechteckform und weniger störende Oberwellen enthält. Trapez-Wechselrichter sind für die Versorgung von Induktionsmotoren und elektronischen Geräten besser geeignet als Rechteckwechselrichter, garantieren aber nicht immer einen problemlosen Betrieb empfindlicher Geräte und Maschinen. Schwierigkeiten bereitet die Versorgung von Geräten mit Phasenanschnittsteuerung. Die Ausgangsspannung wird durch eine interne Regelung auf 2 bis 5% stabil gehalten, ebenso die Frequenz der Ausgangsspannung auf 50 Hz. Trapez-Wechselrichter, gelegentlich auch als „Quasisinus"-Wechselrichter bezeichnet, werden für (Dauer-)Leistungen von 100 bis 4000 W angeboten. In größeren autonomen Solarstromanlagen arbeiten sie zur Versorgung des gebäudeinternen 230 V-Netzes im Dauerbetrieb (ständige Betriebsbereitschaft) und stellen auf diese Weise eine komfortable Inselstromversorgung mit Wechselstrom sicher.

Entsprechend muß in dieser Geräteklasse gefordert werden, daß der Wirkungsgrad wenigstens 85 bis 90% beträgt, und zwar über einen großen Leistungsbereich hinweg, beginnend bei kleinen Entnahmeleistungen. Der Wirkungsgrad sollte durch eine Kennlinie im Datenblatt nachvollziehbar dokumentiert sein. Die Stromaufnahme im Leerlauf muß so gering wie möglich sein. Da der Leerlaufstrom mit zunehmender Geräteleistung steigt, sind viele Geräte zur Minimierung des Eigenstromverbrauches mit einer Standby-Schaltung ausgestattet, welche die Stromaufnahme des Wandlers im Leerlauf durch Abschalten der Leistungsstufe auf 1 bis 2 W begrenzt (entsprechend einem jährlichen Leerlaufverbrauch von 9 bis 17 kWh/a). Die Elektronik der Standby-Schaltung prüft laufend, ob am 230 V-Netz ein Verbraucher eingeschaltet ist und ein Strom fließen kann. Erst wenn das der Fall ist, tritt der Leistungsteil des Wandlers in Aktion und erzeugt Netzspannung. Umgekehrt schaltet die Standby-Schaltung nach dem Abschalten aller Verbraucher auch wieder auf „Betriebsbereitschaft" zurück. Verbraucher mit sehr kleiner Leistungsaufnahme (z.B. Leuchtstofflampen) werden von der Automatik manchmal nicht erkannt, so daß der Wechselrichter erst durch eine größere Last (z.B. Glühlampe) gestartet werden muß. Hilfreich sind in solchen Fällen eine einstellbare Schaltschwelle für die Lasterkennung und gute Leuchtstofflampen.

Fast alle Trapez-Wechselrichter zeichnen sich durch eine mehr oder weniger große Unempfindlichkeit gegen Spitzenbelastungen aus, was für den Betrieb von Motoren (z.B. in Waschmaschinen, Kühlschränken, Werkzeugen) von Bedeutung ist. Die in den Datenblättern angegebenen Spitzenleistungen liegen in der Regel beim Drei- bis Vierfachen der Nennleistung. Daß der Anlaufstrom von Motoren jedoch auf das Fünf- bis Zehnfache des Nennstromes steigen kann, ist sicherlich ein Grund dafür, warum manche Wechselrichter-Betreiber auch von weniger

4.39 Trapez-Wechselrichter mit sehr gutem Wirkungsgrad und vielen Zusatzfunktionen für 230 V-Hausnetze.
Photo: Fa. Trace Engeneering

positiven Erfahrungen mit ihren Geräten berichten. Eine Absicherung gegen Kurzschluß und Überlastung ist zwar ebenfalls bei den meisten größeren Wechselrichtern eingebaut, sie hilft in der Praxis aber nur begrenzt gegen Belastungsspitzen und Rückwirkungen, vor allem beim Betrieb induktiver Verbraucher.

Eine weitere sinnvolle Einrichtung bei Wechselrichtern größerer Leistung ist ein integrierter Tiefentladeschutz, der das Gerät beim Unterschreiten der Entladeschlußspannung des Akkus automatisch abschaltet. Denn im Anbetracht der hohen Stromaufnahme auf der Gleichstromseite – ein 1000 W-Wechselrichter „zieht" bei Nennleistung über 40 A aus einem 24 V-Akku – sind Wechselrichter höherer Leistung stets auf kürzestem Wege mit dem Akku zu verbinden, so daß der in gängigen Ladereglern integrierte Tiefentladeschutz wirkungslos bliebe und zudem durch die Strombelastung überfordert wäre.

Übersicht Wechselrichter

Firma	IBC/FEG	Thyron	Günther Solar	Trace	Heart	Pro Watt	Siemens	ASP AG
Typ	WRT 1224	TWG IS24/1,2	Marathon1400	Trace 2624	HF 24-1200	PW24/200i	SWR 600/24	TopClass1000
Spannungsform	Trapez	Trapez	Trapez	Trapez	Trapez	Trapez	Sinus	Sinus
Eingangsspannung	21,2-29,4 V	24 V +25% -17,5%	22 - 30 V	20 - 30 V	21,6-29 V	20 - 29 V	20 - 30 V	21 - 31 V
Ausgangsspannung	230 V ±5%	230 V ±3%	230 V	234 V ±2V	230 V ±2,5%	230 V ±5%	230 V ±5%	230 V
Frequenz	50 Hz ±1%	50 Hz ±0,1Hz	50 Hz	50 Hz ±0,04%	50 Hz ±0,5%	50 ±0,01 Hz	50 Hz	50 Hz
Dauerleistung	1000 W	1200 W	1800 W		1200 W	165 W	600 W	1100 W
Nennleistung für 20'	1300 W	1200 W	2800 W	2000 W		200 W	600 W	
Spitzenleistung für 2"	3400 W	2400 W	4200 W	6000 W	4800 W	400 W	1800 W	2600 W
Eigenverbrauch	6 W	k.A.	5,5 W			3,6 W		8 W
Standby-Verbrauch	1,2 W		0,5 W	0,5 W	1,5 W		2 W	< 1 W
Wirkungsgrad						> 90%		92%
maximal	96%	96%	97%	95%			> 90%	
bei 10% Nennleistung	94%	94%	90,7%	93%			> 85%	
bei 90% Nennleistung	91%	91%	96,5%	88%				
Verpolungsschutz	Option	Sicherung	k.A.	k.A.	k.A.	Sicherung	ja	k.A.
Überlastungsschutz	ja	Strombegrenz.	ja	ja	ja	k.A.	ja	ja
Kurzschlußschutz	k.A.	ja	ja	k.A.	ja	ja	ja	ja
Übertemperaturschutz	k.A.	Thermoschalt.	ja	ja	ja	ja	ja	ja
Tiefentladeschutz	ja	k.A.	ja	ja	ja	ja	ja	ja
Weitere Modelle								
12 V Eingangsspannung	600, 1000 W;	300, 600, 1200 W	300, 700, 1400 W	600, 2000 W	600 W	100, 200 W	400, 1500 W	600, 1100 W
24 V Eingangsspannung	600, 1500, 2000 W	300 - 5000 W	300, 700, 1400, 2800 W	4000 W	600, 2500 W		1500 W	600, 2000 W
48 V Eingangsspannung	1300, 2300, 3500 W	600 -. 5000 W	2800 W	2200, 4000 W				1800, 3000 W

Tabelle 4.5 Technische Daten einiger Trapez- und Sinus-Wechselrichter für den Inselbetrieb (ohne Anspruch auf Vollständigkeit).

Es liegt auf der Hand, daß diese Vorzüge und Extras auch ihren Preis haben. Je nach Aufwand, den der Hersteller zwecks Wirkungsgradoptimierung, Stabilisierung und Komfort getrieben hat, liegt der Preis bei 1,50 bis 5 DM pro Watt Nennleistung (bei Geräten mit 500 bis 3000 W Nennleistung), entsprechend 2000 bis 5000 DM/kW. Dafür kann der Wechselrichter dann aber auch neben den (hinreichend großen) Akkus fest installiert werden und der Anwender die komplizierte Technik weitgehend vergessen – beim Einschalten eines 230 V-Verbrauchers ist stets Strom verfügbar und die Anlage arbeitet mit gutem Wirkungsgrad. Aber Vorsicht: Gute Verfügbarkeit verführt leicht zu einem höheren Verbrauch!

Inzwischen werden Trapezwechselrichter auch für kleine Leistungen im Bereich 100 bis 200 W angeboten, um in Kleinstanlagen einzelne Geräte (Rasierer, Radio, Fernsehen, Computer) mit Netzspannung zu versorgen. Durch die Fortschritte der Halbleitertechnik können heute ähnliche Regel- und Schutzmaßnahmen wie bei den großen Geräten eingebaut werden, ohne daß dies den Gerätepreis wesentlich erhöht. Mit 2 bis 2,50 DM pro Watt sind sie nicht oder kaum teurer als die einfachen Rechteck-Wechselrichter und werden diese daher zunehmend verdrängen.

Sinus-Wechselrichter

Diese Wechselrichter liefern, wie der Name schon sagt, eine sinusförmige Ausgangsspannung ähnlich der des öffentlichen Netzes, so daß auch empfindliche Elektrogeräte störungsfrei betrieben werden können. Die Erzeugung einer weitgehend oberwellenfreien Sinusspannung erfordert einen höheren schaltungstechnischen Aufwand als beim Rechteck- oder Trapezwechselrichter, wobei der Wirkungsgrad dieser Geräte durch neue Hochleistungs-Schalttransistoren und eine ausgeklügelte Schaltungstechnik von früher 50 bis 60% auf 80 bis 90% gesteigert werden konnte. Damit sind Sinus-Wechselrichter im Leistungsbereich 500 bis 4000 W heute in Bezug auf die Energienutzung guten Trapez-Wechselrichtern nahezu ebenbürtig. Beim Betrieb von Induktionsmotoren haben sie eindeutige Vorteile, da kaum schädliche Verlustwärme im Motor entsteht. Die Blindleistung, die jeder Induktionsmotor aufnimmt, wird nicht im Motor verheizt, sondern wieder in den Wandler zurückgegeben.

Im übrigen sind Sinuswechselrichter mit ähnlichen Zusatzeinrichtungen ausgestattet wie die komfortablen Trapez-Wechselrichter (Einschaltautomatik, Regelung der Ausgangsspannung, Überlastungsschutz u.ä.), so daß auch hier ein automatischer Betrieb möglich ist. Während Sinus-Wechselrichter im Leistungsbereich bis 2 kW noch deutlich teurer sind

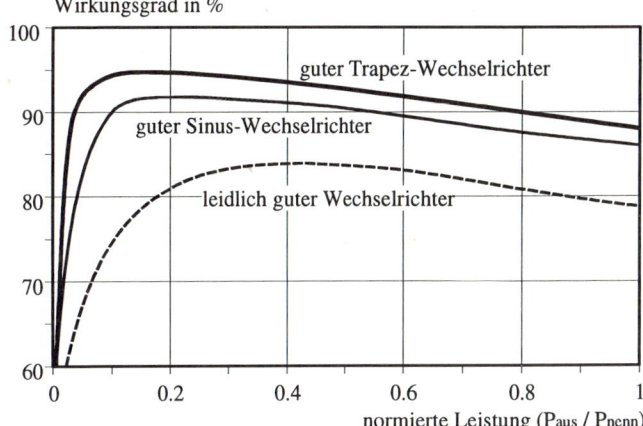

4.40 Wirkungsgrade verschiedener Wechselrichter: die beiden obere Kurven geben einen Vergleich zwischen einem guten Trapez- und einem guten Sinuswechselrichter, die untere Kurve beschreibt einen leidlich guten Wechselrichter.

als Trapezwechselrichter, gleichen sich die Preise bei höheren Leistungen zunehmend an. Daher werden Sinus-Wechselrichter überall dort, wo elektrische Maschinen mit Induktionsmotoren einen erheblichen Anteil am Stromverbrauch haben, zunehmend zum Einsatz kommen, auch wenn ihr Wirkungsgrad geringfügig schlechter ausfällt und die Kosten höher liegen.

Hinweise zur Auswahl und Installation von Wechselrichtern

• Die Eingangsspannung, für die der Wechselrichter gebaut ist, muß mit der Akkuspannung übereinstimmen. Die größten 12 V Wechselrichter können Leistungen bis 1 200 W übertragen (Stromaufnahme dann über 100 A!), für 24 V gibt es Leistungen bis etwa 3 kW, für 48 V sogar bis 6 kW.

• Die Nennleistung des Wechselrichters muß so groß gewählt werden, daß sie die Leistungsaufnahme der angeschlossenen Verbraucher zu jeder Zeit decken kann. Beim Betrieb von Motoren ist der erhöhte Anlaufstrombedarf zu berücksichtigen. Die Auswahl des Wandlertyps ist hauptsächlich eine Frage der persönlichen Energiebedürfnisse und Gewohnheiten. Wer überwie-

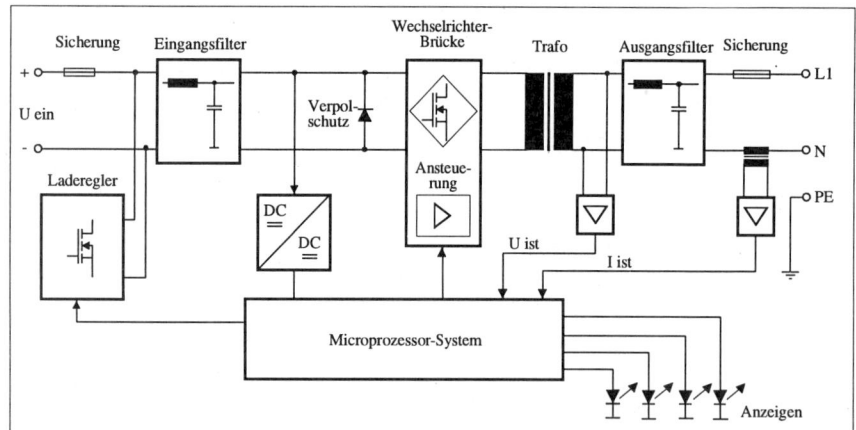

4.41
Blockschaltbild eines modernen Sinus-
Wechselrichters.
Quelle: nach Produktunterlagen der Fa.
Siemens

gend kleine 12/24 V Verbraucher zu versorgen hat und nur hin und wieder ein 230 V-Gerät betreiben will, wird auch mit einer einfacheren Ausführung zurechtkommen. Der Betrieb von Verbrauchern mit großer Leistung und der Wunsch nach ständiger Verfügbarkeit der Netzspannung bedingen entsprechend bessere Geräte und fordern damit natürlich ihren Preis. Werden häufig Induktionsmotoren benutzt, empfiehlt sich die Anschaffung eines Sinus-Wechselrichters.

• Beim Wirkungsgrad gibt es von Hersteller zu Hersteller zum Teil erstaunliche Qualitätsunterschiede, die sich meist auch im Gerätepreis niederschlagen. Um den Solarstrom nicht nutzlos im Wechselrichter zu verheizen, sind ein hoher Wirkungsgrad unter allen Belastungsbedingungen sowie niedrige Leerlaufverluste unbedingt wünschenswert, und dies umso mehr, je häufiger das Gerät benutzt wird.

• Der Wirkungsgrad eines Wechselrichters läßt sich im Betrieb bei einiger Erfahrung schon mit der Hand prüfen: Wird das Gerät bei hoher Belastung so heiß, „daß man Spiegeleier darauf braten kann ...", wird viel Strom nutzlos verheizt! In diesem Fall ist die Suche nach besseren Alternativen angeraten.

• Sollen Uhren mit Synchronmotoren oder ältere Fernsehgeräte betrieben werden, ist die genaue Einhaltung der Netzfrequenz (durch einen Schwingquarz stabilisiert) erforderlich.

• Wechselrichter, insbesondere solche mit rechteckiger oder trapezförmiger Ausgangsspannung, erzeugen neben der Netzfrequenz (50 Hz) ein großes Spektrum von Oberschwingungen, die z.B. Radio- und Phonogeräte erheblich stören können (z.B. durch Pfeifen). Der Wechselrichter sollte daher zur Abschirmung in ein Metallgehäuse eingebaut sein. Außerdem müssen an den Anschlüssen zum Akku sowie am Wechselspannungsausgang (230 V) Entstörmaßnahmen getroffen werden. Es empfiehlt sich, vor dem Kauf einen Test zu machen!

• Wechselrichter ziehen bei Belastung viel Strom aus dem Akku. Beispielsweise nimmt ein 12 V Wechselrichter beim Betrieb einer 500 W Bohrmaschine etwa 50 A auf! Der Wechselrichter muß daher unbedingt in der Nähe der Akkus stehen und über kurze (!) Zuleitungen über Schalter und Sicherung mit großem Kabelquerschnitt fest angeschlossen werden. Anderenfalls geht durch Leitungswiderstände in den Zuleitungen und durch Übergangswiderstände an Klemmen und Schaltern zuviel Energie nutzlos verloren.

• Die Spannung von 230 V am Ausgang des Wechselrichters kann für den, der damit in Berührung kommt, tödlich sein. Bei der Ausführung der Hausinstallation sind daher die einschlägigen VDE-Vorschriften (VDE 0100) über Installation, Kabelmaterial und Berührungsschutz unbedingt beachten. Aus diesem Grunde ist die Elektroinstallation stets Arbeit für einen Fachmann! Wechselrichter für autonome Anlagen (Insel-Anlagen) dürfen nicht an ein 230 V Hausnetz angeschlossen werden, das gleichzeitig noch vom öffentlichen Netz oder z.B. von einem

Notstromgenerator versorgt wird. Denn der Wechselrichter würde dadurch zerstört werden.

• Wechselrichter sind keine Stromerzeuger, sondern nur Wandler, die die Energie aus dem Akku in umgewandelter Form zur Verfügung stellen. Wenn der Akku leer ist, nutzt auch der größte Wandler nichts mehr – im Gegenteil: Bei großen Wechselrichter-Leistungen ist unbedingt darauf zu achten, daß der Akku ebenfalls groß genug ist, um auch bei maximaler Belastung den nötigen Strom an den Wechselrichter liefern zu können.

Wechselrichter zur Netzeinspeisung

Wechselrichter zur Netzeinspeisung kommen dort zum Einsatz, wo ein Anschluß an das öffentliche Versorgungsnetz besteht und der Solarstrom, der nicht vor Ort gebraucht wird, ins Netz verkauft werden soll (vgl. Kap. 6). Sie sind vom Aufbau her den Trapezwechselrichtern in Inselanlagen zwar nicht unähnlich, doch gibt es eine ganze Reihe von Unterschieden bei den Anforderungen und in der Ausstattung.

Wechselrichter für den Netzparallelbetrieb wandeln den Strom vom Solargenerator direkt – d.h. unter Umgehung von Laderegler und Akku – in 230 V Wechselspannung um, die in Frequenz und Phase der Netzspannung exakt nachgeführt werden muß. Eine Art von Maximum-Power-Point-Regler sowie diverse Abschaltvorrichtungen für die Außerbetriebsetzung bei Netzausfall und bei elektrischen Störungen (Isolationsfehler, Fehlerstrom) unterscheiden den Wechselrichter zur Netzeinspeisung von der Ausführung für Inselanlagen. Logisch, daß es auch hier auf besten Wirkungsgrad ankommt, denn 10% Umwandlungsverluste heißt auch beim Betrieb am öffentlichen Netz nichts anderes, als daß 10% des Solarstroms in nutzlose Wärme umgewandelt werden. Wechselrichter zur Netzeinspeisung werden in Kapitel 6.3 ausführlich behandelt.

Gleichspannungswandler

Gleichspannungswandler arbeiten im Prinzip ähnlich wie Wechselrichter, sie wandeln die Akkuspannung am Eingang in eine höhere oder niedrigere *Gleich*spannung am Ausgang um. Gute Wandler erreichen einen Wirkungsgrad von 80 bis 95%. Gleichspannungswandler sind sehr praktisch, wenn es darum geht, einzelne Elektrogeräte, die im Innern mit Gleichstrom arbeiten, auf 12 oder 24 V Versorgungsspannung umzurüsten (z.B. Phonogeräte, Fernseher, Laptop-Computer, u.ä.).

Für die Umsetzung von 12 bzw. 24 V auf die gebräuchlichen Kleinspannungen 3 V, 4,5 V, 6 V, 7,5 V, 9 V und 12 V bieten die Fachhändler anschlußfertige Gleichspannungswandler im Gehäuse mit Stecker (echte Wandler, keine Spannungsregler nach dem Widerstandsprinzip), denen ein Strom von ca. 1 bis 20 A entnommen werden kann. Für den Betrieb der diversen Kleingeräte der Unterhaltungselektronik im Gleichstromnetz sind diese Wandler sehr praktisch.

Abgesehen von diesen Fertiggeräten können Gleichspannungswandler als Elektronik-Bausteine auch zur Umrüstung von (Gleichstrom-) Geräten auf 12 bzw. 24 V eingesetzt werden. Bei der Umrüstung müssen Spannung, Strom und Leistung des Gleichspannungswandlers den elektrischen Bedürfnissen des jeweiligen Gerätes angepaßt werden, was in jedem Fall einschlägige Fachkenntnisse erfordert. Da der Wandler mit dem Geräteschalter ein- und ausgeschaltet wird und die Wandlerleistung auf das zu versorgende Gerät abgestimmt ist, kann die Energieaufnahme des Gerätes nach dem Umbau auf Gleichstromversorgung geringer sein als beim Betrieb am 230 V-Netz. Die Elektronik-Industrie bietet für derartige Umrüstmaßnahmen eine ganze Palette von Gleichspannungswandlern in Form von Bausteinen im Gehäuse oder als Platinenlösung an, mit einer großen Auswahl in Bezug auf die möglichen Eingangs- und Ausgangsspannungen ebenso wie bei der Wandlerleistung.

4.4 Geräte und Verbraucher

Zum solarelektrischen Versorgungssystem gehören auch die elektrischen Geräte (Verbraucher), da sie den erzeugten Strom erst in die für unser Leben nützlichen Dienstleistungen umsetzen. Angesichts des Aufwands und der Kosten für Solarmodule, Akkus, usw. liegt es auf der Hand, bei den Verbrauchern besonders darauf zu achten, daß sie die elektrische Energie so wirkungsvoll wie möglich nutzen. Grundsätzliche Überlegungen zum Stromsparen im Haushalt wurden ja bereits in Kap. 1.5 angestellt. Hier folgen nun praktische Hinweise, wie die wichtigen Geräte eines Haushaltes optimal mit Solarstrom versorgt werden können.

Beleuchtung

Die elektrische Beleuchtung ist in vielen autonomen Stromversorgungsanlagen ein wichtiger, manchmal sogar der einzige Verbraucher. Um zu zeigen, welche Lichtquellen energetisch günstige Verbrauchswerte aufweisen, sind in Tabelle 4.6 der Lichtstrom (ein Maß für die Lichtleistung) gebräuchlicher Lichtquellen und die Lichtausbeute, d.h. die Lichtleistung bezogen auf die eingesetzte elektrische Leistung (bzw. auf den Brennstoffverbrauch) zusammengestellt.

Als erstes fällt auf, daß die mit Brennstoff betriebenen Lampen im Vergleich zu den elektrischen Leuchten durchweg nur eine sehr schlechte Lichtausbeute erreichen. Diese Tatsache hat die Ludwig-Bölkow-Stiftung zur Entwicklung einer einfachen, solarstromversorgten Leuchte veranlaßt, die zumindest teilweise in Ländern der dritten Welt gefertigt und eben dort auch unter ökonomischen Gesichtspunkten sinnvoll, d.h. von vielen Menschen, eingesetzt werden kann. Die höheren Investitionskosten gegenüber einer Petroleumleuchte machen sich trotz höherer Lichtleistung der Photovoltaik-Leuchte nach wenigen Jahren durch die eingesparten Brennstoffkosten bezahlt (Abb. 4.43).

Der Vergleich der Lichtausbeuten in Tab. 4.6 zeigt weiterhin, daß bereits die Halogenlampe der im Haushalt weitverbreiteten Glühlampe deutlich überlegen ist und nahezu die doppelte Helligkeit bei gleichem Stromverbrauch bringt. Leuchtstofflampen (Gasentladungslampen), die heute in vielen Bauformen (als Kompaktlampe ebenso wie als gerade Röhre) angeboten werden, erreichen verglichen mit der Glühlampe sogar eine mehr

Lichtausbeute verschiedener Lichtquellen			
Lichtquelle	Lichtstrom Lumen	Lichtausbeute Lumen/Watt	Lebensdauer Stunden
Kerze	12	0,2	—
Petroleum-Docht-lampe	40	0,1	4500
Karbid-Lampe	200	0,7	1500
Gas-Lampe	500	1,2	7500
Glühlampe 60 W	730	12	1000
Halogen-Glühlampe 50 W	1000	20	2000
Leuchtstofflampe 60 W stabförmig	5400	90 [1]	>>8000
Halogen-Metall-dampflampe 75W	5200	69 [1]	6000 [2]
Natriumdampf-Lampe, 55 W	8000	145 [1] monochr. gelb	12000 [2]
LED grün b. orange		4 - 15	100.000
[1] ohne Verluste des Vorschaltgerätes, [2] Nutzlebensdauer			

Tabelle 4.6   Eigenschaften nichtelektrischer und elektrischer Lichtquellen.   Quelle: [19]

als fünfmal so hohe Lichtausbeute. Aus diesem Grunde sind Leuchtstofflampen nicht nur im gewerblichen Bereich weit verbreitet, sondern auch für den Einsatz in solarelektrischen Anlagen prädestiniert. Unter den verschiedenen Typen erreichen die geraden Röhren, also die „klassische" Bauform, nach wie vor die höchste Lichtausbeute; im Leistungsbereich zwischen 18 und 60 W stehen Röhren mit diversen Lichtspektren (Farbtemperaturen) für vielfältige Einsatzbereiche zur Auswahl. Daneben hat sich in den letzten Jahren die Kompakt-Leuchtstofflampe im unteren Leistungsbereich 6 bis 18 W durchgesetzt. Durch Wendeln des Entladungsrohres konnte die Baulänge so verkürzt werden, daß diese Kompakt-Leuchtstofflampen nun (mit integriertem Vorschaltgerät) auch in normale Glühlampenfassungen passen und damit herkömmliche Glühlampen ersetzen können. Ein gewisser Nachteil der Leuchtstofflampen ist die Notwendigkeit eines elektrischen Vorschaltgerätes, das zur Bereitstellung der hohen Zündspannung dient und außerdem die Einhaltung der Brennspannung von ca. 100 bis 150 V sicherstellt.

Für die Beleuchtung von Wohnwagen, Wochenendhäusern und autonom versorgten Häusern ist es im allgemeinen sinnvoll, den Beleuchtungsstrom ohne weitere verlustbringende Umwandlung direkt aus dem Akku zu entnehmen, d.h. die Beleuchtung mit Gleichstrom (12/24/48 V) zu betreiben. Für die gängigen Systemspannungen gibt es „normale" Glühlampen mit der gewohnten Schraubfassung (E27) sowie Halogenlampen mit Bajonett- und Steckanschluß, die in besseren Elektrogeschäften oder in Solarfachgeschäften zu kaufen sind. Da Glüh- und Halogenlampen zwar preiswert und praktisch, in Bezug auf die Lichtausbeute aber nicht optimal sind, sollten sie nur dort zum Einsatz kommen, wo gelegentlich oder für kurze Zeit Licht erzeugt werden muß oder wo vorhandene Lampen ohne Umbaumaßnahmen (Einbau einer anderen Lampenfassung bzw. eines Vorschaltgerätes) weiter betrieben werden sollen. Um einen versehentlichen Betrieb am 230 V-Netz auszuschließen, muß bei beweglichen Lampen der Stecker ausgetauscht werden, außerdem sollten, um das Zuleitungskabel nicht zu überlasten, höchstens 60 W-Lampen (5 A bei 12 V) eingesetzt werden.

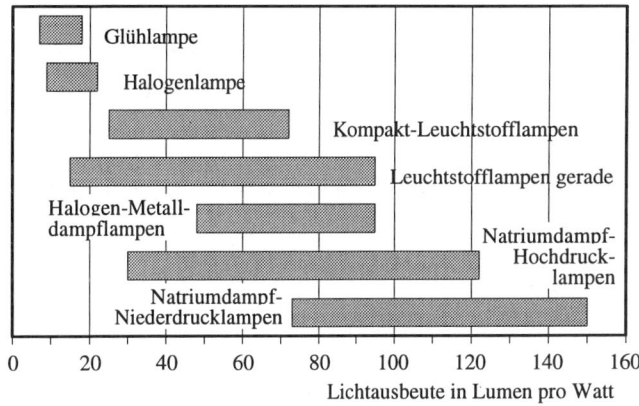

4.42 Lichtleistung gebräuchlicher Lampen.

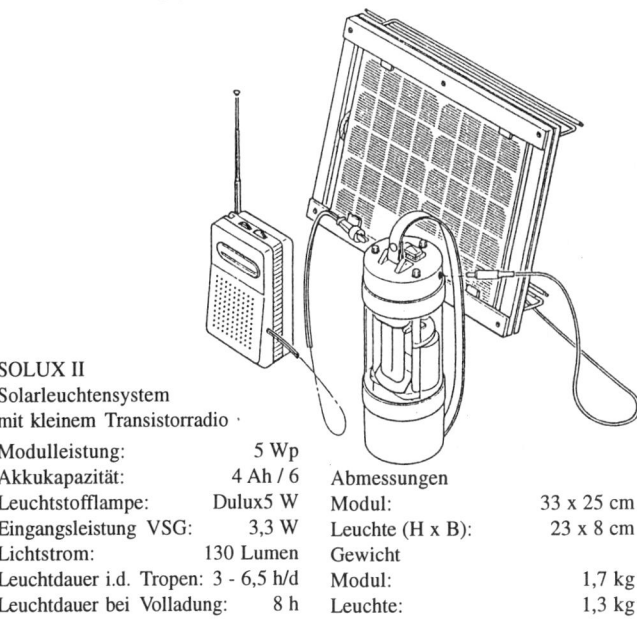

SOLUX II
Solarleuchtensystem
mit kleinem Transistorradio ·

		Abmessungen	
Modulleistung:	5 Wp		
Akkukapazität:	4 Ah / 6		
Leuchtstofflampe:	Dulux 5 W	Modul:	33 x 25 cm
Eingangsleistung VSG:	3,3 W	Leuchte (H x B):	23 x 8 cm
Lichtstrom:	130 Lumen	Gewicht	
Leuchtdauer i.d. Tropen:	3 - 6,5 h/d	Modul:	1,7 kg
Leuchtdauer bei Volladung:	8 h	Leuchte:	1,3 kg

4.43 Das Solarleuchtensystem Solux II besteht aus einer handlichen zylindrischen Leuchte mit eingebautem Vorschaltgerät und einem separaten 5 Watt-Modul, das zusätzlich noch ein Transistorradio versorgen kann.
Quelle: Ludwig-Bölkow-Systemtechnik GmbH, gemeinnützige Forschungs- und Entwicklungsgesellschaft der Ludwig-Bölkow-Stiftung

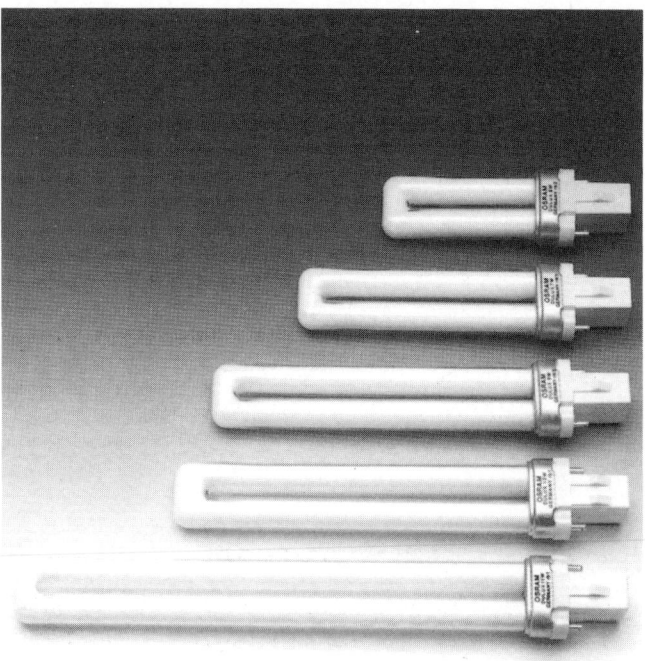

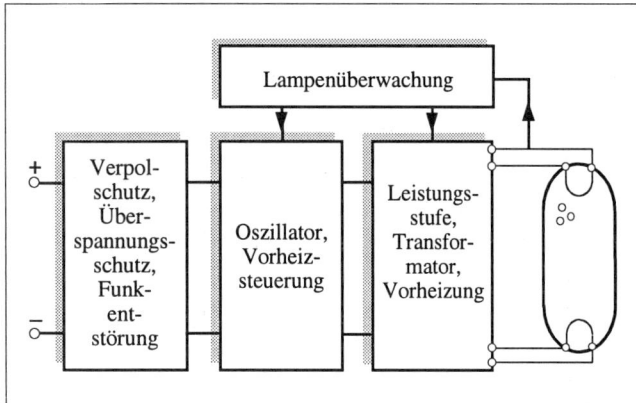

4.44 Kompakte Dulux-Leuchtstofflampen (oben, Photo Osram-Firmenprospekt) und prinzipieller Aufbau eines elektronischen Vorschaltgerätes für den Betrieb an Gleichspannungsnetzen (unten).   Quelle: [19]

Wo Glühlampen längere Zeit in Betrieb sind (z.B. in Wohnräumen), sind Halogenlampen den konventionellen Glühlampen vorzuziehen, sofern nicht die wesentlich besseren Leuchtstofflampen eingesetzt werden können. Immerhin erreicht eine 40 W Halogenlampe die Helligkeit einer normalen 75 W Glühlampe und gibt wegen der höheren Temperatur der Leuchtwendel ein sehr weißes Licht, dessen optische Wirkung sich durch Reflektoren und Schirme vielfältig gestalten läßt.

Die im Verbrauch sehr viel sparsameren Leuchtstofflampen arbeiten je nach Bauform mit einer Brennspannung von etwa 100 bis 140 V. Sie benötigen zum Starten kurzzeitig eine höhere Zündspannung und eine kurze Vorheizung der Lampenelektroden. Zum Betrieb ist daher – unabhängig von der gewählten Netzspannung – in jedem Fall ein Vorschaltgerät notwendig, das gleichzeitig für die notwendige Strombegrenzung im gezündeten Zustand sorgt. Neben den Vorschaltgeräten für das 230 V-Wechselspannungsnetz, die entweder in der Lampe integriert oder im Leuchtenkörper untergebracht sind, gibt es auch Vorschaltgeräte für den Betrieb an 12 bzw. 24 V Gleichspannung, so daß alle Leuchtstofflampen im Prinzip auch aus dem Akku versorgt werden können. Inzwischen werden sogar Kompakt-Leuchtstofflampen mit integriertem Vorschaltgeräte und Schraubfassung für den Betrieb am 12 V-Gleichstromnetz angeboten (Vorsicht, Verwechselungsgefahr mit 230 V-Lampen!).

Elektronische Vorschaltgeräte sind im Grunde nichts anderes als spezielle Spannungswandler; sie setzen die Gleichspannung (bzw. die Netzwechselspannung bei 230 V-Vorschaltgeräten) mit einer Schaltfrequenz von 20 bis 100 kHz in die gewünschte Lampenbrennspannung um. Durch die hohe Schaltfrequenz wird nicht nur das störende 50 Hz-Flackern der Leuchtstoffröhren beim Netzbetrieb vermieden, gleichzeitig steigt durch die höhere Frequenz auch die Lichtausbeute der Lampen um etwa 5 bis 10%.

Gut geeignet für den Umbau vorhandener Leuchten im Haus sind die kompakten PL-Lampen (Abb. 4.44), die im Leistungsbereich 6 bis 18 W sowohl mit einem 2-poligen als auch mit einem 4-poligen Steckanschluß erhältlich sind. Wo immer möglich, ist die 4-polige Ausführung vorzuziehen, bei der die Anschlüsse für die Glühelektroden herausgeführt sind. Durch ein kurzzeitiges Vorheizen der Röhre vor dem Anlegen der Zünd- spannung lassen sich nicht nur bessere Zündeigenschaften gera- de bei niedrigen Temperaturen erreichen, sondern auch eine höhere Lampenlebensdauer, was sich vor allem bei kurzen Schaltintervallen deutlich bemerkbar macht. Für den Betrieb dieser Röhren ist ein dazu passendes Vorschaltgerät mit An- schlüssen für die Vorheizung erforderlich, äußerlich erkennbar an den 4 Anschlüssen. Bei den 2-Stift-Röhren ist eine Zündhilfe im Sockel integriert; der etwas günstigere Preis für Lampe und Vorschaltgerät dieser Bauart muß aber im allgemeinen mit ei- ner verkürzten Lebensdauer der Röhre bezahlt werden.

Für den Betrieb von geraden Leuchtstoffröhren mit 18 bis 40 W Leistung werden ebenfalls in der Leistung angepaßte Vorschalt- geräte angeboten, die in den Leuchtenkörper einzubauen sind. Eine Untersuchung von käuflichen Vorschaltgeräten (in [19]) durch das Institut für Solare Energiesysteme (ISE) in Freiburg hat gezeigt, daß die am Markt angebotenen Vorschaltgeräte in den letzten Jahren zwar erheblich verbessert wurden, aber im- mer noch große Streuungen im Hinblick auf den Wirkungsgrad (gemessene Werte) und die Betriebssicherheit (Leerlauf- und Kurzschlußfestigkeit, Verpolungssicherheit, etc.) aufweisen. Dabei kann der Kaufpreis – er liegt zwischen 50 bis 90 DM für Einbaugeräte und bei über 100 DM für Steck- bzw. Einschraub- adapter – nicht als zuverlässiges Indiz für die Qualität des Vor- schaltgerätes herangezogen werden.

Wer den Umbau von Leuchten und die Installation von Vor- schaltgeräten scheut, findet im Campingbedarf, bei Bus- und Bootsausstattern zum Teil recht formschöne, fertige Leuchten. Die Lichtqualität der Leuchtstoffröhren ist heute übrigens gar nicht so schlecht wie gelegentlich noch behauptet wird. Das für die Augen ermüdende Flackern im Rhythmus der 50 Hz Netz- frequenz tritt bei den elektronischen Vorschaltgeräten mit Schalt- frequenzen von mehr als 15 kHz nicht auf!

Zusammenfassend läßt sich festhalten, daß beim Einsatz energie- sparender Lampen mit einem Stromverbrauch von 10 bis 40 W pro Brennstelle gerechnet werden kann. Die Beleuchtung ge- hört damit nicht zu den großen Stromverbrauchern im Haus- halt.

Anforderungen an elektronische Vorschaltgeräte:

- Hoher elektrischer Wirkungsgrad – gute Geräte erreichen 80 bis 95%.
- Sicheres Zünden im gesamten Betriebstemperaturbereich, d.h. auch bei tiefen Temperaturen (z.B. im Außenbereich) und schwankender Versorgungsspannung.
- Betriebssicherheit auch im Leerlauf (bei gezogener Röh- re), bei Kurzschluß und bei nicht zündender Röhre.
- Schonender Betrieb der Leuchtstofflampe durch Einhaltung von Lampenstrom, Zünd- und Brennspannung sowie durch Vorheizung beim Starten.
- Verpolungsschutz, hohe Lebensdauer und Funkentstörung.
- Einhaltung der VDE-Sicherheitsbestimmungen, vor allem bezüglich Berührungsschutz.

Radio, Fernseher, Phonogeräte

Tragbare Radios, Kasettenrecorder und CD-Spieler sind – auch wenn sie über einen Netzanschluß verfügen – für den Betrieb mit Akkus oder Batterien gebaut und in der Regel im Strom- verbrauch äußerst genügsam. Der Anschluß an ein solares Gleichspannungsnetz, ggf. über ein Vorschaltgerät zur Erzeu- gung der Kleinspannungen 3/6/9 V, bereitet daher im allgemei- nen keine Probleme. Die für die Auswahl des Vorschaltgerätes notwendigen Angaben zur Betriebsspannung und zum Strom- verbrauch finden sich entweder auf dem Typenschild am Gerät oder unter „Technische Daten" in der Betriebsanleitung.

Bei den Fernsehgeräten hat die Größe des Bildschirms entschei- denden Einfluß auf den Energieverbrauch. In einer Marktstudie (in [19]) hat das Institut für solare Energiesysteme (ISE) in Frei- burg 10 TV-Geräte mit 17 bis 37 cm Bildschirmdiagonale un- tersucht, die sich direkt an einem 12 V-Gleichstromnetz betrei- ben lassen. Die Leistungsaufnahme der untersuchten Farbgeräte mit 25 cm Bildschirmdiagonale streute zwischen 25 W beim sparsamsten und 46 W beim verbrauchsstärksten Gerät. Das einzige untersuchte 37 cm-Farbgerät verbraucht etwa 57 W, während das einzige 17 cm-Schwarz-Weiß-Gerät mit knapp 10 W Leistungsaufnahme auskommt. Besondere Beachtung

Leistungsaufnahme von Bürogeräten Gerät / Typ		Leistungs- aufnahme Watt	Leistung Standby Watt
Computer (Stromaufnahme ist nicht mit der Netzteilleistung identisch):			
- Prozessor M 68000		26	
- Prozessor M 68030		46	
- Desktop 80286, 80386SX		33	
- Desktop 80386 DX		42	
- Laptop 80386 SX		15	9
- Desktop 80486		75	9
- Desktop 80486 Stromsparversion		20 - 30	3 - 30
Bildschirme 14" Schwarzweiß		35	
14" Farbe		55 - 67	1 - 40
17" Farbe		85 - 100	1 - 40
19" Farbe		140	
Farb-LCD-Bildschirm		26	
Drucker Energieverbrauch pro A4-Seite			
9-Nadel-Drucker	0,36 Wh	120	13
24-Nadel-Drucker	0,37 Wh	90 - 150	16
Tintenstrahldrucker	0,15 Wh	10 - 15	4 - 8
Thermotransferdrucker	0,51 Wh		22
Laserdrucker	1,6 Wh	200 - 600	10 - 90
Faxgerät Senden/Empfang A4-Seite			
(Thermotransfer)	0,58/0,69 Wh		12
Laserfaxgerät	1,6/2,4 Wh		60
Photokopierer		500 - 1500	120 - 250
Verbrauch pro Einzelkopie	1,8 - 2,1 Wh		3 - 30 aus-
pro Kopie bei 20 Kopien	0,5 - 0,8 Wh		geschaltet

Tabelle 4.7 Leistungsaufnahme von Bürogeräten.   Quelle: [5]

bis 1,4 W), was in autonomen Solarstrom-Anlagen nicht hinnehmbar ist. Bei der Auswahl eines Gerätes sollte außerdem darauf geachtet werden, daß ein Verpolungsschutz eingebaut ist, anderenfalls könnte das relativ teure Gerät durch einen einfachen Installationsfehler irreversibel zerstört werden.

Wer eine vorhandene leistungsstarke Stereoanlage (es gibt auch gute Anlagen aus der KFZ-Technik) oder einen großformatigen Fernseher nicht missen möchte, kommt an der Anschaffung eines guten (Trapez- oder Sinus-) Wechselrichters nicht vorbei, der dann auch für andere Geräte zur Verfügung steht. Auch beim Betrieb mit Wechselstrom sollte unbedingt darauf geachtet werden, daß die Geräte beim Ausschalten tatsächlich vollständig vom Netz getrennt werden und nicht im „Standby" dauernd Strom verbrauchen. Immerhin führt eine Standby-Leistungsaufnahme von nur 1 W zu einem Stromverbauch von gut 8 kWh im Jahr, was ohne Berücksichtung der Wechselrichterverluste bereits etwa 20% der Jahresproduktion eines 50 W-Solarmoduls ausmacht.

Eine Untersuchung der Stromaufnahme verschiedener Videorecorder (Verbreitung ca. 15 Mio. Geräte in Deutschland!) hat gezeigt, daß diese Geräte beim Abschalten durchweg nicht vom Netz getrennt werden, um den programmierbaren Timer in Betrieb zu halten. Dabei wurde je nach Gerät im Standby-Betrieb eine Leistungsaufnahme zwischen 7 und 19 W gemessen, was einem Jahresstromverbrauch von 67 bis 166 kWh nur für die Betriebsbereitschaft entspricht! Der Dauerbetrieb solcher Geräte erscheint angesichts dieses hohen Jahresverbrauches in Solarstromanlagen nicht vertretbar. Technisch ist es durchaus möglich, Timer zu bauen, die mit erheblich weniger als 1 W Leistungsaufnahme auskommen.

verdient der sogenannte Standby-Betrieb, da nur 2 der 10 untersuchten Geräte über einen Ausschalter verfügen, der die Stromaufnahme vollständig unterbricht. Alle anderen Gerät verbrauchen, sofern sie nicht durch Ziehen des Steckers oder über einen externen Schalter abgeschaltet werden, kontinuierlich Strom (Standby-Leistungsaufnahme je nach Gerät: 0,15

Computer und Bürogeräte

Computer haben in den letzten Jahren nicht nur in fast alle Büros, sondern auch zunehmend in die Haushalte Eingang gefunden. Bedauerlich bei diesen inzwischen weit verbreiteten High-Tech-Geräten ist, daß die Hersteller bei den Standard-Geräten bisher nur wenig Wert auf stromsparende Konzepte gelegt und dadurch nicht unbeträchtlich zur Steigerung des Stromverbrauches in den Industrieländern beigetragen haben. Daß schnelle Rechner auch mit geringen Stromverbrauch auskommen können, beweisen die tragbaren Geräte (Laptops), die sich relativ leicht auf einen Betrieb am 12 bzw. 24 V-Gleichspannungsnetz umstellen lassen. Alle anderen Geräte und vor allem großformatige Bildschirme erfordern zum Betrieb in autonomen Solarstromanlagen entweder einen guten Wechselrichter oder aber den kompletten Umbau des Netzteils durch einen Elektrofachmann.

Tabelle 4.7 gibt einen Überblick über die Leistungsaufnahme von gebräuchlichen Computer-Komponenten und anderen Bürogeräten. Die Übersicht zeigt, daß nicht nur der Rechner selbst, sondern auch die notwendige Peripherie wie Bildschirm und Drucker den Stromverbrauch spürbar beeinflussen. Wo es wie in autonomen Solarstromanlagen auf sparsamsten Stromverbrauch ankommt, sollte dem LCD- oder Schwarzweiß-Bildschirm der Vorzug gegeben werden vor großformatigen Farbbildschirmen, die bei manchen Profi-Anwendungen fraglos ihre Berechtigung haben. Und für den täglichen Schriftverkehr ist die Qualität moderner Tintenstrahldrucker bei weitem ausreichend, wobei der Tintenstrahldrucker für die Dienstleistung „Drucken von Information auf Papier" etwa 8 mal weniger Energie verbraucht als ein Laserdrucker und obendrein mit einer sehr viel geringeren Anschlußleistung auskommt.

Bei der Anschaffung von Geräten, die dauernd in Betrieb sind, wie z.B. Fax-Geräte, ist besonders auf deren Standby-Stromverbrauch zu achten.

Leistungsaufnahme von Haushaltsgeräten Gerät	Leistungs-aufnahme Watt	Betrieb an 12/24 Volt möglich?
Glühlampen	15 - 150	ja, direkt
Leuchtstofflampen	5 - 60	mit Vorschaltgerät
Kühlschrank	120 - 130	mit Wechselrichter
Kühlschrank in 12/24V-Ausführung	50 - 75	direkt
Tiefkühltruhe	150 - 230	mit Wechselrichter
Waschmaschine	ca. 2000	Wechselr. o. Umbau
Geschirrspüler	2000-3000	mit Wechselrichter
Staubsauger	500 - 1000	mit Wechselrichter
Bügeleisen	1000	mit Wechselrichter
Mixer	100 - 200	mit Wechselrichter
Getreidemühle	250	mit Wechselrichter
Nähmaschine	40 - 80	mit Wechselrichter
Föhn klein	320 - 500	mit Wechselrichter
Föhn groß	500 - 1000	mit Wechselrichter
Kofferradio	4 - 10	Umbau o. direkt
Verstärker 2 x 30 Watt	100	Wechselr. o. Umbau
Casetten-Recorder	5 - 20	Wechselr. o. Umbau
Tuner	10 - 20	Wechselr. o. Umbau
Fernseher 40 - 45 cm Bilddiagonale	40	mit Wechselrichter
Fernseher 50 - 56 cm Diagonale	50	mit Wechselrichter
Fernseher 66 - 70 cm Diagonale	75 - 100	mit Wechselrichter
Diaprojektor	220	mit Wechselrichter
Garten-Wasserpumpe	500 - 1000	mit Wechselrichter
Bohrmaschine	400 - 600	mit Wechselrichter
Schwingschleifer	400	mit Wechselrichter
Kreissäge	800 - 1500	mit Wechselrichter

Tabelle 4.8 Leistungsaufnahme verschiedener Verbraucher im Haushalt

Weitere Geräte im Haushalt

Wer einen „vollelektrischen" Haushalt zu versorgen hat, kommt um einen guten Wechselrichter und einen entsprechend großen Akku nicht herum: Staubsauger, Küchengeräte, Bügeleisen, elektrische Nähmaschine, Haarföhn, elektrische Schreibmaschine u.ä. sind zwar meist nur für kurze Zeit in Betrieb und gehören deshalb auch nicht zu den großen Stromverbrauchern, sie

aber alle durch neue 12/24 V Geräte zu ersetzen ist sicherlich nicht sinnvoll. Wieweit auf diese kleinen Helfer verzichten werden kann, mag jeder selbst entscheiden. Tabelle 4.8 gibt einen Überblick über die Leistungsaufnahme diverser Geräte und den durchschnittlichen Verbrauch im Haushalt.

Haushaltsgroßgeräte: Kühlschrank, Waschmaschine ...

Hier handelt es sich um die wirklich großen und damit problematischen Stromverbraucher im Haushalt. Als Haushaltgeräte sind sie üblicherweise für 230 V Wechselspannung ausgelegt und benötigen in Solarstromanlagen daher einen leistungsfähigen Wechselrichter.

Der *Elektroherd* sollte, sofern im Haushalt bereits vorhanden, unbedingt verkauft und das Kochen auf Gas (Erdgas oder Propan) umgestellt werden. Denn die Leistungsaufnahme von Elektroherden ist sehr hoch (1,5 bis 3 kW) und der jährliche Energieverbrauch (von der Personenzahl im Haushalt abhängig) beträchtlich. Gasherde sind im Betrieb billiger und nicht gefährlicher als Elektroherde. Außerdem läßt sich die Hitze beim Kochen viel schneller und besser regulieren.

Kühlschränke und, sofern im Einsatz, auch *Gefriergeräte* sind „verkappte" Großverbraucher. Von der Leistungsaufnahme (50 bis 250 W) her nicht besonders auffällig, erreichen sie über das Jahr betrachtet deshalb so hohe Verbrauchswerte, weil sie Tag und Nacht in Betrieb sind und sich mit schöner Regelmäßigkeit selbsttätig ein- und ausschalten. Nach heutigem Stand der Technik gute Kompressorkühlschränke mit etwa 160 l Nettoinhalt verbrauchen 0,4 bis 0,5 kWh/Tag, entsprechend 150 bis 200 kWh/Jahr. Für die derzeit marktbesten Geräte ohne Gefrierfach (Gram LER 200 und Elektrolux ER2512) werden Stromverbräuche von 0,28 kWh/Tag für 196 l bzw. 0,32 kWh/Tag entsprechend etwa 100 kWh/a bei 246 l Nettovolumen angegeben. Kühlschränke mit Gefrier- (***)-Fach liegen im Verbrauch mit 0,55 bis 0,65 kWh/Tag für 130 bis 160 l Nettovolumen ein wenig höher. Gute *Gefriertruhen* und -*schränke* erreichen mit 0,5 bis 0,65 kWh/d ähnliche Verbrauchswerte wie die Kühlschränke, wobei die Truhen konstruktionsbedingt sparsamer sind als Gefrierschränke.

Der Kompressor im Kühlaggregat wird stets durch einen Asynchronmotor angetrieben, so daß für den Betrieb an einer Solarstromanlage ein guter Trapez- oder Sinuswechselrichter erforderlich ist, der kurzzeitig das 5 bis 10 fache der Kompressorleistung liefern kann. Bei der Berechnung des Stromverbrauchs müssen in diesem Fall noch 10 bis 15% Zuschlag für die Umwandlungsverluste im Wechselrichter berechnet werden. Für mobile Anwendungen gibt es Kühlschränke und Gefriertruhen (Volumen 50 bis 120 l), die für 12 oder 24 V Gleichspannung gebaut sind und folglich ohne Wechselrichter auskommen. Eine Untersuchung dieser Kühlgeräte [19] hat gezeigt, daß die Geräte trotz des geringeren Nutzvolumens im spezifischen Stromverbrauch ähnlich sparsam sind wie die marktbesten Haushaltsgeräte. Da in Solarstromanlagen auch noch die Umwandlungsverluste des Wechselrichters eingespart werden, stellen solche Geräte trotz ihres deutlich höheren Preises nicht nur in mobilen Anlagen eine prüfenswerte Alternative zum 230 V-Standard-Gerät dar.

Die *Waschmaschine* ist in Solarstromanlagen ein besonders problematischer Verbraucher: Die Trommel wird durch einen Asynchron-Motor angetrieben, die Laugenpumpe meist durch einen Spaltpol-Motor (besonders schlechter Wirkungsgrad!), als Antrieb für das Programmschaltwerk dient ein kleiner Wechselstrom-Synchronmotor und das Heizen der Waschlauge erfolgt ebenfalls elektrisch über einen Heizstab mit 1,5 bis 3 kW Leistung. Die maximale Leistungsaufnahme liegt also bei etwa 1,6 bis 3,3 kW; gleichzeitig gehört die Waschmaschine mit einem durchschnittlichen Jahresverbrauch von 250 bis 300 kWh/a entsprechend 0,7 bis 0,8 kWh/Tag (bei durchschnittlicher Benutzung) zu den großen Verbrauchern im Haushalt, auf die kaum jemand verzichten will.

Allein für den Betrieb der Waschmaschine einen 2,5 kW-Wechselrichter anzuschaffen, erscheint oft nicht vertretbar. Als Alternative gibt es kleine, preiswerte und sehr einfache Waschmaschinen ohne Heizstab und Pumpe, die sich mit einem 300 W-Wechselrichter betreiben lassen. Für den Weiterbetrieb bestehender Geräte bleibt – alternativ zum großen Wechselrichter – nur der Umbau der Maschine, d.h. der Einbau eines Warmwasseranschlusses zum Anschluß an das häusliche, möglichst solar versorgte Warmwassernetz (Umbauanleitung siehe S. Scheer: Stromsparen beim Waschen, ökobuch, Freiburg 1985). Der Elektroheizstab ist durch eine leistungsschwächere Ausführung zu ersetzen oder eventuell sogar abzuklemmen, sofern auf den Kochwaschgang verzichtet werden kann – Waschen bei 60°C ist für die Sauberkeit im allgemeinen ausreichend. Für den Betrieb der Motoren in der Maschine und im Schaltwerk reichen kleinere 1 kW-Trapez- oder Sinus-Wechselrichter völlig aus. Ganz findige Bastler können natürlich auch Motor, Laugenpumpe und den Synchronantrieb für das Programmschaltwerk gegen passende Gleichstrom-Aggregate auszutauschen. Jedoch Vorsicht, die Schaltkontakte im Programm sind für die höheren Ströme, die ein 12/24 V Motor zieht, unter Umständen zu schwach.

Der Betrieb eines *elektrischen Wäschetrockners* in Solarstromanlagen ist ebenso wenig sinnvoll, wie das Aufheizen der Lauge in Waschmaschinen mit Solarstrom. Die Solarzellen erzeugen aus Sonnenenergie elektrischen Strom mit vergleichsweise bescheidenem Wirkungsgrad (10 bis 15%), der im Trockner bzw. im Heizstab doch nur wieder in Wärme umgewandelt wird. Da ist es auf jeden Fall besser, die Wäsche ins Freie zu hängen und direkt mit Sonnenenergie zu trocknen. Auch ökonomisch betrachtet ist die Schaffung eines überdachten Trockenplatzes allemal preisgünstiger als die nötige Erweiterung der Solarstromanlage.

Häufig finden sich im Heizungskeller dann noch weitere Elektrogeräte, die in der Übersicht der Verbraucher nicht übersehen werden dürfen. In der Heizungsanlage und der eigentlich obligatorischen Warmwasser-Solaranlage sind im allgemeinen *Pumpen* und *elektronische Steuerungen* zu versorgen, sowie unter Umständen ein relativ leistungsstarkes *Gebläse* für den Heizungsbrenner.

Alte Heizungspumpen mit 100 bis 150 W und mehr für ein Ein- oder Zweifamilienhaus sind erfahrungsgemäß stark überdimensioniert, so daß sie, vor allem wenn sie dauernd laufen, im Jahr mehr Strom verbrauchen als die Waschmaschine oder der Kühlschrank! Für den Betrieb an Solarstromanlagen empfiehlt es sich, die notwendige bzw. optimale Pumpleistung vom Heizungsbauer ermitteln zu lassen, entweder durch genaue Rechnung oder experimentell mit Hilfe einer regelbaren Pumpe mit Meßeinrichtung. Darüber hinaus hilft ein guter Wärmeschutz des Gebäudes, nicht nur beim Sparen von Heizenergie sondern auch beim Stromsparen. Aufgrund eines verringerten Wärmebedarfes lassen sich Pumpen- und Brennerleistung spürbar re-

Stromverbrauch von Haushaltsgeräten		durchschnittliche Verbrauchswerte	
Gerät / Typ		Bestwerte	Mittelwerte
Kühlgeräte		kWh/d·100 l	kWh/d·100 l
Kühlschränke ohne Sternefach	bis 185 l		
	über 185 l	0,24	0,40 - 0,45
Kühlschrank mit ***-Fach	115 - 170 l	0,14	0,30 - 0,35
	175 - 290 l	0,38	0,55 - 0,65
Gefrierschrank	60 - 110 l	0,14	0,45 - 0,55
	120 - 450 l	0,65	1,0 - 1,2
Gefriertruhe	100 - 200 l	0,34	0,65 - 1,0
	200 - 300 l	0,31	0,55 - 0,75
		0,23	0,45 - 0,60
Waschmaschinen		kWh/kg	kWh/kg
Kleingeräte 3 - 4,2 kg		0,37	0,46
Frontlader 4,5 - 5,5 kg		0,35	0,41
Toplader m. Schleudern 4,5 - 5,5 kg		0,38	0,46
Toplader o. Schleudern 4,5 - 5,5 kg		0,42	0,44
Trockner		kWh/kg	kWh/kg
Trommeltrockner 4,5 - 5 kg		0,54	0,67
Schranktrockner 3 - 7 kg	kalt	0,17	0,19
	warm	0,72	0,78
Spülmaschinen		kWh/Spül.	kWh/Spül.
Kleingeräte		0,12	0,20
45 cm breite Geräte		0,125	0,15
55 - 60 cm breite Geräte		0,11	0,14

Tabelle 4.9   Stromverbrauch der „großen" Haushaltsgeräte. Quelle: Klaus Michael: „Noch weniger Strom, Wasser und FCKW's" in: Energiedepesche, Juni 93

duzieren; die Pumpe und ggf. auch der Kessel können während der Nachabsenkung über eine Schaltuhr ganz abgeschaltet werden, was sich beim Stromverbrauch ebenso wie beim Brennstoffverbrauch bemerkbar macht.

Um eine konventionelle, für 230 V~ konzipierte Heizungsanlage mit Solarstrom betreiben zu können, ist ein guter Wechselrichter mit Abschaltautomatik erforderlich. Es gibt inzwischen aber auch kleine Gleichstrompumpen mit gutem Wirkungsgrad für 12 bzw. 24 V, die nur ein paar Watt aufnehmen und für gepumpte Solar- und kleinere Heizungsanlagen stark genug sind. Sofern der Heizkessel keinen Gebläsebrenner erfordert, bietet es sich an, die ganze Heizung auf Gleichstrombetrieb umzustellen. Die Außentemperatursteuerung sowie die Regelung einer Solaranlage arbeiten intern sowieso mit kleinen Gleichspannungen (5 bis 15 V) und geringer Leistungsaufnahme, so daß die Anpassung der Stromversorgung an die Systemgleichspannung nicht schwer fallen wird.

Anwendungsbereiche von Gleich- und Wechselstrommotoren			
	Motorbauart	Leistungsbereich / Wirkungsgrad	Eigenschaften / Anwendungen
Gleichstrom-Motoren	**Synchronmotoren** einphasig - Hysteresläufer - Reluktanzläufer	kleinste und kleine Leistungen	hoher Wirkungsgrad, Drehzahl von der Frequenz des Wechselstroms abhängig: Betriebsstundenzähler, Schaltuhren, Servoantrieb
	- Spaltpolmotoren	0,2 - 6 Watt	schlechter Wirkungsgrad, z.B. für Programmschaltwerke
	Synchronmotoren dreiphasig	von kleinen bis zu sehr großen Leistungen	hoher Wirkungsgrad, gutes Leistungsgewicht, Drehzahl durch Frequenz des Wechselstroms steuerbar, teurer als Asynchronmaschinen: breites Anwendungsgebiet
	Asynchronmotoren, einphasig		robust, wartungsfrei, preiswert
	- Spaltpolmotoren	5 - 150 W: $\eta \sim$ 5 - 35%	Sp.-Motoren werden wegen der einfachen Bauweise trotz schlechten Wirkungsgrades für kleine Leistungen gern eingesetzt.
	- Kondensatormotoren: Motoren mit Kondensatorhilfsphase	kleine Leistung: $\eta \sim$ 40% mittlere bis große Leist.: $\eta \sim$ 40-80%	robuster Motor mit gutem Wirkungsgrad und großer Verbreitung für vielfältige Antriebsaufgaben
	Asynchronmaschinen dreiphasig	große und größte Leist.: $\eta \sim$ 70 ..85%	universeller Antriebsmotor für Großwerkzeuge, Maschinen, u.ä.
Wechselstrom-Motoren	**Nebenschluß-Motoren** - Permanentmagneterregt	guter Wirkungsgrad: $\eta \sim$60 bis 80% Glockenanker: 0,1 bis 10 W genuteter Anker: 0,5 W bis mehrere kW Scheibenläufer: 10 W bis 10 kW	gute Drehzahlkonstanz, Drehzahl durch Spannung regelbar z.B.: Modellbau, technische Kleinantriebe, Feinmechanik z.B. Scheibenwischer, Gebläse z.B. Servoantriebe mit hohen dynamischen Anforderungen
	- elektrisch erregt, mechanisch kommutiert	1 bis 1000 Watt guter Wirkungsgrad	begrenzte Lebensdauer wegen Verschleiß am Kollektor: für Pumpen, Gebläse, Kompressoren, landwirtschaftliche Maschinen
	- elektrisch erregt, elektrisch kommutiert	0,1 bis 100 Watt guter Wirkungsgrad	Drehzahlsteuerung über die Kommutierungselektronik: für Pumpen, Antriebe in elektronischen Geräten
	Haupt- (Reihen-) schluß- motoren, Doppelschlußmotoren	10 - 2000 Watt guter Wirkungsgrad	Hohes Anlaufmoment: für Pumpen, Hebezeuge, Elektrofahrzeuge
Gleich- u. Wechsel-strom	**Universalmotoren**. Reihenschlußmoteren für Gleich- und Wechselspannung	10 bis 1000 Watt, guter Wirkungsgrad	wie Reihenschlußmotoren: kleine Baugröße bei hoher Leistung, hohes Anlaufmoment: Elektrowerkzeuge (Bohrmaschine), Haushaltsmaschinen (Küchenmaschine, Staubsauger)

Tabelle 4.10 Motorbauarten und ihre Eigenschaften.

4.5 Solarstrom für Motoren und Pumpen

Motoren in Solarstromanlagen

Elektromotoren finden sich in vielen Haushaltsgeräten, haustechnischen Anlagen und Werkzeugen, wobei der Leistungsbereich im Haus von 0,1 W bis ca. 3 kW reicht. Im gewerblichen und industriellen Bereich gibt es darüber hinaus eine Vielzahl weiterer Anwendungen für Motoren mit nach oben offener Leistung. Angesichts des großen Anwendungsbereiches verdient der Betrieb von Elektromotoren in Solarstromanlagen daher eine etwas ausführlichere Darstellung, die aufgrund der derzeitigen Anwendungsschwerpunkte auf Motoren kleiner Leistung beschränkt werden soll. Eine umfassende Abhandlung dieses sehr vielschichtigen Themas bietet das Buch von H.K. Köthe: „Solarantriebe in der Praxis" [26].

Tabelle 4.10 gibt einen Überblick über die wichtigsten Bauarten von Elektromotoren und ihre Eigenschaften und Tabelle 4.11 zeigt, welche Motorbauarten in den verschiedenen Geräten und Maschinen üblicherweise eingesetzt werden.

Bedingt durch den Betrieb am öffentlichen Wechselstromnetz sind die meisten Geräte im Haus üblicherweise mit Wechselstrom-Motoren ausgerüstet. Wechselstrommotoren und insbesondere die weitverbreiteten Asynchronmotoren gelten als robust, weitgehend wartungsfrei und preiswert. In elektromechanischen Geräten werden dagegen vorwiegend Gleichstrommotoren kleiner Leistung, da dort schon der elektronischen Ansteuerung wegen mit Gleichstrom gearbeitet wird. Weiterhin kommen im Bereich der Fahrzeugausstattung überwiegend Gleichstrommotoren zum Einsatz, weil diese bei kleiner Baugröße einen problemlosen und effizienten Betrieb am Gleichstrom-Bordnetz ermöglichen.

Insgesamt gesehen erreichen Gleichstrom-Motoren im Leistungsbereich unter 1 kW in der Regel einen deutlich besseren Wirkungsgrad als Wechselstrommotoren, wobei es grundsätzlich keine Rolle spielt, ob der Motor elektronisch oder mecha-

Einsatzbereiche von Motoren im Haus		
Bereich	**Motorbauart**	**Anwendung**
Küche, Bad	Kondensatormotor	Waschmaschine, Trocknergebläse, Kühlschrank,
	Spaltpolmotor	Waschmaschinenpumpe, Geschirrspülerpumpe, Ab- und Umluftgebläse, Haartrockner
	Universalmotor	Küchenmaschinen, Staubsauger
Wohnung	Kondensatormotor	Lüfter
	Spaltpolmotor	ältere Plattenspieler, Schreibmaschine (elektromechanisch), Projektorgebläse
Haustechnik, Werkstatt	Kondensatormotor	Brennergebläse, Heizungspumpe, Rasenmäher, (Regen-) Wasserpumpe, Kreissäge,
	Spaltpolmotor	Umwälzpumpe, Fernsteuerungen
	Universalmotor	Elektrowerkzeuge (Bohrmaschine, Säge, Fräse, etc.),
Büro- und gewerbliche Anwendungen	Kondensatormotor	Werkzeugmaschinen, Laborgeräte, Pumpen, Büromaschinen, Photokopierer, Aktenzerkleinerer, Adreßiermaschinen
	Spaltpolmotor	Lüfter für Geräte aller Art, Büromaschinen, kleine Werkzeugmaschinen
	Universalmotor	Handwerkzeuge, Laborgeräte

Tabelle 4.11 Einsatzbereiche der verschiedenen Wechselstrommotoren im Haus. nach [26]

nisch kommutiert wird. Ein schwerwiegender Nachteil der mechanisch kommutierten Motoren (das sind die meisten) ist der unvermeidliche Verschleiß an Bürsten und Kollektor, der die wartungsfreie Betriebszeit begrenzt. Motoren mit elektronischer Kommutierung vermeiden diesen Nachteil, erfordern dafür aber eine relativ aufwendige elektronische Schaltung, so daß solche Motoren vorwiegend für Anwendungen mit kleinem Leistungsbedarf in High-tech-Geräten eingesetzt werden. Für den Betrieb in Solarstromanlagen sind permanentmagneterregte Gleichstrommotoren besonders geeignet. Motoren dieser Bauart zeichnen sich zum einen durch einen günstigen Dreh-

zahl-Drehmoment-Verlauf und gute Regelbarkeit (Drehzahlregelung durch Regelung der Motorspannung) aus; zum anderen sind sie wegen ihres guten Wirkungsgrades (60 bis 80%) vor allem im Leistungsbereich unter 100 W den recht robusten, aber sehr uneffektiven Wechselstrommotoren (Wirkungsgrad von Spaltpolmotoren: 10 bis 30%) vor allem dort deutlich überlegen, wo es auf eine rationelle Nutzung des Strom besonders ankommt.

Stromversorgung von Motoren in autonomen Anlagen
Beim Betrieb von Motoren in Solarstromanlagen ist grundsätzlich zu unterscheiden zwischen Systemen mit Akku und solchen, die ohne Pufferspeicher den Strom vom Solargenerator direkt nutzen. Die Blockschaltbilder der Lösungen sind in Abb. 4.45 gegenübergestellt.

• Der einfachste Fall ist die *Versorgung von Gleichstrommotoren aus einem Solargenerator-Akku-System*, wobei es unerheblich ist, ob es sich dabei um eine größere Anlage zur Versorgung mehrerer Verbraucher handelt oder um ein allein auf den Motorbetrieb abgestimmtes System. Die einzigen Bedingungen für einen ungestörten Betrieb sind, daß die Betriebsspannung des Motors und die Versorgungsspannung zusammenpassen und der Akku leistungsfähig genug ist, um den Stromverbrauch des Motors unter allen Belastungsbedingungen zu decken. Wegen der hohen Betriebsströme, die ja auch ein- und ausgeschaltet werden müssen, sind bei größeren Motorleistungen oberhalb von etwa 1 kW, teilweise aber auch schon darunter, Wechselstrommotoren mit Wechselrichter vorzuziehen.

• *Wechselstrommotor am Anlagen-Wechselrichter*: In größeren Solarstromanlagen, die mit einem zentralen Wechselrichter und Wechselspannungsnetz ausgestattet sind, ist der Betrieb von Wechselstrommotoren jeglicher Art problemlos möglich, solange die Leistungsaufnahme des Motors vom Wechselrichter gedeckt werden kann. Es sollte allerdings ein Trapez- oder besser noch ein Sinuswechselrichter eingestzt werden, der auch den kurzzeitig auftretenden hohen Anlaufstrom der Motoren liefern kann.

• Eine Variante der vorigen Lösung ist der Betrieb einer aufeinander abgestimmten *Wechselrichter-Motor-Kombination* am

4.45 Varianten der Stromversorgung von Motoren in Solarstromanlagen.

Gleichstrom-Motor am 12 / 24 / 48 V Gleichspannungsnetz

230 V Wechselstrom-Motor mit eigenem ein- oder dreiphasigem Wechselrichter oder Betrieb am Anlagenwechselrichter

Gleichstrom-Motor in Spannung und Leistungsaufnahme dem Solargenerator angepaßt durch Abstimmung der Kennlinien

Gleichstrommotor mit Anpaßwandler, der den Betrieb in der Nähe der MPP's sicherstellt; vorwiegend für kleinere Leistungen

Wechsel- oder Drehstrommotor mit speziellem Wechselrichter und integriertem MPP-Tracker, variable Wechselrichterfrequenz zur Drehzahlregelung

akkugepufferten Gleichstromnetz. Der Wechselrichter kann in diesem Fall optimal auf den Motor abgestimmt werden und gleichzeitig auch Regelungsfunktionen übernehmen, z.B. eine Drehzahl- und Leistungsregelung bei Synchron- und Asynchronmaschinen durch Variation der Wechselspannungsfrequenz.

Nun gibt es in der Praxis einige Anwendungen (z.B. Wasserpumpen, Ventilation, Kühlung), bei denen der Energiebedarf mit dem Strahlungsangebot mehr oder weniger konform geht, so daß zur Vereinfachung der Stromversorgung auf den Akku verzichtet werden kann. Während solche Systeme im Blockschaltbild recht einfach aussehen und im Aufbau mit wenigen Bauteilen auskommen, erfordert die Abstimmung von Solargenerator und Motor in Spannung und Leistung besonderes Augenmerk.

Um das Problem zu verdeutlichen, ist in Abb. 4.46 die typische Strom-Spannungs-Kennlinie eines Gleichstrom-Pumpenmotors in das Kennlinienfeld eines Solarmoduls eingezeichnet: Der stillstehende Motor benötigt zunächst einen gewissen Mindeststrom bei recht niedriger Spannung, um überhaupt anzulaufen. Kann der Solargenerator diesen Strom nicht liefern, weil die Einstrahlung nicht ausreicht, bleibt der Motor stehen. Ist die Einstrahlung ausreichend und der Anlaufwiderstand überwunden, geht die Stromaufnahme bei gleicher Spannung zunächst merklich zurück, um dann mit zunehmender Spannung, Motordrehzahl und Leistung anzusteigen. Natürlich hängt die Stromaufnahme des Motors auch von dessen Belastung, d.h. vom aufzubringenden Drehmoment ab, was im Diagramm durch eine Schar von Kennlinien dargestellt werden könnte.

• Beim Direktbetrieb des *Gleichstrommotors am Solargenerator* besteht die einzige Abstimmungsmöglichkeit – abgesehen vom Einsatz eines guten Motors – in der Bemessung des Solargenerators, der aus einem oder mehreren Module bestehen kann. Modulspannung und -leistung sind so zu wählen, daß der Motor einerseits frühzeitig anläuft und zum anderen den Solargenerator bei den häufig vorkommenden mittleren Einstrahlungen möglichst im Bereich maximaler Leistung (d.h. im MPP) belastet. Notwendige Voraussetzung für die Abstimmung ist dabei die Kenntnis der Strom-Spannungskennlinie bei

der vorgesehenen Belastung (Antriebsaufgabe), die im allgemeinen eigens vermessen werden muß. Wie Abb. 4.46 zeigt, gelingt es trotzdem nicht, daß die Motorkennlinie in einem breiten Einstrahlungsbereich die Punkte maximaler Solarmodulleistung trifft. Das Ergebnis ist vielmehr immer ein Kompromiß, so daß diese Betriebsart in der Praxis auf Kleinanwendungen beschränkt bleibt.

• *Motor mit Anpaßwandler am Solargenerator*: Um die Anpassung zwischen Solargenerator- und Motorkennlinie zu verbessern und die Auswahl flexibler zu gestalten, werden bei kleineren Motorleistungen (bis etwa 300 W) häufig Anpaßwandler eingesetzt. Diese Anpaßwandler arbeiten ähnlich wie die in Kap. 4.2 vorgestellten MPP-Tracker, sie sind im Aufbau jedoch einfacher und werden so eingestellt, daß sie die Leistung des Solargenerators bei konstanter Eingangsspannung (d.h. in der Nähe des MPP) an einen konstanten Lastwiderstand anpassen, so daß dort eine leistungsabhängige Ausgangsspannung entsteht (Abb. 4.47). Da Anpaßwandler einen hohen Wirkungs-

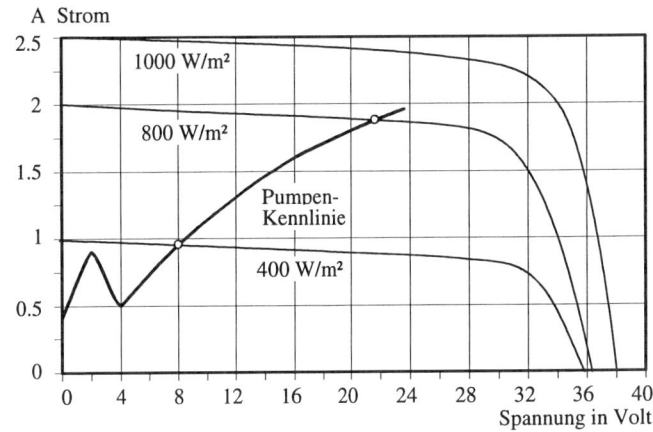

4.46 Kennlinie einer Gleichstrompumpe (Grundfos UPS 15-35x20, 40 W Nennleistung) im Kennlinienfeld eines Solargenerators (Nennleistung 72 W). Die Pumpe benötigt zum Anlaufen einen Strom von knapp 1 A.
Quelle: nach G. Valentin „Meßtechnische Begleitung einer photovoltaisch geregelten thermischen Solaranlage" in [49]

grad (ca. 90%) erreichen können, bringen sie besonders bei niedrigen Einstrahlungen eine erhebliche bessere Energieausnutzung als dies bei direkter Koppelung zwischen Solargenerator und Verbraucher möglich wäre. Das gilt trotz der nichtlinearen Kenn-

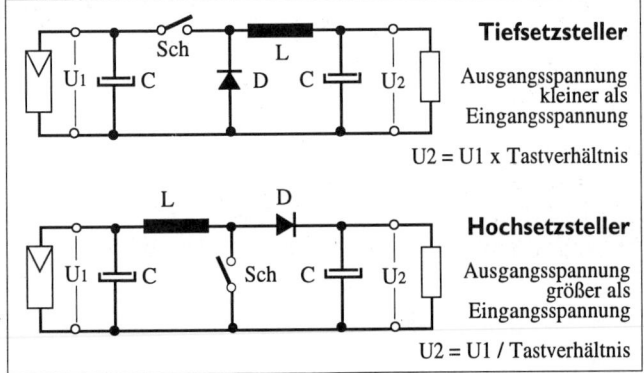

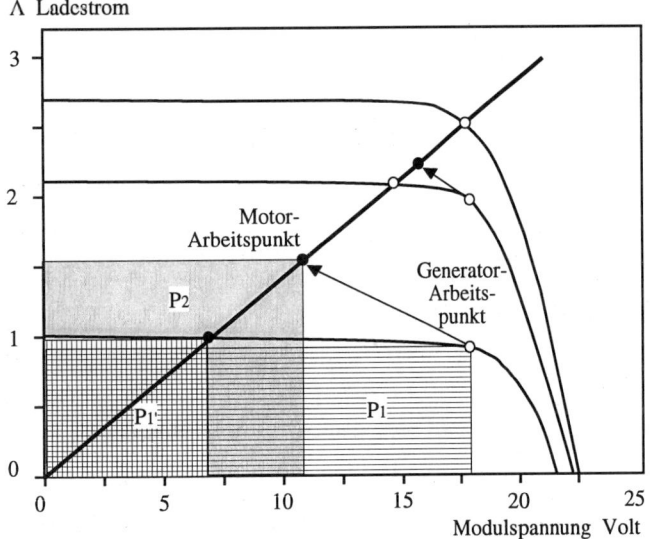

4.47 Schaltschema von Tiefsetz- und Hochsetzwandler (oben) sowie Transformation der Arbeitspunkte von Verbrauchern durch Einsatz eines Anpaßwandlers (Tiesetzsteller). Bei niedrigen Einstrahlungen ergibt sich durch die Transformation der Arbeitspunkte ein beträchtlicher Leistungsgewinn.

linie auch für Motoren, so daß der Betrieb mit einem Anpaßwandler zu früherem Anlauf und höheren Motorleistungen führt.

• *Wechselstrommotor mit angepaßtem Wechselrichter:* Der Leistungsbereich über 300 bis 500 W ist üblicherweise die Domäne von Wechselstrom- bzw. Drehstrommotoren (als Asynchron- bzw. Synchronmaschinen), die natürlich anstelle des Gleichspannungswandlers (DC-DC-Wandler) einen Wechselrichter (DC-AC-Wandler) benötigen. Angesichts der erforderlichen Solargeneratorleistung lohnt es sich energetisch (und zumeist auch finanziell), den Wechselrichter mit einem MPP-Tracker auszurüsten. Die Regelung der Motordrehzahl und -leistung entsprechend der Einstrahlung kann in diesem Fall sehr wirksam durch Veränderung der Wechselrichterfrequenz erfolgen. Entsprechende Wandler-Motor-Kombinationen kommen heute vor allem in Tiefbrunnenpumpen zur Förderung von Trinkwasser zum Einsatz.

Die Übersicht macht deutlich, daß Gleich- und Wechselstrommotoren in akkugepufferten Solarstromanlagen relativ problemlos betrieben werden können. Richtige Dimensionierung vorausgesetzt, steht im Akku ausreichend Energie für den Motorbetrieb zur Verfügung, so daß die Anwendungsmöglichkeiten vielfältig und gegenüber dem Betrieb am öffentlichen Netz kaum eingeschränkt sind.

Die wichtigste Anwendung für Motoren, die ohne Akku direkt am Solargenerator betrieben werden, ist das große Gebiet der Wasserpumpen, nicht zuletzt deshalb, weil mit zunehmender Sonneneinstrahlung der Bedarf nach Wasser zunimmt und weil sich gefördertes Wasser preiswerter speichern läßt als elektrischer Strom. Außerdem finden solargetriebene Motoren – von spielerischen Anwendungen (Abb. 4.48) abgesehen – besonders für Ventilatoren und in Kühlaggregaten (solche mit Kältespeicher) Anwendung.

Wasserpumpen

Wie die Übersicht in Tabelle 4.12 zeigt, gibt es bei den Pumpen wiederum eine Vielzahl von Bauarten mit mehr oder weniger spezifischen Einsatzgebieten. Die Pumpen können grundsätz-

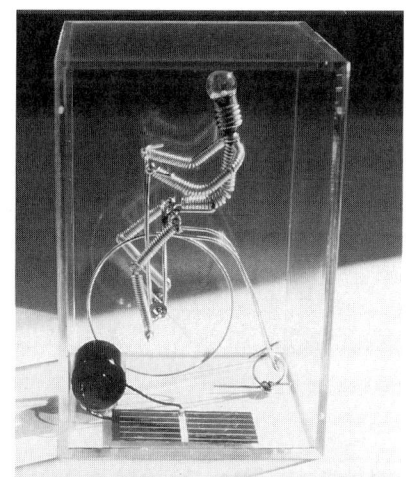

4.48 Spielerische Anwendung der Photovoltaik.
Links: Ein Kleinstmodul aus 10 Zellen treibt direkt einen
Gleichstrommotor auf der Hinterachse.
Rechts: Der Mikromotor (Faulhaber) für dieses Display läuft
schon mit einer einzigen Solarzelle.
Photos: Fa. Solaris, Hamburg

Eigenschaften und Einsatzbereiche verschiedener Pumpentypen						
Arbeitsprinzip	Verdrängerpumpen			Reibungspumpen	Strömungspumpen	
Pumpentyp (Beispiele)	Kolbenpumpe, Membranpumpe	Kreiskolbenpumpe	Zahnradpumpe	Schneckenpumpe	Kreiselpumpe	Seitenkanalpumpe
Förderung	pulsierend	pulsierend	schwach pulsierend	nahezu gleichförmig	gleichförmig	gleichförmig
Charakteristik	Förderstrom fast unabhängig von der Förderhöhe			Förderstrom von der Förderhöhe abhängig		
Wirkungsgrad	max. 95%	max. 92%	max. 92%	max. 70%	max. 92%	max. 50%
Einsatzgebiete	für große und sehr große Drücke/Förderhöhen			für verschmutzte, pastöse Medien, schonende Förderung	Universalpumpe für dünnflüssige Medien, großer Einsatzbereich	selbstansaugende Pumpe für kleinere Förderströme und große Förderhöhen

Tabelle 4.12 Pumpenbauarten und ihre Eigenschaften.   Quelle: [26]

Wasserpumpen für PV-Anlagen				
Gerät	**Bauart**	**Spannung/ Leistung**	**maximale Fördermenge**	**maximale Förderhöhe**
1. Förderung von oberflächennahem Wasser für Springbrunnen, Bewässerung, etc.				
Jet SXT 500	Kreiselpumpe (Tauchpumpe) mit 12 V-DC-Motorund integriertem	6 W	0,6 m³/h	1,6 m
Jet SXT 1200	elektronischen Wandler, Direktbetrieb ohne Akku möglich.	15 W	1,0 m³/h	3 m
Jet SXT 2000		18 W	1,2 m³/h	4,5 m
Siemer P3000	Tauchpumpe	320 W	7 m³/h	12,5 m
Johnson CO10P5	Kreiselpumpe zur Wasserumwälzung,	12/24 V, 11 W	0,8 m³/h	1 m
Johnson F3 B19	mit Bronzegehäuse	12/24 V	1,0 m³/h	1 m
2. Umwälzpumpen für Sonnenkollektoranlagen, netzstromunabhängige Heizsysteme				
Grundfos UP 15-25x25	Kreiselpumpen mit bürstenlosem Gleichstrommotor	12-24 V, 42 W	2,7 m³/h	2,4 m
Grundfos UP 15-35x20		12-24 V, 48 W	3,3 m³/h	3,4 m
Laing SK131	Gleichstrompumpe mit elektronischem Impedanzwandler, mit 5 W-Modul ab 150 W/m² anlaufend	12 V	0,5 m³/h	1,25 m
Vortex NP 200	Kreiselpumpe mit bürstenlosen Gleichstrommotor	12 V; 8,5 W	0,7 m³/h	1,5 m
Vortex NP 240		12 V; 12,5 W	0,9 m³/h	2,4 m
3. Förderpumpen zur Druckwasserversorgung für Akku-Betrieb				
Flojet 5-503		40 W	0,54 m³/h	14 m
Flojet 5-143	selbstansaugende Membranpumpe, trockenlaufgeeignet mit	80 W	0,72 m³/h	25 m
Flojet 5-114	eingebautem Druckschalter für Druckwasseranlagen	120 W	1,2 m³/h	28 m
Noria 1000		12 V; 60 W	0,9 m³/h	17,5 m
Jabsco	Kreisel-Tauchoumpe für Akku-Betrieb	12/24 V; 150 W	0,7 m³/h	25 m
SPG Econo Sub	Druckerhöhungspumpe m. Stromwandler f. Direktbetrieb ohne Akku	12 V; 38 W	0,14 m³/h	30 m
4. Tiefbrunnen-Bohrlochpumpen zur Trinkwasserförderung und Hauswasserversorgung				
Jet TBP70	elektrisch kommutierte Membranpumpe (Tauchpumpe, Nirostageh.)	12/24 V	0,45 m³/h	68 m
Shurflo 9300	Tiefbrunnen-Membranpumpe	24 V; 120 W	0,4 m³/h	70 m
Fluxinox, Solaflux	(Stahl-Kunststoff-Gehäuse)	24-80 V, 200 W	0,60 m³/h	250 m
Solarjack SDS 228d	Tiefbrunnen-Membranpumpe	12-30 V; 120 W	0,3 m³/h	70 m
Photocomm	(Bronze-Niro-Stahl-Gehäuse)	24 V	0,22 m³/h	70 m
5. Große Trinkwasserförderanlagen, Solar Pumping Systems SPS				
Grundfos	Komplette Systeme aus Solargenerator, dreiphasigem Wechselrichter u. Unterwasserpumpe werden einzeln geplant und zusammengestellt.	250 - 1500 W	0,2 - 8 m³/h	5 - 120 m
KSB Corasol	Bohrlochpumpe mit Drehstrommotor und MPP-Inverter			

Tabelle 4.13 Für den Einsatz in Solarstromanlagen geeignete Pumpen.

lich mit den meisten der oben vorgestellten Motoren angetrieben werden, was zu einer sehr unübersichtlichen Fülle denkbarer Motor-Pumpen-Kombinationen führt. In der Praxis haben sich wenige, besonders vorteilhafte Bauarten durchgesetzt, für die motorgetriebene Wasserförderung einerseits Kreiselpumpen (Strömungspumpen für hohe Motordrehzahlen) sowie andererseits Kolben- und Membranpumpen (Verdrängerpumpen für niedrigere Drehzahlen).

Eine Übersicht über einige für den Solarbetrieb geeignete Wasserpumpen gibt Tabelle 4.13. Das Spektrum der Anwendungen läßt sich grob in folgende Bereiche unterteilen:

• *Wasserförderung über kleine Förderhöhen*, z.B. für Springbrunnen in Gartenteichen (dort quasi als kleine Demonstrations- und Versuchsanlage für jedermann), aber auch für einfache, kleine Bewässerungsaufgaben, mit Förderhöhen von wenigen Metern: Hier kommen vorwiegend Tauch-Kreiselpumpen mit elektrisch oder mechanisch kommutiertem Gleichstrommotor zum Einsatz, die auch ohne Pufferakku entweder direkt am Solargenerator oder mit zwischengeschaltetem Wandler betrieben werden können. Der Leistungsbedarf ist relativ gering. Billige Kreisel-(tauch-)pumpen sind in diesem Bereich wegen der meist sehr beschränkten Lebensdauer der Wellendichtung nur für Kurzzeitanwendungen geeignet.

• *Förderung von oberflächennahem Wasser* (z.B. Fluß-, Brunnen- oder Regenwasser) und Aufbau von Leitungsdruck, z.B. zur Trinkwasserversorgung (einfache Drucksysteme) oder zur Bewässerung von Gartenbau-Kulturen. Hier sind in der Regel Förderhöhen von mehr als 10 m Wassersäule erwünscht, um einen hinreichend hohen Leitungsdruck aufbauen zu können. Die Fördermenge variiert je nach Anwendung, wobei Pumpen für wirklich große Fördermengen nur mit Netzspannung zur Verfügung stehen (Betrieb am leistungsstarken Wechselrichter). Pumpen kleiner Leistung mit Gleichstrommotor (in der Regel nur für Akkubetrieb) werden überwiegend als Membranpumpen, teilweise bereits mit angebautem Druckschalter, ausgeführt.

• Überall dort, wo der Grundwasserspiegel mehr als 6 m unter der Erdoberfläche liegt, versagen oberirdisch angeordnete, selbstansaugende Pumpen. Hier kommen vorwiegend sogenannte *Bohrlochpumpen* zum Einsatz, die bis unter das Grundwasserniveau in die Erde versenkt werden und je nach Bohrlochtiefe zum Teil beträchtliche Förderdrücke von 3 bis 10 bar und mehr (1 bar entspricht 10 m Wassersäule) erzeugen müssen. Neben den in Tabelle 4.13 genannten kleineren Membranpumpen mit Gleichstrommotor (mechanisch oder elektrisch kommutiert) für einzelne Häuser bieten einige Pumpenhersteller größere und große Trinkwasserförderanlagen mit Solarstromantrieb an, die zur Versorgung ganzer Siedlungen geeignet sind. Anlagen dieser Größenordnung werden in der Regel nach individueller Planung als Komplettsysteme angeboten, bestehend aus den aufeinander abgestimmten Komponenten Solargenerator, Pumpenwechselrichter (mit MPP-Tracker) und Drehstrompumpe.

• In haustechnischen Anlagen werden außerdem häufig *Umwälzpumpen* mit relativ kleiner Leistung gebraucht, z.B. für Sonnenkollektor- und Heizungsanlagen in Gebäuden ohne Netzanschluß. Diese Umwälzpumpen müssen bei mittleren Fördermengen nur geringe Druckunterschiede (1 bis 3 m WS) erzeugen, wofür eine relativ kleine Leistung ausreicht. Für diesen Zweck werden inzwischen einige, leider noch immer sehr teu-

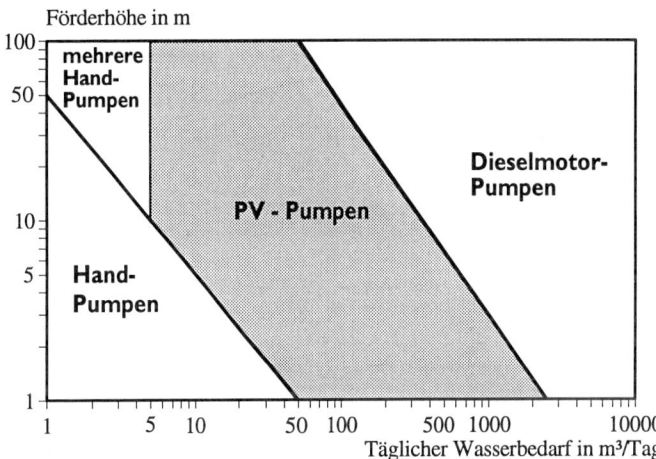

4.49 Einsatzbereich für photovoltaische Pumpsysteme zur Trinkwasserförderung. Quelle: [18]

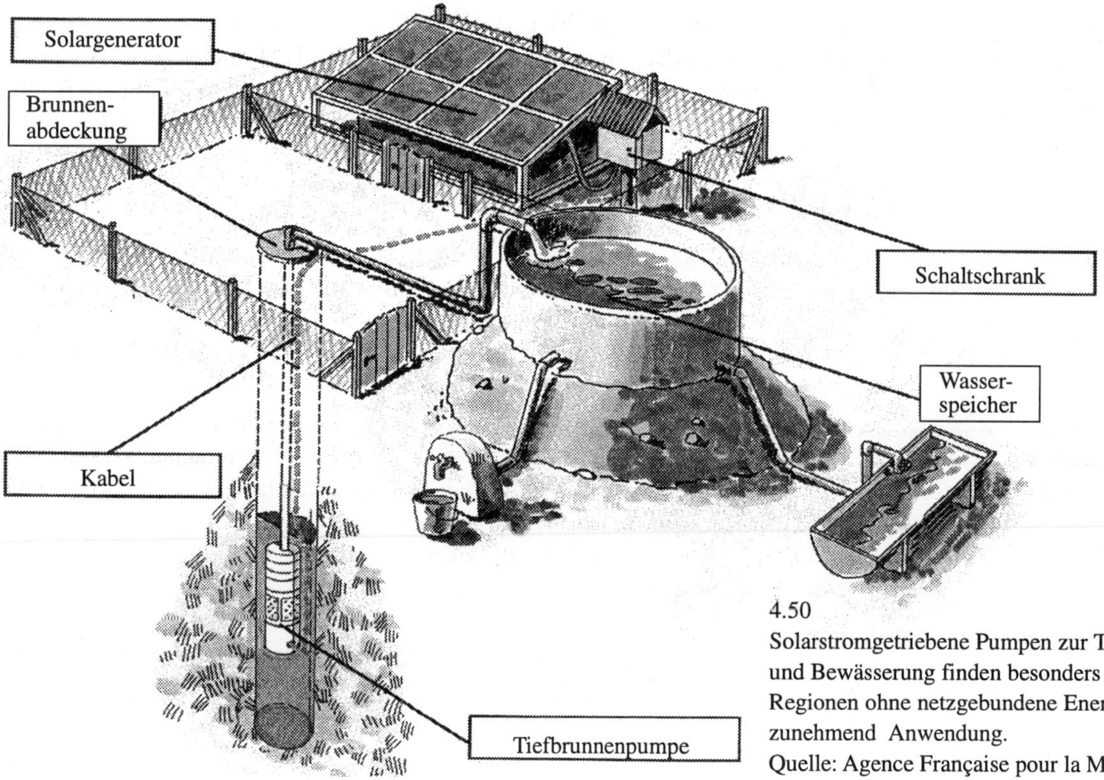

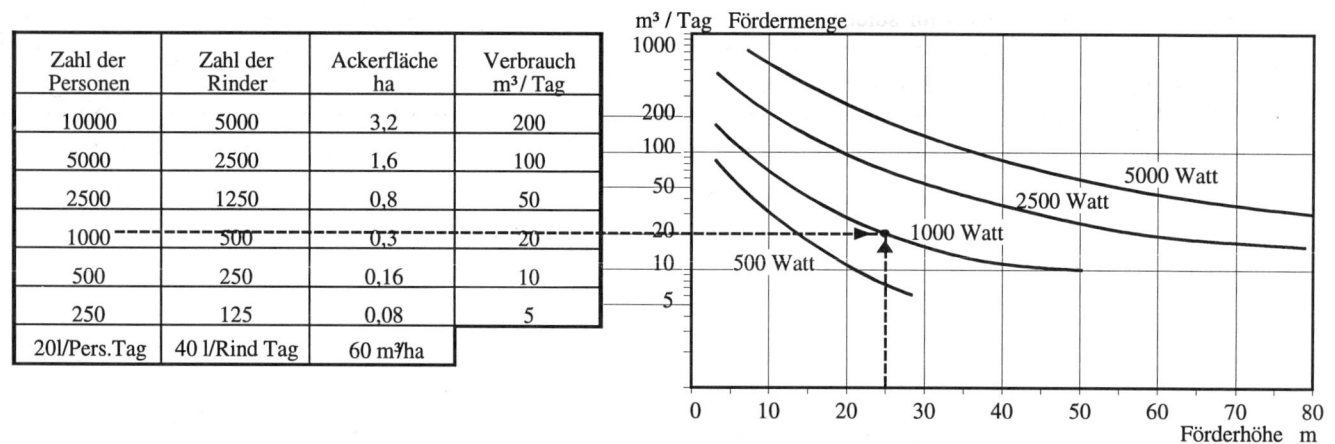

Solargenerator
Brunnen-
abdeckung
Schaltschrank
Wasser-
speicher
Kabel
Tiefbrunnenpumpe

4.50
Solarstromgetriebene Pumpen zur Trinkwasserförderung und Bewässerung finden besonders in Ländern und Regionen ohne netzgebundene Energieversorgung zunehmend Anwendung.
Quelle: Agence Française pour la Maîtrise de L'Énergie

Zahl der Personen	Zahl der Rinder	Ackerfläche ha	Verbrauch m³/ Tag
10000	5000	3,2	200
5000	2500	1,6	100
2500	1250	0,8	50
1000	500	0,3	20
500	250	0,16	10
250	125	0,08	5
20l/Pers.Tag	40 l/Rind Tag	60 m³/ha	

m³ / Tag Fördermenge
1000
200
100
50
20
10
5
5000 Watt
2500 Watt
1000 Watt
500 Watt
0
10
20
30
40
50
60
70
80
Förderhöhe m

re Kreiselpumpen mit Gleichstrommotor (meist elektrisch kommutiert) angeboten, die sogar ohne Speicherakku direkt oder mit einem zwischengeschalteten Wandler aus einem Solarmodul versorgt werden können (z.B. für Sonnenkollektoranlagen mit Selbststeuerung).

Daneben gibt es gerade im gewerblichen Bereich noch viele andere Aufgaben für Pumpen und eine entsprechende Vielfalt von Bauformen. Ihre Funktionstüchtigkeit in solarelektrischen Versorgungssystemen hängt im wesentlichen davon ab, ob die Antriebsleistung und der Energiebedarf mit vernünftigem Aufwand bereitgestellt werden können.

Die Auswahl geeigneter Pumpen nebst Zubehör für den Betrieb in Solarstromanlagen ist in der Regel eine Aufgabe für den Fachplaner. Mangels ausführlicher Planungsgrundlagen (Motor- und Pumpenkennlinien) bleibt oft kaum eine andere Wahl als das Experiment oder die Vermessung auf einem Prüfstand.

der Nennspannungen, an. Ihr Einsatz erfordert jedoch oftmals eine mechanische Anpassung (z.B. mittels Flansch) an die in der Haustechnik üblichen Einbausituationen (z.B. Rohrmontage).

Für den Einbau in Boote und Wohnmobile werden fertige kleine Solarentlüfter angeboten, bei denen die Solarzellen und der Ventilator in einem kompakten Kunststoff- oder Messing-Gehäuse zusammengefaßt sind. Die geringe Solarzellenfläche ist ein Zeichen für eine relativ bescheidene Leistung des Entlüfters, wobei trotzdem eine wirksame Entlüftung während der Liegezeiten (Verhinderung von Schimmelbildung erreicht wird. Mit einem wesentlich leistungsstärkeren Ventilator sind die solarzellenbestückten Autosonnendächer ausgerüstet, die zur Entlüftung stehender Fahrzeuge nachträglich eingebaut oder zum Teil auch als Sonderausstattung bei einigen Nobelmarken angeboten werden.

Ventilatoren

In Luftkollektoranlagen, Trocknungsanlagen sowie zur kühlenden Entlüftung in Fahrzeugen kommen solarstromgespeiste Lüfter zum Einsatz, wobei aufgrund der Parallelität zwischen Solarangebot und Energiebedarf auch hier oft auf einen Akku verzichtet werden kann.

Aus der Industrieelektronik stehen für solche Zwecke kleine Axiallüfter für 12 bzw. 24 V im Leistungsbereich zwischen 1 und 15 W zur Verfügung. Diese Lüfter werden in der Regel durch einen kollektorlosen Gleichstrommotor (d.h. elektronisch kommutiert) angetrieben und laufen leicht, d.h. weit unterhalb

12 V-Lüfter kleiner Leistung					
Lüftertyp	Spannung Volt	Leistung Watt	Wirkungsgrad	Förderdruck Pa	Fördermenge l/s
Papst 4112 KX	14,5	11,1 - 12,4	19,3%	106	45
Papst 4312	15,0	7,5 - 8,1	17,0%	50,6	37,4
Papst 3312	15,0	3,6 - 3,8	8,8%	56	20,8

Tabelle 4.14 Kenngrößen einiger Lüfter mit Gleichstrommotor.

4.6 Komponenten der Elektroinstallation

Eine umfassende Abhandlung des Themas „Praktische Elektroinstallation in Photovoltaik-Anlagen" könnte im Anbetracht der gebotenen Anwendungsbreite (Kleinanlagen, Spezialanwendungen, Großanlagen, autonome und netzgekoppelte Systeme) ein eigenes Fachbuch füllen – es müßte allerdings noch geschrieben werden. Nun gibt es bereits ein breites Normenwerk über die Ausführung und Sicherheit von Elektroinstallationen, allen voran die grundlegenden Bestimmungen und Auslegungen der VDE 0100, die auch für photovoltaische Stromversorgungsanlagen gelten. Das darin enthaltene Fachwissen muß bei der Ausführung von Elektroinstallationen vorausgesetzt werden. An dieses Wissen anknüpfend soll hier nur auf einige Besonderheiten der Gleichstrominstallation hingewiesen werden. Fragen zur Montage der Solarmodule, zur Gebäudeintegration sowie die Erdung und der Blitzschutz werden dagegen systemübergreifend, d.h. für autonome und netzgekoppelte Anlagen gemeinsam, in Kapitel 7 behandelt.

Besonderheiten der Gleichstrominstallation

Die Gleichstrominstallation in autonomen Solarstromanlagen bringt gegenüber der konventionellen, dem Elektroinstallateur geläufigen 230 V-Wechselstrom-Installation einige Besonderheiten.

Schutzkleinspannung

Als Systemspannung in autonomen Gleichstromanlagen wird in der Regel eine der Standard-Spannungen (12, 24 oder 48 V) gewählt. In Sonderfällen (z.B. bei großen Anlagenleistungen) sind auch höhere Systemspannungen gebräuchlich.
Für Anlagen, die mit „Kleinspannungen" bis 120 V Gleichspannung (und bis 48 V Wechselspannung) arbeiten, gelten in Bezug auf den Berührungsschutz nicht die strengen Anforderungen, die in Starkstromanlagen an die „Schutzisolierung" von Geräten und Leitungen gestellt werden. Da Solarmodule bisher noch nicht generell den Anforderungen der Schutzisolierung genügen, wird in Solarstromanlagen gleichstromseitig in den meisten Fällen mit einer Spannung unter 120 V („Schutzkleinspannung" als Alternative zur „Schutzisolierung") gearbeitet. Gleichspannungen unter 50 V gelten darüber hinaus als ungefährlich bei Berührung.
In Anlagen, die mit Schutzkleinspannung (oder Funktionskleinspannung) arbeiten, ist eine einfache Basisisolierung der elektrischen Betriebsmittel ausreichend. Bei höheren Systemspannungen müssen die weitergehenden Forderungen bezüglich Berührungsschutz erfüllt werden, wie sie auch für Niederspannungs-Wechselstromanlagen gelten.

Vermeidung von Lichtbögen

In Gleichstromanlagen verdient die Gefahr der Lichtbogenbildung einige Beachtung. Im elektrischen Gleichfeld können nämlich bei hinreichend großer Spannung Kriechströme infolge einer beschädigten Isolierung oder Schaltfunken lawinenartig zu einer elektrischen Entladung oder zu einem kontinuierlich brennenden Lichtbogen anwachsen. Während bei Wechselstrom ein Lichtbogen durch den periodischen Nulldurchgang der Spannung (50 Hz) immer wieder gelöscht wird, gibt es diesen schützenden Effekt bei Gleichstrom nicht.
Hinzu kommt, daß ein Lichtbogen oder Kurzschluß im Solargeneratorkreis in der Regel nicht zum Ansprechen einer Sicherung führt, da der maximal fließende Strom vorrangig durch die Leistung des Solargenerators begrenzt wird. In günstigen Fällen verlöscht ein Lichtbogen in Gleichstromanlagen selbsttätig durch Abschmelzen des Leiters, unter ungünstigen Umständen kann jedoch auch ein Brand mit schwerwiegenden Folgen ausgelöst werden. Die Entstehung von Lichtbögen muß daher unbedingt verhindert werden, und zwar vor allem durch folgende Maßnahmen:

- Vermeidung von „Wackelkontakten" durch Verwendung von gutem Klemmenmaterial sowie von Adernendhülsen und Kabelschuhen; Unterbringung von Klemmen in isolierten Anschlußdosen aus flammhemmenden oder nichtbrennbaren Materialien.
- Verwendung von Kabeln mit hinreichendem Leitungsquerschnitt und witterungs- und temperaturbeständiger Isolation.
- Getrennte Verlegung der Plus- und Minus-Leitung in getrennten Kanälen bei solchen Leitungen, die nicht gegen Kurzschluß abgesichert werden können (insbesondere der Solargenerator-Kreis).
- Verwendung von Schaltern und Relais, die für die gleichstromseitigen Anforderungen bemessen und entsprechend ausgewiesen sind. So sind ab 60 V Gleichspannung nur Schalter und Schütze mit speziellen Löschkammern oder Ausblasvorrichtungen zulässig.

Untersuchungen zur Gefahr der Lichtbogenbildung unter PV-typischen Betriebsbedingungen (G: Bopp, D. Geyer: Elektrische Sicherheit in Photovoltaik-Anlagen in [15] und [18]) zeigten, daß z.B. ein durch einen Lichtbogen ausgelöster Kabelbrand einen Kabelkanal, der den einschlägigen VDE-Prüfvorschriften entspricht, nicht entzünden kann. Die Stabilität eines Lichtbogens und damit dessen Gefährdungspotential ist zudem von der Leitungsart abhängig: Bei feindrähtigen Litzenleitungen verlöscht der Lichtbogen durch Wegschmelzen der feinen Einzelleiter schneller als bei massivem Leiter. Die Lichtbogenentwicklung infolge einer losen Anschlußklemme wird durch Schmelzen des thermoplastischen Isolationsmaterials und der Anschlußdose im allgemeinen schnell gelöscht, da der schmelzende Isolierstoff zwischen die Elektroden läuft und den Lichtbogen löscht.

Die Untersuchungen zur Lichtbogenentwicklung in Gleichstromanlagen unterstreichen aber auch die Bedeutung einer sorgfältigen Ausführung der Installation und die Notwendigkeit zur Einhaltung der einschlägigen Normen, insbesondere, wenn in der Nähe von brennbaren Baustoffen (wie z.B. im Dachbereich) gearbeitet wird. Weitere Hinweise zur Installation finden sich in Kapitel 5.4 und in Kapitel 7.

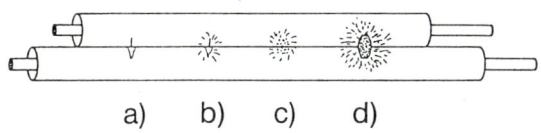

4.51 Entwicklung eines Isolationsfehlers: a) erster Isolationsfehler; b) kleine Kohlebrücke; c) große Kohlebrücke; d) Lichtbogen. Quelle: [14]

Schaltkasten und Generatoranschlußkasten

Neben der Verkabelung gehört die Anbringung und Verschaltung der notwendigen Sicherungen und Schalter sowie der gewünschten Meß- und Anzeigegeräte zu den Hauptaufgaben der Installation. Aus Gründen der Übersichtlichkeit und Sicherheit empfiehlt es sich, außer vielleicht bei Kleinanlagen, in der Nähe des Akkus einen Schaltkasten zu montieren, in dem alle Kabel auf soliden Klemmenleisten übersichtlich zusammengeführt werden und wo außerdem Platz ist für die nötigen Sicherungen, den Laderegler sowie für die Anzeigeinstrumente (Systemspannung, Lade- und Entladestrom).

Der Schaltkasten muß den einschlägigen Elektrizitätsnormen entsprechen und abschließbar sein (Kindersicherung). Die Größe des Schaltkastens hängt von der Anlagengröße ab, in einer Solarstromanlage großer Leistung (z.B. für eine Hausversorgung) sind natürlich mehr und dickere Kabel zusammenzuführen und abzusichern als beim Bordnetz eines Caravans. Auch der Wechselrichter sollte, sofern vorhanden, direkt neben dem Schaltkasten montiert und auf kürzestem Wege mit dem Akku verbunden werden. Für kleine Bordnetze reichen unter Umständen schon die Anschlußmöglichkeiten eines gut ausgestatteten Ladereglers (mit eingebauten Sicherungen, Schaltern und Vielfach-Meßinstrument) aus, so daß sich ein separater Anschlußkasten erübrigt. Abb. 4.52 zeigt im Blockschaltbild, welche Elemente und Funktionen im Schaltkasten unterzubringen sind.

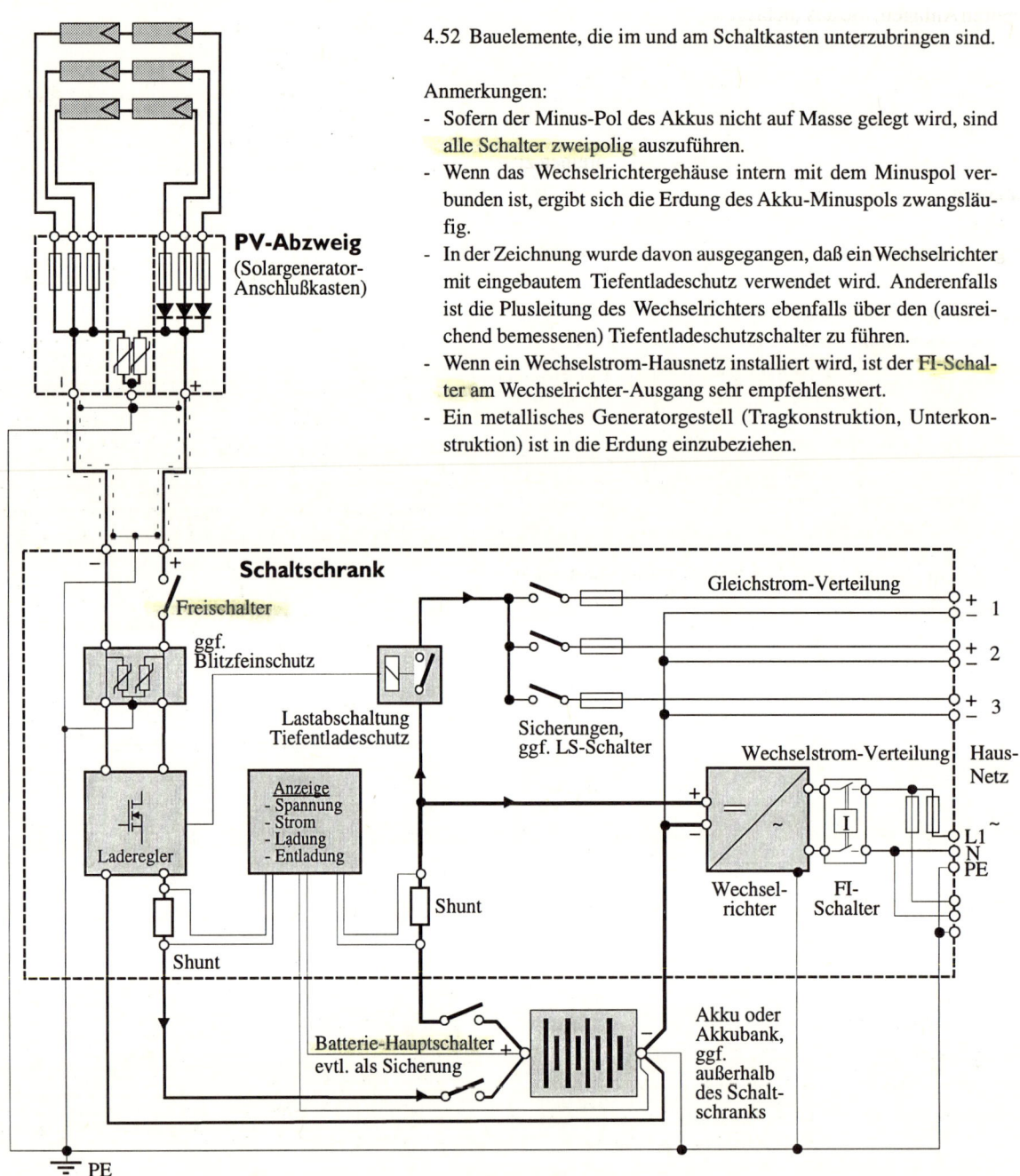

PV-Abzweig
(Solargenerator-
Anschlußkasten)

4.52 Bauelemente, die im und am Schaltkasten unterzubringen sind.

Anmerkungen:
- Sofern der Minus-Pol des Akkus nicht auf Masse gelegt wird, sind alle Schalter zweipolig auszuführen.
- Wenn das Wechselrichtergehäuse intern mit dem Minuspol verbunden ist, ergibt sich die Erdung des Akku-Minuspols zwangsläufig.
- In der Zeichnung wurde davon ausgegangen, daß ein Wechselrichter mit eingebautem Tiefentladeschutz verwendet wird. Anderenfalls ist die Plusleitung des Wechselrichters ebenfalls über den (ausreichend bemessenen) Tiefentladeschutzschalter zu führen.
- Wenn ein Wechselstrom-Hausnetz installiert wird, ist der FI-Schalter am Wechselrichter-Ausgang sehr empfehlenswert.
- Ein metallisches Generatorgestell (Tragkonstruktion, Unterkonstruktion) ist in die Erdung einzubeziehen.

Schaltschrank

Gleichstrom-Verteilung

Freischalter

ggf.
Blitzfeinschutz

Lastabschaltung
Tiefentladeschutz

Sicherungen,
ggf. LS-Schalter

Anzeige
- Spannung
- Strom
- Ladung
- Entladung

Wechselstrom-Verteilung

Haus-
Netz

Laderegler

Shunt

Shunt

Wechsel-
richter

FI-
Schalter

Akku oder
Akkubank,
ggf.
außerhalb
des Schalt-
schranks

Batterie-Hauptschalter
evtl. als Sicherung

PE

Bei größeren Anlagen, die aus mehreren Modulsträngen aufgebaut sind, wird zusätzlich zum Schaltschrank (im Keller) auch noch ein (oder mehrere) Generatoranschlußkasten gebraucht, der in der Nähe des Solargenerators, also in der Regel im Dachbereich, anzuordnen ist. Darin werden nicht nur die Leitungen der einzelnen Modulstränge auf getrennten Klemmenreihen zusammengeführt, der Kasten nimmt gleichzeitig auch die Strangentkoppelungsdioden, die Varistoren zur Ableitung von Überspannungen (Blitzschutz) sowie gegebenenfalls Sicherungen für die einzelnen Modulstränge auf.

Vom Generatoranschlußkasten (auch PV-Abzweig genannt) wird eine Gleichspannungshauptleitung mit ausreichend bemessenem Querschnitt zum Schaltkasten und weiter zum Akku geführt.

Kabel

Bei der Auswahl der Leitungen und Kabel (Kabel werden solche Leitungen genannt, die für die Erdverlegung geeignet sind) für die Installation in autonomen Solarstromanlagen verdienen neben der Isolierung, d.h. dem Kabel- bzw. Leitungstyp, vor allem der Leiterquerschnitt besondere Beachtung.

Welcher Kabeltyp?
Einsatzort und Art der Verlegung bestimmen die Anforderungen, die an Isolierung und Aufbau der Leitungen gestellt werden müssen, und engen die Auswahl oft auf wenige Typen ein. So wird für die Verschaltung der Solarmodule untereinander und für die Verbindungleitungen zum Generatoranschlußkasten in der Regel ein temperaturbeständiges, feindrähtiges, d.h. flexibles Kabel (z.B. H07RN-F für Temperaturbereich -45 bis 85°C) eingesetzt, das bei einer Installation im Holzgebälk (Dach) am besten als Einzelleitungen für Plus und Minus in getrennten Installationskanälen verlegt werden sollte. Für die Gleichstromhauptleitung vom Generatorverteiler zum Keller können bei fester Verlegung in nichtbrennbarer Umgebung (Unterputz, Kabelkanal, Mantelrohr) auch mehradrige Mantelleitungen des

Leitungen und Kabel für Solarstromanlagen

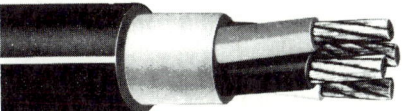

H07 RN-F: Gummischlauchleitung für mittlere mechanische Beanspruchung, UV-beständig, für die Verlegung im Freien (Verdrahtung des Solargenerators) geeignet.

H07 V-K: Feindrähtige Kunststoffaderleitung für die feste Verlegung in trockenen Räumen, im Rohr, auf oder unter Putz sowie in Schaltschränken.

NSL FFÖU: flexible Hochstromleitung (bis 95 mm²), bei hohen mechanischen Belastungen in trockenen u. feuchten Räumen sowie im Freien, für die Verbindung zwischen Akku und Wechselrichter.

NYM: Mantelleitung für die feste Verlegung im Rohr sowie im, auf oder unter Putz.

NYY-O: Energiekabel für die Verlegung in der Erde mit oder ohne metallische Umhüllung.

4.53 In Solarstromanlagen gebräuchliche Kabel und Leitungen.

Typs NYM eingesetzt werden. Und für die Verbindung zwischen Schaltschrank, Akku und Wechselrichter sind bei größeren Anlagenleistungen Hochstromkabel mit Querschnitten ≥ 16 mm² die Regel.

Abb. 4.53 zeigt Beispiele einiger, in Solarstromanlagen häufig eingesetzter Leitungen und Kabel.

Verlegeart	A				BI				B2				C				E			
E-Rohr = Elektro-installations-rohr	Verlegung in wärme-dämmenden Wänden, Decken und Fußböden: • Aderleitungen oder mehradrige Leitungen im E-Rohr • mehradrige Leitungen in wärmegedämmter Wand oder Decke				Verlegung in E-Rohren oder -kanälen auf oder in Wänden oder Decken: • Aderleitungen in E-Rohren oder -kanälen auf der Wand oder an der Decke • Aderleitungen, einadrige Mantelleitungen oder mehradrige Leitungen im E-Rohr im Mauerwerk.				Verlegung in E-Rohren oder -kanälen auf Wän-den, Decken oder auf Fußböden: • Mehradrige Leitungen im E-Rohr auf Wand, Decke oder Fußboden, • mehradrige Leitungen im E-Kanal auf Wand, Decke oder Fußboden.				Verlegung direkt auf oder in Wand, Decke o. Fußboden, Verlegung unter Putz: • Mehradrige Leitungen oder einadrige Mantellei-tungen auf Wand, Decke oder Fußboden, • mehradrige Leitung oder Stegleitung in der Wand oder unter Putz.				Verlegung frei in Luft mit ungehinderter Wär-meabgabe: • z.B. mehradrige Leitun-gen verlegt mit einem Abstand zur Wand ≥ 0,3 · Leitungsdurchmesser			

belastete Adern	2		3		2		3		2		3		2		3		2		3	
Querschnitt in mm² Cu	I_z	I_n	I_z	I_n	I_z	I_n	I_z	I_n	I_z	I_n	I_z	I_n	I_z	I_n	I_z	I_n	I_z	I_n	I_z	I_n
1,5	16,5	16	14	13	18,5	16	16,5	16	16,5	16	15	13	21	20	18,5	16	21	20	19,5	16
2,5	21	20	19	16	25	25	22	20	22	20	20	20	28	25	25	25	29	25	27	25
4	28	25	25	25	34	32	30	25	30	25	28	25	37	35	35	35	39	35	36	35
6	36	35	33	32	43	40	38	35	39	35	35	35	49	40	43	40	51	50	46	40
10	49	40	45	40	60	50	53	50	53	50	50	50	67	63	63	63	70	63	64	63
16	65	63	59	50	81	80	72	63	72	63	65	63	90	80	81	80	94	80	85	80
25	85	80	77	63	107	100	94	80	95	80	82	80	119	100	102	100	125	125	107	100
35	105	100	94	80	133	125	118	100	117	100	101	100	146	125	126	125	154	125	134	125
50	126	125	114	100	160	160	142	125	-	-	-	-	-	-	-	-	-	-	-	-

Strombelastbarkeit I_z und Nennstrom I_n der Überstrom-Schutzeinrichtung in Ampere

Tabelle 4.15 Strombelastbarkeit festverlegter, isolierter Starkstromleitungen und Kabel mit Kupferleitern bei einer Umgebungstemperatur von 30°C sowie Nennstrom der Überstromschutzeinrichtung nach DIN VDE 0298 Teil 4. Quelle: [11]

Tabelle 4.16 Umrechnungsfaktoren für die zulässige Strombelastbarkeit eines Leiters, wenn die Umgebungstemperatur von 30°C abweicht (nach DIN VDE 0298 Teil 4). Quelle: [11]

Umgebungstemperatur	10°C	15°C	20°C	25°C	30°C	35°C	40°C	45°C	50°C	55°C	60°C	65°C	70°C
Isolierwerkstoff: PVC (bis70°C)	1,22	1,17	1,12	1,06	1,0	0,94	0,87	0,79	0,71	0,61	0,50		
Isolierwerkstoff: EPR (bis 80°C)	1,18	1,14	1,10	1,05	1,0	0,95	0,89	0,84	0,77	0,71	0,63	0,55	0,45

Verlegeart	Anordnung	Anzahl der mehradrigen Leitungen (2 bzw. 3 stromführende Leiter)									
		1	2	3	4	5	6	7	8	9	10
Gebündelt direkt auf der Wand, dem Fußboden, im E-Rohr oder -kanal, auf oder in der Wand		1,00	0,80	0,70	0,65	0,60	0,57	0,54	0,52	0,50	0,48
Einlagig auf Wand oder Fußboden, mit Berührung		1,00	0,85	0,79	0,75	0,73	0,72	0,72	0,71	0,70	
Einlagig auf Wand oder Fußboden, mit Zwischenraum gleich Leitungsdurchmesser		1,00	0,94	0,90	0,90	0,90	0,90	0,90	0,90	0,90	0,90
Einlagig unter der Decke, mit Berührung		0,95	0,81	0,72	0,68	0,66	0,64	0,63	0,62	0,61	
Einlagig unter der Decke, mit Zwischenraum gleich Leitungsdurchmesser		0,95	0,85	0,85	0,85	0,85	0,85	0,85	0,85	0,85	0,85

Tabelle 4.17 Faktoren, um die die zulässige Strombelastbarkeit nach Tabelle 4.15 bei der angegebenen Leitungshäufung verringert werden muß (Stromreduktionsfaktoren) (weitere Hinweise siehe DIN VDE 0298 Teil 4). Quelle: [11]

Bemessung des Leitungsquerschnittes

Bei der Bemessung des Leitungsquerschnittes gilt es, zwei Kriterien Rechnung zu tragen:

Zum einen darf die Strombelastung des Kabels die in der VDE-Norm 0100, Blatt 523 festgelegten Werte nicht überschreiten, um eine unzulässige Erwärmung des Kabels und der Umgebung zu vermeiden. Einen Überblick über die dort angegebene maximal zulässige Belastung in Abhängigkeit vom Nennquerschnitt gibt Tabelle 4.15, während in Tabelle 4.16 Umrechnungsfaktoren für den Fall angegeben werden, daß die Umgebungstemperatur des Leiters von 30°C abweicht.

Zum anderen kommt in autonomen Stromversorgungsanlagen zumeist als schärferes Kriterium die Forderung zum Tragen, daß die elektrischen Verluste in der Gleichstromhauptleitung 1% und in den Leitungen zu den wichtigsten Verbrauchern 3% der übertragenen Leistung nicht überschreiten. Dies führt bei den niedrigen, in Inselsystemen gebräuchlichen Systemspannungen von 12, 24 oder 48 V schon bei mittleren Leitungslängen zu beträchtlichen Leitungsquerschnitten, welche die in Tabelle 4.15 geforderten Querschnitte bei weitem übertreffen.

Der Leitungsquerschnitt läßt sich nach der Formel berechnen:

$$A = (\rho \cdot 2 \cdot l \cdot I)/(v \cdot U) \text{ oder}$$
$$A = (\rho \cdot 2 \cdot l \cdot N)/(v \cdot U^2) \qquad \text{mit}$$

A   Leitungsquerschnitt in mm²,

ρ spezifischer Leiterwiderstand in $\Omega \cdot mm^2/m$ ($\rho = 0,0179$ für Kupfer),

l   einfache Leitungslänge, der Wert wird in der Formel wegen Hin- und Rückleitung verdoppelt,

I   Nennstrom durch die Leitung in A,

v   zulässiger Verlust (1%: v = 0,01; 3%: v= 0,03),

U   Systemspannung,

N   Leistung des Solargenerators bzw. des Gerätes.

Bemerkenswert ist, daß bei gegebener Leistung die System-spannung im Quadrat in die Berechnung des Leitungsquer-schnitts eingeht.

Beispiel: Für eine 10 m lange Gleichspannungshauptleitung, die einen 120 W-Solargenerator mit einem 12 V-Akku verbindet und maximal 1% Verlust aufweisen soll, läßt sich damit der Leitungsquerschnitt berechnen:

$$A = (0{,}0179 \cdot 2 \cdot 10 \cdot 120)/(0{,}01 \cdot 144) = 29{,}8 \ mm^2$$

Installiert wird ein Kabel mit 35 mm², unter Hinnahme etwas größerer Verluste wäre ein Kabel mit 25 mm² noch vertretbar. Wird die Systemspannung mit 24 V doppelt so hoch gewählt, kann der Kabelquerschnitt auf ein Viertel reduziert werden:

$$A = (0{,}0179 \cdot 2 \cdot 10 \cdot 120)/(0{,}01 \cdot 576) = 7{,}46 \ mm^2$$

Installiert wird das nächstgrößere Norm-Kabel mit 10 mm² Querschnitt.

Die oben angegebene Formel gilt gleichermaßen zur Quer-schnittsermittlung für Leitungen auf der Verbraucherseite. Zur schnellen Ermittlung des notwendigen Kabelquerschnittes kann Tabelle 4.18 herangezogen werden. Hier sind die zulässigen Grenzleistungen angegeben, für die bei gegebenem Kabel-querschnitt und bekannter Leitungslänge der zulässige Verlust gerade noch nicht überschritten wird. Aus dieser Tabelle wird deutlich, daß leistungsstarke Verbraucher wie z.B. ein Wechsel-richter über möglichst kurze Leitungen mit großem Leitungs-querschnitt anzuschließen sind.

Kabelqualitäten

Für die Festinstallation geeignete Kabel bis 2,5 mm² Querschnitt mit 3 oder 5 Adern gibt es noch in allen Baumärkten zu kaufen. In Einzelfällen kann durch Parallelschalten von 2 Adern mit 2,5 mm² ein Kabel mit 5 mm² Querschnitt hergestellt werden, so daß beim fünfadrigen Kabel ebenso wie beim dreiadrigen eine Ader, u.z. die gelb-grün markierte, freibleibt. Die gelb-grün gekennzeichnete Ader darf nur für Erdleitungen verwen-det und aus Sicherheitsgründen nicht als Plus- oder Minusleitung genutzt werden. Kabel mit größeren Querschnitten und insbe-sondere die wärmebeständigen „Solarkabel" sind bei den ein-

schlägigen Solarfachfirmen sowie im Elektrofachhandel erhält-lich.

Auf einen Qualitätsunterschied sei hier noch hingewiesen: Es gibt einerseits Kabel für die Festverlegung, deren Adern aus einem massiven Draht bestehen und die besonders bei großen Querschnitten nur in großen Radien zu biegen sind, und ande-rerseits sogenannte Litze oder feindrähtige Kabel, bei denen jede Ader aus mehreren Einzeldrähten zusammengedreht ist. Litze ist flexibler und läßt sich folglich besser verlegen. Zulei-tungen für bewegliche Geräte ebenso wie die Anschlüsse der Solarmodule sollten immer in Litze ausgeführt werden, da eindrähtige Leitungen bei häufiger Bewegung leicht brechen!

Verbindungen

Insgesamt fallen die Kabelquerschnitte in einer 12 bzw. 24 V-Installation erheblich größer aus als bei gewöhnlichen Netz-installationen, so daß die in der Wechselstrominstallation ge-bräuchlichen Lüsterklemmen an vielen Stellen nicht ausreichen. Bis 6 mm² Kabelquerschnitt bieten die Kabelschuhe und Steck-verbindungen aus der KFZ-Technik einen Ausweg. Für noch größere Querschnitte und für Stellen, an denen viele Kabel zu-sammenlaufen, gibt es Klemmleisten aus der Starkstromtech-nik mit dazu passenden Anschlußdosen bzw. Schaltkästen, die mit isolierenden Trennwänden für die aus Sicherheitsgründen notwendige räumliche Trennung von Plus- und Minus-Leitun-gen ausgerüstet werden können.

Ziel aller Bemühungen muß es sein, gute und dauerhafte elek-trische Verbindungen herzustellen. Die Übergangswiderstände sollen so klein wie möglich ausfallen. Wackelkontakte und nach-lässig geklemmte Kabel sind unbedingt zu vermeiden (wg. Gefahr der Entstehung von Lichtbögen).

Schalter

Beim Schalten von Gleichstrom werden die Schaltkontakte stär-ker belastet als beim Schalten von Wechselstrom, da bei Span-nungen oberhalb von etwa 12 V bei jedem Öffnen eines Schal-ters ein kleiner Lichtbogen entsteht, der nicht wie bei Wechsel-spannung beim nächsten Nulldurchgang, sondern erst durch genügend weite Trennung der Kontakte verlöscht. Der Lichtbogen brennt umso stärker, je höher die Gleichspannung und je stärker der abzuschaltende Strom ist (Abb. 4.55). Dadurch wird nicht nur stets ein wenig Metall von der Kontaktoberfläche abgetragen, bei stärkeren Lichtbögen kann es auch zur Zerstörung der Kontakte oder gar zum Schalterbrand kommen.

Bei der Auswahl der Schalter ist daher darauf zu achten, daß die zulässige Schaltspannung und der maximal zulässige Strom durch die Kontakte nicht überschritten werden. Die Grenzwerte sind in der Regel auf den Schaltern (sowie in den Herstellerunterlagen) angegeben, wobei für die Belastung mit Gleichstrom meist niedrigere Grenzwerte gelten als für die Belastung mit Wechselstrom. Die Eignung eines Schalters für hohe Gleichströme und Spannungen wird durch eine Reihe konstruktiver Maßnahmen erreicht: Wahl eines robusten Kontaktmaterials, genügend großer Kontaktabstand, hohe Öffnungsgeschwindigkeit, selbstlöschende Kontaktgeometrie. Schalter, die für mehr als 60 V Gleichspannung zugelassen sind, müssen außerdem mit speziellen Löschkammern oder Ausblasvorrichtungen ausgerüstet sein. Bei Spannungen über 250 V= muß darüber hinaus zweipolig abgeschaltet werden, bei noch höheren Spannungen (über 500 V) sind zur sicheren Lichtbogenlöschung

Tabelle 4.18 (rechts)
Zulässige Belastbarkeit von Leitungen und Kabeln in Solarstromanlagen bei vorgegebener Begrenzung der Leitungsverluste.

4.54 Kabelschuhe und Kabelklemmen für Kleinspannungs-Installationen kleiner Leistung.

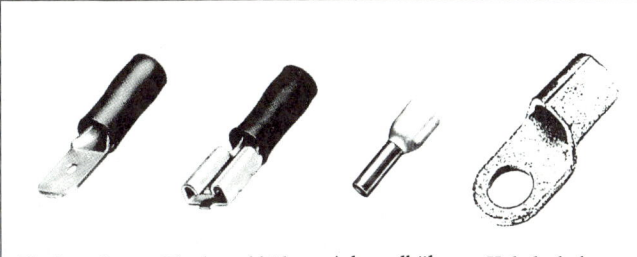

Flachstecker
bis 2,5 mm²
Leiterquer.

Flachsteckhülse
bis 6 mm²
Leiterquer.

Aderendhülsen
1,5 - 10 m²
Leiterquer.

Kabelschuhe
bis 35 mm²
Leiterquerschnitt

Kabel-Querschnitt	Länge des zweiadrigen Kabels in m								
	1	2	4	6	8	10	15	20	30
mm²	Höchstleistung [in Watt] bei 12 Volt und 3% Verlust								
1,5	181	91	45	30	23	18	12	9	6
2,5	302	151	76	50	38	30	20	15	10
4	484	242	121	81	60	48	32	24	16
6	726	363	181	121	91	73	48	36	24
10	1209	605	302	202	151	121	81	60	40
16	1935	968	484	323	242	194	129	97	65
25	3024	1512	756	504	378	302	202	151	101
	Höchstleistung [in Watt] bei 12 Volt und 1% Verlust								
4	161	81	40	27	20	16	11	8	5
6	242	121	60	40	30	24	16	12	8
10	402	201	101	67	50	40	27	20	13
16	664	322	161	107	80	64	43	32	21
25	1006	503	251	168	126	101	67	50	34
35	1408	704	352	235	176	141	94	70	47
50	2011	1006	503	335	251	201	134	101	67
	Höchstleistung [in Watt] bei 24 Volt und 3% Verlust								
1,5	726	363	181	121	91	73	48	36	24
2,5	1209	605	302	202	151	121	81	60	40
4	1935	968	484	323	242	194	129	97	65
6	2903	1451	726	484	363	290	194	145	97
10	4838	2419	1209	806	605	484	323	242	161
16	7740	3870	1935	1290	968	774	516	387	258
25	12094	6047	3024	2016	1512	1209	806	605	403
	Höchstleistung [in Watt] bei 24 Volt und 1% Verlust								
4	644	322	161	101	80	64	43	32	21
6	965	483	241	161	121	97	64	48	32
10	1609	804	402	268	201	161	107	80	54
16	2574	1287	644	429	322	257	172	129	86
25	4022	2011	1006	670	503	402	268	201	134
35	5631	2816	1408	939	704	563	375	282	188
50	8045	4022	2011	1341	1006	804	536	402	268

Die Zahlenwerte in der Tabelle geben die Leistungsgrenzen (in Watt) an, bei denen in einem zweiadrigen Kupferkabel die Verluste kleiner sind als 3% bzw. 1%, wie es für Solarstromanlagen empfohlen wird.

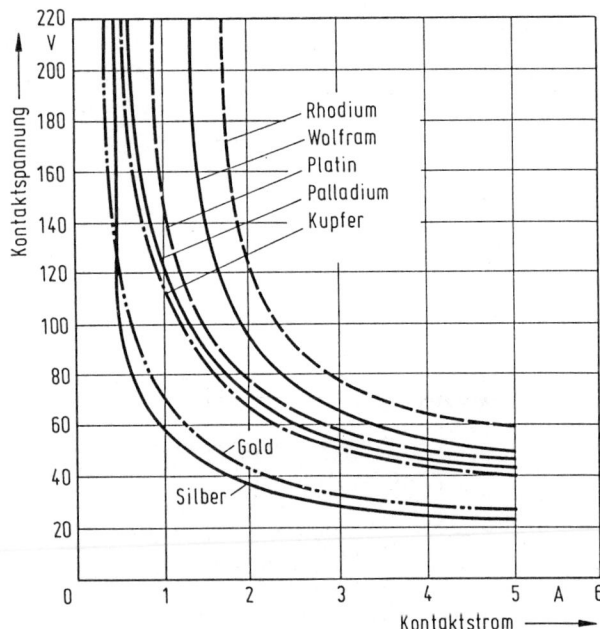

Kontaktspannung [V]

Rhodium
Wolfram
Platin
Palladium
Kupfer

Gold
Silber

Kontaktstrom [A]

4.55 Lichtbogengrenzwerte reiner Kontaktmetalle.   Quelle: [27]

über hinaus auch Schalter aus der Starkstromtechnik angeboten, die sich teilweise auch in leistungsstarken Geräten wie z.B. Wechselrichtern finden. Zum Abschalten ganzer Stromkreise sind ferner die aus der Wechselstromtechnik bekannten Sicherungsautomaten (Leistungsschutz-Schalter) sehr zweckmäßig, weil sich damit je nach Typ bis über 20 A schalten lassen und gleichzeitig die Funktion der Sicherung integriert ist.

Sicherungen

Sicherungen müssen für *alle* vom Schaltkasten abgehenden Leitungen vorgesehen werden, vielleicht mit Ausnahme der Verbindungen zwischen Schaltkasten und Akku sowie zwischen Akku und Wechselrichter, sofern dieser intern mit einer Sicherung ausgerüstet ist. Für kleine Bordnetze liefert auch hier der KFZ-Bedarf geeignetes Material. Für größere Ströme zwischen 10 und 25 A bieten sich die in der konventionellen Hausinstallation üblichen Leistungsschutzschalter an, die auf einer Montageschiene im Schaltkasten angeordnet werden. Haushalts-Schmelzsicherungen haben sich wegen ihres recht hohen Innenwiderstands für diese Zwecke nicht bewährt. Für noch höhere Ströme stehen Spezial-Schmelzsicherungen aus der Industrie-Elektrik zur Verfügung.

zusätzlich zur 2-poligen Abschaltung mehrere Kontakte in Reihe zu schalten.

In der Praxis sind zum Ein- und Ausschalten der Beleuchtung und anderer Kleingeräte die gewöhnlichen Schalter aus der Wechselstrom-Technik in Aufputz- oder Unterputzausführung meist ausreichend, sofern die Systemspannung 48 V= nicht übersteigt und der maximal zulässige Schaltstrom von 10 oder 16 A nicht überschritten wird. Wegen des bei Gleichstrom unvermeidlichen Schaltfunkens ist gegenüber Wechselstromanlagen mit einer schnelleren Abnutzung der Schaltkontakte zu rechnen. Zum Anklemmen größerer Kabelquerschnitte als 1,5 mm² sollten die Kabelenden auf jeden Fall mit Kabelschuhen versehen werden.

Zum Schalten größerer Ströme finden sich in den Katalogen für Autoelektrik Leistungsschalter und -relais für Gleichstromanwendungen. Von den Solarstrom-Fachhändler werden dar-

Stecker und Steckdosen

Bei Steckern und Steckdosen für Gleichstrom kommt es darauf an, daß die Polarität (plus und minus) nicht versehentlich vertauscht werden kann. Außerdem dürfen die Stecker von Gleichstromgeräten nicht in die normalen 230 V-Dosen passen, ebenso wie die 230 V-Wechselstrom-Stecker umgekehrt auch nicht in die Gleichstrom-Dosen passen dürfen. Neben den Produkten der KFZ-Technik bzw. der Camping- und LKW-Ausstatter bieten die meisten Solar-Fachhändler für die Hausinstallation eine Sonderausführung von Steckern und Steckdosen (in Auf- und Unterputzausführung) an, die durch Art und Anordnung der Kontakte verpolungssicher und bis 16 A belastbar sind. Sie kosten nur wenig mehr als das Standard-230 V-Material.

Geräte mit größerer Stromaufnahme sollten nach Möglichkeit fest angeklemmt werden, anderenfalls müssen teure Industriekupplungen eingesetzt werden. Die Übergangswiderstände in Steckdosen sind nämlich um einiges größer als bei festen Schraubklemmen-Verbindungen.

Anzeigeinstrumente

Zur Überwachung der Funktion autonomer Stromversorgungsanlagen sind Meßinstrumente zur Anzeige der Systemspannung sowie des Lade- und Entladestroms sehr praktisch. Bessere Laderegler können meist mit einem digitalen Vielfach-Anzeigeinstrument (umschaltbar für die Spannungs- und Strommessungen) als Option ausgestattet werden. Ergänzend zum aktuellen Lade- und Entladestrom interessieren häufig auch die Strommengen (in Amperestunden) oder Energiemengen (in Wattstunden), die in den Akku geladen und ihm wieder entnommen wurden, um – unter Berücksichtigung des Akku-Ladefaktors – eine grobe Bilanz der gewonnenen und verbrauchten Energie zu ermöglichen. Für diesen Zweck werden von einigen Solar-Fachhändlern recht genaue, aber relativ teure, elektronische Zweifach-Amperestundenzähler (12/24 V Versorgungsspannung) als Einbauinstrumente angeboten, die auch den Lade- und Entladestrom anzeigen können. Daneben ist inzwischen ein im Preis vergleichbares digitales Vielfach-Meßgerät

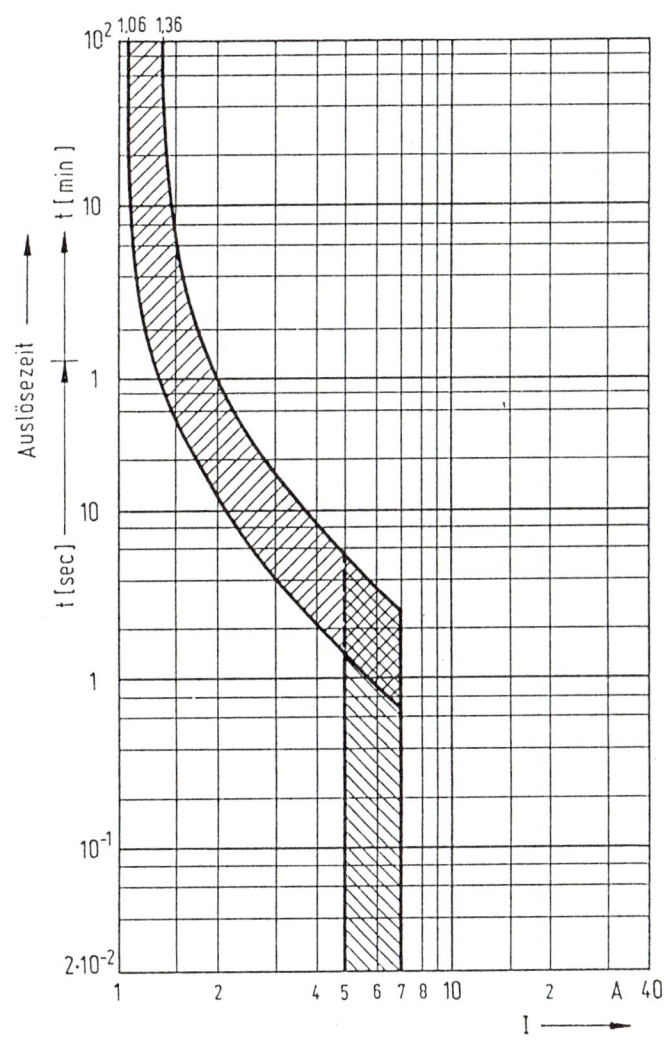

4.56 Auslösekennlinie am Beispiel einer automatischen Sicherung (LS-Schalter). Um eine schnelle Abschaltung im Sekundenbereich herbeizuführen, muß der die Sicherung auslösende Strom 5 - 7 mal so groß sein wie der Nennstrom auslösende Sicherung.   Quelle: [27]

4.57 Stecker und Steckdosen für Gleichstromnetze dürfen nicht mit der Wechselstrominstallation verwechselbar sein und müssen Plus- und Minus- eindeutig unterscheiden. An die Stecker können Kabel bis zu 6 mm² angeklemmt werden, die Steckdosen nehmen Kabelquerschnitte bis 10 mm² auf.
Quelle: Fa. Wagner & Co, Cölbe

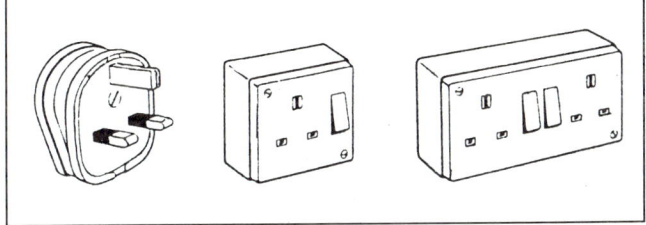

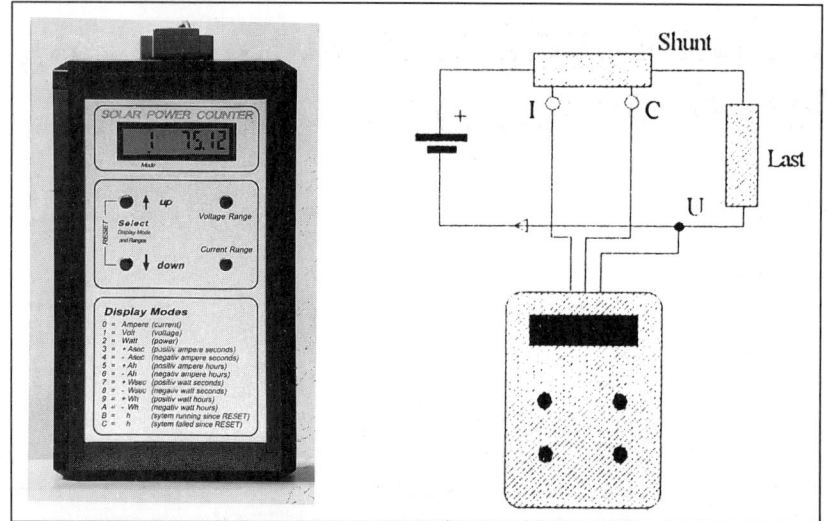

4.58
Der Solar-Power-Counter mißt nicht nur
Spannung, Strom und Leistung, er integriert
darüber hinaus den Lade- und Entladestrom in
getrennten Registern über die Zeit, so daß eine
Bilanzierung von zugeführter und entnommener
Ladung (Ah) und Energie (Wh) möglich ist.
Photo: Fa. Uhlmann Solarelectronic, Teningen

für Solarstromanlagen (Solar Power Counter) auf den Markt
gekommen, das die heutigen Möglichkeiten der Mikroelektro-
nik konsequent nutzt und neben Spannung und Strom auch die
Strommenge, die Leistung und die verbrauchte oder gewonne-
ne Energie sowie die Betriebs- und Ausfallzeiten des Systems
zur Anzeige bringen kann.

Insbesondere beim Meßinstrument für die Systemspannung
kommt es zwecks Erkennung des Ladezustandes auf eine hin-
reichende Meßgenauigkeit im Bereich der Betriebsspannung
(10 bis 15 V bzw. 21 bis 30 V) an, weshalb sich digitale Meßinstrumente weitgehend durchgesetzt haben.

Einfache Volt- und Amperemeter sowohl in analoger wie in digitaler Ausführung gibt es recht preiswert im Radio- und
Elektronikhandel. Um die hohen Ströme in Solarstromanlagen
möglichst verlustarm zu messen, wird für die Strommessung
ein sogenannter Shunt (Widerstand für die Strommessung mit
sehr kleinem Widerstandswert und hoher Strombelastbarkeit)
außerhalb des Meßinstrumentes in den Stromkreis eingebaut
und der Spannungsabfall (einige 10 mV) mit einem empfindli-
chen Instrument gemessen.

5. Planung, Dimensionierung und Ausführung autonomer Solarstromanlagen

5.1 Vorgehen bei der Planung

Um zuverlässig und dauerhaft arbeitende Solarstromanlagen zu bauen, bedarf es sorgfältiger Planung und einer fachgerechten Ausführung; gegenüber konventionellen Stromversorgungsanlagen gibt es dabei einige Besonderheiten zu beachten. Abgesehen von Kleinanlagen mit wenigen Solarmodulen, die als Bausatz angeboten gegebenenfalls auch von fachkundigen Laien installiert werden können, ist es bei der Realisierung größerer Anlagen sinnvoll, wenn Solarfachmann und Elektrohandwerker von der Konzeption bis zur Ausführung zusammenarbeiten. Schlecht funktionierende Anlagen bringen nicht nur einzelne unzufriedene Kunden, sie schaden auch nachhaltig dem Ruf dieser neuen Technik.

Aufgabenstellung, Konzeptentwicklung
Am Anfang des Planungsprozesses steht der Wunsch des Kunden oder die Idee des Selbstbauers: Ein Gerät, ein Fahrzeug, eine Hütte oder ein Wohnhaus soll unabhängig vom Netz mit Solarstrom versorgt werden. Um diese Aufgabe bei erträglichen Kosten zuverlässig zu lösen, ist eine sorgfältige Analyse der Aufgabenstellung notwendig.
Dazu gehört vor allem die Ermittlung des *elektrischen Energiebedarfes* und die Prüfung, ob die zu versorgenden Verbraucher sparsam und effizient mit dem relativ teuer erzeugten Strom umgehen. Bei kWh-Preisen von 2 bis 5 DM, die der Solarstrom in autonomen Anlagen etwa kostet (in Sonderfällen können auch noch höhere Kosten entstehen), lohnen sich auch solche Energiesparmaßnahmen, die bei der Versorgung aus dem öffentlichen Netz nicht oder wenig sinnvoll wären. Wo derartige Maßnahmen möglich sind (z.B. Ersatz alter Geräte durch die marktbesten Stromsparausführungen), gehören sie unbedingt mit in das Anlagenkonzept.

Weiterhin sind zur Präzisierung der *Aufgabenstellung* zu klären:

-   die Spitzenleistung, die bereitgestellt werden muß,
-   der Grad der Versorgungssicherheit, der angestrebt wird bzw. notwendig ist,
-   das Vorhandensein eines besonnten, hinreichend großen Aufstellungsortes zur Montage des Solargenerators.

Zur *Konzeptentwicklung* gehört die Entscheidung für eines der in Kap. 3 vorgestellten Systeme und eine grobe Abschätzung, ob sich damit die vom Kunden gestellten Anforderungen erfüllen lassen, insbesondere hinsichtlich der Bereitstellung des Energiebedarfes und der Gewährleistung der Versorgungssicherheit. Hinweise für diese Abschätzung werden in Kap. 5.2 „Dimensionierung" gegeben.
Am Ende sind das Blockschaltbild, die technischen Daten des Systementwurfes und die Kenntnis der ungefähren Kosten die Grundlage für eine Auftragserteilung des Kunden oder die Kaufentscheidung des Selbstbauers.

Dimensionierung
Bei der Dimensionierung geht es – abgesehen von der Festlegung der Systemspannung – vorrangig um die Ermittlung der optimalen Größen von Solargenerator und Akku (Speicher), besonders unter dem Aspekt der vom Nutzer geforderten Versorgungssicherheit. Während diese Fragen für kleine Anlagen (Gerätestromversorgung oder Anlagen in Fahrzeugen) oft aus der praktischen Erfahrung von Fachleuten beantwortet bzw. durch Kauf eines fertigen Bausatzes umgangen werden können, bedürfen größere Anlagen mit vielen Verbrauchern oder schwierigen Standortbedingungen (Klima, Ausrichtung und

Verschattung des Solargenerators) einer genaueren Rechnung. Zur Dimensionierung gehört außerdem die Ermittlung der Solargeneratorleistung und der Akkukapazität, die Bestimmung der Leitungsquerschnitte für die wichtigsten Versorgungsleitungen

sowie die Auswahl eines geeigneten Ladereglers und Wechselrichters. Wegen der zentralen Bedeutung ist diesem Thema ein eigenes Kapitel (Kap. 5.2) gewidmet.

Detailschaltbild, Netzform
Nach abgeschlossener Dimensionierung liegen dem Planenden alle Informationen vor, die er benötigt, um ein detailliertes (allpoliges) Anlagenschaltbild zu zeichnen, wie es der Elektroinstallateur für die praktische Arbeit braucht. In dieses Schaltbild sind nicht nur alle festinstallierten Geräte und Verbraucher einzuzeichnen, sondern auch die Leitungsquerschnitte, die Sicherungen und die Schutzerdungen soweit erforderlich.
Bei größeren Anlagen mit Wechselrichter kommen der Ausführung des Netzes sowie der Erdung und dem Blitzschutz besondere Bedeutung zu. Einzelheiten dazu werden in Kap. 5.4 beschrieben.

Ausschreibung und Auftragsvergabe
Zur genauen Kostenermittlung und zur Vorbereitung der Auftragsvergabe kann nun auf der Basis des Detailschaltbildes eine Ausschreibung erstellt werden.
Bei der Ausschreibung tritt häufig die Schwierigkeit auf, eine Vergleichbarkeit der eingehenden Angebote zu gewährleisten. Da die einzelnen Anbieter oft nur mit bestimmten Modulherstellern Geschäftsbeziehungen pflegen, können die zu liefernden Solarmodule im Angebot kaum auf einen ganz bestimmten Typ (nur eines Herstellers) festgelegt werden. Wenn aber die elektrischen und mechanischen Eigenschaften der angebotenen Solarmodule voneinander abweichen, macht sich dies nicht nur bei den Kosten bemerkbar, sondern unter Umständen auch bei der Leistung oder der Haltbarkeit der Anlage. Ähnliches gilt für den Akku, wo es, wie in Kapitel 4.1 deutlich wurde, besonders große Qualitäts- und entsprechende Preisunterschiede gibt.

Förderung
Die Beantragung von Fördermitteln ist zwar formal die Aufgabe des Bauherrn, die Vorbereitung der entsprechenden Unterlagen wird heute jedoch in vielen Fällen vom Planer bzw. von der planenden und ausführenden Solarfirma übernommen, da

5.1 Vorgehen bei der Planung und Dimensionierung autonomer Systeme.

sie in der Regel eine bessere Übersicht über die aktuellen Förderungsmöglichkeiten haben. Nach dem Auslaufen des 1000-Dächer-Programmes in Deutschland gewährt der Bund für Photovoltaikanlagen derzeit überhaupt keine Zuschüsse mehr. Dafür haben einige Bundesländer sowie einzelne Städte und Gemeinden Förderprogramme aufgelegt, um die solare Stromerzeugung voranzubringen. Da es bei den Förderungsmaßnahmen immer wieder Änderungen gibt, wurde im Rahmen dieses Buches auf eine entsprechende Übersicht verzichtet. Nähere Informationen können entweder den einschlägigen Fachzeitschriften entnommen oder bei den vor Ort tätigen Firmen erfragt werden.

5.2 Dimensionierung

Das im folgenden beschriebene Verfahren zur Dimensionierung von autonomen Solarstromanlagen gilt grundsätzlich für kleine ebenso wie für große Anlagen. Da das Rechnen im Detail aber nicht jedermanns Sache ist und der Aufwand gerade bei Kleinanlagen in keinem guten Verhältnis zu den Anlagenkosten steht, werden von vielen Solarfachhändlern für kleine Solarstromanlagen zur Versorgung von Hütten und Fahrzeugen Komplettsysteme in verschiedenen Größen angeboten, deren Dimensionierung in der Praxis erprobt ist.

Wer sich nicht auf Erfahrungswerte verlassen will oder kann, muß rechnen. Wie eine einfache Dimensionierungsrechnung aussieht und welche Überlegungen bei der Dimensionierung sonst noch angestellt werden müssen, wird im folgenden beschrieben.

Bei der Dimensionierung netzunabhängiger Solarzellenanlagen gilt es, folgende Daten zu ermitteln und aufeinander abzustimmen:

- den Stromverbrauch und die geforderte Versorgungssicherheit,
- die Sonneneinstrahlung am Aufstellungsort,
- die Solargeneratorleistung,
- die Größe des Stromspeichers, d.h. die Akkukapazität.

Der *Stromverbrauch* und dessen zeitlicher Verlauf (konstanter Verbrauch bzw. Verbrauchsspitzen) bestimmen ganz wesentlich die Anforderungen an die zu planende Anlage. Deshalb ist es notwendig, zunächst einmal den Stromverbrauch und die geschätzte Betriebszeit aller zu versorgenden Geräte aufzulisten und daraus einen täglichen bzw. wöchentlichen Mittelwert für den Gesamtverbrauch zu errechnen.

Die Kenntnis des Verbrauchs ermöglicht es, in einem zweiten Schritt die *Deckung des Bedarfes* zu kalkulieren. Zu diesem Zweck sind die Daten über die örtliche Sonneneinstrahlung zu ermitteln, die für repräsentative Meßstationen als Tages- oder Monatsmittelwerte der eingestrahlten Energiemenge vorliegen (vgl. Tab. 2.3). Die Größe der Solarzellenfläche bzw. die Zahl der Solarmodule muß nun so bemessen werden, daß bei den gegebenen Einstrahlungsbedingungen genügend Strom erzeugt wird, um den Verbrauch einschließlich der Verluste im System mindestens im Mittel oder bei hohen Ansprüchen an die Versorgungssicherheit sogar mit einem gewissen Sicherheitszuschlag zu decken.

Zuletzt wird die *Größe des Speichers*, d.h. des Akkus, festgelegt. Dieser muß so bemessen sein, daß die täglichen bzw. die witterungsbedingten mehrtägigen oder sogar noch langfristigere jahreszeitliche Schwankungen im Solarangebot ausgeglichen werden können, kurz, daß genügend Strom für strahlungsarme Perioden gespeichert ist.

Nicht immer gelingt es auf Anhieb, zu einer optimalen Dimensionierung zu kommen. So wird eine sparsame Auslegung, die sich z.B. an Jahresmittelwerten orientiert, dazu führen, daß im

Leistungsaufnahme, z.B. in Watt

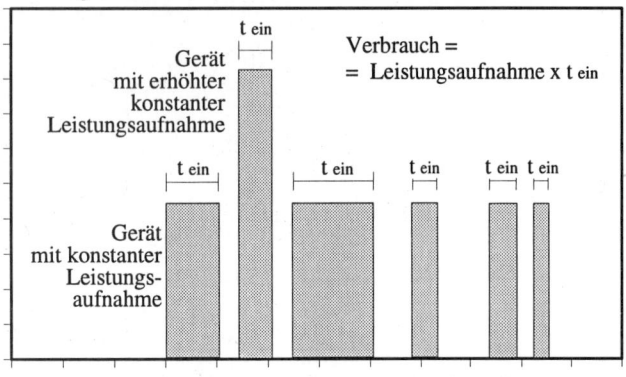

Zeit t, z.B. in Stunden

Leistungsaufnahme, z.B. in Watt

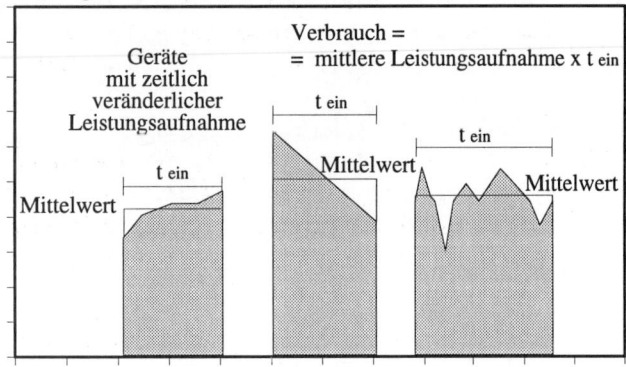

Zeit, z.B. in Stunden

5.2 Zeitlicher Verlauf der Strom- und Leistungsaufnahme - oben bei zeitlich konstantem Verbrauch, unten bei Geräten mit belastungsabhängigem Verbrauch.

Winter aufgrund des geringen Energieangebotes einerseits und des erhöhten Verbrauchs andererseits zu wenig Strom zur Verfügung steht. Im umgekehrten Fall, wenn die Anlage für eine weitgehende Autonomie im Winter ausgelegt wird, kann es passieren, daß sie wegen der enormen Größe zu teuer und damit nicht realisierbar wird. In solchen Fällen ist es notwendig, die Aufgabenstellung zu modifizieren, z.B. durch Kompromisse beim Verbrauch, durch Zugeständnisse bei der Versorgungssicherheit oder durch Erschließung weiterer Energiequellen.

Danach müssen die oben genannten Planungsschritte nochmals (ggf. sogar mehrfach) durchlaufen werden, um ein Ertrags- oder Kostenoptimum zu ermitteln.

Ermittlung des Stromverbrauchs

Der Strom (in A), die Leistungsaufnahme (in W) und die Betriebsspannung (in V) eines Gerätes werden in der Regel auf dem Typenschild bzw. in der Bedienungsanleitung unter „Technische Daten" angegeben. Fehlen einzelne Angaben, wie z.B. die Stromaufnahme (I), können sie (bei Gleichstrom) aus der Formel für die elektrische Leistung

Leistung N = Spannung U · Strom I   oder kurz: N = U · I

durch Umformen ermittelt werden, zum Beispiel der Nennstrom (I) aus der Leistungsaufnahme und der Betriebsspannung:

$$I \text{ [in A]} = N \text{ [in W]} / U \text{ [in V]}$$

Soll nur *ein* Gerät mit Solarstrom versorgt werden, ist die Angelegenheit recht übersichtlich: Während das Gerät eingeschaltet ist, wird der für das Gerät typische Strom verbraucht, der nicht unbedingt zeitlich konstant sein muß (Abb. 5.2). Bei manchen Geräten hängt die Leistungsaufnahme von den Betriebsbedingungen ab: So nimmt ein voll aufgedrehter Musikverstärker oder ein belasteter Motor mehr Strom auf als der Verstärker in Leise-Stellung bzw. der Motor im Leerlauf. In solchen Fällen gilt es, für die weitere Rechnung realistische Mittelwerte einzusetzen.

Sind die Leistungsaufnahme N bzw. das Produkt U · I und die tägliche, wöchentliche oder monatliche Betriebszeit t bekannt, kann der *Energieverbrauch* Q in Wattstunden [Wh] pro Tag, pro Woche oder pro Monat ermittelt werden:

$$Q = U \cdot I \cdot t \quad \text{[in Wh/Tag, Wh/Woche oder Wh/Monat]}$$

Ob ein täglicher, wöchentlicher oder monatlicher Betrachtungszeitraum sinnvoll ist, hängt von der Art der Anlage und vom Benutzungsrhythmus ab. Sind exakte Zahlenwerte für die Einschaltzeit bzw. die Einschalthäufigkeit schwer zu ermitteln,

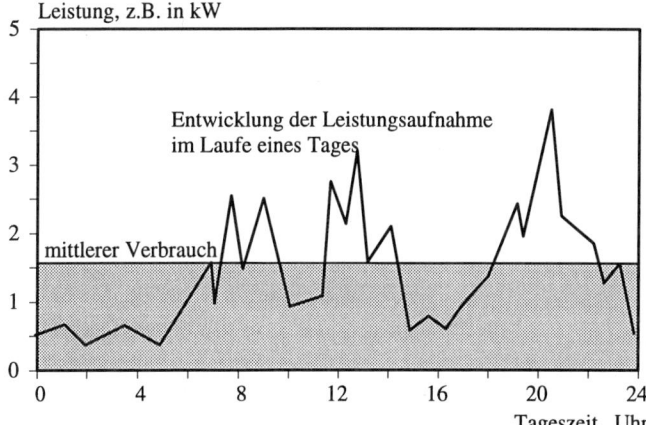

Leistung, z.B. in kW

Entwicklung der Leistungsaufnahme
im Laufe eines Tages

mittlerer Verbrauch

Tageszeit Uhr

5.3 Lastdiagramm für einen Haushalt: dargestellt wird die aufgenommene Leistung im Verlauf des Tages; die Fläche unter der Kurve ist ein Maß für den gesamten Stromverbrauch dieses Tages.

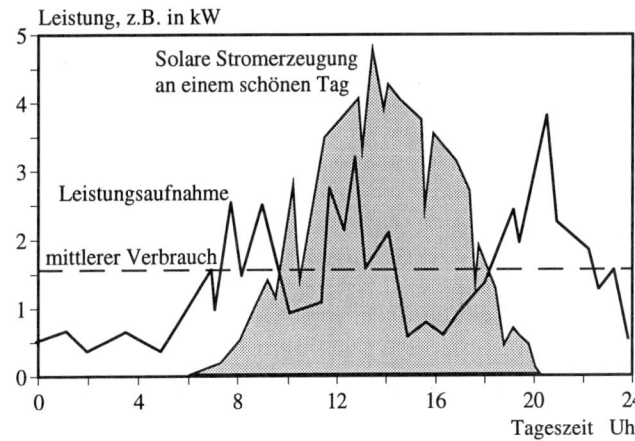

Leistung, z.B. in kW

Solare Stromerzeugung
an einem schönen Tag

Leistungsaufnahme

mittlerer Verbrauch

Tageszeit Uhr

5.4 Lastdiagramm eines Haushalts und solares Stromangebot: für eine autonome Versorgung müssen sich Angebot und Verbrauch (d.h. die Flächen unter den Kurven) im Mittel decken.

bleibt nur die Wahl zwischen der Ungenauigkeit einer Schätzung und dem Aufwand einer genaueren Messung.

Sollen *mehrere* Geräte versorgt werden, wird der eben beschriebene Rechengang für jedes einzelne Gerät wiederholt und das Ergebnis in eine Übersicht eingetragen. Der Gesamtverbrauch ist am Ende die Summe aller Einzelposten. Tab. 5.1 macht das Berechnungsverfahren deutlich und gibt gleichzeitig Anhaltswerte für die Leistungsaufnahme und Betriebszeit einiger typischer Verbraucher im Haushalt. Es handelt sich hier wohlgemerkt um ein Berechnungsbeispiel, das Ergebnis wird in der Praxis für jeden Fall anders aussehen. Auf die Notwendigkeit, nur möglichst stromsparende Geräte einzusetzen, wurde ja bereits mehrmals hingewiesen.

Zum Verbrauch der Geräte hinzugerechnet werden muß der Stromverbrauch, der im Versorgungssystem selbst entsteht, also insbesondere im Laderegler, im Wechselrichter und im Akku. Bei Kleinanlagen mit schlechten (billigen) Ladereglern kann es vorkommen, daß der Eigenverbrauch des Reglers in der Gesamtbilanz beträchtlich zu Buche schlägt.

Ist die Stromversorgungsanlage mit einem Wechselrichter ausgestattet, so muß zum einen der Verbrauch der Wechselstrom-geräte (cos φ berücksichtigen!) um den Wechselrichterwirkungsgrad korrigiert werden (Multiplikation des Verbrauchs mit $1/\eta$) und zum anderen muß der Stromverbrauch im Standby-Betrieb (Bereitschaftsverlust) zusätzlich in Rechnung gestellt werden.

Verbrauch der Wechselstromgeräte	/	Wechselrichterwirkungsgrad	=	korrigierter Verbrauch
150 Wh/Tag	/	0,90	=	165 Wh/Tag
+ Standby-Verbrauch Wechselrichter 24 h x 5 W			=	125 Wh/Tag
+ Summe der Gleichstromverbraucher (Tabelle 5.1)			=	600 Wh/Tag
Gesamtverbrauch				890 Wh/Tag

Wegen der Schwankungen der Betriebsspannung, bedingt durch den wechselnden Ladezustand des Akkus, fällt die Dimensionierung von akkugestützten Inselsystemen genauer aus, wenn mit Amperestundenverbräuchen und -erträgen gerechnet wird.

täglicher Wh-Verbrauch	/	Systemspannung	=	täglicher Ah-Verbrauch
890 Wh/Tag	/	12 V	=	74 Ah/Tag

Ermittlung der Verbrauchswerte				
Beispiel 1: Klein-haushalt mit wenigen Elektrogeräten	Leistung Watt	Strom-aufnahme Ampere	Betriebs-zeit h/d	Verbrauch Arbeit Wh/d
3 Halogenlampen	20	1,7	3 x 0,5	30
4 Leuchtstofflampen	17	1,4	4 x 1,5	102
Kofferradio	4	0,3	6	20
Farbfernsehgerät	56	4,7	1,5	84
12 V-Kühlschrank	60	5	0,25 x 24	360
Digitaluhr	0,08	0,007	24	2
Gesamt				598

Beispiel 2: Berg-Gaststätte	Typ	Leistung Watt	Verbrauch Wh/d
Kühlschrank	Liebherr KT 1580	90	350
	Gram Ler 200	80	350
Kühlhaus	Linde	280	1200
Gefriertruhe	AEG Öko Arctis super	70	500
Geschirrspülmasch.	Winterhalter GS8	730*	320
Gläserspülmaschine	Winterhalter GS23H	240*	0,13
Waschmaschine m. WW-Anschluß	AEG Öko Lavamat 650 600 Wh/Waschgang	2700*	830
Beleuchtung	14 Energiesparlampen	200	
	11 Glühlampen	680	1500
	3 Leuchtstofflampen	180	
Fernsehgerät		60	200
Küchengeräte		3500	780
Umwälzpumpen		40	350
Meßwerterfassung		500	1200
Gesamt		8900	7700

* Geräte mit Warmwasseranschluß

Der Ladewirkungsgrad des Akkus (ca. 0,90 bis 0,95 bei Blei-akkus) wirkt sich auf den Teil des Gesamtverbrauches aus, der nicht direkt vom Solargenerator gedeckt werden kann, also auf den Verbrauch in der Nacht und in strahlungsarmen Zeiten. Um die Rechnung zu vereinfachen, wurde der Ladewirkungsgrad hier mit 0,95 angesetzt und auf den Gesamtverbrauch umge-legt.

täglicher Ah-Verbrauch	/	Ladewirkungs-grad	=	korrigierter Ah-Verbrauch
74 Ah/Tag	/	0,95	=	78 Ah/Tag

Das Ergebnis ist der korrigierte tägliche Ah-Verbrauch, der vom Solargenerator gedeckt werden muß.

Die Wahl der Systemspannung

Die Wahl der Systemspannung sollte nicht nur von der Betriebs-spannung einiger eventuell schon vorhandener Verbraucher abhängig gemacht werden; sie muß vor allem unter den Ge-sichtspunkten „Stromverbrauch" und „Deckung der Spitzen-last" überlegt werden. Was im folgenden am Beispiel der Haus-versorgung dargestellt wird, gilt in ähnlicher Weise auch für andere Anlagen mit komplexerer Verbrauchsstruktur.

In einem Haushalt sind im allgemeinen mehrere Verbraucher mit unterschiedlicher Leistungsaufnahme in Gebrauch, die manchmal auch gleichzeitig eingeschaltet werden. Im Tages-verlauf ergeben sich im Versorgungssystem dadurch Leistungs-schwankungen, die in Form eines „Last-Diagramms" anschau-lich dargestellt werden können (Abb. 5.3). Die Verbrauchsspitzen am Morgen, Mittag und Abend kommen durch den gleichzeiti-gen Betrieb vieler kleiner und einzelner leistungsstarker Ver-

Tabelle 5.1
Berechnung des mittleren, täglichen Stromverbrauchs einiger Geräte für einen Haushalt. Das obere Beispiel, das der Erläuterung des Berechnungsgangs im Text zugrunde gelegt wurde, beschreibt einen sparsam ausgerüsteten Kleinhaushalt, während unten die Ausstattung und die Verbrauchswerte einer Berggaststätte (nach ISE, Freiburg) zusammengestellt wurden.

braucher (z.B. Heißwasserbereitung, Beleuchtung, u.ä.) zu diesen Tageszeiten zustande.

Bei der Dimensionierung größerer Solarstromanlagen ist es sinnvoll, diese individuelle Verbrauchsstruktur genauer zu ermitteln und ein anwendungstypisches Lastdiagramm anzufertigen. Zur Veranschaulichung der typischen Verbrauchsstruktur eines Haushaltes ist das Diagramm in Abb. 5.4 hinreichend gut geeignet: Es macht deutlich, daß die auftretenden Leistungsspitzen um ein Vielfaches höher sind als der mittlere Verbrauch im Stunden-, Tages- oder Wochenmittel. Werden gar Induktionsmotoren mit Wechselrichtern betrieben, treten über die in Abb. 5.4 gezeigten Spitzen hinaus Belastungsspitzen im Sekundenbereich auf, welche die Nennleistung des betreffenden Motors um das 4- bis 8-fache übersteigen.

Um in Solarstromanlagen allzu große Stromverbrauchsspitzen zu vermeiden, kann durch organisatorische Maßnahmen verhindert werden, daß sich mehrere Geräte mit sehr hohem Stromverbrauch gleichzeitig betreiben lassen. Denkbar ist zum Beispiel der Betrieb über Zeitschaltuhren, der Betrieb an *einer*

Steckdose (2 Stecker, 1 Dose) oder mit einem Leistungsumschalter (von Hand oder elektronisch betätigt).

Die Systemspannung muß nun so hoch gewählt werden, daß die Leitungsquerschnitte in einem vertretbaren Rahmen blei-

Wahl der Systemspannung			
mittlerer tägl. Stromverbrauch kWh/d	Spitzenbelastung für Minuten kW	Spitzenbelastung für Sekunden kW	Sytemspannung nicht unter Volt
0 bis 3	0,75 bis 1,5	1,5 bis 3	12
3 bis 6	1,5 bis 3	3 bis 6	24
6 bis 12	3 bis 6	6 bis 12	36 oder 48
16 und mehr	4 bis 8	8 bis 16	230

Tabelle 5.2 Richtwerte für die Wahl der Systemspannung.

Auslegungsbeispiele				
Solargenerator: Zahl der Module / Leistung	Lade-Regler: max. Nennstrom	Akkumulator: System-spannung, Kapazität	Erzeugung: Sommer / Jahres-ø	Anwendung
1 Standard-Modul 45 - 55 W	$I_L < 5$ A	12 V, 50 - 120 Ah	12 / 9Ah/Tag	bei geringem Verbrauch (Beleuchtung, Radio, etc.) in Caravans, Booten, Garten- o.Ferienhäusern
2 Standard-Module 90 - 110 W	parallel: $I_L < 10$ A, in Serie: $I_L < 5$ A	12V, 100 - 300 Ah 24 V, 50 - 120 Ah	25 / 18 Ah/Tag 12 / 9 Ah/Tag	bei höherem Verbrauch durch mehr Brennstellen und zusätzliche Geräte (z.B. Fernseher)
3 Standard-Module 135 - 165 W	parallel: $I_L < 15$ A	12 V, 100 - 300 Ah	37 / 27 Ah/Tag	wie vor, bei erhöhtem Verbrauch, z.B. durch zusätzlichen 12 V-Kühlschrank o.ä.
4 Standard-Module 180 - 220 W	parallel: $I_L < 20$ A 2 in Serie: $I_L < 10$ A	12 V, 140 - 430 Ah 24 V, 100 - 240 Ah	50 / 36 Ah/Tag 25 / 18 Ah/Tag	Anlagen mit größeren Verbrauchern u. Wechselrichter (z.B. für Kühlschrank), in größeren Ferienhäusern,
2 Klein- /Bootsmodule 2 x 25 W = 50 W	parallel: $I_L < 5$ A in Serie: $I_L < 2,5$ A	12 V, 40 - 100 Ah 24 V, 40 - 100 Ah	12 / 9 Ah/Tag 6/4,5 Ah/Tag	in Fahrzeugen: bei geringem Verbrauch, hauptsächlich für Beleuchtung und Kommunikationsgeräte
4 Klein- / Bootsmodule 4 x 25 W = 100 W	parallel: $I_L < 10$ A in Serie: $I_L < 5$ A	12 V, 100 - 300 Ah 24 V, 50 - 120 Ah	24 / 18 Ah/Tag 12 / 9 Ah/Tag	in Fahrzeugen: bei erhöhtem Komfortbedürfnis bzw. großzügerer Ausstattung mit Elektrogeräten

Tabelle 5.3 Bemessungsbeispiele für kleinere Solarstromanlagen und ihr mittlerer Ertrag in Deutschland.

Qualitätsfaktoren (Performance Ratio)	
Komponente (System)	Qualitätsfaktor Q
Kristallines Modul	0,85 - 0,95
Solargenerator	0,8 - 0,9
Netzgekoppelte Anlage	0,6 - 0,75
Autonomes System ohne Zusatzgenerator	0,1 - 0,4
Autonomes System mit Zusatzgenerator	0,4 - 0,6

Tabelle 5.4 Qualitätsfaktoren (Performance ratio) für verschiedene Photovoltaiksysteme. Der Qualitätsfaktor gibt an, welcher Teil des vom Solargenerator erzeugten Stromertrages (unter Nennbedingungen) real zur Verfügung stehen.

ben und die Akkus den auftretenden Leistungsspitzen gewachsen sind. In Tab. 5.2 sind Richtwerte für die Systemspannung angegeben, die möglichst nicht unterschritten werden sollten. Tendenziell fallen die elektrischen Verluste im System mit zunehmender Systemspannung kleiner aus. Für Verbraucher mit mehr als 500 bis 1000 W Leistungsaufnahme empfiehlt sich allgemein – vor allem bei längeren Zuleitungen – die Versorgung über einen 230 V-Wechselrichter.

Und auch dann bestimmt die geforderte Wechselstrom-Leistung die Systemspannung: Für 12 V Eingangsspannung sind Wechselrichter bis ca. 1200 W Dauerleistung erhältlich, für 24 V liegt die Leistungsgrenze bei ca. 2500 W und für 48 V bei 5000 bis 6000 W. Kurzzeitig, d.h. für einige Sekunden, kann guten Wechselrichtern das Zwei- bis Dreifache der Nennleistung entnommen werden, was für den Anlauf leistungsstarker Motoren notwendig und bei der Bemessung von Leitungsquerschnitten und Sicherungen zu berücksichtigen ist.

Die Bemessung des Solargenerators

Als Ergebnis der Verbrauchsermittlung ergibt sich ein täglicher oder wöchentlicher Energiebedarf, der durch den Ertrag vom Solargenerator gedeckt werden muß.

In Kap. 2.7 wurde ausführlich beschrieben, wie der Energieertrag eines Solargenerators bei gegebener Orientierung und Neigung an einem bestimmten Standort berechnet wird. Daher soll der Berechnungsgang hier nur in kurzen, übersichtlichen Schritten wiederholt werden. Bei der Anwendung ist es sinnvoll, die Ertragsberechnung für verschiedene Monate im Jahr durchzuführen, um den Einfluß des Auslegungsmonats auf die Größe des Solargenerators zu erkennen.

Standort des Generators	Neigung	Orientierung	Berechnung für Monat
Freiburg	30°	0° Süd	April

Einstrahlung auf eine waagerechte Fläche (aus Tab. 2.3)	x	Korrektur für Neigung & Orientierung (aus Tab. 2.4)	=	Einstrahlung auf den Solargenerator (Solarangebot)
3,59 kWh/m²d	x	1,08	=	3,88 kWh/m²d

Solarangebot auf Generator	x	Performance ratio (Gener.)	/	Einstrahlung für Nennleistung	=	Nennleistungszeit/Tag
3,88 kWh/m²d	x	0,90	/	1 kW/m²	=	3,49 h/d

Korrigierter Ah-Verbrauch	/	Nennleistungszeit	=	Nennstrom des Solargenerators
78 Ah/d	/	3,49 h/d	=	22,35 A

Nennstrom des Solargenerators	/	Nennstrom eines Moduls	=	Module parallel
21,1 A	/	z.B. 3,11 A	=	7,2 -> 8

Systemspannung	/	Modulspannung	=	Module in Serie
12 V	/	12 V	=	1

Aus dem monatlichen Tagesmittel der Einstrahlung auf eine waagerechte Fläche (Tab. 2.3) und dem Korrekturfaktor für Neigung und Orientierung des Solargenerators (Tab. 2.4) wird – ggf. unter Berücksichtigung von Verschattungen der Generatorfläche – zunächst für den betreffenden Monat das Tagesmittel der Strahlung auf den Solargenerator berechnet. Die Division dieses Solarangebotes durch die Norm-Einstrahlung (1000 W/m^2) und die Multiplikation mit der Perfomance-Ratio (Ertragskorrektur zur Berücksichtigung der realen Betriebsbedingungen = ca. 0,90) ergibt die (fiktive) Zahl der Stunden, in denen der Solargenerator die Nennleistung liefert (die sogenannte Nennleistungszeit).

Der Nennstrom, den der Solargenerator liefern muß, ergibt sich nun, indem der korrigierte Ah-Verbrauch durch die Nennleistungszeit geteilt (dividiert) wird. Nach Auswahl eines Modultyps kann die erforderliche Anzahl der Module berechnet werden. Das Ergebnis der Beispielrechnung (8 Standardmodule parallel) deutet darauf hin, daß eine Systemspannung von 24 V vorteilhafter sein wird als die zunächst vorgegebenen 12 V.

Dem Sonnenstand nachgeführte Solargeneratoren bringen in unserem Klima zwar einen um 20 bis 40% höheren Energieertrag, der Unterschied zwischen dem Ertrag im Sommer und im Winter wird dadurch aber noch verstärkt; denn im Sommer ist die Einstrahlung nicht nur höher, sondern vor allem von längerer Dauer! Ertragsfördernd ist die Änderung der Neigung des Solargenerators im Herbst (Neigung auf 65 bis 70° stellen) und im Frühjahr (Neigung auf 20 bis 40° zurückstellen), was sich z.B. bei kleineren, auf Flachdächern montierten Anlagen oft mit geringem Aufwand von Hand bewerkstelligen läßt. Wer auf einen möglichst gleichmäßigen Ertrag über das ganze Jahr hinweg Wert legt, wird die für den Winter optimale Neigung von 65 bis 70° fest einstellen. Da der Solargenerator im Sommer dann nicht exakt zur Sonne hin ausgerichtet ist, fallen die Sommerüberschüsse weniger groß aus. Allerdings bleibt dadurch wertvolle Energie ungenutzt!

Wird die oben skizzierte Rechnung für verschiedene Monate des Jahres durchgeführt, ergibt sich bei mitteleuropäischem Klima für die Wintermonate oft eine unrealistisch hohe Zahl von Solarmodulen, die zur vollständigen Bedarfsdeckung not-

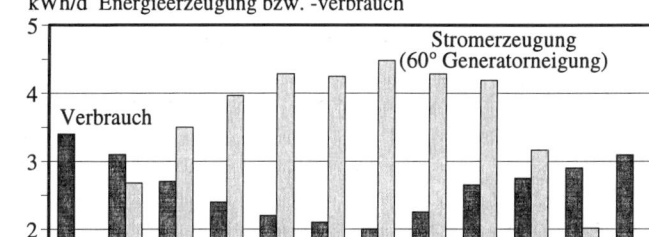

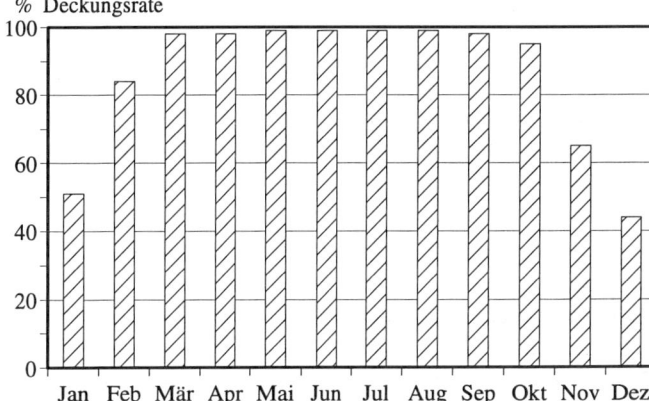

5.5 Solarstromangebot und Stromverbrauch im Jahresverlauf: die graphische Darstellung stellt Zeiten von Überangebot und Mangel anschaulich dar.

wendig wäre. Abgesehen von praktischen Hindernissen (z.B. Platzprobleme) und finanziellen Erwägungen liefert ein so großer Solargenerator in den Sommermonaten einen erheblichen Stromüberschuß, der sich nicht oder nur schlecht verwerten läßt. Ist eine autonome Versorgung das ganze Jahr über gefordert, bieten sich als Alternative zum überdimensionierten Solargenerator folgende Lösungen an:

161

- *Reduzierung des Stromverbrauchs im Winter:* Allerdings sind Einsparungen im allgemeinen nur beschränkt möglich, z.B. durch Abschalten von Kühlgeräten, o.ä. Andererseits ergibt sich bei der Beleuchtung gegenüber dem Sommerhalbjahr meist ein Mehrbedarf.
- *Nutzung anderer Energiequellen,* z.B. Windenergie, Notstromgenerator, Wärme-Kraft-Kopplung: Bei der Ermittlung der zu installierenden Anlagenleistungen und deren Optimierung spielen Ertragsabschätzungen und wirtschaftliche Überlegungen (kostengünstigste Lösung) eine wichtige Rolle. Für die Planung kann es hilfreich sein, mit einer graphischen Darstellung der Erträge und Verbräuche über das Jahr hinweg zu arbeiten, da sich optisch leichter erkennen läßt, wie die Ertragskurven am besten an den Verbrauch anpaßt werden können.

Der Einsatz großer Akkus als Jahreszeiten-Speicher (Sommer-Winter-Ausgleich) wäre zwar grundsätzlich möglich, ist wegen der erforderlichen großen Kapazität aber meist nicht praktikabel und scheidet für Hausstromversorgungen letztlich wegen der immensen Kosten aus. Somit bleibt für diese Anwendungen nur die ergänzende Nutzung anderer Energiequellen (Kap. 5.3).

Die Bemessung des Akkus

Der Akku hat die Aufgabe, die witterungsbedingten Schwankungen im Solarangebot auszugleichen und genügend Energie zu bevorraten, um den Verbrauch in der Nacht und in strahlungsarmen Perioden zu decken.

Für die weiteren Überlegungen ist es sinnvoll, zwei Fälle stellvertretend für viele andere näher anzuschauen.

1. Fall: Ein Ferienhaus wird regelmäßig an Wochenenden genutzt, d.h. auch bei schlechtem Wetter, der Stromverbrauch beträgt 1 kWh/d. Der Akku muß für den Schlechtwetter-Fall mindestens den Verbrauch eines ganzen Wochenendes speichern (3 kWh, d.h. 24 V, 125 Ah), also für eine autonome Versorgung von 3 Tagen bemessen sein. Als Stromquelle reicht ein im Verhältnis zur Akkukapazität kleiner Solargenerator aus, um den

verbrauchten Strom 3 kWh pro Woche entsprechend 12 kWh/Monat bzw. 150 kWh/Jahr) im Laufe der Woche wieder in den Akku hineinzubringen. Ist auch das relativ geringe Risiko abzudecken, daß der Akku wegen schlechten Wetters in einer Woche einmal nicht oder kaum nachgeladen wird, so muß die Speicherkapazität nun für 5 bis 6 Tage Autonomie (= 2 Wochenenden) bemessen werden (5 bis 6 kWh, d.h. 24 V, 210 bis 250 Ah), ohne daß der Solargenerator wesentlich größer sein müßte.

2. Fall: In einem normalen Haushalt ist der Verbrauch von Tag zu Tag relativ gleichbleibend und beträgt ebenfalls 1 kWh/Tag. Der Solargenerator muß in diesem Fall so groß sein, daß er den mittleren täglichen Verbrauch (7 kWh/Woche oder 30 kWh/Monat oder 365 kWh/Jahr) erzeugen kann. Die Akkukapazität ist so zu bemessen, daß Schwankungen in der Einstrahlung ausgeglichen werden können und je nach Witterung und Sicherheitsbedürfnis genügend Strom für einige oder mehrere sonnenarme Tage gespeichert ist; um eine Autonomie von z.B. 4 bis 6 Tagen zugewährleisten, müssen damit 4 bis 6 kWh gespeichert werden.

In beiden Fällen ist die Akkukapazität – einen ähnlichen Verbrauch unterstellt – etwa gleich groß zu bemessen, nämlich ausreichend für eine drei- bzw. sechstägige Vorsorgung. Das Verhältnis von Solargenerator und Speicherkapazität fällt jedoch sehr verschieden aus, weil im zweiten Fall der Solargenerator etwa 2 bis 3 mal so groß sein muß.

Das Beispiel zeigt die Schwierigkeiten, die mit der Angabe einfacher Richtwerte für das Verhältnis zwischen Speicherkapazität und Größe des Solargenerators verbunden sind.

Bei der Bemessung des Akkus ist vielmehr von der Verbrauchsstruktur auszugehen, die sich durch 2 Größen beschreiben läßt:

- Der *Amperestundenverbrauch* gibt an, wieviel Amperestunden im Tages-, Wochen- oder Monatsmittel verbraucht werden.
- Die Zahl der *Autonomie-Tage* gibt an, wie lange der Verbrauch ausschließlich aus dem Akku gedeckt werden soll bzw. kann, beispielsweise bei einer Schlechtwetterperiode.

Die effektive Akku-Kapazität läßt sich dann mit folgender Formel berechnen (Zahlenwerte aus obigen Beispiel):

Kapazität = tägl. Ah-Verbrauch x Autonomie-Tage / zuläss. Entladetiefe

171 Ah = 40 Ah/d x 3 d / 0,70

Für den *Amperestundenverbrauch* kann der weiter vorn bereits berechnete tägliche oder wöchentliche Mittelwert eingesetzt werden, je nach Länge einer Verbrauchsperiode. Wird nur gelegentlich Strom verbraucht, wie z.B. im Wochenendhaus, und liegen längere Ladeperioden dazwischen, ist der Strom einzusetzen, der an den Tagen der Nutzung tatsächlich verbraucht wird, im Beispiel also *nicht* der durchschnittliche Amperestundenverbrauch im Wochenmittel.

Wie hoch die *Zahl der Autonomie-Tage* sinnvollerweise zu wählen ist, hängt sehr stark von der Anwendung ab. Je größer die Zahl der Autonomie-Tage und je größer damit die Speicherkapazität, umso höher wird die Versorgungssicherheit, zumindest in den Wintermonaten. Simulationsrechnungen des ISE (Institut für Solare Energiesysteme, Freiburg) haben gezeigt, daß es bei Winternutzung durchaus sinnvoll ist, den Speicher für eine 8 bis 10 tägige Autonomie auszulegen, wenn eine hohe Versorgungssicherheit von über 90% erreicht werden soll. Dagegen ist bei vorwiegendem Betrieb im Sommerhalbjahr eine 4 bis 6 tägige Autonomie völlig ausreichend, wenn nur die Leistung des Solargenerators groß genug bemessen ist. Steht eine zusätzliche Energiequelle zur Verfügung, z.B. ein Notstromaggregat oder ein Windgenerator, kann die Zahl der Autonomietage auch kleiner gewählt werden.

Die *zulässige Entladetiefe* gibt an, wieviel Prozent der Akkukapazität in der Praxis nutzbar sind. Sie variiert je nach Akkutyp (vgl. Tabelle 4.2 in Kap. 4.1). Während bei wartungsfreien Akkus im Hinblick auf eine lange Lebensdauer die Entladetiefe auf 30 bis 50% (entsprechend f = 0,3 bis 0,5) beschränkt werden sollte, können „ortsfeste Akkus" durchaus Entladetiefen von 70 bis 80% (f = 0,7 bis 0,8) vertragen. Im Zweifelsfall sind Angaben über die zulässige Entladetiefe und die Konsequenzen für die Lebensdauer beim Batterie-Hersteller zu erfragen.

Hier nun noch die Fortführung der Dimensionierungsrechnung für den Akku mit den Zahlenwerten des Beispiels (mit Wechselrichter):

korrigierter Ah-Verbrauch	x	Autonomie-tage	/	Entlade-tiefe	=	Akku-Kapazität
78 Ah/Tag	x	5 Tage	/	0,8	=	487 Ah
78 Ah/Tag	x	5 Tage	/	0,5	=	780 Ah

erf.Akku-kapazität	/	Kapazität d. gewählten Akkus	=	Zahl der Akkus parallel
487 Ah	/	500 Ah	=	0,97 -> 1 ortsfest
780 Ah	/	100 Ah	=	7,8 -> 8 wartungsfrei

Systemspannung	/	Akkuspannung	=	Akkus in Serie
12 V	/	2 V	=	6 Zellen
12 V	/	12 V	=	1 Akku

Akkus parallel	x	Akkus i.Serie	=	Gesamtzahl
1	x	6	=	6 Zellen ortsfest
8	x	1	=	8 Akkus wartungsfrei

Anmerkung zum Beispiel: Die Rechnung zeigt, daß beim angenommenen Energieverbrauch der Einsatz der preiswerteren, wartungsfreien Akkus nicht mehr sinnvoll ist, denn es müßten 8 Akkus parallel geschaltet werden. Außerdem wäre es günstiger, die Systemspannung auf 24 V zu erhöhen!

Damit konnten die Hauptkomponenten eines autonomen Versorgungssystems durch einfache Rechenschritte festgelegt werden. Ob es dabei um die Versorgung eines tragbaren Gerätes oder eines ganzen Hauses geht, spielt für den Berechnungsgang grundsätzlich keine Rolle. Wenn die Ergebnisse im ersten Durchgang noch nicht optimal ausfallen, ist der skizzierte Rechengang mit geänderten Voraussetzungen zu wiederholen. Etwas allgemeiner gehaltene Dimensionierungshinweise finden sich in [27], wobei dort lediglich zwischen Anlagen mit Jah-

Richtwerte für die Auslegung			
	Jahresspeicher	Wochenspeicher	Tagesspeicher
Solargenerator-ertrag an Tagen m. voller Sonne	4 bis 5 · Q_d	2 bis 3 · Q_d	bis 2 · Q_d
Batteriekapazität	100 · Q_d	7 bis 10 · Q_d	1 bis 2 · Q_d
tägliche Zyklentiefe	bis 0,5% · K_N	5 bis 7% · K_N	40% · K_N und mehr

Tabelle 5.5 Auslegungsempfehlungen für autonome Solarstromanlagen mit Bleiakkus als Jahres-, Wochen- und
Tagesspeichern, bei einem täglichen Ladungsverbrauch
von Q_d (in Ah).

res-, Wochen- und Tagesspeichern differenziert wird. Tabelle 5.5 nennt die dort angegebenen Werte für den täglichen Solargeneratorertrag (an einem schönen Tag) und die Akkukapazität, jeweils bezogen auf den täglichen Amperestundenverbrauch Q_d [in Ah]. Die Überdimensionierung des Solargenerators vor allem beim Wochen- und Jahresspeicher ergibt sich aus der Forderung, einen hinreichend großen Ladestrom für die Volladung des Speichers bereitzustellen.

Computerprogramme

Für detaillierte Dimensionierungs- und Ertragsrechnungen werden heute Computerprogramme angeboten, die den Berechnungsgang mit einigen Verfeinerungen nicht nur in Monatsschritten, sondern in Tages- oder sogar in Stundenschritten wiederholen. Dadurch läßt sich das reale Systemverhalten annähernd nachbilden. Programme dieser Art wenden sich an den Fachplaner, der den Einfluß verschiedener Komponenten und ihrer Bemessung auf die Energiebilanz des Gesamtsystems studieren und bei schwierigen Aufgabenstellungen optimierte Lösungen erarbeiten will. Der Nichtfachmann ist mit solchen Programmen in der Regel überfordert. Im Kasten (Seite 165 - 167) werden 3 Programme mit ihren wichtigsten Eigenschaften vorgestellt.

Auswahl der Komponenten

Nachdem durch die eben beschriebenen Berechnungen Zahlenwerte für die Nennleistung des Solargenerators und die Kapazität des Akkus ermittelt sind, können nun die Komponenten des solaren Stromversorgungssystems im einzelnen festgelegt werden.

- Bei der Auswahl der Solarmodule kommt es nicht nur darauf an, die geforderte elektrische Leistung abzudecken, sondern auch darauf, Module mit der richtigen Nenn- und Spitzenspannung (z.B. genügend Spannungsreserve beim Betrieb in sehr warmer Umgebung) zu wählen. Gleichzeitig sind die mechanische Verarbeitung und die Modulabmessungen mit den Montagebedingungen vor Ort und dem zur Verfügung stehenden Platz in Einklang zu bringen.
- Bei der Auswahl des Akkus besteht gelegentlich eine gewisse Unsicherheit darüber, ob den langlebigen, aber relativ teuren ortsfesten Typen der Vorzug zu geben ist gegenüber der preiswerteren „Solar“-Typen mit geringerer Lebensdauer und Zyklenfestgkeit. Sofern diese Frage nicht durch Art und Dauer der Nutzung eindeutig beantwortet werden kann, ist die Entscheidung letztendlich vom Kunden zu treffen. Denn nicht immer ist der Kunde bereit, die höheren Investitionskosten für die technisch bessere und langlebigere Lösung zu bezahlen, auch wenn die Summe der Investitions- und Betriebskosten, gerechnet über die Lebensdauer der Anlage, eher für das teurere System spricht.
- Bei der Auswahl des Ladereglers kommt es im wesentlichen darauf an, daß er für den maximal auftretenden Strom auf der Generatorseite ausgelegt ist und daß Gerätespannung und Systemspannung übereinstimmen. Außerdem muß die Lastabschaltung auf der Verbraucherseite für den von den Verbrauchern aufgenommenen maximalen Strom ausgelegt sein. Ladeschlußspannung und Entladeschluß-

Computer-Dimensionierungsprogramme

Es liegt nahe, die vielfältigen Berechnungen zur Dimensionierung von PV-Anlagen in Rechenprogrammen zusammenzufassen und von einem Computer ausführen zu lassen. Drei dieser Programme sollen hier kurz vorgestellt werden.

ITE-BOSS

entstand aus einem BMFT geförderten Forschungsprojekt am ZSW (Zentrum für Sonnenenergie- und Wasserstoff-Forschung) in Stuttgart. Es ist ein vornehmlich für die Forschung entwickeltes Programm, das vielfältige Einfluß- und Modellierungsmöglichkeiten bei der Energieaufbereitung, beim Speicherverhalten, beim Lastmanagement usw. erlaubt. Eben wegen der Komplexität dieser Modellierbarkeit ist das Programm für die Auslegungspraxis in normalen Planungsbüros weniger geeignet.

Kontakt: Zentrum für Sonnenenergie- und Wasserstoff-Forschung (ZSW) Baden-Württemberg, Heßbrühlstr. 21 c, 70565 Stuttgart, Tel.: 0711-7870-201

PVcalc 1.03

ist ein Dimensionierungsprogramm aus Österreich, mit dem sich die monatsweise Stromlieferung von netzgekoppelten PV-Anlagen und näherungsweise auch der Stromertrag von Inselanlagen in wenigen Minuten berechnen läßt. Die Benutzeroberfläche ist in übersichtlicher Windows-Technik aufgebaut, so daß das Programm leicht zu bedienen ist.

Die für die Berechnung wichtigen Daten und Kennwerte sind bzw. werden bei der Eingabe in Datenbanken abgelegt:

- Projektdaten: Modultyp, Verschaltung, Neigung, Orientierung, Wechselrichter, Akku
- Standortdaten: Globalstrahlung, Lufttemperatur, Nachführung ja/nein
- Globalstrahlungsstatistik der Region, monatliche Häufigkeitsverteilung
- Solarmodule: Typ, Strom und Spannung im MPP, Temperatureinflüsse
- Wechselrichter: Typ, Nennleistung, Wirkungsgradkurve

Von gebräuchlichen Solarmodulen und Wechselrichtern sind in den entsprechenden Datenbanken bereits Kennwerte eingetragen, ebenso Daten über die Monatsmittelwerte der Globalstrahlung und der Lufttemperatur für österreichische, deutsche und schweizerische Meßstationen. Alle Daten in den Datenbanken können vom Anwender bei Bedarf leicht geändert und ergänzt werden.

Die eigentliche Ertragsberechnung basiert bei diesem Programm nicht auf einer echten Simulation des Systemverhaltens in kleinen Zeitschritten, sondern auf einer linearen Rechnung mit Mittelwerten unter Berücksichtigung der vielfältigen, in den Datenbanken abgelegten Kennwerte und Korrekturfaktoren.

Das Programm läuft auf allen PC's und Notebooks unter dem Betriebssystem MS-DOS. Es wird auf einer 3,5"-Diskette mit ausführlichem Bedienungsheft und Berechnungsbeispielen geliefert.

Preis: 500 DM incl. Mwst., 400 SFr bzw. 3.600 öS incl. Mwst.

Kontakt: Oberösterreichische Kraftwerke AG, Dipl.-Ing. H. Wilk, Böhmerwaldstr. 3, A 4021 Linz / Österreich, Tel.: 0732-6593-3514

PVS

ist ein Programm zur Simulation und Auslegung von PV-Anlagen, und zwar sowohl von Inselsystemen (auch größere mit Wechselrichter) als auch von netzgekoppelten Anlagen. Es wurde am Fraunhofer-Institut für Solare Energiesysteme ISE in Freiburg entwickelt. Das Programm ist mit einer komfortablen Benutzeroberfläche (ähnlich SAA-Standard) und einer umfangreichen Hilfefunktion ausgestattet; damit und aufgrund der Rechengeschwindigkeit ist es gut geeignet für die praktische Planung von Photovoltaik-Systemen im Bereich von wenigen Watt bis zu einigen Kilowatt. Hier die wichtigsten Features:

-   Simulation von netzgekoppelten Anlagen und Inselsystemen und übersichtliche Darstellung der Ergebnisse in Form von Daten und Grafiken.
-   Dimensionierung des Solargenerators bei vorgegebener solarer Deckungsrate möglich.
-   Parallele Berechnung mehrerer Systeme sowie Möglichkeit der Stapelverarbeitung für umfangreichere Berechnungen,
-   Zeitschritt-Simulation im Stundentakt, wahlweise Erzeugung der Strahlungsdaten durch Strahlungsprozessor und -datenbank oder Bereitstellung von Test-Referenz-Jahren (nicht im Lieferumfang).

Nach der Systemwahl (Insel, Netz) und der Eingabe der projektbezogenen Daten (Standort, Orientierung, Neigung, Verbrauchsdaten, Komponenten und ihre technischen Daten) berechnet das Programm den Systemzustand und seine Veränderungen in Zeitschritten von 1 Stunde und simuliert damit das Betriebsverhalten des Systems hinreichend genau. Aus der Bilanzierung der Energieflüsse werden Kenngrößen (solare Deckungsrate, Nutzungsgrad) berechnet, mit denen eine Beurteilung der Leistungsfähigkeit des Systems möglich ist. Die einzelnen Systemkomponenten sind mit Wirkungsgradmodellen beschrieben, Regelgröße für das Abregeln des Solargenerators bzw. den Lastabwurf oder die Zuschaltung einer Zusatzenergiequelle (Motorgenerator) ist der stündlich

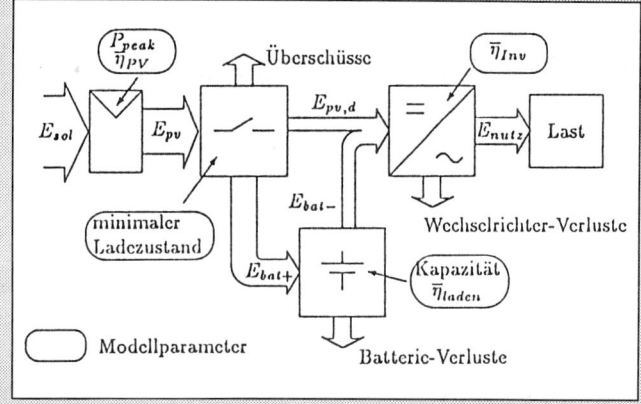

berechnete Ladezustand des Akkus. Dadurch lassen sich die Komponenten des PV-Systems durch wenige Parameter beschreiben, so daß in der Regel die Angaben in den Datenblättern als Datenbasis ausreichen. Um mit diesem Verfahren aussagekräftige Ergebnisse zu erzielen, ist allerdings ein gutes Verständnis der Funktion von PV-Systemen notwendig. Das Zusammenwirken der Systemkomponenten (z.B. von Solargenerator und Batterie) und im Modell nicht erfaßte Zusammenhänge (z.B. der Einfluß der Modultemperatur auf den Wirkungsgrad) müssen vom Anwender durch entsprechende Wahl der Eingabeparameter berücksichtigt werden.

Am Beispiel eines autonom photovoltaisch versorgten Hauses (mit Motorgenerator als Zusatzenergiequelle) sind Eingabe und Datenausgabe sowie eine grafische Darstellung des Ergebnisses, ähnlich wie sie mit diesem Programm erarbeitet wird, dokumentiert.

Hardware-Anforderungen: IBM-kompatibler PC 386 oder höher, Coprozessor empfohlen, Betriebssystem MS-DOS.

Preis: 570 DM + 7% Mwst., Demo-Version: 20 DM + Mwst.

Kontakt: econzept Energieplanung GmbH, Wiesentalstr. 29, 79115 Freiburg

Projekt : HAUS
Beispiele für photovoltaische Energieversorgung

Projekt-Angaben

Strahlungsdaten: synthetische Strahlungsdaten Station Freiburg
Zeitraum   : Monat 7 bis 6

Systemangaben

System:	PV-HAUS	PV-NETZ
Modus	Simul.	Simul.
Aufstellung Solargenerator:		
Ausrichtung	0	-90/90
Anstellwinkel	45	30/30
Reflektivität Boden	0.2	0.2
Solargenerator:		
Nennleistung [kW]	1.40	3.00
Fläche [m2]	10.0	21.4
Nennwirkungsgrad [%]	14.0	14.0
mittl. Wirkungsgrad [%]	11.0	12.0
Batteriespeicher:		
Nennkapazität [kWh]	13.0	
Wh-Wirkungsgrad [%]	80	
Entladegrenze [%]	20	
Anfangs-Ladezustand [%]	50	
Wechselrichter:		
Wirkungsgrad [%]	90	90
Motorgenerator:		
Leistung [W]	3000	
Erhöhung Ladezustand [%]	20	
Verbraucher:		
Verbrauch/Tag [kWh]	4.38	5.54
Netzkopplung		✓

PV-HAUS : Photovoltaisch versorgtes Einfamilienhaus
(Inselsystem mit Backup)
PV-NETZ : Netzgekoppelte Photovoltaik-Anlage
(Netzverbund)

Projekt: HAUS   Seite 3

System: PV-HAUS

Monat	Strahlung [kWh/m2*d]	Verbrauch [kWh/d]	Zusatz-energie [kWh/d]	PV-Energie [kWh/d]	Überschuß [kWh/d]	Anlagen-ertrag [kWh/kW*d]	Deckungs-rate [%]	Betriebs-güte [%]
1	1.82	5.00	5.01	2.00	0.00	1.20	33.7	65.9
2	2.51	5.00	4.20	2.76	0.00	1.64	45.7	65.1
3	3.34	5.00	3.25	3.67	0.00	2.15	59.3	64.5
4	4.41	4.00	0.42	4.85	0.27	2.62	93.0	59.4
5	4.85	4.00	0.27	5.33	0.31	2.84	95.9	58.7
6	5.33	4.00	0.14	5.87	0.99	2.78	97.6	52.0
7	5.29	4.00	0.27	5.82	0.94	2.77	95.7	52.4
8	4.76	2.50	0.00	5.24	1.95	1.86	100.0	39.1
9	4.39	4.00	0.41	4.83	0.49	2.49	92.8	56.8
10	3.23	5.00	3.19	3.55	0.00	2.10	58.8	65.0
11	1.79	5.00	5.12	1.97	0.00	1.19	33.4	66.5
12	1.55	5.00	5.56	1.71	0.00	1.03	28.8	66.4
Jahr	3.61	4.37	2.31	3.97	0.42	2.05	65.8	57.0

Projekt: HAUS   Seite 2

Ergebnisse

System	PV-HAUS	PV-NETZ
Einstrahlung [kWh/m2*d]	3.61	3.05
Energiebilanz:	[kWh]	[kWh]
Gesamtverbrauch	1596	2021
erzeugte Energie	1450	2869
Nutzenergie	1050	2582
Netzeinspeisung		1659
Zusatzenergie	845	
Netzbezug		1098
Solargenerator --> (Last)	654	923
Batterie --> (Last)	1031	
Zusatzenergie --> Last	79	
Solargen. --> Batterie	643	
Zusatzenergie--> Batterie	651	
Verluste:		
Wechselrichter-Verluste	168	287
Energie-Überschuß	152	
Bewertungsfaktoren:		
Solare Deckungsrate [%]	65.8	127.8
Nutzungsgrad [%]	8.0	10.8
Betriebsgüte [%]	57.0	77.3
Anlagenertrag [kWh/kW*d]	2.05	2.36
mittl. Wirkungsgrade [%]		
System		10.8
Solargenerator	11.0	12.0
Wechselrichter	90.0	90.0
relative Anteile [%]		
Solargenerator -->(Last)	38.8	45.7
Batterie -->(Last)	61.2	
Netz --> Last		54.3

kWh Monatliche Energieerzeugung

Solaranteil
Zusatzenergie
Verbrauch

Jan Feb Mär Apr Mai Jun Jul Aug Sep Okt Nov Dez

Eingaben und Ausgaben des Computer-Dimensionierungsprogrammes PVS sowie grafische Ergebnis-Darstellung

167

spannung sollten sich nach Möglichkeit einstellen lassen. Beim Einsatz von Akkus mit festgelegtem Elektrolyten dürfen Laderegler mit definierten Gasungsintervallen *nicht* eingesetzt werden.

- Die Wahl des Wechselrichters wird vor allem durch die bereitzustellenden Wechselstromleistung und die Ansprüche an die Spannungsform (Rechteck, Trapez, Sinus) bestimmt. Der Trend geht klar zu hochwertigen Trapez- und Sinuswechselrichtern, da sie universeller einsetzbar sind,

weniger Störungen verursachen und obendrein meist mit sinnvollen Zusatzfunktionen wie Standby-Schaltung, Überlast- und Unterspannungssicherung etc. ausgestattet sind.

- Zur Festlegung der einzusetzenden Kabel und Kabelquerschnitte wird auf die Ausführungen in Kapitel 4.6 verwiesen. Zur Bemessung der Leitungsquerschnitte müssen natürlich die Leitungslängen der Hauptversorgungsleitungen in der betreffenden Anwendung wenigstens annähernd bekannt sein.

5.3 Kombination mit anderen Energiequellen

Für die autonome Versorgung abgelegener Häuser oder netzunabhängiger Verbraucher kann die Kombination des Solargenerators mit anderen Energieerzeugern nicht nur sinnvoll, sondern sogar notwendig sein, um den solaren Versorgungsengpaß im Winter zu überwinden. Naheliegend ist die zusätzliche Nutzung der Windenergie, da sich die Angebotsprofile – Sonne im Sommer, Wind im Winter – in windgünstigen Gegenden recht gut ergänzen. Allerdings läßt sich das „Restrisiko" eines gelegentlichen Versorgungsengpasses dadurch prinzipiell nicht beseitigen. Dazu bedarf es vielmehr eines „lagerbaren" Energieträgers.

Kombination mit Notstromaggregaten

Wo die Windkraftnutzung zu unsicher oder nicht möglich ist, bietet sich der Einsatz eines gas- oder dieselmotorgetriebenen Notstromgenerators an. Für die kleinen Notstromaggregate (Honda, bzw. Kawasaki) mit 1 bis 5 kW elektrischer Leistung gibt es Vorsätze für einen relativ schadstoffarmen Betrieb mit Gas (Flüssiggas oder Erdgas).

Günstig sind solche Aggregate, bei denen die Abwärme als Beitrag zur Heizung nutzbar gemacht werden kann (Prinzip

Wärme-Kraft-Kopplung). So kann bei der Versorgung netzferner, gut gedämmter Wohnhäuser das Notstromaggregat manchmal einen großen Teil der Hausheizung übernehmen, wenn die Motorabwärme aus Kühlung und Abgas voll genutzt wird. Der Strom fällt dann quasi umsonst an, denn der größte Teil des Kraftstoffs (70 bis 80%) wird in Wärme umgewandelt. In solchen Anlagen empfiehlt es sich, den Solargenerator so groß zu bemessen, daß der Stromverbrauch in der heizfreien Zeit vollständig von der Sonne gedeckt werden kann.

Wenn Wasserkraft in ausreichendem Maße nutzbar sein sollte, erübrigt sich meistens der Solargenerator, da bei dieser Energiequelle Bedarf und Angebot im jahreszeitlichen Verlauf noch am besten übereinstimmen und in diesem Fall eine 100%ige Bedarfsdeckung aus Wasserkraft naheliegt.

Die Integration des Stromes aus anderen Energiequellen in die elektrische Anlage bereitet in der Regel keine besonderen Schwierigkeiten. Handelsübliche Notstrom-Aggregate (Leistung 1 bis 5 kW) liefern im allgemeinen 230 V Wechselspannung, die in autonomen Anlagen meist sehr willkommen ist, um leistungsstarke Verbraucher (Waschmaschine, Kühlgeräte, Elektrowerkzeuge u.ä) direkt zu versorgen. Dazu wird am Eingang der 230 V Verteilung ein Umschalter (Relais oder auch Handschalter) vorgesehen, mit dem zwischen Wechselrichter oder Notstromgenerator umgeschaltet werden kann. Um die Akkus mittels Notstromgenerator zu laden, kann ein handelsübliches Ladegerät verwendet werden, das den Wechselstrom vom Notstromgenerator bezieht. Es sollte je nach Akkukapazität und Generatorleistung etwa 20 bis 100 A Ladestrom liefern können, um die Ladezeit und die Laufzeit des Generators kurz zu halten. Die Generatorleistung sollte nicht zu groß gewählt werden (1 bis 5 kW je nach Güte des Ladegerätes), da häufiges Starten des Aggregates mit relativ kurzen Laufzeiten sowie häufiger Betrieb im Schwachlastbereich (unter 10% der Nennleistung) nicht nur eine unsaubere Verbrennung, sondern auch starken Verschleiß bringen.

Einige Wechselrichter können optional mit einer Zusatzschaltung für den Ladebetrieb ausgerüstet werden. Wenn Wechselspannung aus einem Notstromaggregat zur Verfügung steht, schaltet diese die Wechselrichterfunktion ab und „verwandelt" den Wechselrichter in einen leistungsfähiges Akku-Ladegerät.

Kombination mit Windkraftanlagen
Kleinere Windkraftanlagen bis 1 kW Leistung sind im allgemeinen für niedrige Spannungen (12 oder 24 V) ausgelegt und liefern meist Wechsel- bzw. Drehstrom, der mittels Dioden gleichgerichtet wird. Bei der Kombination mit einem Solargenerator ist es auf jeden Fall sinnvoll, für den Windgenerator einen eigenen Laderegler vorzusehen, da dieser nicht nur die

Leistungsspitzen bei sehr starkem Wind verarbeiten muß (die Leistung im Wind steigt mit der 3. Potenz der Windgeschwindigkeit!), sondern auch einen Leerlauf der Windkraftanlage verhindern muß. Anderenfalls sind Schäden am Windrad durch Überdrehzahlen im Leerlauf nicht auszuschließen. Überschüssiger Strom, der nicht zum Laden der Akkus gebraucht wird, kann z.B. mittels Heizpatronen in Wärme umgesetzt und für die Warmwasserbereitung oder Heizung verwendet werden.

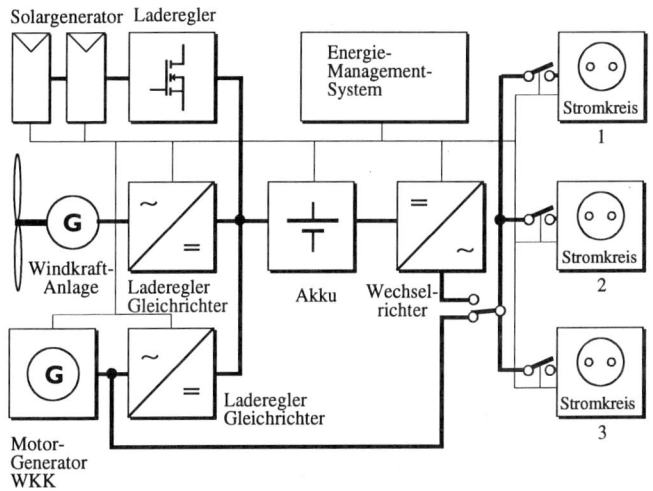

5.6 Blockschaltbild für eine autonome Stromversorgungsanlage mit Photovoltaik, Windkraftanlage und Motorgenerator (vorzugsweise als Wärme-Kraft-Kopplung).

Tabelle 5.6
Jahreserträge kleiner Windkraftanlagen (in kWh) in Abhängigkeit vom Jahresmittelwert der Windgeschwindigkeit. Gültigkeit der Zahlenwerte für LMW-Windkraftanlagen, Anlagen anderer Hersteller können im Ertrag deutlich von den genannten Werten abweichen.
Quelle: [51]

			Jahresertrag kleiner Windkraftanlagen				
LMW-Typ	Rotordurchmesser	Leistung bei 10 m/s Wind	Jahresertrag in kWh/a bei einem Jahresmittel der Windschwindigkeit von				
	m	Watt	4 m/s	5 m/s	6 m/s	7 m/s	8 m/s
150	1,5	150	274	426	576	710	820
250	1,7	250	305	527	747	944	1107
600	2,2	500	581	977	1421	1854	2240
1000	2,4	700	670	1420	2290	3110	3800
1003	3,0	900	1430	2048	2597	3040	3387

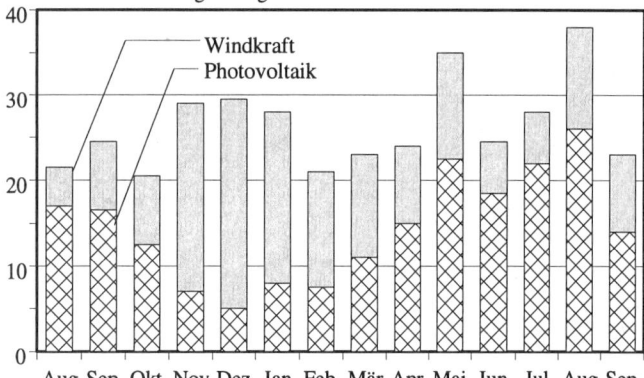

kWh Monatliche Energieerträge

Windkraft
Photovoltaik

Aug Sep Okt Nov Dez Jan Feb Mär Apr Mai Jun Jul Aug Sep

5.8 Monatliche Energieerträge aus Photovoltaik und Windkraft auf einer Alm. Die Nennleistung des PV-Generators beträgt 220 W, die der Windkraftanlage 250 W bei 10 m/s Windgeschwindigkeit.   Quelle: [51]

5.7 Der Strom vom Solargenerator und der Ertrag der Windturbine reichen aus, um dieses Haus unabhängig vom öffentlichen Netz mit Strom zu versorgen.

Generell gilt es zu bedenken, daß sich die Errichtung einer Windkraftanlage als leistungsfähige Ergänzung zum Solargenerator nur dort wirklich lohnt, wo genügend Wind vorhanden ist, d.h. wo die Windgeschwindigkeit im Jahresmittel über 3,5 bis 4 m/s liegt. Immerhin sind Windkraftanlagen im Gegensatz zu Solarzellen mechanisch bewegte, hochbeanspruchte Maschinen, die regelmäßiger Wartung bedürfen.

Auf die Frage nach dem optimalen Verhältnis von installierter Windkraft- zur Solarzellenleistung kann hier nur eine richtungsweisende Antwort gegeben werden, da quantitative Empfehlungen von vielen Randbedingungen und vor allem von den örtlichen Windverhältnissen abhängig sind.

Anhaltspunkte über die zu erwartenden Jahreserträge kleiner Windkraftanlagen in Abhängigkeit von der mittleren jährlichen Windgeschwindigkeit gibt Tabelle 5.6. Im Einzelfall ist es aber empfehlenswert, genauere Werte für Windgeschwindigkeit und Anlagenertrag zu ermitteln: Das heißt, die Windgeschwindigkeitsverteilung am vorgesehenen Standort in Monatsschritten zu ermitteln (beim Wetteramt erfragen oder am Standort messen) und dann anhand der Leistungskennlinie der Anlage den Energieertrag zu berechnen. Diese Windenergieerträge sind den Erträgen des Solargenerators gegenüberzustellen. Durch Variation von Solargenerator- und Windrad-Leistung sollte dann versucht werden, die Summe beider Ertragskurven dem Verbrauch im Jahreslauf anzupassen. Abb. 5.8 zeigt den gemessenen Ertrag einer Kombination aus Solargenerator (220 W_{peak}) und Windkraftanlage (250 W bei 10 m/s) im Verlauf eines Jahres. An diesem Beispiel der autonomen Versorgung einer Almhütte wird deutlich, wie gut Wind- und Sonnenenergie einander ergänzen können. Der monatliche Gesamtertrag sinkt im Meßzeitraum nicht unter 20 kWh/Monat, während bei Sonne und Wind einzeln betrachtet sehr viel größere Ertragsschwankungen auftreten.

Aufgrund des begrenzten Typenangebotes sind bei der Windkraftanlage in der Regel keine so feinen Leistungsabstufungen möglich wie beim Solargenerator, was die Auslegung in der Praxis vereinfacht. Am Ende hängt das optimale Verhältnis der installierten Leistungen – abgesehen von den örtlichen Windgeschwindigkeiten – auch vom Anlagenpreis ab.

5.4 Hinweise zur Ausführung der Elektroinstallation

Elektrische Sicherheit

Ein weiterer Gesichtspunkt der Anlagenplanung sind die einschlägigen VDE-Vorschriften zur Gewährleistung der Sicherheit und dauerhaften Funktion der Elektroanlage. Die grundlegenden Forderungen und Ausführungsrichtlinien finden sich in der umfangreichen VDE 0100, wobei die wichtigen Punkte in diversen Fachbüchern zur Elektroinstallationstechnik praxisnah erläutert werden, z.B. in [1] und [22]. Da die VDE 0100 bei den Elektrofachkräften als bekannt vorausgesetzt werden darf, sind hier nur einige Aspekte erwähnt, die für die Planung solarer Stromversorgungsanlagen von besonderer Bedeutung sind.

Die Bestimmungen der VDE 0100 zielen nicht nur darauf ab, den störungsfreien Betrieb von elektrischen Anlagen zu gewährleisten, sondern zu einem wesentlichen Teil auch darauf, Menschen und Tiere vor Gefahren zu schützen, die von elektrischen Anlagen ausgehen können. Letzterem dienen vor allem die Bestimmungen der Gruppe 400 (Schutzmaßnahmen) und da besonders der Teil 410 „Schutz gegen gefährliche Körperströme". Dieser Teil beschreibt die notwendigen Schutzmaßnahmen gegen direktes und indirektes Berühren spannungsführender Anlagenteile, die für Konzeption und Ausführung von Solarstromanlagen einige Bedeutung haben.

Auch die Bestimmungen der Gruppe 500: „Auswahl und Errichtung elektrischer Betriebsmittel" verdienen einige Beachtung, hier insbesondere Teil 520: „Auswahl und Errichten von Kabeln, Leitungen und Stromschienen" und Teil 523: „Strombelastbarkeit von Kabeln und Leitungen, mechanische Festigkeit".

Die bevorzugten Einsatzgebiete der Photovoltaik bringen es mit sich, daß oft auch noch Ausführungen der Gruppe 700 zu beachten sind: „Bestimmungen für Betriebsstätten, Räume und Anlagen besonderer Art". Sie enthalten besondere Vorschriften für die Errichtung von Elektroanlagen, beispielsweise für :

- Landwirtschaftliche Betriebsstätten (Teil 705),
- Elektrische Anlagen auf Campingplätzen und in Caravans (Teil 708),
- Elektrische Anlagen für Marinas und Wassersportfahrzeuge (Teil 709),
- Caravans, Boote und Jachten sowie ihre Stromversorgung auf Camping- bzw. an Liegeplätzen (Teil 721),

um nur einige der etwa 30 Teile dieser Gruppe zu nennen.

Schutzmaßnahmen

Was vom Menschen als „elektrischer Schlag" beim Berühren eines unter Spannung stehenden Anlagenteils empfunden wird, ist die verkrampfende Wirkung des elektrischen Stromes, wenn er von der Berührungsstelle durch den menschlichen Körper über die Erde oder – bei Berühren von 2 Polen – auf direktem Weg zur Spannungsquelle zurückfließt. Wechselströme ab etwa 50 mA führen bei einer Einwirkungsdauer von nur 1 s zum tödlichen Herzkammerflimmern, bei Gleichstrom ist dazu ein Strom von 200 mA nötig (vgl. Abb. 5.10). Da sich der menschliche Körper elektrisch wie ein Widerstand verhält (dessen Größe wesentlich vom Hautwiderstand abhängt), nimmt die Gefahr beim Berühren spannungsführender Teile mit steigender Spannung zu.

Nach VDE 0100 wird daher unterschieden zwischen

- Kleinspannung bis 50 V Wechselspannung (Effektivwert) und 120 V Gleichspannung, die beim Berühren in der Regel nicht zu einem lebensgefährlichen Schlag führt,
- Niederspannung bis 1000 V_{eff} Wechselspannung und 1500 V Gleichspannung, die beim Berühren lebensgefährlich ist, und
- Hochspannung bei noch höheren Spannungen, mit der aufgrund des Gefahrenpotentials nur besonders qualifiziertes Personal umgehen darf.

Voraussetzungen für sicherheitsgerechtes Handeln

- Besinnen auf die Zielsetzung und Wille zum sicherheitsgerechten Handeln!
- Kenntnis der Gefährdungsmöglichkeiten, was Wissen um die Grundlagen der Elektrotechnik, der Mechanik und der Werkstoffkunde voraussetzt..
- Praktische Erfahrung beim Bau und beim Betrieb elektrischer Anlagen, möglichst übernommen von erfahrenen Elektroinstallateuren.
- Kenntnis der wichtigsten Forderungen aus VDE-Bestimmungen für den Normalfall.
- Fähigkeit, sich in Sonderfällen in den Bestimmungen zurechtzufinden, diese kritisch zu beurteilen und für den Einzelfall anzuwenden.
- Stetige Weiterbildung anhand der Fachliteratur und durch Kurse.

Grundregel 1

Aktive Teile (s. VDE 0100, Teil 200, 2.3.1) mit Spannungen über 25 V Wechsel- bzw. 60 V Gleichspannung gegen Erde oder untereinander, sollten nie direkt berührbar sein, auch wenn 50 V~ zulässig sind.
Der Schutz gegen direktes Berühren muß den zu erwartenden thermischen, chemischen und elektrischen Anforderungen entsprechen.

Grundregel 2

Alle leitfähigen Teile, die nicht aktive Teile sind und bei Zerstörung des Grundschutzes Spannung gegen andere leitfähige Teile annehmen können, sind durch einen Schutzleiter niederohmig, zuverlässig und mit ausreichendem Querschnitt untereinander zu verbinden.

Grundregel 3

Nur Installationsmaterial und Betriebsmittel verwenden, das den VDE-Bestimmungen entspricht. Dieses muß ordnungsgemäß verarbeitet und eingesetzt werden. Hierbei ist auf die bestimmungsgemäße Verwendung zu achten. Bei Unklarheiten hierüber soll der Hersteller befragt und die Einsatzmöglichkeit bestätigt werden.

Grundregel 4

Der Überstromschutz und der Kurzschlußschutz sind sicherzustellen (VDE 0100, Teil 430 und 523, VDE 0298, Teil 3 und 4).

Grundregel 5

Alle Maßnahmen, die die Entstehung oder die Ausbreitung von Bränden ermöglichen, sind zu beachten (Wärmeabfuhr, Schottung, Brandlasten)!

5.9 Grundregeln zur sicheren Elektroinstallation. Quelle: [22]

5.10 Die Gefährdung durch Körperströme steigt mit der Stromstärke durch den Körper und der Einwirkungszeit. Im Bereich 1 treten normalerweise keine Wirkungen auf; im Bereich 2 kann in der Regel immer losgelassen werden und im Bereich 3 besteht üblicherweise keine Gefahr des Herzkammerflimmerns, bei längerer Durchströmungszeit tritt aber Atemstillstand ein. Im Bereich 4 tritt Herzkammerflimmern mit mehr als 50% Wahrscheinlichkeit ein. Quelle: [22]

Je höher die Spannung, umso höher sind auch die Anforderungen, die an den Berührungsschutz gestellt werden.

Als *Schutz gegen direktes Berühren* von spannungsführenden (aktiven) Teilen sind folgende Maßnahmen möglich (Abb. 5.11):

- Isolierung der spannungsführenden Teile (Basisisolierung),
- Abdeckung oder Umhüllung der spannungsführenden Betriebsmittel, so daß eine Berührung nicht möglich ist, und
- Abstandshalter und Barrieren zwischen den spannungsführenden Anlagenteilen und dem Personal.

Grundsätzlich ist ein Vollschutz der elektrisch aktiven Anlageteile vorzusehen. Wo dies nicht möglich ist, wie beispielsweise bei größeren Akku-Anlagen, kann auch mit einem teilweisen Schutz gearbeitet werden, sofern die Anlage dann in einem nur Fachkräften zugänglichen elektrischen Betriebsraum untergebracht ist.

Der *Schutz gegen direktes Berühren* kann jedoch dadurch unwirksam werden, daß ein Fehler in der Anlage auftritt. So ist

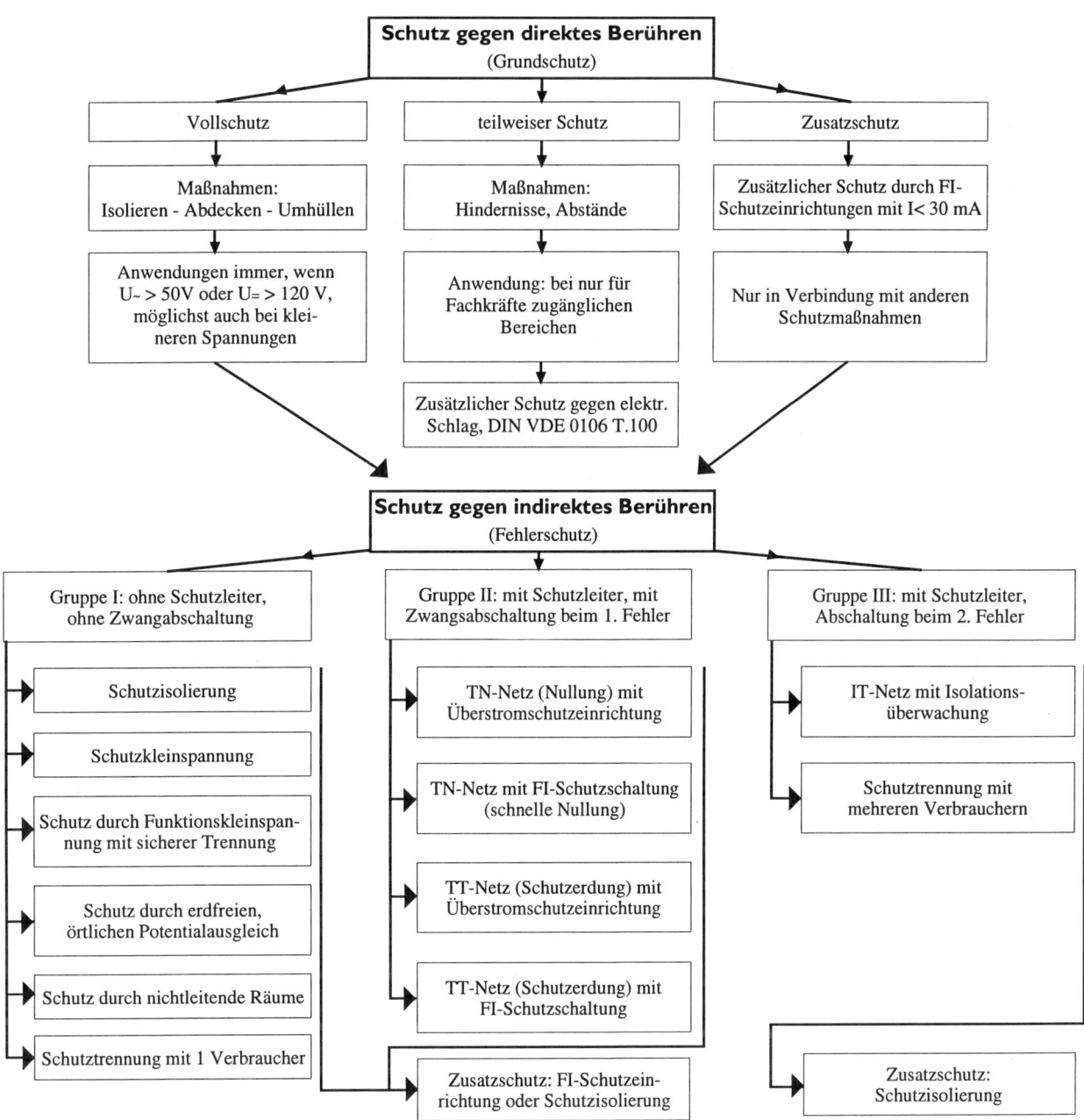

Schutz gegen direktes Berühren
(Grundschutz)

Vollschutz	teilweiser Schutz	Zusatzschutz
Maßnahmen: Isolieren - Abdecken - Umhüllen	Maßnahmen: Hindernisse, Abstände	Zusätzlicher Schutz durch FI-Schutzeinrichtungen mit I< 30 mA
Anwendungen immer, wenn U~ > 50V oder U= > 120 V, möglichst auch bei kleineren Spannungen	Anwendung: bei nur für Fachkräfte zugänglichen Bereichen	Nur in Verbindung mit anderen Schutzmaßnahmen

Zusätzlicher Schutz gegen elektr. Schlag, DIN VDE 0106 T.100

Schutz gegen indirektes Berühren
(Fehlerschutz)

Gruppe I: ohne Schutzleiter, ohne Zwangabschaltung	Gruppe II: mit Schutzleiter, mit Zwangsabschaltung beim 1. Fehler	Gruppe III: mit Schutzleiter, Abschaltung beim 2. Fehler
Schutzisolierung	TN-Netz (Nullung) mit Überstromschutzeinrichtung	IT-Netz mit Isolationsüberwachung
Schutzkleinspannung	TN-Netz mit FI-Schutzschaltung (schnelle Nullung)	Schutztrennung mit mehreren Verbrauchern
Schutz durch Funktionskleinspannung mit sicherer Trennung	TT-Netz (Schutzerdung) mit Überstromschutzeinrichtung	
Schutz durch erdfreien, örtlichen Potentialausgleich	TT-Netz (Schutzerdung) mit FI-Schutzschaltung	
Schutz durch nichtleitende Räume		
Schutztrennung mit 1 Verbraucher	Zusatzschutz: FI-Schutzeinrichtung oder Schutzisolierung	Zusatzschutz: Schutzisolierung

5.11 Struktur der Schutzmaßnahmen nach DIN VDE 0100, Teil 410.

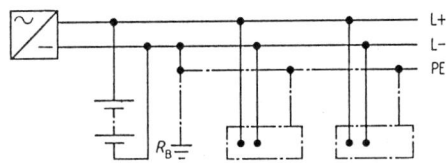

Beim **TN-Netz** wird ein Pol der Stromquelle (Akku) mit dem Erdpotential verbunden. Über den Schutzleiter PE oder PEN wird der geerdete Punkt mit den Körpern der angeschlossenen Betriebsmittel verbunden.

Beim **TN-S-Netz** wird der geerdete Außenleiter im gesamten Netz getrennt vom Schutzleiter verlegt.

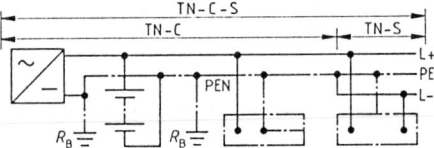

Beim **TN-C-S-Netz** sind der geerdete Außenleiter und der Schutzleiter in einem Teil des Netzes in einem Leiter zusammengefaßt (Mindestleitungsquerschnitt 10 mm² Cu), in einem anderen Teil des Netzes getrennt voneinander geführt.

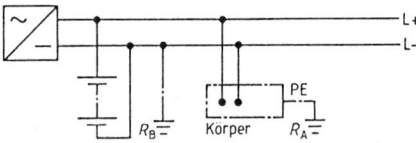

Beim **TT-Netz** ist ein Punkt der Stromquelle (Akku) direkt geerdet (Pluspol, Minuspol, Mittelleiter).

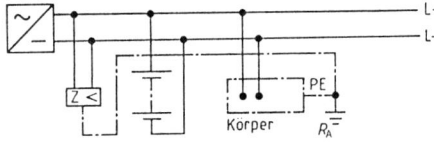

Beim **IT-Netz** besteht keine Verbindung zwischen stromführenden Leitern und der erdungseinrichtung. Eine Erdverbindung über eine hochohmige Impedanz ist jedoch zulässig. Die Körper der Betriebsmittel sind über einen Schutzleiter mit einem gemeinsamen Erder verbunden.

nicht auszuschließen, daß im Laufe der Zeit eine Isolierung beschädigt wird (z.B. Durchscheuern einer Leitung, Verspröden des Isoliermaterials) oder daß das umhüllende Metallgehäuse durch einen Fehler im Gerät plötzlich Spannung führt. Solchen Fällen ist durch ergänzende Schutzmaßnahmen zu begegnen, die als *„Schutz gegen indirektes Berühren"* bezeichnet werden. Welche Maßnahmen dabei zu treffen sind, hängt von der Systemspannung ab.

In Anlagen, die ausschließlich mit *Kleinspannung* arbeiten, kann auf einen Schutz gegen indirektes Berühren verzichtet werden, da dieser Spannungsbereich als hinreichend ungefährlich gilt. Die Schutz- bzw. die Funktionskleinspannung gilt quasi als Schutzmaßnahme gegen indirektes Berühren. Die elektrische Basisisolierung ist zum Schutz gegen *direktes* Berühren trotzdem erforderlich. Nur bei Systemspannungen unter 25 V Wechselspannung, die bei normalem Berühren nur als „Kribbeln" wahrgenommen werden, bzw. unter 50 V Gleichspannung dürfen spannungsführende Anlagenteile sogar ohne Berührungsschutz montiert werden.

Die gewohnte Netzspannung von 230 V Wechselspannung gilt nach obiger Definition als *Niederspannung*. Bei Anlagen, die mit Niederspannung arbeiten, ist die Basisisolierung, d.h. der Schutz gegen direktes Berühren, durch zusätzliche Maßnahmen gegen indirektes Berühren zu ergänzen. Gebräuchlich ist z.B. die „Schutzisolierung", d.h. eine zusätzliche, die Basisisolierung ergänzende Isolierung, die beim Versagen der Basisisolierung den Berührungsschutz aufrecht erhält. In verzweigten Netzen mit vielen Verbrauchern ist die Beschränkung auf das Prinzip „Schutzisolierung" meist nicht möglich. Hier kommt ergänzend der Schutz durch Abschalten oder Meldung zur Anwendung. Je nach Ausführung des Netzes sind dazu Schalteinrichtungen gegen Fehlerströme und -spannungen sowie zur Isolationsüberwachung. u.ä. erforderlich.

5.12
Netzformen für Gleichstromsysteme.
Quelle: [11]

Netzformen

Elektrisch gesehen entstehen die Unterschiede bei der Ausführung von Stromverteilungsnetzen durch die Art der Erdung, die gewählt wird bzw. notwendig ist, was in der Folge verschiedene Maßnahmen zur Sicherung gegen Fehlerspannungen und -ströme bedingt. In der VDE 0100 werden 3 Netzformen beschrieben, deren Unterschiede vor allem bei größeren Entfernungen zwischen Erzeuger und Verbraucher zum Tragen kommen.

- Beim TN-Netz ist der Stromerzeuger geerdet, die Verbraucher sind über einen Schutzleiter (PE) oder einen Nulleiter (PEN) mit der generatorseitigen Erde verbunden.
- Das TT-Netz ist charakterisiert durch einen geerdeten Stromerzeuger und eine separate Erdung der Körper auf der Verbraucherseite.
- Beim IT-Netz ist der Stromerzeuger elektrisch gegen Erde isoliert (oder höchstens über eine Impedanz mit der Erde verbunden), nur die Verbraucher sind geerdet.

In der Netzbezeichnung sagt der erste Buchstabe etwas über die Erdung des Stromerzeugers aus (T = direkte Erdung, I = Isolierung aller aktiven Teile von der Erde), während der zweite die Erdung der Verbraucher kennzeichnet (T = direkte Erdung der Körper der Betriebsmittel, N = Verbindung der Körper mit dem Betriebserder).

Aus dem öffentlichen Netz versorgte *Wechselspannungsanlagen* sind erzeugerseitig in den Übergabestationen geerdet, daher werden sie in der Regel als TN-Netz, seltener als TT-Netz (z.B. bei „fliegenden" Netzen auf Baustellen oder sehr ausgedehnten Netzen in landwirtschaftlichen Betrieben) ausgeführt. Bei Wechselstromnetzen in autonomen Stromversorgungsanlagen hat sich dagegen gezeigt, daß durch Ausführung als IT-Netz eine höhere Versorgungssicherheit erreicht werden kann [18]. Die Vor- und Nachteile der Varianten sind in Tab. 5.7 zusammengestellt.

Gleichspannungsnetze in Solarstromanlagen, in denen nur Kleinspannung auftritt, werden – sofern nicht mit Schutzkleinspannung ohne jegliche Erdung gearbeitet wird – als IT-Netz ausgeführt.

Geerdete Netze (TN-, TT-Netz)	Isolierte Netze (IT-Netz)
Vorteile: Jeder Elektrofachkraft gut bekannt, Schutztechnik ausgereift, Einpoliger Leitungsschutz ausreichend, Personenschutz durch FI-Schalter einfach realisierbar	Vor dem 1. Fehler absoluter Berührungsschutz, Erhöhte Versorgungssicherheit: nach dem 1. Fehler kann die Anlage gefahrlos weiterbetrieben werden, Leitungsschutz einfach realisierbar, da Kurzschlußleistung des Wechselrichters begrenzt, Keine Schwierigkeit mit Streukapazitäten des PV-Generators bei Einsatz eines trafolosen Wechselrichters, erhöhte Brandsicherheit, da Früherkennung von Isolationsschäden durch Isolationsüberwachungseinrichtung möglich.
Nachteile: Die begrenzte Kurzschlußleistung führt im Fehlerfall zur Abschaltung aller Verbraucher, Streukapazitäten des PV-Generators gegen Erde erzeugen bei trafolosen Wechselrichtern Stromspitzen beim Nulldurchgang der Wechselspannung, was zu Strörungen im Wechselrichter und zu Abstrahlungen in das Netz führen kann.	Fachpersonal zur Wartung und Fehlersuche notwendig, Meßtechnische Ausrüstung zur Isolationsfehlersuche muß häufig neu beschafft werden, Installationsaufwand für Überwachungseinrichtungen etwas höher, Falls die Kurzschlußleistung eines Stromerzeugers die Strombelastbarkeit einer Leitung übersteigt, ist eine zweipolige Absicherung oder ein FI-Schalter notwendig.

Tabelle: 5.7 Vor- und Nachteile von geerdeten und isolierten Wechselstromnetzen bei Inselversorgungsanlagen. Quelle: [18]

Schutzmaßnahmen in Kleinspannungsanlagen

In der Praxis arbeiten die meisten autonomen Solarstromanlagen kleiner und mittlerer Leistung gleichstromseitig mit *Kleinspannung* und nutzen damit die Erleichterungen dieser Schutz-

175

Schutzart nach DIN	Symbol nach VDE
Berührungsschutz	
IP 0X Berührungsschutz nicht vorhanden	
IP 1X Berührungsschutz gegen Fremdkörper größer als 50 mm Ø	
IP 2X Berührungsschutz gegen Fremdkörper größer als 12 mm Ø	
IP 3X Berührungsschutz gegen Fremdkörper größer als 2,5 mm Ø	
IP 4X Berührungsschutz gegen Fremdkörper und Werkzeug größer als 1 mm Ø	
IP 5X Schutz gegen Staubablagerung im Innern	
IP 6X staubdicht	
Wasserschutz	
IP X0 kein Wasserschutz	
IP X1 tropfwassergeschützt, senkrechter Tropfenfall	
IP X2 tropfwassergeschützt, schräg fallendes Tropfwasser	
IP X3 sprühwassergeschützt bis zu 30° über der Waagerechten	
IP X4 spritzwassergeschützt von allen Seiten	
IP X5 strahlwassergeschützt	
IP X6 Überflutungsschutz	
IP X7 Schutz beim Eintauchen	
IP X8 Schutz beim Untertauchen	... bar

5.13 Kurzzeichen für die Schutzarten nach DIN und IEC. Die erste Ziffer hinter den Buchstaben „IP" beschreibt den Berührungsschutz, die zweite Ziffer den Schutz gegen Feuchtigkeitseinwirkungen.
Beispiel: IP 54 auf dem Typenschild würde bedeuten, daß das Betriebsmittel gegen Staubablagerung (1. Ziffer) und Spritzwasser (2. Ziffer) gesichert ist. Quelle: [1]

klasse. Die angegebenen Grenzspannungen von 50 V~ bzw. 120 V= beziehen sich auf die Nennspannung, die bei Photovoltaikanlagen durchaus höher als die Systemspannung liegen kann. Bei einer Leerlaufspannung üblicher Standard-Solar-

module von 21 bis 22 V können demnach bis zu 5 solcher Module (entsprechend 60 V Akku-Nennspannung) in Serie geschaltet werden.

In der VDE-Norm wird unterschieden zwischen *Schutz*kleinspannung und *Funktions*kleinspannung. Für beide Maßnahmen gelten dieselben eben genannten Spannungsgrenzen, und in beiden Fällen dürfen nur Steckverbindungen eingesetzt werden, die ein versehentliches Verbinden des Kleinspannungsnetzes mit Netzen höherer Betriebsspannung verhindern. Die Unterschiede liegen vor allem bei der Erdung.

Beim Konzept „*Schutzkleinspannung*" dürfen die Stromkreise sowohl erzeuger- als auch verbraucherseitig nicht geerdet werden, d.h. die beiden elektrischen Leiter dürfen kein elektrisches Potential gegenüber der Erde oder der Umgebung aufweisen. Eine sichere elektrische Trennung zwischen der Kleinspannungsanlage und anderen Stromkreisen mit höherer Spannung ist durch entsprechende Schutzisolierung oder durch getrenntes Verlegen der Leitungen sicherzustellen. Für elektrisch angetriebenes Spielzeug sowie in der Umgebung elektrisch leitfähiger Stoffe ist die Schutzkleinspannung zwingend vorgeschrieben.

Beim Konzept „*Funktionskleinspannung*" ist eine Erdung des Stromkreises bzw. einzelner Körper zulässig, was bei Photovoltaikanlagen z.B. zur Verwirklichung von Blitzschutzmaßnahmen, meist gewünscht wird. Soweit eine sichere Trennung gegenüber Stromkreisen mit höherer Spannung gewährleistet ist (z.B. Wechselrichter mit Trenntrafo), reicht eine Isolierung aller spannungsführenden Teile sowie eine Abdeckung oder Umhüllung, die mindestens der Schutzart JP 2X entspricht. Ist die sichere Trennung nicht gewährleistet, muß auch der Kleinspannungskreis gegen indirektes Berühren geschützt werden, und zwar ebenso wie das damit verbundene Niederspannungsnetz.

Schutzmaßnahmen in Niederspannungsanlagen

In autonomen Solarstromanlagen wird für die leistungstärkeren Wechselstromverbraucher meist ein eigenes Wechselstromnetz fest installiert, versorgt durch einen Wechselrichter und ggf. ergänzt durch ein Notstromaggregat. Ein solches Niederspannungsnetz ist wie alle Niederspannungsanlagen gegen direktes *und* indirektes Berühren zu schützen. Da das Konzept „Schutzisolierung" in verzweigten Netzen nicht durchzuhalten ist, müssen Fehler in den aktiven Teilen nach dem Prinzip „Abschaltung oder Meldung" eliminiert werden. Dazu sind je nach Netzform einzelne oder mehrere der folgenden Schutzeinrichtungen notwendig:

- *Überstromschutzeinrichtungen* (Sicherungen) sollen die Belastung der Stromkreise auf ein durch die jeweilige Sicherung festgelegtes Maß reduzieren. Dadurch können Schäden an Leitungen vermieden und defekte Stromkreise stillgelegt werden.
  Überstromschutzeinrichtungen sind bei allen 3 Netzformen gleichermaßen erforderlich. In Solarstromanlagen macht der Einsatz von Überstromsicherungen aber oft wenig Sinn, weil durch die begrenzte Generator- bzw. Wechselrichterleistung vielfach bereits eine Überstromsicherung gegeben ist und andererseits keine sicherungsauslösenden Überströme auftreten können.
- Die *Fehlerstrom-Schutzeinrichtung (FI-Schalter)* schaltet die Stromversorgung ab, wenn durch einen Isolationsfehler berührbare Teile eines Gerätes (z.B. das Gehäuse) mit einer spannungsführenden Leitung in Kontakt kommen. Die Abschaltung muß ausreichend schnell (in Steckdosenkreisen innerhalb von 0,2 s) erfolgen, um die Gefahr eines lebensgefährlichen elektrischen Schlages zu vermeiden.
  Beim FI-Schalter wird der in der Hinleitung fließende Strom mit dem in der Rückleitung fließenden verglichen. Ergibt sich infolge eines anderweitig abfließenden Fehlerstromes (z.B. über die Erdung) eine Differenz, löst der FI-Schalter aus. FI-Schalter kommen in allen 3 Netzformen zum Einsatz.
- Die *Isolationsüberwachung* ist nur in IT-Netzen notwendig. Sie wird eingesetzt, um Erdschlüsse der aktiven Teile festzustellen und zu melden. Da ein einfacher Erdschluß im Generator oder in der Verteilung das IT-Netz lediglich in ein TT-Netz verwandelt, kann das Netz bis zum Auftreten eines zweiten Fehlers gefahrlos weiterbetrieben werden. Im IT-Netz muß damit beim ersten Fehler nicht gleich die gesamte Stromversorgung abgeschaltet werden, was in autonomen Versorgungsanlagen vorteilhaft ist. Der Fehler muß jedoch gemeldet und umgehend beseitigt werden.

Trotz des etwas größeren Aufwandes zur Fehlerüberwachung beim IT-Netz und der schwierigeren Fehlersuche wird diese Netzform wegen der höheren Versorgungssicherheit in autonomen Solarstromanlagen bevorzugt eingesetzt.

Über die netzbedingten Schutzmaßnahmen hinaus ist natürlich auch den einschlägigen VDE-Vorschriften zur Vermeidung von Bränden durch elektrische Anlagen hinreichend Beachtung zu schenken. Dies betrifft vor allem die Vorschriften zur Belastbarkeit von Leitungen, die Isolierung und Verlegung von Leitungen sowie die Gestaltung von Schaltern und elektrischen Kontakten zwecks Vermeidung von Funkenbildung.

Erdung und Blitzschutz

Erdung

Die Solarmodule auf dem Dach oder auf einem Traggestell hängen mit ihrem elektrischen Potential irgendwo zwischen Himmel und Erde. Die Metallrahmen der Module und der Tragstruktur sind daher zur Vermeidung elektrostatischer Aufladungen über eine Leitung mit hinreichendem Querschnitt (> 16 mm^2) entweder mit der Blitzschutzanlage des Gebäudes oder, falls nicht vorhanden, mit der Potentialausgleichsschiene des Hauses oder einem externen Fundamenterder zu verbinden. Diese Erdung der Konstruktionsteile ist nicht zu verwechseln mit der Erdung der elektrischen Erzeugungsanlage und erfolgt unabhängig davon.

Blitzschutz

Beim Blitzschutz ist zu unterscheiden zwischen dem äußeren und dem inneren Blitzschutz.
Beim äußeren Blitzschutz bilden die geerdeten Leitungen und Fangstangen auf dem Dach eine Art Faraday'scher Käfig über dem Gebäude und schützen es dadurch gegen direkten Blitzeinschlag. Für allgemeine Wohngebäude ist der äußere Blitz-

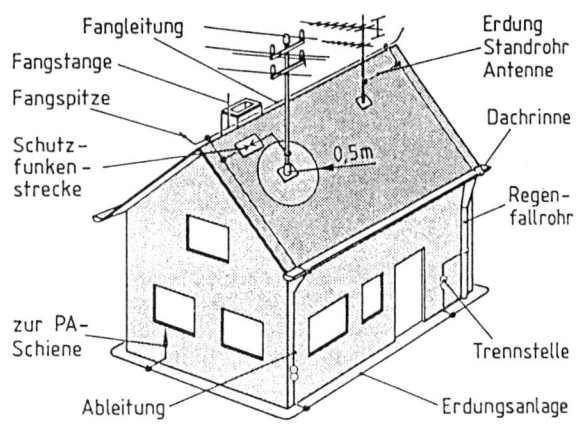

5.14 Aufbau und Elemente einer Blitzschutzanlage.   Quelle: [11]

schutz nicht zwingend vorgeschrieben, bei landschaftlich exponierten Gebäuden, wo PV-Anlagen bevorzugt eingesetzt werden, jedoch oft empfehlenswert. Wird äußerer Blitzschutz gewünscht, sind die dazu notwendigen Maßnahmen gemäß VDE 0185 mit großer Sorgfalt auszuführen.

Der innere Blitzschutz hat zum Ziel, durch Entladungen in der Umgebung induzierte Überspannungen in der Photovoltaikanlage abzubauen. So können Blitze auch noch aus einiger Entfernung in den teilweise recht ausgedehnten Leitungsschleifen der Modulverdrahtung beträchtliche Spannungsimpulse von vielen tausend Volt induzieren. Ohne entsprechende Gegenmaßnahmen sind Störungen und Schäden an den Solarmodulen sowie an der nachgeschalteten Elektronik (Laderegler, Wechselrichter, etc.) unvermeidlich.

Zur Gewährleistung eines optimalen inneren Blitzschutzes werden folgende Maßnahmen empfohlen:

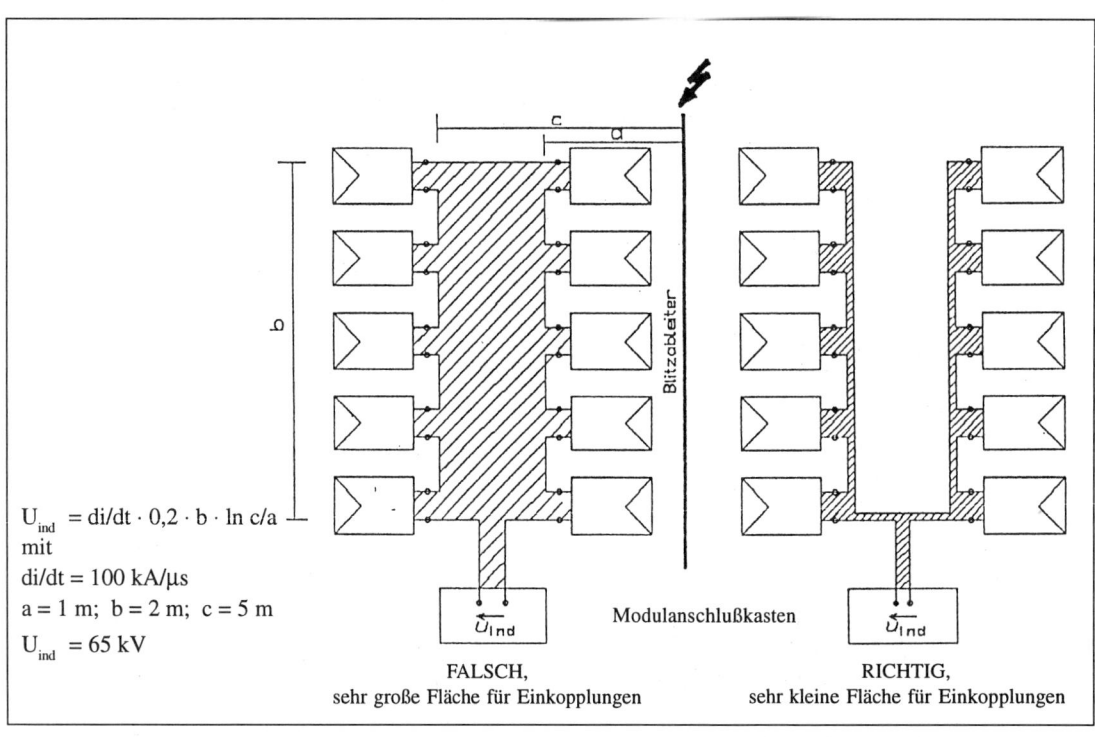

$U_{ind} = di/dt \cdot 0,2 \cdot b \cdot \ln c/a$
mit
$di/dt = 100\ kA/\mu s$
$a = 1\ m;\ b = 2\ m;\ c = 5\ m$
$U_{ind} = 65\ kV$

Modulanschlußkasten

FALSCH,
sehr große Fläche für Einkopplungen

RICHTIG,
sehr kleine Fläche für Einkopplungen

5.15
Die Schleifenbildung kann durch richtige Modulverdrahtung klein gehalten werden.
Quelle: [19]

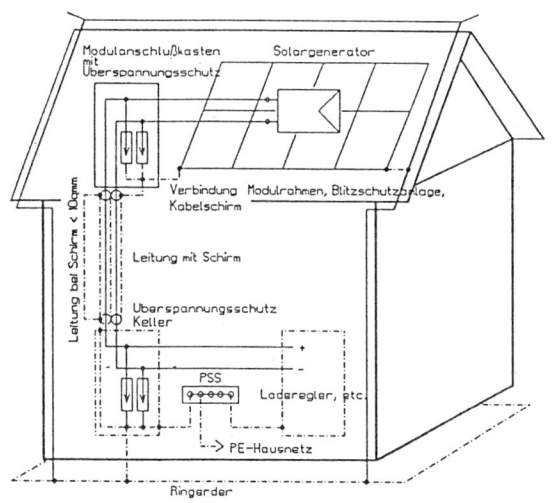

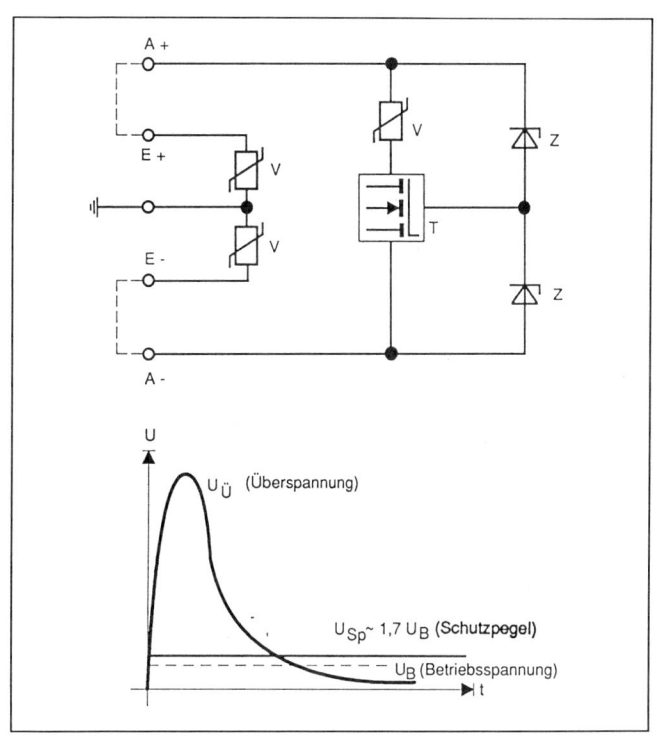

5.16 Überspannungsschutzmaßnahmen in einer PV-Anlage bei vorhandener äußerer Blitzschutzanlage.　　　　Quelle: [19]

5.18 Prinzipschaltbild des Überspannungsfeinschutzgerätes Typ ÜSSA für Laderegler.　　Quelle: Produktunterlagen Fa. Dehn,

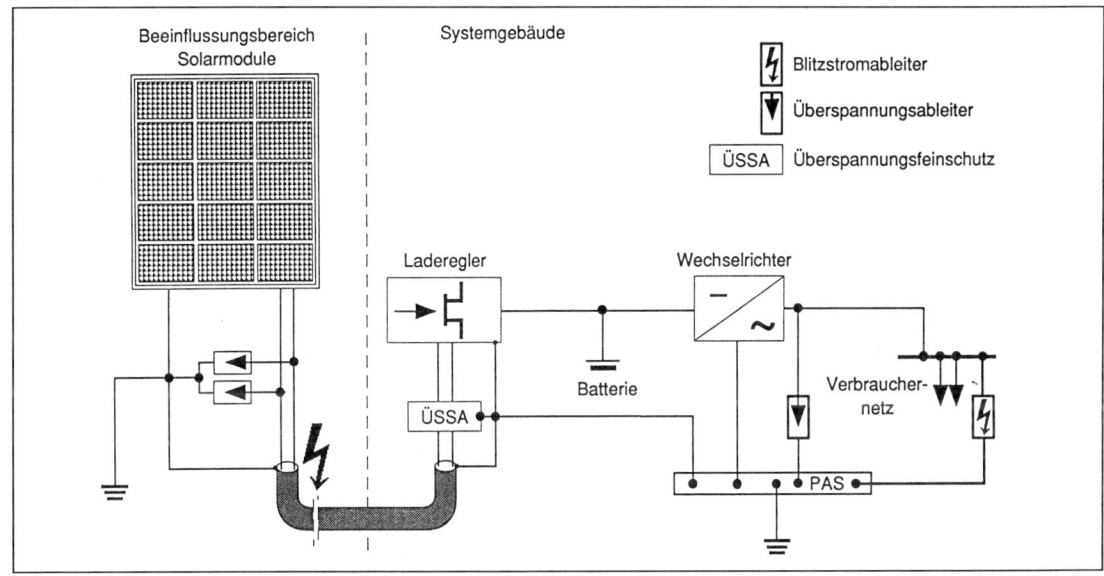

5.17
Gestaffelter Einsatz von Überspannungsschutzgeräten in einer Photovoltaikanlage. Quelle: Produktunterlagen der Fa. Dehn,

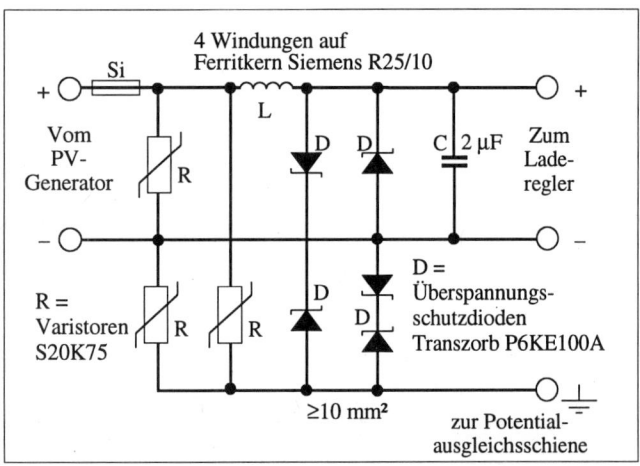

4 Windungen auf
Ferritkern Siemens R25/10

Si

+

Vom
PV-
Generator

L

R

D D C 2 µF Zum
Lade-
regler

–

R =
Varistoren
S20K75

R R

D
D

D =
Überspannungs-
schutzdioden
Transzorb P6KE100A

≥10 mm²

zur Potential-
ausgleichsschiene

5.19 Überspannungsschutz aus diskreten Bauteilen für den Solar-
generator-Ausgang.

• Schleifenbildung bei der Modulverdrahtung durch geschickte Leitungsführung möglichst klein halten. Dies ist
die wichtigste Maßnahme, um die induzierte Spannung von
vornherein zu begrenzen.

• Einbau von sogenannten Überspannungsableitern (Gasfun-
kenstrecken oder spannungsabhängige Widerstände) als
Grobschutz in die Plus- und Minus-Leitungen am Ausgang
des Solargenerators mit Ableitung zur Erde (Einbau in den
Generator-Anschlußkasten).

• Bei blitzgefährdeten Anlagen Ausführung der Verbindungsleitungen zwischen Solargenerator und Laderegler als abgeschirmte Leitung, um eine Schleifenbildung mit dem
Blitzableiter zu vermeiden. Der Leitungsquerschnitt des
Schirms muß hinreichend groß bemessen werden (>
10 mm²). Auf der Generatorseite (d.h. auf dem Dach) ist
der Schirm mit der Erdleitung und am Laderegler mit dem
Fundamenterder (Potentialausgleichsschiene) zu verbinden.

• Vor dem Laderegler ist ein Überspannungsfeinschutz vorzusehen, sofern der Laderegler nicht bereits intern damit
ausgestattet ist. Die auf Blitzschutz spezialisierte Fa. Dehn
bietet für diesen Zweck fertige Geräte an, bei denen
spannungsabhängige Widerstände (VDR) mit schnell an-
sprechenden Zenerdioden in einem für die Schienen-
montage geeigneten Gerät zusammengefaßt sind. In einfacheren Fällen reicht auch eine Schaltung nach Abb. 5.19
aus spannungsabhängigen Widerständen (z.B. Typ S20K75,
Siemens) und Überspannungsschutzdioden (z.B. Transzorb
P6KE100A, General Semiductor). Auch der Überspannungsfeinschutz ist mit der Potentialausgleichsschiene zu
verbinden.

5.5 Kosten und Wirtschaftlichkeit

Zur Planung gehört natürlich auch die Frage nach den Kosten und für kühle Rechner die weitere Frage: „Lohnt sich das denn?" Über die Preise der Anlagenkomponenten können die Kataloge der Solarelektrik-Firmen im Detail sicherlich aktueller und detaillierter informieren, als es in einem Buch möglich ist. Daher sollen im folgenden nur einige Kostenrichtwerte genannt werden (Stand Mitte 1994).

Die Preise für Standard-Solarmodule sind in den letzten Jahren nicht so drastisch zurückgegangen, wie prognostiziert wurde, und liegen derzeit bei 10 bis 15 DM/W, je nach Modulgröße (vgl. Kap. 2.4). Darin nicht enthalten sind die oft beträchtlichen Kosten für die Tragstruktur. Außerdem gehören zu einer autonomen Solarstromanlage noch Laderegler, Akkus, Wechselrichter und nicht zuletzt die Elektroinstallation. In Tab. 5.8 wurde versucht, spezifische Kostenrichtwerte anzugeben und daraus die Kostenstruktur für autonome Stromversorgungsanlagen zwischen 50 und 2000 W zu ermitteln.

Ein Blick auf die resultierenden Stromkosten pro Kilowattstunde zeigt, daß der Solarstrom kostenmäßig mit dem Strom aus dem Netz absolut nicht konkurrieren kann. Die Kostenaufstellung zeigt auch, daß neben dem Solargenerator die anderen Bauelemente (Speicher, Wechselrichter, Schaltschrank, etc.) sowie die Montage mit über 50% zu den Gesamtkosten beitragen. Anders als bei den Solarmodulen ist bei diesen Bauelementen kaum mit erheblichen Preisrückgängen zu rechnen, handelt es sich doch um gängige Bauteile der Industrieelektronik bzw. um Dienstleistungen.

Fazit: Der Strom in autonomen Anlagen wird auch in näherer Zukunft von den Kosten her nicht mit Netzstrom konkurrieren können. Deshalb ist es unter ökonomischen Gesichtspunkten im allgemeinen wenig sinnvoll, dort, wo ein Netzanschluß besteht oder leicht möglich ist, größere autonome Stromversorgungsanlagen aufzubauen.

Kostenstruktur autonomer PV-Anlagen			
	Kleinanlage 55 Watt	1 kW-Anlage mit Wechselrichter	1,8 kW-Anlage mit Notstromgenerator
Solarmodule	30% 1200 DM	35% 14.000 DM	37% 27.750 DM
Montagematerial	12% 480 DM	9% 3600 DM	
Akkus	30% 1200 DM	13% 5200 DM	16% 12.000 DM
Wechselrichter Notstromaggregat	-	11% 4400 DM	11% 8250 DM
Schaltschrank Installationsmaterial	28% 1120 DM	14% 5600 DM	23% 17.250 DM
Planung / Montage	in voriger Pos. enthalten	18% 7200 DM	13% 9750 DM
Anlagenkosten ges.	4000 DM	40.000 DM	75.000 DM

Überschlägige Ermittlung der Stromkosten:

Kosten der 1 kW-Anlage   40000 DM
Jahresertrag   400 - 500 kWh/kWp a

Stromkosten bei 10 Jahren Lebensdauer/ Abschreibung: 8 - 10 DM/kWh
Stromkosten bei 20 Jahren Lebensdauer / Abschreibung: 4 - 5 DM/kWh

Entsprechend der oben dargestellten Kostenstruktur kann der Strom aus Kleinanlagen um ein Mehrfaches teurer sein.

Tabelle 5.8   Kostenstruktur für autonome Stromversorgungsanlagen in unserem Mitteleuropa.

Dort, wo kein Netzanschluß zur Verfügung steht oder der Neuanschluß mit Kosten von 10 000 DM und mehr bezahlt werden muß, sieht die Rechnung natürlich anders aus. Hier hat die au-

Kleinanlage 55 Wp   Anlagenkosten: 3000 - 4000 DM

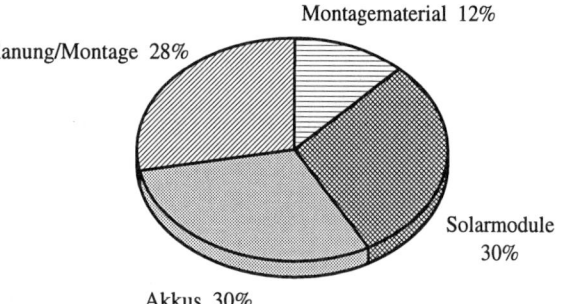

Montagematerial 12%
Planung/Montage 28%
Solarmodule 30%
Akkus 30%

Inselanlage I kWp   Anlagenkosten: ca. 40000 DM

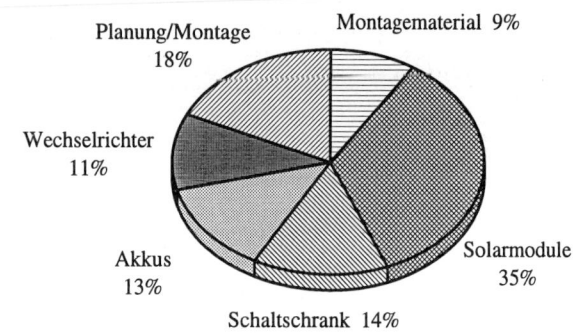

Planung/Montage 18%
Montagematerial 9%
Wechselrichter 11%
Akkus 13%
Schaltschrank 14%
Solarmodule 35%

1,8 kWp-Anlage mit Notstromaggregat, 75000 DM

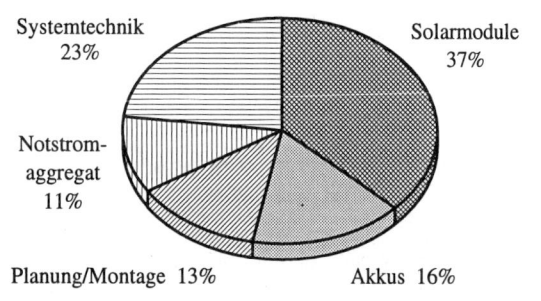

Systemtechnik 23%
Solarmodule 37%
Notstrom-aggregat 11%
Planung/Montage 13%
Akkus 16%

tonome Stromversorgung mit Solarzellen eindeutig ihre Vorzüge, auch im Vergleich zu wartungs- und reparaturanfälligen Notstromgeneratoren, die zudem noch Brennstoff verbrauchen, lärmen und stinken. Die Beispiele in Kapitel 9 zeigen, daß sich mit einer Investition von 30000 bis 40000 DM/kW (ggf. zuzüglich Selbsthilfeanteil) eine durchaus solide Solarstromversorgung für Wohnhäuser und Hütten aufbauen läßt. Kleinere Anlagen zur Versorgung von Caravans, Schrebergarten- und Wochenendhäusern im Sommerhalbjahr lassen sich je nach Anspruch und Verbrauch schon für 1000 bis 5000 DM realisieren. Und die zunehmende Zahl solarstromversorgter Parkscheinautomaten zeigt, daß die solare Stromversorgung für elektrische Kleingeräte auch im netzversorgten Stadtgebiet günstiger ist, als die Herstellung eines entsprechenden Netzanschlusses (aufwendige Erdarbeiten sowie Notwendigkeit von Schaltschrank, Zähler, etc.).

5.20
Kostenstruktur von Inselanlagen.

6. Netzgekoppelte Anlagen

Othmar Humm

6.1 Prinzip Netzverbund, technische und rechtliche Aspekte

Seit Sonnenenergie genutzt wird, stellt sich die Frage der Energiespeicherung – seien es nun elektrische oder thermische Kilowattstunden. Um das Speicherproblem bei Erzeugung von elektrischem Strom zu lösen, ist der Netzverbund – oder Netzparallelbetrieb – zweifelsohne ein eleganter Weg. Die „Disharmonie" zwischen Angebot und Nachfrage, das eigentliche Motiv zur Speicherung, ist eine dreifache: Die Tagesgänge von Ernte und Verbrauch stimmen nicht überein (mit Ausnahme der Büronutzung). Der Verbrauch während einiger Schlechtwettertage übersteigt das Angebot einer üblichen, gut abgestimmten Hausversorgungsanlage in dieser Zeit. Und zwischen Sommer und Winter liegt nicht nur eine relativ lange Zeitspanne, auch die Unterschiede zwischen den saisonalen Erträgen sind erheblich, während die Verbrauchsentwicklung gerade andersherum verläuft.

Die Funktion einer netzgekoppelten Photovoltaik-Hausanlage wird durch das Blockschaltbild (Abb. 6.1) schematisch dargestellt. Die üblicherweise auf dem Dach angebrachten Solarzellenmodule wandeln die eingestrahlte Sonnenenergie in Gleichstrom um. Werden mehrere Module durch Serienschaltung zu einem Strang verbunden, so addieren sich die Spannungen der einzelnen Module (bei Serien- oder Reihenschaltung erhöht sich die Spannung bei gleichbleibendem Strom). Mehrere Stränge werden ihrerseits in Parallelschaltung miteinander verbunden: bei dieser summiert sich der elektrische Strom, während die Spannung unverändert bleibt.

Die einzelnen Strangleitungen werden auf einen Klemmenkasten geführt. Dieser Klemmenkasten, auch *PV-Abzweig* oder Solargenerator-Anschlußkasten genannt, vereinigt die parallelen Stränge zu einer einzigen Plus-Minus-Leitung und ist da-

mit Schnittstelle zwischen den Modulen (auf dem Dach) und dem Wechselrichter (zumeist im Keller). Eine (abgeschirmte) Sammelleitung (auch Gleichstromhauptleitung genannt) führt vom Klemmenkasten zum Wechselrichter, der den solaren Gleichstrom in netzkonformen Wechselstrom (230/400 V, 50 Hz) umwandelt. Eine Steuerung im Wechselrichter sorgt

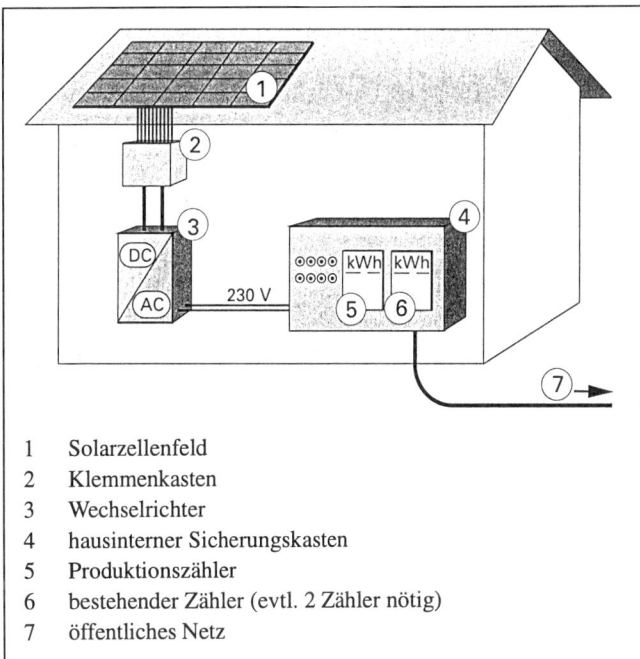

1 Solarzellenfeld
2 Klemmenkasten
3 Wechselrichter
4 hausinterner Sicherungskasten
5 Produktionszähler
6 bestehender Zähler (evtl. 2 Zähler nötig)
7 öffentliches Netz

6.1 Prinzipieller Aufbau einer netzgekoppelten Photovoltaik-Anlage.   Quelle: [4]

dafür, daß die Normen über Spannungs- und Frequenzabweichungen eingehalten werden und daß die Rückspeisung bei Stromausfall im Netz unterbunden wird. Mit dem solar produzierten Wechselstrom werden zuerst die internen Verbraucher versorgt. Nicht selbst genutzte Energie wird ins öffentliche Stromnetz eingespeist und mit einem separaten Rückspeisungszähler erfaßt. Wenn die Photovoltaikanlage keinen oder zuwenig Strom liefert, wird die fehlende Energie vom Netz bezogen. Dieser Vorgang wird von einem normalen Verbrauchszähler registriert. Verschiedene Elektrizitätswerke tolerieren aber auch die Verwendung eines einzigen Zählers, der beim Energiebezug aus dem Netz vorwärts und bei der Einspeisung von Solarstrom rückwärts läuft.

Direktverwendungsgrad

Der Direktverwendungsgrad gibt an, welcher Anteil des solar erzeugten Stromes vor Ort, d.h. im eigenen Haus, genutzt werden kann. In einer typischen 5 kW-Anlage wurden beispielsweise von den jährlich geernteten 4271 kWh lediglich 1435 kWh direkt im eigenen Haushalt verbraucht – also nur 33%. Bei einer 1 kW-Anlage beläuft sich der entsprechende Anteil auf 580 kWh, rund 70% der Gesamternte.

Der erreichbare „Direktverwendungsgrad" wird häufig überschätzt, weil ein großes Potential im Lastmanagement vermutet wird. Zwar läßt sich durch tageszeitlich geschickte Zu- und Abschaltung von Verbrauchern viel erreichen, aber: Freunde „bekocht" man eben am Abend, um nur ein Beispiel zu nennen.

Die Vorteile des Netzverbundes sind unverkennbar, der über das Solarangebot hinausgehende Strombedarf kann ohne zusätzliche Installationen einfach aus dem Netz bezogen werden. Auch wenn die Stabilität des Netzes heute überwiegend durch konventionelle Kraftwerke sichergestellt wird, darf daraus kei-

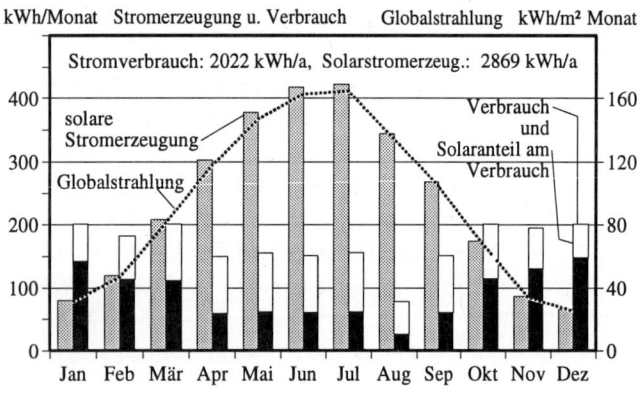

6.2
Einstrahlung, Energieproduktion und Anteil der selbstgenutzten Energie bei netzgekoppelten PV-Anlagen. In der oberen Grafik (3 kW-Anlage für ein Einfamilienhaus) ist der Anteil des direkt genutzten Solarstroms wegen Abwesenheit am Tage sehr gering und daher nicht nicht unbedingt repräsentativ.
(Zahlen: M. Eisenring: Produktion und Ertrag einer 3 kW-PV-Anlage im Schweizerischen Mittelland.)
Der unteren Grafik liegen Zahlen des PV-Silmulationsprogrammes PVS (vgl. Kap. 5.2) zugrunde: 3 kW-Anlage, Standort Freiburg, Orientierung Ost/West, angenommener Verbrauch 5.54 kWh/Tag.
(Zahlenwerte: econzept Energieplanung, 79115 Freiburg)
In Büros kann der Direktverwendungsgrad aufgrund des Verbrauchsschwerpunktes am Tage wesentlich größer sein und bei 40 bis 50% liegen.

nesfalls der Schluß gezogen werden, daß für den Betrieb photovoltaischer Anlagen konventionelle netztragende Kraftwerke unverzichtbar sind. Im Gegenteil: Netzverbund sollte auf längere Sicht für einen Verbund von vielen dezentralen Anlagen zur Nutzung erneuerbarer Energien mit unterschiedlichen Tages- und Saisongängen stehen. Schon die Kombination von Windkraft und Photovoltaik schafft einen Teil des notwendigen Ausgleichs im schwankenden Erzeugungsprofil. Die Länge des Weges, die bis zum Erreichen dieses Zieles noch zurückgelegt werden muß, ist kein Argument gegen das Ziel an sich: Welcher der heute so wichtigen Energieträger hat nicht „klein angefangen"?

Im Vergleich zum Netzverbund hat die Speicherung in Batterien zwei wesentliche Nachteile:

Der ökologische Nachteil: Die Lebensdauer von Batterien ist maßgeblich vom praktizierten Betriebsbereich abhängig; Überladung und Tiefentladung sind äußerst schädlich. Selbst bei guten Ladeverhältnissen arbeitet eine Batterie kaum länger als 7 Jahre, wodurch die energetischen Rückzahlfristen massiv verkürzt werden. Gleichzeitig wird die Entsorgung dieser Batterien zum Problem. Denn Bleibatterien sind Sondermüll und stellen selbst bei vorbildlicher Entsorgung eine ökologische Hypothek dar. Die bestehenden Verfahren zur Rezyklierung von Bleibatterien beheben dieses Problem nur zum Teil.

Der energetische Nachteil: Die Speicherung elektrischer Energie in Batterien frißt viel Strom. Einen Direktverwendungsgrad von 50% unterstellt, müssen die anderen 50% des Verbrauches aus dem Speicher gedeckt werden, was bei einem Akkuwirkungsgrad von 70% zu Speicherverlusten von 15% des gesamten Nettoertrages führt. Der Ertrag einer 5 kW-Anlage von jährlich 4271 kWh (brutto) wird dadurch um satte 641 kWh auf nutzbare 3630 kWh verringert.

Rechtliche Aspekte

Wer eine Photovoltaik-Anlage baut oder parallel zum Netz betreibt, tut dies nicht ohne Einverständnis der Behörden und des EVU (ElektrizitätsVersorgungsUnternehmen). Eine ganze Liste einschlägiger Bestimmungen ist einzuhalten. Die wichtigsten sind:

- Die gesetzlichen und behördlichen Verordnungen für Hochbauten (Baubewilligung, etc.).
- Die Arbeitsschutz- und Unfallverhütungsvorschriften der Berufsverbände.
- Verordnung über Allgemeine Bedingungen für die Elektrizitätsversorgung von Tarifkunden (AVBEltV).
- Die gültigen DIN- und VDE-Normen.
- Die Bestimmungen des EVU, vor allem die Technischen Anschlußbedingungen (TAB).

Für netzgekoppelte Anlagen sind die beiden letztgenannten Vorschriften – zusätzlich zu den für autonome Anlagen gültigen – einzuhalten. Die meisten großen EVU halten Schriften zu diesem Thema bereit. Dazu gehört auch die sehr dienliche „VDEW-Richtlinie für den Parallelbetrieb von Eigenerzeugungsanlagen mit dem Niederspannungsnetz des Elektrizitätsversorgungsunternehmen (EVU)".

In der Schweiz sind insbesondere die Vorschriften des SEV (Hausinstallationsvorschriften), der örtlichen Elektrizitätswerke und des Eidgenössischen Starkstrominspektorates (ESTI 233 609) zu beachten. Die Vorsicht der EVU vor PV-Anlagen in Heimwerker-Qualität ist nicht ganz unberechtigt. Dabei steht wohl weniger die Unfallgefahr im Vordergrund – obwohl diese latent vorhanden ist – als vielmehr die „Verschmutzung" des Netzes mit Oberschwingungen und hochfrequenten Störungen, welche die Tonfrequenz-Rundsteuerempfänger stören. Spannungsschwankungen über 3% – bei 230 V sind das ±7 V – sind nicht zulässig. Die Einhaltung dieser Grenzwerte wie auch anderer Vorgaben bezüglich Beeinflussung des Netzes sind durch Prüfung einer neutralen Stelle oder durch eine sogenannte Konformitätserklärung des Herstellers zu belegen. Darüber hinaus müssen alle Anlagen, die über einen Wechselrichter Elektrizität ins Netz einspeisen – also auch die photovoltaischen Systeme – mit einem Spannungsrückgangs- und Spannungssteigerungsschutz (Unter- und Überspannungsschutz) ausgerüstet sein. Für alle Anlagen mit mehr als 10 kW Leistung und alle Anlagen, welche nicht auf eigenem Grund erstellt werden, ist in der Schweiz eine Planvorlage beim ESTI (Eidgenössisches Starkstrominspektorat) erforderlich.

Wieviele Zähler?

Die Pioniere des Photovoltaik-Netzverbundes hatten in ihren Anlagen nur einen Zähler, den bestehenden Hauszähler des EVU, der während Zeiten der Einspeisung rückwärts lief. Diese lockere Quantifizierung war vielen EVU zu unsicher, und deshalb verlangten sie die Installation von zwei Zählern – getrennt für Lieferung und Bezug (Standard in Deutschland). In Zukunft wird diese Problematik durch den Einsatz von elektronischen Zählern mit zwei bilanzierenden Zählwerken entschärft: Ein Zähler in dieser Technologie genügt.
Soweit die Vorschriften. Wer allerdings wissen will, wieviel kWh die Sonne direkt beiträgt, kann auf einen sogenannten Erzeugungszähler nicht verzichten. Falls der Wechselrichter nicht über eine entsprechende Zähleinrichtung verfügt, ist dieser Zusatzzähler unmittelbar nach dem Wechselrichter einzufügen.

Vorgehen für die Bewilligung

1. Beschaffung der gültigen Regelungen und Anschlußbedingungen über das EVU.
2. Anmeldung der Anlage beim EVU, unmittelbar nach der Planung und nach Auswahl der Komponenten. In der Regel meldet der beauftragte (konzessionierte) Elektroinstallateur das Vorhaben dem EVU. Dies erfolgt meist mit dem Formular für reguläre Anschlußbegehren, wie es auch für Häuser ohne Eigenerzeugung üblich ist. Viele EVU erteilen für Anlagen unter 3 kW keine formelle Bewilligung,

sondern setzen stillschweigend eine fachgerechte Installation voraus. Dies gilt insbesondere in der Schweiz.
3. Der Elektroinstallateur oder der Eigentümer der Anlage meldet die sogenannte „Fertigstellung" dem EVU. Es handelt sich vielfach um einen Durchschlag oder eine Kopie des Anmeldeformulars.

Mit der Anmeldung der Anlage beim EVU sind folgende Unterlagen mitzuliefern:

- Lageplan mit Grundstücksgrenzen und Standort der Anlage.
- Schema der elektrischen Anlage mit den Nenndaten der eingesetzten Komponenten (einpolige Darstellung genügt).
- Beschreibung der Schutzeinrichtungen (Art, Fabrikat, Funktion) und der wichtigen Komponenten (Generator und Wechselrichter).
- Für den vorgesehenen Wechselrichter ist eine sogenannte Konformitätserklärung des Herstellers der Anmeldung beizulegen.

Vergütung

In Deutschland richtet sich die Vergütung für ins Netz eingespeisten Strom nach dem „Gesetz über die Einspeisung von Strom aus erneuerbaren Energien in das öffentliche Netz (Stromeinspeisungsgesetz)" vom 7. Dezember 1990. Danach beträgt die Vergütung je kWh mindestens 90% des Durchschnittserlöses des vom EVU an die Endverbraucher abgegebenen Stromes, was derzeit etwa 15 bis 18 Pf pro kWh entspricht. Einige Stadtwerke und kleinere Stromversorgungsunternehmen gewähren inzwischen zwecks Förderung photovoltaischer Anlagen auch höhere Vergütungen für den eingespeisten Strom.
In der Schweiz richten sich die Rücklieferpreise nach der Empfehlung des Eidgenössischen Verkehrs- und Energiewirtschaftsdepartementes, mit Stand 1. Juli 1994 sind das 16 Rp. pro kWh.

6.2 Aufbau netzgekoppelter Hausanlagen

Abb. 6.3 zeigt ein detailliertes Blockschaltbild einer PV-Anlage zur Netzeinspeisung. Der Gleichstrom aus dem Generatorfeld fließt über die Strangdioden und die DC-Trennstelle in den Wechselrichter.

Die vom *Solargenerator* erzeugte Gleichspannung muß auf die Eingangsspannung des Wechselrichters abgestimmt sein. Dementsprechend ist die Zahl der zu einem Strang (String) zusammengeschalteten Solarmodule zu bemessen. Die Anzahl der parallelen Stränge schließlich richtet sich nach der geplanten Generatorleistung.

Im *PV-Abzweig* (Generatoranschlußkasten) werden die Anschlußleitungen der Modulstränge zu einem gemeinsamen Plus- und Minus-Anschluß zusammmengeführt. Hier sind in der Regel auch die Dioden zur Entkoppelung der einzelnen Stränge untergebracht, ebenso wie die Überspannungsableiter (Varistoren), die kurzzeitige Spannungsspitzen infolge elektrischer Entladungen im Plus- oder Minusleiter abbauen und zur Erde ableiten. Sofern die einzelnen Modulleitungen durch Schmelzsicherungen abgesichert werden müssen, sind diese ebenfalls im Anschlußkasten untergebracht.
Notwendigkeit und Nutzen der Dioden zur Entkopplung der Generatorstränge werden in letzter Zeit zunehmend in Frage gestellt, da die Dioden selbst (vor allem bei hohen Generatorspannungen) durch Spannungsspitzen ausfallen und außerdem nicht unbeträchtliche Verluste verursachen.

Die *Gleichstromhauptleitung* verbindet den PV-Abzweig mit dem Wechselrichter. Da die Stromproduktion des Solargenerators begrenzt ist, kann auf eine Absicherung der Leitung verzichtet werden, zumal der Leitungsquerschnitt zwecks Begrenzung der Leitungsverluste in aller Regel größer gewählt wird als aufgrund der maximalen Strombelastbarkeit gefordert.

Die *DC-Freischaltstelle*, ein zweipoliger Handschalter, ist notwendig, um den Wechselrichter für Wartungs- und Reparaturaufgaben stromlos schalten zu können. Nach den Vorschriften der deutschen EVU muß dieser Schalter in unmittelbarer Nähe des Wechselrichters angeordnet sein.

Der *Wechselrichter* muß die „Richtlinie für den Parallelbetrieb von Eigenerzeugungsanlagen mit dem Niederspannungsnetz des Elektroversorgungsunternehmens" erfüllen, was in der Regel durch eine Konformitätserklärung des Herstellers bescheinigt wird.
Dem Wechselrichter zugeordnet ist eine Schaltung zur *Isolationsüberwachung* der Gleichstromseite, um Fehler in diesem Teil der elektrischen Anlage zu erkennen. Bei Anlagen mit einem Transformator im Wechselrichter ist zwischen Trennstelle und Wechselrichter eine Isolationsüberwachung eingebaut. Bei Anlagen ohne Trenntrafo wird die Isolationsüberwachung ersetzt durch einen *Fehlerstromschutzschalter* auf der Wechselstromseite, der eine vergleichbare Funktion erfüllt.

Zähler und Unter-/Überspannungsschutz
Falls nicht bereits im Wechselrichter eingebaut, folgt auf dem Weg Richtung Verbraucher der Zähler *Erzeugung* sowie vor den beiden Zählern des EVU eine spannungsabhängige Schalteinrichtung. Diese Schalteinrichtung besteht aus einem Überspannungs- und einem Unterspannungschütz, die bei Abweichung von der Nennspannung die Verbindung zwischen Wechselrichter und Netz trennen. (Ergänzend zur Spannungsüberwachung werden vor allem größere Anlagen mit einer Frequenzüberwachung ausgerüstet.) Beträgt die Spannung weniger als 70% oder mehr als 115% der Nennspannung, muß der auslösende Schutz die Anlage vom Netz trennen. Es empfiehlt sich, den Unterspannungsschutz auf 80% und den Überspannungsschutz auf 110% der Nennspannung einzustellen.

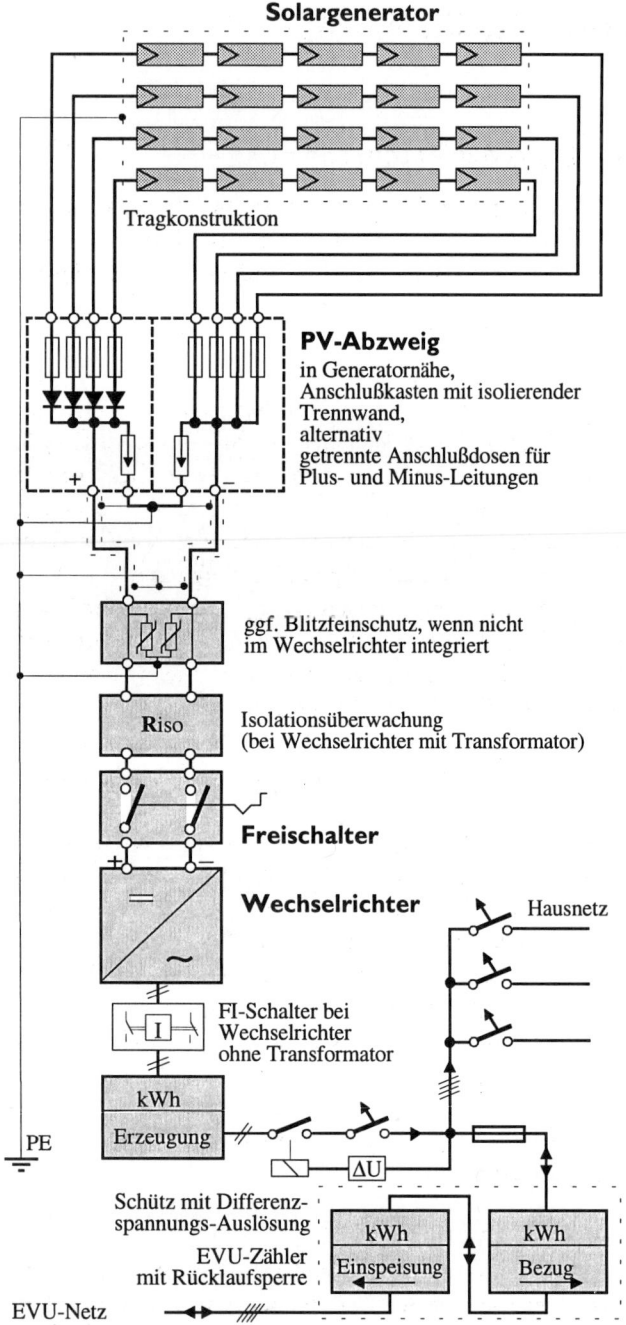

Solargenerator

Tragkonstruktion

PV-Abzweig
in Generatornähe,
Anschlußkasten mit isolierender
Trennwand,
alternativ
getrennte Anschlußdosen für
Plus- und Minus-Leitungen

+   −

ggf. Blitzfeinschutz, wenn nicht
im Wechselrichter integriert

R_{iso} Isolationsüberwachung
(bei Wechselrichter mit Transformator)

Freischalter

+   −

Wechselrichter   Hausnetz

FI-Schalter bei
Wechselrichter
ohne Transformator

PE

kWh
Erzeugung

ΔU

Schütz mit Differenz-
spannungs-Auslösung
EVU-Zähler   kWh   kWh
mit Rücklaufsperre   Einspeisung   Bezug

EVU-Netz

Die Spannungsüberwachung kann unter Umständen einpolig erfolgen, die Netztrennung dagegen muß allpolig ausgeführt werden. Eine Ausnahme von dieser Regel bilden Anlagen mit *nicht* inselbetriebsfähigen, einphasigen Wechselrichtern und einphasigem Netzanschluß, die mit einer zusätzlichen, jederzeit zugänglichen Schaltstelle vor dem Hauszähler ausgestattet sein müssen. Ohne jederzeit zugängliche Schaltstelle muß auch die Überwachung dreiphasig ausgeführt sein.

In Deutschland ist derzeit eine Novellierung der Einspeisebedingungen in Arbeit, die darauf abzielt, die Netzeinspeisung zu vereinfachen und auf die dreiphasige Überwachung des Netzes bei einphasiger Einspeisung zu verzichten.

Frei zugängliche Schaltstelle

Einige EVU verlangen zudem die Installation einer für ihre Bediensteten jederzeit zugänglichen Schaltstelle, um die Anlage bei Störungen sicher vom Netz zu trennen. Auf diese Schaltstelle kann verzichtet werden, falls die Einspeisung über einen *nicht* inselbetriebsfähigen, einphasigen Wechselrichter bei dreiphasiger Spannungsüberwachung erfolgt. PV-Anlagen bis 5 kW$_p$ dürfen an einen Außenleiter angeschlossen werden, wobei die Summe mehrerer Anlagen eines Betreibers als Grenze gilt. Als Schaltstelle empfiehlt sich der Hausanschlußkasten, sofern er dem EVU-Personal jederzeit zugänglich ist.

6.3   Elektrisches Blockschema einer netzgekoppelten
      Photovoltaikanlage mit einphasiger Einspeisung.

6.3 Wechselrichter für den Netzparallelbetrieb

Der Wechselrichter konvertiert den in den Solarzellen erzeugten Strom in Wechselstrom und bildet damit das Bindeglied zwischen der Stromerzeugungsanlage und den Verbrauchern – direkt oder indirekt. Bei der direkten Versorgung wird der Solarstrom über den Wechselrichter sofort von den Elektrogeräten im Haus verbraucht, unabhängig davon, ob die Anlage mit dem Netz verbunden ist oder nicht. Als indirekte Verbindung wird der Fall bezeichnet, wenn der geerntete Strom ganz oder teilweise ins Netz abgegeben und zu einem späteren Zeitpunkt von den Verbrauchern aufgenommen wird.

Die Umwandlung im Wechselrichter ist stets mit Verlusten verbunden. Unabhängig vom Einsatzgebiet ist die Verlustrate bzw. der Wirkungsgrad dieses Gerätes – insbesondere auch im Teillastbereich, nämlich bei Bewölkung – das wichtigste Kriterium bei der Beschaffung. In den letzten Jahren ist intensiv an der Verbesserung der Wechselrichter gearbeitet worden, vor allem mit dem Ziel höherer Wirkungsgrade im Teilleistungsbereich (Teillastbereich) – mit Erfolg, wie entsprechende Tests zeigen. Bezüglich Betriebssicherheit hapert es indessen noch: Klagen über Störungen bei Solarstromanlagen beziehen sich weitaus häufiger auf den Wechselrichter als auf andere Komponenten. Beispiele von Störungen: Ausfall des Wechselrichters, Rundsteuersignale lösen im Wechselrichter Defekte aus, oder hochfrequente Spannungen des Wechselrichters stören den Radioempfang.

Eine Untersuchung des Institutes für Solare Energiesysteme (*ISE, Gruppe Leipzig*) an 1423 Anlagen bestätigt die Erfahrungen aus der Schweiz. Von insgesamt 549 gemeldeten Ausfällen betrafen 66% den Wechselrichter. Bei mehr als der Hälfte der Ausfälle vergingen bis zur Reparatur (bzw. Austausch des Wechselrichters) mehr als 7 Tage. Mittlerweile ist die Ausfallquote der Wechselrichter durch Verbesserungen der Geräte deutlich zurückgegangen.

Typologie der Wechselrichter

Für Solaranlagen sind heute drei verschiedene Bauarten von Wechselrichtern auf dem Markt: Netzgeführte und selbstgeführte Wechselrichter sowie Geräte mit einem Hochfrequenz-Zwischenkreis.

Netzgeführte Wechselrichter
Netzgeführte Geräte sind von einfacher Bauart und in großen Stückzahlen im Einsatz. Dies sind Gründe für die relativ günstigen Preise. Leider erzeugen diese Geräte rechteckige oder trapezförmige Ströme – sie werden auch als Rechteck- oder Trapezwechselrichter bezeichnet – mit relativ vielen Oberschwingungen bei gleichzeitig großer Aufnahme von Blindleistung. Sowohl die „Verschmutzung" als auch der Blindleistungsanteil schaden dem Netz – für die EVU ein Grund zur Ablehnung oder zur Beanstandung. (Oberschwingungen können gegebenenfalls durch Filter reduziert werden.) Ein weiterer Nachteil des netzgeführten Wechselrichters: Zur galvanischen Trennung vom Netz ist ein 50 Hz-Transformator nötig.

Die wesentlichen Bauelemente des netzgeführten Wechselrichters sind Thyristoren, eine Art elektronischer Schalter, die wechselweise und im Takt der Frequenz den Strom passieren lassen oder aber sperren. Das Spiel der Thyristoren ist durch die Nulldurchgänge des Stromes bestimmt, deshalb wird diese Bauart auch als „stromgeführt" bezeichnet.

Vorteile: Preiswert, weit verbreitet, wenn' auch nicht in Solarstromanlagen.

Nachteile: Trenntrafo arbeitet mit 50 Hz, was relativ hohe Verluste bedeutet; viele Oberschwingungen und große Blindleistungsaufnahme.

Selbstgeführte Wechselrichter
Selbstgeführte Wechselrichter beinhalten, wie die netzgeführten Geräte, elektronische Schalter, die durch wechselweises Ein-

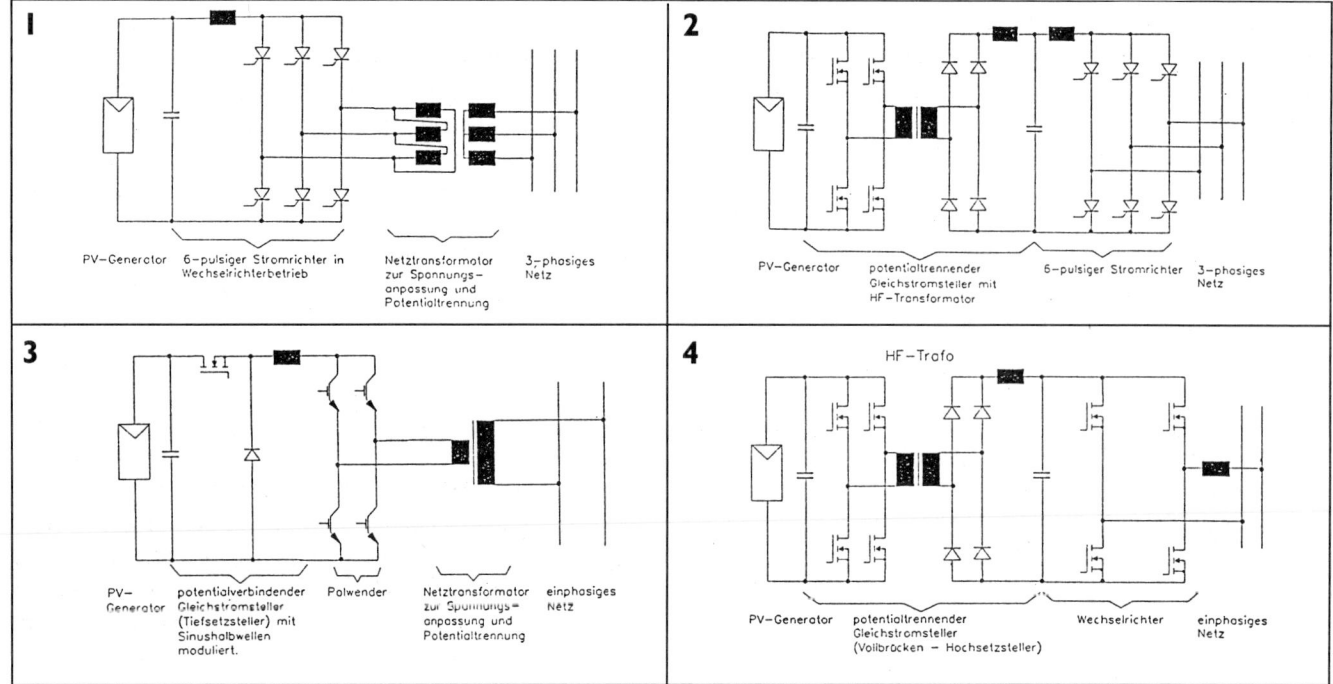

1

PV-Generator | 6-pulsiger Stromrichter in Wechselrichterbetrieb | Netztransformator zur Spannungs- anpassung und Potentialtrennung | 3-phasiges Netz

2

PV-Generator | potentialtrennender Gleichstromsteller mit HF-Transformator | 6-pulsiger Stromrichter | 3-phasiges Netz

3

PV-Generator | potentialverbindender Gleichstromsteller (Tiefsetzsteller) mit Sinushalbwellen moduliert. | Polwender | Netztransformator zur Spannungs= anpassung und Potentialtrennung | einphasiges Netz

4

HF-Trafo

PV-Generator | potentialtrennender Gleichstromsteller (Vollbrücken – Hochsetzsteller) | Wechselrichter | einphasiges Netz

6.4   Wechselrichtertypen:

1 Netzgeführter Wechselrichter mit Netztransformator.

2 Netzgeführter Wechselrichter mit Gleichstromzwischenkreis.

3 Selbstgeführter Wechselrichter mit Netztransformator und moduliertem Tiefsetzsteller.

4 Selbstgeführter Wechselrichter mit Gleichspannung- zwischenkreis und HF-Trafo.

und Ausschalten den Gleichstrom in Wechselstrom umsetzen. Anstelle einfacher Thyristoren werden bei dieser Bauart entweder abschaltbare („gesteuerte") Thyristoren oder Leistungstransistoren eingesetzt.

Bei der einfachsten Variante mit niedriger Schaltfrequenz ist der resultierende Strom weit von der idealen Sinusform entfernt, mit dem Nachteil einer an Oberschwingungen reichen Ausgangsspannung.

Durch schnelles Ein- und Ausschalten in einem bestimmten Rhythmus (Pulsweitenmodulation mit 50 Hz Modulationsfre-

quenz) kann die Stromqualität erheblich verbessert und der Sinusform angenähert werden. Die selbstgeführten Wechselrichter schneiden bezüglich Blindleistung und Oberschwingungen besser ab als die netzgeführten.

Vorteile: Gute Wechselstromqualität mit wenig Oberschwingungen und Blindleistungsaufnahme.

Nachteile: Trenntrafo arbeitet mit 50 Hz (hohe Verluste).

Wechselrichter mit einem Hochfrequenz-Zwischenkreis

Traditionellerweise, vor allem aus Gründen der elektrischen Sicherheit, werden Gleich- und Wechselstromseite in der Regel galvanisch voneinander getrennt. Teilweise bestehen diesbezüglich auch Vorschriften. Bei einem Defekt des Wechselrichters könnte es beispielsweise passieren, daß an den Leitungen zum Solargenerator und am Generator selbst plötzlich Netzspannung anliegt. Sofern nicht generatorseitig besondere Maßnahmen zum Berührungsschutz ergriffen werden, ist im Hinblick auf die elektrische Sicherheit sowie ggf. auch zur Spannungsanpassung ein Trenntransformator im Wechselrichter erforderlich, der naturgemäß Energieverluste bringt. Gerade bei kleinen Anlagen mit langen Betriebszeiten im Teillastbereich haben die Trenntrafos einen unverhältnismäßig hohen Anteil an den Energieverlusten – 10 bis 15% des Ertrages bei einer Verlustrate von 5% der Nennleistung.

Durch einen Trick läßt sich der Verlust verringern: Da Transformatoren für hochfrequente Ströme erheblich kleiner sind und nur einen Bruchteil der Verluste von netzfrequenten Trafos aufweisen, wird der Gleichstrom zunächst mittels Wechselrichter in einen hochfrequenten Wechselstrom konvertiert und dann über den Trenntrafo und eine „Nachbehandlung" (Filter zum Abtrennen hochfrequenter Schwingungen) in das hauseigene oder öffentliche Netz eingespeist.

In Solarstromanlagen neuerer Bauart kommt dieser Wechselrichter-Typ am häufigsten zum Einsatz. Von den in der Schweiz produzierten Geräten verwenden der SI-3000 und der SOLCON diese Technik.

Vorteile: Geringe Verluste aufgrund des hochfrequenten Trenntrafos.

Nachteile: Vergleichsweise teuer.

Netzparallelbetrieb ohne Trafo?

Es ist durchaus möglich, Wechselrichter auch ohne einen Trafo zu bauen. Diese Bau- und Betriebsweise hat sogar einige beachtenswerte Vorteile: Der Netto-Energieertrag ist um einige Prozent größer, da die Verluste im Trafo entfallen. Außerdem werden die Kosten für den Transformator eingespart.

Bei größeren Anlagen ist der Entscheid „Trafo, ja oder nein?" lediglich eine Frage der elektrischen Sicherheit. Mit dem Trafo ist die Erzeugungsanlage vom übergeordneten Wechselstromnetz vollständig getrennt, was im Hinblick auf den Berührungsschutz sinnvoll oder sogar notwendig sein kann. Bei kleinen Anlagen hat der Trafo darüber hinaus für die Spannungsanpassung zwischen Solargenerator und Netz eine wichtige Bedeutung.

Um die von den EVU geforderten 230 V netzseitig zu erreichen, sind nämlich in trafolosen Anlagen Generatorspannungen von etwa 350 V= am Wechselrichtereingang notwendig, die auch bei ungünstigen Betriebsverhältnissen (geringe Einstrahlung, Teilverschattung, u.ä.) erreicht werden sollten. Um eine so hohe Spannung zu erzeugen, ist eine größere Anzahl von Modulen in Serie zu schalten, beispielsweise 24 x 15 V = 360 V. Zwar führt die hohe Spannung auf der Generatorseite zu sehr kleinen Leitungsverlusten, gleichzeitig wird die freie Wahl der Generatorleistung aber merklich eingeschränkt. Denn die Anlagenleistung kann nur durch Parallelschalten weiterer Stränge erhöht werden, so daß als Generatorleistung nur ganzzahlige Vielfache der Leistung des ersten Stranges (z.B. 24 x 50 W = 1200 W) möglich sind.

In Anlagen ohne Trafo ist auf der Wechselstromseite (d.h. nach dem Wechselrichter) ein Fehlerstromschutzschalter (FI-Schalter) einzubauen. Die Anpassung der Eingangsspannung an den MPP des Generators übernimmt beim trafolosen Konzept ein Hoch- oder Tiefsetzwandler (eine Art Spannungswandler) im Wechselrichter.

Ein gewisser Nachteil von höheren Generatorspannungen über 120 V= sind die Gefahren (bei Installation und Reparatur) im Umgang mit so hohen Gleichspannungen und die erhöhten Anforderungen an den Schutz gegen indirektes Berühren. Eine Möglichkeit, diesen Anforderungen zu genügen, bietet das Prinzip „Schutzisolierung". Abgesehen von der Verwendung von Kabeln mit verstärkter Isolierung müssen im Solargenerator Module der Schutzklasse II zum Einsatz kommen. Sollen dagegen Standardmodule zum Einsatz kommen (die zumeist nur der Schutzklasse 0 genügen), müssen diese in einem „elektrischen Betriebsraum" installiert werden. Elektrischer Betriebsraum kann auch ein Hausdach sein, wenn dieser Ort mit einem Gefahrenhinweis versehen und für elektrotechnisch nicht ausgebildetes Personal unzugänglich ist, z.B. mindestens 2,50 m oberhalb von Verkehrswegen und außerhalb der Reichweite von Dachflächenfenstern liegt.

Arbeitet der Solargenerator dagegen mit Spannungen unter 120 V= (Funktionskleinspannung), ist ein Trafo zur Potentialtrennung im Wechselrichter zwingend vorgeschrieben.

Übersicht Wechselrichter für netzgekoppelte Anlagen										
Gerätebezeichnung/ Hersteller	Nennleistung P_a Watt	$U_{eingang}$ Volt	U_{nenn}/ U_{max} Volt	Phasenzahl	Kommutierung	Wirkungsgrad 0,1/0,5/1,0 P_a	Potentialtrennung	Sicherheitstrafo/sichere Trennung	Isolationsüberwachung	Konformitätserklärung
FHG 40-N FHG 50-N, Dorfmüller	3000 3600	15/30/45/ 90/165	abgestufte Nennsp.	1 1	selbstgeführt	96/95/93 96/95/93	nein nein	- / - - / -	FI-Schalter	ja, 3-phasig
Topclass Grid II 2.5 Topclass Grid II 4.0 ASP	2200 3300	40 - 100 72 - 145	64 / 100 96 / 145	1 1	selbstgeführt	90/93/91 90/93/91	ja, NF-Trafo	ja / ja ja / ja	optional Iso-Wächter	ja, 3-phasig
SOLCON 3400 Hardmeier	3400	70 - 140	96 / 150	1	selbstgeführt	>84/>93/92	ja, HF-Trafo	nein / nein	nein optional	nein i.V.
PVWR 1000 PVWR 1800 PVWR 5000, SMA	1000 1800 5000	80 - 160 80 - 160 240 - 450	100 / 160 100 / 160 300 / 450	1 1 1	selbstgeführt	>78/>89/>90 >82/>91/>90 >88/>93/>92	ja, HF-Trafo	nein / nein	ISO-Wächter	ja, 3-phasig
SOLWEX Karschny	1000/1500/ 2000/3500/ 5000	55 - 80	65 / 100	1	selbstgeführt	85/93/91 90/94/92 91/94/92	ja, NF-Trafo	ja / ja	ISO-Wächter	ja, 3-phasig
Econverter1000 Victron	1000	50 - 80	70 / 100	1	selbstgeführt	- / - / 93	ja, HF-Trafo	nein / nein	optional Iso-Wächter	nein
Digital WR Analog WR, Siemens	800/1100 1000	40 - 95 50 - 80	60 / 100 60 / 100	1 1	selbstgeführt	> 92 90/93/90	ja, Trafo	ja / ja	k.A.	ja
BWR 2500 Bahrmann	2000	320 - 550		1	selbstgeführt	92/95/93	nein	- / -	k.A.	ja
Egir 010 Egir 020 Solar Diamant	1700 3000	100 - 175	165 / 204	1	netzgeführt	87/92/93	nein	- / -	FI-Schalter	ja, 3-phasig
SKN 200 SKN 300 Solar Konzept	1700-3800 2500-5200 (5 Stufen)	120 - 195 210 - 330	170 / 250 280 / 400	1 2	netzgeführt	90/94/93 91/>95/>94	nein nein	- / - - / -	FI-Schalter	ja, 3-phasig
Sun Power	1000 - 5000	variabel, n.Vorgabe	55-75/ 100-140/ 200-280	1	selbstgeführt	80/85/85 85/90/90 90/94/94	ja, NF-Trafo	ja / ja	optional, ISO-Wächter	ja, 1-phasig
NEG 500 NEG 1600, UFE	440 1600	26 - 32 54 - 90	29 / 46 68 / 110	1 1	selbstgeführt	80/89/87 88/94/92	ja, NF-Trafo	ja / ja ja / ja	ISO-Wächter	ja, 3-phasig

Tabelle 6.1   Technische Daten einiger netzgekoppelter Wechselrichter bis 5 kW Leistung, ohne Anspruch auf Vollständigkeit. Quelle: [19] und Herstellerdatenblätter

Begriffe

Inselbetriebsfähigkeit

Inselbetriebsfähig im Sinne der einschlägigen Vorschriften ist die konstruktionsbedingte Eigenschaft eines Wechselrichters, selbständig und unabhängig von den Gegebenheiten des Netzes und der Kundenanlage eine Spannung erzeugen und dauerhaft stabil halten zu können.

Selbstgeführte (eigenkommutierte) Wechselrichter

Selbstgeführte Wechselrichter benötigen keine fremde Wechselspannungsquelle zur Kommutierung (DIN 41750, Blatt 5). Für den Netzparallelbetrieb benötigen sie aber als Führungsgröße für die Zündimpuls-Steuerung die vom Netz vorgegebene Frequenz. Sind sie zusätzlich inselbetriebsfähig, besitzen sie eine interne Frequenzreferenz (z.B. Quarz) und eine zusätzliche Regelung für dauerhaften Inselbetrieb, worauf bei Ausfall der Netzspannung automatisch oder per Hand umgeschaltet wird.

Netzgeführte (fremdkommutierte) Wechselrichter

Netzgeführte Wechselrichter benötigen zur Kommutierung eine fremde, nicht zum Wechselrichter gehörende Wechselspannungsquelle, die ihnen die Kommutierungsspannung zur Verfügung stellt (DIN 41750, Blatt 2). Netzgeführte Wechselrichter sind im Sinne der Vorschriften nicht inselbetriebsfähig.

Verknüpfungspunkt

Der Verknüpfungspunkt ist die der Eigenerzeugungsanlage am nächsten gelegene Stelle im öffentlichen Netz, an der weitere Kunden angeschlossen sind oder angeschlossen werden können.

Die besten Wechselrichter

Die Weiterentwicklung von Wechselrichtern für dezentrale, netzgekoppelte Photovoltaik-Anlagen hat in den letzten Jahren bedeutende Fortschritte gebracht, so daß heute eine verhältnismäßig ausgereifte Gerätegeneration am Markt angeboten wird. Einen Überblick über einige technische Daten der wichtigsten, derzeit verfügbaren Geräte bietet Tabelle 6.1. Bei der Geräte-

Testergebnisse von netzgekoppelten Wechselrichtern

Typ, Modell	Leistung Watt	Wirkungsgrad	EMV AC	EMV DC	Geräusch	Rundsteuersignal
SI 3000	3,0	90,0	-	-	-	0
Solcon	3,3	90,0	-	--	++	+
Solcon 3400	3,4	91,4	++	+	++	+
PV-WR-1500	1,5	85,5	0	-	+	0
PV-WR-1800	1,8	86,5	++	0	0	0
Top-Class 1500	1,5	89,5	+	0	+	++
Top-Class 3000	3,0	91,5	+	0	+	++
Ecoverter 1000	1,0	92,0	0	0	+	+
Egir 10	1,7	89,0	-	+	-	k.A.

++ sehr gut, + gut, 0 genügend, - ungenügend, -- schlecht
EMV: elektromagnetische Verträglichkeit

Tabelle 6.2 Eigenschaften der in der Schweiz getesteten netzgekoppelten Wechselrichter.

auswahl gilt es zu beachten, daß in Deutschland nur solche Wechselrichter an das Netz angeschlossen werden dürfen, für die eine sogenannte Konformitätserklärung der EVU vorliegt. Die Unterschiede im Angebot sind in der Schweiz bereits zum zweiten Mal von der Ingenieurschule Burgdorf bei Bern untersucht (nach 10 verschiedenen Kriterien) und dokumentiert worden [H. Häberlin, H. Röthlisberger: „Neue Photovoltaik-Wechselrichter im Test.“, Bulletin des Schweizerischen Elektrotechnischen Vereins]. Im Testbericht werden die 5 untersuchten Geräte ganz bewußt nicht mit einer Rangfolge bewertet. Die Tabellenwerte qualifizieren jedoch den Solcon 3400 und den Top-Class 3000 sehr deutlich. Aber selbst an diesen Wechselrichtern sind nach Aussagen der Forscher noch Verbesserungen möglich. Erwähnt seien die ungenügende elektromagnetische Verträglichkeit und die mangelnde Immunität gegenüber Rundsteuersignalen.

Noch eine Bemerkung zum Wirkungsgrad: In der genannten Untersuchung der Ingenieurschule Burgdorf wurden die Angaben zum Wirkungsgrad – wie zunehmend üblich – auf der Basis des sogenannten „europäischen Wirkungsgrads" ermittelt, ein aufgrund der in Europa üblichen (durchschnittlichen) Strahlungsverhältnisse gewichteter Mittelwert. Zur Ermittlung dieses Mittelwertes werden die Wirkungsgrade bei 6 verschiedenen Leistungsstufen herangezogen und entsprechend der zeitlichen Häufigkeit des Auftretens gewichtet:

$$\eta = 0{,}03 \cdot \eta_5 + 0{,}06 \cdot \eta_{10} + 0{,}13 \cdot \eta_{20} + 0{,}10 \cdot \eta_{30} + 0{,}48 \cdot \eta_{50} + 0{,}2 \cdot \eta_{100}$$

Dabei wird folgende Wechselrichterbelastung unterstellt:

3 % der Betriebszeit mit einer Belastung von   5 %
6 % der Betriebszeit mit einer Belastung von 10 %
13 % der Betriebszeit mit einer Belastung von 20 %
10 % der Betriebszeit mit einer Belastung von 30 %
48 % der Betriebszeit mit einer Belastung von 50 %
20 % der Betriebszeit mit einer Belastung von 100 %.

Das Angebot in Deutschland

Eine Arbeit mit sehr ähnlichem Inhalt hat der Fachbereich *Elektrische Energietechnik* der Fachhochschule Konstanz vorgelegt, bei der sechs Wechselrichter getestet wurden [K. Bystron: Sechs Wechselrichter im Test. Sonnenenergie & Wärmetechnik, 6/93, Bielefeld 1993)]. Als Kriterien stellen die Prüfer in ihrem Bericht folgende Meßergebnisse gegenüber:

- den Umwandlungswirkungsgrad (Verhältnis von Eingangs- zu Ausgangsleistung),
- den Kosinus Phi (Phasenverschiebung zwischen Spannung und Strom), bzw. den Leistungsfaktor, d.h. das Verhältnis von Wirk- zu Scheinleistung, und
- den Klirrfaktor (Gehalt an Oberschwingungen).

Zwei Randbedingungen sind in diesem Zusammenhang erwähnenswert. Erstens ist die VDEW-Richtlinie für den Parallelbetrieb von Eigenerzeugungsanlagen mit dem Niederspannungsnetz zu erfüllen, die für cos φ eine Wert zwischen 0,9 kapazitiv und 0,8 induktiv fordert. Zweitens setzt die DIN VDE

Testergebnisse von netzgekoppelten Wechselrichtern						
Hersteller	Dorfmüller	Karschny	SMA	Solar Konzept	Sunpower	Uni Karlsruhe
Typ Baujahr	FHG-15N (Proto- typ) 1992	Solwex 1565 1992	PV-WR 1800 1992	SKN 201 1992	Sinewave 1989	Prototyp 1993
Wirkungsweise	selbst/eigen	selbst/eigen	selbst/ eigen	netz/netz	selbst/ eigen	selbst/eigen
P_{nenn} [kW] Eingangsspan. [V]	1,0 22/44/88/176	1,5 55 - 80	1,8 80 - 130	1,8 130 - 195	2,0 180 - 210	2,0 320 - 550
Schaltglieder	MOSFET's	MOSFET's	MOSFET's, IGBT's, Thyristoren	Thyristoren	MOSFET's	MOSFET's, IGBT's
Potentialtrennung MPP-Tracking Konstantspannung EMV-Zertifikat	ohne nein ja nein	Ringkerntrafo ja ja nein	HF-Trafo ja ja ja	ohne nein ja nein	Trafo ja ja nein	ohne ja ja nein

Tabelle 6.3   Daten der von der Fachhochschule Konstanz getesteten Wechselrichter zur Netzeinspeisung. Drei verschiedene Schaltungskonzepte kommen zum Einsatz: selbstgeführt/eigengetaktet (selbst/eigen), selbstgeführt/netzgetaktet(selbst/netz) und netzgeführt/netzgetaktet (netz/netz).   Quelle: Bystron, K. e.al.: Sechs Wechselrichter im Test. Sonnenenergie & Wärmetechnik 6/93

0838 bezüglich Oberschwingungen Schranken, die den einzigen netzgeführten Wechselrichter in der Prüfserie disqualifizierten. Die selbstgeführten Geräte hatten diesbezüglich keine Probleme.

Kommentar zu den Testergebnissen

Dorfmüller, Typ FHG-15N
Vorteile: Sehr gut bezüglich Oberschwingungen, Kosinus phi (Verschiebungsfaktor) und Geräuschen.
Nachteile: keine MPP-Regelung (Maximum-Power-Tracking), dadurch höhere Anpassungsverluste.
Besonderes: Das Gerät muß wegen der Verschaltung zu vier Spannungsstufen nahe am Solargenerator installiert sein.

Karschny, Typ Solwex 1665
Vorteile: Das Gerät schneidet in der Gesamtbetrachtung gut ab.

SMA, Typ PV-WR 1800
Vorteile: Gute und attestierte EMV (Elektromagnetische Verträglichkeit), dadurch um 1 bis 2% reduzierter Wirkungsgrad.
Nachteile: Viel Oberschwingungen, wenn auch noch innerhalb der Grenzwerte; vergleichsweise schlechter Wirkungsgrad; die Geräuschentwicklung ist störend.

Solar Konzept, Typ SKN 201
Vorteile: Sehr guter Umwandlungswirkungsgrad.
Nachteile: Hoher Gehalt an Stromoberschwingungen, großer Blindleistungsbezug; keine MPP-Regelung; Geräusche mit steigender Leistung zunehmend störend.

Sunpower, Typ Sinewave
Vorteile: Vehältnismäßig gute Betriebsergebnisse.
Nachteile: Zu laut, relativ altes Konzept.

Uni Karlsruhe, Typ BWR 2500
Vorteile: Dieses Gerät erreichte im Test das beste Gesamtergebnis bei gleichzeitig bestem Umwandlungswirkungsgrad und geringem Geräusch.

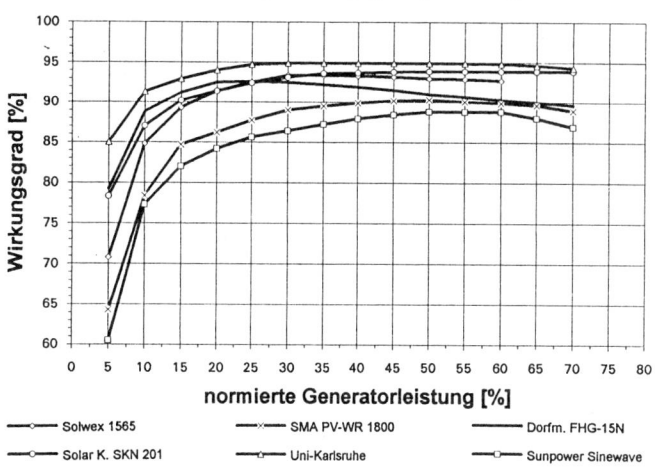

6.5 Wirkungsgrad der getesteten Wechselrichter.
Quelle: wie Tabelle 6.4

Dieser Wechselrichter ist heute unter der Handelsbezeichnung BWR 2500 bei der Fa. Bahrmann GmbH in 71095 Schönaich erhältlich. Das trafolose Gerät ist mit einem MPP-Regler ausgerüstet und erreicht bei einer Ausgangsleistung von 150 W einen Wirkungsgrad von 90%, bei 500 W 94% und im mittleren Leistungsbereich bei etwa 1.000 W einen maximalen Wirkungsgrad von annähernd 96%.

Daß die Wahl des Wechselrichters nach wie vor gewisse Unsicherheiten beinhaltet, zeigt auch der Vergleich der vom Hersteller angegebenen und der im Test gemessenen Standby-Stromaufnahme (Eigenverbrauch in der Nachtabschaltung): Bei einer effektiven Standby-Leistung von 3 W gab der Hersteller eines Gerätes eine Standby-Leistung von 0 W an, bei weiteren Geräten mit effektiv 2,2 W bzw. 0,1 W Leistungsaufnahme wurde in den Datenblättern ebenfalls 0 W angegeben. Bei einem anderen Gerät, dessen Standby-Verbrauch mit 7 W angegeben wurde, lag der tatsächliche Verbrauch bei 9,5 W – also um 36% höher.

Modulwechselrichter

Eine neue Variante von Wechselrichtern ist vor kurzem auf den Markt gekommen. Es handelt sich um sogenannte Modulwechselrichter, die unmittelbar am Solarmodul montiert sind. Damit kann nun eine neue Generation von steckerfertigen Kleinstkraftwerken realisiert werden. Die Lösung hat nicht nur im Hinblick auf große Stückzahlen eine Bedeutung, bei der Realisierung größerer Photovoltaik-Fassaden werden auch spür-

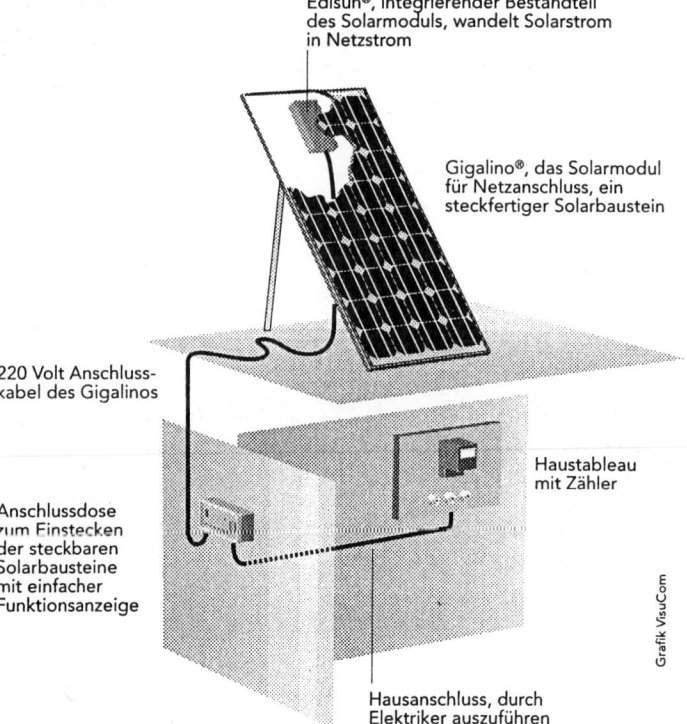

Edisun®, integrierender Bestandteil des Solarmoduls, wandelt Solarstrom in Netzstrom

Gigalino®, das Solarmodul für Netzanschluss, ein steckfertiger Solarbaustein

220 Volt Anschlusskabel des Gigalinos

Anschlussdose zum Einstecken der steckbaren Solarbausteine mit einfacher Funktionsanzeige

Haustableau mit Zähler

Hausanschluss, durch Elektriker auszuführen

Grafik VisuCom

6.6   Der trafolose Wechselrichter BWR 2500 von Bahrmann erzielte im Test gute Ergebnisse.

6.7
Modulorientierte Wechselrichter können den Aufbau netzgekoppelter PV-Anlagen wesentlich vereinfachen. Gigalino, wie der solare Baustein heißt, besteht aus einem oder mehreren PV-Modulen mit integriertem Wechselrichter und einem Kabel mit Stecker. Für den Netzanschluß dient eine spezielle, vom Elektriker zu installierende Anschlußdose an der Hauswand. Die Kleinkraftwerke sind in drei verschiedenen Ausführungen, jeweils mit etwa 200 W Nennleistung, erhältlich: als Großmodul zur Dachmontage, als Set aus zwei kleineren Modulen für die Installation auf dem Balkon oder im Garten sowie als Set mit den bekannten Solardachziegeln. Die kleinen Anlagen dürften zwischen 2000 und 3000 SFr. kosten und bald überall erhältlich sein. Der Entwickler, Markus Real, möchte durch den Verkauf der Gigalinos eine   installierte Leistung von 1 Gigawatt erreichen.   Quelle: Fa. Alpha Real AG, Zürich

bare Vereinfachungen bei der Verschaltung der Module untereinander und gewisse Mehrerträge bei unterschiedlich ausgerichteten Empfängerflächen erwartet. Nachteilig ist das ungünstigere Preis-Leistungsverhältnis im Vergleich zu größeren Wechselrichtern. In der Schweiz ist bereits ein 200 W-Modul mit eingebautem Wechselrichter erhältlich, Wechselrichterhersteller in Deutschland haben Prototypen im Leistungsbereich 100 bis 500 W vorgestellt.

Checkliste Wechselrichter

Bei der Auswahl von Wechselrichtern für Netzverbundanlagen sind folgende Gesichtspunkte von besonderer Bedeutung:

- Absolut synchroner Betrieb mit dem Verbundnetz.
- Hoher Wirkungsgrad auch im Teillastbereich.
- Hohe Zuverlässigkeit.
- Niedrige Schwellwerte für die Ein- und Ausschaltleistung.

- Minimale Leistungsaufnahme aus dem Netz (möglichst null) im ausgeschalteten Zustand (d.h. in der Nacht).
- Einwandfreie Maximalleistungssteuerung (Maximum-Power-Tracking) über einen weiten Leistungsbereich. Bei gleichstromseitiger Überleistung: Begrenzung der eingespeisten Leistung, keine Abschaltung.
- Schutz gegen Überspannungen auf der Gleich- und Wechselstromseite.
- Immunität gegen Netzkommandos (Rundsteuersignale).
- Sofortige Abschaltung bei Netzausfall (kein Inselbetrieb!).
- Geringe Erzeugung von Stromoberschwingungen (Einhaltung de SEV-Normen 3601.2 oder 3600.1 resp. der Europa-Norm EN 60 555).
- Bei PV-Wechselrichtern für den Einsatz in Wohngebäuden: Keine Beeinträchtigung des Radioempfangs, d.h. geringe Erzeugung hochfrequenter Störspannungen auf der Gleich- und der Wechselstromseite (Einhaltung der Grenzwerte der schweizerischen Störschutzverordnung beziehungsweise der Europa-Norm EN 55 014).
- Guter Reparaturservice und umfassende Garantieleistungen des Herstellers bzw. Lieferanten.

6.4 Planung und Dimensionierung netzgekoppelter PV-Anlagen

Ein sinnvolles Ziel der Planungs- und Dimensionierungsüberlegungen ist die Optimierung der PV-Anlage dergestalt, daß sie umweltfreundlichen Strom von der Sonne zu minimalen Kosten liefern kann. Damit ist nicht die billigste Anlage automatisch die beste, sondern diejenige, die bei niedrigen Investitionskosten eine hohe Zuverlässigkeit und sehr gute Umwandlungswirkungsgrade erreicht. Dieses relative Optimum gilt es bei der Planung aufzuspüren.

Anlagenleistung

Es gibt grundsätzlich drei Ausgangsgrößen für die Dimensionierung einer PV-Anlage: Die finanziellen Verhältnisse, die Platzverhältnisse (beispielsweise auf dem Dach) und der gewünschte Energieertrag. Die Gewichtung dieser Kriterien kann von Fall zu Fall natürlich sehr unterschiedlich ausfallen.

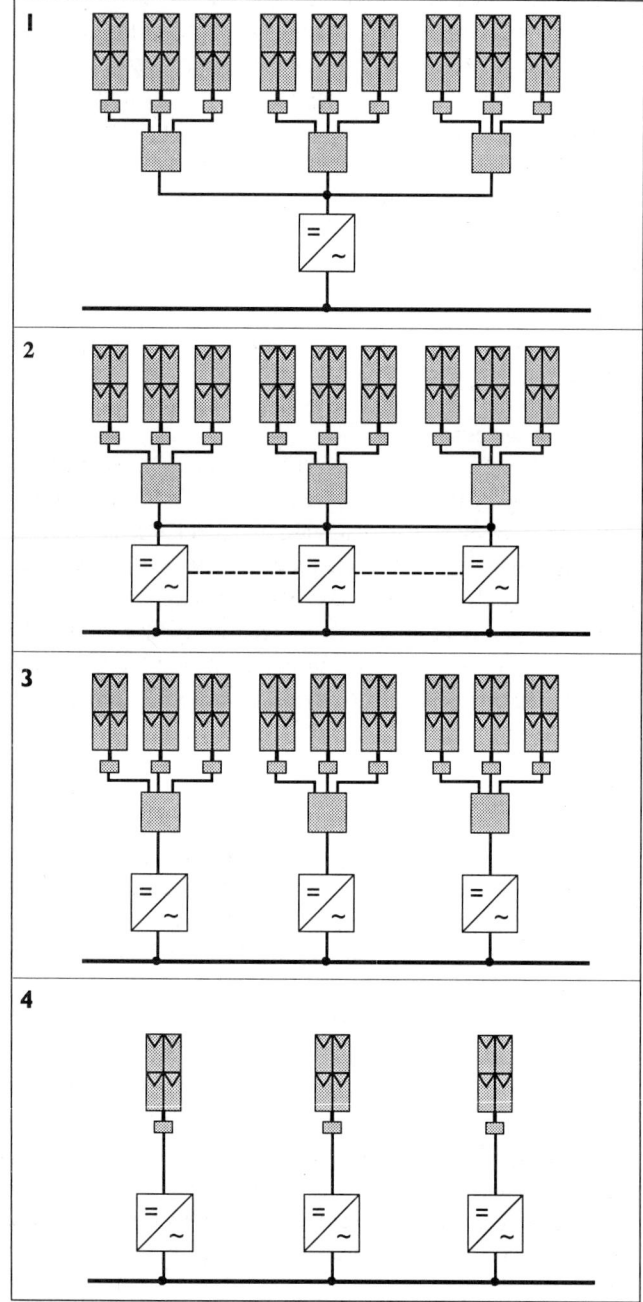

Die finanziellen Rahmenbedingungen

Bei Anlagekosten zwischen 18000 und 24000 DM bzw. Franken pro kW installierter Leistung ist die Leistungsbestimmung bei gegebenem Budget lediglich eine Teilungsrechnung. Allein aufgrund der Kosten liegt die Leistung beim größten Teil der Hausversorgungsanlagen unter 5 kW. Die statistische Häufung bei Leistungswerten von 1,5 kW, 3 kW und 5 kW liegt am Angebot von Wechselrichtern.

Die Platzverhältnisse

Neben den rein technischen Aspekten sind bei einer Installation von PV-Modulen ästhetische Postulate zu berücksichtigen. Die Energiefachstelle des Kantons Bern hat den Versuch unternommen, die ästhetischen Ansprüche an eine PV-Anlage in 7 handlichen Empfehlungen zusammenzufassen – Titel: „Die 7 Gebote". Das übergeordnete Postulat heißt:
„Der Energiekollektor ist Teil des Gebäudes."

Die Empfehlungen im einzelnen:
1. Kollektoren zum Dach bündig.
2. Kollektorfeld rechteckig gestalten.
3. Horizontlinien nicht überschreiten.
4. Kollektoren in einem Feld zusammenfassen, dabei auf gute Zugänglichkeit zu allen Modulen achten.
5. Parallele Flächen und parallele Linien.
6. Nebengebäude bieten sich an.
7. Farben anpassen.

6.8

Bei größeren Anlagen ergeben sich verschiedene Möglichkeiten der Energieaufbereitung:
1 Zusammenführung der einzelnen Stränge und Gruppen auf der Gleichstromseite und ein zentraler Wechselrichter mit Übergabeeinrichtungen;
2 wie 1, jedoch mehrere Wechselrichter parallel im Master- Slave-Betrieb;
3 dezentrale Aufbereitung durch Zuordnung von jeweils einem Wechselrichter je Gruppe;
4 dezentrale Einspeisung durch jeweils einen Wechselrichter je Strang oder je Großmodul.
Quelle: Häger, A.; Löwenstein, V.: Solarfassade - Stand der Technik. in Sonnenenergie & Wärmetechnik. 1/1994

Die Berücksichtigung der Empfehlungen führt in den meisten Fällen zu einer Reduktion der verfügbaren Dachfläche (Gebote 2, 3, 4 und 5). Um von der verfügbaren Fläche per Überschlagsrechnung auf den Leistungswert zu schließen, ist die Fläche um den Faktor 10 zu dividieren, d.h. 1 kW entspricht rund 10 m²).

Dimensionierung nach dem gewünschten Ertrag
Die Auswertung der im deutschsprachigen Raum installierten netzgekoppelten PV-Anlagen hat gezeigt, daß bei guter Anlagenplanung und -auslegung ein spezifischer jährlicher Energieertrag von 700 bis 800 kWh/kW$_{peak}$ erreicht wird.
Ist ein bestimmter Jahresertrag vorgegeben, so kann die Leistung des PV-Generators überschlägig durch Division des gewünschten Ertrages mit dem zu erwartenden spezifischen Ertrag pro kW gewonnen werden.

Beispiel:
Gewünschter Ertrag: 2500 kWh/a
Erwarteter spezifischer Ertrag: 800 kWh/kW a
Benötigte Leistung: 3,125 kW.

In einer Nachrechnung ist zu prüfen, ob der erwartete spezifische Ertrag am Standort unter den gegebenen Bedingungen von Orientierung, Neigung und Verschattung tatsächlich erreicht werden kann.
Im Hinblick auf den gewünschten Jahresertrag gilt es zu bedenken, daß bei gegebenem Verbrauch der Direktverwendungsgrad (Deckungsgrad) zwar mit zunehmender Anlagenleistung steigt, der relative Anteil des selbstgenutzten Stromes an der Gesamtproduktion jedoch sinkt. Entspricht die Produktion etwa dem Verbrauch, können normalerweise 30 bis 40% des erzeugten Stromes im Haushalt direkt genutzt werden, der Rest wird in das öffentliche Netz abgegeben. Im Gegensatz zu Inselanlagen, wo ein hoher Deckungsgrad fast immer mit größeren spezifischen Energieverlusten verbunden ist, können netzgekoppelte Anlagen die vor Ort nicht benötigte Energie aber stets vollständig ins Netz abliefern.

Weiteres Vorgehen
Ist die Anlagenleistung grob festgelegt, gilt es, diese Leistung durch Serien- und Parallelschaltung einer entsprechenden Zahl von Solarmodulen darzustellen und dann einen in Leistung und Spannung zum Solargenerator passenden Wechselrichter auszusuchen. Umgekehrt kann auch anhand der technischen Vorgaben des Wechselrichters bezüglich Generatornennspannung und maximal zulässiger Eingangsspannung das Generatorfeld dimensioniert werden. Die Wechselrichterhersteller geben vielfach genaue Empfehlungen für den Aufbau eines auf den Wechselrichter abgestimmten Solargenerators.

Die Abstimmung von Solargenerator und Wechselrichter

Spannungsauslegung
Die Nenn- und Leerlaufspannung des Solargenerators sind durch die in Serie geschalteten Module definiert. Selbstverständlich muß die maximale Leerlaufspannung (bei -10°C Zellentemperatur und 1000 W/m² Einstrahlung) unter der höchst zulässigen Eingangsspannung des Wechselrichters liegen. Als Faustformel gilt: Die maximale Leerlaufspannung ist um 13% größer als die Leerlaufspannung unter Standardbedingungen. Idealerweise entspricht die Generatorspannung im Maximum Power Point und bei 25°C Modultemperatur der Nennspannung des Wechselrichters.

Solargenerator- und Wechselrichter-Leistung
Schlechte Wirkungsgrade im Teilleistungsbereich und hohe spezifische Beschaffungskosten der Wechselrichter waren die Gründe, die vor Jahren für eine im Verhältnis zur Generatorleistung knappe Dimensionierung der Wechselrichterleistung sprachen. Jahrelang wurde in der Schweiz ebenso wie in Deutschland ein Leistungsverhältnis von Wechselrichter und Generator zwischen 0,7 und 0,9 gewählt. Eine derartige Unterdimensionierung hat zur Folge, daß bei voller Sonneneinstrahlung die Spitzenleistung auf der Gleichstromseite nicht vollständig in Wechselstrom umgewandelt werden kann, im günstigen Fall wird die Ausgangsleistung auf die Spitzenleistung des Wechselrichters begrenzt, im ungünstigen Fall wurde der Wechselrichter bei Überschreiten der Spitzenleistung abgeschaltet.

Verluste bei der Umwandlung von Strahlung in Strom	
Verluste	Anmerkung bzw. typische Werte
Globalstrahlung auf horizontale Ebene	Tabellenwerte, Klimadaten z.B. Tabelle 2.2
Verluste (oder Gewinne) aufgrund der Exposition (Globalstrahlung auf Modulebene)	Tabellenwerte, z.B. Tabelle 2.3
Verluste aufgrund der Beschattung durch Horizontlinie	Tabellenwerte, in Tabelle 2.3 bereits eingerechnet
Verluste aufgrund Beschattung durch Hindernisse	Vor allem bei parallelen Reihen auf Flachdächern und bei tiefem Sonnenstand relevant
Verluste aufgrund der Reflexion	- 5 bis 6 %
Verluste aufgrund des Spektrums (spektrale Fehlanpassung)	- 2 %
Umwandlung der Strahlung in Strom: Konversionsverluste (STC- oder Standardwirkungsgrad)	Ergebnis ist der nominale Energieertrag des Generators (entspricht einer Performance Ratio von 100%)
Verluste durch Einstrahlungs-abhängigkeit des Wirkungsgrades	5%
Verluste durch abweichende Modultemperatur (Temperaturkorrektur)	0,5 %/K
Anpassungswirkungsgrad des MPP-Stellers	1 %
Verluste durch Verschiedenartigkeit der Module (Mismatch)	3 %
Gleichstromverluste (Leitungs-verluste, Generatorkorrekturfaktor)	1 %
Wechselrichterverluste	8 %
verbleibender AC-Ertrag	74 % des nominalen Energieertrages (Beispiel)

Im ersten Fall ist dieser Verlust verhältnismäßig gering, weil die Spitzen selten und nur von kurzer Dauer sind. Das Fraunhofer-Institut für Solare Energiesysteme ISE hat dazu eine Untersuchung gemacht: 95% des Generatorertrages fallen unterhalb von 85% der Spitzenleistung an. Diese Angabe bezieht sich auf Module, die zwischen 30° und 50° geneigt sind. An Fassaden – Neigung 90° – liegen 95% des Ertrages im Bereich zwischen null und 72% der Spitzenleistung. Fazit: Das oberste Zehntel der Leistungsbandbreite einer Solarzellenanlage spielt in Hinblick auf den Ertrag eine untergeordnete Rolle.

Die knappe Dimensionierung hat also keine großen Energieverluste zur Folge. Auf der anderen Seite: Die eingangs erwähnten Gründe sind teilweise überholt. Denn das Verhalten neuentwickelter Wechselrichter im Teilleistungsbereich hat sich markant verbessert. Neue Geräte weisen bereits bei 10% der Nennlast einen Wirkungsgrad von über 90% auf. Zudem sind die spezifischen Kosten der Geräte gesunken.

In der Diskussion zur Dimensionierung von Wechselrichtern ist vor allem der Ausgleich bzw. die Optimierung zwischen den mit steigender Leistung einhergehenden Verlusten des Wechselrichters (im Betrieb und im Standby) und den entgangenen Gewinnen durch Eingangsleistungsbegrenzung am Wechselrichter von Belang. Auch in diesem Punkt sind die Pioniere Jahre später von Wissenschaftlern bestätigt worden: Das energetische Optimum des Wechselrichter-Generator-Verhältnisses liegt bei 89%! Zwar bezieht sich auch dieses Forschungsresultat auf eine ganz bestimmte Konfiguration am Standort Freiburg, als Faustregel dürfte die Angabe aber einen guten Dienst leisten.

Bleibt noch die Frage des Überlastschutzes. Wer einen knapp dimensionierten Wechselrichter ohne Überlastschutz betreibt, geht das Risiko der Zerstörung ein. Die meisten Geräte regeln die Generatorleistung zurück und begrenzen sie auf die Nennleistung. Der in der Schweiz gut vertretene SOLCON trennt sich bei Überschreitung der DC-Eingangsleistung vom Netz, um sich

Tabelle 6.4
Verlustquellen in einer netzgekoppelten Photovoltaikanlage.

bei Unterschreitung der Begrenzung wieder aufzuschalten Diese Art von Schutz ist nachteilig, weil damit ertragsstarke Zeiten weggeschaltet werden. Im neuesten Modell des Solcon ist ebenfalls eine Leistungsregelung eingebaut.

Beispiel: Für einen Generator von 3370 W_p ist ein Wechselrichter mit einer DC-Nennleistung von 3 kW gut geeignet. Dieser Anlagetyp ist in der Schweiz recht häufig, nicht zuletzt aufgrund der Förderung durch das Megawatt-Programm.

Berechnung des nutzbaren Energieertrages

Ausgangsgröße für die Ermittlung des tatsächlich zu erwartenden Netto-Energieertrages einer PV-Anlage ist die auf den Generator treffende Sonneneinstrahlung. Sofern keine Meß- oder Richtwerte bekannt sind, kann die Einstrahlung auf geneigte Flächen gemäß dem in Kap. 2.7 beschriebenen Verfahren in Monatsschritten berechnet werden.

Der Netto-Ertrag ist gegeben durch die Summe der solaren Energieeinträge abzüglich der gesamten Verluste. Es gibt mittlerweile etliche Modelle und Verfahren, um die einzelnen Verlustquellen einer Solarstromanlage zu quantifizieren. Die Auswertungen der Meßprogramme an netzgekoppelten PV-Anlagen hat gezeigt, daß diese Verluste in der Praxis weitaus größer sind, als dies von den Planern zunächst vermutet wurde. In Tabelle 6.4 ist der verlustreiche Weg der Energie skizziert.

Die Reihenfolge der Verlustposten wurde dabei bewußt so gehalten, daß die in Modulebene wirksame Globalstrahlung beziehungsweise der nominale Energieeintrag als Ausgangsgröße zur Errechnung der gesamten Verluste verwendet werden kann. Der Quotient aus nominaler Leistung und wirksamer Globalstrahlung ist nichts anderes als der Standardwirkungsgrad oder STC-Wirkungsgrad (STC = *standard test conditions*), er ist charakteristisch für die verwendeten Solarmodule. Der Quotient aus AC-Ertrag und nominalem DC-Energieertrag ergibt die „Performance Ratio" und kennzeichnet die Leistungsfähigkeit und Zuverlässigkeit der Anlagenkomponenten.

Der Gesamtnutzungsgrad der Anlage, also das Verhältnis des nutzbaren Ertrages (am EVU-Zähler gemessen) zur eingestrahl-

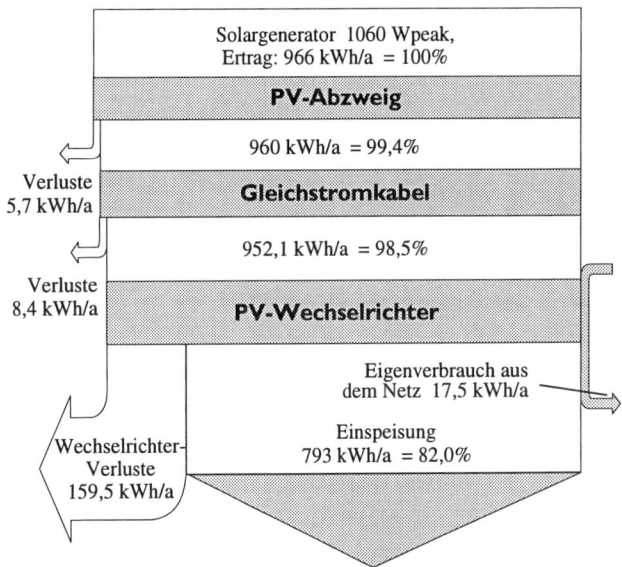

6.9 Energieflußdiagramm einer netzgekoppelten Photovoltaikanlage.
Quelle: Dreß, A., u.a.: Versuchsergebnisse einer netzgekoppelten 1 kW-PV-Anlage für die dezentrale Energieversorgung in [10].

ten Energie, ist gegeben durch das Produkt aus Performance Ratio und Standardwirkungsgrad der Module. Untersuchungen in Deutschland und der Schweiz zeigen, daß die Performance-Ratio richtig geplanter und ausgeführter PV-Anlagen typischerweise einen Wert zwischen 70 und 80% erreicht. Anders ausgedrückt, es ist mit Verlusten zwischen 20 und 30% des nominale DC-Energieertrages zu rechnen.

Die Resultate aus dem deutschen 1000-Dächer-Programm weisen zum Teil deutlich schlechtere Werte für die Performance Ratio auf. Danach erreichen über 60% der Anlagen lediglich eine Performance-Ratio zwischen 65 und 75%. Keine einzige der 32 in die Untersuchung einbezogenen PV-Anlagen lag über 75%. Das schlechte Abschneiden der deutschen im Vergleich zu schweizerischen Anlagen ist keineswegs eine Frage der Einstrahlung, weil die Performance Ratio strahlungsunabhängig ist.

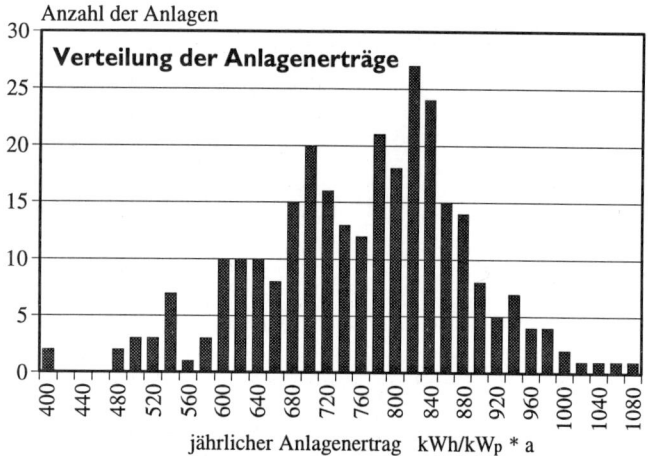

Anzahl der Anlagen

Verteilung der Anlagenerträge

jährlicher Anlagenertrag kWh/kW$_p$ * a

6.10 Häufigkeitsverteilung des jährlichen Anlagenertrages von 285
Anlagen im 1000-Dächer-Programm.
Quelle: Hoffmann, V.U.: Ergebnisse der Standardauswertung
des 1000-Dächer-Photovoltaik-Programms in [37]

Der anlagebedingte Minderertrag ist eher auf die Verfügbarkeit
bzw. Nicht-Verfügbarkeit der Komponenten zurückzuführen.
Diese Verfügbarkeit ist weitgehend durch die Betriebssicherheit, und diese wiederum von der eingesetzten Geräte-Gene-
ration bestimmt. Die relativ tiefen PR-Werte lassen überdurchschnittlich viele und langdauernde Wechselrichterausfälle vermuten.

Verlustquelle Wechselrichter: ein Beispiel

Herbert Schmidt und Martin Jantsch vom ISE haben die Verluste, die in einer 1 kW-Anlage durch den Wechselrichter und die
zugehörigen Überwachungsinstrumente entstehen, in einer
Modellrechung quantifiziert (Tabelle 6.5). Sie untersuchten einen optimal ausgerichteten Generator am Standort Freiburg mit
einem Ertrag von 1 100 kWh/a. Der Generator ist über einen
Wechselrichter mit einer Leistung von 1 kW an das Netz gekoppelt. Die Wissenschafter schreiben dazu: „Nach Abzug von
Energieverlusten durch eine nicht optimale Ausrichtung, thermische Randbedingungen, Mismatch und Fehlanpassung kann
in Mitteleuropa für einen derartigen Solargenerator ein Energie-
gewinn von rund 1000 kWh/a angenommen werden."

Der Wirkungsgrad des Wechselrichters beträgt 88% bei Vollast
und 75% bei 10% der Nennleistung. Nach einer Mischrechnung
ergeben sich im aktiven Betrieb Leerlaufverluste von 33 W und
im Standby-Betrieb Verluste von 6 W. Für die Verlustberechnung
kann davon ausgegangen werden, daß die aktive Betriebszeit
und der Standby-Betrieb in etwa gleich lang sind (4380 h). Die
in Tab. 6.5 genannten Verbräuche für Spannungs- und Isolationsüberwachung sowie der Verbrauch des Zählers können als typisch angesehen werden.

Da die Verluste des Wechselrichters im Vergleich zur neuesten
Gerätegeneration relativ hoch angesetzt wurden, fällt das Ergebnis dieser Beispielrechnung ernüchternd aus: Von den ursprünglich gewonnenen 1 000 kWh (nominaler DC-Ertrag) sind
am Ausgang des Wechselrichters noch 681 kWh verfügbar. Die
Performance Ratio beträgt demnach

$$\eta = (1000 - 319) / 1000 = 68\%$$

Vereinfachte Berechnung des Ertrages

In vielen Fällen reichen zur Berechnung des Energieertrages
einer netzgekoppelten PV-Anlage die folgenden einfachen
Rechenschritte aus:

1. Ermittlung der mittleren Monatssummen der Globalstrahlung auf horizontale Flächen am Standort der Anlage
   [in kWh/m²]. Die Jahressummen liegen zwischen 1 050 und
   1 250 kWh/m² a.

2. Umrechnung der Strahlungssummen aus Punkt 1 auf die
   tatsächliche Orientierung und Neigung der Module. Es sind
   die monatlichen Korrekturfaktoren zu verwenden (vgl. Tab.
   2.3).

3. Die relevante Strahlungssumme ist mit dem Standardwirkungsgrad der Zellen zu multiplizieren. Daraus resul-
   tiert der Ertrag der Zellen.

4. Bei der vereinfachten Berechnung des Energieertrages ist
   dieser Zellenertrag mit der geschätzten Performance Ratio
   zu multiplizieren:
   - für sehr gute Anlagen: 0,8,
   - für gute Anlagen: 0,75,
   - für Anlagen mit „genügenden" Randbedingungen: 0,7
   - und für solche mit schlechten Randbedingungen: 0,65.

Trotz der starken Vereinfachung bei der Berechnung liegen Resultate dieser Methode oft verblüffend nahe den tatsächlich gemessenen Werten, weil sich Abweichungen bei den Verlustgrößen teilweise kompensieren. Das detaillierte Verfahren hat den Nachteil, daß die Faktoren oft nur mit großem Aufwand zu ermitteln oder sehr ungenau sind.

Beispiel
Die Anlage steht auf einem unbeschatteten Flachdach in Basel. Die Module (z.B. Solarex) sind 45° geneigt und präzis nach Süden orientiert. Die nominale Leistung des Generators beträgt 1 kW, als Wechselrichter wird ein SI-3000 verwendet. Die Berechnung der Einstrahlung (S_{modul}) in Modulebene ist in Tab. 6.6 wiedergegeben.

Um den nominalen DC-Ertrag zu berechnen, ist die relevante Globalstrahlung mit der Fläche des Solargenerators zu multiplizieren und durch den Wirkungsgrad zu dividieren (hier: 9,5 m² Fläche, 10% Zellenwirkungsgrad):

$$Q_{DC} = S_{modul} \cdot F_{generator} \cdot \eta_{zelle} =$$
$$= 1220 \text{ kWh/m}^2\text{a} \cdot 9,5 \text{ m}^2 \cdot 0,10 = 1054 \text{ kWh/a}$$

Diese 1054 kWh/a sind mit der geschätzten Performance Ratio von 0,75 zu multiplizieren, was einen jährlichen Netto-Energieertrag (AC-Ertrag nach Wechselrichter) von 790 kWh ergibt.

$$Q_{AC} = Q_{DC} \cdot PR = 1054 \text{ kWh/a} \cdot 0,75 = 790 \text{ kWh/a}$$

Kommentar
In der ersten Euphorie der achtziger Jahre wurden für netzgekoppelte Anlagen spezifische Erträge von 1050 kWh/kW_p a genannt. Heute weiß man, daß so hohe Werte unter Praxisbedingungen nicht oder nur in Ausnahmefällen zustande kommen. Viele Bücher führen Zahlen um 1000 kWh/kW_p·a auf – zuviel, wie die Messungen belegen. Der Sonnenenergie-Fachverband Schweiz einigte sich nach langen Diskussionen auf einen spezifischen Ertrag von 833 kWh/kW_p a, und der VSE, Verband der Elektrizitätswerke der Schweiz, ermittelte unter 157 Anlagen, die in der ganzen Schweiz verteilt sind, den durchschnittlichen Ertrag im Jahre 1992 zu 794 kWh/kW_p a. Diese

Wechselrichterverluste im einzelnen				
Komponente	Verlustleistung Watt	Betriebszeit h/a	Energieverlust kWh/a
Wechselrichter	33 W	4380	144,5
Standby Wechselrichter	6 W	4380	26,3
Spannungsüberwachungsrelais	3,5 W	8760	30,7
Isolationsüberwachung	3,5 W	8760	30,7
Erzeugungszähler	2,3 W	8760	20,2
EVU-Zähler (3phasig)	4,6 W	8760	40,3
Kopplungsschutz	6 W	4380	26,3
Summe	52,9 W		319 kWh/a

Tabelle 6.5   Die Verluste am Wechselrichter (1 kW) im einzelnen.

Zahl ergibt witterungsbereinigt (langjähriges Mittel) 835 kWh/kW_p. Lukas Herzog aus Basel, der jahrelang die PACER-Kurse Photovoltaik in der Schweiz betreute, spricht von 850 kWh/kW_pa.
Zwischen der Schweiz und Deutschland ist auch bezüglich des spezifischen Elektrizitätsertrages ein Gefälle wahrnehmbar. Eine Untersuchung unter 285 Anlagen des 1000-Dächer-Programmes ermittelte einen durchschnittlichen, nicht witterungsbereinigten Ertrag von 757 kWh/kW_p·a. Die Einzelergebnisse streuen auffallend stark, nämlich zwischen 341 und 1079 kWh/kW_p a. Dabei weisen Anlagen mit niedrigen Erträgen eine signifikant höhere Ausfallrate beim Wechselrichter auf als Anlagen mit hohen Erträgen. Diese Aussage deckt sich mit dem Befund in anderen Untersuchungsprojekten. Statistisch gesehen hat die Verfügbarkeit der Komponenten einen weitaus größeren Einfluß auf den Ertrag als das Strahlungsangebot. Der Einfluß des Standortes auf den Ertrag wird ohnehin überschätzt oder gar als Ausrede für eine suboptimale Planung, Realisierung und Betriebsweise „mißbraucht". Diese kurze Aufzählung

Ertragsberechnung (Beispiel)				
Monat	Global-strahlung horizontal kWh/m^2	Korrektur-faktor Neigung + Orientierung	Strahlung in Modulebene kWh/m^2	Ertrag des Solar-generators * kWh
Januar	32	1,35	43,2	30,8
Februar	46	1,32	60,7	43,2
März	81	1,17	94,8	67,5
April	123	1,04	127,9	91,1
Mai	151	0,95	143,5	102,2
Juni	163	0,90	146,7	104,5
Juli	171	0,93	159,0	113,3
August	142	1,01	143,4	102,2
September	105	1,16	121,8	86,8
Oktober	71	1,32	93,7	66,8
November	34	1,43	48,6	34,6
Dezember	27	1,35	36,5	26,0
Jahr	1146	-	1219,8	790,1

* 9,5 m^2 Generatorfläche, 10% Zellenwirkungsgrad:, Performance ratio: 0,75

soll die Bandbreite aufzeigen, in der Ertragswerte zu erwarten sind.

Fazit: Ausfälle von Komponenten wiegen in der Ertragsrechnung ungleich schwerer als die meist geringfügigen Unterschiede in den Wirkungsgraden. Diskussionen über die „dritte Stelle nach dem Komma" sind zwar interessant, angesichts eines dreiwöchigen Wechselrichterausfalles aber lächerlich.

Das unterstreicht noch einmal, daß der Zuverlässigkeit der eingesetzten Komponten in Energieerzeugungsanlagen grundsätzlich größte Bedeutung zukommt.

Tabelle 6.6
Beispiel einer vereinfachten Ertragsberechnung mit monatlichen Mittelwerten.

7. Installation, Montage, Wartung

Othmar Humm

7.1 Grundsätze der sicheren Elektroinstallation

Berührungsschutz
Als Schutz gegen indirektes Berühren kommen auf der Gleichstromseite bei Solarstromanlagen folgende drei Möglichkeiten in Frage:

- Begrenzung der Generatorleerlaufspannung auf maximal 120 V= (*Schutz*- oder *Funktionskleinspannung*),
- *Schutzisolierung* aller Anlagenteile, was insbesondere den Einsatz von Modulen der Schutzklasse II erfordert,
- alternativ zum Einsatz der Schutzklasse-II-Module Unterbringung des Generators in einem *„elektrischen Betriebsraum"*.

Bleibt die Leerlaufspannung des Solargenerators auf der Gleichstromseite unter 120 V, sind – abgesehen von der Basisisolierung der spannungsführenden Anlagenteile – keine weiteren Schutzmaßnahmen erforderlich (*Anlagenbetrieb mit Schutz- bzw. Funktionskleinspannung*). Gleichzeitig muß allerdings sichergestellt sein, daß bei einem Fehler im Wechselrichter die Netzwechselspannung nicht auf die Gleichstromseite durchschlagen kann. Das erfordert eine galvanische Trennung im Wechselrichter mittels Sicherheitstransformator („Trenntrafo"). Bei Generatorspannungen über 120 V=, die bei Anlagen größerer Leistung oft sinnvoll sind, gewährleistet die *Schutzisolierung* einen guten Schutz gegen direktes und indirektes Berühren, und das bei relativ geringem Installationsaufwand. In diesem Fall müssen besondere PV-Module zum Einsatz kommen, deren Isolierung den Anforderungen der Schutzklasse II genügt und die ein entsprechendes Zertifikat als Schutzklasse-II-Betriebsmittel haben. Bei den normalen Komponenten der Elektroinstallation (Kabel, Abzweigdosen, etc.) sind schutz-

isolierte Ausführungen dagegen Stand der Technik. Die Einzelanforderungen an die schutzisolierte Installation des Gleichstromkreises sind in VDE 0100 Teil 410 zusammengefaßt.

Normale, basisisolierte Standardmodule sind in Schutzklasse 0 eingestuft und bieten bei Spannungen über 120 V keinen ausreichenden Schutz gegen indirektes Berühren. Sofern diese Spannungsgrenze überschritten wird, müssen die nicht schutzisolierten Teile, d.h. der Solargenerator, in einem „elektrischen Betriebsraum" untergebracht werden. Dazu gehört insbesondere die Anordnung der Module oberhalb von 2,5 m bezogen auf übliche Zugangsebenen, die Anordnung außerhalb der Reichweite von Dachflächenfenstern und des Schornsteinfegerausstieges sowie die Kennzeichnung des PV-Generators mit einem Warnhinweis.

Schutz gegen Kurzschlüsse und Lichtbogen
Im Wechselstromnetz fließen bei einem Kurzschluß kurzzeitig so hohe Ströme, daß die eingebauten Sicherungen sehr schnell ansprechen und dadurch die Leitungen gegen Überlastung und die elektrische Anlage gegen gefährliche Fehlerspannungen absichern können. Mensch und Anlage werden dadurch wirksam geschützt.

In der Photovoltaik-Anlage steigt der Strom auf der Gleichstromseite dagegen nie wesentlich über den Nennstrom an – die Stromquellen-Charakteristik der Solarzelle verhindert dies. Dadurch kann bei einem Kurzschluß weder mit traditionellen Schmelzsicherungen noch mit Sicherungsautomaten ein Abschalten der Stromquelle herbeigeführt werden, da diese erst bei Strömen auslösen, die ein Mehrfaches des Nennstromes

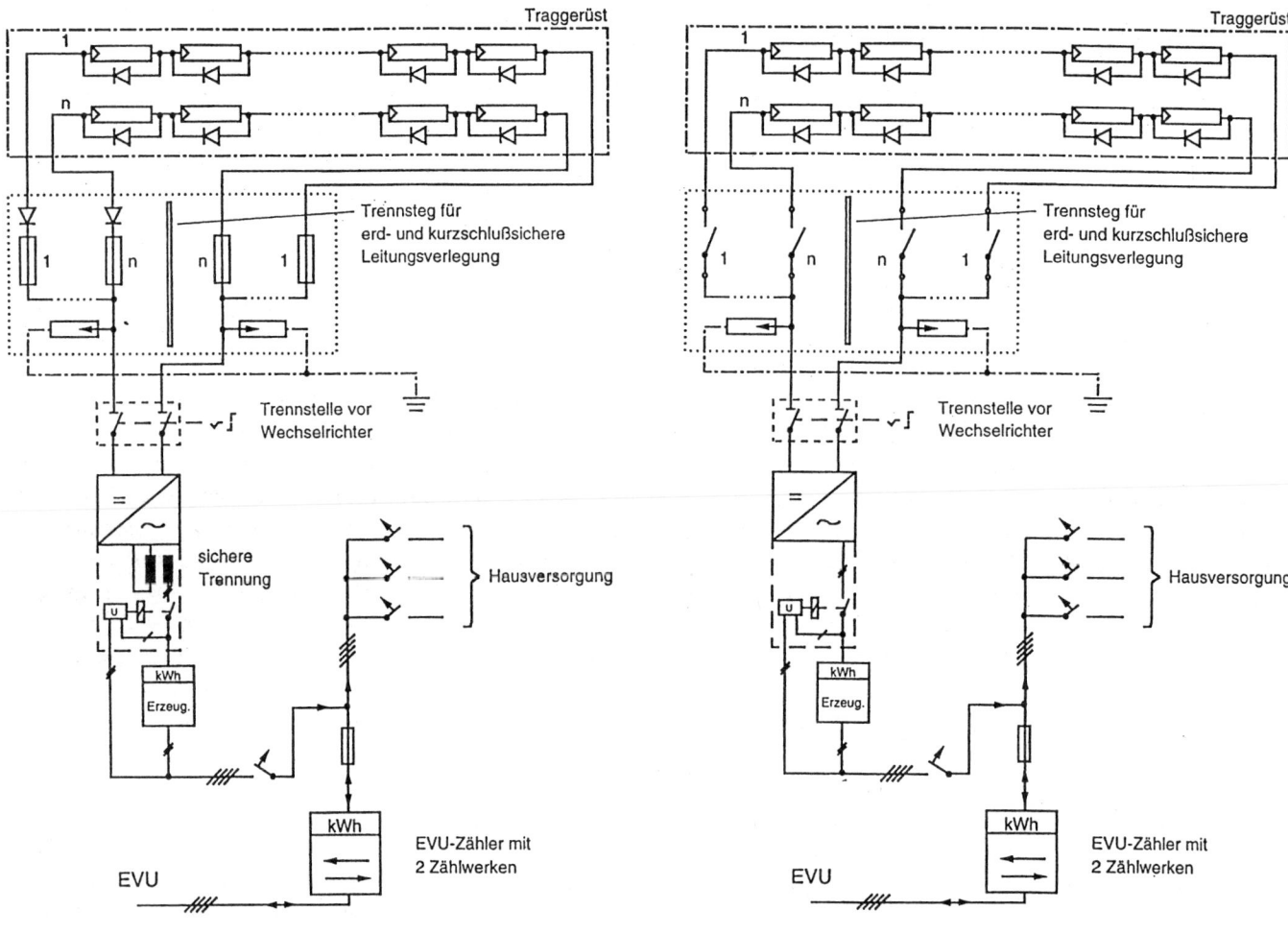

Traggerüst

Trennsteg für
erd- und kurzschlußsichere
Leitungsverlegung

Trennstelle vor
Wechselrichter

sichere
Trennung

Hausversorgung

kWh
Erzeug.

EVU

kWh

EVU-Zähler mit
2 Zählwerken

Traggerüst

Trennsteg für
erd- und kurzschlußsichere
Leitungsverlegung

Trennstelle vor
Wechselrichter

Hausversorgung

kWh
Erzeug.

EVU

kWh

EVU-Zähler mit
2 Zählwerken

betragen. Ohne andere Schutzmaßnahmen wären damit aber Lichtbögen – und deren Folgen – sozusagen vorprogrammiert. Denn in Gleichstromanlagen bilden sich Lichtbögen schneller und sie halten auch länger an, weil der Strom ohne Nulldurchgänge fließt. Lichtbögen entwickeln sehr große (thermische) Leistungen und sind für Menschen, Haus und Anlage eine große Gefahr. Ihre Entstehung muß daher durch Schutzmaßnahmen wirksam verhindert werden.

7.1 Optimiertes Installationskonzept für netzgekoppelte PV-Anlagen durch Minimierung der Komponenten: Die Schaltungsvariante links kommt bei Modulen mit Basisisolation zur Anwendungen. Durch Verwendung von Solarmodulen der Schutzklasse II kann auf die Strangdioden und -sicherungen im PV-Abzweig sowie auf den Trenntrafo im Wechselrichter verzichtet werden (Schaltung rechts).
Quelle: R. Hotopp: Dezentrale netzgekoppelte Photovoltaik-Anlagen. in [19]

Als Gegenmaßnahme fordert die oben genannte Richtlinie der EVU für netzgekoppelte PV-Anlagen entweder

- eine *Isolationsüberwachungseinrichtung* auf der Gleichstromseite bei Wechselrichtern mit Trafo oder
- einen *Fehlerstromschutzschalter* (FI-Schalter) am Wechselrichterausgang bei Wechselrichtern ohne Trafo.

In beiden Fällen führen Fehlerstöme infolge Kurzschluß gegen Erde zu einem Ansprechen der Abschalt- bzw. Meldevorrichtung. Damit sind alle Kurzschlüsse zwischen den Plus- und Minus-Leitern und einem geerdeten Teil erfaßt, wodurch das Schadensrisiko weitgehend beseitigt ist.

Um Kurzschlüsse ohne Erdschlußanteil – also zwischen dem Plus- und dem Minus-Leiter – zu verhindern, bedient man sich eines Kunstgriffes: Die beiden Leiter werden separat geführt, auch in separaten Anschlußdosen, oder aber – zumindest einer davon – metallisch ummantelt. Jeder Kurzschluß ist dann zur Gänze oder teilweise ein Erdschluß und ist als solcher durch die Isolationsüberwachung oder den Fehlerstromschutzschalter gesichert.

Diese Installationsweise hat zwei gewichtige Nachteile. Zum einen entstehen dadurch sogenannte Schlaufen, über die elektromagnetische Störungen (z.B. vom Wechselrichter) abgestrahlt und bei Gewitter Störspannungen induziert werden. (Schlaufen ergeben sich durch ringartige oder räumlich getrennte Anordnung der Plus- und Minus-Leitungen.) Und zum anderen verursacht die aufwendige Installation in getrennten Kanälen verhältnismäßig hohe Kosten, vor allem bei PV-Anlagen im Bereich unter 5 kW.

Kabel

In der Schweiz hat sich so etwas wie ein „Solarkabel" etabliert, das zwei oder mehrere Adern enthält und metallisch ummantelt ist. Die Konstruktion hat drei Vorteile: Elektromagnetischer und mechanischer Schutz sowie Schutz vor gefährlichen Kurzschlüssen. Der Querschnitt der Leitung richtet sich nach der Kabellänge. Um zwischen Kabelkosten und Spannungsabfall ein Optimum zu finden, wird empfohlen, den Spannungsabfall in den Gleichstromleitungen auf maximal 1% zu begrenzen. Der dazu notwendige Kabelquerschnitt kann nach folgender Formel berechnet werden:

$$A_{kabel} \geq (\rho \cdot l_{kabel} \cdot I_{nenn}) / (U_{nenn} \cdot 0{,}01) \text{ mit}$$

ρ = spezifischer Widerstand (ρ_{Cu} = 0,0178 $\Omega mm^2/m$)
l_{kabel} = Leitungslänge (Hin- + Rückleiter)
I_{nenn} = Nennstrom durch das Kabel
U_{nenn} = Nennspannung des Solargenerators.

Bei üblichen 3 kW-Anlagen sind für die PV-Hauptleitung 2 mal 10 mm² ausreichend (10 mm² pro Leiter). Für Leitungen ohne metallische Ummantelung wird die Führung in Metallkanälen oder unter Putz empfohlen (Brandschutz). Soweit die PV-Hauptleitung nicht im Außenbereich verlegt wird, können Leitungen vom Typ NYM oder Kabel NYY eingesetzt werden.

Bei Parallelschaltung mehrerer Leitungen oder Adern eines Kabels, muß ein Leiter oder eine Ader den gesamten Strom führen können, ansonsten ist jeder Leiter einzeln abzusichern. Das Ziel der Parallelführung ist die Verminderung des Spannungsabfalles und nicht eine Stromaufteilung zur Verringerung der Leitungsbelastung. Die gelbgrün bezeichneten Schutzleiter dürfen keinesfalls als Plus- oder Minus-Leiter verwendet werden, und zwar auch dann nicht, wenn die Leitungsenden mit farbigem Isolierband neu gekennzeichnet wurden.

Modulleitungen, also die Verbindung zwischen PV-Generator und PV-Abzweig, müssen den rauhen Witterungseinflüssen des Außenklimas und den erhöhten Umgebungstemperaturen im Dachbereich zwischen -20 und +80°C standhalten. Sie müssen deshalb mit einem wärme- und UV-beständigen Kunststoff ummantelt sein. In Deutschland werden für die Modulverdrahtung im Außenbereich die Kabel H07RN-F oder Radox 125 Solarkabel mit erhöhter Wärmebeständigkeit empfohlen. Aus Gründen des Brandschutzes ist innerhalb des Hauses eine Verlegung in Kabelkanälen empfohlen. Typischer Querschnitt je Leiter: 2,5 mm².

Der Solargenerator-Anschlußkasten (PV-Abzweig)

Der PV-Abzweig ist in der einfachsten Form eine Abzweigdose, in der die Stromleitungen der PV-Module zusammengeführt

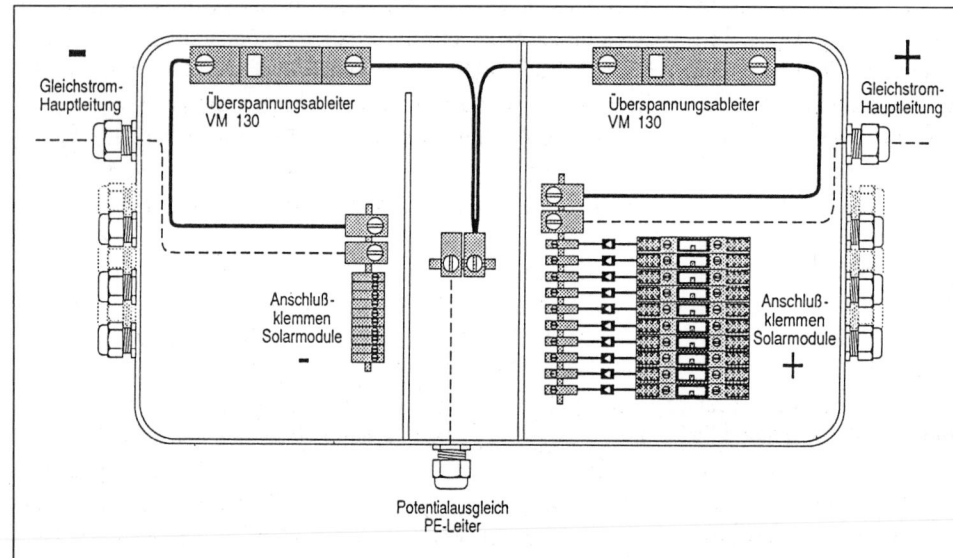

7.2
Mögliche Anordnung der Betriebsmittel in einer kurzschluß- und erd-
schlußsicheren Generator-Anschluß-
dose (PV-Abzweig). Das Gehäuse
muß den Anforderungen der Schutzisolierung genügen; durch die Art der
Kabeleinführung und die isolierenden
Trennwände muß jeder mögliche
Kontakt zwischen Plus- und Minus-
leitungen z.B. durch lose Anschlußklemmen verhindert werden.
Quelle: Fa. Wagner & Co, Cölbe

7.3   Bei dieser 3,6 kW-Anlage sind die Wechselrichter (Master-
Slave-Anordnung) und der Schaltkasten neben dem Zählerplatz im Keller angeordnet.   Photo: Fa. Solarsystems, Springe

und mit der Generator-Hauptleitung verbunden werden. In der
Regel sind in dieser Dose oder in diesem Kasten auch die Strangdioden und Strangsicherungen untergebracht. Das Gehäuse sollte bzw. muß die Anforderungen der Schutzklasse II erfüllen
(Kunststoffgehäuse mit Schutzzeichen) und muß konstruktiv
die elektrische Trennung der Plus- und Minus-Leitungen sowie
der Erdleitung sicherstellen (auch wenn sich ein Kabel aus einer Klemme löst). Alternativ dazu kann die Kurzschluß- und
Erdschlußsicherheit auch durch zwei separate Abzweigdosen
(je eine für Plus- und Minusleiter) hergestellt werden.
Bei den Strangdioden ist auf eine ausreichende Dimensionierung
zu achten: Die zulässige Strombelastbarkeit muß größer sein
als der Spitzenstrom des Generatorstrangs und die Sperr-
spannung sollte mindestens doppelt so groß sein wie die
Generatorleerlaufspannung. Da an den Dioden Strom in Wär-
meenergie verwandelt wird ($Q = I_{nenn} \cdot U_{durchlaß}$ mit $U_{durchlaß} = 0,3$ V
bei Schottkydioden und 0,7 V bei Siliziumdioden), ist eine ausreichende Kühlung bei den erhöhten Umgebungstemperaturen
im Dachbereich sicherzustellen.
Wenn mehrere Stränge parallelgeschaltet sind und die Strombelastbarkeit der einzelnen Strangleitungen kleiner ist als der

Gesamtstrom aller Stränge, müssen die einzelnen Stränge sowohl in der Plus- als auch in der Minus-Leitung abgesichert werden. Falls Überspannungsableiter innerhalb des Abzweiges installiert sind, muß ein Erdleiter schutzisoliert in die Dose geführt werden. Die Varistoren sind in regelmäßigen Abständen und nach starken Gewittern auf ihre Funktion geprüft werden.

Standort des Wechselrichters

Als Kriterium bei der Wahl des Standort für den Wechselrichter sind die Raumtemperaturen zu beachten. Da Räume unter dem Dach im Sommer zur Überhitzung neigen, sind sie wenig geeignet (Reduktion der Leistung wegen überhöhter Halbleitertemperaturen oder gar Ausfall wegen Überschreitung der zulässigen Betriebstemperatur). Kellerräume sind diesbezüglich günstiger. Für Häuser, in denen die PV-Anlage Demonstrations- oder Werbezwecken dienen soll, ist die Montage in der Eingangshalle oder zumindest im Gang zu prüfen. Um es positiv zu formulieren: Die Stromerzeugungsanlage kann durchaus als Animation für andere dienen und die eigenen Familienmitglieder gleichzeitig sanft an die Möglichkeiten des Stromsparens erinnern, was immer noch die größte „Stromquelle" ist.

Ein wohnbereichsnaher Standort des Wechselrichters hat noch einen weiteren Vorteil: Störungen und Ausfälle werden rasch erkannt, was den dadurch verursachten Ertragsausfall zu verringern hilft. Allerdings ist vor der Montage zu prüfen, ob die Geräuschentwicklung des ausgewählten Wechselrichters in standortverträglichen Grenzen bleibt.

Trennstelle vor dem Wechselrichter

Die DIN VDE 0105 schreibt die Freischaltung von spannungs- oder stromführenden Teilen vor, falls daran gearbeitet werden soll. Bei PV-Anlagen ist dies nicht ohne weiteres möglich, weil die Einstrahlung in der Regel wirksam ist und damit eine Spannung im Gleichstromkreis ansteht. Eine Abdeckung des Solarzellenfeldes ist in den meisten Fällen sehr umständlich; dies muß aber in Kauf genommen werden, wenn Arbeiten am Feld selbst zu verrichten sind.

Für Arbeiten am Wechselrichter ist die gleichstromseitige Freischaltung indessen unumgänglich. In netzgekoppelten Anlagen

ist zu diesem Zweck unmittelbar vor dem Wechselrichter eine zweipolige Trennstelle zu installieren. Falls die Trennstelle im Bereich des PV-Abzweiges installiert wird – und damit in der Regel vom Wechselrichter aus nicht einsehbar ist – muß die Trennstelle abschließbar sein. Die Trennstelle muß den Anforderungen der Schutzklasse II genügen und die auftretenden Gleichspannungen und -ströme problemlos trennen können.

Netzeinspeisung

Bis zu einer Anlagenleistung von 5 kW$_p$ kann die Netzeinspeisung einphasig oder dreiphasig erfolgen. Bei größeren Leistungen ist nach den Richtlinien der VDEW (Verein Deutscher Elektrizitäts Werke) nur die dreiphasige Einspeisung zulässig. Der Anschluß von Stromerzeugungsanlagen an das öffentliche Netz hat grundsätzlich über eine dem EVU-Personal jederzeit zugängliche Schaltstelle (Kabelverteilerschrank, Trafostation, jederzeit zugänglicher Hausanschlußkasten) zu erfolgen. Diese Schaltstelle ist zusätzlich zur Spannungsüberwachung am oder im Wechselrichter vorzusehen. Auf sie kann verzichtet werden, wenn in der Eigenerzeugungsanlage ein *nicht* inselbetriebsfähiger Wechselrichter in Verbindung mit einer dreiphasigen Unterspannungsüberwachung in nur eine Phase des Netzes einspeist. Einphasige Wechselrichter mit nur einphasiger Spannungsüberwachung gelten im Sinne der VDEW-Richtlinie ebenso als inselbetriebsfähig wie dreiphasige Wechselrichter mit dreiphasiger Spannungsüberwachung. In beiden Fällen kann *nicht* auf die jederzeit zugängliche Schaltstelle verzichtet werden, damit bei Arbeiten am Netz die Stromzufuhr von der PV-Anlagen zuverlässig und unabhängig vom Betreiber abgeschaltet werden kann.

Zählereinrichtung

Zur Bilanzierung der Energie auf der Wechselstromseite sind insgesamt drei Zähler notwendig. Der Erzeugungszähler erfaßt den Wechselstromertrag der PV-Anlage und ist dem Wechselrichter unmittelbar nachgeschaltet. Der Einspeisezähler dient in erster Linie der Verrechnung der aus EVU gelieferten Energie und der Bezugszähler schließlich ist in (fast) jedem Haus zu finden. Die EVU verlangen dreiphasige Einspeisezähler. Eine

Ausnahme bildet die einphasige Netzeinspeisung in Gebäuden mit einem einphasigen Hausanschluß.

Parallelbetrieb von Gleich- und Wechselstromnetz
Eine besondere Gefahrenquelle ist in Gebäuden gegeben, in denen neben dem Wechselstromnetz noch ein Gleichstromnetz zur Versorgung von Gleichstromverbrauchern betrieben wird. Hier muß insbesondere sichergestellt sein, daß die Netze nicht verwechselt und Gleichstrom-Verbraucher nicht an den Wechselstrom angeschlossen werden können (und umgekehrt). Das Gleichstromnetz ist potentialfrei, d.h. als IT-Netz auszuführen (vgl. Kap. 5.4).

Blitzschutz
Die Ausführung von Blitzschutzmaßnahmen wurde in Kapitel 5.4 bereits ausführlich beschrieben, so daß hier nur eine kurze Zusammenfassung der notwendigen bzw. sinnvollen Maßnahmen gegeben wird. Sie betreffen netzgekoppelte PV-Anlagen in gleicher Weise wie autonome Solarstromanlagen.

- Die Tragkonstruktion und die Metallrahmen der PV-Module sind mit einem vorhandenen Erdungsleiter an der Stelle der kürzesten Distanz zu verbinden. Falls keine äußere Blitzschutzanlage vorhanden ist, sollten diese Teile der PV-Anlage analog einer Antennenanlage gemäß VDE 0855 Teil 1 geerdet werden. Kupferne Erdleiter müssen mindestens 16 mm² Querschnittfläche aufweisen, Leiter aus Aluminium 25 mm² und solche aus Stahl 50 mm². In jedem Fall ist ein funktionstüchtiger Erder erforderlich.
- Um die Einkoppelung von Spannungsspitzen auf induktivem Wege soweit wie möglich zu begrenzen, ist die Bildung von großflächigen Leiterschleifen bei der Modulverdrahtung zu vermeiden. Dies kann z.B. durch die gemeinsame Verlegung des Plus- und Minusleiters in einem Kabel bewerkstelligt werden, sofern die Kurzschlußfestigkeit dadurch nicht beeinträchtigt wird. Versuche an Solarmodulen bezüglich Einkopplung von Spannungsimpulsen haben ergeben, daß metallische Modulrahmen die Einkopplung um den Faktor 2 verringern. Der im Rahmen induzierte Kurzschlußstrom und dessen Feld wirken der

Ursache, d.h. dem ursprünglichen Feld entgegen. Bei Modulen ohne Rahmen ist mit einer entsprechend höheren eingekoppelten Spannung zu rechnen.
- Im PV-Verteiler sind Überspannungsableiter (z.B. Dehn VM, AEG Elfa ÜA 280, u.ä.) für die Plus- und Minus-Leitung einzubauen, um die Spannung im Gleichstromkreis zu begrenzen und die Isolation der Solarmodule und Strangdioden nicht zu beschädigen. Sofern nicht bereits im Wechselrichter eingebaut, ist an dessen Eingang zusätzlich ein Überspannungsfeinschutz vorzusehen, der die Wirkung der Überspannungsableiter im PV-Abzweig ergänzt. Dessen Erdanschluß ist ebenso wie die Abschirmung der Solargeneratorhauptleitung (sofern ausgeführt) auf kürzestem Weg mit der Potentialausgleichsschiene des Hauses zu verbinden.

Prüfung der Installation
Die für alle elektrischen Anlagen geforderte Überprüfung der Installation gilt selbstverständlich auch für photovoltaische Systeme. Die Erläuterung dazu findet der Anlagebetreiber oder Installateur in der VDE 0100, Teil 600. Als Ergänzung zu dieser Norm sei auf zwei wesentliche weitere Prüfkriterien verwiesen, nämlich die Prüfung der Isolation und der Funktionstüchtigkeit der automatischen Abschalteinrichtungen. Für beide Prüfungen sind einschlägige Fachkenntnisse unerläßlich.

7.2 Montage von PV-Modulen

Vor der Montage des Solargenerators – z.B. auf dem Hausdach – muß neben der Anordnung und Befestigung der Solarmodule auch die elektrische Verschaltung der Module untereinander und die Leitungsführung zum PV-Abzweig geplant werden.
Die Leitungen zur elektrischen Verschaltung der Module sollten grundsätzlich so kurz wie möglich gehalten werden. Denn jeder m Kabellänge bewirkt einen zusätzlichen Verlust und jeder mm² Kabelquerschnitt bringt eine Kostenerhöhung. Das gilt es auch bei der räumlichen Anordnung der Module zu berück-

sichtigen. In der Regel werden die Plus- und Minus-Leitungen jedes einzelnen Strings separat zum PV-Abzweig geführt und dort über Entkopplungsdioden und/oder Sicherungen zusammengeschaltet. Für die Durchführung der Kabel (zu Bündeln zusammengefaßt) durch die Dachhaut werden bei Aufbauanlagen Lüftungspfannen eingesetzt.

Um die Arbeiten auf dem Dach (Befestigung und Verkabelung) auf ein Minimum zu begrenzen, liegt es nahe, mehrere Module in der Werkstatt oder auf der Baustelle zu einer Gruppe vorzumontieren und diese dann in einem Arbeitsgang auf dem Dach zu befestigen. Diese Gruppenmontage kann bei größeren und großen Anlagen merkliche Arbeitszeitersparnisse bringen. Bei kleinen Anlagen ist sie in Bezug auf den Materialeinsatz häufig etwas aufwendiger als die modulweise Einzelmontage auf dem Dach. In ästhetischer Hinsicht erweist sich die Gruppenmontage – jedenfalls in manchen Fällen – als nachteilig und im Falle eines Defektes sind einzeln montierte Module meist leichter auszutauschen.

Standorte und Montagevarianten

Wegen der meist verschattungsfreien Lage ist das Dach der gebräuchlichste Aufstellungsort für den Solargenerator. Daneben gewinnt der Einbau in die Fassade besonders bei Nichtwohngebäuden an Bedeutung, während die Freilandaufstellung nur in Ausnahmefällen gewählt wird.

Bei geneigten Dächern werden zwei Montageformen unterschieden:

- Bei der Aufdach-Montage sind die Module oberhalb der bestehenden Dachhaut montiert, so daß diese ihre dichtende Funktion behält. Diese Montageart bereitet in der praktischen Ausführungen wenig Schwierigkeiten und kommt daher am häufigsten zur Anwendung.

- Bei der Indach-Montage ersetzen die Solarmodule Teile der bestehenden Dachhaut und müssen daher selbst dichtende Funktion übernehmen. Zu diesem Zweck werden die einzelnen Module in ein Rahmensystem eingesetzt, das die wetterfeste Verbindung der Module untereinander und zu den Rändern gewährleistet.

7.4 Vormontage und Verschaltung von Modulgruppen am Boden erlauben eine rationale Ausführung der Anlage.
Photo: Fa. Solarsystems, Springe

Bei der Aufstellung auf Flachdächern werden die Module in Gruppen in einem Winkel von 30 bis 45° zur Waagerechten auf Metallgestelle montiert und gegebenenfalls in mehreren Reihen mit gebührendem Abstand hintereinander aufgestellt, so daß keine Reihe die dahinterliegende verschattet. Um bei der

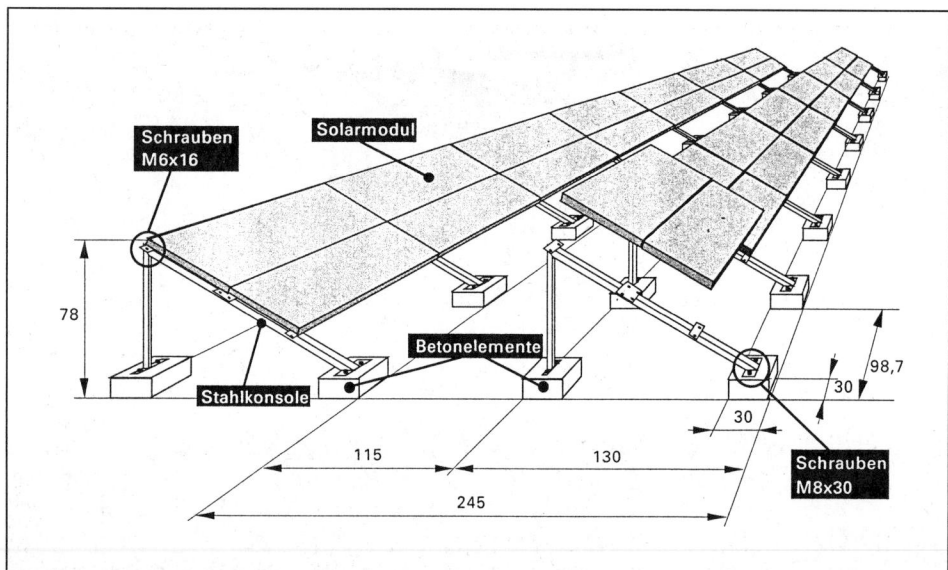

Schrauben M6x16

Solarmodul

Schrauben M8x30

Betonelemente

Stahlkonsole

78

98,7

30

30

115

130

245

7.5
Flachdachmontage mit Schwerlastverankerung als optimierte Montagestruktur.
Quelle: [4]

Aufständerung eine Durchdringung der Dachdichtung zu vermeiden, werden die Montageprofile bei der Flachdachaufstellung gern (sofern die Statik dies zuläßt) an schweren Betonsteinen verankert (Abb. 7.5: Schwerlastverankerung). Dabei ist das Gewicht der Betonsockel so zu bemessen, daß die Gestelle mit den Modulen auch bei extremen Beanspruchungen durch Druck- und Sogkräfte bei Wind und Schnee stabil sind.

Die Aufdach-Montage

Private Solarstromanlagen werden bis heute meist auf Schrägdächer mit südlicher Ausrichtung in Aufdach-Montage montiert. Leichte Metallkonstruktionen, die an Dachhaken oder modifizierten Schneefangpfannen befestigt werden, dienen als Tragstruktur für die parallel zur Dachhaut angeordneten Module. Im Gegensatz zu dachintegrierten Anlagen kann dabei auf eine wasserdichte Abdichtung zwischen den Modulen und auf eine Randabdichtung zwischen Modulen und der restlichen Dachfläche verzichtet werden. Außerdem ist das Auswechseln eines einzelnen, defekten Moduls einfacher als bei dach- oder fassadenintegrierten Anlagen.

Zu beachten ist, daß bei der Aufdach-Montage die Dachlast um ca. 15 bis 30 kg/m² erhöht wird. Außerdem muß die Tragkonstruktion die gesamte Belastung der Module durch Wind (Winddruck und -sog) und Schnee aufnehmen und die Kräfte über die Auflager ins Dach leiten. In ungünstigen Fällen kann das relativ geringe zusätzliche Gewicht statische Probleme verursachen. Im Zweifelsfall ist daher eine Prüfung der Tragfähigkeit der Dachkonstruktion durch den Fachmann zu veranlassen.

Um in der Dachfläche Befestigungspunkte zu schaffen, werden einzelne Ziegel oder Eternitschindeln durch Montagestützpunkte (Kunststoff- oder Metallziegel mit einem Montageaufbau) ersetzt bzw. Dachhaken zwischen den Ziegeln durchgeführt. An den Montagestützpunkten wird dann die Tragstruktur für die Module befestigt. Eine Möglichkeit ist die Anordnung der Module in Doppelreihen. Es bietet sich in diesem Fall an, die Module einer Reihe (bzw. einer Doppelreihe) elektrisch hintereinander zu schalten. Wird zwischen den einzelnen Doppelreihen Platz für das Anlegen einer Leiter gelassen, sind alle Module zugänglich, ohne daß sie bei Reparaturen durch das Körpergewicht von Handwerkern belastet werden müssen.

7.6
Auf-Dach-Montage: Als Montagebasis werden an geeigneten Stellen modifizierte Schneefangziegel in die Dachhaut eingesetzt, an denen die Tragstruktur aus Alu- oder verzinkten Stahlprofilen montiert wird.   Quelle: [24]

Absturzsicherung

Beträgt die Absturzhöhe mehr als 5 m (Arbeitsposition), sind während der Montagearbeiten auf dem Dach Absturzsicherungen (Gerüst, Fanggitter, etc.) einzubauen. Falls die Verwendung der Sicherungen unzweckmäßig ist, kann darauf verzichtet werden, sofern die Monteure angeseilt arbeiten. Selbstverständlich sind Schutzgitterwände (höher als 1 m!) längs der Traufe und entlang des Ortgangs die wirksamste Schutzvorrichtung. Falls Zweifel an der Tragfähigkeit des Daches bestehen (bei nicht begehbaren Dachflächen): Bohlengänge als lastenteilende Unterlage verlegen! Berührungsschutz: Bei elektrischen Freileitungen, die über Dach geführt sind, ist besondere Vorsicht geboten.

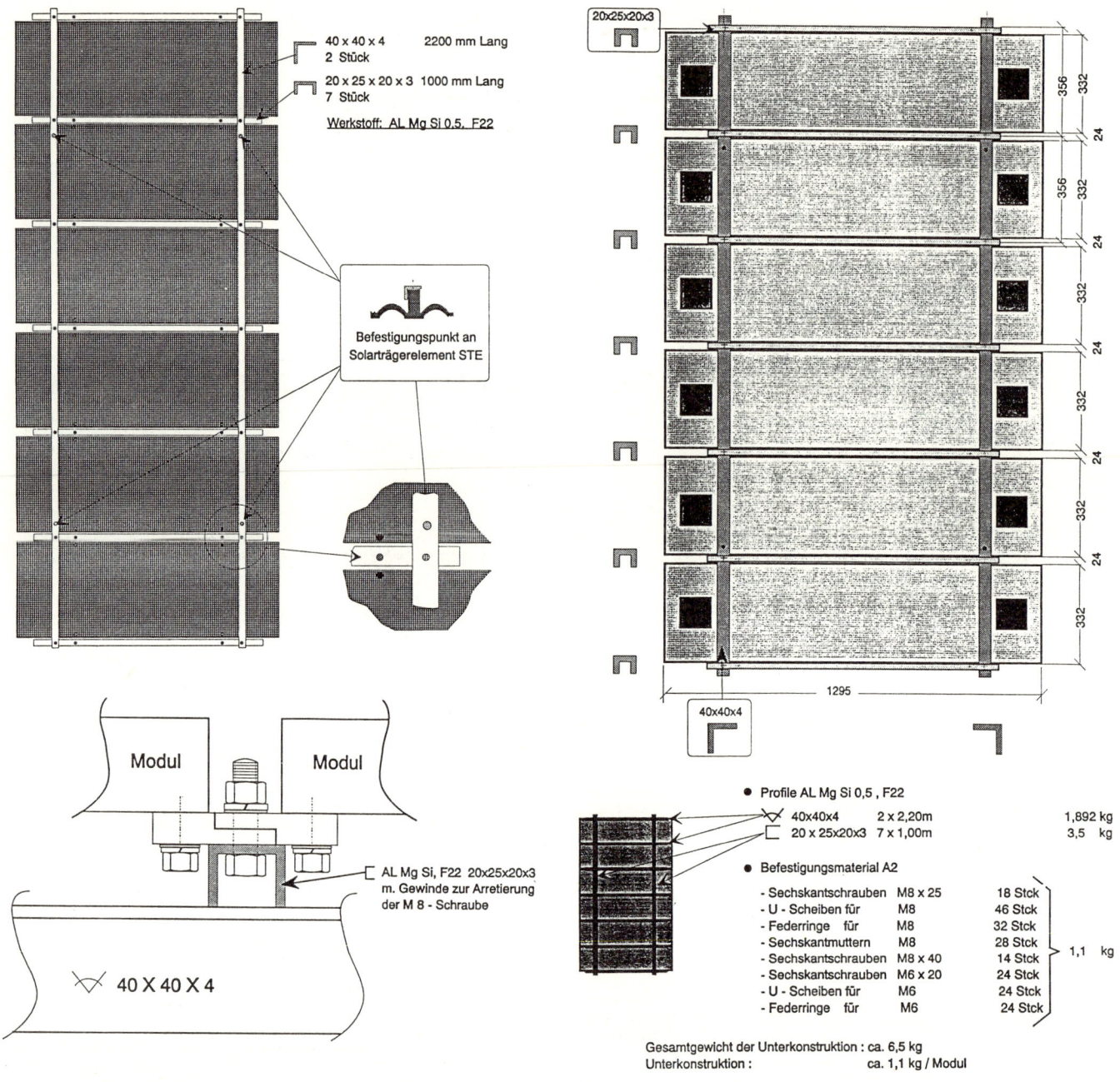

40 x 40 x 4   2200 mm Lang
2 Stück

20 x 25 x 20 x 3 1000 mm Lang
7 Stück

Werkstoff: AL Mg Si 0,5, F22

Befestigungspunkt an
Solarträgerelement STE

20x25x20x3

356
332
24
356
332
24
332
24
332
24
332
24
332

1295

40x40x4

Modul   Modul

AL Mg Si, F22 20x25x20x3
m. Gewinde zur Arretierung
der M 8 - Schraube

40 X 40 X 4

● Profile AL Mg Si 0,5 , F22

| | 40x40x4 | 2 x 2,20m | 1,892 kg |
| | 20 x 25x20x3 | 7 x 1,00m | 3,5 kg |

● Befestigungsmaterial A2

- Sechskantschrauben	M8 x 25	18 Stck	
- U - Scheiben für	M8	46 Stck	
- Federringe für	M8	32 Stck	
- Sechskantmuttern	M8	28 Stck	
- Sechskantschrauben	M8 x 40	14 Stck	1,1 kg
- Sechskantschrauben	M6 x 20	24 Stck	
- U - Scheiben für	M6	24 Stck	
- Federringe für	M6	24 Stck	

Gesamtgewicht der Unterkonstruktion : ca. 6,5 kg
Unterkonstruktion :   ca. 1,1 kg / Modul

7.7a Montagedetails: Einzelmontage von Siemens-M55S-Modulen.   Quelle: [24]

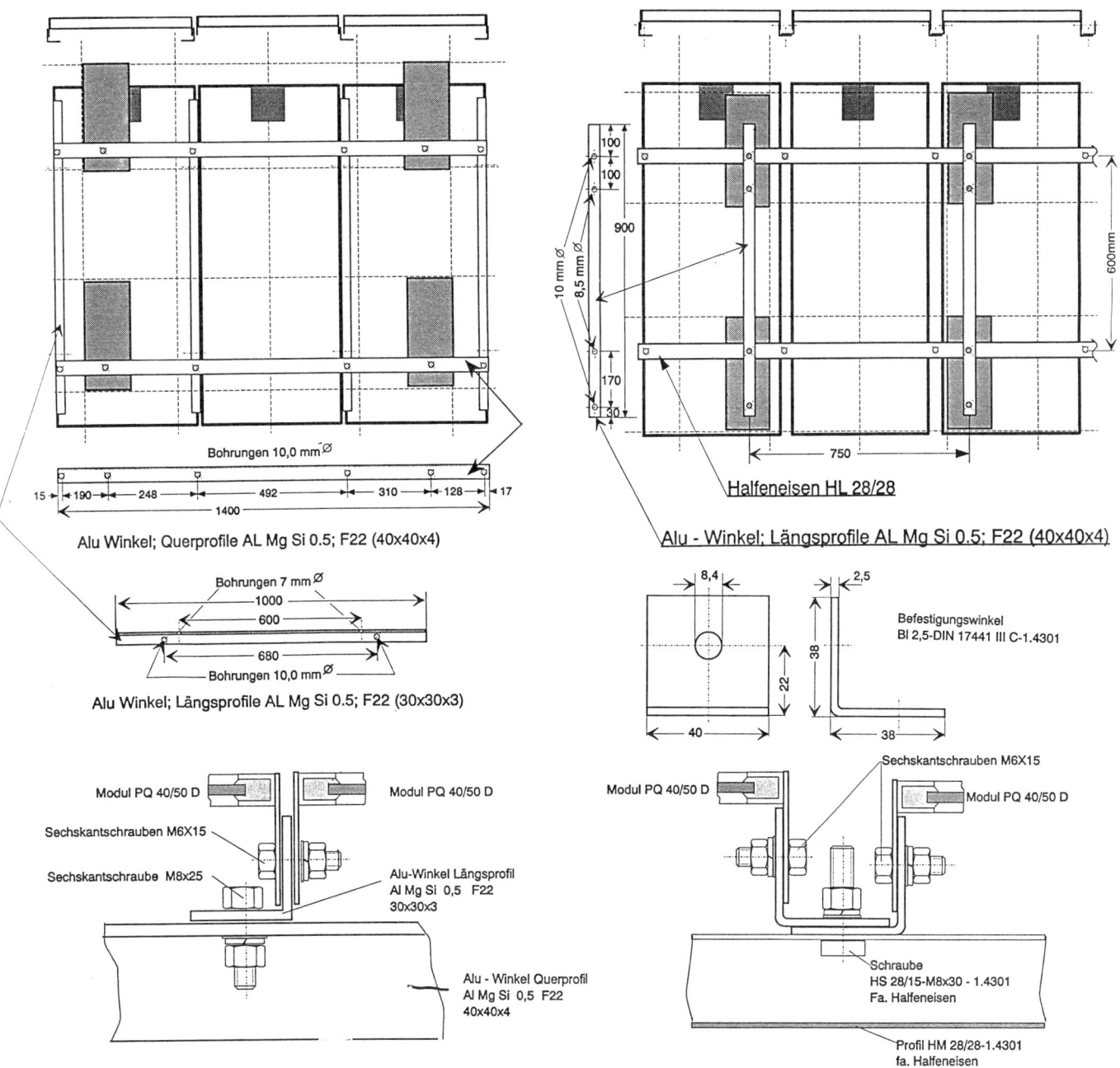

7.7b Montagedetails: Gruppenmontage (links) und Einzelmontage (rechts) von PQ 40/50-Modulen der Fa. ASE.   Quelle: [24]

215

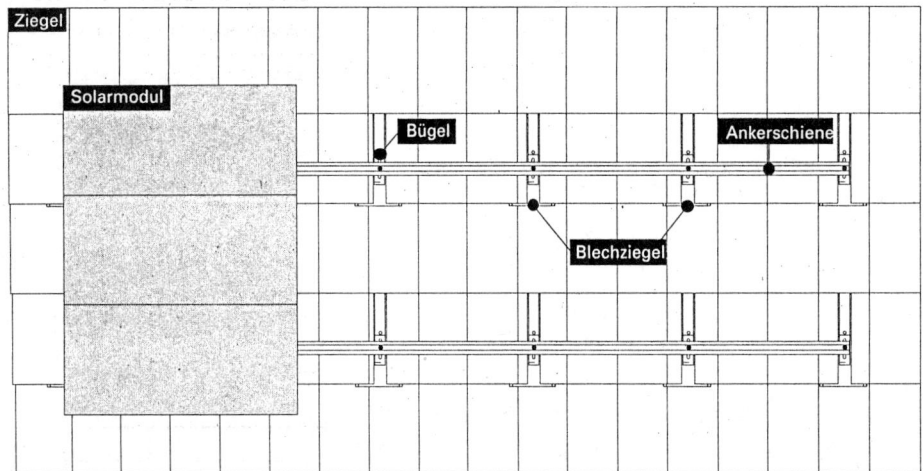

7.8
Variante der Aufdach-Montage bei Verwendung von Dachhaken, z.B. bei Schindeldächern.
Quelle: [4]

Allerdings ist diese Aufteilung in mehrere Modulreihen ästhetisch weniger befriedigend als eine in sich geschlossene Generatorfläche.

Als *Befestigungselemente* haben sich modifizierte Schneefangelemente oder Laufsteghalterungen von verbreiteten Ziegelsystemen bewährt. Braas und Klöber verkaufen solche Elemente in Deutschland als „Solarträgerelemente"; sie sind auf Anfrage auch in der Schweiz erhältlich. Das Klöber-Solarträgerelement hat eine recht große Bauhöhe, was nicht so günstig ist, sie weist aber im Vergleich zur Braas-Pfanne die besseren konstruktiven Eigenschaften auf.

Auf die Solar-Träger-Elemente werden Profile (L- oder U-Profile) aus Aluminium, verzinktem Stahl oder Edelstahl montiert, an denen entweder die Solarmodule direkt (bei Einzelmontage) oder die eine Modulgruppe verbindenden Montageprofile (bei Gruppenmontage) befestigt werden. Es lohnt sich auf jeden Fall, die Konstruktion im Hinblick auf den Materialaufwand zu optimieren, anderenfalls können an dieser Stelle beträchtliche Kosten entstehen. Außerdem ist zu bedenken, daß Alu-Profile nicht nur relativ teuer sind, für ihre Herstellung wurde auch sehr viel Energie benötigt. Berechnungen zeigen, daß überdimensionierte Aufständerungen unter Umständen mehr graue Energie (Elektrizität) enthalten, als die Solarzellen in 5 Jahren gewinnen.

Belastungen des Daches

Je nach Windrichtung können an aufgebauten PV-Anlagen zum Teil erhebliche Saugkräfte auftreten. Diese Kräfte sind bei großen geschlossenen Solarzellenflächen stärker als bei Aufbauten mit Zwischenräumen.

7.9 PV-Anlage in Aufdachmontage. Photo: Solarsystems, Springe

Vor- und Nachteile der Montagevarianten	
Auf-Dach-Montage	In-Dach-Montage
Für "Hobby"-Anlagen die einfachere und sichere Lösung. Dichtigkeit des Daches auch bei schwierigen Verhältnissen gewährleistet.	Bessere ästhetische Lösung.
	Ersetzt konventionelle Dachhaut, daher bei Neubauten eine echte Ersparnis
Im Vergleich zur In-Dach-Montage ohne Hinterlüftung 3% mehr Stromertrag.	Höhere Anforderung an die Planung und Ausführung wegen Kondenswassergefahr
Kostengünstiger als In-Dach-Montage	Teurer als Auf-Dach-Montage (wegen Randabdichtung)
Größerer Wartungaufwand (Reinigung, Korrosion)	geringerer Wartungsaufwand

Tabelle 7.1   Vor- und Nachteile der Auf-Dach-Montage und der In-Dach-Montage.

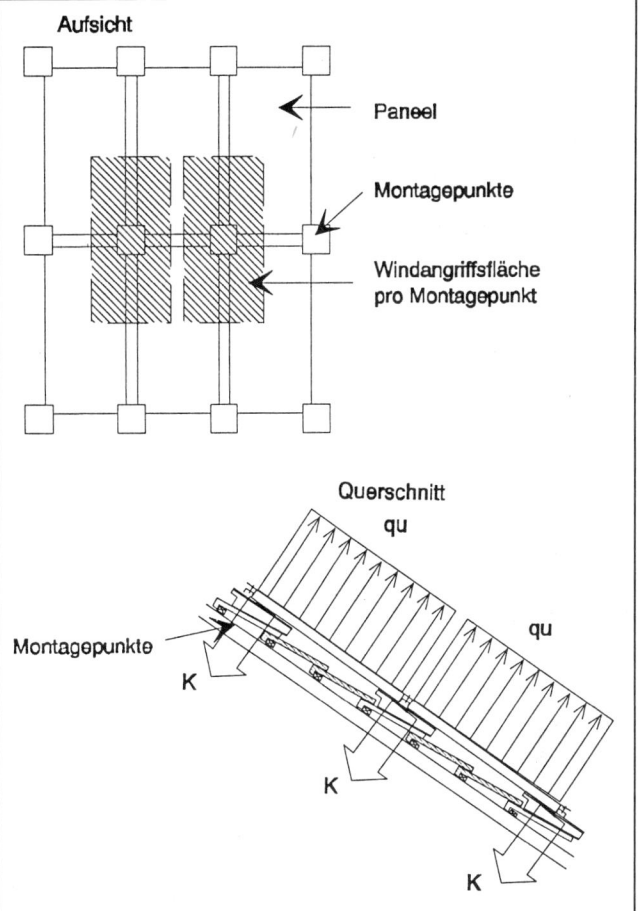

7.10
Die Verankerungspunkte müssen bei der Aufdach-Montage Sogkräfte durch Wind aufnehmen. Im gezeigten Beispiel entsteht die größte Belastung an den beiden innenliegenden Montagepunkten, wo als Windangriffsfläche genau eine Modulfläche wirkt. Die resultierende Ausziehkraft wird nach folgender Formel berechnet:

$$F = c_p \cdot q \cdot A \qquad \text{mit}$$

c_p = Anströmbeiwert (0,6 ... 1,8, vgl. DIN 1055, Teil 4)
q = Staudruck bzw. Sog (= -0,8 kN/m² für Dachflächen mit 30° Neigung und 8 bis 20 m Höhe über Gelände, vgl. DIN 1055, Teil 4)
A = Modulfläche in m².   Quelle: [3]

Die Saugwirkung ist insbesondere in Zusammenhang mit der Plazierung auf dem Dach von Bedeutung. Randabfallende Zellenfelder – also Felder, die bis zum Dachrand reichen – sind ganz besonders dem Wind ausgesetzt. Der Abstand zwischen Dachrand und Solarzellenfeld sollte daher um den Faktor 5 größer sein als die Bauhöhe des Moduls. In der Schweiz werden diese Anlagen als „schwimmend" bezeichnet, weil das Solarzellenfeld wie ein Bild von Ziegeln umrahmt ist. Dieses an sich die Statik der Anlage betreffende Postulat erfüllt auch ästhetische Anforderungen.

Vorschriften aus dem Schweizer Kanton Bern verlangen eine Distanz zwischen Dachrand und Solarzellen, der viermal größer ist als die Bauhöhe. Mit dieser Verordnung kann erreicht werden, daß Sonnenkollektoren oder Solarzellen die Horizontlinien (First, Ort und Traufe) nicht überschreiten.

Natürlich ist die dachbündige Anlage, d.h. die in die Dachhaut integrierte, unter statischen und ästhetischen Gesichtspunkten die beste Lösung. Allerdings weisen dachbündige Solarzellenfelder zwei Nachteile auf: Die schlechtere Hinterlüftung einge-

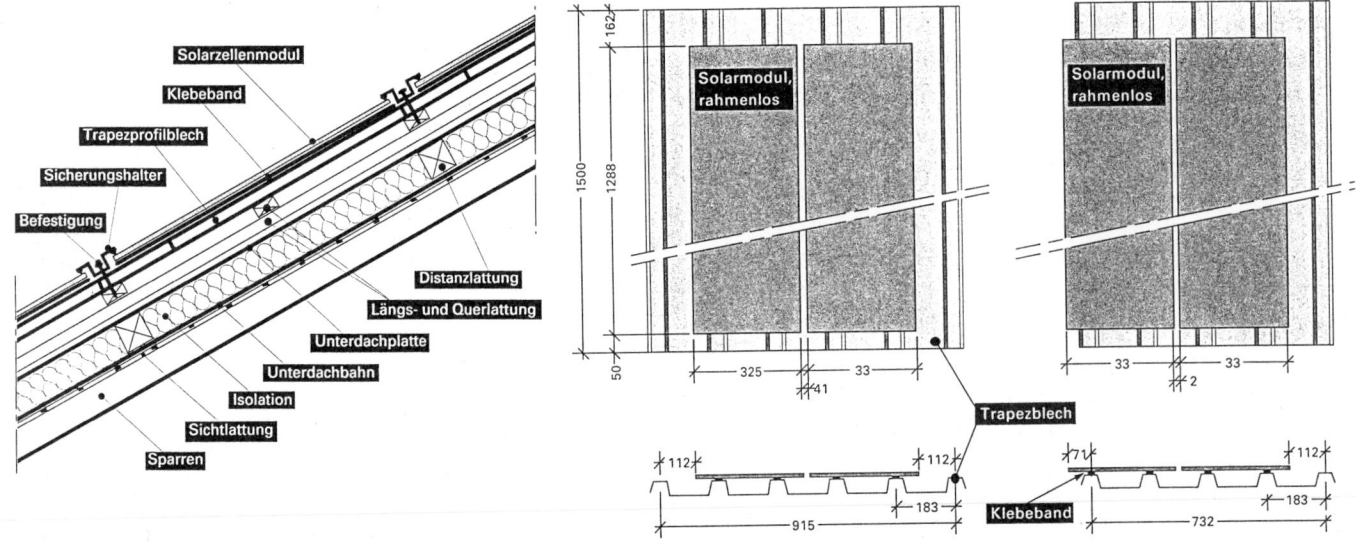

7.11 Rahmenlose Solarmodule werden in der Werkstatt auf die Rippen von Trapezblechtafeln geklebt. (Trapezblechprofil: z.B. Montana SP 40; Kleber: Acrylic Foam, 3M; Solarmodule: z.B. Siemens M55 L). Quelle: [4]

bauter Solarmodule führt zu höheren Zellentemperaturen, was den Ertrag, je nach baulichen Verhältnissen, um einige Prozentpunkte schmälert. Außerdem wurde in der Praxis beobachtet, daß auf der Unterseite der Module Kondenswasser auftreten kann. Dieser potentiellen „Wasserquelle" muß durch konstruktive Maßnahmen begegnet werden. Dazu zählt vor allem die Hinterlüftung der gesamten von Solarzellen bedeckten Fläche. Warmdächer sind für dachbündige Integration von Solarzellen also nicht geeignet! Sinngemäß gilt dies auch für den Einbau von PV-Modulen in die Fassade.

vor der Profilierung verzinktes, 0,8 mm starkes Trapezblech mit einer Bauhöhe von 41 mm (Breite des „Wellenberges" 40 mm, Breite des „Wellentales" 120 mm, Rastermaß 193 mm). Die Rippen der montierten Bleche verlaufen bei Fassaden vertikal, auf Dächern im rechten Winkel zur Traufe. Die Solarmodule werden auf die Rippen geklebt und zwischen den Modulen zusätzlich durch horizontale Hutprofile auf den Rippen des Trapezprofiles verschraubt. Die Kabel – wegen der Stahlblechunterlage werden schutzisolierte Ausführungen empfohlen – liegen in den vertikalen „Kanälen".

Das Trapezprofil-System

Trapezbleche als Unterlage von Solarzellen haben sich sowohl für die Dach- wie für die Fassadenintegration sehr gut bewährt und sind relativ preisgünstig. Gewählt wird in der Regel ein

Der Solardachziegel

Der Solardachziegel wurde von Fachleuten der Solarbranche und des Dachdeckerhandwerks gemeinsam entwickelt. Das Ergebnis ist ein 76,6 x 50,5 cm großes Photovoltaikelement, das 4 konventionelle Ziegel ersetzt und vom Dachdecker direkt auf die herkömmliche Lattung verlegt werden kann. Die Solarzellen sind in thermisch gehärtetes Spezialglas einlaminiert, das die Begehbarkeit sowie die Widerstandsfähigkeit gegenüber Umwelteinflüssen garantiert. Der Solardachziegel ist schlagregendicht. Als Rahmenmaterial dient ein spezielles, rezyklierbares Acrylglas (PMMA); sogenannte Kopf- und Fußschlösser am oberen und unteren Rahmenteil sorgen für eine nahtlose und dichte Überlappung. Konstruktive Details am oberen Rahmenteil lenken abfließendes Regenwasser gezielt über die Glasfläche und verstärken so den Selbstreinigungseffekt. Die Verkabelung erfolgt durch ein eingebautes Stecksystem. Ein mit Solardachziegeln gedecktes ehemaliges Bauernhaus steht im schweizerischen Mönchaltorf und wird in Kapitel 9.4 vorgestellt.

Gebäudeintegration

Solaranlagen können nicht nur auf bestehende Dächer aufgesetzt, sie können auch direkt in die Gebäudehülle integriert werden. Der Vorteil liegt auf der Hand: Die Solarzellen produzieren Strom und ersetzen zugleich herkömmliche Dach- oder Fassadenelemente. Die Gebäudeintegration ist zwar anspruchsvoll – doch genau darin liegt die Chance, Architekten und Unternehmer vermehrt für die solare Stromversorgung zu gewinnen. Das Solarmodul wird zur künstlerischen Herausforderung, zum faszinierenden Gestaltungselement, das dem Architekten die Realisierung seiner Visionen und dem Unternehmer das Sichtbarmachen seiner ökologischen Grundsätze erlaubt. Die Botschaft „uns ist der Umweltschutz ein Anliegen" kann eine architektonisch gelungene Solarfassade jedenfalls glaubhafter übermitteln als schöne, aber unverbindliche Worte im Firmenprospekt.
Neuentwicklungen wie das rahmenlose, semitransparente Großmodul, der Solardachziegel oder die nach Wunsch kolorierte Solarzelle lassen die Photovoltaik-Integration zum faszinierenden Spiel ohne Grenzen werden. Tatsächlich haben inzwischen einige bekannte europäische Architekten die Solarzelle entdeckt,

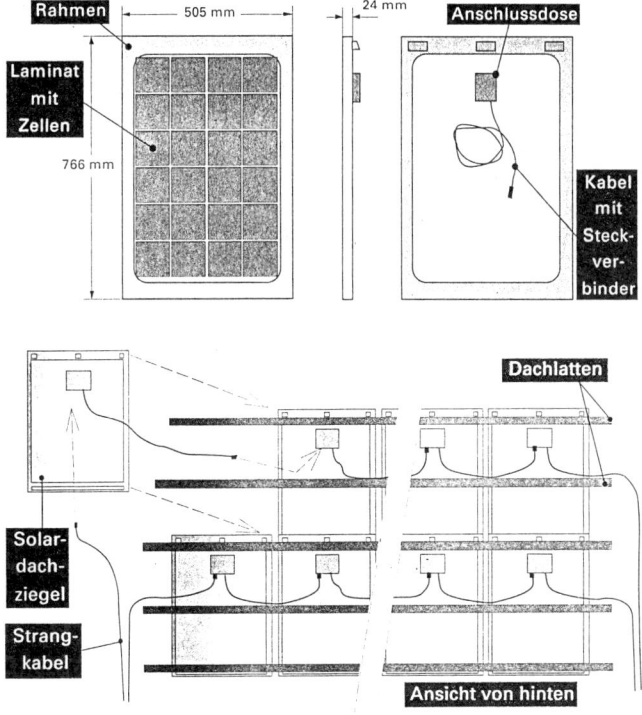

7.12 Der Solardachziegel liegt auf der gleichen Unterkonstruktion wie ein üblicher Dachziegel. Das Beispiel zeigt ein System aus der Schweiz mit einem Rastermaß von 50 x 76 cm. Quelle: [4]

was hoffentlich Signalwirkung haben wird. Bisher war nämlich das Interesse der Architekten an der Photovoltaik eher bescheiden. So ergab die statistische Auswertung des 1000-Dächer-Programms, daß unter den Antragsstellern Ingenieure, Techniker und Physiker mit 23%, Elektrofachleute mit 15%, Pädagogen mit 14%, Architekten jedoch nur mit 1% vertreten waren!
Neben vielen Vorteilen hat die Gebäudeintegration auch einige Nachteile. Sie kann nur bei Neubauten oder im Zuge umfassender Renovierungsmaßnahmen, beispielsweise Dachsanierungen, realisiert werden. Integrationslösungen sind aus-

219

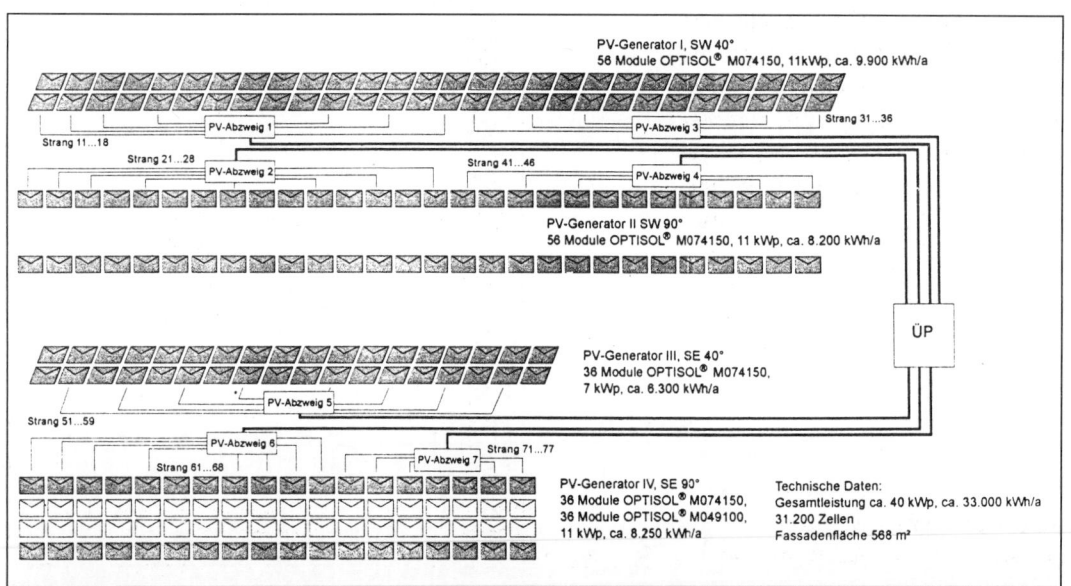

PV-Generator I, SW 40°
56 Module OPTISOL® M074150, 11kWp, ca. 9.900 kWh/a

PV-Abzweig 1

Strang 31...36

Strang 11...18

Strang 21...28   PV-Abzweig 2   Strang 41...46   PV-Abzweig 4

PV-Abzweig 3

PV-Generator II SW 90°
56 Module OPTISOL® M074150, 11 kWp, ca. 8.200 kWh/a

PV-Generator III, SE 40°
36 Module OPTISOL® M074150,
7 kWp, ca. 6.300 kWh/a

PV-Abzweig 5

Strang 51...59

PV-Abzweig 6

Strang 71...77

Strang 61...68   PV-Abzweig 7

ÜP

PV-Generator IV, SE 90°
36 Module OPTISOL® M074150,
36 Module OPTISOL® M049100,
11 kWp, ca. 8.250 kWh/a

Technische Daten:
Gesamtleistung ca. 40 kWp, ca. 33.000 kWh/a
31.200 Zellen
Fassadenfläche 568 m²

7.13
In Isolierglasscheiben integrierte Solarmodule bilden im Wechsel mit der Verglasung eine Solarfassade. Diese Anlage mit 40 kW Nennleistung wurde im Rahmen eines Demonstrationsvorhabens des Landes Nordrhein-Westfalen an und auf dem Gebäude der Zentralbibliothek des Forschungszentrums Jülich errichtet.
Quelle: Fa. Flagsol Flachglas Solartechnik GmbH, Köln

serdem nicht gerade billig. Bei Fassaden in Firmengebäuden mit Repräsentationscharakter fällt dieser Faktor weniger ins Gewicht als im Ein- und Mehrfamilienhausbereich. Der stolze Preis ist mit ein Grund dafür, daß erst wenige private Hausbesitzer Photovoltaikanlagen direkt in die Gebäudehaut integriert haben. Es gibt aber einige – den Kinderschuhen bereits entwachsene – Integrationstechniken, die auch für Privathäuser interessant sind. Zwei davon werden hier kurz vorgestellt.

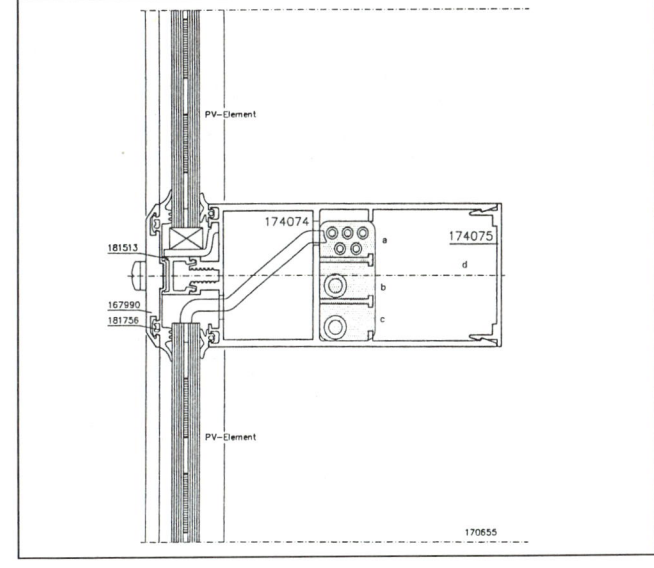

7.14 Vertikalschnitt durch die PV-Vorhangfassade der KFA Jülich: Die Elektroinstallation wird in den senkrechten Pfosten und waagerechten Riegeln geführt. Quelle: Wicona

7.3 Wartungsarbeiten

Photovoltaische Stromerzeugungsanlagen arbeiten ohne bewegliche Teile (von Schaltern und Schalteinrichtungen abgesehen). Dementsprechend ist der Wartungsaufwand gering. Eine regelmäßige sorgfältige Kontrolle ist indessen unerläßlich und trägt viel zur Lebensdauer und zum Ertrag der Anlage bei.

In den ersten Wochen
Eine tägliche Kontrolle des Ertrages ist in den ersten Tagen und Wochen nach Inbetriebnahme der Anlage eine wirkungsvolle Maßnahme, um Materialfehler bei den Komponenten und Mängel bei der Ausführung aufzuspüren. Die Werte sind auf Plausibilität zu prüfen und mit den bei der Planung geäußerten Erwartungen zu vergleichen. Falls (zu hohe) Erwartungen uner-

füllt bleiben, muß dies allerdings nicht zwangsläufig an der Anlage liegen.

Jährlich einmal
Jährlich einmal sollten alle Anlagenteile einer visuellen Inspektion unterzogen werden. Sind alle Schrauben angezogen, die Kabelhalter festgezurrt und die sonstigen Befestigungselemente noch in Ordnung? Sind Schäden an der Isolation festzustellen? Wie steht es mit der Korrosion?
Eine Reinigung der Zellen ist nicht notwendig. Denn zum einen ist die Ertragsreduktion aufgrund von Schmutz sehr klein und zum anderen haben Niederschläge eine reinigende Wirkung.

7.15
PV-Vordach aus amorphen Großmodulen an einem Fabrikgebäude.
Quelle: Phototronics Solartechnik, Putzbrunn

7.16
Ein Beispiel für eine Gebäudeintegration besonderer Art ist das dreh-
bare Solarhaus „Helitrop" mit zweiachsig nachgeführtem Solargenerator. Die Solarstromanlage mit 6,6 kW Nennleistung speist den
Strom ins Netz der Freiburger Elektrizitätswerke ein. Da die Energieproduktion (Strom) im Jahresmittel größer ist als der Energieverbrauch (Wärme und Strom), macht der Solargenerator das Haus zu
einen Netto-Energieproduzenten. Architekt: Rolf Disch, Freiburg

Prüfung der elektrischen Eigenschaften
Zur Überprüfung der elektrischen Funktionen kann der Fachmann einige Messungen vornehmen, um über den Zustand der
Anlage ein genaues Bild zu erhalten. Dazu gehört die Prüfung
der Arbeitsspannungen und -ströme einzelner Stränge. Die
Sicherungselemente sind zu kontrollieren und, falls solche zu
ersetzen sind, ist der Grund des Ausfalles festzustellen. Außerdem gehört in dieses Arbeitsprogramm die Überprüfung der
Überspannungsableiter und die Messung des Isolationswider-
standes der Gleichspannungsinstallation.

8. Kosten, Wirtschaftlichkeit, Ökologie

Othmar Humm

8.1 Kostenrichtwerte

Der Sonnenenergie-Fachverband der Schweiz bezifferte 1994 die spezifischen Investitionskosten inklusive Montage, Wechselrichter und Netzeinspeisung mit 16000 Franken pro kW_p, entsprechend 18500 DM. In der Bundesrepublik dürften die Gestehungskosten etwas höher liegen, was, wie Insider vermuten, nicht zuletzt auf das 1000-Dächer-Programm zurückzuführen ist. Erhebungen zeigen, daß ein großer Teil der Angebote zwischen 22000 und 25000 DM je kW Leistung angesiedelt ist. Hanspeter Lutz vom Informationszentrum Energie beim Landesgewerbeamt Baden-Württemberg hat die Kostenstruktur von 1 kW- und 2 kW-Anlagen anhand von 220 im Jahre 1993 realisierten Anlagen untersucht (Tab. 8.2). Interessant sind vor allem die Kosten, die zusätzlich zum eigentlichen Solargenerator entstehen. Die Solarmodule selbst kosteten 1993 im Durch-

Kosten einer netzgekoppelten PV-Anlage			
Module	12 DM/W_p	66,7%	36000.- DM
Verkabelung	0,40 DM/W_p	2,2%	1200.- DM
Wechselrichter	1,60 DM/W_p	8,9%	4800.- DM
Unterkonstruktion	4 DM/W_p	22,2%	12000.- DM
Gesamtkosten	18 DM/W_p	100%	54000.- DM

Tabelle 8.1
Kostenstruktur von Photovoltaischen Anlagen am Beispiel einer 3-kW-Anlage. (Preisbasis: 1990)　　　　　　　　　Quelle: RWE

Tabelle 8.2
Kostenstruktur von 1 kW- und 2 kW-Anlagen. Die Zahlen stammen aus einer Auswertung von 220 bezuschußten Anlagen in Baden-Württemberg im Jahre 1993 (Preise ohne Mehrwertsteuer). Die aufgeführten Kosten sind keineswegs überdurchschnittlich hoch. Der Durchschnittswert des 1000-Dächer-Programms betrug im Dez.1993 gar 24465 DM (inkl. Mwst).

Kostenstruktur bei netzgekoppelten PV-Anlagen				
	Kosten einer 1 kW-Anlage		Kosten einer 2 kW Anlage	
	DM	%	DM	%
Solarmodule	11800.-	51,8	23600.-	60,1
Aufdachmontagegestell	1500.-	6,6	3000.-	7,6
Modulanschlußleitungen	200.-	0,9	400.-	1,0
Solargenerator-Anschluß-kasten (PV-Abzweig)	800.-	3,5	1200.-	3,0
DC-Hauptleitung	200.-	0,9	200.-	0,5
DC-Hauptschalter	300.-	1,3	300.-	0,8
Wechselrichter	3400.-	14,9	4800.-	12,2
AC-Anschlußleitung	30.-	0,1	30.-	0,1
Sonstige AC-Betriebsmittel	150.-	0,7	150.-	0,4
Potentialausgleichsleitung	100.-	0,4	100.-	0,2
Kleinmaterial	200.-	0,9	300.-	0,8
Montagekosten	3800.-	16,7	4900.-	12,5
Planungskosten, Dokumentation	300.-	1,3	300.-	0,8
Gesamtkosten	22780.-	100,0	39280.-	100,0
Gesamtkosten pro kW	22780.-		19640.-	

schnitt der untersuchten Anlagen 11,87 DM/Watt. Die Gestellkosten bei Aufdach-Anlagen beliefen sich auf 1 500 DM/kW – allerdings mit einer verhältnismäßig großen Streuung, was möglicherweise auf ein Sparpotential hinweist.

Die Modulanschlußleitungen gehen mit rund 200 DM/kW in die Kostenrechnung ein, was 75 m Leitungslänge pro kW und spezifischen Leitungskosten von 3 DM/m entspricht. Die DC-Hauptleitung ist in ihrer Länge naturgemäß von den örtlichen Gegebenheiten bestimmt. In Ein- und Zweifamilienhäusern ist diese Leitung durchschnittlich 30 m lang (200 DM). Die Montage von 1 kW-Anlagen kommt – so die Recherchen von Hanspeter Lutz – auf 3 800 DM zu stehen (2 bis 3 Arbeitstage für 2 Monteure). Die Kostenaufstellung im Detail bestätigt am Ende die oben genannten Kostenrichtwerte für netzgekoppelte Anlagen: Um 20 000 DM pro kW haben die Anlagen durchschnittlich gekostet.

8.2 Wirtschaftlichkeitsüberlegungen

In der Schweiz gelten Wirtschaftlichkeitsberechnungen nach der Methode von RAVEL (Rationelle Verwendung von Elektrizität) als Standard. Das Verfahren ist äußerst einfach bei gleichzeitig guter Genauigkeit. Aufgrund der Investitionskosten, des Zinssatzes und der Lebensdauer der Anlage werden – über die Annuität – die jährlichen Kapitalkosten errechnet. Die jährlichen Betriebskosten – bestehend aus Wartungs- und anderen Betriebskosten – sind eine Folge der eingesetzten Technologie. Für kleine PV-Anlagen zur Hausversorgung werden diese in aller Regel gleich null gesetzt, weil der effektiv geringe Aufwand als „Freizeitbeschäftigung" abgebucht wird.

In der Tabelle 8.3 sind die Ergebnisse einer Kosten- und Wirtschaftlichkeitsrechnung am Beispiel einer 3 kW-Anlage zusammengestellt. In der ersten Spalte führen ungünstige Rah-

Kosten des Stroms aus netzgekoppelten PV-Anlagen						
Anlagenleistung	3 kWp	3 kWp	3 kWp	3 kWp	3 kWp	3 kWp
Ertrag	2250 kWh	2400 kWh	2850 kWh	2400 kWh	2400 kWh	2400 kWh
Anlagenkosten	75000 DM	60000 DM	60000 DM	45000 DM	60000 DM	60000 DM
Kapitalzins	6%	5%	5%	5%	0	0
Lebensdauer (gewichtet)	18 Jahre	20 Jahre	25 Jahre	20 Jahre	20 Jahre	25 Jahre
Annuität	9,2%	8%	7,1%	8,0 %	5%	4%
Jährliche Kapitalkosten	6900 DM	4800 DM	4260 DM	3600 DM	3000 DM	2400 DM
Kosten pro kWh	3 DM	2 DM	1,50 DM	1,50 DM	1,25 DM	1 DM

Tabelle 8.3   Beispiel einer Energiekostenrechnung, bei der die Anlagekosten, der Jahresertrag sowie Zinssatz und Lebensdauer als Varianten untersucht wurden.

menbedingungen zu hohen Stromgestehungskosten von rund 3 DM pro kWh. In den Spalten 2, 3 und 4 werden „realistische" Verhältnisse unterstellt, allerdings mit unterschiedlichen Erträgen und Lebensdauerwerten. Die 4. und 5. Spalte geht von einem Kapitalzins null aus. Tatsächlich sind derartige Modelle bei Anlagen ohne kommerziellen Hintergrund denkbar. Die Zahlen zeigen aber auch, daß ein kWh-Preis unter 1 DM, selbst bei optimistischen Annahmen bezüglich Lebensdauer, derzeit kaum zu verwirklichen ist.

8.3 Ökologische Aspekte

Um die Umweltverträglichkeit einer Photovoltaikanlage zu bewerten, genügt die Tatsache der solaren Stromerzeugung ohne Schadstoffemission nicht. Solarenergie erscheint auf den ersten Blick in Bezug auf die Umweltfreundlichkeit als optimale Lösung. Ob dieser Eindruck auch auf den zweiten Blick bestehen bleibt, bedarf einer umfassenderen Betrachtungsweise.

Dabei muß nicht nur der Stromerzeugung die Aufmerksamkeit gelten, sondern vor allem dem Werdegang vom Siliziumquarz zum leistungsfähigen Photovoltaikkraftwerk. Erst anhand einer Gesamtbilanz kann sinnvoll entschieden werden, ob diese Art der Stromproduktion energetisch vertretbar ist. Für die weitere Betrachtung lohnt es sich, bei den häufig verwendeten Begriffen Klarheit zu schaffen.

Energetische Amortisationszeit			
	Monokristallin	Multikristallin	Amorph
Standard BRD (1000 kWh/m^{2}a)	87 Monate	85 Monate	60 Monate
Standard "Süden" (2200 kWh/m^{2}a)	44 Monate	43 Monate	30 Monate

Tabelle 8.4
Energetische Amortisationszeiten für Solarkraftwerke in Monaten für 2 Standards. Quelle: Siemens, Gerd Hagendorn, 91050 Erlangen

Die *energetische Amortisationszeit* oder *Energierücklaufzeit* ist erreicht, wenn eine PV-Anlage soviel Energie produziert hat wie zu ihrer Herstellung nötig war, also die Zeitspanne, in der sich Energieaufwand und -ertrag kompensieren.

Ergänzend dazu beschreibt der *Erntefaktor* die Qualität eines Sonnenkraftwerkes. Dabei wird der kumulierte (Herstellungs-) Energieverbrauch der Anlage in ein Verhältnis gesetzt zur Nettoenergieerzeugung während der gesamten Betriebszeit.

Vom kumulierten Energieverbrauch zur energetischen Amortisationszeit

Der erste relevante Begriff heißt *kumulierter Energieverbrauch*. Damit wird die Summe aller Energieaufwendungen bezeichnet, welche für sämtliche Produktionsprozesse bis zur fertigen Solarzelle notwendig sind. Zur Ermittlung des kumulierten Energieverbrauches müssen somit alle Prozeßschritte von der Reduktion des Siliziumdioxids bis zur Heizenergie für die Fabrikhalle, in der die Zellen produziert werden, erfaßt werden. Die präzise Ermittlung dieser Energieaufwendungen bleibt ein Ideal, die Schwierigkeiten beginnen schon mit der genauen Festlegung von Systemgrenzen im Produktionsablauf.

Ermittlung des kumulierten Energieverbrauches

Ein Hauptproblem bei der Bestimmung der Wirtschaftlichkeit von Photovoltaikanlagen liegt in der Definition der Randbedingungen und Systemgrenzen. Zum Beispiel: Soll die Entsorgung miteinbezogen werden? Ist der Treibstoff der LKW's

Erntefaktoren von Stromerzeugungsanlagen	
PV-Anlage	1 bis 2,8
Windkraftanlagen	3 bis 33,3
Wasserlaufkraftwerk	60

Tabelle 8.5
Erntefaktoren für 3 Typen von alternativen Stromerzeugungsanlagen
Der Erntefaktor ist definiert als Verhältnis zwischen Energieerzeugung und Energieaufwand während der Lebensdauer, eingeschlossen der Aufwand für die Herstellung und den Betrieb der Anlage.
Erntefaktoren (und auch energetische Amortisationszeiten) von Anlagen zur Stromerzeugung aus erneuerbaren Quellen können nicht mit den entsprechenden Werten von Kohle- oder Kernkraftwerken verglichen werden, da bei diesen Anlagen der Input an nicht erneuerbaren Energien nicht berücksichtigt wird.

beim Transport der Komponenten und der fertigen Produkte berücksichtigt? Diese Unschärfe bei den Voraussetzungen äußert sich in den Ergebnissen sehr deutlich. Durch unterschiedliche Annahmen und Vereinfachungen existieren heute annähernd so viele verschiedene Zahlen, wie Studien zu diesem Thema in Auftrag gegeben wurden. Insofern sind publizierte Resultate stets ein wenig kritisch zu betrachten.
Um den Werdegang einer Energiebilanz zu verdeutlichen, werden zwei Modelle betrachtet, welche mit vertretbaren Randbedingungen arbeiten.
Das erste Rechenmodell bezieht sich auf den heutigen Stand der Fertigungstechnik, korrigiert aber die derzeit geringen Stückzahlen in der Solarzellenproduktion nach oben. Da für die Fertigungsprozesse ein erheblicher Grundlastanteil am Energieverbrauch anfällt und nur ein kleiner Teil lastabhängig (= stückzahlenabhängig) ist, würden die geringen Fertigungszahlen zu einen überhöhten spezifischen Energiebedarf führen. Das erste Modell übernimmt daher den heutigen fertigungstechnischen Stand der Produktion, rechnet aber mit einer maximalen Ausnutzung der vorhandenen Fertigungskapazität bei Einschichtbetrieb.

Das zweite Modell zielt mit den getroffenen Annahmen ein wenig in die Zukunft. Da gerade auf dem Gebiet der Zellenherstellung intensiv geforscht wird, sind technologische Verbesserungen bekannt, die zum großen Teil noch nicht angewendet werden. Um nun das Spar- und Verbesserungspotential abzuschätzen, werden diese Neuerungen in die Berechnungen integriert, der Einschichtbetrieb wird zum Vierschichtbetrieb und die Fertigungskapazität ausgebaut.
Das Ergebnis der Berechnungen, jeweils angestellt für die monokristalline und die amorphe Zellentechnologie, ist in Tabelle 8.6 zusammengefaßt.

Zukünftige Energieamortisation bei drei bis vier Jahren

Zum effektiven Energieverbrauch einer PV-Anlage gehören auch die Aufwendungen für Aufständerung und andere Komponenten des Kraftwerkes. Diese sind in den Zahlenwerten der Tabelle 8.6 enthalten.
Beim heutigen Stand der Technik liegt der kumulierte Energieverbrauch zwischen 3400 und 6300 kWh/kW_p. Unter den Annahmen des Modells „Zukunft" mit Produktionssteigerung und technologischen Verbesserungen dürften Werte von 3990 bzw. 2130 kWh/kW_p erreicht werden.
Aus diesen Angaben und der Nettoenergieerzeugung der Anlage während der gesamten Lebensdauer, resultieren Erntefaktoren für die gegenwärtige Technik zwischen 3,2 und 5,8 bzw. zwischen 4,9 und 9,4 bei verbesserten Produktionsbedingungen. Das bedeutet im Klartext, daß mit Solarkraftwerken je nach Zellentechnologie bis zu 9,4 mal soviel Energie erzeugt werden kann, wie zur Herstellung benötigt wurde. Energieaufwand und Ertrag kompensieren sich nach etwa sechs Jahren bei der kristallinen Technik und in weniger als vier Jahren bei amorpher Bauweise der Zellen.
In Zukunft kann die energetische Amortisationszeit auf vier Jahre für die monokristallinen und etwa zwei Jahre bei amorphen und multikristallinen Modulen zurückgehen. Diese Ergebnisse bestätigen sehr deutlich, daß der kumulierte Energie-

verbrauch und die energetische Amortisationszeit von Solarkraftwerken nicht länger als Hinderungsgrund für den Bau solcher Anlagen angeführt werden kann. Auch die Tatsache, daß die Sonnenenergie deutlich weniger CO_2 freisetzt als die konventionellen Techniken, spricht eine deutliche Sprache für den Einsatz dieser Technologie.

Ein weiteres ökologisches Bewertungskriterium für photovoltaische Anlagen basiert auf der CO_2-Bilanz. In diesem Vergleich werden die CO_2-Emissionen, die mit der Herstellung verbunden sind, den Einsparungen an CO_2-Emissionen, die durch den Betrieb der PV-Anlagen möglich sind, entgegengesetzt. Das Verhältnis der beiden Werte ist die für eine ausgeglichene CO_2-Bilanz notwendige Betriebsdauer. Ohne auf den Rechenweg im einzelnen einzugehen, werden in Tabelle 8.7 Zahlenwerte für die CO_2-Bilanz gegeben. Die Zeitdauer bis zur ausgeglichenen Bilanz ist ähnlich lang wie die energetische Amortisationszeit.

Nettoenergieanalyse einer 3 kW-Anlage

Die Forschungsgruppe ESU (Energie, Stoffe, Umwelt) des Laboratoriums für Energiesysteme an der ETH in Zürich hat eine ganze Reihe von Energiesystemen nach der Methode der sogenannten *Nettoenergieanalyse* bewertet. Im folgenden ist das Beispiel einer photovoltaischen Stromerzeugungsanlage aufgeführt (Abb. 8.1).
Die Methode der Nettoenergieanalyse basiert auf der Quantifizierung der Abwärme, die bei der Herstellung und im laufenden Betrieb der Anlage anfällt. Bei Verwendung von Strom im Fertigungsprozeß beispielsweise wird die für die Erzeugung eben dieses Stromes anfallende Abwärme in die Rechnung einbezogen, in diesem Fall aber auch der verbrauchte Strom, weil sich dieser bei der Fertigung ebenfalls in Abwärme verwandelt. Von dieser Regel sind lediglich Energien ausgenommen, die im Material oder in der Komponente gespeichert sind (chemische Speicherung). Der photovoltaisch erzeugte Strom muß in der Abwärmebilanz jedoch nicht aufgelistet werden, weil

Energieverbrauch, Erntefaktor und Amortisationszeit				
Struktur des Basismaterials	Stand der Technik	Kumulativer Energie-verbrauch kWh/kWp	Ernte-faktor	Amortisa-tionszeit Jahre
monokristallin	heute	6300	3,2	6,3
amorph	heute	3430	5,8	3,4
monokristallin	zukünftig	3990	4,9	4
amorph	zukünftig	2130	9,4	2,2

Tabelle 8.6
Energetische Daten von PV-Anlagen (Lebensdauer: 20 Jahre).
Literaturhinweis: Adler U.: Energetische Amortisation - Erntefaktoren regenerativer Energiesysteme. Sonnenenergie 6/93, München.

Tabelle 8.7
Primärenergieverbrauch (Primärenergiefaktoren für Strom 2,5 und für Brennstoffe 1,18) und CO_2-Bilanz für drei verschiedene Zellentypen.
Quelle: Forschungsverband Sonnenenergie, Themen 92/93, Photovoltaik 2, darin der Beitrag „Umweltaspekte photovoltaischer Systeme" von Hermann-Josef Wagner und Fritz Pfisterer.
Bezug: DLR, Linder Höhe, 51147 Köln.

Primärenergieverbrauch zur Herstellung von Solarzellen				
Zellentyp	Primär-energie-verbrauch kWh/kWp	Kumulierte Emissionen kg	Jährliche Substitution kg/a	Betriebszeit für ausge-glichene CO_2-Bilanz Jahre
Monokristallin	12120	2600	530	4,9
Multikristallin	8820	1930	530	3,6
Amorph	7500	1680	530	3,2

diese Abwärme aufgrund der in jedem Fall wirkenden Solarstrahlung unabhängig von der Nutzung anfällt (es entsteht also keine zusätzliche Abwärme).

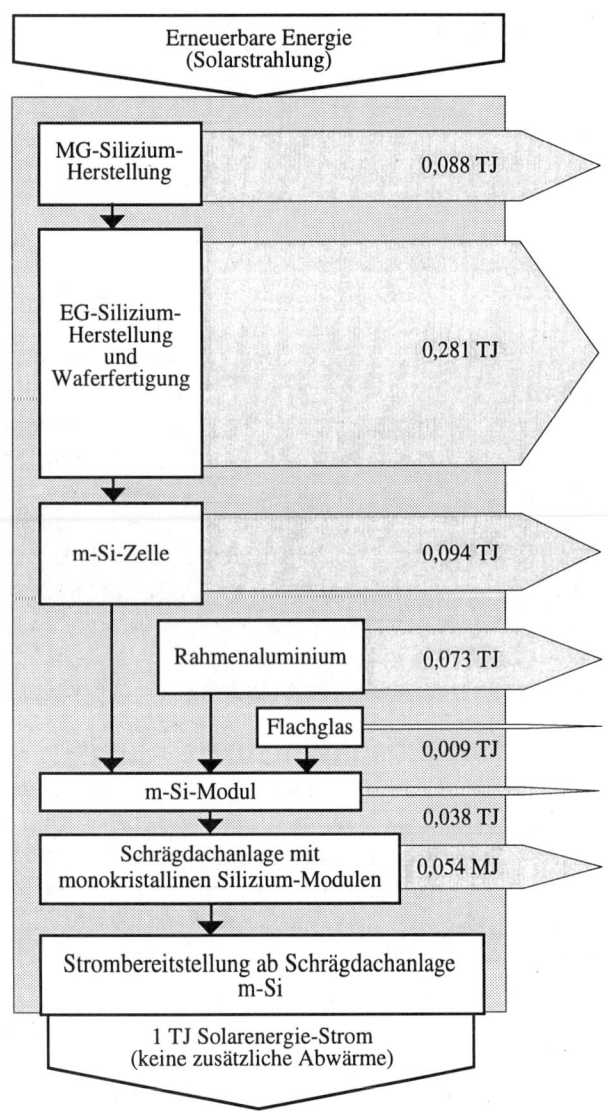

Erneuerbare Energie (Solarstrahlung)	
MG-Silizium-Herstellung	0,088 TJ
EG-Silizium-Herstellung und Waferfertigung	0,281 TJ
m-Si-Zelle	0,094 TJ
Rahmenaluminium	0,073 TJ
Flachglas	0,009 TJ
m-Si-Modul	0,038 TJ
Schrägdachanlage mit monokristallinen Silizium-Modulen	0,054 MJ
Strombereitstellung ab Schrägdachanlage m-Si	
1 TJ Solarenergie-Strom (keine zusätzliche Abwärme)	

8.1   Nettoenergieanalyse für eine 3 kW-PV-Anlage.

Abb. 8.1 zeigt die Energiebilanz (normiert auf 1 TJ = 10^{12} J = 278 MWh Stromproduktion) einer privaten PV-Anlage mit Solarmodulen aus monokristallinem Silizium, die an Stahlträgern auf einem Schrägdach montiert wurden und eine Fläche von 24,5 m² aufweisen. Die Nennleistung der installierten Panels beträgt 3 kW$_p$, als Jahresleistung wurde 1000 kWh/kW$_p$a angenommen, was einem guten Standort in der Schweiz entspricht. Da die Lebensdauer der Anlage auf 30 Jahre geschätzt wird und der Gesamtertrag der Anlage somit 90000 kWh beträgt, sind pro TJ produzierten Stroms gut 3 derartige Anlagen nötig.

Das Resultat von 0,638 TJ Abwärme je TJ Strom erscheint auf den ersten Blick als nicht sehr günstig. Hier zeigt sich wieder, daß die Herstellung der Solarmodule nach wie vor sehr energieintensiv ist. Zum Vergleich: Für eine Einheit Strom aus einem Steinkohlekraftwerk mit Standort BRD fallen mehr als 3 Einheiten Abwärme an. So gesehen schneiden Solarzellen zur Stromerzeugung wiederum recht gut ab.

Allerdings fehlen bis heute noch zuverlässige Betriebserfahrungen mit 20 und 30jährigen PV-Anlagen, so daß die Ergebnisse zwischen 80% und 200% der angegebenen Werte schwanken können. Bei einem guten Standort und 30 Jahren Lebensdauer einer Anlage ergäbe sich ein Ertrag von 423 GJ, bei einem schlechten Standort und 20 Jahren Lebensdauer hingegen nur ein Ertrag von 150 GJ.

Bei der Rechnung wurde von Solarmodulen der Fa. Siemens Solar (1992) ausgegangen, gefertigt in Superstraight-Bauweise. Die Zellen sind zwischen Glas und Kunststoff eingebettet und rückseitig mit Verbundfolie versehen. Der Rahmen der Laminate besteht aus Aluminium. Am meisten Energie ist allerdings nach wie vor für die Herstellung der Solarzellen notwendig, wobei dieser Aufwand in Zukunft reduziert werden könnte: Die 350 µm dicken Zellen sollen noch dünner werden. Die Zellen-Herstellung wurde bis auf die Stufe „metallurgical grade-Silizium-Herstellung durch Reduktion von Quarz" bilanziert.

9. Beispiele praktischer Anwendungen

Othmar Humm

9.1 Solarstrom-Anwendungen in der Landwirtschaft

Sonnenstrom als wirtschaftliche Alternative

In den letzten Jahren hat sich gezeigt, daß im ländlichen Raum ein großes Interesse und zahlreiche Anwendungsgebiete für Photovoltaikanlagen vorhanden sind. Abgelegene Höfe und Alpbetriebe ohne Netzanschluß sind oft auf Benzin- und Dieselgeneratoren angewiesen, die durch ihren verschwenderischen Treibstoffverbrauch, hohe Lärmemissionen und zeitintensive Wartungsarbeiten negativ auffallen. (Wo ein solcher Generator verstummt und stattdessen Siliziumzellen in der Sonne glitzern, können Mensch und Natur aufatmen.) Für solche Einsatzgebiete kann die Photovoltaik attraktive und oft auch sehr wirtschaftliche Alternativlösungen bieten.

Das deutsche Bundesforschungsministerium hat daher im Landwirtschaftsbereich verschiedene Kleinprojekte finanziert, bei denen Wirtschaftlichkeit und Nachvollziehbarkeit im Vordergrund stehen. Dabei erhalten die Nutzer die Solargeneratoren und andere notwendige Komponenten wie Batterien, Pumpen und Installationen für drei Jahre kostenlos, verpflichten sich dafür aber zu gewissen Eigenleistungen, wozu Unterhalt und Messungen gehören. Nach Ablauf des Programmes können sie die Anlagen zu günstigen Bedingungen übernehmen. Eine Reihe dieser Projekte, von denen hier berichtet wird, werden von der Bayerischen Landesanstalt für Landtechnik in Weihenstephan bei München fachlich betreut.

Mobile, solar betriebene Melkanlage

Zu Nikolaus Buchwiesers Pflichten gehört das morgendliche und abendliche Melken von einem Dutzend Kühen, die den Sommer auf verschiedenen Bergwiesen in der Nähe von Unter-
ammergau im Ostallgäu verbringen. Bei dieser Arbeit fern von Stall und Netzanschluß kann die eigens für solche Fälle entwickelte mobile Melkanlage gute Dienste leisten. Bedingung: die Alpweiden müssen mit einem Fahrzeug erreichbar sein. Die Melkmaschine – ein handelsübliches Gerät, dessen Energiebedarf jedoch durch eine veränderte Untersetzung von Motor und Pumpe um 25% gesenkt werden konnte – ist nämlich auf einem Einachsanhänger installiert. Im abschließbaren Aufbau sind außerdem Schaltschrank, zwei Batterieblöcke und zwei Arbeitsleuchten untergebracht. Ein im Neigungswinkel verstellbares Stahlgestell auf dem Dach trägt den 300 Watt-Solargenerator, der zwei Batterien und die Melkmaschine mit Strom versorgt. Die Melkmaschine besteht aus Unterdruckbehälter, Unterdruckregelventil, Vakuumpumpe und Gleichstrom-Motor. Der Motor treibt über eine Keilriemenuntersetzung die Vakuumpumpe an, die den zum Melken notwendigen Unterdruck erzeugt. Fällt dieser unter einen bestimmten Wert, öffnet das Regelventil, so daß der gewünschte Unterdruck erhalten bleibt. Der Tiefentladeschutz der Melkmaschine und eine Leuchtdiodenanzeige, die den Landwirt über den Spannungszustand der Batterie informiert, verhindern, daß der Strom ohne Vorwarnung mitten im Melkprozeß ausgeht.

Probleme bei Nacht und Nebel
Die Anlage ist so konzipiert, daß bei guten Wetterverhältnissen von Juli bis November für eine tägliche Betriebsdauer von 1,2 Stunden ausreichend Strom vorhanden ist. Während längeren Regenperioden werden die Kühe zur Schonung der Wiesen ohnehin in den Stall geführt und dort mit Netzstrom gemolken. Landwirt Buchwieser, der die solare Melkanlage im Sommer 1992 in Betrieb genommen hat, kann bestätigen, daß diese bei

9.1.1 Die Melkmaschine und die Solarmodule wurden auf einem Einachsanhänger installiert.

9.1.2 Im abschließbaren Aufbau sind Melkmaschine (links), der Schaltschrank mit Laderegler, Klemmleisten und Sicherungen (rechts oben) und die Batterien (rechts unten) untergebracht.

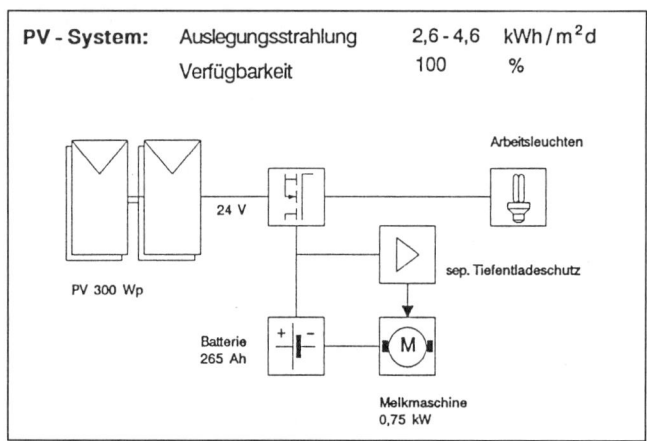

| **PV - System:** | Auslegungsstrahlung | 2,6 - 4,6 | kWh / m²d |
| | Verfügbarkeit | 100 | % |

9.1.3 Blockschaltbild der mobilen Weidemelkanlage. Quelle: [31]

Projekt:	Solare Melkanlage
Finanzierung:	Bundesforschungsministerium, D-53175 Bonn
Betreiber:	Landtechnik Weihenstephan, D-85350 Freising
Nutzer:	Nikolaus Buchwieser, D-82497 Unterammergau
Photovoltaik:	Solar Strom Strass, D-82319 Starnberg
Baujahr:	1992
Installierte	
Leistung:	300 Watt
Kosten:	19538 DM

schönem Wetter oder leichter Bewölkung tadellos funktioniert und bisher auch keine technischen Mängel zum Vorschein gekommen sind. Die Herbstmonate allerdings – ab Ende September liegt der Nebel oft tagelang über den Alpweiden und die Dunkelheit bricht früh herein – brachten schlechtere Resultate: „Es kam vor, daß wir nur einige Kühe melken konnten und dann die andern wegen Strommangel zum Melken noch in den recht weit entfernten Stall treiben mußten – das war ärgerlich", erinnert sich Nikolaus Buchwieser an schwierige Zeiten.

Seine Erfahrungen sind für die Weiterentwicklung der solaren Weidemelkanlage wichtig. Leistungsfähigere Batterien und ein größerer Solargenerator können das aufgetauchte Problem unter den lokalen Klimabedingungen nur teilweise lösen. Hier muß entweder ein Notstromaggregat für strahlungsarme Zeiten bereitgehalten oder die Konsequenz gezogen werden, daß ein sinnvoller Einsatz der Anlage nur in nebelarmen Gebieten möglich ist.

9.1.4 Der 300-Watt-Solargenerator für die Weidetränke neben der Zufahrtsstraße.

9.1.5 Das Wasser für die zwei Weidetränken wird mit Sonnen-energie aus einem vier Meter tiefen Brunnen gepumpt.

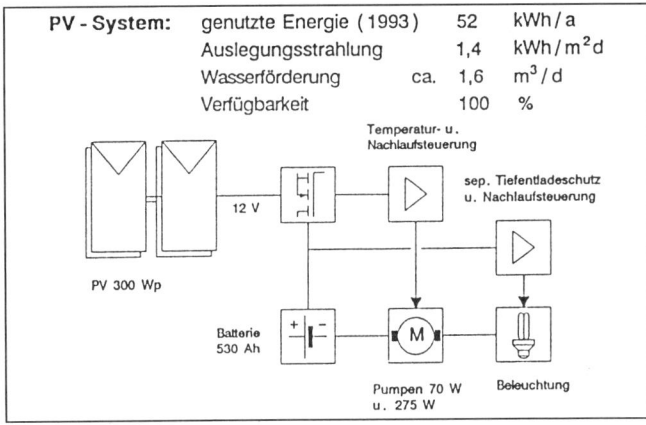

PV - System:	genutzte Energie (1993)		52	kWh / a
	Auslegungsstrahlung		1,4	kWh / m² d
	Wasserförderung	ca.	1,6	m³ / d
	Verfügbarkeit		100	%

9.1.6 Blockschaltbild der PV-Anlage zur Versorgung der Weide-tränken.   Quelle: [31]

Rindertränke mit Frostschutz

Ausschließlich gute Erfahrungen mit einer Photovoltaikanlage hat hingegen Siegfried Wagner gemacht, der in Haag bei Frei-sing 60 Galloway-Rinder hält. Dank Solarstrom verfügt der Landwirt in seinem netzfernen Stall mit Maschinenhalle nun

Projekt:	Rindertränke
Finanzierung:	Bundesforschungsministerium, D-53175 Bonn
Betreiber:	Landtechnik Weihenstephan, D-85350 Freising
Nutzer:	Siegfried Wagner, D-85410 Haag/Amper
Photovoltaik:	Solar Strom Straas, D-82319 Starnberg
Baujahr:	1990
Kosten:	14850 DM

Technik

Solargenerator:	6 x Siemens SM 50-18 A2, parallel
Shuntladeregler	mit Tiefentladeschutz und Überladeschutz
Akku:	2 x Sunbeam, 12 V, 265 Ah, parallel
Verbraucher:	1 Tauchpumpe Siemer P3000, Leistungs-aufnahme 275 W, 40 l/min. und 1 Membranpumpe, 72 W, Förderleistung 10 l/min.; ferner 6 Energiesparleuchten, 12 V, 8 W mit Zeitrelais.

über elektrisches Licht. In erster Linie dient der Solarstrom aber dem Antrieb von zwei Pumpen, die aus einem vier Meter tiefen Brunnen Wasser für zwei Rindertränken in Stallnähe fördern. Zur Verhinderung der Frostbildung in den Tränkebecken wurde ein raffiniertes Konzept entwickelt: Unterschreitet die Wassertemperatur die 0°C-Grenze, wird automatisch 4 bis 6°C warmes Grundwasser gefördert und in die Tränkebecken geleitet; die Eisbildung wird auf diese Weise unterbunden. Das System erwies sich bei Außentemperaturen von bis zu -16°C als funktionstüchtig. Im Winter werden die Tränken wärmedämmend abgedeckt. Auf eine energiezehrende elektrische Heizung konnte so verzichtet werden.

Statt der Dachintegration wurde für die Photovoltaikanlage die freistehende Variante gewählt. Die Aufständerung aus eloxiertem Aluminium mit Betonfundament ermöglicht einen variablen Neigungswinkel von 15 bis 65° und eine optimale Südausrichtung. Außerdem fällt die Anlage am Rande der Zufahrtsstraße eher auf, was bei einem Demonstrationsobjekt natürlich durchaus erwünscht ist. Die 15000 DM teure Anlage hat sich bewährt und ist wirtschaftlich. Die Netzanbindung (1 km Entfernung) wäre teurer, die Versorgung per Notstromaggregat bei Einbezug der erheblich höheren Wartungskosten ebenfalls.

Fischbesatzdichte verdreifacht

Frischer Süßwasserfisch paßt zur modernen, leichtbekömmlischen Küche und erfreut sich zunehmender Beliebtheit. Um der steigenden Nachfrage zu genügen, sind deshalb viele Fischzüchter daran interessiert, durch eine zusätzliche Sauerstoff-Zufuhr die Besatzdichte und den Ertrag zu erhöhen. August Ernst, der bei Utting in Oberbayern Regenbogenforellen züchtet, hat dies mit Erfolg getan. Dank der photovoltaischen Belüftung zweier Teiche konnte er die Besatzdichte von ursprünglich 250 kg pro Teich verdreifachen.

Die rund 100 Meter vom Stromnetz entfernten, nebeneinanderliegenden Gewässer haben eine Fläche von 1100 m² beziehungsweise 800 m² und verfügen über einen Frischwasserzulauf, der jedoch zur Deckung des Sauerstoffbedarfs bei hoher Besatz-

Projekt:	Fischteichbelüftung
Finanzierung:	Bundesforschungsministerium, D-53175 Bonn
Betreiber:	Landtechnik Weihenstephan, D-85350 Freising
Nutzer:	August Ernst, D-86919 Utting/Ammersee
Installation:	Paul Schmidhuber, D-85395 Attenkirchen
Baujahr:	1991
Kosten:	56900 DM

Technik

Solargenerator:	14 x Siemens SM 50-18 A2 (je Teich), jeweils zwei in Serie geschaltet, 24 V Systemspannung, Spitzenleistung 700 W,
Shuntladeregler	mit Tiefentladeschutz und Überladeschutz
Akku:	je 1 OPzS-Stationärbatterie je Teich, 24 V, 490 Ah,
Verbraucher:	Fluboll-Propellerbelüfter (Hersteller: Kronawitter), angetrieben durch wasserdichten, permanentmagneterregten Gleichstrommotor (24 V) mit 200 W Leistungsaufnahme.

dichte nicht ausreicht. Zur zusätzlichen Belüftung wurde am Ufer je eine Photovoltaikanlage mit 14 Modulen und 700 Watt Spitzenleistung erstellt. Die Aufständerungen aus verzinktem Stahl und aus Holz ermöglichen ein Variieren des Neigungswinkels von 30 bis 50°.

Die Solaranlagen versorgen sogenannte Schraubenbelüfter mit Strom, die dem Wasser den Sauerstoff relativ effizient zuführen. Da die Belüftung hauptsächlich nachts erfolgt – tagsüber produzieren die Wasserpflanzen genügend Sauerstoff – war die Installation von Stationärbatterien notwendig, deren Kapazität zur Überbrückung von bis zu fünf Schlechtwettertagen bemessen wurde.

Die beiden ansonsten identischen Anlagen unterscheiden sich in bezug auf die Regelung der Belüftungsdauer: Zu Vergleichszwecken erfolgt sie im einen Fall automatisch in Abhängigkeit von der Sauerstoffkonzentration; im anderen Fall wird die Zeitschaltuhr vom Teichwirt auf eine bestimmte Betriebszeit eingestellt. Es erwies sich, daß die Kosten für die automatische

9.1.7 Die Photovoltaikanlage neben dem Forellenteich ermöglicht es, das Wasser mit zusätzlichem Sauerstoff anzureichern.

9.1.8 In Utting wurden Schraubenbelüfter vom Typ „Fluboll" verwendet.

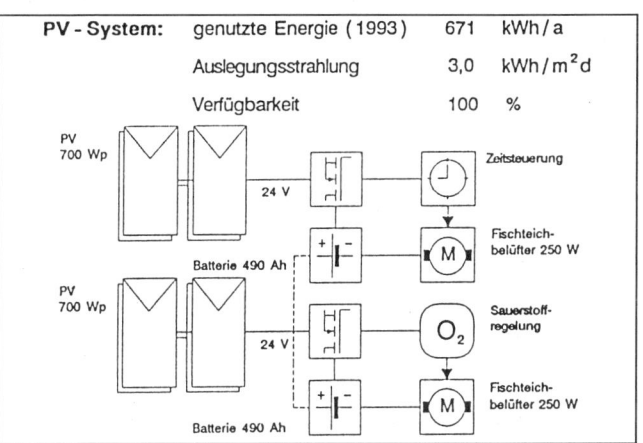

PV - System:	genutzte Energie (1993)	671	kWh / a
	Auslegungsstrahlung	3,0	kWh / m²d
	Verfügbarkeit	100	%

9.1.9 Blockschaltbild der PV-Anlagen zur Fischteichbelüftung. Quelle: [31]

Regelung gespart werden könnten, da August Ernst mit der Zeitsteuerung problemlos zurechtkam. Ebenso zeigte sich, daß die solar erzeugte Energie während der Betriebszeit von April bis Oktober, bei einer täglichen Betriebsdauer von bis zu neun Stunden, im Normalfall ausreicht. Nur bei maximaler Fischbesatzdichte und anhaltend schwüler Witterung ist es hin und wieder zu akuter Sauerstoffknappheit gekommen.

Die in Utting gewonnenen Erkenntnisse und vergleichende Kostenberechnungen haben gezeigt, daß für kleine und mittlere Fischzuchtanlagen ohne Netzanschluß, für die ein Dieselaggregat zu aufwendig wäre, eine Solaranlage nicht nur die umweltfreundlichste, sondern auch die wirtschaftlichste Lösung ist.

Bewässerung eines Ökogartens

Familie Wankner aus Eching zieht in einem 400 m² großen Garten am Ortsrand Biogemüse und Salat. Zur Bewässerung wurde ein Tropfbewässerungssystem installiert, das etwa die Hälfte des Gartens abdeckt. Die andere Hälfte und ein 24 m² großes Foliengewächshaus werden durch Schlauchgießen bewässert. Eine photovoltaisch betriebene Membranpumpe fördert das notwendige Wasser aus einem 5,5 m tiefen Brunnen und erzeugt gleichzeitig den nötigen Druck für die Tropfbewässerung. Das überschüssige Wasser wird in einem 1000 m³ fassenden Vorratsteich gespeichert, wo es für Spitzenbedarfszeiten zur Verfügung steht.

9.1.10 Die Photovoltaikmodule mit einem verstellbaren Neigungswinkel sind auf einem Stahlrohrmast befestigt, links davon ist
der Brunnen zu sehen.

Für diese Anwendung genügt ein Solargenerator mit zwei AEG-
Standard-Modulen, die auf einem 3,5 m hohen Stahlrohrmast
befestigt sind. Der Neigungswinkel ist verstellbar. Auf einen
Akku wurde bei dieser Anlage verzichtet, die 12 V-Gleichstrom-
pumpe ist über einen Gleichspannungswandler direkt an den

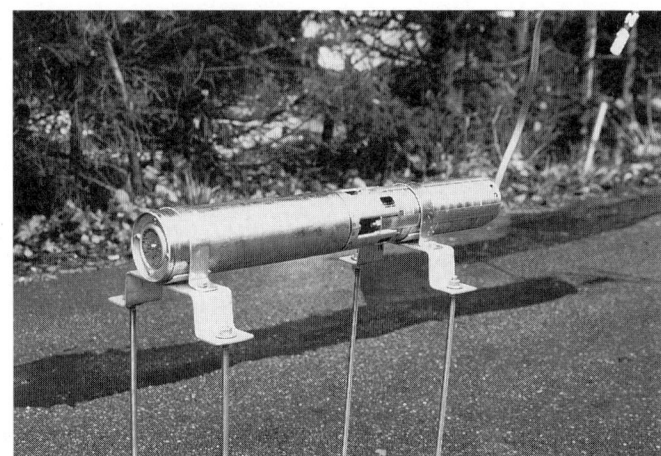

9.1.11 Ansicht der Tauchpumpe

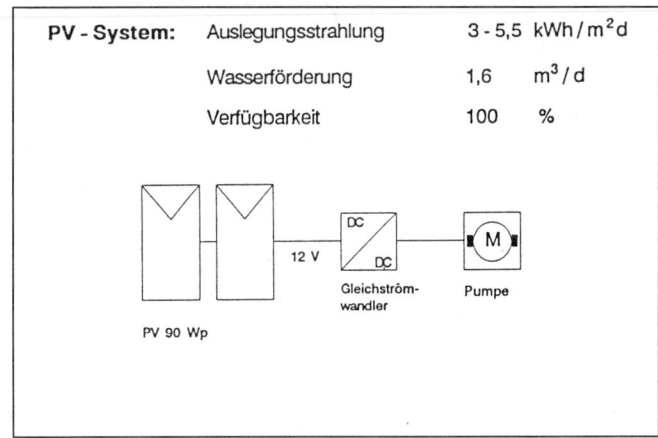

9.1.12 Blockschaltbild der PV-Anlage zur Bewässerung.   Quelle. [31]

Solargenerator angeschlossen. Die Photovoltaik-Anlage mit
einer Gesamtleistung von 90 Watt und einer garantierten Lebensdauer von 20 Jahren hat rund 4000 DM gekostet.
Die Anlage ist bereits seit 1991 in Betrieb und fördert bei kla-
rem Himmel bis zu 600 Liter Wasser pro Stunde – genug, um
den Garten ausreichend zu bewässern. Am Anfang bereitete der
Betrieb einige Probleme – so verursachten Undichtigkeiten auf
der Saugseite oder feste Partikel im Wasser mehrmals Pumpen-

Projet:	Bewässerung Ökogarten
Finanzierung:	Bundesforschungsministerium, D-53175 Bonn
Betreiber:	Landtechnik Weihenstephan, D-85350 Freising
Nutzer:	Simon Wankner, D-85386 Eching
Installation:	SSvA, D-86916 Kaufering
Baujahr:	1991
Kosten:	6 610 DM

Technik

Solargenerator:	2 x AEG PQ 36/45, parallelgeschaltet, Spitzenleistung 90 W,
Verbraucher:	Membranpumpe Johnson P15/12V über DC-DC-Wandler zur Anpassung der Generator- an die Pumpenkennlinie

schäden – heute funktioniert das Bewässerungssystem jedoch weitgehend störungsfrei. Schade ist allerdings, daß die Lebensdauer des Tropfbewässerungssystems agro-drip, das eine gezielte Bewässerung der Pflanzenwurzeln, eine gleichmäßige Wasserverteilung und einen sparsamen Wasserverbrauch gewährleistet, auf ein bis zwei Jahre begrenzt ist.

Die Inselanlage auf der Zettenalp

Größere Alpbetriebe kommen heute kaum mehr ohne elektrische Energie aus. Dies gilt besonders dann, wenn die Milch nicht täglich ins Tal hinuntergebracht, sondern an Ort und Stelle zu Käse und Butter verarbeitet wird. Wer als Wanderer an einer solchen Alp vorbeikommt, dem fällt nicht selten ein brummendes Geräusch auf. Was er hört, ist der Motor eines Dieselgenerators, der den netzfernen Betrieb mit Elektrizität versorgt. Auch auf der Zettenalp hoch über dem Thunersee im Berner Oberland lärmte ein solcher Motor während der Alpsaison von Sonnenauf- bis Sonnenuntergang.

Seit zwei Jahren wird der Dieselgenerator allerdings nur noch selten in Betrieb genommen: 1991 wurde auf einem neuen Stalldach eine Photovoltaik-Anlage installiert. Schuld an dieser für eine traditionelle Alpgenossenschaft schon beinahe revolutionären Errungenschaft ist Daniel Menetrey, der in Schwanden, einem Dorf unterhalb der Alp, zuhause ist und in der Abteilung Anwendungstechnik der Bernischen Kraftwerke arbeitet. „Einige Anläufe brauchte es schon, bis ein geeignetes Projekt gefunden und die Bauherrschaft überzeugt war", ...und wahrscheinlich eine gehörige Portion Hartnäckigkeit und Überzeugungskraft, wäre den Worten Menetreys hinzuzufügen. Denn um die bedächtigen Berner Bauern von den Vorteilen einer Photovoltaik-Anlage zu überzeugen, genügt es wahrscheinlich nicht, zu wissen, was ein „Chästeilet" und was ein „Kuhrecht" ist.

Höchste Betriebssicherheit gefordert

Zur Alpgenossenschaft gehören Landwirte der Region. Die Anzahl Kühe, die der einzelne Bauer auf die Alp schicken kann, ist genau festgelegt; der Vater vererbt jeweils dem Sohn soundsoviele Kuhrechte. Hat ein Bauer deren fünf, sendet er fünf Kühe auf die Alp. Wer keine Kuhrechte hat und seinen Kühen trotzdem einen Sommer auf der Alp gönnt, schickt diese als Gastbauer dort hinauf, was allerdings mehr kostet. Während der hunderttägigen Alpsaison notiert der von der Alpgenossenschaft angestellte Senn, wieviel Milch jede Kuh im Tag gibt. Und die Milchmenge seiner Kühe bestimmt dann, wieviele Käselaibe der Bauer im Herbst am „Chästeilet" in Empfang nehmen darf. „Die Alpgenossenschaft als Bauherrin war schließlich damit einverstanden, den Umstieg auf die solare Stromversorgung zu wagen, stellte aber die Bedingung, daß die Betriebssicherheit jederzeit gewährleistet sein müsse." Dies hieß für Daniel Menetrey bei der Ausarbeitung des Gesamtenergiekonzepts zweierlei: Der Dieselgenerator mußte als Notstromaggregat bestehen bleiben, um bei einer längeren Schlechtwetterperiode und leeren Batterien den Solargenerator unterstützen zu können. Außerdem mußte bei Ausfall eines Gerätes eine schnelle und kostengünstige Ersatzteilbeschaffung garantiert sein. Aus diesem Grund sind Melkmaschine, Butterfaß und Zentrifuge

9.1.13 Auf der Zettenalp im Berner Oberland wird mit Solarstrom Käse hergestellt.

9.1.15 Der modern eingerichtete Käsereiraum.

9.1.14 Die Photovoltaik-Anlage wurde auf dem Eternitdach installiert.

handelsübliche Geräte, obwohl in der Zwischenzeit beispielsweise eine Melkmaschinensteuerung entwickelt worden ist, die nur einen Drittel der normalen Energiemenge verbraucht. Dieses Gerät existiert jedoch erst als Prototyp und ist deshalb bei Defekt nicht innerhalb der geforderten Frist von 24 Stunden auszuwechseln. „Wenn diese Melkmaschine aber auf den Markt kommt, wäre es sinnvoll, das alte Gerät durch ein neues zu ersetzen", meint Rolf Käslin, der ebenfalls für die Bernischen

Kraftwerke arbeitet und auf der Zettenalp die Meßdaten auswertet, „denn heute frißt die Melkmaschine über die Hälfte der insgesamt benötigten elektrischen Energic".

Kälteresistente Batterien
Die Photovoltaik-Anlage wurde auf dem Eternitdach installiert, obwohl die ost-südost-geneigte Dachfläche nicht optimal ist. Die als Variante ins Auge gefaßte Aufständerung vor dem Stall kam aber aus Kosten- und Sicherheitsgründen nicht in Frage; wegen des rauhen Klimas und des großen Windaufkommens auf 1500 Meter über Meer wären für eine Aufständerung teure Betonsockel notwendig gewesen. Weil auch eine Dachintegration zu kostspielig gewesen wäre, entschied man sich für den Dachaufbau. Die Montage der 80 Module mit einer Gesamtfläche von 40 m² und einer Leistung von 3,8 kW kostete rund 15000 Franken. Für den Kauf der Module mußten 35000 Franken bereitgestellt werden.
Bei einer Inselanlage, die nicht mit dem öffentlichen Netz verbunden ist, haben die Batterien als Stromspeicher eine zentrale Funktion. Neben der Speicherfähigkeit sind Preis, Lebensdauer, Umweltverträglichkeit und Temperaturanfälligkeit wichtige Kriterien bei der Wahl der Batterien. Nach Abwägen dieser Punkte wählte man für die Zettenalp nach eingehender Prüfung von sechs Offerten stationäre Bleibatterien der Firma Varta

Projekt:	Inselanlage Zettenalp
Bauherrschaft:	Alpgenossenschaft Obere Zettenalp, CH-3657 Schwanden
Ingenieur:	Bernische Kraftwerke, Abteilung für Anwendungstechnik, CH-3000 Bern 25
Photovoltaik:	Studer Solartechnik, CH-3973 Venthône
Baujahr:	1991
Standortgemeinde:	Sigriswil, Schweiz, 1525 m ü.NN

Betriebsdaten

Anzahl der Kühe:	40
Verarbeitete Milchmenge:	600 kg/d
Produzierte Käsemenge:	60 kg oder 4 Laibe/d
Produzierte Buttermenge:	4 - 5 kg/d
Produzierte Ziegermenge:	5 - 6 kg/d

Technik

Solargeneratortyp:	80 x BPX 47500
Installierte Leistung:	3800 Watt
Batterie:	Varta Bloc Solar 428, 110 Zellen
Nennkapazität:	C100 : 292 Ah
Gespeicherte Energiemenge:	50 kWh
Energiebedarf:	11 kWh/d
Nutzbare Energie:	30 kWh (= 2,7 facher Tagesbedarf)
Leistung Dieselgenerator:	2,5 kW
Maximaler Ladestrom:	Solargenerator 15 A, Dieselgenerator 6,5 A

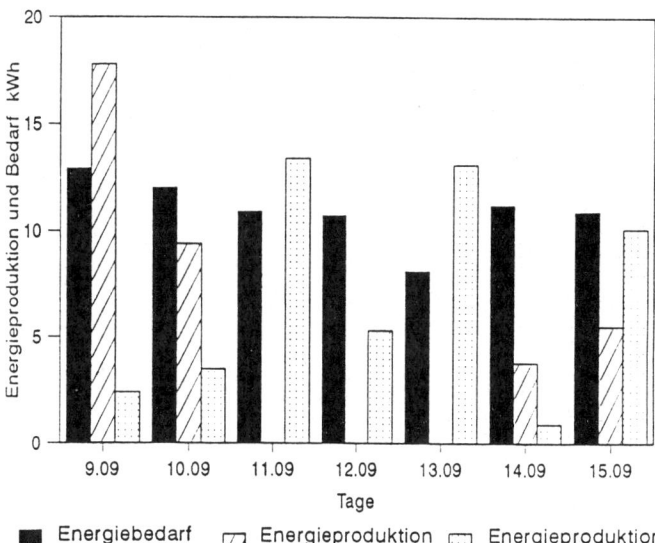

9.1.16 Energiebilanz für eine Woche mit wechselhaftem Wetter (9.9. - 15.9.1992).

Batterie AG in Biel. Entscheidend war die geringe Selbstentladung und die außergewöhnliche Temperaturresistenz des Produkts: Trotz Temperaturen von bis zu -30°C sollten die Batterien eine Lebensdauer von mindestens zehn Jahren erreichen. Bei schlechtem Wetter ist der Vorrat an gespeichertem Solarstrom nach rund drei Tagen erschöpft; weil aber die Solarzellen auch bei bewölktem Himmel in reduziertem Maße produzieren, muß der Dieselgenerator im Sommer relativ selten in Betrieb genommen werden. Im Herbst wird der Photovoltaik-Generator ausgeschaltet, die Batterien überwintern in vollgeladenem Zustand. Für den Kauf dieser Batterien mußten noch einmal rund 30000 Franken aufgebracht werden. Die insgesamt also nicht billige Photovoltaikanlage wurde maßgeblich vom Meliorationsamt des Kantons Bern sowie vom Bund subventioniert, während die Bernischen Kraftwerke das Konzept ausarbeiteten und die Arbeitskosten der eigenen Experten übernahmen.

Engagierte Bernische Kraftwerke
Das Engagement der Bernischen Kraftwerke erklärt sich damit, daß dieses Elektrizitätswerk selbst einen Solarservice betreibt und als Generalunternehmer Standard-Photovoltaik-Anlagen anbietet. „Um kompetent beraten und Erfahrungen weitergeben zu können, muß man schließlich zuerst welche machen und eigene Pilotprojekte realisieren", ist Daniel Menetrey überzeugt, und konnte anscheinend auch seine Vorgesetzten überzeugen. Heute seien bei den Bernischen Kraftwerken alle stolz auf die Anlage, die bereits während zwei Sommern pan-

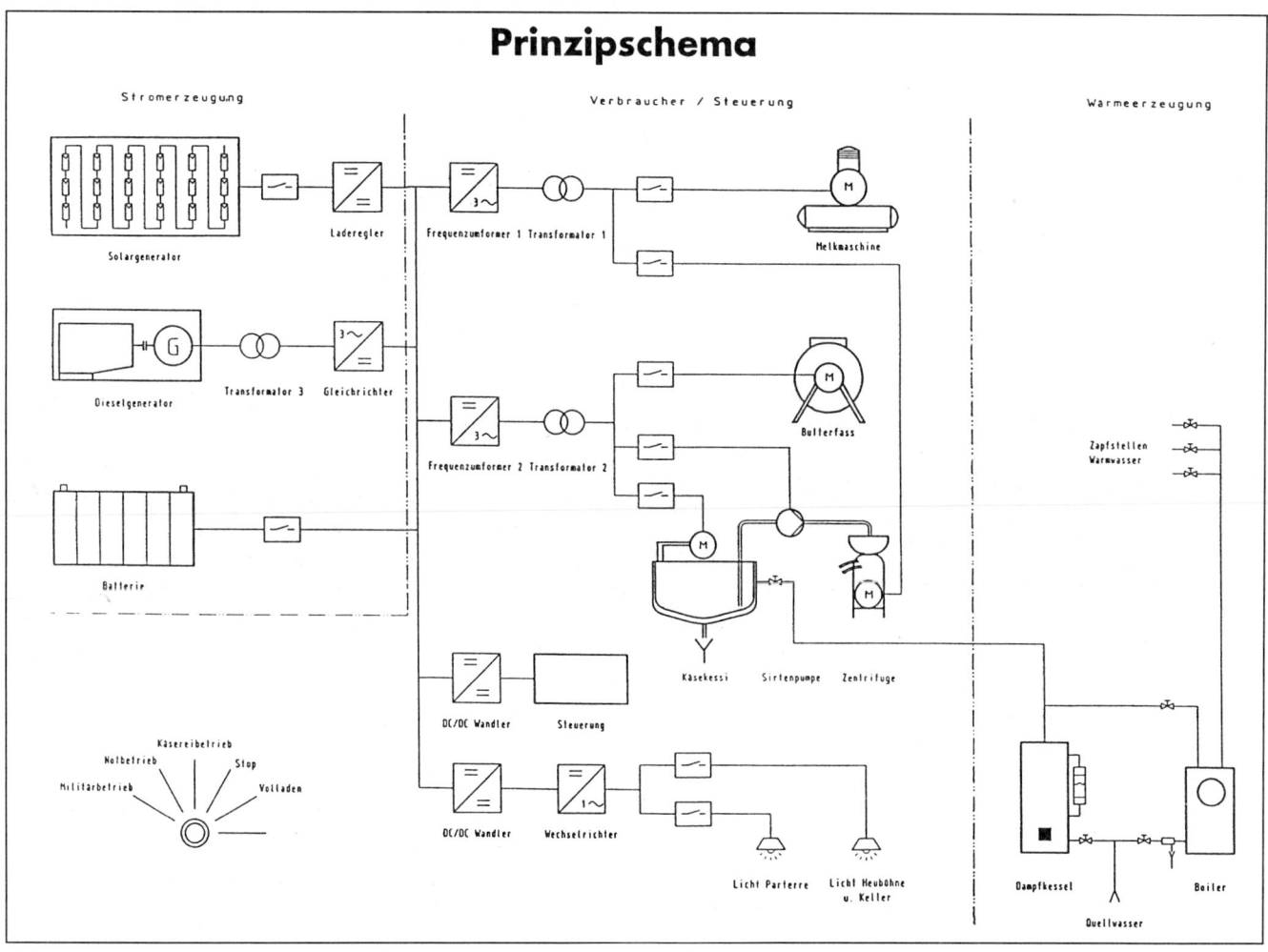

9.1.17 Blockschaltbild der Anlage Zettenalp.

nenfrei Solarstrom geliefert hat und den Strombedarf zu 90% deckt.

Vor kurzem wurde im bündnerischen Münstertal ein ähnliches Projekt realisiert, bei dem von den auf der Zettenalp gemachten Erfahrungen profitiert werden konnte. Im Münstertal gelingt es sogar, ohne Notstromaggregat auszukommen und den Energiebedarf zu 100% solar zu decken. Ähnliche netzferne Alpbetriebe, für die ein vergleichbares Energiekonzept in Frage käme, gibt es viele, und es ist zu hoffen, daß noch manche Alpgenossenschaft dem Beispiel der Zettenalp folgen wird. Denn eine Photovoltaik-Inselanlage paßt doch eigentlich nirgends besser hin aus auf eine Alp, kilometerweit entfernt vom öffentlichen Stromversorgungsnetz und nur im Sommer in Betrieb, also genau dann, wenn die Sonnenernte am größten ist.

9.2 Solarstrom für Hütten bzw. Wochenendhäuser

Ein Projekt aus den Bergen Österreichs

40 Millionen Menschen besuchen jährlich die Alpen. Ob das grandiose, aber äußerst sensible Refugium für Fauna und Flora dieser Belastung standhält, hängt wesentlich vom Verhalten dieser Besucher ab. Der schonende Umgang mit der Natur ist denn auch ein Hauptanliegen des Deutschen und des Österreichischen Alpenvereins. Sie haben deshalb in den achtziger Jahren gemeinsam ein „Jahrzehnt für den verstärkten praktischen Umweltschutz im Bereich von Hütten und Wegen" eingeläutet. Zum Konzept gehören die Beschränkung auf die einfachen Bedürfnisse des Bergsteigers, die Vermeidung von Abfall und die Umstellung der Energieversorgung der Alpenvereinshütten auf regenerative Energieträger. Heute werden ein Fünftel der rund 500 deutschen und österreichischen, vorwiegend netzfernen Berghütten mit Wasserkraft, Wind- oder Sonnenenergie versorgt. Bei zukünftigen Projekten kann also bereits auf ein beachtliches Erfahrungspotential zurückgegriffen werden. 1985 aber, als für das österreichische Hochleckenhaus eine Photovoltaikanlage gebaut wurde, kam dieser noch Pioniercharakter zu.

Solargenerator zu groß dimensioniert?

Von Steinbach am Attersee aus erreicht der Berggänger das auf 1573 m über Meer gelegene Hochleckenhaus im oberösterreichischen Höllengebirge nach zweistündiger Wanderung. Für den Materialtransport steht eine Seilbahn mit Dieselmotorantrieb zur Verfügung. Gekocht wird mit Gas, und an kühlen Herbsttagen wärmt ein Holzofen die heimelige Gaststube. Die Hauptrolle im Energiekonzept spielt jedoch die Solartechnik – ein Solargenerator versorgt seit 1985 Energiesparlampen und elektrische Küchengeräte mit Strom.

Bei der Planung der Photovoltaikanlage galt es, dem alpinen Umfeld gerecht zu werden. Anlagen, die im Winter nur über lawinengefährdete Schneefelder zu erreichen sind, müssen mit besonders zuverlässigen Komponenten ausgerüstet sein. Beim Montagekonzept sind die hohen Windgeschwindigkeiten, bei der Wahl der Batterien die tiefen Temperaturen zu berücksichtigen. Weil die Dachflächen des Hochleckenhauses zu klein respektive nicht nach Süden ausgerichtet waren, entschieden sich die Planer für die freie Aufständerung. Als idealer Standort für die Inselanlage erwies sich eine Hügelkuppe südlich des Seilbahnhauses, die durch den Wind auch im Winter fast schneefrei bleibt.

Als nächstes war die heikle Frage nach der richtigen Dimensionierung zu beantworten. „Die Abschätzung des zu erwartenden Stromverbrauchs ist eine der schwierigsten Aufgaben für den Planer einer Photovoltaik-Inselanlage", meint dazu Ingenieur Heinrich Wilk, der für die Oberösterreichischen Kraftwerke arbeitet und damals als Projektleiter zeichnete. Zuallererst galt es, durch das Umstellen auf Energiesparlampen den Stromverbrauch zu reduzieren. Das Schaltkonzept sah sodann vor, alle Leuchten in Gaststube und Schlafräumen direkt mit 24 V Gleichspannung zu versorgen und mit individuellen Vorschaltgeräten auszustatten. Auf diese Weise können beim Betrieb von nur wenigen Leuchten – bei Schlechtwetter und geringer Besucherzahl – die relativ hohen Verluste eines größeren zentralen Wechselrichters vermieden werden. Die Glühbirnen in den Schlafräumen sind mit einer Zeitschaltuhr gekoppelt. Für die Küchengeräte und einige Steckdosen wurde ein 1 kW-Wechselrichter installiert. Das Gerät (Lieferant: SunPower, Frankfurt) wird bei Bedarf von Hand eingeschaltet und hat sich als sehr robust erwiesen – trotz zahlreicher Gewitter fiel es während sieben Jahren nur einmal aus.

Nach Durchführung der beschriebenen Stromsparmaßnahmen schätzten die Planer den durchschnittlichen täglichen Elektrizitätsverbrauch auf 1,5 bis 2 kWh. Allerdings war bei der Anlagendimensionierung auch den hohen Verbrauchsspitzen an sonnigen Wochenenden Rechnung zu tragen. Schließlich wurden 50 Module mit insgesamt 1920 W Spitzenleistung instal-

9.2.1 Eine der ersten größeren Inselanlagen Österreichs wurde 1985 für eine Alpenvereinshütte gebaut.

9.2.2 Die Bleibatterie hat eine Lebensdauer von 8 Jahren erreicht.

liert. Die gewählte Generatorneigung von 40° gewährleistet im Betriebszeitraum von April bis Ende Oktober eine maximale Energieernte. Die Praxis hat inzwischen gezeigt, daß die Photovoltaikanlage für das Hochleckenhaus eher zu groß dimensioniert ist. Strom war stets genug vorhanden, auch während der längsten sommerlichen Schlechtwetterperiode von

Anlageneigentümer/
Planer: Oberösterreichische Kraftwerke, A-4021 Linz
Betreiber: Österreichischer Alpenverein, A-6010 Innsbruck
Photovoltaik: AEG-Austria, A-1200 Wien
Baujahr: 1985
Installierte
Leistung: 2000 Watt

neun Tagen. In dieser Zeit kamen nur wenige Gäste, und Hüttenwirt Karl Höller ging mit der verfügbaren Energie besonders behutsam um. Erwiesen ist, daß sich die großzügige Dimensionierung der Anlage günstig auf die Batterielebensdauer ausgewirkt hat.

Verhängnisvolle Blitzschläge
Als Stromspeicher wurde eine Varta-Bleibatterie gewählt. Sie ist, zusammen mit dem Reglerschrank, im Seilbahngebäude untergebracht. Die Leitung zu den Verbrauchern im 30 m entfernten Hochleckenhaus wurde als Erdkabel über den Hüttenvorplatz geführt. Die tiefen Wintertemperaturen übersteht die Batterie nur im geladenen Zustand schadlos. Im Winter 1988 mußten Alfred Häupl und Siegfried Wiborny, die beiden Alpinspezialisten der Oberösterreichischen Kraftwerke, trotz Lawinengefahr ausrücken, um die Batterie vor einer drohenden Tiefentladung zu retten. Seit August 1993 sind zwei Akkumulator-Einheiten defekt, weshalb die Batterie 1994 ersetzt wurde. Alles in allem betrachtet, hat sie aber den Härtetest erfolgreich bestanden; die acht Betriebsjahre übertreffen die übliche Lebensdauer von Solarbatterien um das doppelte. Mehr Ärger als die Minustemperaturen verursachten Blitzschläge. Trotz Blitzschutzmaßnahmen – so wurden etwa alle metallischen Konstruktionsteile des Solargenerators geerdet – mußten jedes Jahr beschädigte Anlagenkomponenten ausgetauscht werden. Die Reglerelektronik war bevorzugtes Opfer von Überspannungen. Nach dem Einbau von zusätzlichen Blitzschutzfiltern in die Lastleitung treten die Schäden seltener auf.

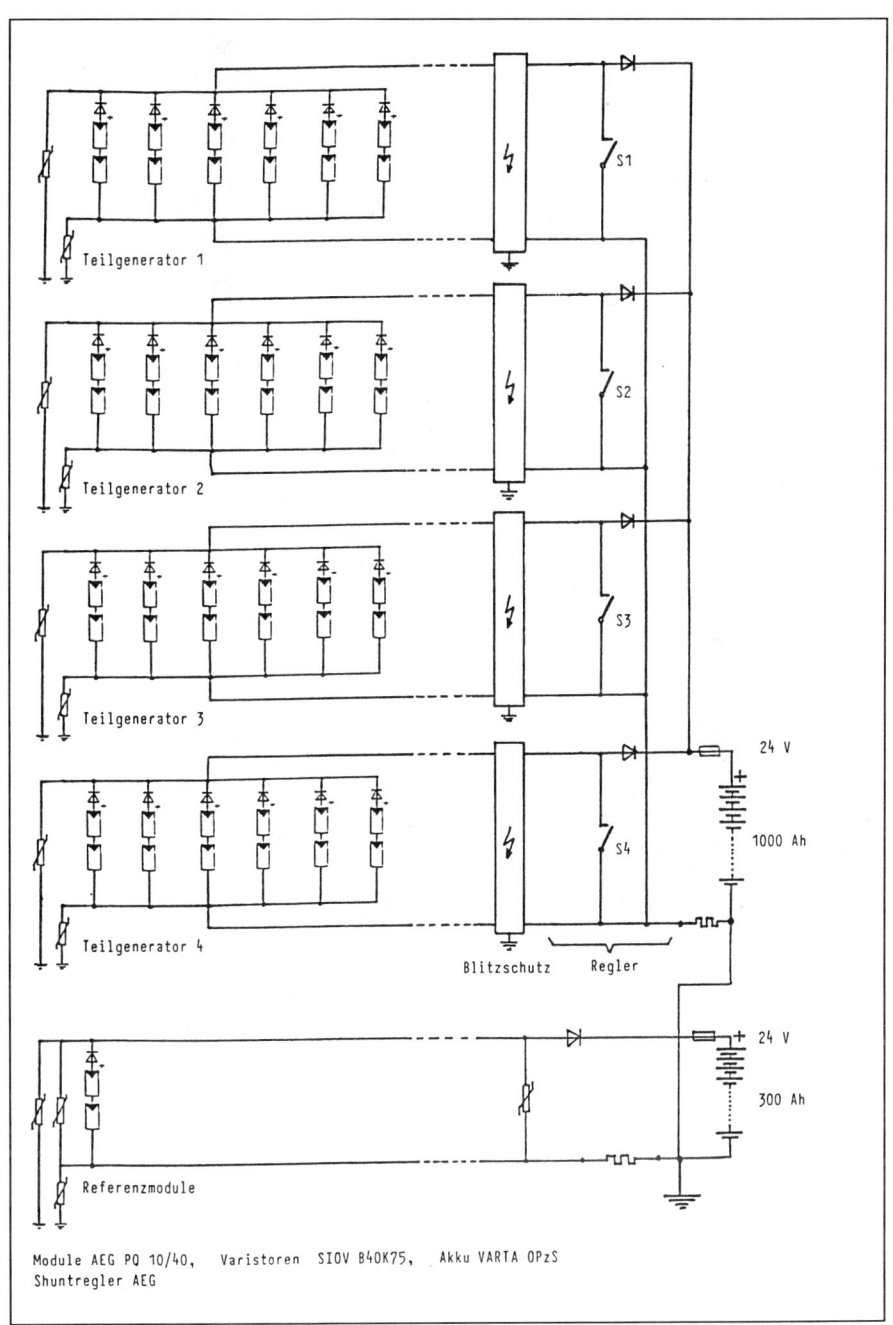

Teilgenerator 1

Teilgenerator 2

Teilgenerator 3

Teilgenerator 4

S1

S2

S3

S4

24 V

1000 Ah

Blitzschutz   Regler

24 V

300 Ah

Referenzmodule

Module AEG PQ 10/40,   Varistoren SIOV B40K75,   Akku VARTA OPzS
Shuntregler AEG

9.2.3
Blockschaltbild der PV-Anlage
Hochleckenhaus (OKA).

241

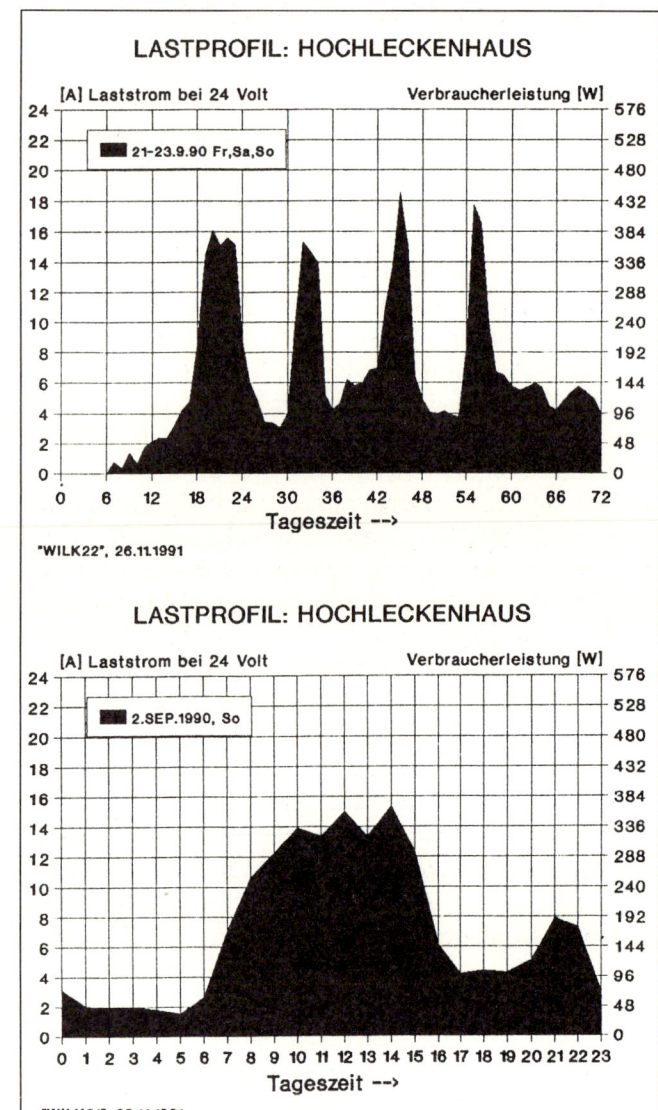

LASTPROFIL: HOCHLECKENHAUS

[A] Laststrom bei 24 Volt   Verbraucherleistung [W]

21-23.9.90 Fr,Sa,So

Tageszeit -->

"WILK22", 26.11.1991

LASTPROFIL: HOCHLECKENHAUS

[A] Laststrom bei 24 Volt   Verbraucherleistung [W]

2.SEP.1990, So

Tageszeit -->

"WILK21", 26.11.1991

9.2.4 Lastprofil Hochleckenhaus.

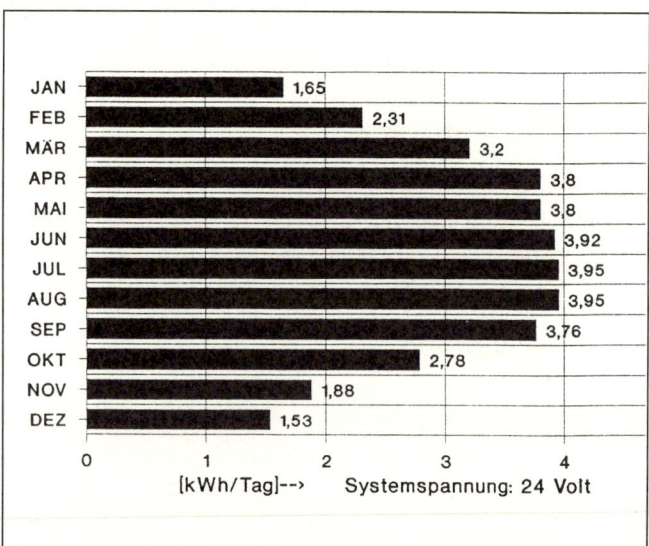

JAN	1,65
FEB	2,31
MÄR	3,2
APR	3,8
MAI	3,8
JUN	3,92
JUL	3,95
AUG	3,95
SEP	3,76
OKT	2,78
NOV	1,88
DEZ	1,53

[kWh/Tag]-->   Systemspannung: 24 Volt

9.2.5 Prognostizierter Solarstromertrag der PV-Anlage
Hochleckenhaus (1843 W_p), berechnet mit PVcalc.

Nach beinahe zehnjähriger Projektbegleitung zieht Heinrich Wilk eine positive Bilanz: „Die Photovoltaikanlage stößt bei den Besuchern auf Sympathie und Interesse. Durch die engagierte Mitarbeit von Hüttenwirt Karl Höller konnten viele kleine Pannen rechtzeitig behoben werden. Ich selbst konnte einiges über das tägliche Leben in einer alpinen Gegend lernen. Die Schwierigkeiten bei der Energie- und Wasserversorgung sind mir verständlicher geworden. Um den umweltfreundlichen Betrieb der Schutzhütten auf Dauer gewährleisten zu können, müssen Gesamtenergiekonzepte erstellt und umgesetzt werden. Darin sollte auch eine optimale Gebäudehülle und thermische Sonnenenergienutzung enthalten sein. Die für den Materialseilbahnbetrieb vielerorts unerläßlichen Diesel- oder Flüssiggasmotoren sollten in das Energiekonzept eingebunden werden."

9.3 Autonome Versorgung eines Energiespar-Wohnhauses

Das Wohn-Laboratorium

1987 legte der Leiter des Fraunhofer-Instituts für Solare Energiesysteme, Adolf Goetzberger, einer kritischen Zuhörerschaft sein Konzept vor: Er wollte in Freiburg ein Haus bauen, das keinen Schornstein, keinen Heizungskeller, keinen Gas- und keinen Stromanschluß braucht. Ein Haus, das aber trotzdem den heute üblichen Wohnkomfort bietet. Ein High-Tech-Sonnen-Haus.

1,6 Millionen für einen Traum
1992 wurde Goetzbergers Traum mit der Fertigstellung des energieautarken Solarhauses Realität. Es kostete – einschließlich Technik – 1,6 Millionen Mark, obwohl die Stadt Freiburg das Grundstück in Erbpacht zur Verfügung stellt. Kritische Stimmen wurden laut: „So ein Haus kann sich ja doch keiner leisten." Oder: „In Freiburg steht eine Forschungsruine." Ganz von der Hand zu weisen ist die Kritik am stolzen Vorzeigeobjekt nicht. Trotzdem ist sie nur teilweise gerechtfertigt. Denn das Fraunhofer Institut mußte enorme Pionierarbeit leisten und vor Baubeginn erst ein aufwendiges saisonales Energiespeichersystem auf der Basis von Wasserstoff entwickeln.
Goetzberger stellt denn auch klar: „Das Haus ist kein Prototyp, der morgen schon von jedermann gebaut werden kann, sondern es soll zeigen, daß das Ziel der Energieautarkie überhaupt erreicht werden kann. Obwohl diese heute noch nicht wirtschaftlich ist, werden wir viele Techniken an diesem Gebäude testen können, die schnell in die Praxis übergeführt werden können."
Der Entwurf der Architekten zeigt ein zweigeschossiges, vollständig unterkellertes Gebäude in Massivbauweise. Die Grundrißform beschreibt ein nach Süden orientiertes Kreissegment; durch das auf der Nordseite auskragende Treppenhaus werden die Stockwerke erschlossen. Fünf Zimmer, Küche und Nebenräume verteilen sich mit einer Wohnfläche von 145 m² auf die beiden Geschosse.
Alle Außen- und Innenwände des Gebäudes werden aus massivem Kalksandstein gemauert. So entsteht ein Gebäude, das durch seine große Wärmespeicherfähigkeit für die passive Solarenergienutzung geschaffen ist. Die nach Süden orientierten Fenster wirken während des Tages als Sonnenfänger.

Energiespeicher für den Winter
Auf dem Flachdach wird ein 40° geneigtes Stahltragwerk für die Photovoltaikanlage und die Warmwasserkollektoren aufgestellt. Die 84 Module mit monokristallinen Solarzellen werden im Juli 1992 montiert, bedecken eine Fläche von 36 m² und liefern jährlich etwa 4 500 kWh elektrische Energie. Das sommerliche Strahlungsüberangebot wird mit Hilfe eines sogenannten Elektrolyseurs zur Erzeugung von solarem Wasserstoff und Sauerstoff genutzt. Gespeichert werden die Gase in Tanks neben dem Haus; der Sauerstoff-Tank verbirgt sich unter der Erde, so daß nur der 15 m³ große Behälter für den Wasserstoff sichtbar ist. Direkt mit Wasserstoff betrieben wird ein als Zusatzheizung dienender Wasserstoffbrenner, der aber nur an extrem strahlungsarmen Wintertagen in Betrieb ist. Ansonsten garantiert die konsequente Solararchitektur mit passiver Sonnenenergienutzung via Fenster und Fassaden ausreichende Raumtemperaturen. Außer für die Heizung kann der Wasserstoff auch zum Kochen genutzt werden: ein handelsüblicher Gasherd wurde entsprechend umgerüstet. Nicht direkt genutzter Wasserstoff kann mit Hilfe einer Brennstoffzelle in Elektrizität und Wärme zurückverwandelt werden.

Projekt:	Solarhaus Freiburg
Bauherrschaft:	Fraunhofer-Institut für Solare Energiesysteme, D-79110 Freiburg
Architekt:	Planerwerkstatt Hölken + Berghoff, D-79279 Vörstetten
Baujahr:	1992
Installierte Leistung:	4 200 Watt

Probleme mit der Brennstoffzelle

Das Haus wird seit der Einweihung von Wilhelm Stahl, einem Mitarbeiter des Fraunhofer-Instituts, seiner Frau Heike und seinem Sohn Jacob bewohnt. Die Familie hat sich im neuen Haus gut eingelebt. Die wärmegedämmten Wände, die Lüftungsanlage und niedrige Raumlufttemperaturen schaffen ein Wohnklima, das als angenehm empfunden wird. Der Photovoltaikgenerator arbeitet zuverlässig, und alle elektrischen Geräte funktionieren einwandfrei.

Nachdem im Sommer 1992 durch den Baustellenbetrieb eine Wasserstoffproduktion ausgeschlossen war, wurden Wasserstoff- und Sauerstofftank im Oktober 1992 mit gekauften Gasen gefüllt, um den Betrieb über den Winter zu ermöglichen. Die Zusatzheizung und der Wasserstoffherd haben zufriedenstellend funktioniert. Der Elektrolyseur wurde probeweise betrieben; und sobald die Einstrahlungswerte im Frühling genügend hoch waren, begann wie geplant die Wasserstoffproduktion. Die Brennstoffzelle, die den nicht direkt verwendeten Wasserstoff und Sauerstoff in Strom und Wärme hätte zurückverwandeln sollen, funktionierte hingegen nur wenige Tage.

Das Beispiel der ausgefallenen Brennstoffzelle zeigt, daß der Know-how-Transfer zwischen hochkomplizierter Weltraumtechnologie und praktischer Anwendung auf der Erde ein schwieriges Unterfangen ist. Überhaupt steckt die praktische Umsetzung wissenschaftlicher Erkenntnisse im Bereich der Wasserstofftechnologie noch in den Kinderschuhen. Pilotprojekte, die praktische Erfahrungen mit dieser wichtigen Technologie ermöglichen, sind also sinnvoll, auch wenn sie notgedrungen viel Geld verschlingen.

9.3.1 Es soll beweisen, daß die Nutzung der Solarenergie auch in Mitteleuropa nicht nur für die Anwendung bei Taschenrechnern tauglich ist: das energieautarke Haus in Freiburg. Bild: Nick Brändli

9.3.2 Sonnenkollektoren, zusammen mit den PV-Modulen in die Dachfläche integriert, sorgen für die Warmwasseraufbereitung.

DAS ELEKTRISCHE SYSTEM

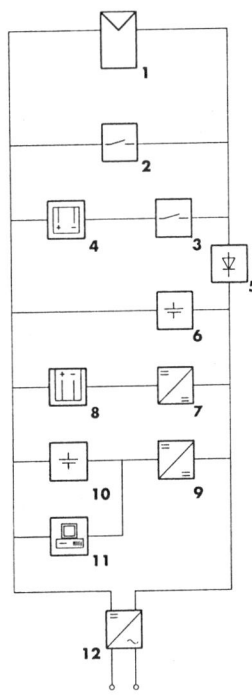

1 Solarmodule
2 Laderegler
3 Stromregler
4 Elektrolyseur
5 Diode
6 Hauptbatteriesatz
7 DC/DC-Wandler 48/12 V
8 Brennstoffzelle
9 DC/DC-Wandler 48/22 V
10 Reservebatteriesatz
11 Prozeßleittechnik
12 Wechselrichter

Solargenerator:
- 84 rahmenlose Module mit je 36 monokristallinen Siliciumzellen
- Fabrikat Siemens M 50
- 3.5 Module in Serie
- Modulfläche 36 m²
- Solarzellenfläche 30 m²
- Spitzenleistung 4.2 kWpeak
- Modulausrichtung Süd
- Modulneigung 40 °

Hauptbatteriesatz:
- 48 Bleibatterien mit je 2 V, 200 Ah
- 24 Batterien in Serie
- Systemspannung 48 V
- Nennkapazität 19.2 kWh

Notstromversorgung der Prozessleittechnik:
- 11 Bleibatterien mit je 2 V, 75 Ah
- 11 Batterien in Serie Systemspannung 22 V
- Nennkapazität 1.65 kWh

Wechselrichter:
- Fabrikat Top Class
- Sinuswechselrichter
- Nennleistung 3 kW

DAS WASSERSTOFF/SAUERSTOFF SYSTEM

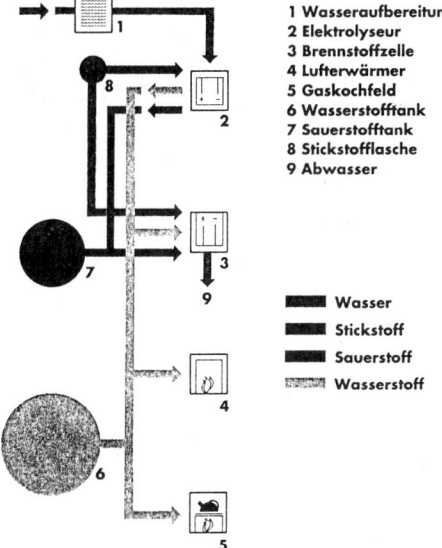

1 Wasseraufbereitung
2 Elektrolyseur
3 Brennstoffzelle
4 Lufterwärmer
5 Gaskochfeld
6 Wasserstofftank
7 Sauerstofftank
8 Stickstofflasche
9 Abwasser

- Wasser
- Stickstoff
- Sauerstoff
- Wasserstoff

Elektrolyseur:
- ISE-Eigenentwicklung
- 30-zelliger Membran-Druckelektrolyseur
- Nennleistung 2 kW
- Betriebsdruck 0-30 bar
- Stromaufnahme 0-90 A
- max. Gasproduktion 1200 Nl/h H_2, 600 Nl/h O_2
- Betriebstemperatur 80 °C

Brennstoffzelle:
- ISE-Eigenentwicklung
- 14-zellige alkalische Brennstoffzelle
- Nennleistung 0.5 kW
- Elektrolyt 30%-tige Kalilauge
- Nickel-Gasdiffusionselektroden
- Betriebstemperatur 70 °C

Wasserstoffspeicher:
- Volumen 15 m³
- Betriebsdruck 30 bar
- Energieinhalt 1436 kWh

Sauerstoffspeicher:
- Volumen 7.5 m³
- Betriebsdruck 30 bar

Herd:
- ISE-Eigenentwicklung
- 4-flammige Gaskochmulde 230 VAC Backofen
- 4 katalytische Diffusionsbrenner
- Nennleistung 2.6/1.7/1.7/1.0 kW

Lufterwärmer:
- ISE-Eigenentwicklung
- 2-stufiger katalytischer Diffusionsbrenner
- Nennleistung 0.5/1.5 kW
- Einbau im Luftkanal
- autom. Taktfunkenzündung

9.3.3 Blockschaltbild der elektrischen Anlage und des Wasserstoff-Sauerstoff-Systems.

Quelle: ISE, Freiburg

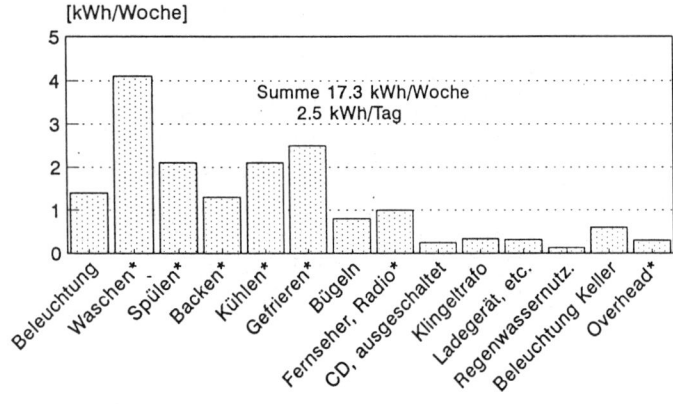

[kWh/Woche]

Summe 17.3 kWh/Woche
2.5 kWh/Tag

9.3.4 Wechselstromverbrauch im energieautarken Solarhaus in der 15 KW 1993 (12. - 18.4.), gemessene Verbräuche sind mit * gekennzeichnet.

9.4 Solarstrom ins Netz einspeisen

Strom vom Garagendach

Die Photovoltaik-Anlage auf einem Garagendach in Haiger-Weidelbach zeichnet sich auf den ersten Blick nicht durch besondere Merkmale auf. Es handelt sich um eine netzgekoppelte, aufgebaute Standard-Anlage mit einer für Privathäuser durchaus üblichen Spitzenleistung von 3320 Watt. Der Photovoltaik-Generator entspricht denn auch ziemlich genau den Anlagen, die im Rahmen des 1000-Dächer-Programms mit einem Baukostenzuschuß von 70% gefördert wurden. Nur profitierte der Generator in Weidelbach nicht vom Bundesförderprogramm, sondern wurde vom Land Hessen entsprechend dem hessischen Energiegesetz zu 50% bezuschußt. Außerdem gewährte die Elektrizitäts -AG Mitteldeutschland (EAM) einen Beitrag in der Höhe von 1000 DM pro kW installierter Leistung. Aber wenn auch die Anlage von ihrer Beschaffenheit, Größe und Montage her nichts Außergewöhnliches an sich hat, etwas zeichnet sie doch vor den anderen aus: Der Weidelbacher Solargenerator ist nämlich einer der bestdokumentierten überhaupt. Gerhard Deltau hat minutiös Buch geführt und Materialwahl, Montage und Meßergebnisse im Rahmen einer Studienarbeit

an der Gesamthochschule Kassel [9] genau beschrieben. So aufschlußreich diese technischen Details sind, so sind doch nicht sie das Interessanteste an seinem Bericht, sondern das, was am Rande erwähnt oder zwischen den Zeilen zu lesen ist.

In Weidelbach wurde nämlich eine abstrakte Größe für eine ganze Familie faßbar, hier erlebte man hautnah, was es heißt, die Edelenergie „Strom" zu gewinnen und mit ihr umzugehen. Die Fleißarbeit von Gerhard Deltau zeigt, daß die Planung und der Bau einer Photovoltaik-Anlage ganz nebenbei zu einem bewußteren Umgang mit Elektrizität erzieht. So wird sich derjenige, der auf seinem Dach Solarstrom produzieren will, bereits vorher überlegen, wo im Haushalt Energie eingespart werden kann. Familie Deltau hat vor dem Bau des Solargenerators die Beleuchtung fast komplett auf Kompaktleuchtstofflampen – sogenannte Energiesparlampen – umgestellt, eine Waschmaschine mit Warmwasseranschluß und einen Kühlschrank ohne Gefrierfach angeschafft und die Umwälzpumpe der Heizung mit einer Zeitschaltuhr versehen.

Durch diese Maßnahmen konnte der Stromverbrauch von 5100 kWh im Jahr 1986 auf 4200 kWh im Jahr 1991 reduziert werden, und dies, obwohl die Familie in dieser Zeit größer ge-

246

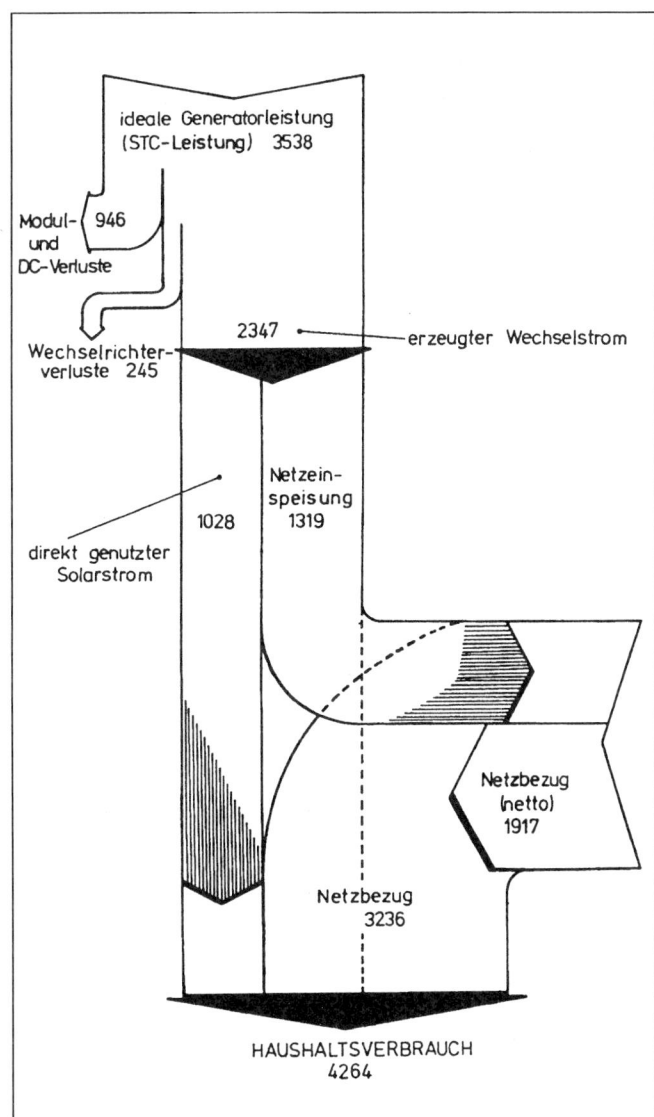

ideale Generatorleistung
(STC-Leistung) 3538

Modul-
und 946
DC-Verluste

Wechselrichter-
verluste 245

2347 ─── erzeugter Wechselstrom

direkt genutzter
Solarstrom

1028

Netzein-
speisung
1319

Netzbezug
(netto)
1917

Netzbezug
3236

HAUSHALTSVERBRAUCH
4264

9.4.1 Energieflußdiagramm für das erste Betriebsjahr (alle Angaben in kWh): Aus dem Verhältnis von erzeugtem Wechselstrom (2347 kWh) zum idealen Generatorertrag (3538 kWh)
errechnet sich ein Leistungsfaktor von 66,3% (Performance
Ratio).

9.4.2 Die Photovoltaikanlage auf dem Garagendach im Vordergrund und die thermischen Kollektoren auf dem Wohnhaus
der Familie Deltau.

9.4.3 Die Dachhaken zur Befestigung der Module wurden direkt
auf den Sparren geschraubt.

247

9.4.4 Die fertigen Modulfelder werden montiert.

Projekt:	Netzgekoppelte PV-Anlage (3,3 kW)
Bauherrschaft:	Gerhard Deltau, D-35708 Haiger-Weidelbach
Photovoltaik:	Wagner + Co. Solartechnik, D-35091 Cölbe
Baujahr:	1991
Installierte Leistung:	3.320 Watt

worden ist: 1987 und 1988 kamen die beiden Söhne Felix und Moritz zur Welt, so daß nun fünf Personen – neben der Familie lebt noch eine Altenteilerin unter dem gleichen Dach – zum Haushalt gehören.

Ungünstige Orientierung

Für die Installation der Photovoltaik-Anlage wurde das Dach der Doppelgarage neben dem Wohnhaus gewählt, obwohl dieses um 60° von der optimalen Südausrichtung abweicht. Die relativ ungünstige Orientierung ist vertretbar, weil dafür die Neigung mit 35° optimal ist und der Generator das ganze Jahr über ganztägig nicht beschattet wird. Der Minderertrag, im Vergleich zu einer Anlage mit optimaler südlicher Ausrichtung beträgt im Jahr ungefähr 7,5%.

Nach Kosten- und Qualitätsvergleichen fiel die Wahl Deltaus auf spanische BP-Module, die 1991, zur Zeit der Anschaffung, für 13,15 DM/W zu haben waren. Auch bei der Wahl des Wechselrichters stellte Gerhard Deltau Vergleiche an. Wechselrichterhersteller können in einer „Konformitätserklärung" versichern, daß ihre Geräte die Anforderungen der Elektrizitätswerke erfüllen. Neben dieser Konformitätserklärung, die vorhanden sein sollte, werden weitere wichtige, technische Anforderungen an einen Wechselrichter gestellt. Ein Elektroingenieur, der mit der Planung von Solaranlagen Erfahrung hat, kann bei der Wahl des Wechselrichters helfen. Als Energiefachmann klärte Gerhard Deltau die wesentlichen Punkte selber ab und wählte schließlich Geräte der Göttinger Firma Ufe mit der Typenbezeichnung „NEG 1500". Der Leistung der Photovoltaik-Anlage entsprechend wurden zwei Wechselrichter installiert.

Die Aufständerung

Um ein unkompliziertes Austauschen der insgesamt 64 Module zu gewährleisten, wurden diese in senkrechten Reihen angeordnet. Die Abstände zwischen den Reihen ermöglichen das Anlegen einer Leiter auf den Dachpfannen.

Für die Befestigung des Traggestells auf dem mit Betondachsteinen gedeckten Dach wurden Sparrenanker aus verzinktem Stahl verwendet. Sie haben die Form eines doppelten Z und ragen jeweils genau in einem „Tal" der Dachpfanne nach außen. Die Dichtigkeit des Daches wird nicht beeinträchtigt. Die Dachhaken wurden mit Schlüsselschrauben direkt auf den Sparren befestigt. Die eigentliche Tragkonstruktion für die Solarmodule besteht aus Aluminium-U-Profilen. Zunächst wurden auf den Dachhaken quer zur Sparrenrichtung 85 cm lange Profilstücke angebracht. An diesen wurden später 5 m lange Profilstücke parallel zur Sparrenrichtung befestigt, auf denen die Module bereits montiert waren. Die Module wurden also bereits vor der Dachmontage auf die langen Aluminiumschienen geschraubt und elektrisch verschaltet. Die fertigen Modulfelder wurden dann auf zwei Leitern über das Montagegerüst auf das Dach getragen. Dieses Vorgehen hat den Vorteil, daß die Montage in der Garage erfolgen konnte. Jeder Schritt, der nicht auf dem Dach ausgeführt werden muß, spart Zeit und verringert die Unfallgefahr. Da das Haus nicht mit einer Blitzschutzanlage versehen ist, wurden alle leitenden Teile (Modulrahmen, Befestigungskonstruktion, Modulanschlußkästen) über einen 16 mm² Kupferleiter an die Hauptpotentialausgleichsschiene angeschlossen und so geerdet.

Nach Abschluß aller Installationsarbeiten wurde die Anlage am 30. April 1991 in Absprache mit dem regionalen Elektrizitätswerk in Betrieb genommen. Die Messungen während des ersten Betriebsjahres haben ergeben, daß der Stromverbrauch der Familie Deltau zu rund 55% durch die Photovoltaik-Anlage gedeckt ist, wobei aber nur 24% unmittelbar vom Solargenerator bezogen werden. Dieses Ergebnis zeigt, daß hier ein Netzverbund sinnvoll ist: der nicht vorhandene Energiespeicher wird durch die Leistungsreserve der Kraftwerke ersetzt.

Hieraus folgt zwar, daß netzgekoppelte Photovoltaikanlagen Kraftwerke nur zum Teil ersetzen. Es gibt aber einige interessante Untersuchungen, zum Beispiel der Badenwerk AG, die sich damit beschäftigen, inwieweit viele über ein größeres Gebiet verteilte Solarkraftwerke im Mittel doch einen gleichmäßigen, kalkulierbaren Energiebeitrag zur gesamten Stromversorgung liefern und somit bei der Planung der Kraftwerksreserve berücksichtigt werden können.

Ländliche Idylle

Wer per Bahn durch die Ostschweiz fährt, in Brunnadern aus dem Bummelzug steigt und hinaufmarschiert zum Toggenburger Dörfchen auf 670 m über Meer, findet hier alles wie eh und je. Die Kirche steht hier noch im Dorf. Ein tiefblauer Septemberhimmel, weidende Kühe und die sich langsam herbstlich färbenden Wälder ringsherum vervollständigen die ländliche Idylle.

Wer sich aber von der Beschaulichkeit dieser Hügellandschaft irreführen läßt und darauf schließt, daß hier immer alles beim alten bleibt, der täuscht sich. Mindestens einer wohnt hier, der den Kopf nicht nur voller neuer Ideen hat, sondern diese auch verwirklicht. Als Architekt beschäftigt sich Hans-Ruedi Stutz schon seit 20 Jahren mit der Frage, wie sich möglichst umwelt-

9.4.5 Südansicht des Hauses mit großen Fenstern als Sonnenfänger. In der Dachmitte sind Sonnenkollektoren, links und rechts davon Photovoltaik-Module in hinterlüfteter Konstruktion direkt in die Dachhaut eingebaut.

Bauherrschaft:	Pia und Hans-Ruedi Stutz, CH-9125 Brunnadern
Photovoltaik:	Ernst Schweizer AG, CH-8908 Hedingen
Baujahr:	1992
Technik	
PV-Laminate:	Solution AG für Solartechnik, CH-4624 Härkingen
Einbau-konstruktion:	Ernst Schweizer AG, CH-8908 Hedingen
Solargenerator:	BP/monokristallin
Installierte Leistung:	3133 kW$_p$/DC
Wechselrichter:	3000 GRID, Topclass 3 kW
Elektrizitäts-verbrauch:	5800 kWh/a (6-Personen-Haushalt)
Produktion Solarstrom:	2700 kWh/a

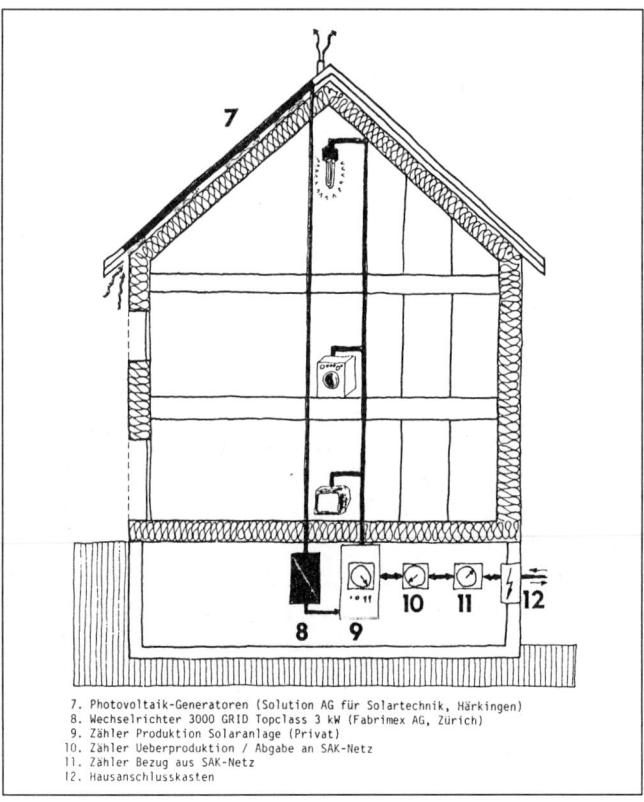

7. Photovoltaik-Generatoren (Solution AG für Solartechnik, Härkingen)
8. Wechselrichter 3000 GRID Topclass 3 kW (Fabrimex AG, Zürich)
9. Zähler Produktion Solaranlage (Privat)
10. Zähler Ueberproduktion / Abgabe an SAK-Netz
11. Zähler Bezug aus SAK-Netz
12. Hausanschlusskasten

9.4.6 Grafische Darstellung der solaren Stromversorgungsanlage.

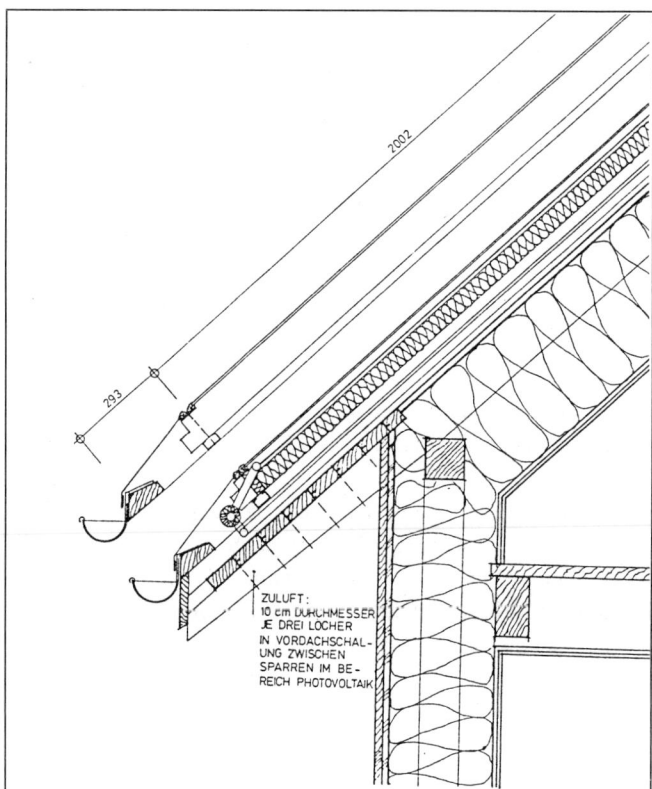

ZULUFT:
10 cm DURCHMESSER
JE DREI LÖCHER
IN VORDACHSCHAL-
UNG ZWISCHEN
SPARREN IM BE-
REICH PHOTOVOLTAIK

9.4.7 Dachaufbau im Schnitt: die Solarmodule (oben) und der
Sonnenkollektor (unten) sind in hinterlüfteter Bauweise
ausgeführt.
Im Technikraum sind von links nach rechts der wand-
integrierte Heizwasserspeicher, der Brauchwassererwärmer
mit Solarwärmetauscher und ein zweiter, kleinerer Heizwasserspeicher zu erkennen.

verträglich bauen läßt. Als es dann darum ging, für seine Familie ein neues Zuhause zu planen, tauchte die Idee des energieautarken Einfamilienhauses auf. Doch konnte ein solches unter
Einhaltung der bestehenden Bauvorschriften überhaupt realisiert werden? Dies abzuklären war das eine, die richtigen Fachleute zu finden das andere. Denn von dem Haus, das der Familie vorschwebte, gab es noch kein Vorzeigebeispiel, an dem man
sich hätte orientieren können.

Großer Besucherandrang
Heute steht das Haus und dient anderen als Vorzeigebeispiel.
So groß ist das Interesse, daß Pia Stutz sagt: „Wenn ich das
gewußt hätte, wäre ich mit den vier Kindern erst ein Jahr später

eingezogen!" Denn die vielen Besucher wollen nicht nur die
Photovoltaik-Anlage und die Sonnenkollektoren auf dem Dach
sehen – dies ist möglich, wenn man von der Terrasse aus einen
kleinen Hügel hinaufsteigt – sondern auch den Regenwasser-
speicher, die Einrichtungen zur Wärmerückgewinnung und die
Meßsysteme im Untergeschoß sowie das Warmluft-Cheminée
mit Wasserregister im Wohnzimmer...

An diesem strahlend schönen Septembertag produzieren die Solarzellen eifrig Strom, und Hans-Ruedi Stutz weist stolz auf den laufenden Zähler. Dieser zeigt an, daß gegenwärtig Solarstrom ins öffentliche Netz gespiesen wird. Bei schlechtem Wetter dagegen läuft der benachbarte Zähler; dann bezieht die Familie Strom vom regionalen Elektrizitätswerk. Die 3 kW-Photovoltaikanlage mit einer Fläche von 35 m² reicht nicht aus, um ein Gleichgewicht zwischen Lieferung und Bezug herzustellen. Von Juli 1992 bis Juli 1993 wurden rund 3100 kWh mehr bezogen, als geliefert werden konnten. Dieser Mehrbezug ist teilweise auf überdurchschnittlich viele Schlechtwettertage zurückzuführen. Außerdem haben Geschirrspül- und Waschmaschine in einem Haushalt mit vier kleineren Kindern natürlich oft Hochbetrieb.

Die Photovoltaik-Anlage auf dem Satteldach mit exakter Südausrichtung besteht aus 24 Modulen (Abmessungen: 1375 x 955 mm), wobei 12 Module links und weitere 12 rechts der zentral angeordneten thermischen Kollektoren installiert sind. Gewählt wurden Solarzellen aus monokristallinem Silizium der Firma BP. Geliefert wurden die in Spezialausfertigung produzierten Module von der Firma Solution im solothurnischen Härkingen. Den Wechselrichter der Marke 3000 GRID, der den solar erzeugten Gleichstrom in Wechselstrom umwandelt, lieferte das Zürcher Unternehmen Fabrimex. Um eine Überhitzung der Solarzellen zu vermeiden und die Leistung zu optimieren, wurden Photovoltaik-Anlage und Sonnenkollektoren in hinterlüfteter Konstruktion in die Dachhaut integriert.

30 Prozent Mehrkosten

Verglichen mit dem Preis für ein normales Haus mit ähnlichem Ausbaustandard entstanden beim Bau des Pionierhauses in Brunnadern Mehrkosten von rund 30%, wovon 17% auf die Photovoltaik-Anlage entfallen. Einen Teil der Mehrkosten übernimmt das schweizerische Bundesamt für Energiewirtschaft, weil das Haus als förderungswürdiges Pilot- und Demonstrationsprojekt anerkannt wurde.

Die Familie Stutz konnte das ursprünglich angestrebte Ziel, den Elektrizitätsbedarf solar zu decken, also nur teilweise erreichen. Im Bereich Heizen und Warmwasseraufbereitung hingegen

konnten die Wunschvorstellungen nahezu optimal verwirklicht werden. Die thermischen Kollektoren mit einer Fläche von 15 Quadratmetern erwärmen den Warmwasserboiler (500 l) und zwei Heizwasserspeicher (je 3000 l). Bei schlechter Witterung, wenn über die Kollektoren keine Wärme bezogen werden kann, kommt die Heizwärme aus den Speichern. Dank der äußerst guten Wärmedämmung der Bauhülle können auch im Winter ausreichende Raumtemperaturen ohne zusätzliches Heizen erreicht werden. Eine Lüftungsanlage verteilt die durch Sonneneinstrahlung und Apparate anfallende Wärme. Bei Bedarf wird die Luft über einen Wärmetauscher mit der Wärme aus dem Heizwasserspeicher zusätzlich vorgewärmt. Nur an Tagen mit Temperaturen um -10°C muß zusätzlich mit Holz geheizt werden. Hin und wieder mußte aber auch bei ausreichenden Raumtemperaturen angefeuert werden – um fehlendes Warmwasser aufzubereiten.

Aus diesem Grund antwortet Hans-Ruedi Stutz auf die Frage, was er heute anders machen würde: „Ich würde mehr thermische Kollektoren einbauen." Vielleicht sähe es gar nicht schlecht aus, wenn die ganze Fläche des Süddachs „solar" eingekleidet wäre?

Wer weiß, vielleicht findet Hans-Ruedi Stutz bald einen Bauherrn und Baubehörden, die einer solchen Variante gegenüber offen sind. Seit nämlich die Besucher zum Leidwesen seiner Frau so zahlreich in Brunnadern erscheinen, sind die Auftragsbücher der Architektur-Werkstatt Stutz voll. „Viele private Bauherren sind daran interessiert, Niedrigenergiehäuser zu bauen. Leider ist dies bei Großinvestoren weniger der Fall. Deshalb gibt es erst so wenige Mehrfamilienhäuser und Großüberbauungen, die mit Sonnenkollektoren und Photovoltaik-Anlagen ausgerüstet sind und die sich durch einen sehr niedrigen Energieverbrauch auszeichnen."

Raffinierter Solardachziegel

Das Haus von Familie Toggweiler in Mönchaltorf im Zürcher Oberland gehört zu den mittlerweile 10 Bauten in der Schweiz, deren Dächer teilweise mit Solardachziegeln gedeckt sind. Zie-

9.4.8 Das Haus der Familie Toggweiler mit den dachintegrierten Solardachziegeln (links) und den Warmwasserkollektoren (rechts).

9.4.9 Die Solardachziegel ersetzen die Tonziegel auf einer Fläche von 36 Quadratmetern.

Projekt:	PV-Anlage mit Solardachziegeln
Bauherrschaft:	Carmela und Peter Toggweiler, CH-8617 Mönchaltorf
Ingenieur:	PMS Energie AG, CH-8617 Mönchaltorf
Photovoltaik:	Newtec Plaston AG, CH-9435 Widnau
Baujahr:	1992

Technik

Solargenerator:	Solardachziegel SDZ 3000
Installierte Leistung:	3000 Watt
Wechselrichter:	Solcon 3300

Technische Daten des Solardachziegels

Spitzenleistung:	30 W
Leerlaufspannung:	13,9 V
Kurzschlussstrom:	2,9 A
Länge:	766 mm
Breite:	505 mm
Höhe:	51 mm
Dachlattenabstand (Lattweite):	35,5 cm
Gewicht:	6,0 kg

gel werden diese 77 x 50 cm großen Photovoltaik-Elemente deshalb genannt, weil sie wie Tonziegel direkt auf eine normale Dachlattung montiert werden können. Es handelt sich hier also nicht um einen Aufbau, sondern um eine integrierte Lösung – das Dach selbst ist die Photovoltaik-Anlage.

Welches sind die Vorteile dieser noch relativ seltenen und teuren Variante der Dachintegration? Der erste Pluspunkt liegt auf der Hand: Auf der solar eingedeckten Fläche werden die üblichen Dachelemente eingespart. Außerdem läßt sich die Montage schnell und einfach durch den Dachdecker ausführen. Auf einen weiteren Vorteil weist Peter Toggweiler hin: „Wenn bei aufgebauten Versionen Ziegel unter der Anlage aus irgendeinem Grunde beschädigt werden, ist es relativ aufwendig, den

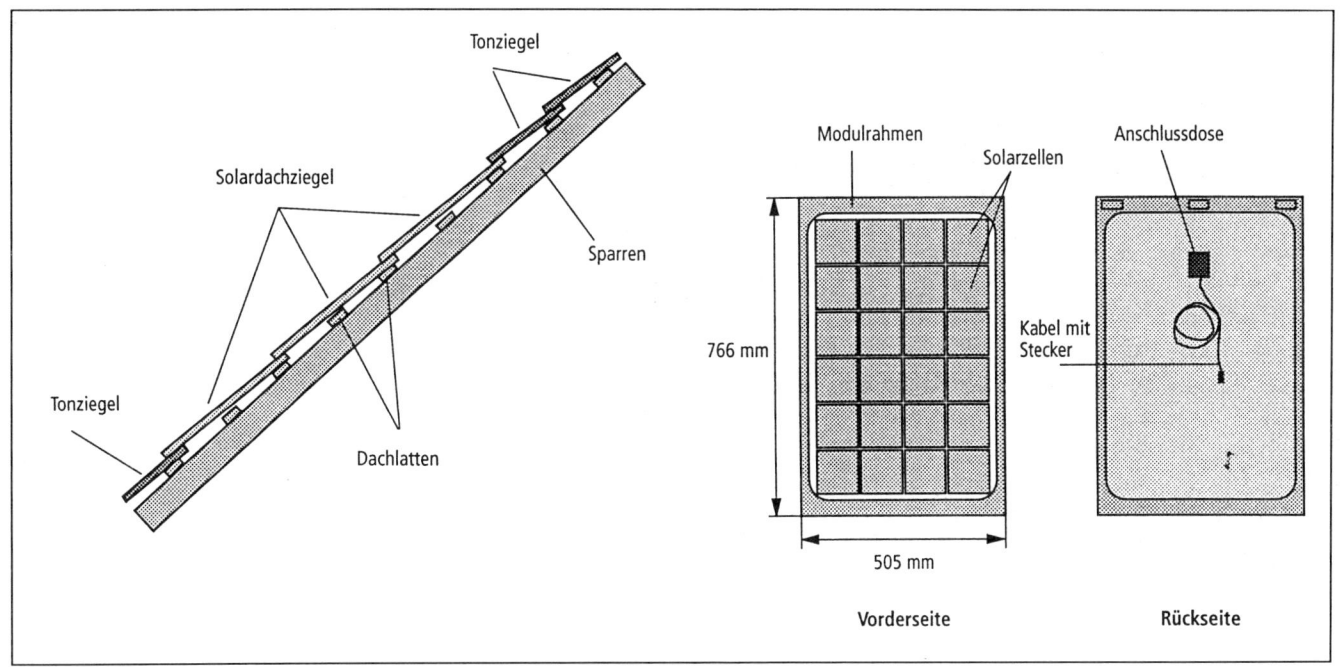

Tonziegel
Solardachziegel
Sparren
Tonziegel
Dachlatten

Modulrahmen
Solarzellen
Anschlussdose
766 mm
Kabel mit Stecker
505 mm
Vorderseite
Rückseite

9.4.10 Dachaufbau mit dem Solardachziegel (links) sowie Vorder- und Rückseite des Solardachziegels (rechts).

Schaden zu beheben. Ein einzelner defekter Solardachziegel kann hingegen jederzeit problemlos ersetzt werden." Diese Vorteile des erwiesenermaßen schlagregendichten Photovoltaik-Elementes sind so entscheidend und einleuchtend, daß der Solardachziegel bereits vor einigen Jahren als kleine Revolution gefeiert und dem raffinierten kleinen Generator eine große Zukunft vorausgesagt worden ist. Daß diese noch nicht angebrochen ist, hängt damit zusammen, daß sich die meisten Leute ein Solarziegeldach schlicht nicht leisten können.

Ein einzelnes Element kostet 400 Franken, was für eine 3 kW-Anlage Gesamtkosten von rund 55000 Fr. ergibt. Die in der Schweiz bis jetzt realisierten Anlagen wurden denn auch alle in irgendeiner Form subventioniert, diejenige von Familie Toggweiler als Pilot- und Demonstrationsprojekt vom schweizerischen Bundesamt für Energiewirtschaft und vom Kanton Zürich.

Altes Haus solar gedeckt

Carmela und Peter Toggweiler wohnen mit ihren drei Kindern so, wie es sich viele träumen, nämlich unweit des Arbeits- und Einkaufsorts Mönchaltorf, aber doch draußen im Grünen an einer Landstraße, auf der nur hin und wieder ein Auto vorbeifährt, so daß nicht nur der Vater seinen Arbeitsweg, sondern auch die Kinder ihren Schulweg gefahrlos mit dem Velo zurücklegen können. Das Dach des älteren Wohnhauses wurde 1992 saniert. Neben der Photovoltaik-Anlage wurden auf dem Süddach auch thermische Kollektoren installiert, die im Sommer den Warmwasserbedarf decken. Im Winter wird das fehlende Warmwasser durch den Holzofen aufbereitet. Die ans öffentliche Netz des kantonalen Elektrizitätswerkes angeschlossene 3 kW-Solaranlage produzierte innerhalb des ersten Betriebsjahres 2400 kWh Strom und deckte damit den Bedarf des 5-Personen-Haushalts fast zu 100%.

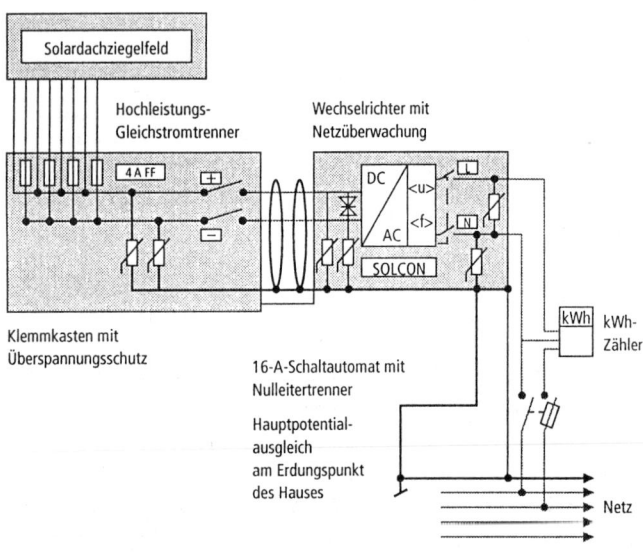

Klemmkasten mit
Überspannungsschutz

Hochleistungs-Gleichstromtrenner (Solardachziegelfeld, 4 A FF)

Wechselrichter mit Netzüberwachung (DC, AC, SOLCON)

16-A-Schaltautomat mit
Nulleitertrenner

Hauptpotential-
ausgleich
am Erdungspunkt
des Hauses

kWh kWh-Zähler

Netz

9.4.11 Prinzipschema der 3 kW-PV-Anlage im Haus Toggweiler.

Der von der Firma Newtec in Widnau hergestellte Solar-dachziegel aus Glas ist zum Schutz vor UV-Strahlung mit einer Farbe versetzt. Die Glasplatte mitsamt den einlaminierten Solarzellen ist nur knapp einen Zentimeter dick. Die „Bauhöhe" des ganzen Ziegels beträgt allerdings rund 5 cm, weil sogenannte Kopf- und Fußschlösser notwendig sind, um die Schlagregen-dichtigkeit zu gewährleisten. In der First-Trauf-Richtung über-lappt das Element rund 5,5 cm, die auf dem Dach sichtbare Länge beträgt 70 cm. Die verlegten Elemente bilden seitlich einen Zwischenraum von rund 1 cm, der mit einem Alu-Profil abgedeckt wird. Ein Solarelement ersetzt jeweils 5 konventio-nelle Ziegel. In Mönchaltorf konnten die 104 Solardachziegel

innerhalb eines einzigen Tag von zwei Handwerkern montiert werden. Weil der Dachboden nicht als Wohnraum, sondern le-diglich als Abstellraum dient, war keine zusätzliche Wärme-dämmung notwendig, so daß die Rückseite der Solarziegel und die Kabel, die den Strom in parallelen Strängen zum Wechsel-richter führen, von innen zu sehen sind. Den Wechselrichter Solcon 3300 der Firma Hardmeier Electronics, Winterthur, schätzt Peter Toggweiler nach gut einjährigem Betrieb als zu-verlässig ein.

Achtung Kondenswasser!

Eine wichtige Frage, die bei jeder Integration von Solarzellen in die Gebäudehülle zu klären ist, lautet: Ist das Problem der Kondenswasserbildung gelöst? Nachdem sich die Photovoltaik-Module an einem heißen Tag stark erwärmt haben, bildet sich bei Temperaturrückgang auf der Innenseite nämlich Kondens-wasser, und wenn diese Feuchtigkeit nicht durch einen Luft-strom rechtzeitig getrocknet wird, kann es – unbemerkt, weil unsichtbar – von den Photovoltaik-Elementen auf die darunter-liegende Dämmschicht tropfen. Deshalb muß das Dach hinter-lüftet sein, das heißt, zwischen der integrierten Photovoltaik-anlage und der Dachunterkonstruktion muß ein Zwischenraum vorhanden sein, durch den Luft zirkulieren kann. Im Haus Toggweiler gibt es keine Probleme mit dem Kondenswasser, weil die Solardachziegel frei liegen. Ein solches nicht gedämm-tes Dach ist aber nur vorstellbar, wenn die Dachböden nicht bewohnt und nicht geheizt werden, wie dies bei älteren Häu-sern oft der Fall ist. Wo die Dachräume als Wohnfläche genutzt werden, ist auf jeden Fall zwischen Wärmedämmung und Dach-ziegeln ein dichtes Unterdach sowie eine gute Hinterlüftung der Ziegel angebracht.

Noch wird an der technischen Optimierung des Solardachziegels gearbeitet, noch ist der Schritt hin zur Massenfertigung nicht gemacht. Die Preishürde ist hoch. Wird eine künftige Energie-steuer wohl bald dazu beitragen, den Teufelskreis „keine Mas-senproduktion, weil zu teuer – zu teuer, weil in Kleinserien fa-briziert" zu durchbrechen?

9.5 Solarkraftwerke

Sonnenstrom aus dem Braunkohlenrevier

In der Region Köln steht eines der größten Sonnenkraftwerke Europas. Seit dem 5. September 1991 liefert die Photovoltaik-Anlage bei Frimmersdorf am Neurather See Strom, der in das öffentliche Versorgungsnetz eingespeist wird. Die Anlage mit einer Spitzenleistung von 360 kW produzierte im Jahre 1992 270 000 kWh, was ungefähr dem Verbrauch von 70 Haushalten entspricht. Das Neurather Solarkraftwerk ist die zweite Groß-anlage im Rahmen des 1 MW-Photovoltaikprojektes der RWE Energie-Aktiengesellschaft.

Während bei der ersten Anlage in Kobern-Gondorf verschiedene Solarmodultypen, Wechselrichter und Tragstrukturen eingesetzt wurden, um Vergleiche zu ermöglichen, versuchte die Betreiberin beim zweiten Projekt die Kosten für die Photovoltaikanlage zu senken, ohne aber bei der Betriebssicherheit Abstriche in Kauf zu nehmen. Aus diesem Grund wurden in Neurath nur kristalline Solarmodule mit einem Wirkungsgrad von 9,5 bis 12% verwendet. Die Erfahrungen aus Kobern-Gondorf hatten nämlich gezeigt, daß amorphe Solarzellen, die heute einen Wirkungsgrad von 4 bis 6% erreichen, für den Einsatz in Großanlagen mit relativ hoher Spannung noch nicht geeignet sind.

Kostenreduktion durch Großmodule
Neben den konventionellen, etwa $0,5 m^2$ messenden Modulen wurden am Neurather See erstmals in Europa Großmodule verwendet, die gut $2 m^2$ groß sind. Ihr Einsatz ermöglicht beträchtliche Kostenreduktionen, da die Tragstrukturen mit einem geringeren Aufwand an Stahl und Beton erstellt werden können und der Montageaufwand reduziert wird. Während üblicherweise Modulflächen von 10 bis $30 m^2$ auf Tragstrukturen zusammengefaßt sind, konnten in Neurath Flächen von über $300 m^2$ realisiert werden. Möglich sind solche Konstruktionen jedoch nur in Hanglage. Der Standort am See ist also gut gewählt: Die steile Uferböschung mit südlicher Ausrichtung hat

Projekt:	Solarkraftwerk Neurather See
Bauherrschaft:	RWE Energie AG, D-45128 Essen
Photovoltaik:	Nukem GmbH, Alzenau, Solarex, Frankfurt, Deutsche Aerospace, Wedel, Siemens Solar, München
Baujahr:	1991
Install. Leistung	360 kW$_\mathrm{p}$

die für Solarzellen optimale Neigung und ermöglicht die gewünschten großflächigen Strukturen.

Netzgeführter Wechselrichter
In den 80er Jahren wurden beträchtliche Anstrengungen unternommen, um Wechselrichter zu entwickeln, die speziell auf dezentrale Photovoltaikanwendungen zugeschnitten sind. Für Großanlagen werden jedoch keine PV-spezifischen Wechselrichter angeboten. In diesem Bereich bieten sich Produkte an, die auf der Basis von konventionellen Stromrichtern an die besonderen Eigenschaften eines Photovoltaikgenerators und an den Netzparallelbetrieb angepaßt sind. Diese modifizierten Standardstromrichter aus der Antriebstechnik zeichnen sich durch einen guten Wirkungsgrad aus und haben außerdem den Vorteil, daß sie weitgehend von den günstigen Kosten der Serienfertigung profitieren. Der netzgeführte Wechselrichter mit einer sechspulsigen Thyristorbrücke, der in Neurath zur Umwandlung des solar erzeugten Gleichstroms in Wechselstrom gewählt wurde, ist ein solcher modifizierter Standardstromrichter.

Landfresser oder Teil einer Naturlandschaft?
Im Unterschied zu kleinen Photovoltaikanlagen an Fassaden oder auf Dächern sind Solarkraftwerke Landfresser, die, sofern nicht auf Sand oder Fels gebaut, oft Kulturboden in Anspruch nehmen. In Neurath sind es immerhin 1,4 Hektar, die zwar nicht

9.5.1 Eines der größten Solarkraftwerke Europas wurde im Herbst 1991 am Neurather See in Grevenbroich bei Köln in Betrieb genommen. Der PV-Generator besteht aus zwei Modulgruppen gleicher Leistung; die erste Gruppe ist aufgebaut aus 740 Großmodulen (Nukem) à 2,3 m² aus mono- und polykristallinen Zellen, die zweite Gruppe aus 3032 Standardmodulen der Hersteller Siemens, DASA und Solarex.

9.5.2 Die Anlage liegt im Rekultivierungsbereich des rheinischen Braunkohlenreviers.

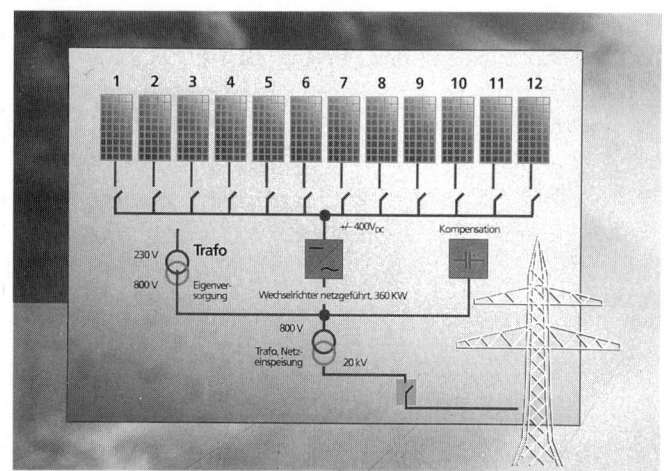

9.5.3 Das Blockschaltbild mit den 12 Solargeneratoren.

landwirtschaftlich genutzt, aber Teil eines Naherholungsgebiets sind, das seit 1987 besteht. Der durch den Braunkohletagbau entstandene See und seine nähere Umgebung wurden in jenem Jahr rekultiviert, die Uferhänge mit Bäumchen bepflanzt. Als dann 1990 der südliche Uferhang als Standort für das Sonnenkraftwerk gewählt wurde, mußte ein Teil dieser inzwischen dreijährigen Bäumchen umgepflanzt werden. Doch die Kraftwerkbetreiberin wollte sich nicht auf diese „Umforstung" beschränken und entwickelte ein begleitendes Ökoprogramm mit dem Ziel, die Photovoltaikanlagen in einen naturnahen und strukturreichen Lebensraum mit standorttypischen Pflanzen- und Tierarten einzubinden.

Zwar verhielten sich die Tiere dann nicht alle programmgemäß – so hat insbesondere die gefährdete Uferschwalbe noch nicht in der eigens für sie gebauten Nistwand gebrütet – doch andere Kleintiere und viele Pflanzenarten sind neu am See anzutreffen. Insbesonders die beiden Feuchtbiotope und sonnenexponierte Steinhaufen, die zwischen den Panels aufgeschichtet wurden, werden von verschiedenen zugewanderten Tieren bewohnt. So konnten im Juli 1993 sieben Heuschrecken- und sieben Schmetterlingsarten, mehrere große Pechlibellen und drei Lurchenarten, darunter die seltene Wechselkröte, beobachtet werden. Auch die Vögel der benachbarten Vogelschutzzone beziehen die Anlage in ihren Lebensraum ein. Der Entscheid, im Bereich der Module Magerrasen ohne Einsaat wachsen zu lassen, war ebenfalls sinnvoll. Zwar braucht diese natürliche Vegetation Zeit zur Entwicklung und sieht am Anfang für das an makellose, sterile Rasen gewohnte Auge enttäuschend aus. Aber dafür hat sich die Zahl der Pflanzenarten innerhalb von drei Jahren fast vervierfacht. Der Versuch, ein landfressendes Solarkraftwerk in ein Refugium für die bedrängte Tier- und Pflanzenwelt zu verwandeln, scheint also am Neurather See gelungen zu sein.

Kombiniertes Sonnen- und Windkraftwerk

Am 10. Oktober 1634 brach eine verheerende Sturmflut über Nordfriesland herein, turmhohe Wellen rasten über die Insel Alt-Nordstrand und ließen diese beinahe für immer von der Landkarte verschwinden. Über 6000 der 10000 Inselbewohner kamen damals ums Leben. Nur Bruchstücke der alten Insel konnten im Laufe der Jahre wiedergewonnen werden. Heute liegen diese Gebiete zum Teil unter dem Meeresspiegel und würden ohne Deichschutz untergehen. Auch die 34 km² große Insel Pellworm, ein Überbleibsel des versunkenen Alt-Nordstrand, ist von einem acht Meter hohen Deich umschlossen. Die flache Marscheninsel an der Westküste Schleswig-Holsteins ist landwirtschaftlich geprägt und hat 1150 Einwohner. In den letzten Jahren hat sich der Fremdenverkehr zum zweiten wirtschaftlichen Standbein der grünen Insel entwickelt; viele Gäste kommen zur Kur, andere einfach zum Ausspannen. Einer der Anziehungspunkte und obligater Etappenhalt auf den vom Inselverein „Ökologisch Wirtschaften" durchgeführten Fahrradtouren ist das Solar- und Windkraftwerk der Insel.

Stromversorgung des Kurzentrums
1980 veröffentlichte die Kommission der EG Ausschreibungen zur Entwicklung und zum Bau von Solarkraftwerken. Insgesamt wurden 17 Anlagen im Leistungsbereich von 30 bis 300 kW in Auftrag gegeben. Die 300 kW-Photovoltaikanlage war für Pellworm vorgesehen und damals mit Abstand das größ-

9.5.4   Sonnen- und Windenergienutzung auf Pellworm

Bauherrschaft:	Schleswag AG, D-24768 Rendsburg und
	Deutsche Aerospace AG, D-22876 Wedel
Photovoltaik:	Deutsche Aerospace AG, D-22876 Wedel

Technische Daten der Photovoltaik-Anlage

Baujahr:	1983	1992 Erweiterung
Leistung:	300 kWp	300 kWp
Module:	17568 Stück	6048 Stück
Gesamtfläche:	28000 m²	21000 m²
Bebaute Fläche:	16500 m²	9500 m²
Modulfläche:	4500 m2	3500 m2
Solarzellenfläche:	3500 m²	2420 m²
Wirkungsgrad:	8%	12%
Anstellwinkel:	40°	30°
Ertrag 1.1. - 1.10.93		146800 kWh
Kosten:	11,3 Mio. DM	7,5 Mio. DM

Technische Daten der Windkraftanlagen

Baujahr:	1989	1992
Typ:	HSW 30	Enercon 33
Leistung:	3 x 30 kW	300 kW
Windnachführung:	Lee, passiv	Luv, aktiv
Ertrag 1.1.-1.10.93	140000 kWh	721000 kWh
Kosten:	k.A.	1,2 Mio. DM

9.5.5 Ansicht der PV-Anlage und einer Windkraftanlage auf der Insel Pellworm.

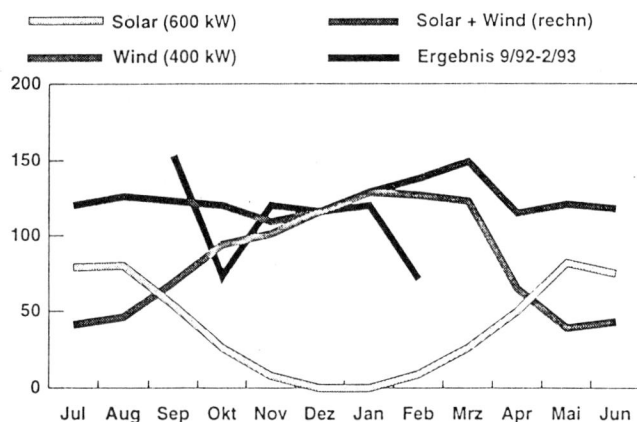

Solar (600 kW) — Solar + Wind (rechn)
Wind (400 kW) — Ergebnis 9/92-2/93

9.5.7 Die gleichzeitige Nutzung von Sonnen- und Windenergie führt zu einer Verstetigung der Stromproduktion.
Quelle: BINE-Projekt-Info-Service

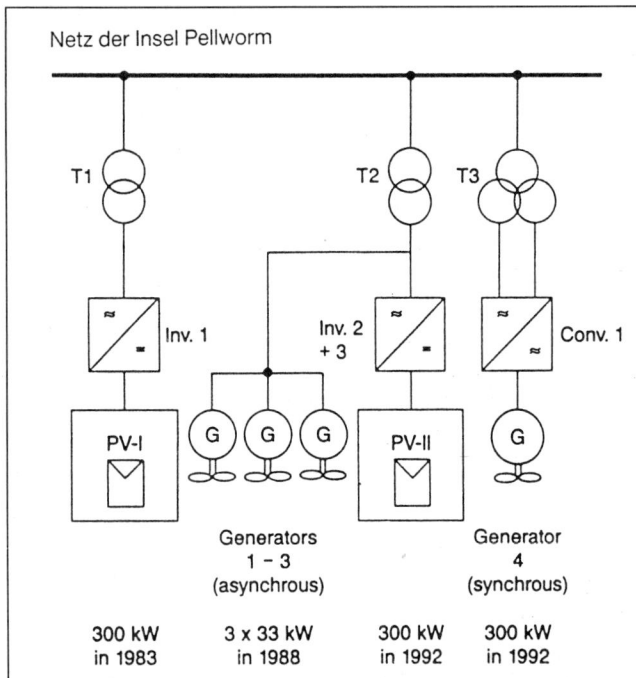

Netz der Insel Pellworm

T1   T2   T3

Inv. 1   Inv. 2 + 3   Conv. 1

PV-I   G G G   PV-II   G

| Generators 1 – 3 (asynchrous) | | Generator 4 (synchrous) |

| 300 kW in 1983 | 3 x 33 kW in 1988 | 300 kW in 1992 | 300 kW in 1992 |

9.5.6 Blockschaltbild der 1 MW-Hybridanlage.
Quelle: BINE-Projekt-Info-Service

te derartige Projekt, das von der Kommission gefördert wurde. 1983 ging die Anlage in Betrieb. Sie versorgte das Kurzentrum der Insel, zu dem ein Restaurant, eine Sauna, ein Bereich mit medizinischen Bädern und Massagen, ein Hallenbad und Sprudelbäder im Freien gehören. Die Solarmodule wurden von einem Prozessrechner so gesteuert, daß bei optimaler Sonneneinstrahlung zunächst das Kurzentrum versorgt, ein Batteriesatz geladen und erst danach – bei vollgeladenen Batterien – Strom in das Netz des Energieversorgungsunternehmens Schleswag geleitet wurde. Die durchschnittliche Stromerzeugung lag damals bei 240 000 kWh im Jahr; 107 000 kWh davon benötigte das Kurzentrum und 33 000 kWh gingen in das Schleswag-Netz. Der große Rest mußte für den Eigenverbrauch der Anlage (19,9%), die Wechselrichterverluste (13,4%) und die Batterieverluste (17,1%) abgeschrieben werden.

Ausbau zum größten Hybridkraftwerk Europas
Mit einem Durchschnittswert von 7,0 m/s ist das Windaufkommen auf Pellworm recht hoch; die Idee, nicht nur die Sonnenkraft, sondern auch die – zwar nicht so lautlose, aber ebenso saubere – Windkraft zu nutzen, lag also auf der Hand. Windenergie hat den Vorteil, daß sie an geeigneten Standorten wesentlich billiger geerntet werden kann als photovoltaische Ener-

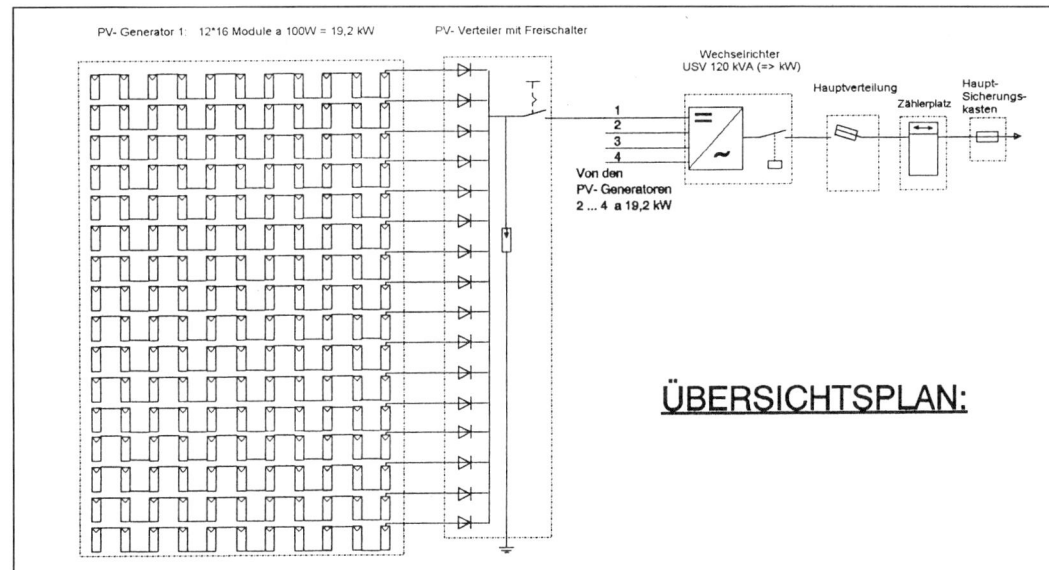

PV- Generator 1: 12*16 Module a 100W = 19,2 kW   PV- Verteiler mit Freischalter

Wechselrichter
USV 120 kVA (=> kW)

Hauptverteilung   Zählerplatz   Haupt-
Sicherungs-
kasten

1
2
3
4
Von den
PV- Generatoren
2 ... 4 a 19,2 kW

ÜBERSICHTSPLAN:

9.5.8
Blockschaltbild der
90 kW-PV-Anlage bei
der Fa. Hansgrohe in
Offenburg. Das
Schaltbild zeigt nur einen
Teil der Anlage
(76,8 kW), 2 weitere
Teile mit jeweils 6,6 kW
Leistung sind analog
aufgebaut.
Quelle: Solar-Energie-
Systeme GmbH, Freiburg

gie. Im Hybridkraftwerk vereint, ergänzen sich Sonne und Wind ideal: Wenn im Sommer der Solargenerator seine größte Energiemenge liefert, herrscht beim Wind Flaute. In den übrigen Jahreszeiten bläst der Wind kräftiger, dagegen steht weniger Sonnenlicht zur Verfügung. Diese ausgleichenden Effekte zeigen sich nicht nur im Jahresrhythmus, sondern auch im Tag-und-Nacht-Wechsel. Aus diesen Gründen wurde die Photovoltaikanlage der Insel 1989 zunächst mit drei Windkraftanlagen von je 33 kW Nennleistung ergänzt. 1992 entschlossen sich die Betreibergesellschaften Schleswag und Deutsche Aerospace AG, Pellworm zum ersten kombinierten 1 MW-Kraftwerk Europas aufzurüsten. Die Windenergieleistung wurde um 300 auf 400 kW, die Leistung der Photovoltaikanlage von 300 auf 600 kW aufgestockt. Da die Varta-bloc-Batterien zwei Jahre vorher das Ende ihrer Lebensdauer erreicht hatten und demontiert worden waren, wird das Kraftwerk seither als Netzverbundanlage ohne Batterien betrieben. Neben der Demontage und der Entsorgung der Batterien standen beim alten, 1983 fertiggestellten Solarfeld noch andere Renovierungsarbeiten an. Insbesondere mußte die Verkabelung überholt und der Wechselrichter umgerüstet werden.

Inzwischen ist die aufwendige Revision vollendet, das alte Solarfeld produziert wieder. Insgesamt werden im Hybridkraftwerk bei einer geschätzten Verfügbarkeit von 1 500 Jahresbenutzungsstunden rund 1 500 000 kWh Elektrizität erzeugt, davon 500 000 kWh photovoltaisch und 1 000 000 kWh mit Windenergie. Somit kann die Insel im Wattenmeer zu 10% mit den erneuerbaren Energiequellen Sonne und Wind versorgt werden.

Die Regio-Solarstromanlage

Heinz Ladener

Daß die Errichtung und der Betrieb von solaren Kraftwerken (Anlagen ≥ 100 kW Nennleistung) nicht allein den Stromversorgungsunternehmen vorbehalten ist, beweisen 2 große Solarstromanlagen, die im Jahr 1994 in Südbaden errichtet wurden. Im Frühsommer 1994 wurde bei der Fa. Hansgrohe in Offenburg (Hersteller von Badezimmerarmaturen) ein 90 kW-Solarkraftwerk in Betrieb genommen. Da dem Unternehmen der bewußte Umgang mit Wasser und Energie ein besonderes Anlie-

9.5.9 Die Solarmodule wurden am Boden zu größeren Einheiten vormontiert und mit einem Hebegeschirr auf das Fabrikdach gehievt. Foto: Solar-Energie-Systeme GmbH, Freiburg

9.5.10 Ansicht der PV-Anlage bei Hansgrohe in Offenburg. Foto: Solar-Energie-Systeme GmbH, Freiburg

gen ist, wollte die Unternehmensleitung im Zuge von Neubaumaßnahmen ein sichtbares Zeichens setzen und investierte in den Einsatz alternativer Energien.

Das Solarkraftwerk ist aufgebaut aus 864 rahmenlosen 100 W-Modulen (Siemens M100 L), aufgeteilt in 4 Felder zu je 12 x 16 Module (19,2 kW), die auf dem Sheddach einer neuen Produktionshalle montiert wurden und insgesamt rund 860 m^2 Dachfläche bedecken. Die Module wurden am Boden zu größeren Gruppen mechanisch und elektrisch vormontiert und mittels Kran auf das Dach gehievt (Abb. 9.5.9). Der Stromertrag dieses Anlagenteils wird auf ca. 80 000 kWh/a geschätzt und über einen Wechselrichter (Typ SIMOREG) in das Werksnetz eingespeist, wo er zu 100% genutzt werden kann.

Das Systemschaltbild der Gesamtanlage, zu der noch zwei kleinere Generatoren zu je 6,6 kW gehören (bestehend aus 60 Siemens-Hochleistungsmodulen à 110 W), zeigt Abb. 9.5.8. Einer dieser Generatoren ist - feststehend - ebenfalls auf dem Hallendach montiert, während der andere Generator, zweiachsig der Sonne nachgeführt, das Dach des Besucherhauses (Solarturm) krönt.

Der zylindrische Solarturm (Planung und Konzeption: Architekt Rolf Disch, Freiburg) steht neben der dachintgrierten Anlage auf dem Werksgelände und dient als Informationszentrum für Handwerker und Verbraucher. Er ist ähnlich wie ein Sonnenkollektor auf der Südseite verglast und erzielt dadurch optimale passive Solargewinne zur Einsparung von Heizenergie. Auf dem Dach trägt er, dreh- und schwenkbar, den zweiten Hochleistungssolargenerator mit 6,6 kW Nennleistung, wiederum aufgebaut aus 60 Hochleistungsmodulen. Im Rahmen eines Untersuchungsprogrammes soll gemessen werden, welchen Mehrertrag der zweiachsig nachgeführte Generator gegenüber dem feststehenden, ansonsten aber baugleichen Generator in der Praxis bringt.

Nach den Erfahrungen der ausführenden Firma (Fa. Solar-Energie-Systeme GmbH, Freiburg) mit der Anlage in Offenburg hat diese in Zusammenarbeit mit dem Förderverein „Energie- und Solaragentur Regio Freiburg" das Projekt „Regio-Solarstromanlage e.V." ins Leben gerufen. Ziel dieses Projektes ist es einerseits, in Freiburg ein erstes „privates" Solarkraftwerk mit einer Gesamtleistung von mehr als 100 kW zu errichten

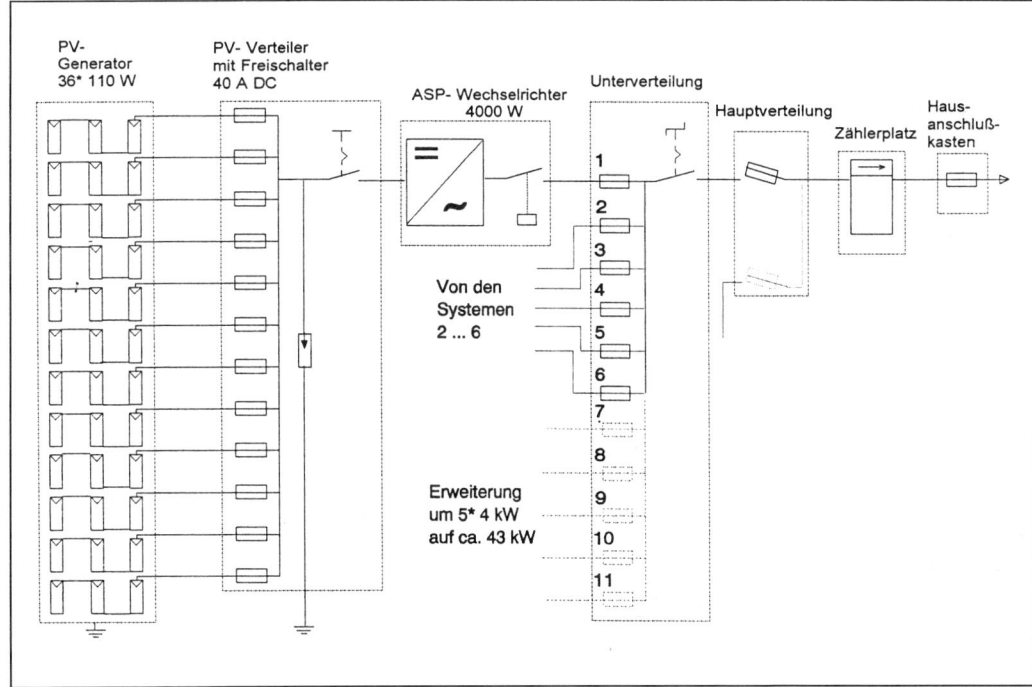

9.5.11
Blockschaltbild der Regio-
Solarstromanlage.
Foto: Solar-Energie-Systeme
GmbH, Freiburg

und an das Netz zu bringen. Und andererseits soll dadurch den BürgerInnen der Region, die kein eigenes Haus haben oder keine Solarstromanlage auf dem eigenen Dach errichten können, die Möglichkeit gegeben werden, Eigentumsanteile an einer solaren Stromerzeugungsanlage zu erwerben.

Die Eigentumsanteile an dieser Gemeinschaftsanlage werden in Einheiten zu 500 W Nennleistung zum Preis von 10000 DM (incl. Mwst.) verkauft. In langwierigen Verhandlungen mit dem für die Förderung zuständigen Landesgewerbeamt konnte erreicht werden, daß das Land Baden-Württemberg auch für solche Eigentumsanteile die 35%ige Förderung aus Landesmitteln gewährt. Damit sind je Eigentumsanteil (500 W) real 6500 DM (entsprechend 13000 DM/kW) aufzubringen.

Das Projekt, das im Frühsommer '94 erstmals der Öffentlichkeit vorgestellt wurde, fand große Resonanz. In den ersten 4 Monaten nach der Vorstellung konnten bereits über 80 Anteile verkauft werden. So wurde im September '94 als erster Bauab-

schnitt ein Teil der Anlage mit 24 kW Nennleistung (entsprechend ca. 240 m² Modulfläche) auf dem Dach der Fa. Rombach GmbH Druck-und Verlagshaus errichtet. Die Dachfläche wurde von der Firma für diese Nutzung unentgeltlich zur Verfügung gestellt. Im Stadtgebiet bieten die Dächer größerer Gebäude günstige Bedingungen für die Errichtung so großer Anlagen, da keine teuren Grundstücksflächen verbraucht werden, weil gerade die Flachdachmontage sehr rationell ist und weil beim Anlagenbetrieb kaum mit Verschattungen des Solargenerators gerechnet werden muß. Außerdem werden keine weiteren Flächen versiegelt.

Abb. 9.5.11 zeigt das elektrische Blockschaltbild der modular aufgebauten Anlage. Jeweils 36 Solarmodule à 110 W sind zu einer Gruppe zusammengefaßt und einem 4 kW Wechselrichter zugeordnet. In der derzeitigen Ausbaustufe mit 6 Generatoren arbeiten 6 baugleiche Wechselrichter parallel nebeneinander und speisen den Wechselstrom über eine Unterverteilung in die

9.5.12 Ansicht der Regio-Solarstromanlage (1. Ausbaustufe mit 25 kW Nennleistung) auf dem Dach einer Freiburger Druckerei. Foto: Solar-Energie-Systeme GmbH, Freiburg

ein oder zwei anderen Betrieben oder Institutionen in Freiburg aufgestellt werden und den erzeugten Solarstrom am jeweiligen Standort in das Netz der Freiburger Energie- und Wasserversorgung AG (FEW) einspeisen.

Interessant sind die Einspeisebedingungen der FEW für alle bis zum 31.12.94 vorgenommenen PV-Installationen: In den ersten zwei Jahren zahlt die FEW privaten Investoren und gemeinnützigen Einrichtungen einen zusätzlichen Investitionskostenzuschuß von 2 DM/kWh für eingespeisten Strom zu Spitzenlastzeiten. Danach wird der eingespeiste Solarstrom mit 46,6 Pf pro Kilowattstunde in Spitzenlastzeiten und mit 26,6 Pf zu Normallast-Zeiten vergütet. Insgesamt erwirtschaftet die Regio-Solarstromanlage während der ersten beiden Jahre jährlich voraussichtlich etwa 600 DM pro Anteil, wovon 100 DM für die Bildung von Rücklagen vom Betreiber einbehalten werden. Danach ist mit einem jährlichen Ertrag von etwa 150 DM zu rechnen.

Über eine Weiterführung der bis Ende 1994 gültigen Sondervergütung (2 DM/kWh in den ersten beiden Jahren) wird derzeit verhandelt. Wie immer das Ergebnis aussehen wird, ein wichtiges Ziel dieser und weiterer Verhandlungen - nicht nur in Freiburg - bleibt die Durchsetzung von dauerhaften kostendeckenden Vergütungen für eingespeisten Solarstrom.

Hauptverteilung und letztendlich in das öffentliche Netz. Nach der ersten Ausbaustufe bleibt auf dem Dach der Druckerei noch genügend Platz, um in einem 2. Bauabschnitt dort nochmals ca. 20 kW Nennleistung unterzubringen. Die Solargeneratoren der 3. und 4. Ausbaustufe werden später auf den Dächern von

9.6 Solarfahrzeuge

Heinz Ladener

Solarmobile im engeren und ursprünglichen Wortsinn sind Fahrzeuge (zu Land oder zu Wasser), die ihre Antriebskraft von der Sonne beziehen; oder etwas technischer ausgedrückt, Solarmobile sind Fahrzeuge mit einer autonomen Solarstromversorgung. Ein Solargenerator lädt im Fahrzeug mitgeführte Akkus, die den Strom für einen oder mehrere Elektromotoren liefern.

Nun ist die Idee, leise und abgasfreie Elektroautos zu bauen, nicht neu. Schon in den Kindertagen des Automobils wurden Experimente mit Elektroantrieben gemacht und entsprechende Fahrzeuge in Serie hergestellt. Wegen ihres hohen Akkugewichts und der beschränkten Fahrleistungen konnten sie sich gegenüber der Konkurrenz der Benzin- und Dieselmotoren damals nicht durchsetzen. Daran hat sich trotz des technischen Fort-

262

9.6.1 Die ersten Serien-Solarmobile (1986) vor einer mobilen Solartankstelle.

9.6.2 Der Hotzenblitz, eine Weiterentwicklung der Serien-Solar-mobile, ist kein ökologisches „Verzicht"-Mobil, sondern eine umweltorientierte, anspruchsvolle Lösung.
Foto: Hotzenblitz Mobile GmbH, Ibach

schritts bis heute wenig geändert. Weil die Automobilkonzerne bisher nicht vom konventionellen Autokonzept abrücken wollen und die auf das Gewicht bezogene Speicherkapazität der heute verfügbaren Akkus bei den schweren Autos nur mäßige bis schlechte Fahrleistungen erlaubt, blieb es bisher beim Test neuer Antriebstechniken in Prototypen, die vorwiegend auf Automobilausstellungen herumgezeigt werden.

Wesentlich vorangetrieben wurde die Entwicklung von Solar-mobilen durch die seit 1985 in der Schweiz stattfindende „Tour de Sol", eine Ralley für solarstromgetriebene Fahrzeuge. Obwohl es im Rahmen dieser Veranstaltungen auch Wettbewerbe für solargetriebene Boote gab, spielten die autoähnlichen Landfahrzeuge von Anfang an die größte Rolle.

Die Tour de Sol entwickelte sich zu einem großen Konstruktions-wettbewerb und Praxistest für solarstromgetriebene Leicht-fahrzeuge. Durch den Renncharakter der Veranstaltung standen bei der Fahrzeugentwicklung zunächst Ziele wie geringes Fahrzeuggewicht, niedriger Antriebsenergieverbrauch, große Reichweite auch bei ungünstiger Witterung und natürlich eine akzeptable Höchstgeschwindigkeit im Vordergrund. Neben dem Leichtbau (Fahrzeugchassis und -karosserie) galt es vor allem

die Antriebstechnik (Motor, Getriebe, etc.) sowie die Steuerungs-elektronik (Motoransteuerung, Ladeelektronik für die Akkus, MPP-Tracker für den Solargenerator) zu entwickeln. Auf diesen Gebieten wurden in den letzten 8 Jahren sehr große Fortschritte erzielt.

Der mitgeführte Solargenerator erwies sich bald als großes Handicap bei der Fahrzeugentwicklung, nicht nur weil die notwendige Generatorfläche zu unpraktischen Fahrzeugformen führte, sondern auch wegen der Schadensanfälligkeit des PV-Generators z.B. bei kleineren Unfällen. Daher wurde sehr bald das Laden der Bordakkus an mitgeführten stationären PV-Anlagen (den ersten Solartankstellen) zugelassen, später dann auch die Ladung aus dem öffentlichen Netz, sofern nachgewiesen werden konnte, daß der aufgenommene Strom an anderer Stelle durch eine stationäre PV-Anlage erzeugt und ins Netz eingespeist wurde. Aus den Fahrzeugen mit autonomer Stromversorgung wurden Leichtbau-Elektroautos mit Solarstromversorgung aus dem Netz.

Sehr bald nahmen neben den ausgesprochenen Rennmobilen erste Kleinserien-Fahrzeuge an dem Rennen teil, die nicht zuletzt zwecks Verkäuflichkeit eine Bauartzulassung für den Stras-

9.6.3 Auch Boote können mit Solarstrom angetrieben werden. Hier eine Selbstbau-Lösung, aufgebaut aus einem Solarmodul und einem Außenbord-Flautenschieber.
Foto: Solarkraft GmbH, Weidhausen

senverkehr vorweisen konnten. Für sie wurde bei der „Tour de Sol" eigens eine eigene Fahrzeugkategorie im Reglement geschaffen, um die für Alltagsfahrzeuge wichtigen Kriterien wie Zuverlässigkeit, Reichweite u.ä. in die Wettbewerbswertung einzubeziehen. Natürlich wurden auch die Serienfahrzeuge ständig verbessert und weiterentwickelt, um den Anforderungen des Rennens und des Alltagsbetriebes noch besser gerecht zu werden. So entstanden aus den Solarmobilen nach und nach mehr oder weniger ausgefeilte Leichtbau-Elektroautos mit recht alltagstauglichen Eigenschaften. Sie stoßen beim Publikum gemessen an dem hohen Preis auf großes Interesse und finden inzwischen zunehmend (zahlungskräftige) Käufer.

Im Endeffekt hat der Umweg über die photovoltaische Stromversorgung die Weiterentwicklung des Elektroautos mit neuen Ideen, fortschrittlicher Technologie und innovativen, von den Automobilkonzernen unabhängigen Fahrzeugherstellern beträchtlich vorangebracht. Sicherlich: Elektroautos bieten erst einmal keine Lösung für die schwerwiegenden Verkehrs- und Umweltprobleme, die der individuelle Autoverkehr heute verursacht. In kaum einem der angebotenen Elektrofahrzeuge ist heute ein Solargenerator integriert und im praktischen Betrieb werden längst nicht alle Fahrzeuge ausschließlich an Solartankstellen aufgeladen. Andererseits gibt es viele Anwendungsgebiete, wo das Elektroauto ein sinnvoller Ersatz für benzingetriebene, lärm- und abgasverursachende Fahrzeuge ist. Insofern erscheint die Weiterentwicklung und Propagierung solarstromgetriebener Elektrofahrzeuge trotz mancher Widersprüche und Zweifel ein sinnvolles Unternehmen.

Eine umfassendere Darstellung mit technischen Details zu Planung und Bau von solarstromgetriebenen Elektroautos und anderen Solarmobilen würde den Rahmen dieses Buches bei weitem sprengen. Eine umfassende Behandlung dieses Themas bietet z.B. das Buch von R. Reichel: „Solar- und Elektromobile" (Neuauflage, Erlangen/Karlsruhe 1995), das auch Hinweise auf weiterführende Fachliteratur enthält. Wer sich intensiver mit diesem Thema beschäftigen will, kann sich auch an den Verein Solarmobile e.V. wenden (mit Ortsgruppen in verschiedenen Städten Deutschlands), um Gleichgesinnte und kompetente Gesprächspartner kennenzulernen.

10. Solarstromanlagen in Reisemobilen, Wohnwagen und Booten

Peter Stenhorst

Unabhängig mit Solarstrom

Gerade auf Reisen ist nicht immer und überall eine Steckdose zur Hand, wenn sie gebraucht würde. Gleichzeitig möchte man im Reisemobil, Wohnwagen und Boot den Urlaub genießen und sich nicht auch noch mit Problemen der Stromversorgung herumplagen. Hier kann die Nutzung der „himmlischen" Sonnenenergie weiterhelfen, denn Solarenergie ist überall verfügbar. Durch den Strom von der Sonne erübrigt sich das Anfahren von Stellplätzen oder Häfen mit Stromanschluß ebenso wie das Fahren unter Motor, nur um die Batterie zu laden. Bei richtiger Auslegung der Solaranlage ist die Resonanz der Eigner durchweg positiv: So wird immer wieder von der faszinierenden und zuverlässigen Solartechnik geschwärmt, führt sie doch zu größerer Unabhängigkeit, Mobilität und zu mehr Freiheit. Reisemobile, Wohnwagen und Yachten sind hauptsächlich im Sommerhalbjahr unterwegs. In dieser Zeit scheint auch die Sonne am meisten. Daher bietet sich eine solare Stromversorgung ja geradezu an.

Einige Vorzüge des Solarstroms kommen bei mobilen Anwendungen besonders zur Geltung:

- der lautlose Betrieb,
- die vollautomatische und wartungsfreie bzw. wartungsarme (je nach Batterietyp) Funktion der Anlage,
- volle Batterie(en), wenn Sie an Bord kommen,
- keine Folgekosten, denn die Sonne schreibt keine Rechnung,
- modulare Erweiterbarkeit, da die Anlage mit den Ansprüchen wachsen kann,
- einfache Integration in bestehende Systeme ohne aufwendige Umbaumaßnahmen.

Wichtigste Gemeinsamkeit aller mobilen Anwendungen ist das beschränkte Platzangebot für die Anbringung von Solarmodulen, auf Reisemobilen ebenso wie auf Wohnwagen und ganz besonders auf Booten. Da sich die Stromerzeugung durch Verwendung von Hochleistungsmodulen nur bedingt steigern läßt, unterstreicht das beschränkte Platzangebot die Forderung, bei der Auswahl der Verbraucher auf geringen Stromverbrauch zu achten. Daher sind zu diesem Thema hier einige ergänzende Hinweise angebracht.

Stromverbraucher und Energiebedarf
- *Wärmeerzeugende Elektrogeräte* sind in aller Regel große „Stromfresser". Dazu gehören Fön, Kaffeemaschine, Bügeleisen, Toaster, Mikrowelle, Warmwasserbereitung und die Klimaanlage. Will man auf diese Geräte nicht verzichten, empfiehlt sich unbedingt ein eingeschränkter Gebrauch bzw. die Versorgung mit Flüssiggas, Spiritus oder Petroleum, wo dies möglich ist. Die Kochstelle (Herd, Backofen) sollte generell mit einem dieser Brennstoffe betrieben werden.
- Die Ausstattung der *Grundbeleuchtung* mit Glüh- oder Halogenlampen führt in der Regel zu einem hohen Stromverbrauch. Abhilfe schaffen Energiesparlampen mit elektronischen Vorschaltgeräten, die gegenüber einer Glühlampe ca. 70% weniger Strom verbrauchen. Mittlerweile steht ein großes Lampensortiment für 12/24 V in rüttelfester Ausführung zur Verfügung. Durch den Einsatz von Warmtonlampen wird eine angenehme, dem Glühlampenlicht ähnliche Lichtfarbe erreicht. Nur bei der nautischen Beleuchtung auf Booten hat die Energiespartechnik noch keinen Einzug gehalten.
- *Halogenlampen* sind zwar auch sparsamer als normale Glühlampen (ca. 40%), doch wird der Einspareffekt meist durch die

10.1 Das mittels Teleskopstangen verstellbare Modul (Kyocera 51 Watt) wird beim Fahren in der Gepäckwanne befestigt. Es reicht dicke aus, den „Joker" auch in Übergangszeiten und bei kürzeren Winterreisen incl. Standheizung zu versorgen. Bei Nichtbenutzung werden Bord- und Starterbatterie auf Volladung gehalten.

Vielzahl der Lampen zunichte gemacht. Wer auf Halogenlampen nicht verzichten will, sollte ihren Einsatz begrenzen, z.B. für den Eßtisch, die Leseecke und/oder den Kartentisch. Mittlerweile sind auch Dimmer für 12/24 V mit hohem Wirkungsgrad erhältlich; neben dem hübschen Lichteffekt und der Energieeinsparung erhöhen sie die Lebensdauer der Halogenlampe durch Senkung der Glühfadentemperatur.
• Als *Kühlgeräte* in Verbindung mit einer solaren Stromversorgung kommen nur gute Kompressorgeräte mit einem Strom-

verbrauch von höchstens 250 bis 350 Wh/d (Wattstunden pro Tag) in Betracht. Für ihren Betrieb sind allein etwa 100 W installierte Modulleistung erforderlich. Absorbergeräte, wie sie häufig in Reisemobilen und Wohnwagen vorzufinden sind, erkennt man am Gasanschluß. Bei einem Stromverbrauch von etwa 1 800 bis 2 800 Wh/d sollten sie weiterhin mit Gas betrieben werden, anderenfalls sind sie durch geeignete, in die Aussparung passende Kompressorgeräte zu ersetzen. Kühlgeräte nach dem thermoelektrischen Prinzip (solche mit Peltier-Elementen) kommen ebenfalls nicht in Betracht, da sie mindestens den vierfachen Stromverbrauch eines guten Kompressorgerätes aufweisen.
• *Heimliche Stromfresser*: Besonderes Augenmerk ist auf die Dauerstromverbraucher zu richten, auch wenn diese oft nur eine geringe Leistungsaufnahme aufweisen. Dazu gehören beispielsweise Hochstromrelais, billige Leuchtdioden-Batteriemonitore oder schlechte Voltmeter (Zeigerinstrument) mit einer Stromaufnahme von ca. 50 bis 150 mA (100 mA Stromaufnahme führt in 24 Stunden zu 2,4 Ah Ladungsentnahme!), wie auch Gaswarngeräte und Alarmanlagen mit einem Stromverbrauch von ca. 3,6 Ah/d (12V).
• *Radios, Kassetten- und CD-Geräte* sowie kleine Stereoanlagen in 12 V-Technik werden in ihrem Stromverbrauch meist überschätzt. Denn die angegebene Musikleistung ist kein direktes Maß für die Leistungsaufnahme, die bei normaler Lautstärke in der Regel unter 10 W liegt.

Der Solargenerator

Solarmodultypen
Wegen ihres hohen Wirkungsgrades – und des damit verbundenen geringen Flächenbedarfes – kommen für mobile Anwendungen hauptsächlich Module mit kristallinen Solarzellen (poly- oder monokristallin) zum Einsatz. Die Anzahl der Zellen eines 12 V-Moduls sollte dabei nicht unter 36 Zellen liegen (Nennspannung ca. 16 bis 17 V), so daß eine ausreichend große Ladespannung auch bei hohen Umgebungs- und Modultemperaturen gewährleistet ist.

In der Praxis sehr gut bewährt haben sich *Module mit Alu- oder Edelstahlrahmen* und Glas-Kunstoff- oder Glas-Glas-Kapselung. Sie werden mit Nennleistungen von ca. 5 bis 110 W angeboten. Die preisgünstigsten Module sind die sogenannten Standardmodule mit einer Nennleistung von etwa 50 W. Bei diesen Modultypen wird eine Leistungsgarantie (max. 10% Leistungsabfall) von 10 bis 12 Jahren gegeben.

Amorphe oder *Dünnschicht-Module* – fast immer erkennbar an der bräunlichen Farbe – eignen sich wegen ihres geringen Wirkungsgrades (3 bis 5%) und des damit verbundenen 3 bis 5 mal größeren Flächenbedarfes für die mobilen Anwendungen kaum. Zudem sind viele Fabrikate sehr bruchempfindlich und unterliegen einem altersbedingten Leistungsabfall, weshalb die Leistungsgarantie der Hersteller meist auf 3 bis 5 Jahren beschränkt ist.

Eine Weiterentwicklung der amorphen Zelle ist die sogenannte *Tandemzelle*, die einen Wirkungsgrad von 6 bis 10% erreicht. Module in dieser Technologie werden unter dem Namen „Unisolar" mit Leistungen von 5 bis 22 W speziell für den mobilen Bereich vermarktet. Die Leistungsgarantie (Leistungsabfall < 10%) beträgt drei Jahre. Das besondere an diesem Modultyp ist seine Biegsamkeit (Flexibilität) – dies bedeutet nicht, daß man sie ständig hin- und herbiegen sollte, sondern daß sie sich an leicht gebogene Flächen anpassen lassen. Interessant sind diese Module für kleine Anlagen im Bootsbereich.

Bei den sogenannten *Leichtmodulen* sind die zumeist kristallinen Solarzellen in Kunststoff gekapselt. Leichtmodule haben – wie der Name schon sagt – den Vorteil des geringen Gewichtes bei einer Bauhöhe von nur wenigen Millimetern. Sie sind – außer bei Spezialanfertigungen – in der Regel nicht oder nur sehr wenig biegsam. Nachteilig ist die geringe Garantieleistung von oft nur einem Jahr.

Fazit: In den meisten Fällen ist man mit kristallinen Zellen in glasgekapselten Modulen mit metallischem Rahmen am besten bedient, nur in Spezialfällen wird man auf Leicht- oder flexible Module zurückgreifen.

Größe des Solargenerators

Die Größe des Solargenerators hängt von der Anzahl und Art der Verbraucher, den Verbrauchsgewohnheiten, dem Fahrgebiet

10.2 Keine Probleme bei längeren Standzeiten: Mit zwei bis vier Solarmodulen (also 100 bis 200 Watt Nennleistung) wird auch bei größeren Reisemobilen die Motorfahrt überflüssig.

und dem Zeitraum der Nutzung ab. Als grober Richtwert für Überschlagsrechnungen kann von folgendem Ertrag ausgegangen werden: Ein unverschattetes Solarmodul mit ca. 50 Watt Nennleistung (Größe 0,4 bis 0,5 m²) liefert im Sommer etwa 10 bis 25 Ah pro Tag, je nach Sonneneinstrahlung.

Bei der Auslegung einer Solarstromanlage für mobile Zwecke wird zwischen drei Betriebsarten unterschieden:

10.4 Die vom Eigner selbstgebaute Vorrichtung erlaubt das Verstellen des Moduls z.B. bei Liegezeiten.

10.3 Die 6,5 m Segeljacht wird für Wochenendfahrten und Wochentouren genutzt. Vor dem Mast installiert, stört das 10-W-Modul nicht. Bei dieser Anbringung sind in manchen Fällen Fockschotabweiser nützlich.

- *Erhaltungsladung*: Der Solargenerator dient ausschließlich zur Erhaltung der Batterieladung bei längeren Stand- bzw. Liegezeiten. In diesem Fall reichen kleine Modulleistungen mit ca. 5 bis 10 W aus.
- *Wochenendbetrieb*: Die Anlage lädt während der Stand- bzw. Liegezeiten die Batterie. Für kürzere Fahrten (1 bis 4 Tage) ist bei entsprechender Batteriekapazität ausreichend Strom vorhanden. Auch bei einer Langfahrt im Sommer braucht nur selten per Motor oder Landanschluß nachgeladen werden. Die erforderlichen Solargeneratorleistungen liegen bei etwa 10 bis 100 W.
- Langfahrt: Der Solargenerator sollte für die vollständige Bedarfsdeckung ausgelegt werden. Landanschluß und unnötiger Motorenlauf ade! Je nach Größe, Ausrüstung und Fahrgewohnheiten werden dazu ca. 10 bis 500 W Modulleistung benötigt.

Die Schwankungsbreiten bei der Anlagenauslegung sind also ganz erheblich. Meist wird die Anlagenauslegung vom Solarfachhändler übernommen, der nach Möglichkeit über Erfahrungen mit mobilen und nautischen Anwendungen verfügen sollte.

Dimensionierung für Reisemobile und Wohnwagen
Ausstattung, Verbrauchsgewohnheiten und Reiseziele sind unterschiedlich. So ist der eine Reisemobilist oder Wohnwagennutzer schon mit einem kleinen Solarsystem von 25 W Leistung (Nennleistung des Moduls) gut bedient, ein anderer hat mehr Verbraucher (z.B. einen Kompressorkühlschrank) und benötigt eine Anlage mit etwa 150 bis 200 W Nennleistung. In der Praxis haben sich folgende Richtwerte bewährt:

Für Beleuchtung, Radio, Fernseher und die Wasserpumpe reicht meist ein Solarmodul mit einer Leistung von ca. 50 W (Fläche ca. 0,4 m²) aus. Die Kapazität der Bordbatterie sollte mindestens 50 Ah oder besser etwas mehr betragen.

Kommt zu den oben genannten Verbrauchern ein gutes Kompressor-Kühlgerät hinzu, ist erfahrungsgemäß eine Solargeneratorleistung von ca. 150 W ausreichend, wobei die Batteriekapazität dann 100 Ah möglichst nicht unterschreiten sollte.

Bei dieser Auslegung reicht der Strom im allgemeinen aus, um auch bei kürzeren Winterreisen die Standheizung (Starten der Heizung, Heizungsgebläse) zu versorgen.

Dimensionierung für Boote

Auf kleineren Yachten (bis ca. 7 m) kommt man mit Modulleistungen zwischen 10 und 50 W (entsprechend 0,1 bis 0,4 m² Modulfläche) für den Betrieb von Beleuchtung, nautischer Beleuchtung, Radio, Funk, kleiner Wasserpumpe, GPS und evtl. Elektroaußenborder aus. Diese kleine Fläche läßt sich in der Regel auf Deck oder an der Reling gut anbringen.

Bei mittelgroßen Yachten zwischen 7 und 13 m ist zur Vollversorgung bei Langfahrt eine Modulfläche von ca. 1 bis 3 m² nötig, je nach Ausstattung, Fahrgewohnheiten und Revier.

Gute Erfahrungen wurden für die oben angegebenen Verbraucher zuzüglich Autopilot und gutem Kompressorkühlschrank mit einer Modulleistung ab ca. 150 W gemacht. Auf großen Schiffen (d.h. größer 13 m) findet sich meist ausreichend Platz, um die notwendigen 3 bis 6 m² Solarmodulfläche unterzubringen.

10.5   Feste Anbringung eines Solarex-Leichtmoduls 30 Watt.

Richtlinien zur Anbringung von Solarmodulen

Vorrangig vor allen anderen Überlegungen verdient der Aspekt der Sicherheit besondere Beachtung:

Der Anbringungsort muß so gewählt werden, daß die Solarmodule sowohl die Nutzer wie auch andere Verkehrsteilnehmer nicht verletzen können. Insbesondere bei Straßenfahrzeugen sind seitlich hervorstehende Bauteile bedenklich.

Zum anderen muß die Art der Befestigung sicherstellen, daß sich die Module weder durch die Erschütterungen des Fahrbetriebs lösen können noch daß sie infolge des Fahrtwindes oder bei Sturm wegfliegen. Dies wird durch ein Anschrauben der meist aus Metall bestehenden Modulhalterung am Dach des Chassis oder an gut befestigten Aufbauten erreicht. Einige Modultypen können auch aufgeklebt werden; dabei ist auf die Auswahl eines geeigneten Klebers zu achten.

10.6 Solarmodule mit 210 Watt Gesamtleistung auf einem
größeren Boot.

Bei allen Befestigungsvarianten ist auf jeden Fall zu vermeiden, daß durch Verwindungen mechanische Spannung auf das
Modul kommt, anderenfalls sind Schäden am Modul vorprogrammiert.

Montage auf Wohnwagen und Reisemobilen
Bei Fahrzeugen, die der deutschen StVZO unterliegen, muß
bei einer exponierten Anbringung in einer Höhe *unter* 2 m über
der Fahrbahn eine Überprüfung nach den 30 und 32 Absatz 2
sowie den „Richtlinien über die Beschaffenheit und Anbringung äußerer Fahrzeugteile" erfolgen.
Eine einfache und schnelle Montageart stellt das Aufschrauben
auf den oft vorhandenen Dachgepäckträger oder auf Gepäck-
boxen auf dem Dach dar.
Bei feststehenden Wohnwagen kann auch eine seitlich ange-
flanschte Mastaufständerung in Betracht gezogen werden. Diese
ist meist sowohl in der Himmelsrichtung als auch im Neigungswinkel verstellbar, so daß sich mit geringem Aufwand eine optimale Ausrichtung des Solarmoduls erreichen läßt.
Die Kabeleinführung erfolgt mittels wasserdichter Durchführungen oder Steckverbindungen aus der Bootstechnik. Bei manchen Kunststoff-Dachfenstern kann das Kabel auch durch eine
kleine seitliche Bohrung wasserdicht in den Innenraum geführt
werden.

Montage auf Booten
Jeder Skipper kennt das Problem: der fehlende Platz an Bord.
Und nun sollen auch noch Solarmodule irgendwie untergebracht
werden, und zwar möglichst unverschattet. Größere glatte Flächen, wie sie beim Einsatz trittfester Solarmodule entstehen,
sind wegen der Rutschgefahr an Bord an vielen Stellen ein Si-
cherheitsrisiko. Trotzdem findet sich am Ende fast immer eine
geeignete Stelle; hier einige bewährte Vorschläge:
Deckmontage: Auf Flächen, die nicht betreten werden müssen,
können feste oder ggf. sogar verstellbare Aufständerungen für
Standardmodule montiert werden; oft ist es möglich, die Solarmodule über dem Schiebeluk oder am Befestigungsbügel der
Rettungsinsel anzubringen.
Heckkorbmontage seitlich oder achtern: Pro Bootsseite lassen
sich ca. 50 W (0,4 m²) verstellbare Solarmodule unterbringen,
bei großen Booten auch mehr.
Relingmontage, mit Spezialvorrichtung verstellbar, oder auch
anbändselbar, möglichst auf beiden Seiten. Auch am vorhandenen Windschutz lassen sich Solarmodule anbringen.

Die Heckkorbmontage wie auch die Relingmontage bieten zudem Windschutz. Auch auf der Persenning oder dem Bimini (Sonnenschutz) lassen sich Solarmodule unterbringen.

Hinterlüftung oder nicht?
Beim direkten Aufkleben oder Aufbringen des Solarmoduls auf die Außenhaut kann es zumindest bei größeren Flächen zu einer unerwünschten Erwärmung im Innenbereich kommen, solange die Wärmedämmung des Fahrzeug so schlecht ist wie heute allgemein üblich. Eine zusätzlich aufgebrachte Wärmedämmschicht von nur wenigen mm Dicke zwischen Modul und Außenhaut hilft nicht viel. Daher ist diese Art der Modulanbringung außer in Spezialfällen, bei denen es auf eine geringe Aufbauhöhe ankommt, nicht empfehlenswert.
Eine fehlende Hinterlüftung hat noch einen weiteren Nachteil: Mit steigender Modultemperatur nimmt die elektrische Leistung ab. Eine Hinterlüftung von etwa zwei Zentimeter bringt durch die bessere Kühlung der Zellen einen Mehrertrag von einigen Prozent, außerdem spenden die Module dem Fahrzeug Schatten.

Verschattung der Solarmodule
Mit dem Reisemobil und Wohnwagen wird man im Sommer gern ein schattiges Plätzchen aufsuchen. Jeglicher Schattenwurf auf den Solargenerator mindert jedoch dessen Leistung. Abhilfe würden abnehmbare Solarmodule bringen, die dann an einem sonnigen Ort plaziert werden können. Dagegen spricht aber der Wunsch nach einer diebstahlsicheren Anbringung. Als Ausweg bleibt nichts anderes übrig, als den Solargenerator etwas zu überdimensionieren, um die verminderte Leistung zu kompensieren.
Bei Booten spielt eher die Verschattung des Solargenerators durch Aufbauten oder Segel eine Rolle, was ebenfalls oft nicht zu vermeiden ist. Auch hier wird man dem Minderertrag durch eine vergrößerte Solarmodulfläche begegnen.

Neigungswinkel der Solarmodule
Bei Nutzung vorrangig im Sommerhalbjahr haben sich waagerecht bzw. unter kleineren Winkeln angebrachte Solarmodule

bewährt. Wer etwas mehr Aufwand treiben will und das notwendige handwerkliche Geschick besitzt, kann mit Hilfe von Teleskopstangen eine verstellbare Aufständerung bauen. Dies macht sich dann besonders im Winterhalbjahr durch einen vergrößerten Ertrag bemerkbar. Beim Losfahren darf allerdings nicht vergessen werden, das Modul wieder einzuklappen. Ein Aufkleber mit Warnhinweis an gut sichtbarer Stelle ist hierbei nützlich.

Diebstahlsicherheit
Diebstahlsicherheit ist bei fester Anbringung durch Verkleben bzw. Verschrauben der Modulaufständerung durch die Außenhaut zu erreichen. Einige Firmen bieten auch diebstahlsichere Aufständerungen an. Nach meinen Erfahrungen ist die Diebstahlgefahr allerdings nicht so groß, wie oft angenommen wird.

Solarladeregler

Im mobilen Bereich kommen in der Regel hochwertige Shuntladeregler zum Einsatz, die nach der IU-Kennlinie laden, einen hohen Wirkungsgrad haben und die Volladung der Batterie sicherstellen. Neben dem Schutz gegen Überladung bieten die meisten Laderegler auch einen Tiefentladeschutz, dessen Integration in den Verbraucherstromkreis eine geringfügige Änderung der bestehenden Installation erfordert. Im Hinblick auf eine für später geplante Erweiterung der Anlage kann es sinnvoll sein, den Regler gleich für eine größere Solargeneratorleistung auszuwählen als zunächst installiert.
Laderegler, die nach jeder Tiefentladung die Batterie in die Gasungsphase bringen, sind m.E. nicht geeignet; es sollte mindestens ein Langzeittimer integriert sein, der die Gasungssteuerung z.B. nur alle 14 Tage aktiviert. Denn im mobilen Bereich ist das Hauptargument für eine Gasungssteuerung – die Verhinderung der Säureschichtung in der Batterie – von geringer Bedeutung, da die Schichtung durch die Bewegung des Fahrzeugs zerstört wird. Bei Reglern mit Gasungssteuerung ist auf jeden Fall zu prüfen, ob die angeschlossenen Verbraucher die in der Gasungsphase auftretenden höheren Batteriespannungen vertragen.

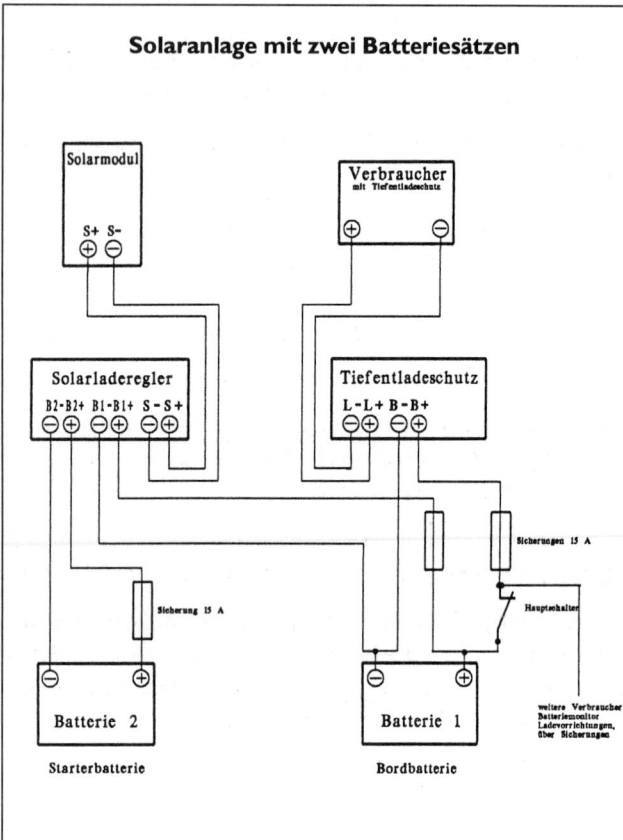

Solaranlage mit zwei Batteriesätzen

Solarmodul
S+ S−

Verbraucher
mit Tiefentladeschutz

Solarladeregler
B2− B2+ B1− B1+ S− S+

Tiefentladeschutz
L − L+ B − B+

Sicherungen 15 A

Sicherung 15 A

Hauptschalter

Batterie 2

Batterie 1

weitere Verbraucher
Batteriemonitor
Ladevorrichtungen,
über Sicherungen

Starterbatterie

Bordbatterie

Die Verbindungen zwischen Laderegler und Batterien sollen nicht über den Hauptschalter laufen, wenn dieser bisher zum Abschalten der Verbraucher benutzt wurde.
Die Sicherungshalter sind möglichst nahe an der Batterie anzubringen.
Die Sicherungen werden erst nach Überprüfung sämtlicher Verbindungen eingesetzt.

10.7   Schaltplan einer Solarstromanlage mit zwei Batteriesätzen.

Eine Temperaturführung der Ladeschlußspannung mittels eines an der Batterie angebrachten Temperaturfühlers ist immer dann sinnvoll, wenn die Batterie größeren Temperaturschwankungen ausgesetzt sind. Dies ist bei mobilen Anwendungen häufig der Fall, besonders aber z.B. bei Fahrten in den Mittelmeerraum, in (sub-) tropische oder in kalte Gebiete.

Laderegler für zwei Batteriesätze
Bei vielen mobilen Anwendungen verfügt das Fahrzeug über zwei Batterien oder Batteriesätze, nämlich die Starterbatterie und die Bordbatterie. Um insbesondere bei längeren Stand- bzw. Liegezeiten beide Batterien geladen zu halten, bietet sich die Installation eines Solarladereglers für zwei Batteriesätze an. Dieser lädt zunächst die Batterie eins (meist die Bordbatterie) auf; wenn diese geladen ist, werden automatisch beide Batterien (Batterie eins und zwei, d.h. Bord und Starterbatterie) parallelgeschaltet und geladen. (Die gleiche Funktion hat übrigens das in Reisemobilen häufig zu findende sogenannte Trennrelais, das bei Ladung durch die Lichtmaschine beide Batterien parallelschaltet.) Mit einem „normalen" Solarladeregler und einem Umschalter läßt sich der Ladestrom des Solargenerators auch manuell auf zwei Batterien (abwechselnd) lenken. Die derzeit verfügbaren Solarladeregler für zwei Batteriesätze beinhalten keinen Tiefentladeschutz. Dieser muß, falls erwünscht, durch ein zusätzliches Gerät realisiert werden.
Falls mehrere Energiequellen auf eine Batterie arbeiten sollen, z.B. der Solargenerator und ein Windrad oder ein Schleppgenerator, ist es sinnvoll, für jede Energiequelle einen separaten Regler einzubauen. Denn die Solarladeregler sind nicht für einen Betrieb mit Wind- und Schleppgenerator geeignet. Mehrere Regler erhöhen auch die Betriebssicherheit der Anlage bei Ausfall eines Reglers.
Die Lichtmaschine des Motors kann wie gewohnt über ihren eigenen Regler die Batterie(en) laden. Eine Änderung der Verdrahtung ist nicht notwendig.
Viele Solarladeregler können optional mit einem Einbau-Digitalmeßgerät für Strom und Spannung ausgestattet werden. Dies ist für die Kontrolle der Anlagenfunktion bei der Inbetriebnahme und im Betrieb nützlich, falls man nicht bereits anderweitig über geeignete Meßgeräte verfügt.

Batterien

Batterietypen

Da Batterien im Bordnetz anders beansprucht werden als Starterbatterien, kommen hier vorzugsweise Mobilbatterien, Solarbatterien oder andere, höherwertigere Typen zum Einsatz, die eine größere Zyklenfestigkeit aufweisen. Dabei wird unterschieden zwischen den preiswerteren, offenen und den teureren, geschlossenen Bleibatterien.

Für die *offenen Batterien*, erkennbar an der Säurestandsanzeige und den aufschraubbaren Zellenstopfen, spricht die lange Erfahrung mit diesen Batterietypen und die mögliche Sichtkontrolle. Etwa ein bis zweimal im Jahr sollte eine Überprüfung des Säurestandes erfolgen, gegebenenfalls ist destilliertes Wasser nachzufüllen. Eine exakte Messung des Ladezustandes ist mittels einer Säuredichtemessung möglich.

Für die die *geschlossenen Bleibatterien*, z.B. Blei-Gelbatterien Sportline Dryfit, spricht ihre Wartungsfreiheit, d.h. es muß (und kann) kein destilliertes Wasser nachgefüllt werden. Allerdings kann über die Lebensdauer dieser Batterietypen noch keine endgültige Aussage getroffen werden. Die Ladeschlußspannung, die am Laderegler eingestellt werden muß, liegt bei geschlossenen Batterien niedriger als bei offenen Bleibatterien, sie beträgt unter Normalbedingungen etwa 13,8 V. Sofern der Laderegler mit einer Gasungssteuerung ausgestattet ist, ist diese unbedingt auszuschalten.

Nickel-Cadmium-Batterien kommen wegen ihres hohen Preises im Freizeitbereich nicht zum Einsatz.

Größe (Kapazität) der Batterie

Wie bei stationären Anlagen auch wird die Akkukapazität bestimmt durch den täglichen Verbrauch, die Zahl der Autonomietage und die angestrebte bzw. zulässige maximale Entladetiefe (vgl. Kap. 5.2).

Batteriekapazität = tägl. Verbrauch x Autonomietage / Entladetiefe

Im Interesse der Lebensdauer ist es angebracht, die Batteriekapazität relativ großzügig zu bemessen, um die Entladetiefe in Grenzen zu halten. Als guter Anhaltswert für den Mobilbereich kann eine Entladetiefe von 25 bis 50% gelten, von einer 100 Ah-Batterie sind damit etwa 25 bis 50 Ah nutzbar. Treten gelegentlich größere Entladetiefen auf, ist dies auch nicht allzu schlimm, solange die Batterie schnell wieder geladen wird.

Dazu zwei Beispiele, jeweils mit 25 und 50% Entladetiefe gerechnet:

1. Täglicher Verbrauch für Beleuchtung, Radio, Fernsehen, kleine Wasserpumpe: 10 Ah (12 V); Auslegung für 2 Autonomietage.

Batteriekapazität (25% Entladetiefe) = 10 Ah/d · 2 d / 0,25 = 80 Ah
Batteriekapazität (50% Entladetiefe) = 10 Ah/d · 2 d / 0,50 = 40 Ah

2. Täglicher Verbrauch für Beleuchtung, Radio, Fernsehen, kleine Wasserpumpe und Kompressor-Kühlgerät: 40 Ah (12 V); Auslegung für 2 Autonomietage.

Batteriekapazität (25% Entladetiefe) = 40 Ah/d · 2 d / 0,25 = 320 Ah
Batteriekapazität (50% Entladetiefe) = 40 Ah/d · 2 d / 0,50 = 160 Ah

Wie die Beispiele zeigen, führen auch relativ niedrige Verbräuche bei 25% Entladetiefe schon zu erheblichen Batteriekapazitäten, die in der Praxis oft nur unter großem finanziellen und platzmäßigen Aufwand zu realisieren sind. Probleme mit dem Gewicht größerer Batterien können noch hinzukommen. Daher wird man in vielen Fällen eine Entladetiefe von 50% zulassen und die kürzere Lebensdauer der Batterie in Kauf nehmen.

Eine Parallelschaltung von Batterien zur Erhöhung der Kapazität ist – wenn eben möglich – zu vermeiden. Bei größerem Stromverbrauch empfiehlt sich die Wahl eines Batteriesystems mit 24 Volt Nennspannung, insbesondere auch dann, wenn leistungsstärkere Wechselrichter auf 230 V eingesetzt werden sollen. Um unsymmetrische Entladungen zu vermeiden, darf ein Mittelabgriff auf 12 Volt nicht gemacht werden. Zur Versorgung von 12 V-Verbrauchern ist ein guter Spannungswandler 24 V/12 V einzubauen; derartige Wandler erreichen heute gute Wirkungsgrade von ca. 85%.

Bestimmung des Ladezustands

Die Bestimmung des Ladezustands der Batterie mittels elektrischer Meßgeräte (also nicht über die Messung der Säuredichte) ist in der Praxis nicht so einfach, wie sich viele Anwender dies vorstellen.

Batteriecontroller oder Amperestundenzähler, die messen, wieviel Strom in die Batterie geladen wird bzw. der Batterie entnommen werden, schaffen nur vordergründig Abhilfe. Zum einen verhindern nur hochwertige Geräte (ab ca. 650 DM) eine verfälschende Weiterzählung bei Erhaltungsladung. Zum anderen ist werksseitig ein Ladefaktor vorprogrammiert (bzw. er muß vom Anwender eingegeben werden), der sich mit zunehmendem Alter der Batterie verändert. Damit ist die Anzeige dieser Geräte relativ ungenau.

Einige neuere Geräte bilanzieren nicht, sondern messen in getrennten Kanälen, was in die Batterie geladen und ihr entnommen wird (z.B. Solar-Power-Counter). Diese Geräte sind jedoch nicht nur relativ teuer, außerdem muß auch noch Buch geführt und gerechnet werden, um eine halbwegs realistische Batteriebilanz zu erstellen. All dies ist unerfreulich und im Freizeitbereich kaum akzeptabel. Eine Alternative wäre die Bestimmung des Ladezustandes der Batterie über die Messung der Säuredichte. Dies ist jedoch in der Praxis unüblich, da mit größerem Aufwand verbunden.

Somit bleibt die Messung bzw. Anzeige der Batteriespannung als Ladezustandskontrolle. Obwohl Akkuspannung und Ladezustand aufgrund weiterer Einflüsse nicht eindeutig miteinander verknüpft sind, wird sie doch oft benutzt, um zumindest eine grobe Abschätzung zu ermöglichen. Bei der Messung der Batteriespannung sollte die Batterie ca. 3 Stunden in Ruhe sein, d.h. weder geladen noch entladen werden. Dann hat eine volle 12 V-Bleibatterie eine Spannung von ca. 12,6 V.

Empfehlung: Messung der Batteriespannung mithilfe eines in den Solarladeregler integrierten Digitalvoltmeters oder – für viele verständlicher – eines Leuchtdioden-Batteriemonitors mit geringem Stromverbrauch, oder besser beides.

Schutz und Befestigung der Batterie

Die Batterie sollte gegen Staub, Schmutz, und die Einwirkung von Feuchtigkeit geschützt werden; spielende Kindern sind fernzuhalten und das Auflegen von metallischen Gegenständen (Werkzeugen) sollte sicher verhindert werden. Außerdem darf eine Batterie nur auf einer Unterlage aus nichtleitendem Material stehen (Holz, Kunststoff). Am besten lassen sich diese Anforderungen durch einen Batteriebehälter erfüllen (Lüftung beachten, s.u.), dies kann ein Gehäuse aus Kunststoff, Holz oder Stahl sein. Im Handel werden geeignete Behälter angeboten. Der sicheren Befestigung der Batterien und des Behälters kommt in mobilen Anlagen besondere Bedeutung zu. Für diesen Zweck wird solides Montagematerial im Handel angeboten.

Belüftung der Batterie

Im Wohnmobil, Caravan und Boot werden die Batterien in aller Regel in einem Behälter innerhalb des Fahrzeuges untergebracht. Dieser Batteriebehälter bzw. der Unterbringungsort der Batterie muß hinreichend belüftet werden. Denn sowohl im Normalbetrieb und insbesondere bei der Gasung infolge Überladung (z.B. durch Defekt eines Ladereglers) entweicht aus dem Akku explosives Knallgas (ein Wasserstoff-Sauerstoff-Gemisch). Ob eine offene oder eine geschlossene Batterie verwendet wird, ist dabei von untergeordneter Bedeutung, denn auch die geschlossenen Bleibatterien verfügen über ein Überdruckventil, das bei Überladung öffnet. Hinweise auf den notwendigen Luftwechsel finden sich in Kapitel 4.1.

Einige Batterietypen sind mit Zentralentgasungsschläuchen oder sogenannten Reiskamina lieferbar. Dabei wird das entstehende Gas mittels säurebeständiger Kunststoffschläuche abgeführt, so daß der Unterbringungsort der Batterie selbst nicht mehr belüftet werden muß. Dies kann in bestimmten Einbausituationen ein großer Vorteil sein.

Leitungen

Im mobilen Bereich dürfen wegen der Bruchgefahr bei einadrigen Kabeln nur mehr- bzw. feindrähtige (flexible) Leitungen verwendet werden; das gilt auch für die Zuleitungen zu den Verbrauchern. Einfach ummantelte Leitungen (Litzen) müssen in Schutzschläuchen, Schutzrohren oder Kabelkanälen verlegt werden. Diese Vorschrift gilt erstaunlicherweise nicht für das KFZ-Netz, auf jeden Fall aber für das Bordnetz in Wohnmobilen u.ä. Doppelt ummantelte Leitungen, z.B. Gummischlauchleitung H07RN-F können ohne weitere Schutzmaßnahmen verlegt werden, an besonders gefährdeten Stellen (Durchführungen, Stauräumen) ist jedoch auch hier ein Schutz gegen Durchscheuern durch zusätzliche Ummantelung sinnvoll.

Die Masse/Erde darf nicht als Leiter benutzt werden, d.h. für alle gleichstrombetriebenen elektrischen Betriebsmittel muß auch die Minus-Leitung mit verlegt werden.

Im Hinblick auf die Vermeidung von Leitungsverlusten ist hier wie bei allen Kleinspannungsinstallationen auf hinreichend groß bemessene Leitungsquerschnitte zu achten (vgl. Tab. 4.15 bzw. 4.18 in Kap. 4.6).

Leitungsschutz

Da der maximale Ladestrom durch die Leistung des Solargenerators (z.B. 3,4 A bei einem 50 W-Modul) begrenzt ist, muß die Verbindungsleitung zwischen Solargenerator und Batterie nicht weiter abgesichert werden, sofern die zulässige Strombelastbarkeit des Kabels nicht überschritten wird (vgl. Tab. 4.15). Empfohlen wird eine kurz- und erdschlußsichere Verlegung in Form von doppelt ummantelter Gummischlauchleitung (z.B. H07RN-F, 1 x 2,5 mm² oder stärker) oder durch Trennung der Plus- und Minus-Leitung in separaten Kabelkanälen.

Auf der Verbraucherseite sind alle Leitungen durch einzelne, auf den Leitungsquerschnitt abgestimmte Sicherungen gegen Überlastung zu schützen. Als Sicherungen kommen Schmelzsicherungen in einem entsprechenden Sicherungshalter zum Einsatz, z.B. Flachstecksicherungen aus der KFZ-Technik (bis 30 A), die weltweit verfügbar sind. Größeren Komfort – allerdings zu deutlich höheren Kosten von ca. 50 DM/St. – bieten gleichstromgeeignete Automaten mit thermisch-magnetischer Auslösung.

In der Hauptleitung zur Verteilung ist möglichst nahe an der Batterie eine Hauptsicherung vorzusehen, die – wie übrigens alle funkenbildenden elektrischen Betriebsmittel – einen Abstand von mindestens 50 cm von den Batterieöffnungen einhalten muß. Eine erhöhte Sicherheit gegen Kurzschlüsse und die Entstehung von Lichtbögen erreicht man durch die „kurz- und erdschlußsichere Verlegung" der Hauptleitung, d.h. durch Verlegung der Plus- und Minus-Hauptleitung als getrennte, dop-

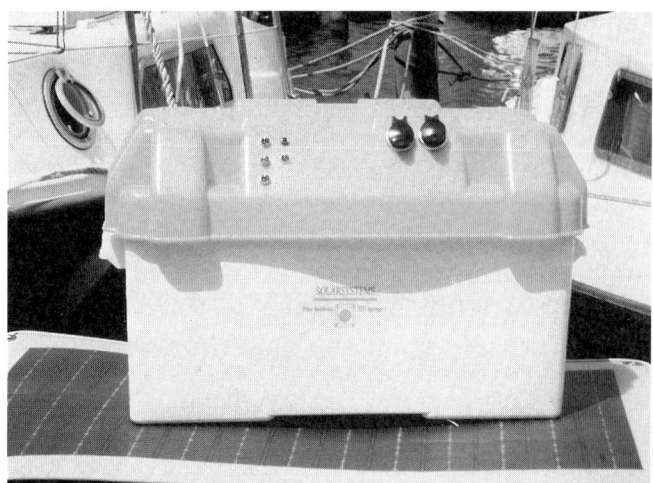

10.8 In der komplett vormontierten SolSys-Energy-Box ist bereits alles vorverdrahtet. Die Anschlüsse für das Solarmodul, ein externes Ladegerät oder die Lichtspule und der Ausgang 35 Ampere, z.B. für einen Elektroaußenborder, sind auf der Rückseite angebracht und hier nicht sichtbar. Alle Anschlüsse sind steckbar. Der Leuchtdioden-Batteriemonitor gibt Auskunft über den Batteriezustand. Foto: Solarsystems, Springe

pelt ummantelte Kabel oder, bei einfach ummantelter Litze, durch Verlegung in zwei Schutzrohren bis zur Hauptverteilung. Unverzichtbarer Bestandteil der Hauptverteilung ist ferner ein Batterie-Hauptschalter, mit dem sich die komplette Verbraucheranlage bei Abwesenheit bzw. im Störungsfalle zweipolig (bei geerdeten Anlagen einpolig) vom Akku trennen läßt. Der Anschluß des Solarladereglers darf nicht über diesen (oft schon vorhandenen) Batteriehauptschalter geführt werden. Anderenfalls könnte bei Abwesenheit die Batterie nicht geladen werden.

Bei größeren Anlagen hat sich auch auf der Erzeugerseite ein Solargenerator-Hauptschalter bewährt, mit dem der Solarladeregler vom Solargenerator freigeschaltet werden kann.

Wem das alles zu kompliziert erscheint, der kann auf sogenannte Solarsets zurückgreifen, die alle wichtigen Bauteile enthalten. Sie sollten allerdings auf den speziellen Einsatzzweck zugeschittenen sein. Solche Bausätze werden von einigen auf den mobilen Bereich spezialisierten Solarfachhändlern angeboten. Der Verfasser hat zur Vereinfachung der Installation in mobilen

Anlagen das vorverdrahtete „SolSys-Power-Center" und die „SolSys-Energy-Box" (mit Batterie-Behälter) entwickelt; beide Bausteine vereinigen in einem kompakten Gehäuse alle notwendigen Bauteile rund um den Akku: den Akku selbst mit Entlüftungsschlauch, den Laderegler sowie Sicherungen, Hauptschalter und Anschlußklemmen, so daß lediglich Solargenerator und Verbraucher angeklemmt werden müssen.

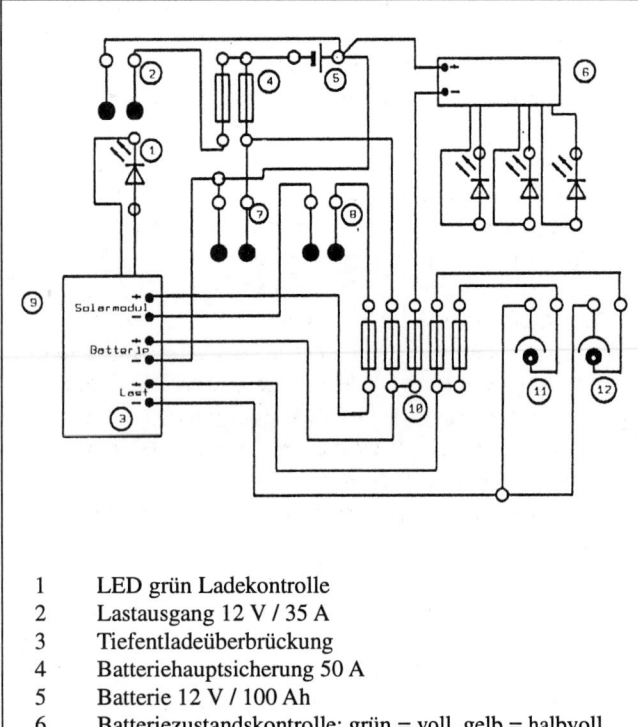

1	LED grün Ladekontrolle
2	Lastausgang 12 V / 35 A
3	Tiefentladeüberbrückung
4	Batteriehauptsicherung 50 A
5	Batterie 12 V / 100 Ah
6	Batteriezustandskontrolle: grün = voll, gelb = halbvoll rot = tiefentladen
7	Eingang Ladegerät
8	Eingang Solarmodul max. 12 V / 100 W
9	Laderegler 12 V / 8 A
10	Vorsicherungen (von links nach rechts)
10/1	Laderegler Eingang 8 A
10/2	Batterieladung 8 A
10/3	Batteriekontrolle 1 A
10/4	Steckdose 16 A
10/5	Steckdose 16 A
11	Steckdose 12 V / 16 A
12	Steckdose 12 V / 16 A

10.9   Schaltbild der Solsys-Energy-Box.
        Quelle: Solarsystems, Springe

Erdung und Potentialausgleich

Bei Reisemobilen und Wohnwagen ist es – zumindest bei größeren Generatorflächen – sinnvoll, für längere Standzeiten eine Möglichkeit zur Erdung der elektrischen Anlage vorzusehen. Zu diesem Zweck wird der Minuspols der Batterie mit dem Chassis des Wagens, den Rohrleitungen sowie mit dem metallische Rahmen des Solargenerators verbunden und bei Bedarf eine Verbindung zum Erdpotential z.B. mittels Staberder hergestellt.

Wenn bei Booten eine Erdung vorhanden ist, sollte auch hier der Solargeneratorrahmen in den Potentialausgleich einbezogen werden.

Besondere Vorschriften bezüglich der Erdung gelten für den Landanschluß (120/230 V): Das Vorhandensein einer 3-poligen CEE-Buchse garantiert noch keine Erdung. Eine hohe elektrische Sicherheit erhält man durch eine eigene Erdung in Verbindung mit einem Trenntransformator (galvanische Trennung) und einem Fehlerstrom-Schutzschalter (FI 30 mA). Ein FI-Schutzschalter reicht in bestimmten Fällen als alleinige Schutzmaßnahme nicht aus (DIN VDE 0100 Teil 721, IEC 64 [CO] 207). Bei einer gewerblichen Nutzung (Vermietung/Charter) sind besondere Vorschriften zu beachten.

Eine weitere Erhöhung des Schutzpegels (Schutz gegen direktes Berühren) erreicht man durch den Einsatz von Differenzstrom-Schutzschaltern (DI-Schalter nach DIN VDE 0661).

Der Einsatz von Wechselrichtern und Wechselstrom-Ladegeräten führt insbesondere auf Booten zu einer erheblichen Komplexität, so daß diese Anlagen auf jeden Fall von einem Fachmann geplant bzw. installiert werden sollten.

11. Literatur- und Quellenverzeichnis

[1] Boy, Hans-Günter; Dunkhase, Uwe: Elektro-Installations-technik. 8. Aufl., Würzburg 1992

[2] Bundesamt für Konjunkturfragen, Hrsg.: Photovoltaik - Grundlagen, Montage und Einspeisung. Bern 1991

[3] Bundesamt für Konjunkturfragen, Hrsg.: Photovoltaik - Planungsunterlagen für autonome und netzgekoppelte Anlagen. Bern 1992

[4] Bundesamt für Konjunkturfragen, Hrsg.: Photovoltaik - Dachmontagesysteme. Bern 1993

[5] Bundesamt für Konjunkturfragen, Hrsg.: Strom rationell nutzen - umfassendes Grundlagenwissen und praktischer Leitfaden zur rationellen Verwendung von Elektrizität. vdf Verlag der Fachvereine, Zürich 1992

[6] Buresch, Matthew: Photovoltaic Energy Systems - Design and Installation. McGraw-Hill, New York 1983

[7] Commission of the European Communities, Hrsg.: European Solar Radiation Atlas - Volume 1: Global Radiation on Horizontal Surfaces; Volume 2: Global and Diffuse Radiation on Vertical und Inclined Surfaces. Köln, 1984

[8] Davidson, Joel; Komp, Richard: The Solar Electric Home - a photovoltaics how-to handbook. Aatec Publications, Ann Arbor, Michigan 1983

[9] Deltau, Gerhard: Photovoltaikstrom im Haushalt. Gesamthochschulbibliothek, Kassel 1992. Für DM 15 zu beziehen bei: Weiterbildendes Studium Energie und Umwelt, Mönchebergstraße 17, D-34125 Kassel

[10] Deutsche Gesellschaft für Sonnenenergie eV DGS, Hrsg.: 9. Internationales Sonnenforum - Energie für die Zukunft (Tagungsbericht). DGS-Sonnenenergie Verlags GmbH, München 1994

[11] Fachkunde Elektrotechnik. bearbeitet von Lehrern an beruflichen Schulen und von Ingenieuren; Wuppertal 1984

[12] Feist, Wolfgang: Wirtschaftlichkeit von Maßnahmen zur rationellen Nutzung von elektrischer Energie. Institut Wohnen und Umwelt, Darmstadt 1986

[13] Folkerts, Enno; Friedrichs, H.: Hausgeräte-, Beleuch-tungs- und Klimatechnik. Vogel Verlag, Würzburg 1985

[14] Forschungsverbund Sonnenenergie, Hrsg.: Photovoltaik 2 - Systemtechnik und Anwendungen. Themen 1992/93, Schrift des Forschundsverbundes Sonnenenergie c/o DLR, Köln 1993

[15] Forschungsverbund Sonnenenergie, Hrsg.: Photovoltaik - Grundlagenforschung und Technologien. Themen 1991/92, Schrift des Forschundsverbundes Sonnenenergie c/o DLR, Köln 1992

[16] Fraunhofer-Institut für Solare Energiesysteme, Hrsg.: Photovoltaisch versorgte Geräte und Kleinsysteme. Begleitbuch zum gleichnamigen Seminar, Freiburg 1993

[17] Fraunhofer-Institut für Solare Energiesysteme, Hrsg.: Grundlagen und Systemtechnik solarer Energiesysteme. Begleitbuch zum gleichnamigen Seminar, Freiburg 1993

[18] Fraunhofer-Institut für Solare Energiesysteme, Hrsg.: Photovoltaik-Anlagen. Begleitbuch zum gleichnamigen Seminar, Freiburg 1994

[19] Fraunhofer-Institut für Solare Energiesysteme, Hrsg.: Europaweite Marktübersicht und Tests von Gleich-spannungsverbrauchern - Handbuch für Anlagenplaner und Nutzer von Gleichspannungssystemen. Freiburg 1994

[20] GWU-Solar, Hrsg.: Photovoltaik-Handbuch. Produkt-informationen mit Lieferprogramm der Fa. GWU-Solar, Nürnberg 1992

[21] Häberlin, Heinrich: Photovoltaik - Strom aus Sonnenlicht für Inselanlagen und Verbundnetz. Aarau, 1991

[22] Herhahn, Albert; Winkler, Arnulf: Sicherheitsfibel für die Elektroinstallation. 17. Aufl., Würzburg 1992

[23] Humm, Othmar; Toggweiler, Peter: Photovoltaik und Architektur - Die Integration von Solarzellen in Gebäude-hüllen. Basel 1993

[24] Institut für Solare Energieversorgungstechnik ISET, TÜV Rheinland, Hrsg.: Installation von Photovoltaik-Anlagen - im Rahmen des Bund-Länder 1000-Dächer-Photovoltaik-Programms. Köln 1992

[25] Komp, Richard: Practical Photvoltaics. Aatec Publications, Ann Arbor, Michigan 1982

[26] Köthe, Hans Kurt: Solarantriebe in der Praxis - Geräte, Maschinen und Fahrzeuge erfolgreich mit Sonnenenergie betreiben. 1. Aufl., Franzis Verlag, München 1994

[27] Köthe, Hans-Kurt: Stromversorgung mit Solarzellen - Methoden und Anlagen für die Energieaufbereitung. 3. Auflage, München 1993

[28] Krause,F.; Bossel,H.; Müller-Reißmann, K.F.: Energiewende - Wachstum ohne Erdöl und Uran. S. Fischer Verlag, Frankfurt 1980

[29] Kreith, Frank; Kreider, Jan F.: Principles of Solar Engineering. Hemisphere Publishing Corporation, Washington 1978

[30] Krieg, Bernhard: Strom aus der Sonne - Solartechnik in Theorie und Praxis. Aachen 1992

[31] Kuratorium für Technik und Bauen in der Landwirtschaft, Hrsg.: Photovoltaik-Anwendungen im Agrarbereich. KTBL-Schriftenvertrieb im Landwirtschaftsverlag, Münster-Hiltrup 1994

[32] Leuchtner, Jürgen; Boekstiegel, Carsten: Photovoltaik-Marktübersicht - Informationen zur Stromerzeugung mit Solarzellen. Öko-Institut, Freiburg 1991

[33] Lippold, Trogisch, Friedrich: Solartechnik - thermische und fotoelektrische Nutzung der Sonnenenergie. Verlag Ernst & Sohn, Berlin 1984

[34] Muntwyler, Urs: Praxis mit Solarzellen - Kennwerte, Schaltungen und Tips für Anwender. 5. Aufl., München 1992

[35] Muntwyler, Urs: Solar-Handbuch. Produktinformation mit Lieferprogramm der Muntwyler Energietechnik AG, Zollikofen 1993

[36] Nürmann, Dieter: Professionelle Schaltungstechnik - Teil 2: Stromversorgungsschaltungen, Triac- und Zündschaltungen. Franzis Verlag, München 1984

[37] Ostbayerisches Technologie Transfer Institut, Hrsg.: Neuntes Symposium Photovoltaische Solarenergie. Regensburg 1994

[38] Paul, Terrance D.: How to Design an Independent Power System. Best Energy Systems, Necedah, Wisconsin 1981

[39] Pelka, Horst: Moderne Industrieschaltungen - 150 professionelle Elektronik-Schaltungen für den Praktiker. Franzis Verlag, München 1984

[40] Roberts, Simon: Solar Electricity - a practical guide to designing an installing small photovoltaic systems. Prentice Hall International, London 1991

[41] Scheer, Siegfried: Stromsparen beim Waschen - Warmwasseranschluß für Wasch- und Geschirrspülmaschine: eine Umbauanleitung. Ökobuch Verlag, Grebenstein 1983

[42] Schmid, Jürgen: Photovoltaik: Direktumwandlung von Sonnenlicht in Strom - ein Informationspaket. BINE Bürger-Information Neue Energietechniken, 2. Aufl., Köln 1992

[43] Schoedel, Siegfried: Photovoltaik - Grundlagen und Komponenten für Projektierung und Installation. München 1993

[44] Seemann, Thomas; Wiechmann, Ralf: Solare Hausstromversorgung mit Netzverbund - Technik, Finanzierung, Recht, praktische Beispiele. Berlin 1993

[45] Solaris Sonnenenergie Solarstromanlagenvertriebs GmbH, Hrsg: Handbuch und Katalog der Solartechnik. 8. Aufl., Hamburg 1993

[46] Varta AG, Hrsg.: Bleiakkumulatoren. VDI Verlag, Düsseldorf 1986

[47] Varta AG, Hrsg.: Gasdichte Nickel-Cadmium-Akkumulatoren. VDI Verlag, Düsseldorf 1978

[48] Witte, Erich: Blei- und Stahlakkumulatoren. VDI Verlag, Düsseldorf 1977

[49] Deutsche Gesellschaft für Sonnenenergie eV DGS, Hrsg.: 8. Internationales Sonnenforum - Energie für die Zukunft (Tagungsbericht). DGS-Sonnenenergie Verlags GmbH, München 1992

[50] Köthe, Hans-Kurt: Praxis solar- und windelektrischer Energieversorgung. VDI Verlag, Düsseldorf 1982

[51] Schulz, Heinz: Kleine Windkraftanlagen - Technik - Erfahrungen - Meßergebnisse. ökobuch Verlag, Staufen bei Freiburg 1993

[52] Müller, J.; Reuß, M.; Schenk, W.; Schulz, H.; Zweyer, U.: Netzunabhängige solare Stromversorgung in der Landwirtschaft. Landtechnik-Bericht Heft 11, Freising-Weihenstephan 1993

12. Anschriften von Herstellern und Anbietern

Die Nennung der Adressen erfolgt ohne Gewähr für die Richtigkeit und ohne Anspruch auf Vollständigkeit. Innerhalb der einzelnen Gruppen sind die Adressen nach Postleitzahlen geordnet.

Solar-Fachhändler und -ingenieurbüros

Muntwyler Energietechnik AG, Postfach 512, CH-3052 Zollikofen, Schweiz, ☎ 031-9115063, ✉ 9115127

Studer Solartechnik, CH-3973 Venthone, Schweiz, ☎ 027-561961, ✉ 561961

Günther Solar AG, Industrie Hofacker, CH-4132 Muttenz, Schweiz, ☎ 061-618250

Rene Brun, Alternative Technik, CH-7015 Tamins, Schweiz, ☎ 081-372537, ✉ 372374

Alpha Real AG, Energy Systems and Engeneering, Feldeggstr. 89, CH-8008 Zürich, Schweiz, ☎ 01-3830208, ✉ 2011152

IWS Solar AG, Import/Export, Wilen 18, CH-8494 Bauma, Schweiz, ☎ 052-462882, ✉ 462194

Fabrimex Solar, Seestr. 141, CH-8703 Erlenbach, Schweiz, ☎ 01-9153617

Elektro + Solar GbR, Weinbergstr. 61, D-01129 Dresden, ☎ 0351-4410023

Adlung & Kaiser, Stromstr. 38, D-10551 Berlin, ☎ 030-3962917, ✉ 3964588

Zenit Energietechnik GmbH, Wilsnackerstr. 40, D-10559 Berlin, ☎ 030-3941180, ✉ 3941175

Pst-Pro Sun Tech, Solar- und Windenergie GmbH, Fechnerstr. 19, D-10717 Berlin, ☎ 030-8618974, ✉ 876382

Energie-Biss Gmbh, Geisbergstr. 12 - 13, D-10777 Berlin, ☎ 030-2189433, ✉ 2135369

ETA Energietechnische Anlagen, Kohlfurter Str. 41/43, D-10999 Berlin, ☎ 030-6145054, ✉ 6158352

Solaris-Sonnenenergie, Gärtnerstr. 13 - 29, D-20253 Hamburg, ☎ 040-4200050, ✉ 4202532

Microtherm Energietechnik GmbH, Pillauer Str. 47, D-22049 Hamburg, ☎ 040-6933018, ✉ 6937016

Kai Lippert, Energie aus Wind und Sonne, Am Bahnhof 6, D-24983 Handewitt, ☎ 04608/6781, ✉ 1663

Emmrich, Import-Export Versand, Jaderstr. 14, D-26349 Jade, ☎ 04454/1252, ✉ 8208

Solarwerkstatt Bremen GmbH, Scharnhorststr. 131, D-28211 Bremen, ☎ 0421-230022, ✉ 235055

Reinhard Solartechnik GmbH, An der Riede 7, D-28844 Weyhe-Lahausen, ☎ 04203-1317, ✉ 4689

Alfasolar Vertriebs GmbH, Innovative Solarsysteme, Schaufelder Str. 11-14 D-30167 Hannover, ☎ 0511/716179, ✉ 716147

Bernhard Degener, Solarenergie- u. Umwelttechnik, Moltkestr. 12, D-31582 Nienburg-Weser, ☎ 05021/61731, ✉ 63966

Solarsystems Peter Stenhorst, Reichspräs.-Ebert-Str. 3, D-31832 Springe, ☎ 05041/62856, ✉ 63839

Solar-C Johannes Clasbrummel, Paderborner Str. 429, D-33415 Verl (Kaunitz), ☎ 05246-3920, ✉ 81441

Ines Energie Systeme GmbH, Fuldatalstr. 12, D-34125 Kassel, ☎ 0561/876375, ✉ 871496

Wagner & Co. Solartechnik GmbH, Ringstr. 14, D-35091 Cölbe b. Marburg, ☎ 06421-8007, ✉ 800722

UfE, Umweltfreundliche Energieanlagen GmbH, Schlagenweg 8, D-37077 Göttingen, ☎ 0551-371003, ✉ 371000

Conring & Velten Solarsysteme & neue Energiekonzepte, Rebenring 33/Technologiepark, D-38106 Braunschweig, ☎ 0531/3801163, ✉ 3801152

Sotech, Postfach 104511, D-40036 Düsseldorf, ☎ 0211-1640066, ✉ 3613820

Claudius Ortmann, Hauptstr. 117, D-41747 Viersen, ☎ 02162/16668, ✉ 16668

Solartechnik Langner, Franziskusstr. 3, D-44795 Bochum, ☎ 0234/430978, ✉ 451813

Beeck Solartechnik, Am Steintor 21, D-47574 Goch, ☎ 02823/86327, ✉ 86328

Solar Diamant System GmbH, Postfach 1140 D-48489 Wettringen, ☎ 02557-9399-0, ✉ 9399-5

Transfer-Electric KG, Postfach 1327, D-49442 Lemförde, ☎ 05443-1808, ✉ 2715

SoWiCo-Solartechnik, Uwe Hallenga, Holperdorp 68, D-49536 Lienen, ☎ 05483-1491, ✉ 8166

Energieladen Köln GmbH, Madaustr. 1, D-51109 Köln, ☎ 0221-8902033, ✉ 8902011

Weinberg Solar, Viktoriastr. 29, D-52066 Aachen, ☎ 0241/535133, ✉ 536892

Schöner Energietechnik GmbH, Waldstr. 53, D-53177 Bonn, ☎ 0228/318281, ✉ 318281

Alterna GmbH, Rastenweg 15, D-53227 Bonn, ☎ 0228-444244, ✉ 444246

ÖEB ökologische Energie- u. Bautechnik, Berliner Str. 11, D-64319 Pfungstadt, ☎ 06157-4073, ✉ 6971

Englich Elektronik, Verbindungsweg 12, D-64823 Groß-Umstadt, ☎ 06078-73613, ✉ 74251

WA-TEC Reutter/Späth/Strippel G.b.R, Heinrich-Fulda-Weg 9, D-64289 Darmstadt, ☎ 06151-710951

AET GmbH, Alternative Energie-Technik, Industriestr. 17, D-66583 Spiesen-Elversberg, ☎ 06821-790068, ✉ 790503

Ing.-Büro Solartechnik Wolfgang Müller, Postfach 272, D-67143 Deidesheim, ☎ 06326-980103, ✉ 4199

Solar-Energie-Technik GmbH, Industriestr. 1-3, D-68804 Altlußheim, ☎ 06205-3525, ✉ 3528

Beck-Solartechnik, Gutleuthofweg 42, D-69118 Heidelberg, ☎ 06221-800830, ✉ 809653

Solartechnik Wutschik, Münchingerstr. 10, D-71282 Hemmingen, ☎ 07150/8650, ✉ 8649

Kopf GmbH, Umwelt- und Energietechnik, Stützenstr. 6, D-72172 Sulz-Bergfelden, ☎ 07454-750, ✉ 7559

HTV Haustechnik-Systeme GmbH, Dornstetter Str. 2, D-72296 Schopfloch, ☎ 07443/2404-0, ✉ 2404-11

Sager Solartechnik, Schneckenhofenstr. 20, D-72581 Dettingen/Erms, ☎ 07123/8341, ✉ 8341

ÖKOTECH, U. Viert, Bahnhofstr. 15, D-73466 Lauchheim, ☎ 07363/6344

Kastner-Elektronic, Inh. Doris Kastner, Im Neufeld 25, D-76359 Marxzell-Pfaffenrot, ☎ 07248-5811, ✉ 5820

Solartechnik Dipl.Ing. H.-P. Panitz, Gottswaldstr. 7A, D-77656 Offenburg, ☎ 0781/58363

Gerk-Innovative Energiesysteme, Burk. v. Hohenfels Str. 15, D-78354 Sipplingen, ☎ 07551-3428, ✉ 66901

ENERGOSSA GmbH, Wippertstr. 2, D-79100 Freiburg, ☎ 0761-404251, ✉ 405398

SES Solar-Energie-Systeme GmbH, Wippertstr. 2, D-79100 Freiburg, ☎ 0761-409021, ✉ 409346

SolaVent, Dr. Bracke, Zasiusstr. 62, D-79110 Freiburg, ☎ 0761/71950, ✉ 709647

Andreas Billich, Elektro-, Meß- u. Regeltechnik, Feuerbachstr. 29, D-79588 Efringen-Kirchen, ☎ 07628/797, ✉ 8331

Domiter Solarstromtechnik, Leonrodstr. 46, D-80636 München, ☎ 089/1238161

Soltec Gerd Hinrichs GmbH, Sonnenblumenstraße 24, D-81377 München, ☎ 089/7143327

Solartechnik Werdenfels, Schleifmühlweg 8, D-82435 Bayersoien, ☎ 08845/9662

Elektroanlagen Buchner u. Prokesch, Murnauerstr. 45, D-82449 Uffing, ☎ 08846/537 u.1398, ✉ 1398

Dr. Klaus Ackermann, Kanalweg 2, D-85778 Haimhausen b. München, ☎ 08133/1035, ✉ 1053

ATEC Electronic-Vertriebs-GmbH, Mühlaustr. 29, D-86938 Schondorf/Ammersee, ☎ 08192-1041, ✉ 1042

SWS-Solar, Dipl.-Ing. Wolfgang Gschwender, Brunnenstr. 18, D-86938 Schondorf, ☎ 08192-7606, ✉ 7709

Solar Strom Strass, Lindenstr. 5, D-86949 Windach/Ammersee, ☎ 08193-5024, ✉ 8480

AllKraft, Gesellschaft für Solar-, Heiz- und Kraftanlagen, An der Bundesstr. 24, D-87509 Immenstadt, ☎ 08323-7037, ✉ 51453

Sandler Energietechnik GmbH, Ölmühlhang 17, D-87600 Kaufbeuren, ☎ 08341-3001, ✉ 12953

PRO SOLAR Energietechnik GmbH, Deisenfangstr. 47, D-88212 Ravensburg, ☎ 0751-3610-0, ✉ 361010

Siegfried Dingler Solartechnik, Ökosolarhaus Ebersbach, Fliederstr. 5, D-88371 Ebersbach-Musbach, ☎ 07584-2068, ✉ 3253

Reusolar High-Tech-Solartechnik GmbH, Josef-Maier-Str. 9, D-88682 Salem-Beuren, ☎ 07554-686, ✉ 9309

FR-Frankensolar GmbH, Hessestr. 4, D-90443 Nürnberg, ☎ 0911-260466, ✉ 284220

Zentrum Solarenergie, Energiesparladen ZSE GmbH, Leonhardstr. 24, D-90443 Nürnberg, ☎ 0911-262535, ✉ 263536

GWU - Siemens-Solar-Fachhändler, Hans-Vogel-Str. 22, D-90765 Fürth, ☎ 0911/7909516

EDS Ingenieurbüro, P. Schwarz, Kriemhildstr. 2, D-91154 Roth, ☎ 09171/60704

SUNSET Energietechnik GmbH, Industriestr. 20-22, D-91325 Adelsdorf, ☎ 09195-9494-0

Solar-Krauss, Robert-Schulz-Str. 1, D-91732 Merkendorf, ☎ 09826-1677, ✉ 9282

ESL Energiesparladen GmbH, Brunnleite 7, D-93047 Regensburg, ☎ 0941/560537, ✉ 563405

Ingenieurbüro für Umwelttechnik, u. regenerative Energien, Dipl. Ing. Wolfgang Martin, Friedhofstr. 15, D-95343 Stadtsteinach, ☎ 09225/1838

MBW High Voltage Systems GmbH, Nürnberger Str 199, D-96050 Bamberg, ☎ 0951-1803-215, ✉ 1803-283

IBC-Solartechnik, Dipl.-Ing. Udo Möhrstedt, Am Hochgericht 10, D-96231 Staffelstein, ☎ 09573-3066, ✉ 31264

Solarkraft GmbH, Dorfbachweg 10, D-96279 Weidhausen, ☎ 09562/7128

Solarelektronik Hans Joachim Oerter, Postfach 3270, D-97042 Würzburg, ☎ 0931/612242, ✉ 612569

Solartechnik Nestmeier GmbH, Badstr. 4, D-97239 Baldersheim, ☎ 09335/237, ✉ 8139

Leas Solar- und Batterietechnik, Weimarerstr. 9 A, D-98693 Ilmenau/Thür., ☎ 03677/63091, ✉ 63091

Lieferanten (Hersteller) von Solarmodulen

NEWTEC Plastron AG, Kunststofftechnik, Büntelistr. 15, CH-9443 Widnau / Schweiz, ☎ 071-708222, ✉ 725585

Solaris-Sonnenenergie, Gärtnerstr. 13-29, D-20253 Hamburg, ☎ 040-4200050, ✉ 4202532
Solarmodule, Solarzellen (einzeln bzw. gekapselt), Solarpumpen, -leuchten, -ladegeräte, -anlagen, usw.

ASE GmbH (früher: Deutsche Aerospace AG, Abt. Solartechnik✉), D-22880 Wedel, ☎ 04103-60814,
Solarmodule und Zubehör

Schüco International KG, Herr Löwenstein, Postfach 102553, D-33609 Bielefeld, ☎ 0521-783-0, ✉ 783657
Photovoltaik-Synergie-Fassaden

Flachglas Solartechnik GmbH, Mühlengasse 7, D-50667 Köln, ☎ 0221-2573811, ✉ 2581117
Photovoltaik-Systeme und Fassadensysteme

Nukem GmbH, Geschäftsbereich Solartechnik, Industriestr. 13, D-63754 Alzenau i.Ufr., ☎ 06023-91-1712, ✉ 91-1700
Solarmodule und Photovoltaik-Fassaden

Varius GmbH, Wiesbadener Str. 31,
D-70372 Stuttgart, ☎ 0711-9559510, ✉ 95595131
Solarzellen (einzel oder gekapselt)

Siemens Solar GmbH, Postfach 460705,
Frankfurter Ring 152, D-80915 München,
☎ 089-3500-2411, ✉ 3500-2573
Solarmodule, Systemkomponenten und Komplett-systeme

PST Phototronics Solartechnik GmbH, Hermann-Oberth-Str. 11, D-85640 Putzbrunn,
☎ 089/45660-310, ✉ 45660-332
Dünnschichtsolarmodule auf Basis von amorphem Silizium (ASI) sowie Systemkomponenten für netzgekoppelte Anlagen.

MBW High Voltage Systems GmbH,
Nürnberger Str 199, D-96050 Bamberg,
☎ 0951-1803-215, ✉ 1803-283
Solaranlagen auf leichten Flächentragwerken, flexible und speziell angepaßte Solarmodule

IBC-Solartechnik, Dipl.Ing. Udo Möhrstedt,
Am Hochgericht 10, D-96231 Staffelstein,
☎ 09573-3066, ✉ 31264
Generalvertreter für Kyocera-Module

BP Solar, Solar House, Brigde Street,
Leatherhead, Surrey KT22 8BZ, England,
☎ 44/372/377899, ✉ 44/372/377750
BP-Solarmodule

Hersteller/Anbieter von Akkus

Akku Gesellschaft Taubenheim, Albert-Schweitzerstr. 30, D-02689 Taubenheim,
☎ 035936/4377, ✉ 4397
Solarbatterien, Nickel-Eisen-Batterien

SAB NIFE GmbH, Naumannstr. 33,
D-10829 Berlin 62, ☎ 030-7841064
NiCd-Akkus für stationäre Stromversorgungen

Friemann & Wolf GmbH, Meidericher Str 8 - 8,
D-47058 Duisburg 1, ☎ 0203-3002-0, ✉ 3002-240
Ventilierte NiCd-Zellen für stationären und mobilen Einsatz

Hoppecke Akkumulatorenwerk GmbH,
D-5790 Brilon 2, ☎ 02963-610
Akkumulatoren für Photovoltaikanlagen

Varta Batterie AG, Dieckstr. 42,
D-58089 Hagen, ☎ 02331-372-0
Industriebatterien

Hagen Batterie AG, Coesterweg 45,
D-59494 Soest, ☎ 02921-7030, ✉ 703423
Bleibatterien für photovoltaische Anwendungen

Hersteller von Ladereglern

Sun Power GmbH, Friedberger Landstr. 307,
D-60389 Frankfurt, ☎ 069-5973061, ✉ 5974020
Solar-Meßgeräte und -laderegler

Englich Elektronik, Verbindungsweg 12,
D-64823 Groß-Umstadt, ☎ 06078-73613,
✉ 74251
Solar-Laderegler, Meßgeräte

Uhlmann Solarelektronik GmbH, Scharnhorst-str. 34, D-79331 Teningen, ☎ 07641-8291, ✉ 6816
Laderegler und elektronisches Zubehör

Siemens Solar GmbH, Postfach 460705,
Frankfurter Ring 152, D-80915 München,
☎ 089-3500-2411, ✉ 3500-2573
Solarmodule, Systemkomponenten und Komplett-systeme

Dr. Klaus Ackermann, Kanalweg 2,
D-85778 Haimhausen b. München,
☎ 08133/1035, ✉ 1053
Solar-Laderegler

Steca GmbH, Mammostr. 1,
D-87700 Memmingen, ☎ 08331/85580, ✉ 855811
Solar-Laderegler

EDS Ingenieurbüro, P. Schwarz, Kriemhildstr. 2,
D-91154 Roth, ☎ 09171/60704
MPP-Solarladeregler

Hersteller von Wechselrichtern

Invertomatic AG, für Energieumwandlung,
CH-6595, Riazzino / Schweiz, ☎ 095-642525,
✉ 642854
Leistungs-Wechselrichter für photovoltaische Anwendungen (ab 15 kW - 3-phasig bis MW)

Advanced Solar Products AG, Postfach,
CH 8637 Laupen, Schweiz,
Wechselrichter für autonome und netzgekoppelte Anlagen

Microtherm Energietechnik GmbH, Pillauer
Str. 47, D-22049 Hamburg, ☎ 040-6933018,
✉ 6937016
Importeur für Trace-Wechselrichter in deutschprachigem Raum

Alfasolar Vertriebs GmbH, Innovative Solar-systeme, Schaufelder Str. 11-14,
D-30167 Hannover, ☎ 0511/716179, ✉ 716147
Zentralvertrieb für Solwex-Wechselrichter zur Netzeinspeisung

Thyron Industrie-Elektronik GmbH, Kuhlenweg 3,
D-33729 Bielefeld, ☎ 0521-9775011, ✉ 771275
Wechselrichter

SMA Regelsysteme GmbH, Hannoversche
Str. 1 - 5, D-34266 Niestetal, ☎ 0561-9522-0,
✉ 9522100
Hersteller von Wechselrichtern sowie von Leistungselektronik und Regelungstechnik für dezentrale Energieversorgung

UfE, Umweltfreundliche Energieanlagen GmbH,
Schlagenweg 8, D-37077 Göttingen,
☎ 0551-371003, ✉ 371000
Wechselrichter zur Netzeinspeisung, Meß- & Anzeigetechnik für Solarstromanlagen

Braunsberger Energie-Systeme GmbH, Schäfer-gasse 46, D-60313 Frankfurt, ☎ 069-294022,
✉ 295432
Lieferant von Mastervolt-Wechselrichtern in Deutschland

Günther & Partner GmbH, Merianstr. 25
D-60316 Frankfurt, ☎ 069-492509, ✉ 495604
Entwicklung und Vertrieb von Sinus- und Trapezwechselrichtern

AL-elektronic, Dipl.-Phys. A. Laschek-Enders,
Erlengrund 34, D-68789 St. Leon-Rot,
☎ 06227-54100, ✉ 54101
Wechselrichter

Bahrmann GmbH, Meßtechnik, Im Vogelsang 1,
D-71101 Schönaich, ☎ 07031-630202, ✉ 653946
netzgekoppelter Wechselrichter

Dorfmüller Solaranlagen GmbH, Gottlieb-Daimler Str. 15, D-71394 Kernen-Rommelshausen, ☎ 07151-949050
Wechselrichter nach dem Teilspannungsprinzip, netzautarke Stromversorgungsanlagen

Siemens Solar GmbH, Postfach 460705, Frankfurter Ring 152, D-80915 München, ☎ 089-3500-2411, ✉ 3500-2573
Solarmodule, Systemkomponenten und Komplettsysteme

FG-Elektronik, Dipl.-Ing. F. Grigelat GmbH, Mühlweg 30 - 32, D-90607 Rückersdorf, ☎ 0911-570101, ✉ 570100
Wechselrichter und Spannungswandler

SUNSET Energietechnik GmbH, Industriestr. 20-22, D-91325 Adelsdorf, ☎ 09195-9494-0,
Wechselrichter, Netzeinspeiser, Elektronik

FEG GmbH, Postfach 43, D-99610 Sömmerda, ☎ 03634-42588, ✉ 42589
AC-DC/DC-AC Wandler für Solar- und Windstromanlagen

Hersteller von Installationszubehör und Spezialgeräten

Gram Deutschland GmbH, Mittelweg 22, D-20148 Hamburg 13, ☎ 040-449734
Gram Ler200 Energiespar-Kühlschrank

POLYPLAN GmbH, Vahrenwalder Str. 7, D-30165 Hannover, 0511/9357180, 0511/9357189,
Solarbetriebene Tiefenwasserbelüftungsanlage (Polyp 40) und Flachwasserbelüfter, Destratifikationsanlagen

Citel Elektronik GmbH, Heinrichstr. 169a, D-40239 Düsseldorf, ☎ 0211-626041, ✉ 631191
Blitz- und Überspannungsschutzmittel

Stengel Licht + Elektronik Vertriebs GmbH, Rembrandtstr. 2, D-47877 Willich, ☎ 02154-5169, ✉ 80418,
Glüh- und Leuchtstofflampen für 12/24 V

Waeco Wähning & Co. GmbH, Postfach 1144, D-48282 Emsdetten, ☎ 02572-879-0, ✉ 84881,
Engel-Kühlaggregate und Kühlschränke für 12/24 V,

Beck-Solartechnik, Gutleuthofweg 42, D-69118 Heidelberg, ☎ 06221-800830, ✉ 809653
Modulverteilerkästen (TÜV-geprüft), DC-Freischalteinrichtungen, Trapezwandler, Sonnenmobile

ENERGOSSA GmbH, Wippertstr. 2, D-79100 Freiburg, ☎ 0761-404251, ✉ 405398
Verteiler, Steuerungen und Anzeigesysteme für Photovoltaikanlagen

Dehn + Söhne GmbH + Co. KG, Postfach 1931, D-90007 Nürnberg, ☎ 0911-533553, ✉ 532798
Überspannungsschutz, Blitzstromableiter

Sonstiges

Oberösterreichische Kraftwerke AG, Dipl.-Ing. H. Wilk, Böhmerwaldstr. 3, A-4021 Linz / Österreich, ☎ 0732-6593-3514, ✉ 6593-360
Berechnugssoftware PVcalc 1.03

Rene Brun, Alternative Technik, CH-7015 Tamins / Schweiz, ☎ 081-372537, ✉ 372374
Kleinstwasserkraft-Turbine, Solarkompaktsysteme und solare Pumpwerke für Tropfbewässerung, Ampèrestundenzähler

Brusa Elektronik, Gasenzen, CH-9473 Gams / Schweiz, ☎ 081/7713608, ✉ 7714655
Antriebe und Komponenten für Elektrofahrzeuge und -Boote

Energie-Biss Gmbh, Geisbergstr. 12-13, D-10777 Berlin, ☎ 030-2189433, ✉ 2135369
PV-Simulator

INES Energie Systeme GmbH, Fuldatalstr. 12, D-34125 Kassel, ☎ 0561/876375, ✉ 871496
Solarfassaden, Verrechnungssysteme für Solartankstellen

MABEG GmbH, Ferdinand-Gabriel-Weg 10 D-59494 Soest, ☎ 02921-780660, ✉ 780688
Solarenergieversorgte Fahrplananzeiger

Sun Power GmbH, Friedberger Landstr. 307, D-60389 Frankfurt, ☎ 069-5973061, ✉ 5974020
Solar-Meßgeräte und -laderegler

NES Neue Energie-Systeme, Dr. Falk Auer, Berliner Str. 6, D-63505 Langenselbold, ☎ 06184-3510, ✉ 62410
Meßgeräte und Datenaufnehmer für Solaranlagen, Simulationsprogramm

WA-TEC Reutter/Späth/Strippel GbR, Karl-Ulrich-Str. 11, D-65428 Rüsselsheim/Main, ☎ 06142-13802
Vertrieb von funktionsfähigen Modellen zur Demonstration der solaren Wasserstofftechnik

Kessler Solarkomponenten, Im Häldle 42, D-70327 Stuttgart, ☎ 0711-339180, ✉ 339202
Solarmodelle und Bausätze, Solarzellen (einzel oder gekapselt)

Zentrum für Sonnenenergie- und Wasserstoff-Forschung (ZSW) Baden-Württemberg, A. Zahir, A. Bosch, Heßbrühlstr. 21 c, D-70565 Stuttgart, ☎ 0711-7870-201, ✉ 7870-100
Simulations- und Dimensionierungsprogramm ITE-BOSS für photovoltaische Inselsysteme

Sager Solartechnik, Schneckenhofenstr. 20, D-72581 Dettingen/Erms, ☎ 07123/8341, ✉ 8341
Solarbrunnen, solarbetriebene Kinderfahrzeuge

SolaVent, Dr. Bracke, Zasiusstr. 62, D-79110 Freiburg, ☎ 0761/71950, ☎ 709647
Windturbinen, Wind- und Solar-Regelungen, Brennstoffzellen, Haushaltsgeräte

econzept Energieplanung GmbH, Wiesentalstr. 29, D-79115 Freiburg, ☎ 0761-40166-27, ✉ 40166-20
Simulations- und Dimensionierungsprogramm PVS

Hotzenblitz Mobile GmbH & Co KG, Unteribach 13, D-79837 Ibach, ☎ 07672-333, ✉ 335
Elektro-Fahrzeuge

mesatec GmbH, Theodor-von Zahn-Str. 17 D-91052 Erlangen, ☎ 09131-26085, ✉ 21350
Meß- und Automatisierungssysteme, meßtechnische Ausstattung von PV-Anlagen

Verbände und Beratungsstellen

AG Erneuerbare Energie, Postfach 142, A-8200 Gleisdorf / Österreich, ☎ 03112-5886-0

InfoEnergie, Postfach 310, CH-5200 Brugg / Schweiz, ☎ 056-416080, ✉ 412015

Sofas Sonnenenergie Fachverband, c/o TNC Consulting AG, Rheinfelsstr. 1, CH-7000 Chur / Schweiz, ☎ 081-251213

Bine Bürger Informationszentrum Neue Energietechniken, Mechenstr. 57, D-53129 Bonn, ☎ 0228-232086

Eurosolar eV, Vereinigung für das solare Energiezeitalter, Plittersdorfer Str. 103, D-53173 Bonn 2, ☎ 0228-362373

DGS Deutsche Gesellschaft für Sonnenenergie eV, Augustenstr. 79, D-80333 München, ☎ 089-524071

Solid Solarenergie Informations- und Demonstrationszentrum, Heinrich-Stranke-Str. 3-5, D-90765 Fürth, ☎ 0911-792035

Forschungseinrichtungen

Deutscher Wetterdienst Meteorologisches Institut, Observatorium Hamburg, Frahmredder 95, D-22393 Hamburg, ☎ 040-60173-02

ISFH Institut für Solarenergieforschung GmbH, Am Ohrberg 1, D-31860 Emmerthal, ☎ 05151-999-0, ✉ 999-400

Institut für solare Energieversorgungstechnik eV, Königstor 57-61, 34119 Kassel, ☎ 0561-7294-0, ✉ 7294-100

Zentralstelle für Solartechnik ZFS, Verbindungsstr. 19, D-40723 Hilden, ☎ 02103-69031

Kuratorium für Technik und Bauwesen in der Landwirtschaft, Bartningstr. 49, D-64289 Darmstadt, ☎ 06151-7001147, ✉ 7001123

ZSW Zentrum für Sonnenenergie und Wasserstoff-Forschung, Heßbrühlstr. 61, D-70565 Stuttgart, ☎ 0711-7800954

DLR Deutsche Gesellschaft für Luft- und Raumfahrt, Pfaffenwaldring 38 - 40, D-70569 Stuttgart, ☎ 0711-6862-1

FHG-ISE Fraunhofer-Gesellschaft, Institut für solare Energiesysteme, Oltmannstr. 22 D-79100 Freiburg i.Br., ☎ 0761-40140

Ludwig-Bölkow-Stiftung, Daimlerstr. 15, D-85521 Ottobrunn

Zentrum für Sonnenenergie- und Wasserstoff-Forschung, Helmholzstr. 8 D-89081 Ulm, ☎ 0731-95304-0, ✉ 9530666

13. Stichwortverzeichnis

Sach- und Fachbücher
zur umweltfreundlichen Technik

Holger König
Wege zum gesunden Bauen
Aus dem Inhalt: richtige Baustoffwahl, geeignete Baukonstruktionen mit Eigenschaften und Anwendungsbereichen, Beispiele ausgeführter Häuser, Baunormen, Bauphysik, Preise und Bezugsquellen. Ein Handbuch für Bauherren, Selbstbauer, Architekten und Handwerker, das die theoretischen und praktischen Aspekte der Baubiologie anschaulich und nachvollziehbar miteinander verbindet. 192 S. m. v. Abb., Neuauflage 1989   39,80 DM

G. Häfele, W. Oed, L. Sabel
Althauserneuerung
Ein Handbuch für alle Hausbesitzer und Bauherrn, das ausführlich den behutsamen, handwerklich sachgerechten Umgang mit alter Bausubstanz beschreibt und zeigt, worauf es bei einer umweltverträglichen und kostengünstigen Renovierung ankommt, welche Maßnahmen bei den einzelnen Bauteilen angebracht sind. Mit Anleitungen zur Selbsthilfe, ausführlicher Baustoffkunde und Kostenübersicht. 226 S. m. v. Abb., 1988 39,80 DM

Heinz Ladener
Solaranlagen
Grundlagen, Planung, Bau und Selbstbau solarer Wärmeerzeugungsanlagen. Das Handbuch der Sonnenkollektortechnik für Warmwasserbereitung, Schwimmbad- und Raumheizung! 1993, 220 S.m.v. Abb. 44,- DM

Heinz Schulz
Wärme aus Sonne und Erde
Detaillierte Bauanleitung für ein energiesparendes Heizungssystem mit Solarabsorber, Erdwärmespeicher u. Dieselmotorwärmepumpe. Betriebserfahrungen u. Auslegungshinweise. ca. 160 S.m.v. Abb. ca. 39,80 DM

Othmar Humm
Niedrigenergiehäuser - Theorie und Praxis
Grundlagen und Praxis des Baus von Häusern mit sehr niedrigem Energieverbrauch: planerische Konzepte, Baukonstruktionen und besondere Haustechniken; mit 14 Beispielen, die die Bandbreite der Lösungsmöglichkeiten dokumentieren. 226 Seiten m. vielen Abb., 1990   48,- DM

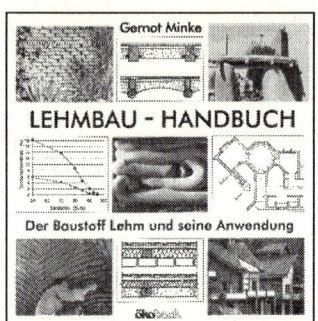   

Holger König
Das Dachgeschoß
Gesunder Wohnraum unter dem Dach - Umbau, Ausbau, Neubau: ein umfassendes und konsequentes Planungshandbuch für Bauherren, Handwerker und Planer. 2.unveränd.Aufl. 1994, 236 S. m.v. Abb.   48,- DM

Gernot Minke
Lehmbau-Handbuch
Ein umfassendes Lehrbuch und Nachschlagewerk, das die ganze Vielfalt der Einsatzmöglichkeiten und Verarbeitungstechniken des Baustoffes Lehm zeigt und die materialspezifischen Eigenschaften praxisnah erläutert. 1994, 320 S. m. vielen z.T. farb. Abb.   68,- DM

Peter Weissenfeld
Holzschutz ohne Gift?
Holzschutz und Holzoberflächenbehandlung in der Praxis mit vielen Anleitungen und Rezepten für alle, die in Haus und Hof selbst zum Pinsel greifen. 7. überarb. Aufl. 1988, 141 S. m. Abb. DIN A5 br.   19,80 DM

Claudia Lorenz-Ladener, Hrsg.
Kompost-Toiletten
Wege zur ökologischen Fäkalienentsorgung. Nach einer Einführung in die geschichtliche Entwicklung beschreibt das Buch die verfügbaren Produkte, deren Funktion, Installation und Gebrauchstauglichkeit. Mit Untersuchungen und Erfahrungsberichten. 163 S. m.v. Abb., 1992   29,80 DM

Claudia Lorenz Ladener
Naturkeller
Grundlagen, Planung und Bau von naturgekühlten Lagerräumen im Haus oder Freiland, um für Obst und Gemüse geeignete Überwinterungsmöglichkeiten zu schaffen. 139 S. m.v.Abb., 1990   29,80 DM

Hans-P. Ebert
Heizen mit Holz
Günstiger Holzeinkauf, Zurichten des Waldholzes, Lagerung und Trocknung, Anforderungen an Feuerstelle und Schornstein, die verschiedenen Ofentypen und ihre Einsatzbereiche. 121 S. m. v. Abb., 1993   16,80 DM

Bauen - Energie - Umwelt

Klaus Bahlo, Gerd Wach
Naturnahe Abwasserreinigung
Planung und Bau von Pflanzenkläranlagen. Dieser Ratgeber für Grundstücksbesitzer und Planer, die häusliche Abwässer umweltschonend und landschaftsbezogen entsorgen möchten, zeigt detailliert und verständlich, wie Pflanzenkläranlagen genehmigungsfähig geplant und fachgerecht gebaut, betrieben und gewartet werden. 137 S. m.v. Abb., 1992   29,80 DM

Wolfgang Bredow
Regenwasser-Sammelanlage
Eine leicht verständliche Anleitung für den Bau verschiedener Regenwasser-Sammelanlagen, mit denen viel kostbares Trinkwasser eingespart werden kann. 7. überarb. Aufl. Dezember 1988, 126 S. m. v. Abb. 16,80 DM

Hans Mönninghoff, Hrsg.
Wege zur ökologischen Wasserversorgung
Wassersparende Armaturen und Toilettenspülsysteme, doppelte Wassernetze, Regenwassernutzung, Grauwasserreinigung: Grundlagen, Betriebserfahrungen, Anleitungen sowie kommunal- und landespolitische Handlungsmöglichkeiten. ca. 120 S., 3. überarb. Aufl. 1993   29,80 DM

Karlheinz Böse
Brunnen- und Regenwasser für Haus u. Garten
Über die Techniken zur Nutzung von Grund- und Regenwasser: Das Buch beschreibt, wie und in welchen Behältern Wasser gesammelt werden kann, wann es gefiltert werden muß, welche Pumpen geeignet sind , wie das Wasser in Haus und Garten richtig verteilt wird. 109 S. m.v.Abb.,   16,80 DM

Uwe Hallenga
Wind: Strom für Haus und Hof
Eine ausführliche, reich bebilderte Bauanleitung mit komplettem Zeichnungssatz für eine kleine Windkraftanlage mit 2,2 m Rotor-, die bei gutem Wind 200-500 Watt Leistung liefert. 76 S. m.v.Abb., 1990   14,80 DM

Heinz Schulz
Der Savonius-Rotor
Bauanleitungen für diverse Rotorkonstruktionen zur Nutzung der Windenergie im Leistungsbereich von 100-2000 W. Mit Hinweisen zur Auswahl von Generatoren u. Pumpen. 80 S. m.v. Abb. +Plänen, 1989   14,80 DM

Peter Stenhorst
Heißes Wasser von der Sonne
Allgemeinverständliche Einführung in die Sonnenkollektortechnik und Leitfaden für Planung und Kauf von Solaranlagen zur Warmwasserbereitung, Schwimmbad- u. Raumheizung. 1994, 188 S. m.v.Abb. 19,80 DM

Heinz Schulz
Kleine Windkraftanlagen
Technik, Erfahrungen, Meßergebnisse. Detaillierter Überblick über käufliche Windkraftanlagen bis 1 kW Leistung zur Stromerzeugung und zum Wasserpumpen. Mit Leistungsdaten u. Preisen! 108 S., 1991 24,80 DM

Martin Werdich
Stirling - Maschinen
Grundlagen und Technik von Stirling-Maschinen mit einem Überblick über erprobte Motorkonzepte und ihre Vor- und Nachteile. Mit ausführlichem Hersteller- und Literaturverzeichnis sowie Bauplan für ein Funktionsmodell. 140 S. m.v.Abb., 3. Aufl. 1994   29,80 DM

Unsere Bücher erhalten Sie in allen guten Buchhandlungen!

Preisstand 1.1.1995 - Änderungen vorbehalten!